民用航空器维修基础系列教材

直升机结构与系统（第2版）

HELICOPTER STRUCTURE AND SYSTEMS

(ME-TH、PH)

陈 康　刘建新　主编

清华大学出版社
北 京

内容简介

本书是按照中国民用航空规章《民用航空器维修人员执照管理规则》(CCAR-66R1)和《民用航空器维修人员执照基础部分考试大纲》(AC-66R1-02)中的M12编写修订而成的,主要内容包括直升机飞行原理、直升机操纵系统、直升机结构、直升机液压系统、直升机燃油系统、直升机电源系统、直升机通信导航系统、直升机起落架系统等主要系统,以及防冰排雨、救生设备等辅助系统的基本结构、基本工作原理等。本书适合具有一定知识基础的直升机机械、电子维修专业技术人员阅读参考。

图书在版编目(CIP)数据

直升机结构与系统: ME-TH、PH/陈康,刘建新主编. --2版. --北京: 清华大学出版社,2016(2024.7重印)
民用航空器维修基础系列教材
ISBN 978-7-302-41856-6

Ⅰ. ①直… Ⅱ. ①陈… ②刘… Ⅲ. ①直升机一系统结构一教材 Ⅳ. ①V275

中国版本图书馆CIP数据核字(2015)第252113号

责任编辑:赵 斌 洪 英
封面设计:李星辰
责任校对:刘玉霞
责任印制:宋 林

出版发行:清华大学出版社
网　　址:https://www.tup.com.cn,https://www.wqxuetang.com
地　　址:北京清华大学学研大厦A座　　**邮　　编**:100084
社 总 机:010-83470000　　**邮　　购**:010-62786544
投稿与读者服务:010-62776969, c-service@tup.tsinghua.edu.cn
质量反馈:010-62772015, zhiliang@tup.tsinghua.edu.cn
印 装 者:三河市人民印务有限公司
经　　销:全国新华书店
开　　本:185mm×260mm　　**印　　张**:26.25　　**字　　数**:634千字
版　　次:2007年1月第1版　2016年1月第2版　　**印　　次**:2024年7月第20次印刷
定　　价:79.00元

产品编号:062065-01

民用航空器维修基础系列教材

编写委员会

序言

PREFACE

2005年8月，中国民航规章CCAR-66R1《民用航空器维修人员执照管理规则》考试大纲正式发布执行，该大纲规定了民用航空器维修持照人员必须掌握的基本知识。随着中国民用航空业的飞速发展，业内迫切需要大批高素质的民用航空器维修人员。为适应民航的发展，提高机务维修人员的素质和航空器的维修水平，满足广大机务维修人员学习业务的需求，中国民航总局飞行标准司组织成立了“民用航空器维修基础系列教材”编写委员会，其任务是组织编写一套满足中国民航维修要求、实用性强、高质量的培训和自学教材。

为方便机务维修人员通过培训或自学参加维修执照基础部分考试，本套教材根据民航局颁发的AC-66R1-02维修执照基础部分考试大纲编写，同时满足AC-147-02维修基础培训大纲。本套教材共12本，内容覆盖了大纲的所有模块，具体每一本教材的适用专业和对应的考试大纲模块见本书封底。

本套教材力求通俗易懂，紧密联系民航实际，强调航空器维修的基础理论和维修基本技能的培训，注重教材的实用性。本套教材可作为民航机务维修人员或有志于进入民航维修业的人员的培训或自学用书，也可作为CCAR-147维修培训机构的基础培训教材或参考教材。

“民用航空器维修基础系列教材”第1版在CCAR-66执照基础部分考试和CCAR-147维修基础培训中得到了非常广泛的应用。通过10年的使用，在第1版教材中发现了不少问题；同时10年来，大量高新技术应用到新一代飞机上(如B787、A380等)，维修理念和技术也有了很大的发展，与之相对应的基础知识必须得到加强和补充。因此，维修基础培训教材急需进行修订。

“民用航空器维修基础系列教材”第2版是在民航局飞行标准司的直接领导下进行修订编写的。这套教材的编写得到了民航安全能力基金的资助，同时得到了中国民航总局飞行标准司、中国民航大学、广州民航职业技术学院、中国民用航空飞行学院、民航管理干部学院、上海民航职业技术学院、北京飞机维修工程有限公司(Ameco)、广州飞机维修工程有限公司(Gameco)、中信海洋直升机公司、深圳航空有限责任公司等单位以及航空器维修领域专家的大力支持，在此一并表示感谢！

由于编写时间仓促和我们的水平有限，书中难免存在许多错误和不足，请各位专家和读者及时指出，以便再版时加以纠正。我们相信，经过不断的修订和完善，这套教材一定能成为飞机维修基础培训的经典教材，为提高机务人员的素质和飞机维修质量作出更大的贡献。任何意见和建议请发至：skyexam2015@163.com。

“民用航空器维修基础系列教材”编委会

2016年4月

前言

FOREWORD

本书是按照中国民用航空规章《民用航空器维修人员执照管理规则》(CCAR-66R1)《民用航空器维修人员执照基础部分考试大纲》(AC-66R1-02)中的M12编写的，并结合我国通用航空近年来的发展、国际直升机技术的发展以及国内直升机使用和维修的情况，进行了一定的修订、更新和完善。本书是直升机维修人员必须掌握的基础知识，在编写和修订过程中，力求做到通俗易懂，注重知识的实用性，贯彻了理论与实际密切结合的思想，基本上不涉及复杂的数学推导，强调定性描述考试大纲中要求掌握的基本知识。本书第1版出版以来一直作为CCAR-147维修基础培训机构的培训教材或参考教材，也成为具有一定基础的航空机电专业人员的自学教材。

本书由陈康、刘建新主编和统稿，全书共15章，内容包括直升机飞行原理、直升机飞行操纵系统、桨叶锥体及振动分析、直升机传动系统、机身结构、空调系统、仪表和电子系统、电源系统、设备和装饰、防火、直升机燃油系统、直升机液压系统、防冰排雨、起落架和照明。其中第1版的第1章由陈康编写，第2章由马涛编写，第3章由王洋编写，第4章由施淳编写，第5章由李树广编写，第6、8、10章由任仁良编写，第7章由王会来编写，第9章由廖伟强编写，第11章由王明编写，第12章由程杰、宋静波编写，第13章由陈康编写，第14章由霍继辉、宋静波编写，第15章由高波编写。

第2版修订的重点是对原版各章的文字内容进行了重新梳理，力求把原理和结构讲解得更直接、更透彻，对部分插图进行了调整或选择了更具代表性和说明性的图片，对第1版中有些当初只是作为简单介绍而随着直升机技术的发展而广泛应用的系统或部件进行了较为详细的描述(如机载IHUMS系统)，对逐渐淘汰的技术或系统和部件则减少或取消了叙述内容。修订过程中，第1版各章作者以及赵崇亮、邵国武、贺建坤、李振清、陶俊峰、何泉、孙琨、吴星海、曾嵘、王恺、吕恺等专家和专业人员参与了具体的修订、更新和审核工作。

黄传勇、胡焱、余德华等专家对修订的书稿进行了审校，提出了许多修改意见，在此表示深深的谢意。同时感谢中信海洋直升机股份有限公司对本书编写和修订的大力支持。

由于编者水平有限，教材中可能存在错误和不足，敬请各位专家和读者指出，以便在今后的修订中加以纠正。

编　者

2015年11月

目 录

CONTENTS

第1章

直升机飞行原理

直升机是一种由一个或多个水平旋转的旋翼提供向上升力和推进力而进行飞行的航空器。直升机具有大多数固定翼航空器所不具备的垂直升降、悬停、小速度向前或向后飞行的特点。

1.1 直升机概述

1.1.1 直升机的种类

如图 1-1 所示，直升机的种类大致分为以下几类。

(a) (b) (c) (d)

图 1-1 直升机的种类

(a) 双桨纵列式直升机；(b) 双桨横列式直升机；(c) 共轴反桨式直升机；(d) 单旋翼直升机

1. 双桨纵列式直升机

这种直升机具有两个主旋翼轴，分别安装在机身的前端和后端，两个旋翼轴的叶片转动方向相反，其反扭矩互相抵消。

2. 双桨横列式直升机

这种直升机同样有两个主旋翼轴，安装在机身两侧，两旋翼转动不一定互相啮合，且带一定角度。

3. 共轴反桨式直升机

这种直升机两个主旋翼上下安装在同一个主轴上，由一台或两台发动机驱动。两个主旋翼转动方向相反，可以互相抵消反扭矩，使机身不随旋翼转动。

4. 单旋翼直升机

最常见的直升机只有一个主旋翼轴系统，另外在机身后部与主旋翼不同平面内安装一尾桨系统用于平衡因主旋翼转动引起的反扭矩，同时尾桨还可以用于实现直升机的方向操纵。

1.1.2 直升机类型的比较

双桨纵列式直升机的优点是迎风面积小，阻力小，飞机重心范围大，有效载荷可平均分配到两个主旋翼上。缺点是后主旋翼由于可能受前主旋翼气流影响而使升力效率减小，解决办法是将后主旋翼的安装平面升高。其他的缺点与横列式相同。

双桨横列式直升机的优点是前飞时功率损失小。缺点是迎风面积大，阻力大，结构重量增加，传动和操纵复杂。

共轴反桨式直升机由于两个主旋翼转动方向相反，可以互相平衡反扭矩；另外由于采用的是两个主旋翼，从而减小了主旋翼桨叶的尺寸。缺点是结构和操纵变得相当复杂，使重量增加。

单旋翼直升机是最常见的直升机，它的主要优点是设计和制造简单，只需一套操纵系统和减速传动系统。但需要安装尾桨来平衡主旋翼产生的反扭矩，且尾桨还要消耗一定的功率(通常悬停时占 8%～10%，平飞时占 3%～4%)。另一个缺点是尾桨安装在远离飞行员的后部，存在受地面障碍物影响和容易伤人的危险性。近年来涵道尾桨和 NOTAR 装置的应用大大改善了上述两个缺点。

1.1.3 直升机与固定翼飞机的比较

直升机与固定翼飞机相比有着许多根本性的不同点，其中主要的不同之处是 4 个基本力中的升力、推力和阻力的产生方法不一样。

两种航空器都必须有能够在空气中运动的机翼才能产生升力。固定翼飞机的机翼与机身安装在一起，因此要想使飞机起飞必须使整个飞机运动以产生足够的速度。升力由运动的翼型产生，要改变升力的大小，则必须改变翼型与相对气流之间的攻角。在固定翼飞机上，要想实现改变攻角必须通过改变机身沿横轴的俯仰角的大小。而直升机升力的大小可通过改变主桨叶的迎角来实现，不必改变机身的姿态。

固定翼飞机的推力是由螺旋桨拉力或发动机喷气产生的。而直升机前飞的推力是主旋翼产生的升力的向前分量。

1.1.4 术语

以下是经常要用到的主要技术术语。

桨盘面积(disc area)：桨叶转动时叶尖形成的圆周面积。

叶尖旋转平面(tip path plane)：所有桨叶转动时叶尖形成的平面。

桨盘负载(disc loading)：直升机起飞重量与桨盘面积的比值。

叶片负载(blade loading)：直升机起飞重量与所有叶片面积和的比值。

桨盘固态性(disc solidity)：所有桨叶的面积和与桨盘面积的比值，也称旋翼实度。

变距(feathering)：改变桨叶角以改变桨叶攻角，使桨叶绕轴向关节转动。

挥舞(flapping)：在升力的作用下桨叶绕水平关节的垂直运动。

摆振：(dragging)：在阻力作用下桨叶绕垂直关节的水平运动，也称阻尼。

垂直飞行(vertical flight)：直升机在垂直方向的上升和下降，由总距杆操纵。

转换飞行(translational flight)：除垂直方向以外任何方向的飞行，由周期变距杆操纵。

过渡飞行(transient flight)：从悬停状态转变成转换飞行状态的过渡期间的飞行。

升力不对称性(dissymmetry of lift)：在某些飞行姿态下桨叶产生的升力不对称。

相位滞后(phase lag)：是指当有一个外力(改变桨叶角)作用到桨叶上时，桨叶的挥舞效应将沿着转动方向滞后90°才出现，这种现象也叫陀螺进动性。

桨叶前缘(leading edge)：是指整个翼型中最先与气流相接触的部分。

桨叶后缘(trailing edge)：是指翼型中逐渐收敛的锥形部分能使气流流过翼型表面产生流线型效应的点。

翼型的弦线(cord line)：是一条假想的从翼型的前缘点到后缘点的连线，它用作测量翼型角度的基准线。

攻角(angle of attack)：也叫迎角(angle of incidence)，是指翼型的弦与相对气流之间的夹角。

桨叶角：(pitch)是指桨叶翼型的弦与桨毂旋转平面之间的夹角，也称作变距角或安装角。

1.2　升力和阻力

1.2.1　升力的产生

普遍认可的升力产生的理论是伯努利(Bernoulli)的能量守恒定律，即气流的动能和势能(压力能)的和保持不变。

当翼型在空气中运动时，相对气流与其接触将改变方向，当气流流过翼型上表面时气流加速，根据伯努利的能量守恒定律，气流的加速将引起压力的减小，而流过下表面的气流则压力增大，下表面的压力大于上表面的压力，这个压力差将使得翼型向着压力差的方向运动，这个压力差就是翼型产生的气动力，它可以用一个合力来代替。这个合力作用在弦线上，其作用点被称做压力中心。图1-2是对伯努利理论的解释。

合力可以分解成两个分量：一个是升力，方向垂直于运动方向，用于承受航空器的重量；另一个是阻力，方向平行于运动方向，是航空器的总阻力的一部分。翼型不仅产生升力，也产生阻力，但升力通常比阻力大得多。图1-3是翼型气动力的分解图。

压力差即合力随着翼型攻角的增大而增大，直到失速攻角。在失速攻角下，翼型上表面气流出现紊流，气流与翼型上表面开始分离，流速下降，整个翼型产生的升力急剧下降，阻力迅速增大。

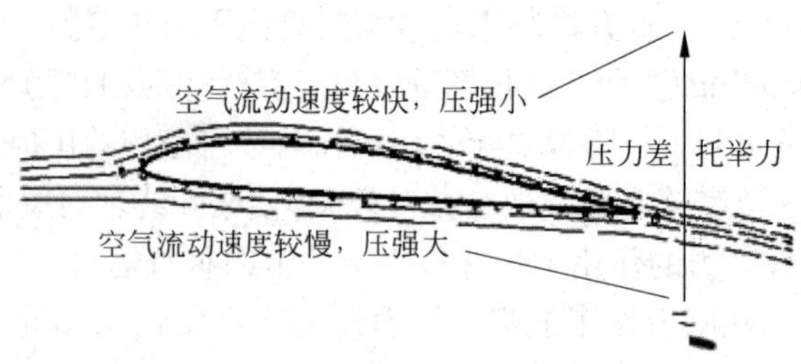

图 1-2　伯努利原理解释升力的产生

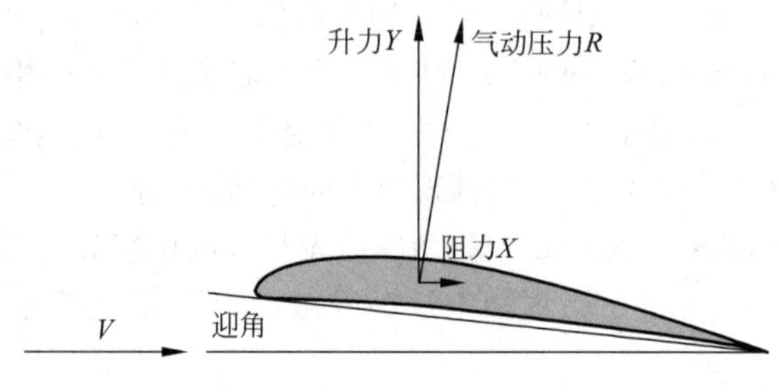

图 1-3　翼型气动力的分解

相对气流是指作用在翼型上的所有产生升力的气流的总和。在受力分析图中相对气流通常以矢量的形式来表示，也就是说，它既有大小，也有方向。

升力的大小的计算通过下面的公式来进行：

$$L = \frac{1}{2}C_1\rho V^2 S$$

式中：L——升力；

C_1——升力系数，是指在给定状态下翼型能够产生升力的能力，升力系数的大小主要取决于翼型横截面的形状和攻角；

ρ——空气密度，kg/cm^2；

V——气流速度，在公式中气流速度 V 是以平方的形式出现的，也就是说，如果其他因素保持不变，升力的大小将随着速度的平方比而变化；

S——翼型的表面积，对于直升机桨叶来说是一个常数。

1.2.2　阻力的产生

任何物体在空气中运动都将产生阻力，这是因为空气作为一种流体具有粘性，可以阻碍物体的运动，由此产生阻力。对于直升机来说，阻力主要有以下几种形式。

(1) 型阻(form drag)

由机身的整体外形产生，良好的机身外形可以减小但永远不能消除这种阻力。

(2) 废阻(parasite drag)

由机身的外部附件如起落架、浮筒、外挂副油箱等产生，安装不正确的面板、受腐蚀的前缘等也会产生废阻。

(3) 翼型阻力(rotor profile drag)

由桨叶在空气中转动产生。桨叶角越大，阻力越大；桨叶角越小，阻力越小。

(4) 诱导阻力(induced drag)

当旋翼转动时,因桨叶的作用空气被诱导向下流过主桨毂,空气的流动产生反作用力,这种阻力叫做诱导阻力。诱导阻力在直升机悬停时最大,因为此时空气相对飞机没有运动;当直升机处于飞行状态时,空气与飞机有相对运动,诱导阻力减小。

(5) 激波阻力(wave drag)

高速飞行时,前进桨叶的叶尖处有可能产生激波。气流撞击到激波,将失去速度并改变方向,使得压力、密度和温度突然增大。这意味着能量的损失,需要更多的发动机功率来驱动旋翼。这种阻力是由激波产生的,叫激波阻力。解决的办法通常是采用后略式或低厚度/弦长比的翼尖罩,延缓气动压缩效应和激波的形成。

上述各种阻力作用于直升机和其旋翼系统,阻力的综合效应称做总阻力,在水平飞行状态,阻力的作用方向与推力相反,当飞行速度增加时,阻力也增加。阻力与推力相等时,直升机处于匀速运动状态。

阻力的作用方向永远与速度方向相反,大小与飞行速度的平方成正比。

1.2.3 直升机翼型的选择

1. 翼型

升力是由翼型产生的,翼型可以有不同的形状和尺寸,但产生升力的原理是一样的,且翼型都有弯曲的表面和逐渐收敛的后缘。

翼型有对称翼型和非对称翼型。翼型弯曲的程度叫翼型的弯度,所谓大弯度翼型是指一个翼型的上表面的弯曲程度远大于下表面的弯曲程度。

图 1-4 和图 1-5 分别为对称翼型和非对称翼型。

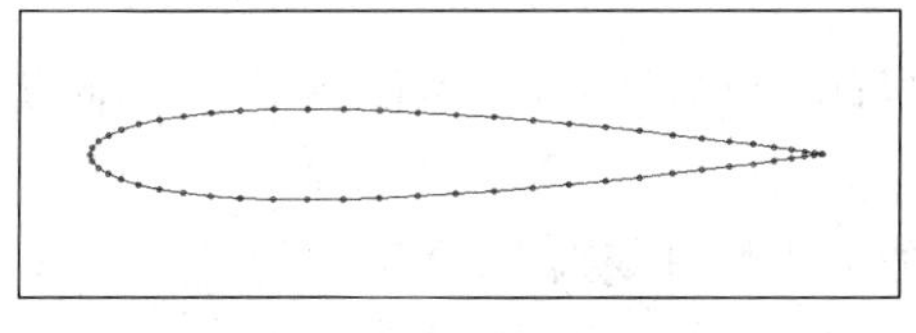

图 1-4　对称翼型

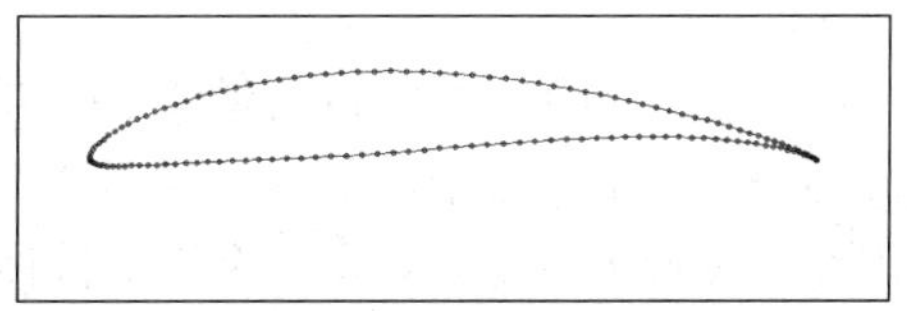

图 1-5　非对称翼型

2. 直升机桨叶翼型的选择

比较常用的直升机桨叶翼型是对称翼型,这种翼型的特点是上下两部分完全对称。这种翼型具有高升阻比的特点,即在允许的速度范围内从翼根到翼尖能够产生较大的升力,同时阻力较小。

但选择对称翼型的主要理由是它具有稳定的压力中心。压力中心是指升力在翼型弦线上的作用点,在固定翼飞机机翼的翼型上,随着攻角的变化,压力中心沿着弦线移动,这对于固定翼飞机来说问题不大,因为它的尾翼可提供纵向稳定性。而对于直升机的主桨叶来说则是不可接受的,因为直升机上桨叶的攻角在飞行中是在不停地变化的,压力中心的不停移动将引起桨叶的扭转而使桨叶应力增加,同时给飞行员带来额外的操纵要求。

对称翼型的压力中心的作用点与弦线的重心和变距轴基本重合,因此随着攻角的变化压力中心作用点位置保持基本不变,这样可以减轻飞行员的操纵负担。

1.2.4 主旋翼

1. 主旋翼

当旋翼转动时，每片桨叶都将产生升力，为了画受力图和受力分析的方便，我们把每片桨叶产生的升力合成为一个力，这个力作用在桨叶叶尖旋转平面的中心，且垂直于这个平面，这个力叫做旋翼有效力，也叫旋翼总空气动力，见图1-6。

旋转的主桨叶在升力作用下，绕水平关节向上挥舞，图1-7中的主桨叶形成一个倒锥体，桨叶与桨毂旋转平面之间的夹角叫做锥体角，它的定义是桨叶的展向中心线与桨叶叶尖平面之间的夹角。

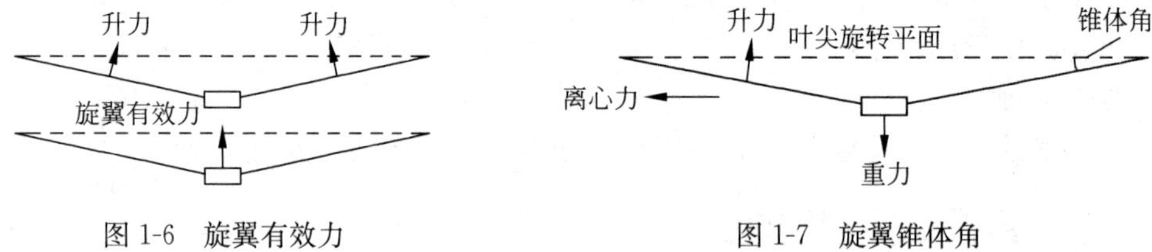

图1-6 旋翼有效力　　图1-7 旋翼锥体角

锥体角的大小在任何给定状态下与下列3个因素有关。

(1) 升力：升力越大，锥体角越大。

(2) 离心力：桨叶转动速度越大，桨叶产生的离心力越大，桨叶将越远离桨毂，因此锥体角越小。

(3) 直升机重量：重量越大，桨叶必须产生越大的升力，因此重量的增加将增加锥体角。

实际上，在飞行中，直升机的重量在短时间里不会有明显的改变，因此对锥体角的影响不会明显。

主桨叶是一个巨大的旋转质量体，在实际飞行中其转动速度基本保持不变，因此桨叶产生的离心力在整个飞行中也基本保持不变。

因此在飞行中只有升力是一个影响锥体角的大小的可变因素，在不同的飞行状态下，要想保持旋翼转速不变，改变发动机的功率必然会引起旋翼有效力的变化。

2. 主桨叶

由于桨叶是在不断转动的，桨叶的速度和相对气流的速度沿着桨叶的叶根到叶尖是逐渐增大的。根据升力公式，桨叶产生的升力的大小取决于攻角和相对气流的速度，因此桨叶上的升力从叶根至叶尖也是逐渐增大的，升力图形如图1-8所示。这种情况将造成桨叶上产生不必要的弯曲负载。

平衡桨叶翼展方向升力的方法有以下两种。

(1) 锥形桨叶：将桨叶做成锥形，使得翼型的弦线长度从叶根至叶尖逐步减小，桨叶表面积也因此逐步减小，根据升力公式，面积的减小将使升力减小而达到沿叶片展向升力的均衡。

(2) 扭转桨叶：将桨叶角从叶根至叶尖设计成下洗，即桨叶角逐步减小，则攻角也逐渐减小，升力图形如图1-9所示。

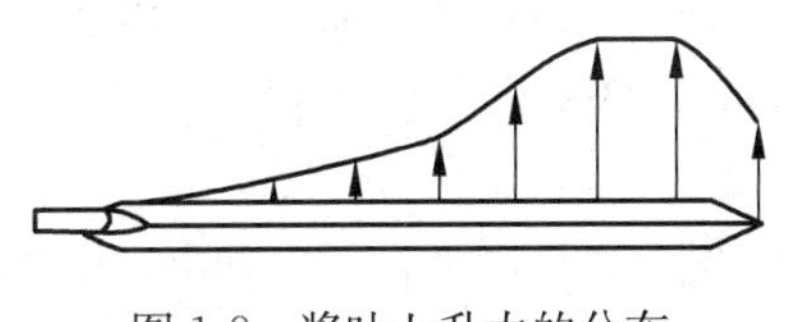

图 1-8　桨叶上升力的分布

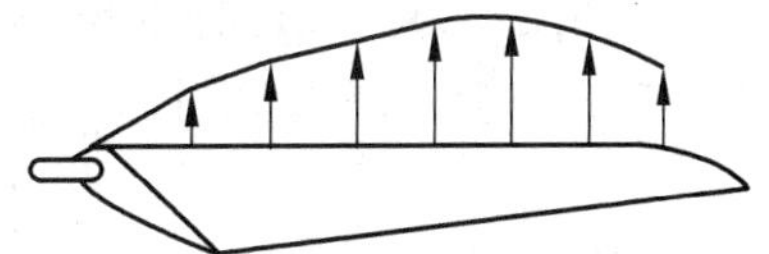

图 1-9　扭转桨叶的力的分布

现代直升机的主桨叶同时采用了上述两种方法，例如西科斯基（Sikorsky）公司的桨叶的下洗角（扭转角）一般为 7°。

1.3　悬停和地面效应

1.3.1　垂直飞行

直升机的一个重要特点是具有垂直上升和下降的能力，不需要跑道起飞，而且降落场地的限制条件也不用那么高，如海上钻井平台、丛林中的空地等均可降落。

如前所述，旋翼有效力的作用点在桨盘的中心，作用方向与叶尖旋转平面垂直。

如果所有桨叶的桨叶角同时且等量增加，每片桨叶产生的升力将增加，旋翼有效力的大小将增加，当旋翼有效力增大到大于直升机的重力时，直升机将垂直上升。

通过主桨叶桨叶角的同时等量变化获得垂直飞行被称作变总距，驾驶员实现变总距的方式是通过总距杆来实现的。总距杆通常位于驾驶员位置的左侧，操纵遵循自然法则，即提起杆飞机上升，放下杆飞机下降。

如果在飞行中旋翼有效力减小至小于直升机的重力，则直升机垂直下降。

直升机垂直飞行时的受力如图 1-10 所示。

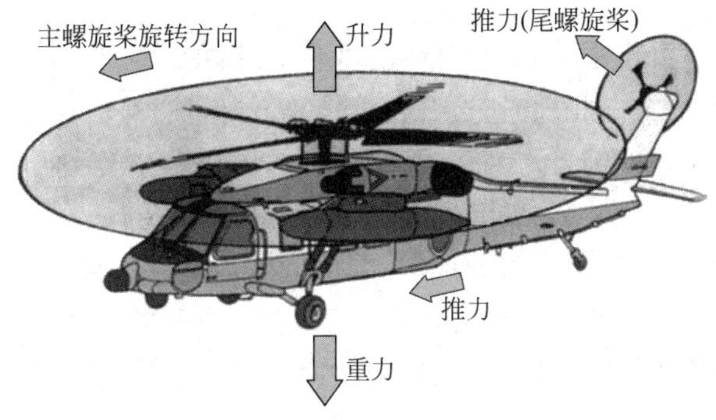

图 1-10　直升机垂直飞行时的受力

1.3.2　油门内联装置

当总距杆提起或放下时，桨叶与相对气流的迎角将发生变化，作用在桨叶上的阻力也将改变，增加桨距，桨叶迎风面积增大，阻力增加，如果没有任何补偿措施的话，桨叶转速将减小，升力的增加将被抵消而随之减小。因此当提起总距杆时应提供额外的功率以保持旋翼转速不变,反之亦然。为实现这种补偿,直升机设计时将总距杆与发动机供油进行内部连接,当提起总距杆时自动增加油门提供额外功率,放下总距杆时油门自动减小以减小功率输出。

图 1-11 所示的是油门内联装置的示意图,图中总距杆前端的油门手柄即可实现功率的补偿,同时该手柄还可在发动机起动或关车时用于打开和关断油门,油门的操纵不受总距杆位置的影响。

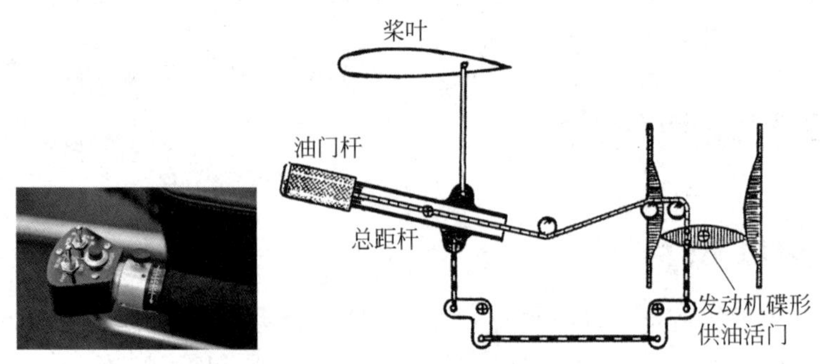

图 1-11　油门内联装置

燃气涡轮发动机的控制原理相同,最典型的例子是装有 PT6 系列发动机的直升机,燃气涡轮的转速由油门手柄控制,油门手柄的位置直接对应燃气涡轮转速(N_g)调节器,当总距杆提起或放下时,输入一个信号到自由涡轮转速(N_f)调节器以保证 N_f 和旋翼转速 N_r 恒定。

现代一些直升机的发动机采用燃油电子调节器,总距杆位置信号通过预调器以电子信号的形式传递给电子控制装置,预调器与总距杆以机械形式连接。

1.3.3　悬停和地面效应

当旋翼升力大于直升机重力时,直升机将垂直上升,如果上升到一定高度而减小旋翼升力使之与重力大小相等、方向相反时,直升机将停止上升,这种飞行状态叫做悬停。

只要旋翼能够产生足够的升力来平衡飞机重力,直升机可在任何高度下悬停。

当直升机在较低的高度悬停,即非常接近地面时,这时的状态可以产生地面效应(见图 1-12)。这是由于桨叶叶尖处空气速度较大,形成一道从叶尖至地面的气帘,主旋翼转动带来的下洗气流将被集中在桨盘和机身下方,相对增大了主桨下部空气的密度,由升力公式可知,密度增加,升力增大,产生地面效应。因此由于地面效应的作用,升力增大,保持悬停所需的功率也就减小。

地面效应的最大有效高度大约等于旋翼直径的一半,随着高度逐渐增大至旋翼直径,地面效应逐渐减小直至完全消失。

地面效应的另一个名称叫做地面气垫,当直升机从悬停转成前飞状态时,由于主桨平面的前倾使得高密度空气向后移动,直升机必须增加功率以补偿因地面效应减少而带来的升力的降低。

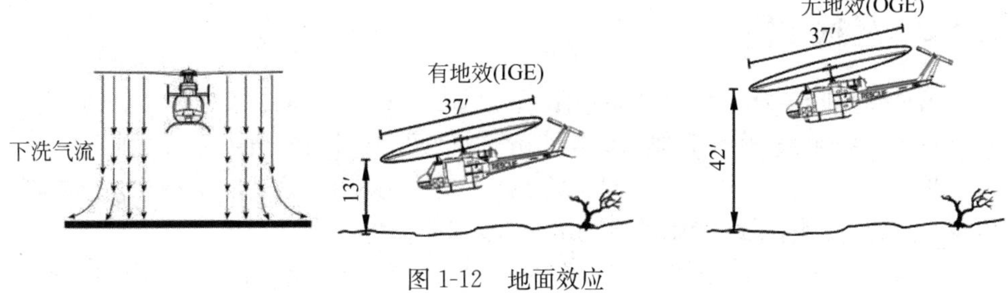

图 1-12　地面效应

1.4　过渡飞行和转换飞行

1.4.1　过渡飞行

过渡飞行是指直升机从悬停状态转变成转换飞行状态之间的过程。要实现这个转变，首先应使主桨旋转平面向着需要飞行的方向倾斜，由于旋翼有效力与叶尖旋转平面相垂直，因此旋翼有效力也将向着同方向偏转。这样将破坏升力和重力之间在悬停时的平衡状态，如图 1-13 所示。将两个力按照力的合成法则进行合成，得到如图 1-14 所示的合力。图 1-14 中，升力和重力的合力目前没有与其相平衡的力，直升机将沿着合力的方向运动，这个合力叫做推力。

从图 1-14 还可以看出，由旋翼有效力偏转产生的合力的作用方向并不是水平的，而是略向下倾斜，若不作修正，直升机因失去地面效应，在前飞的同时还将下降高度，其下降速率会迅速增加。同时旋翼旋转平面倾斜后，推力的大小取决于桨盘倾斜的角度。倾斜角越大，推力越大，同时升力将越小。也就是说，当推力增加时，必须增大旋翼有效力才能保持足够的升力来平衡飞机的重力。

为弥补上述现象，应增大旋翼有效力使合力方向成水平，从实际操纵上来说，应提总距杆增加发动机的功率输出，这样可以使直升机保持水平飞行。我们也可以理解为在过渡飞行阶段，直升机旋翼旋转平面应向所需飞行的方向倾斜，同时提总距杆增加发动机功率，使得旋翼有效力偏转且增大(见图 1-15)，它的一个垂直分量是升力，且与重力平衡，另一个水平分量可以使直升机进入水平飞行状态。

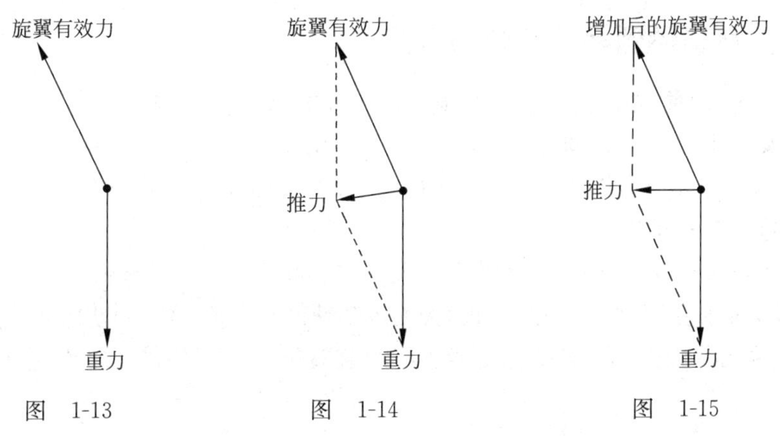

图　1-13　　图　1-14　　图　1-15

1.4.2 转换飞行

转换飞行是指除垂直飞行以外的其他飞行状态。要进入转换飞行状态,应将旋翼旋转平面向着所需方向倾斜,旋翼有效力的水平分量将使直升机向着所需方向运动。

如果桨叶的桨叶角增大,攻角增大,桨叶产生的升力增大,桨叶向上挥舞;反之,桨叶的桨叶角减小,攻角减小,桨叶产生的升力减小,桨叶向下挥舞。

因此如果桨叶在其转动的圆周中的前半周过程中桨叶角逐步增大,后半周过程中桨叶角逐步减小,则桨叶将在转动的圆周中前半周是向上挥舞,后半周是向下挥舞,最终的结果是旋翼旋转平面得到了倾斜,旋翼有效力得到了偏转。

图 1-16 中,图 1-16(a)指悬停状态,图 1-16(b)指转换飞行状态。

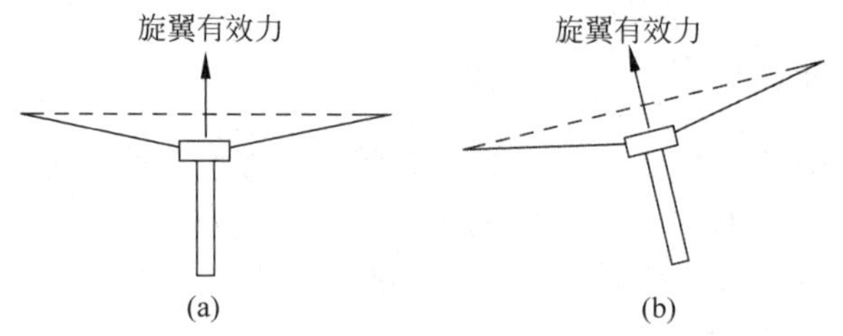

图 1-16 旋翼有效力在不同飞行状态时的方向
(a) 悬停状态;(b) 转换飞行状态

实现转换飞行状态的操纵装置叫做周期变距杆(俗称操纵杆),它在驾驶舱中的位置与固定翼飞机上的操纵杆的位置相同。操纵周期变距杆将使所有主桨叶的桨叶角沿着圆周交替变化,桨叶随之向上或向下挥舞。

周期变距杆的操纵同样符合人的习惯,即前推周期变距杆,旋翼旋转平面向前倾斜,直升机向前飞行;如果想向左飞行,左推周期变距杆即可;其他方向以此类推。

不同的直升机采用了不同的操纵机构将周期变距杆的操纵传递到主旋翼上,最常见的是倾斜盘机构。倾斜盘机构通常由两个倾斜盘组成,一个是固定倾斜盘,一个是转动倾斜盘。当移动周期变距杆时,固定倾斜盘将向同方向倾斜,这个动作将传递到转动倾斜盘上使之同样倾斜,转动倾斜盘与变距机构直接连接,因此倾斜动作将逐渐反馈到桨叶上引起桨叶角的逐步变化,桨叶将在其转动圆周的一半中增加桨距,另一半中减小桨距,从而实现桨距的周期操纵。

1.4.3 从悬停到前飞的机身姿态

在悬停状态,向前推周期变距杆,旋翼旋转平面前倾,旋翼产生的旋翼有效力向前偏转,其作用点在桨毂中心点,作用延长线不再与重力作用延长线重合。这两个力之间将产生一对力偶。该力偶使机身偏转,机头向下,机尾向上,直到旋翼有效力的作用点延长线与重心重合为止。这时直升机进入转换飞行状态。

一旦飞机进入转换飞行状态,主桨盘的前倾将引起飞机机身的前倾,从而使整个主桨毂前倾,主桨毂又是和主桨轴装配在一起的,因而主桨轴也会前倾,这时周期操纵量就可以减小。

图 1-17 说明了当机身姿态变化后能够引起旋翼旋转平面的进一步变化从而周期操纵量可略微减小。

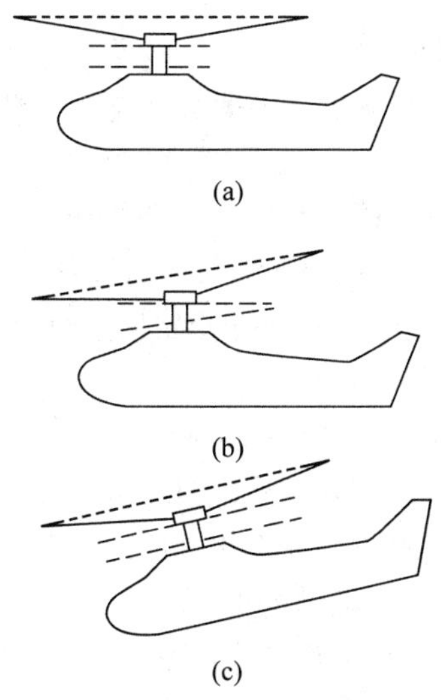

图 1-17 机身姿态的变化

(a) 飞机在悬停状态；(b) 飞机在过渡飞行状态；(c) 飞机在转换飞行状态

1.5 发动机功率曲线

1.5.1 阻力变化

前节所述，直升机受到的气动阻力主要来自翼型阻力、诱导阻力和机身的型阻与废阻等，这些阻力随飞行速度的变化曲线见图 1-18。

1.5.2 功率变化

本节着重阐述飞行速度增大时为保持平飞功率的变化情况。

图 1-19 给出了飞行速度与功率的曲线图，图中上部的直线代表最大可用功率，当扭矩 T_q、旋翼转速 N_r、高度不变时，最大可用功率是恒定的，因此图中的直线位置也将保持不变。可用功率线的位置取决于大气条件如大气温度、大气压力、大气密度等。例如，在热带气候条件下飞行，可用功率线比在温带气候条件下更低。

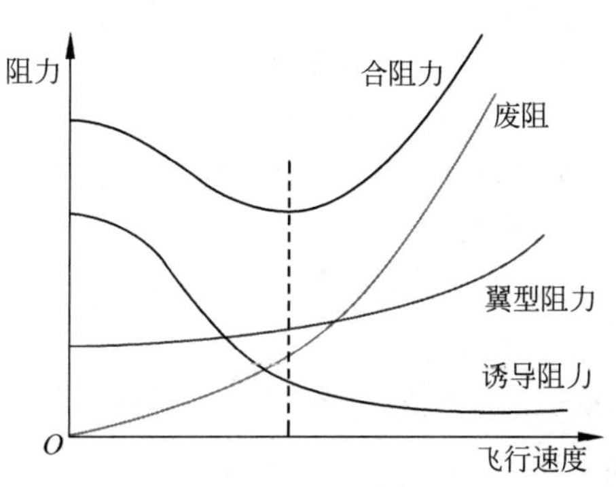

图 1-18 力随飞行速度的变化图

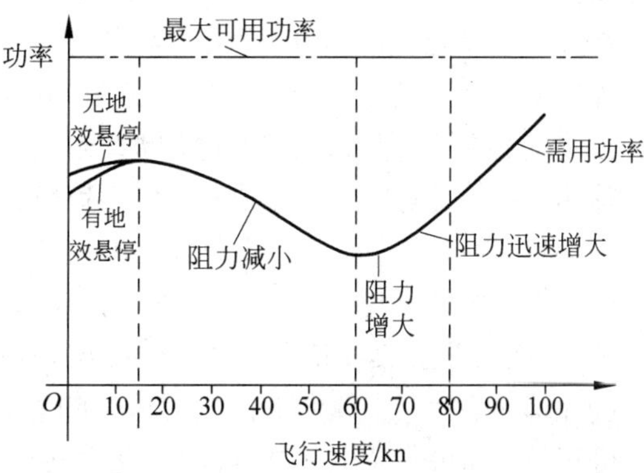

图 1-19 功率曲线变化(kn(节)，1kn=1n mile/h=0.514m/s)

从功率曲线中可以得到以下结论：

(1) 直升机在无地面效应条件下悬停需要的功率大于在有地面效应条件下悬停需要的功率。

(2) 当直升机从悬停状态向直接飞行状态转变时，需要增加功率。在地面效应失去时所需功率值与无地效应时的相同，此时飞行速度约 15kn。

(3) 当直升机的飞行速度大于 15kn 并且开始加速时，旋翼诱导阻力将减小，速度越大，诱导阻力的减小量越大，因此总阻力减小。

(4) 当飞行速度达到 60kn 时，直升机的废阻等阻力增大，且其增加量抵消了诱导阻力的减小量，从而使得总阻力增大，需用功率也增加。

(5) 由于阻力的大小与速度的平方成正比，因此当速度超过 80kn 后阻力增大的影响迅速增强，必须不断增加功率输出克服阻力的增大。

必须指出，只要需用功率曲线在可用功率线之下，直升机可以在任何条件下飞行，包括在任何速度下爬升，但升降速度取决于剩余可用功率的多少。

如果在热带气候条件下起飞时需用功率大于可用功率，则必须减小直升机的起飞重量或者使用滑跑起飞。

1.6 相位角和陀螺进动

1.6.1 相位滞后

当在直升机的桨叶上施加一个变距的外力时，将引起桨叶的挥舞，但挥舞沿旋翼的转动方向滞后 90°。

对这种现象解释的理论有很多种，但最普遍的一种理论认为，直升机主桨叶在飞行中是一个转动的物体，具有陀螺的进动性。陀螺进动性原理指出，当一个外力沿切线作用到一个转动中的陀螺上时，陀螺的旋转平面将倾斜，倾斜的最大位移量则发生在沿陀螺转动方向滞后 90°的点上。

另一种理论称为惯性原理，即当变距力作用到桨叶上时，由于桨叶的惯性，桨叶不会马上对作用力作出反应而使桨叶挥舞，也就是说，产生的升力在使桨叶挥舞前首先必须克服桨叶的惯性，此时桨叶已经转动了 1/4 圆周，所以变距力的作用的效果将沿转动方向滞后 90°。

在进一步学习之前，我们要求大家先接受以下陈述。

陈述 A：直升机悬停时，由于总距杆的位置，主桨叶已经有了一定的预置基准桨叶角，提起或放下总距杆，桨叶的桨叶角将增大或减小，直升机将上升或下降。

陈述 B：当周期变距杆移动时，某一片桨叶的桨叶角将大于基准桨叶角，桨叶将开始向上挥舞，而且只要桨叶角大于基准桨叶角，桨叶将继续向上挥舞。

陈述 C：当周期变距杆移动时，某一片桨叶的桨叶角将小于基准桨叶角，该桨叶将开始向下挥舞，而且只要桨叶角小于基准桨叶角，桨叶将继续向下挥舞。

陈述 D：桨叶向上或向下挥舞的速率随着桨叶角增大或减小而增加。

陈述 E：如果桨叶不挥舞，说明桨叶角必定等于基准角。

为便于理解，对旋转平面规定一些识别点，如图 1-20 所示，假设旋转平面向左运动，旋转方向从上往下看是逆时针方向，则旋转平面的最前点为 0°，按转动方向其他点依次为 90°、180°、270°。

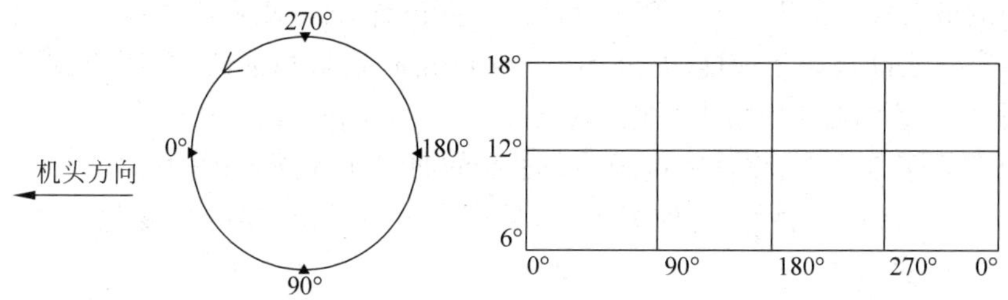

图 1-20　方位角的确定

将这些点如图 1-21 所示标在水平轴上，从这个图上可以看出桨叶角及与桨叶角有关的桨叶的挥舞情况在转动中发生的变化，中间的横线代表基准桨叶角和基准桨叶位置，上面的横线代表最大桨叶角和挥舞量，下面的横线代表最小桨叶角和挥舞量。

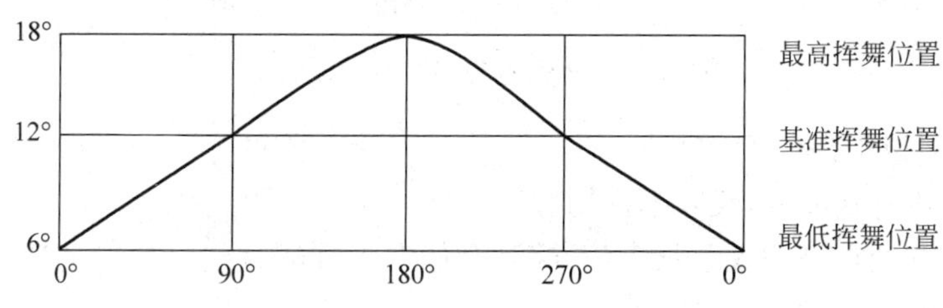

图 1-21　挥舞量变化曲线

前面讲到，基准桨叶角取决于总距杆的位置，最大和最小桨叶角取决于周期变距杆的移动量。假设基准桨叶角是 12°，最大桨叶角是 18°，最小桨叶角是 6°，即总距杆在 12°的位置，周期变距杆向前移动时，桨叶角可以从基准的 12°在转动 1/4 圈增加到 18°，在随后的 1/4 圈又减小到 12°，在第三个 1/4 圈减小到最小的 6°，在最后的 1/4 圈又增大到 12°。

现在讨论桨叶的挥舞量。如图 1-21 所示，我们知道在直升机前飞时，桨叶的最低挥舞点（或者叫向下挥舞的最大量）应该在 0°，桨叶的最高挥舞点（或者叫向上挥舞的最大量）在 180°。由于桨叶的挥舞在转动过程中不存在突然的变化，因此将这些点用曲线连接起来得到了挥舞量的变化曲线。曲线的斜率代表挥舞的速率。

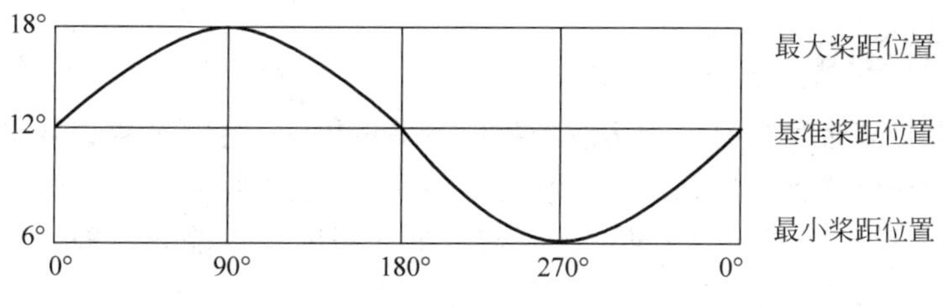

图 1-22　桨叶角变化曲线

用同样的曲线讨论桨叶角的变化量，根据前面提到的陈述 E，如果桨叶不挥舞，桨叶角必定等于基准角，按图 1-21 说明有 3 个点桨叶不挥舞，即 0°（两端）和 180°。先看 0°点，桨叶已完成了向下挥舞，但还没有开始向上挥舞；在 180°点，桨叶已完成了向上挥舞，但没开始向下挥舞。如果我们接受陈述 E，我们应认为在这 3 个点桨叶角应等于基准桨叶角 12°。

在 0°～180°之间，桨叶向上挥舞，而如果桨叶向上挥舞，且桨叶角又在基准角之上，桨叶角必定继续增大(陈述 B)，因此桨叶角将从基准值 12°增大到最大值 18°，然后再回到基准值 12°，桨叶角的最大值将出现在 0°～180°之间的中间位置，即 90°点。

在 180°～0°之间规律是一样的(陈述 C)，桨叶角必定从基准值 12°减小到最小值 6°，再回到基准值 12°，最小桨叶角将出现在 270°点。

这样就得到了 5 个点，将这些点用一条平滑的曲线连接，得到图 1-22。

将图 1-21 和图 1-22 叠加，得到图 1-23，从图中可以看出，桨叶角变化曲线比桨叶挥舞量变化曲线要早 90°。

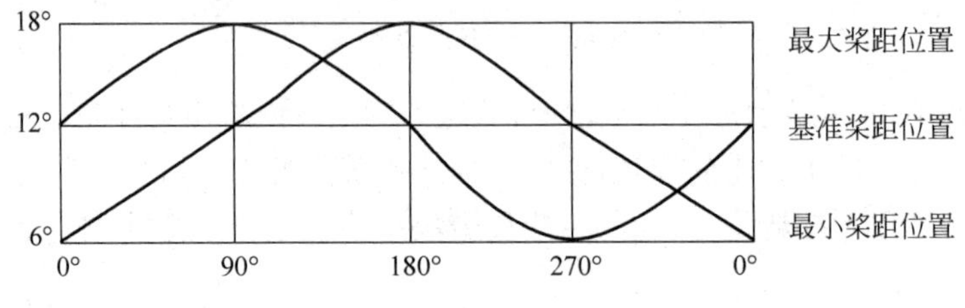

图 1-23 挥舞量与桨叶角变化曲线

从图 1-23 可以得出以下结论。

在 0°，桨叶角是基准值，桨叶不挥舞。

0°～90°，桨叶角逐渐增大至最大值，桨叶开始向上挥舞且向上挥舞的速率也越来越大，当到达 90°时桨叶的挥舞速率最大。

90°～180°，桨叶角从最大值逐渐恢复到基准值，此时由于桨叶角大于基准值，桨叶继续向上挥舞，当桨叶角变成基准值(180°)时，桨叶停止向上挥舞。

180°～270°，桨叶角逐渐减小至最小值，桨叶开始向下挥舞，且向下挥舞的速率也越来越大，当到达 270°时桨叶的挥舞速率最大。

270°～0°，桨叶角从最小值逐渐恢复到基准值，此时桨叶角仍小于基准值，桨叶继续向下挥舞，当到达 0°点时，桨叶角变为基准值，桨叶停止向下挥舞，继续下一个循环。

前面我们讨论了几种引起相位滞后原因的理论，由于这种现象的存在，最大桨叶角位置相对于需要的最高挥舞位置必须提前 90°，最小桨叶角相对于需要的最低挥舞位置也必须提前 90°。

1.6.2 前置角

在设计直升机主桨系统时必须考虑到相位滞后的因素，绝大多数直升机利用倾斜盘将操纵通过变距拉杆传递到主桨系统上，变距拉杆和连接主桨叶的夹板或轴向关节之间加装一变距摇臂，而变距摇臂通常装在桨叶的前缘。变距摇臂操纵输入点与桨叶之间的夹角称作前置角。

对于两片主桨叶的主桨系统，尤其是装有平衡棒的主桨系统，变距摇臂的前置角为 90°。这是因为平衡棒与桨叶的夹角为 90°，驾驶舱操纵首先传递到平衡棒，然后再到变距摇臂。当倾斜盘前倾时，平衡棒指向前方，最小桨距也传递到平衡棒，此时桨叶仍在 270°，因此最小桨叶角位置相对于最低挥舞位置提前了 90°。

某现代直升机主桨系统的前置角为 45°，也就是说，变距摇臂的操纵输入点与桨叶的夹角为 45°，这意味着倾斜盘的倾斜方向不能与周期操纵杆的移动方向一致。当桨叶处在 270°点时，如果要使桨叶的最低挥舞位置在 0°点，最小桨距必须在 270°点，但前置角只有 45°，因此倾斜盘也必须提前 45°倾斜，最低倾斜点应在 315°点上。将主伺服装置(液压助力器)安装在这个位置可以实现此目的，其他伺服装置与其夹角为 90°，如图 1-24 所示。

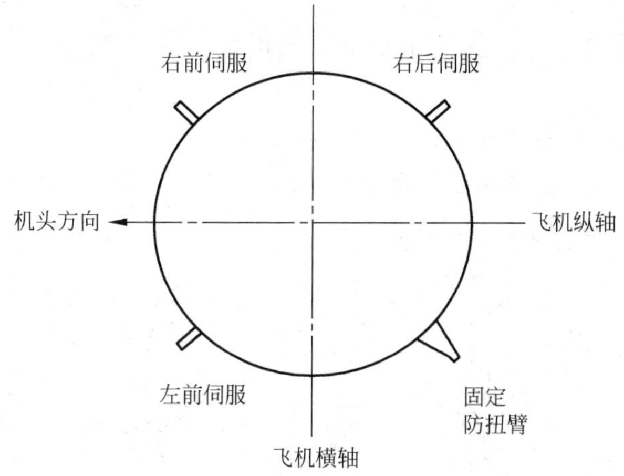

图 1-24 主伺服装置的安装位置示意图

1.7 摆振和升力不对称

1.7.1 垂直关节和摆振

在现代直升机上具有垂直关节，这种垂直关节也叫摆振关节或阻力关节，它可以使桨叶在水平方向摆动，即摆振，从而避免因摆振所造成的叶根处的疲劳断裂。

每片桨叶在水平方向摆动的原因如下。

(1) 桨叶的惯性

在旋翼开始转动和减速停车时，由于桨叶的惯性作用，会产生反向运动的趋势。

(2) 阻力的交替变化

飞行中当桨叶运动方向与气流流动方向相对时阻力增加，与气流流动方向相同时阻力减小。

(3) 科里奥利效应(Coriolis effect)

根据动量守恒定律，当物体转动时，物体将保持匀速转动状态直到有外力改变其转动速度。当转动中物体的重心相对于转动轴的位置改变时，物体转动的角速度将改变。如果重心向着转动轴移动，转动的角速度增大，反之角速度减小。

科利奥里斯效应的最佳例子是花样滑冰选手所做的冰上转圈运动。在转圈初期，选手通常将手臂伸出以保持平衡，转动中逐渐将手臂收拢直至环抱于胸前，没有施加任何的外力但此时的转动速度增大，这是因为手臂的收拢改变了人体的重心位置。当转动结束时手臂再次展出，转动速度又逐渐减慢。

对于直升机的主桨叶，当桨叶向上挥舞时，重心向转动轴靠拢，桨叶加速；桨叶向下挥舞时重心向外移动,桨叶减速。

需要注意的是,科利奥里斯效应在直升机处于过渡飞行状态时最大,悬停时则不存在。图 1-25 显示了桨叶在挥舞时重心位置的变化。

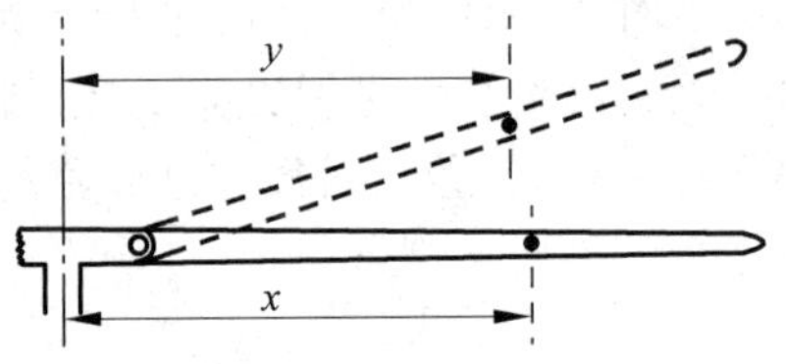

图 1-25 桨叶挥舞时重心的改变

(4) 胡克效应(Hooker joint effect)

当桨叶形成的转动锥体的轴与主桨轴不再重合时,会产生胡克效应。

如图 1-26 所示,直升机在悬停状态时,两个轴互相重合,进入过渡飞行状态时,由于旋翼旋转平面相对于主桨轴产生倾斜而产生胡克效应,也叫万向节效应(universal joint effect)。

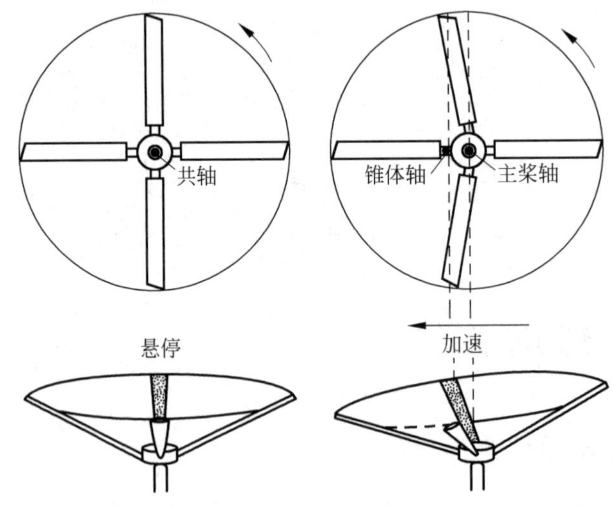

图 1-26 胡克效应

为保证旋翼转速不变,前进桨叶(桨叶运动方向与气流流动方向相反)必须加速,后退桨叶(桨叶运动方向与气流流动方向相同)必须减速。

科利奥里斯效应和胡克效应在过渡飞行阶段是同时存在的,实际上在飞行中两种效应互相作用互相抵消,桨叶在垂直关节上的水平摆动量很小,只有当飞机振动较大时反应量才较大。

1.7.2 升力的不对称

这种现象发生在水平飞行状态中,由于前进桨叶和后退桨叶的相对气流速度的变化,造成整个旋翼旋转平面上的升力的不对称。

从升力计算公式中可以看出,如果升力系数、空气密度和桨叶面积保持不变,升力的变化将与相对气流的速度的平方成正比。

如图 1-27 所示,直升机的前飞速度假设为 100kn,旋翼桨叶叶尖的转动速度为 500kn,则前进桨叶叶尖的相对气流的合成速度为 500+100=600kn,后退桨叶叶尖的相对气流的合成速度为 500−100=400kn,由于两边的气流相对速度不同,而升力与速度的平方成正比,因此前进桨叶将比后退桨叶产生更大的升力。

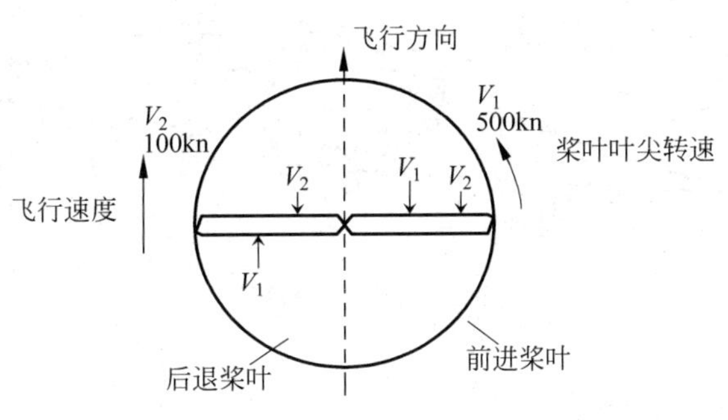

图 1-27　升力的不对称

升力的变化量将引起前进桨叶向上挥舞，而后退桨叶将向下挥舞，桨叶的向上挥舞会减小前进桨叶的攻角，桨叶的向下挥舞会增大后退桨叶的攻角，从而最终达到使旋翼旋转平面的升力平衡。

但是，上述桨叶的上下挥舞平衡升力的不对称将引起另一个重要问题，桨叶在前进时向上挥舞和在后退时向下挥舞会使得整个旋翼旋转平面向后倾斜(因为挥舞的量值是90°滞后的，参见 1.6.1 节)，而直升机前飞时旋翼旋转平面的向后倾斜显然不是我们所希望的。

因此，我们必须通过别的办法来平衡升力的不对称，那就是使用周期变距操纵法。为使直升机前飞，周期操纵杆将向前推，当直升机从过渡飞行状态转入到水平飞行状态时，直升机开始获得前进速度，旋翼旋转平面两端会产生升力的不对称而引起旋转平面有向后倾斜的趋势，这时将周期操纵杆向前稍微推一定量，将使前进桨叶的攻角减小，桨叶产生的升力减小，后退桨叶的攻角增大，产生的升力增大以达到升力的平衡，这种方法叫做人工周期变距法。

图 1-28 描述了周期变距法的过程。

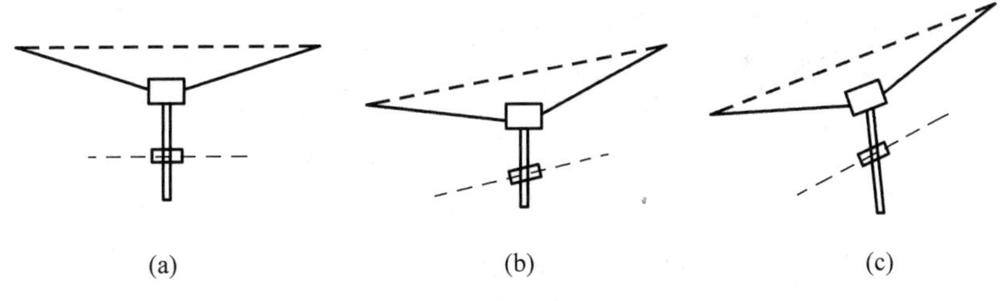

图 1-28　周期变距法

(a) 悬停；(b) 过渡飞行状态；(c) 水平飞行状态

在实际操作飞行中，飞行员通常是将周期杆的前推量一次推到位，使旋转平面前倾，这样既获得前飞速度，同时又有足够的量克服旋转平面的后倾趋势。

在现代直升机的结构中，桨叶与变距机构之间安装有变距摇臂，摇臂置于桨叶之前，这种安装方式使得当桨叶要向上挥舞时桨叶角自动减小，向下挥舞时桨叶角自动增大，以平衡升力的不对称，如图 1-29 所示。这样，避免了驾驶员必须操纵周期杆来克服升力的不对称，这种方法叫做自动周期变距法(Δ 铰接效应)(delta hinge effect)。

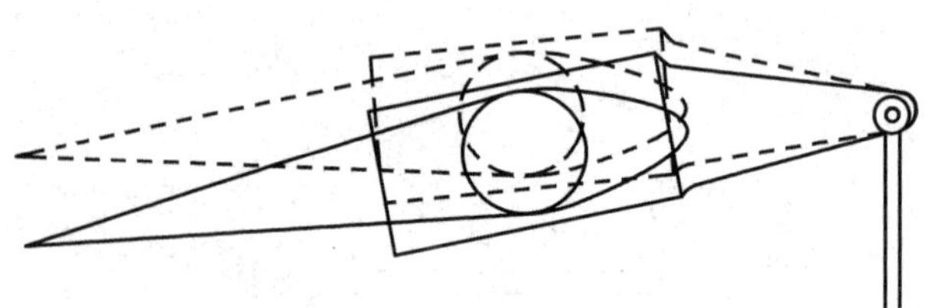

图 1-29 自动周期变距法

1.8 自转和拉姿态

1.8.1 自转

如果在飞行中发动机失效(功率完全失去),只要外界条件允许,直升机可以在选定的场地或区域进行安全降落,且不产生硬着陆,这种飞行方式叫自转。

在发动机失效的初始瞬间,驾驶员必须立即将总距杆放到最低桨距位置,否则的话主桨转速将迅速减小引起桨叶锥体角迅速增大,桨叶快速向上挥舞。这是因为功率失去后无法克服桨叶的型阻,大桨叶角会使阻力较大,旋翼转速会迅速下降,随着旋翼转速的迅速减小,离心力将无法再保持住理想的锥体角,锥体角将迅速增大,造成桨叶根部应力迅速增大引起桨叶大梁弯曲甚至完全折断。

在完全放低总距杆的同时,驾驶员还必须松开脚蹬使尾桨距减小,且操纵周期变距杆保持约 60kn 的前飞速度。完成上述动作后,直升机将进入下降飞行通道且保持一定的前飞速度。

如图 1-30 所示,在正常飞行时气流是向下进入主桨的,而在自转时,尽管主桨仍然基本保持与正常飞行时一样的前倾角度,但气流流动方向变成了从下向上。

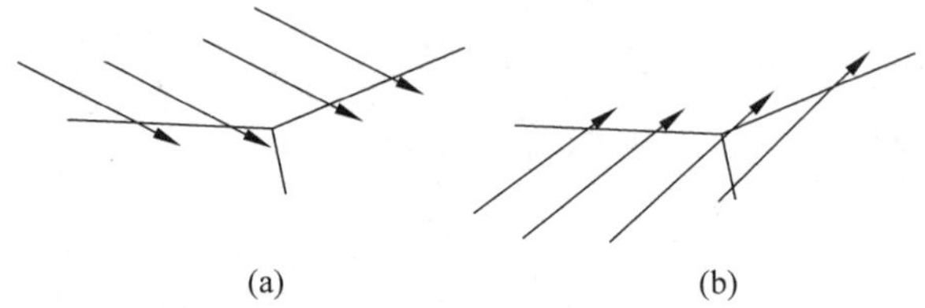

图 1-30 正常飞行和自转时气流的方向
(a) 正常飞行;(b) 自转

当气流方向改变后,主桨上的空气动力完全改变,这个改变可以保证主桨仍然能自由转动且提供足够的升力和推力,以满足安全着陆的要求。

为理解空气动力是如何改变的,必须先考虑桨叶的攻角,因为攻角决定了升力和推力的大小和变化。

桨叶的攻角由以下因素决定:直升机的下降率、直升机的飞行速度、桨叶的转速、桨叶的桨叶角(安装角)。

其中的两个因素是常数,下降率取决于总距杆的位置,飞行速度取决于周期变距杆的位置,所有这些因素如图 1-31 所示用矢量下降诱导气流来表示。下降诱导气流沿桨叶展向变化，从叶根至叶尖逐渐增大。由于桨叶设计制造时是扭转下洗的，桨叶的桨叶角从叶根至叶尖逐渐减小。

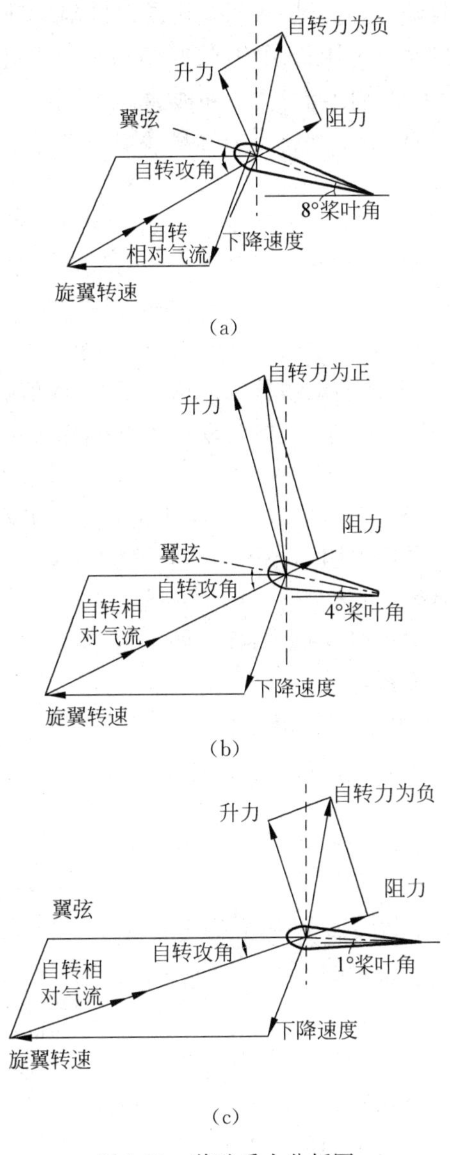

图 1-31　桨叶受力分析图
(a) 叶根；(b) 理想点；(c) 叶尖

为了方便分析问题，下面以西科斯基的桨叶为例来讲解。桨叶的下洗扭转角通常是 7°，当总距杆在完全放低位时，桨叶叶根处的桨叶角是 8°，叶尖处的桨叶角是 1°，另外在桨叶上选择一个点叫理想点，位于桨叶展向中间靠外侧一点，该点的桨叶角是 4°，我们把这点叫作理想点是因为在这点升力/阻力的值最小。

下面分析在叶根处(见图 1-31(a))的受力情况。

首先必须确定自转时的相对气流的大小和方向，相对气流是下降诱导气流(沿桨叶翼展方向不变)和转动诱导气流的矢量和，其中转动诱导气流值较小，是因为在叶根处桨叶的转动速度较小。自转相对气流与弦线的夹角是自转攻角,在叶根处攻角较大,此时应该产生较大的升力,然而由于叶根处转速较小,实际产生的升力并不是期望的那么大,而且实际产生的升力与相对气流垂直并且略向前倾斜,如果这个向前倾斜的升力没有平衡力,将引起桨叶加速。实际上升力分量受到桨叶型阻的制约,桨叶的型阻可引起桨叶的减速。而由于攻角较大,桨叶阻力分量也将较大且方向与升力分量垂直。

为判断桨叶是加速还是减速,必须将升力分量和阻力进行矢量合成,合成后的矢量方向略向后倾斜。

升力分量和阻力的合成矢量叫做自转力,如果这个力相对于垂直轴向后倾斜,该力为负。将自转力分解为垂直和水平两个分力,其水平分力正好与桨叶转动方向相反,使桨叶减速。而垂直分力与重力方向相反,对直升机起一定的支撑作用。

现在分析理想点(见图 1-31(b))的受力情况。与前面一样,先确定相对气流的大小和方向。该处下降诱导气流不变,而转动诱导气流增大了,合成后的相对气流产生的攻角与在叶根处相比较小,相对气流的攻角和较大的转动速度共同作用将产生比在叶根处大得多的升力。

前面提到在理想点可以获得最佳的升力与阻力的比值,也就是说在该点可以产生最大的升力,同时阻力最小,因此图中的阻力小得多。将升力分量和阻力合成后得到自转力,此时的自转力为正值,即向前倾斜。此时自转力的水平分力与桨叶转动方向相同,桨叶将加速。

现在再来分析在桨叶叶尖处(见图 1-31(c))的受力情况。首先仍然先确定相对气流的大小和方向,与前面相比,下降诱导气流不变,由于叶尖处的转速很大,转动诱导气流因而增大很多,因此相对气流的攻角很小,虽然该点的转速很大,但升力分量值不会很大。

但大转速将引起较大的阻力,同时叶尖处气流产生的涡流也将引起较大的阻力,因此该点的阻力分量很大。

将升力分量和阻力合成后得到自转力,此时为负值。自转力的水平分力与桨叶转动方向相反,将使桨叶减速。

综上所述,自转力在桨叶的两端为负值,在桨叶的中部为正值,因此,在桨叶上必定有两个点自转力为零,如图 1-32 所示。

负的自转力使桨叶减速,正的自转力则使桨叶加速。如果正和负的自转力大小相等而方向相反,则可以互相抵消,桨叶保持匀速转动,既不加速也不减速。

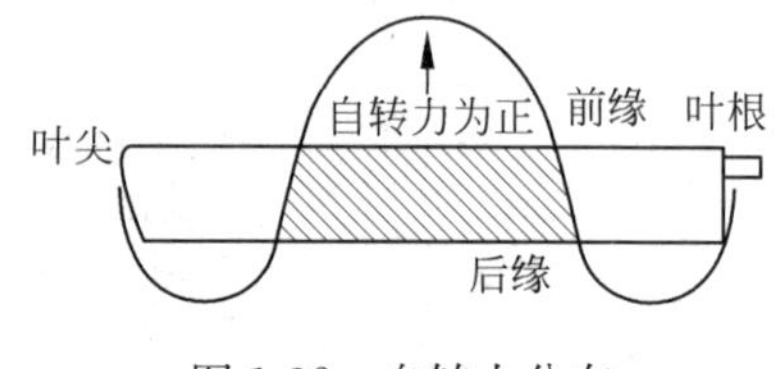

图 1-32 自转力分布

在自转下降过程中影响实际旋翼转速的因素很多,但是在各条件下转速一定是恒定的。

如果此时出现外力,如阵风影响,旋翼转速将增大,沿桨叶展向攻角会变化,这是因为转动诱导气流分量会增大,沿桨叶展向每个点的合力自转力也会改变,最终的影响是图 1-32 中的曲线将向桨叶叶根方向移动,内侧的负值区域减小而外侧的负值区域增大,自转力的正值区域将更靠近转动轴,自转力臂减小。由于外侧的负自转力增大,力臂又长,总体结果是使桨叶减速。当桨叶减速时,自转力再次发生变化,直到桨叶恢复到其原来的转速状态而保持恒定。

通常来说,自转时的主桨转速会比正常飞行时的转速高,这是因为此时的转速必须满足以下条件:一要保证有足够的转速;二要产生足够的升力而不致引起下降率过大。自转时对旋翼转速的主要限制是桨叶的离心载荷将影响桨叶的强度，除了这个考虑之外，在自转下降时自转的旋翼转速当然是越大越好。

改变自转旋翼转速的方式有以下几个方面。

（1）总桨距操纵回路的调节

总桨距杆在放到其操纵的最低位置时主桨的转速将最大，如果这个最低位置在操纵系统调节时设置得太高，自转旋翼转速会太小，此时驾驶员将没有办法增大转速。如果设置的位置过低，自转转速过大时驾驶员则可略提总桨杆以减小转速。

（2）直升机重量

直升机重量越重，自转下降率越大，下降率越大，下降诱导气流越大，旋翼自转转速越大。此时也可通过控制总距杆位置来控制转速。

（3）飞行高度

高度较高对转速的影响有两个方面：由于高度高，空气密度小，升力减小，下降率增大；同时阻力减小而转速增大。转速的控制仍然是通过控制总距杆位置。随着高度下降，密度增大，总距杆也需略微放低以适应转速变化。

（4）飞行速度

直升机在自转下降时仍处于直接飞行状态，当飞行速度增大到某个值时桨叶的阻力会最小。

必须认识到从正常飞行状态过渡到稳定的自转飞行状态并不是瞬间就能完成的，因此自转飞行必须要有一个最低安全高度，如果直升机处于最低安全高度以下，安全自转落地是不现实的。

在各机型的飞行手册中都用图表的形式给出了本机型自转飞行的危险高度，图 1-33 是其中的一个例子。图中在零飞行速度时飞机的自转安全高度是 400ft（1ft＝0.3048m），随着飞行速度的增加，安全高度值减小，直到飞行速度超过 65kn 时，由于速度较快，离地面太近则无法完成自转落地了，这时飞机高度至少要在 50ft 以上方可保证飞行的安全。

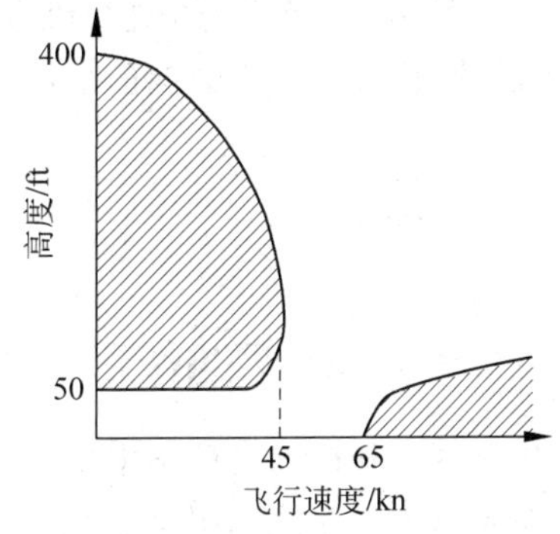

图 1-33　某机型自转安全高度

1.8.2　拉姿态

前面讨论了自转下降中由于向上的相对气流的影响直升机操作和控制的原理和方法，自转的下降率虽然可以控制，但仍然偏大，因此驾驶员在落地前必须减小下降率以获得柔和的降落。

驾驶员在落地前需要采取的动作叫做拉姿态，是指修正直升机落地前的姿态和旋翼旋转平面的姿态。

下降率矢量是由水平（飞行速度）矢量和垂直（垂直速度）矢量合成的，水平矢量的大小取决于周期变距杆的位置，而垂直矢量取决于总距杆的位置。驾驶员在落地前实际上是要减小水平和垂直速度以减小下降率。

在选定的降落区域上方约 50ft 的高度，驾驶员应向后带杆（周期变距杆），这使旋翼旋转平面后倾，直升机变成明显的抬头姿态，并出现以下情况。

(1) 随着旋转平面的后倾，桨盘与相对气流间的攻角明显增大，如图 1-34 所示。

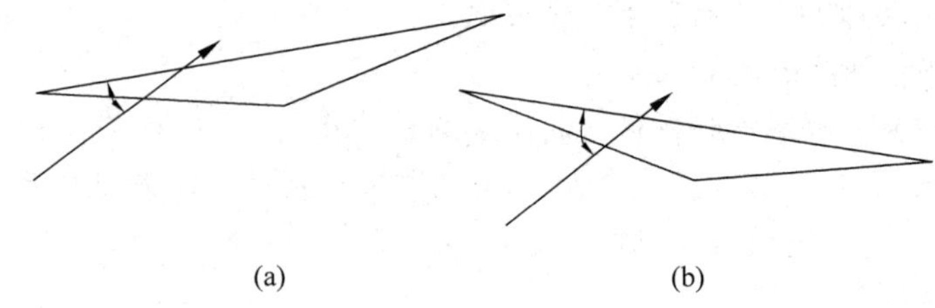

图 1-34　桨盘与相对气流的关系

(a) 下降中；(b) 拉姿态

(2) 攻角增大将使升力矢量增加，旋翼转速增大，自转力增大，增大了用于平衡直升机重力的升力，减小垂直速度。

(3) 由于桨盘向后倾斜，使得旋翼有效力也向后倾斜，其水平分力也变成向后以减小水平速度。

同时由于拉姿态引起旋翼转速增大可以进一步减小直升机的下降率。

拉姿态时直升机抬头，处于机头朝上状态，落地前驾驶员必须再把直升机恢复到水平状态。因此首先应将周期变距杆前推至中立位，同时提总距杆以增大旋翼有效力，这样可以逐渐减小下降率直至为零，直升机方可落地。但此时飞机仍有一小部分的剩余前进速度，所以落地后通常直升机仍会向前滑出一段距离才会完全停止。

1.9　尾桨

1.9.1　尾桨的作用

有些直升机的设计不采用尾桨系统，而采用双桨系统且转动方向相反，但绝大多数直升机采用单主桨系统和尾桨系统。

牛顿第三定律指出，任何物体受到外力的作用，必将产生一个与作用力大小相等、方向相反的反作用力。当直升机主桨在发动机的驱动下按某个方向转动时，一定会有一个与转动方向相反的反作用力试图使飞机反方向转动，我们把这个反作用力称作发动机反扭矩。

很明显，让机体在主桨转动时反方向不停地转动是不可接受的，因此在飞机上必须安装尾桨系统以产生一个侧向力偶，其方向应与发动机反扭矩力偶相反，图 1-35 所示是力偶示意图。

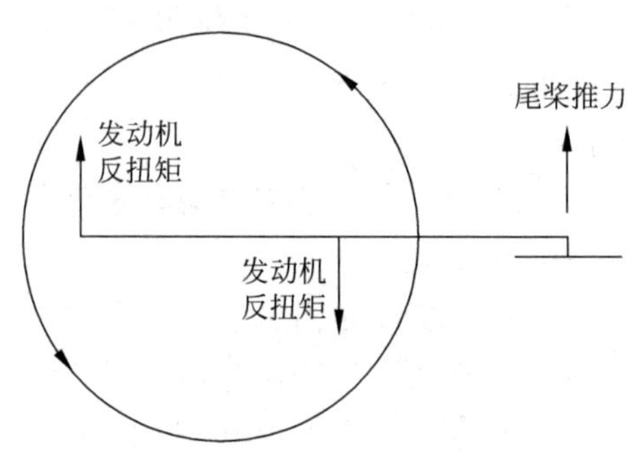

图 1-35　作用在直升机上的力偶示意图

尾桨可以安装在机身尾梁的任何一侧，现代西方直升机主旋翼的转动方向通常是俯视逆时针方向，此时如果尾桨装在尾梁左侧叫做推力尾桨，装在右侧叫做拉力尾桨。

发动机反扭矩随着发动机功率的变化而变化。因此尾桨产生的平衡力偶也必须随着功率的变化而变化。通过操纵脚蹬的方式改变尾桨桨叶角大小可以实现以上目的，操纵原理与固定翼飞机的方向舵类似。

脚蹬的操纵符合人的习惯，即左脚蹬向前直升机左转，反之亦然。左脚蹬向前时尾桨桨叶角增大，尾桨平衡力增大，尾梁将向右偏转，机头则向左偏转而实现飞机的左转。

右脚蹬向前直升机右转。右脚蹬向前时尾桨桨叶角减小，尾桨平衡力减小，尾梁将向左偏转，机头则向右偏转而实现飞机的右转。

但苏制直升机尾桨的操纵则完全相反，左脚蹬向前飞机将向右转而不是左转。

因此可见，直升机尾桨除了能平衡主桨的反扭矩外，还提供直升机的航向操纵。

前面学过了自转，自转是当直升机发动机失效后无法驱动主旋翼时能够安全着陆的一种方法。如果因发动机失效无法驱动主桨，尾桨产生的平衡力偶不再用于平衡发动机的反扭矩，而可以使得飞机机身实现方向性控制，同时尾桨的桨叶角值可以从正到零甚至到负值。在正常飞行中尾桨桨叶角值一般为正，进入自转飞行后，桨叶角应减小到零左右以使尾桨不产生力偶保持飞机的直线飞行，如果要想实现右转，则需将尾桨桨叶角值变为负值，产生反向的力偶。

驱动尾桨的功率来自于发动机的总输出功率，总功率一部分用于驱动主桨，另一部分用于驱动尾桨。当尾桨距增大时，尾桨消耗的功率增加，使用于主桨的功率减少，主桨产生的升力减小，飞行员必须提总距杆进行补偿否则直升机将下降高度(有的直升机装有自动补偿系统)。

当尾桨距减小时，尾桨消耗的功率减少，则用于主桨的功率增加，主桨产生的升力增大，直升机将上升高度，同样需要飞行员再进行相应的补偿操纵。

1.9.2　直升机侧移

直升机侧移发生在装有尾桨的直升机上，由于尾桨产生的侧推力是一个力偶，用于平衡发动机的反扭矩，但如图 1-36 所示，此时机身的一侧有两个力的作用而另一侧只有一个力的作用。

在悬停时这样会引起直升机向一侧移动，如果主桨的转动方向是俯视逆时针方向，侧移方向向右，这与尾桨装在尾梁的哪一侧无关。

在悬停中这种侧移是不允许出现的，因此必须有第四个力与尾桨的侧推力相反以防止侧移的发生。这个力可通过在设计直升机时将主桨轴倾斜，倾斜方向与尾桨产生的侧推力方向相反，如上面例子所述，主桨轴应向左倾斜，即将周期变距杆左移。图 1-37 显示了周期变距杆左移后直升机悬停时的力的分布。

现代直升机的操纵系统在设计时充分考虑到了侧移的补偿问题。当总距杆逐渐提起时，主桨旋转平面将逐渐向左倾斜，总距杆越往上提，输出功率越大，反扭矩越大，尾桨的侧推力也越大，随着总距杆的不断上提尾桨力不断增大，主桨的侧倾产生的力也越大，因此在不同的总距杆位置，驾驶员基本不需要操纵周期变距杆来平衡，周期变距杆的位置仍然保持相对中立。

但主桨的侧倾会带来一个新的问题，那就是主桨的侧倾产生的平衡力和尾桨的侧推力将形成一个新的力偶，如果尾桨侧推力的作用平面低于主桨旋转平面，这个力偶将使得机身也倾斜，如图 1-37 所示。这将引起直升机在着陆时左主机轮总是先着地。

为克服这种现象，许多直升机在设计时将尾桨安装在尾梁的最高处的尾斜梁上，使尾桨的侧推力尽可能地与主桨在同一个平面上，避免在悬停时机身出现滚转力矩。

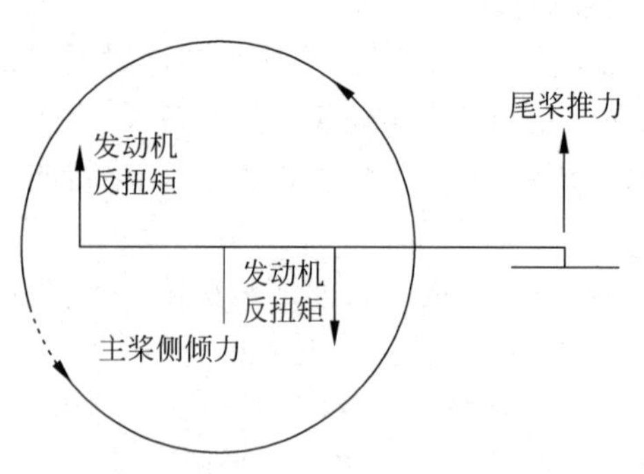

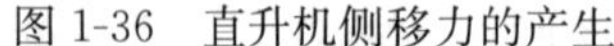
图 1-36 直升机侧移力的产生

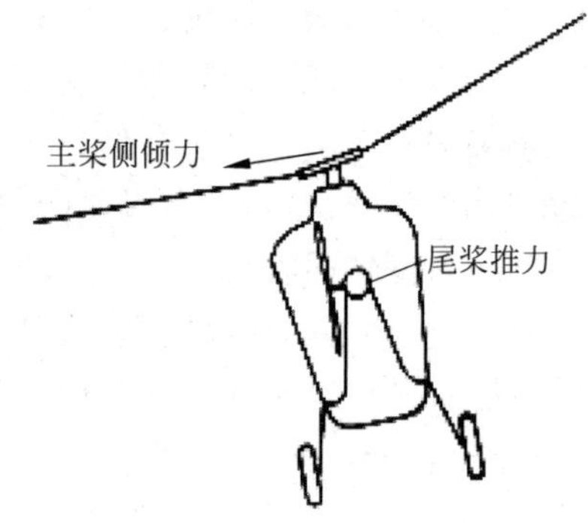

图 1-37 周期变距杆左移后直升机悬停时力的分布

1.9.3 离心偏转力矩

离心偏转力矩(CTM)是指在离心力的作用下翼型总是具有减小桨距的趋势。

当尾桨叶转动时离心力的作用方向始终是从尾桨毂中心向外,如果桨叶有一定的桨叶角,尾桨叶翼型的弦线肯定不与转动轴相重合,见图 1-38(a)。这表明桨叶质量的一部分处在转动轴的一侧,另一部分桨叶质量处在转动轴的另一侧,假设两部分尾桨叶质量的重心分别为点 A 和点 B,则桨叶的离心力将分别作用在点 A 和点 B 上。

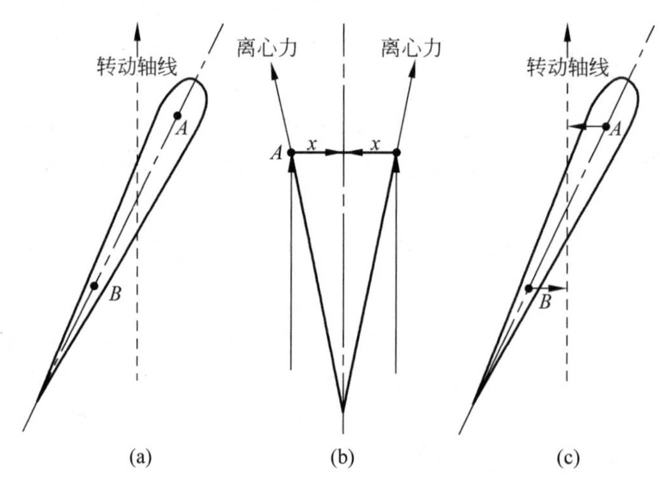

图 1-38 离心力与离心偏转力矩

这两个离心力可以分别分解为两个分力,一个分力作用在转动平面内且与尾桨叶的中心线平行,另一个分力与其垂直。第一个分力对桨叶产生离心载荷,另一个分力因为作用在点 A 和点 B 上,且与转动有一个距离 X,将产生一个力矩使得尾桨叶的两部分质量移动直到点 A 和点 B 能与转动轴重叠,这个力矩就是偏转力矩,它使得尾桨叶始终具有减小桨距的趋势。图 1-38(b)显示了离心力的两个分力,图 1-38(c)显示了水平分力通过点 A 和点 B 怎样产生的力矩。

克服这个问题的办法是驾驶员必须蹬左脚蹬来抵消离心偏转力矩,防止尾桨叶减小桨距。但这样会给驾驶员带来疲劳反应,尤其是操纵大型直升机。大多数直升机因此在尾桨操纵回路上装有尾伺服(尾助力器)帮助驾驶员进行操纵。同时,尾桨叶也可安装一平衡配重块,配重块安装在尾桨叶的变距机构上,与转动轴也有一定距离,也会产生离心偏转力矩,但与尾桨叶的离心偏转力矩方向相反。当尾桨叶改变桨叶角时,由于配重块与尾桨叶有机械连接,它也会相应改变与转动轴的位置,这样保证了配重块产生的离心偏转力矩始终与尾桨叶产生的离心偏转力矩大小相等、方向相反,因此两个离心偏转力矩可以相互抵消。

1.9.4　尾桨升力的不对称

前面提到直升机在飞行中主桨前进桨叶和后退桨叶产生的升力不一样而引起主桨升力的不对称。对于尾桨,虽然其旋转平面是垂直的而不像主桨是在水平平面,但同样也会出现升力的不对称现象,这种现象对尾桨来说只在前飞和后退飞行时才出现。

为克服此现象,尾桨也安装了挥舞关节。如果尾桨只有两片桨叶,挥舞关节对角线穿过尾桨毂,这样能保证当升力不对称桨叶挥舞时,尾桨叶将同时改变桨叶角,使得前进桨叶的桨叶角减小而后退桨叶的桨叶角增大,总的结果是两片桨叶的挥舞能够平衡升力的不对称,这种对角线挥舞关节也叫 Δ3(delta 3)关节,如图 1-39 所示。

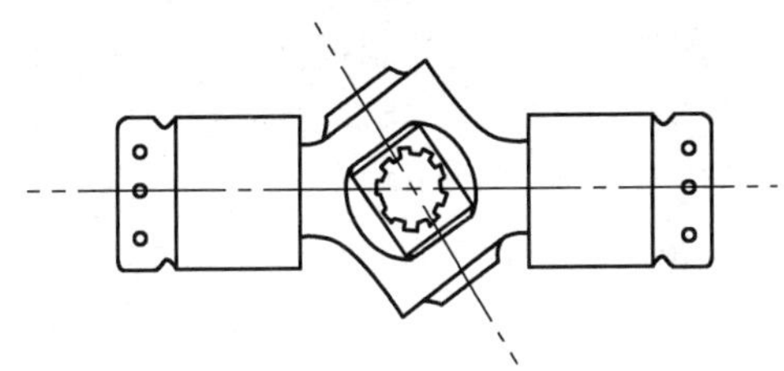

图 1-39　Δ3 尾桨挥舞关节

对于多桨叶的尾桨系统,Δ3 关节则不起作用。克服这种现象必须将尾桨变距机构安装在挥舞关节的外侧,这样桨叶挥舞同样可以引起桨叶角的变化来平衡前进桨叶和后退桨叶的升力的不对称。图 1-40 为多桨叶尾桨系统的变距机构安装图,其中图 1-40(b)在挥舞时可以改变桨叶角。

因此,尾桨在设计安装时,从后向前观察,尾桨在前飞时本身并不完全是垂直的,而是略微向外侧偏的,如图 1-41 所示。

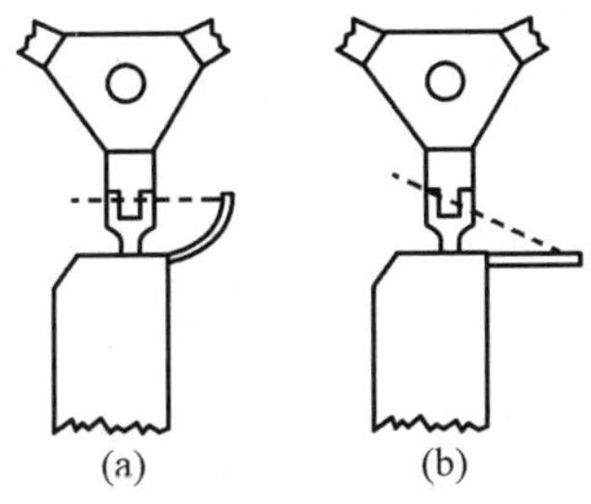

图 1-40　多桨叶尾桨系统的变距安装图

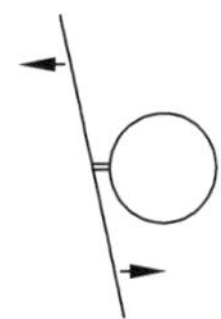

图 1-41　尾桨的安装位置示意图

1.10 直升机的稳定性和一些特殊情况

1.10.1 速度限制和桨尖失速

速度限制主要是指旋翼转速和直升机飞行速度的限制。

旋翼转速限制必须考虑以下几个方面。

(1) 离心载荷

转速越大,作用到桨叶上的离心载荷越大,对桨叶能够承受离心载荷的强度要求越高,设计时必须在桨叶的强度和良好的翼型之间找到平衡点。

(2) 升力要求

如果旋翼转速太低,桨叶不能产生足够的升力克服飞机的重力。

(3) 桨叶惯性

由于桨叶的惯性作用,桨叶在飞行中转速的变化将受到阻碍,实际上主桨叶的转速在所有飞行状态中基本保持在一个很小的变化范围内。

(4) 直升机飞行速度限制考虑的一个重要因素是后退桨叶的失速

在较大的飞行速度下,气流流过后退桨叶叶根处的方向将变成从后缘至前缘,因为此时叶根处的转速远远小于飞行速度。当出现这种情况时,这部分区域将不产生任何升力,这块区域处于后退桨叶的叶根处,形状近似为三角形(见图 1-42),飞行速度越大,三角形的面积越大,从而引起升力的不对称越严重,驾驶员必须进一步前移周期操纵杆来克服这种现象(前面已讨论过),一旦周期操纵杆向前移动量达到了其限动位置而没有完全克服失速现象时,飞行速度将无法继续增大,因为旋转平面将开始向后倾斜。

如果为了克服后退桨叶叶根处的失速而增大旋翼转速,将引起另一种现象,即前进桨叶的激波。这是因为前进桨叶叶尖处的转动速度加上飞行速度有可能进入音速范围,叶尖将产生激波,从而引起前进桨叶升力的减小和严重的直升机振动。

1.10.2 涡环效应

这种现象会在直升机有动力情况下垂直下降且下降率较大时发生,是一种危险的现象。正常飞行时气流是从上至下通过主桨,而在自转时则是从下向上通过主桨。

这种现象发生后向下的气流将由于下降率较大而存在一个向上流动的趋势,这将引起如图 1-43 所示的气流回流(涡环)的状态,涡环效应将造成气流分离、振动和升力的减小。

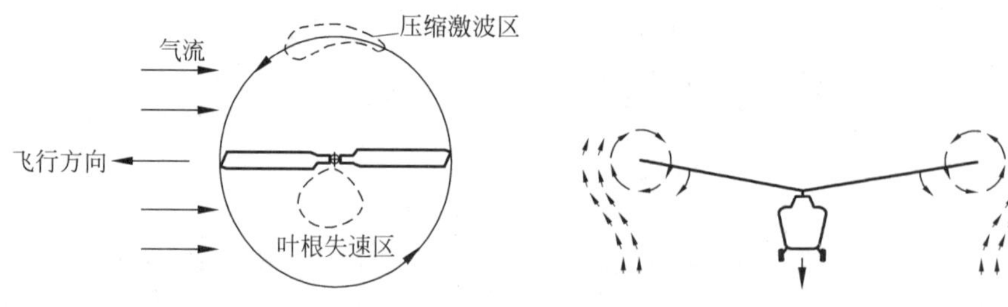

图 1-42　桨叶失速区域示意图　　　图 1-43　涡环效应

克服涡环效应的方法有两个：第一种方法是，如果直升机高度足够，驾驶员可以放低总距杆进入自转飞行状态，这样可以使所有的气流都变成从下向上流动，只要飞机脱离了涡流效应，再将飞机恢复到正常飞行状态，然后再以较小的下降率下降；另一种方法是，驾驶员前推周期变距杆使飞机进入直接飞行状态，一旦脱离了涡环效应，再提总距杆减小下降率。

1.10.3　桨叶挥摆

桨叶挥摆发生在大风天气，直升机在地面且旋翼转速很低的时候，主要是在刚起动和发动机停车时易发生，尤其是在发动机已停车而旋翼仍在转动时更危险。

发生这种现象的主要原因是，通常直升机在地面是迎风停放的，大风天气风速较大，由于升力的不平衡造成前进桨叶升力增加，向上挥舞，后退桨叶则因转速低风速大使得升力很小而向下挥舞。因此桨叶挥摆的最低点将出现在机身的正后方，即尾梁的上方，如果这种现象不断加剧，桨叶的摆动量不断增大，桨叶有可能撞击到尾梁。

为防止这种现象的发生，直升机主桨系统安装了下垂限动器(下限动环)来防止桨叶过量地向下挥舞，安装挥舞限动器(上限动环)来限制桨叶过量地向上挥舞。

限动器的工作原理是离心力操纵的机械控制装置，当旋翼转速超过一定值后，装置中的离心飞重块在离心力的作用下松开限动器，桨叶可自由地上下挥舞，而在低转速时(刚起动或停车过程中)飞重块在弹簧力的作用下回到限动位置，使得桨叶的挥舞受到限制。

1.10.4　地面共振

地面共振是指直升机在地面因桨叶转动而产生的振动逐渐增大幅度直接影响到直升机的起落架，先影响一侧，然后再影响另一侧的现象(见图1-44)。一旦地面共振发生，振动将逐渐加剧恶化，导致直升机翻滚甚至断裂。

地面共振在装有带减振支柱的轮式起落架的直升机上容易发生，在滑橇式直升机上也可能发生，但由于滑橇刚性较强，共振时可以吸收绝大部分的振动。

地面共振的主要原因是由于主桨的不平衡或主桨的锥体不好，因主桨锥体不好或不平衡将引起直升机的振动，振动先发生在一侧，再传到另一侧。如果这个振动的频率与直升机起落架的振动频率相同，将产生共振。

如果起落架机轮的气压正确，减振支柱的充气压力正确，共振发生的可能性就很小，这是因为直升机在设计时已充分意识到了这个问题，在设计时设定的轮胎气压和减振支柱的压力值引起的振动频率不会与主桨振动频率相一致。

多数直升机在刚起动时会出现“摆动”(padding)，驾驶员通常可以尽快增大旋翼转速越过此区域，如果这种摆动发展成地面共振，要想摆脱此局面驾驶员应马上将直升机提起升空，也就是说让起落架离地，当振动值降低到一定水平后驾驶员再将直升机落地，尽快停车。

1.10.5　机身姿态

一般来说，直升机的重心都处在主桨轴的正下方，直接与旋翼有效力相对应，事实上直升机的重心位置可以在一允许的范围内变化。

当直升机在悬停时，旋翼有效力的反作用力将通过直升机的重心，且方向是垂直向上的，因此机身在悬停时的姿态取决于重心的位置。如果重心在规定范围的最前或后端，机身将出现低头或抬头的现象。

在前飞状态旋翼旋转平面向前倾斜,旋翼有效力向前倾斜,作用点在机体重心的后部,机体会产生低头姿态,飞机重心位置随之改变直到作用点与重心重合,旋翼旋转平面前倾角越大,直升机的低头姿态幅度越大,如图 1-45 所示。

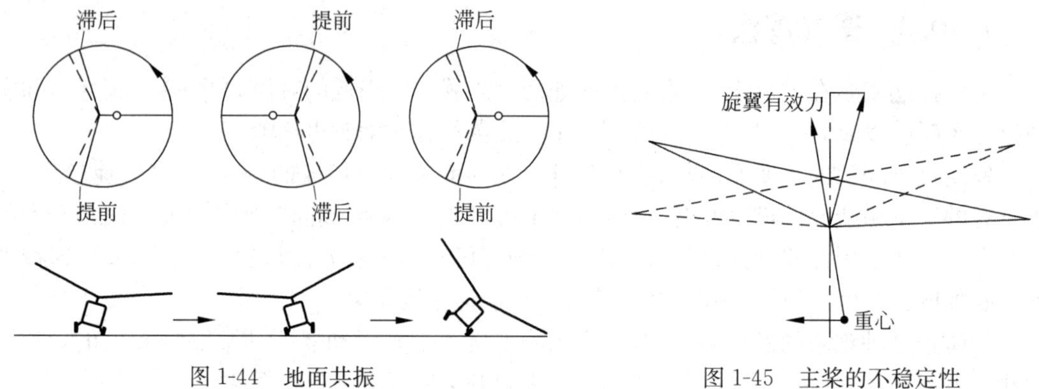

图 1-44 地面共振

图 1-45 主桨的不稳定性

现代直升机的主旋翼轴(MAST)在设计时做成不完全垂直,而是略向前倾斜,这可以使飞机在前飞时机身能基本保持水平,提高乘客舒适度,尤其在低头姿态较大时,效果更明显。实现主旋翼轴前倾的办法是在安装时将主减速器前倾一定角度,因此,在地面如果要想使机头完全水平,机尾就会显得略低。

如果重心在规定范围之后,直升机悬停时会出现较大幅度的抬头姿态,因此必须将周期变距杆前推才能保持住悬停状态。这将严重影响直升机的飞行速度,因为杆的前推使得至限动位置的行程减小。

直升机的横向重心位置也很重要,如果重心太靠左或右,周期变距杆同样要移动一定量来保持飞机的姿态,因此周期变距杆左右行程会受到限制从而影响飞机的左右飞行。

1.10.6 直升机的稳定性

直升机的稳定性是指直升机在外力的作用下能够恢复到原来的飞行路线和飞行姿态的能力。理论上,直升机主桨系统本身是不稳定的,也就是说桨盘的姿态必须随时由周期变距杆控制和操纵,任何非人为的主桨桨盘姿态的改变必须通过物理操纵才能恢复到原姿态。全铰式主桨正是如此,而有的主桨加装了其他的增加稳定性的方法如平衡棒等,即使这样桨盘的姿态仍然由周期变距杆来决定,要想保证桨盘保持在一个所需的姿态,周期变距杆不能松开,必须始终保持在一个选定的位置。

许多现代直升机都使用了自动飞行控制系统(AFCS)或增稳系统(SAS),使驾驶员不必始终在杆上不停地修正,而自动补偿姿态和航向的非人为改变。

AFCS 或 SAS 的传感器感应因阵风或风向的突然改变引起的姿态变化,并将修正信号输入到主桨或尾桨上,它对飞机的操纵与飞行员的操纵无直接关系。

这些系统严格来说并非自动驾驶系统,因为其功能受限制且驾驶员在飞行中必须时刻监控它的工作,而只有助于直升机保持选定的姿态和航向。

在最大飞行速度(周期变距杆处在最前的限动位)时主桨具有很高的稳定性,这时如果因外界因素使飞行速度增大，相对气流将使桨盘因升力的不对称而向后倾斜，使飞行速度下降而恢复到原来的状态。

在平飞速度很小时主桨是非常不稳定和非常危险的，这时如果有阵风影响，引起旋转平面向后倾斜，旋翼有效力的水平分力作用方向会变成与直升机飞行方向相反，直升机向前飞行时向后作用的分力将形成一转动力矩造成直升机抬头，导致主桨进一步地向后倾斜，继续增大向后作用的水平分力，从而使情况进一步恶化甚至引起严重的后果。消除此影响的方法是驾驶员将周期变距杆迅速前推。

前飞时另一个影响稳定性的重要因素是横向杆力，如果不修正这个杆力将引起直升机的滚转，这个力来自于变距拉杆对飞行载荷的反作用力。在向前飞行时，整个操纵机构均向前倾斜，变距拉杆在飞机的纵轴上位于最低点和最高点时，由于相位滞后现象的存在，在变距拉杆的最大的飞行载荷力的作用下将发生横向位移，前进桨叶上的力作用方向向下，后退桨叶上力的作用方向向上，其反作用力将使直升机的整个操纵机构朝着后退桨叶方向倾斜。对于旋翼逆时针方向转动的直升机来说，机体将向左滚转。为避免这种现象的发生，有的直升机在横向装有平衡弹簧。而对于大型直升机，没有液压助力系统驾驶员是无法用操纵杆来控制的，因此直升机上一般都有两套以上的液压系统，以便在一套失效时仍能操纵直升机。

1.10.7　天气对起飞重量的影响

升力公式为 $L=1/2C_L\rho V^2S$。在此公式中与天气有关的参数是空气密度 ρ，空气密度的变化将改变翼型产生的升力。主桨必须产生足够的升力来平衡直升机的重量，同时产生足够的推力来保证直升机的飞行。空气密度越小，产生的升力越小。

天气的影响如下。

(1) 温度

温度越高，空气密度越小，产生的升力越小，因此在热带地区飞行直升机的最大起飞重量下降。

(2) 湿度

湿度是指空气中水蒸气的含量，湿度越大空气密度越小，升力也越小，因此湿度大使直升机的起飞重量减小。

(3) 气压

大气压力越高，空气密度越大，主桨能够产生的升力越大，直升机的载重也越大。

1.10.8　直升机振动

直升机振动将在后面章节进行详细分析，这里只作简单介绍。

直升机由于转动部件很多，不可避免地存在振动。应该尽可能地将振动水平限制在一个规定的范围内。否则，将影响直升机的舒适程度，严重时将影响和破坏飞机的结构强度。飞行员和机务维修人员都必须掌握直升机振动的类型和引起振动的原因。了解直升机振动应该从振动的频率、振动的幅度、振动出现的方式和对直升机的影响等方面入手。

转动部件的振动一般与其转动频率相同，而直升机上部件的转动速度各不相同，因此振动频率是识别振动来源的一个主要指标。振动按频率一般分为三类：低频振动、中频振动和高频振动。

必须注意,所有的直升机出现振动如有疑问都应参考机型维护手册。例如,贝尔直升机的高频振动来自于尾桨,而中频振动则可能来自于滑橇的松动等。

考虑振动的幅度或者说振动的严重程度以及转动速度、飞行速度等其他因素,可以准确地找到振动的来源。

驾驶员飞行后的反映对分析振动产生的原因非常重要,他不仅能够说明振动的频率、幅度,同时能指出振动出现的方式,即出现在操纵系统上还是在机身结构上等;他还可以指出振动发生的阶段,如发生在悬停时还是在飞行过程中等;以及产生振动时直升机的速度等;还应该明确振动产生后对飞行有无影响,如有无造成直升机的横向或上下的摆动等。

对各种主桨系统来说,最常见的振动原因是桨叶锥体偏差。因此首先应该在地面进行桨叶锥体的检查,符合要求后再进行悬停状态的检查。一般振动可以分为两种形式:垂直振动和横向振动。

尾桨叶不平衡或者尾桨轴承故障会产生尾桨振动,通常为中频振动。振动产生时会在脚蹬上感觉到大幅度的抖动或尾部摇晃等感官判断,或通过振动仪、HUMS监控系统等进行测试。

发动机转子不平衡以及发动机与主减联结轴安装不当会出现高频振动,通常幅值较小,需要通过振动仪等进行测量。

第2章 直升机飞行操纵系统

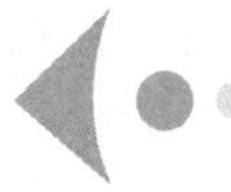

2.1 主旋翼操纵

2.1.1 简介

直升机的操纵系统有别于固定翼航空器,通常由以下部分组成。

(1) 总距操纵杆

总距操纵杆(collective pitch control),简称总距杆,用来控制旋翼桨叶总距变化。总距操纵杆一般布置在驾驶员座位的左侧,绕支座轴线上、下转动。驾驶员左手上提杆时,使自动倾斜器整体上升而增大旋翼桨叶总距(即所有桨叶的桨距同时增大相同角度)使旋翼拉力增大,反之拉力减小,由此来控制直升机的升降运动。通常在总距操纵杆的手柄上设置旋转式油门操纵机构,用来调节发动机油门的大小,以便使发动机输出功率与旋翼桨叶总距变化后的旋翼需用功率相适应。因此,该操纵杆又被称为总距油门杆。

(2) 周期变距操纵杆

周期变距操纵杆(cyclic control),简称驾驶杆,与固定翼航空器的驾驶杆作用相似,通过操纵线系与自动倾斜器相连接。一般位于驾驶员座椅的中央前方。驾驶员沿横向和纵向操纵周期变距操纵杆时,自动倾斜器会出现相应方向的倾斜,从而导致旋翼拉力方向也发生相应方向的倾斜,由此得到需要的推进力以及横向和纵向操纵力,进而改变直升机的运动状态和自身姿态。

(3) 脚蹬

脚蹬(anti-torque pedals)与固定翼航空器的方向舵脚蹬作用相似,都是控制航向的工具。由于直升机的类型比较多,脚蹬起作用的方式也各不相同。对于单旋翼带尾桨直升机,脚蹬经操纵线系与尾桨的桨距控制装置相连,通过控制尾桨桨距的大小来调节尾桨产生的侧向力,达到控制航向的目的。对于单旋翼无尾桨直升机,则是通过脚蹬控制机身尾部出气量的大小来调节侧向力。对于双旋翼直升机,脚蹬控制的则是两旋翼总桨距的差动,即一个增大一个减小,使得两旋翼反扭矩不能平衡,从而使机身发生航向偏转。

直升机操纵系统总体图如图 2-1 所示。

在第 1 章我们学习了直升机飞行和操纵原理,在本章我们要讲述直升机操纵系统是如何将飞行员的操纵传递到主旋翼的。

直升机的机动飞行是绕着三条轴线来转动的,即横轴、纵轴和立轴,如图 2-2 所示。它

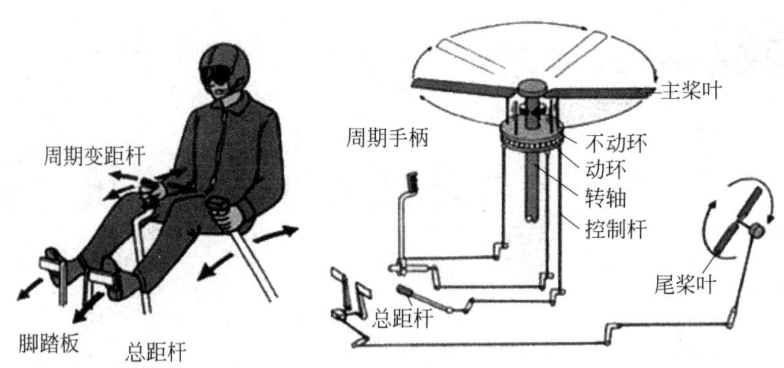

图 2-1 操纵系统总体图

可以绕纵轴作横滚运动，绕横轴作俯仰运动，绕立轴作航向运动。同其他航空器一样，直升机在正副驾驶位置也可以是双套操纵装置，而有些直升机的副驾驶操纵装置还会被设计成可拆卸的以便满足飞行的需要。

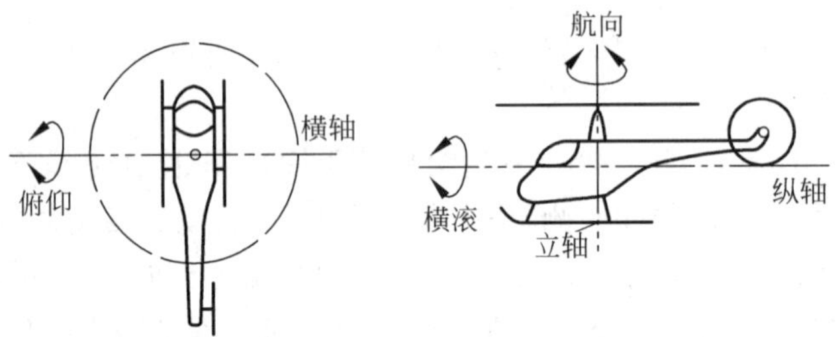

图 2-2 直升机的三轴

三种操纵系统，即总距操纵、周期变距操纵和脚蹬操纵用来实现直升机的机动飞行。总距杆移动可以同时等量地改变所有主桨叶的桨距角，从而改变旋翼有效力。周期变距杆是用来倾斜主旋翼旋转面的，向前、向后、向左、向右以及这些方向的合成。这样就会在这个旋转面的倾斜方向产生一个作用力，使直升机沿该方向移动。当飞行员操纵周期变距杆时，会引起主旋翼的各个桨叶的桨距角在转动过程中发生不同的变化，通过改变相应桨叶的桨距来使该桨叶向上或向下运动，从而使主旋翼旋转面按照飞行员的操纵要求发生偏转。

在现代的直升机设计上，旋翼在飞行中的转速是基本不变的，这是由燃油调节器或计算机控制的全权数字发动机控制系统（FADEC）来实现的。而在一些老式的直升机或一些最大起飞质量在 5700kg 以下的直升机上，则可能是由一个安装在总距杆上的油门操纵手柄来控制的。燃油调节器或 FADEC 系统通过自动调节油量来满足功率的变化，而油门操纵手柄则是由飞行员根据操纵需要来改变发动机的转速，显然燃油调节器或 FADEC 系统对因飞行员的操纵而引起额外功率需求时，在保持旋翼转速方面更加准确和可靠。

脚蹬用于操纵和改变尾桨叶的桨距角，但只能改变桨叶的总距，而不能够进行周期变距输入。我们知道，尾桨是用来抵消因主旋翼转动产生的扭矩的，主旋翼总距的增加会相应增加该扭矩，因此就需要尾桨也相应增加力来抵消它。

除了用来抵消扭矩作用外，脚蹬还可以实现对直升机航向的控制，即机头转左或转右。当直升机要沿扭矩相反方向偏航时，则需要尾桨产生更多的力来抵消它；当直升机要沿扭矩相同方向偏航时，则需要尾桨力减小而只靠该扭力作用使直升机转向。

由此可见，直升机的飞行操纵是相互影响的，例如在悬停时主旋翼总距增加会引起扭矩的增加，因此就需要尾桨产生额外的力来抵消它以防止直升机发生偏转。

许多直升机，除了最基本型外，在飞行操纵系统内大多有电气系统来使直升机增稳，大型直升机使用的则是自驾系统。

增稳系统能使直升机不受外界(如阵风等)的干扰影响，保持已定的高度、已定的航向和速度。该系统使直升机保持稳定，不需要飞行员进行不断地修正，从而减轻了飞行员的工作强度。

许多大型直升机安装了全套的自驾系统，直升机可以按照预先输入的飞行计划飞行，而只需要飞行员最少量的操作，从而进一步减轻飞行员的工作强度。

通常飞行操纵系统从总距杆和周期变距杆到主旋翼伺服作动器的操纵传递是一种推拉杆形式，而尾桨操纵系统从脚蹬到尾桨叶片则是通过钢索来完成的，同时还有张力调节器，在两端使用推拉杆。而在一些大型直升机上也有完全采用推拉杆系统来作为尾桨操纵的。

尾桨操纵采用钢索的最主要原因是尾桨的操纵系统所经路径通常较主旋翼操纵系统长，使用钢索则相对可以减轻重量，并且还可以随直升机机身结构的变化而伸缩。

2.1.2　操纵系统部件

本节简单讲述应用在直升机上的部分部件。

1. 钢索系统

(1) 操纵钢索

应用在直升机上的操纵钢索一般是由镀锌碳合金或不锈钢材料制造的，它们适用于可发生变形的结构上，两端由适当的端头部件连接(见图 2-3)。

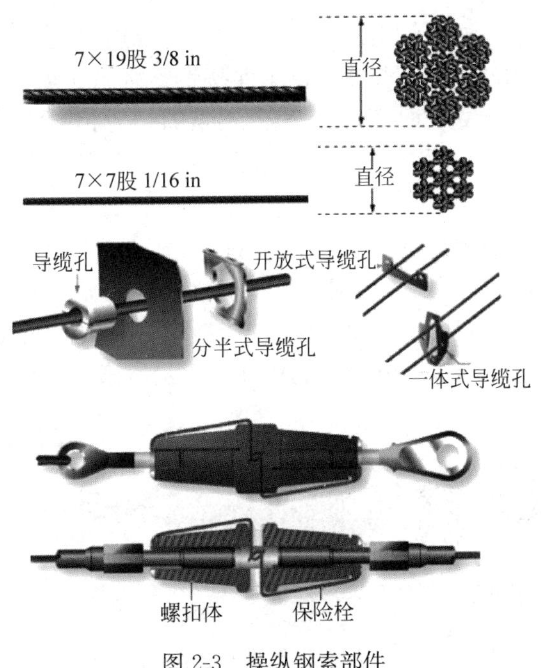

图 2-3　操纵钢索部件

(2) 松紧螺套

在操纵系统中松紧螺套可以用来调节钢索的张力。松紧螺套有很多种,且有不同的保险方法,例如打保险丝、弹簧卡箍和锁定螺帽等。

(3) 导缆器和导缆孔

导缆器和导缆孔应用在直升机上任何可能导致操纵钢索与机身结构相影响的地方,一般采用特氟隆材料,由两半组成,将钢索卡在中间,通常安装在机身的一个支架上。导缆器可以减少钢索的抖动,而且可以保持钢索的直线性。导缆器与钢索之间的偏离不能超过3°,因此安装导缆器要保证对钢索的影响尽可能的小。任何的偏离都会导致钢索和导缆器的过度磨损。

(4) 滑轮和钢索保护器

滑轮应用在需要钢索改变方向的地方,它的中心是一种密封轴承。

钢索保护器安装在滑轮支架的外侧用以保护钢索不会弹出滑轮槽,钢索保护器的安装也要保证不能影响滑轮的转动。钢索保护器可以是一种开口销或螺栓。

2. 链条

链条是和齿轮或链轮齿一起用来把圆周运动转换为直线运动或把直线运动转换成圆周运动的装置。链条一般会在操纵系统的安装或操纵调节系统中见到。它也可以与钢索联合使用。

3. 钢索张力调节器

直升机结构和钢索是由不同材料制造的,在机身结构和操纵钢索之间的空气的隔离也会使得它们存在一定的温差,温度变化时它们的膨胀和收缩不同,另外环境温度的变化会使钢索的张力发生变化。因此直升机飞行操纵系统通常需要钢索张力调节器来保持钢索的张力,钢索张力调节器可以在各种环境下保持钢索的张力在规定的数值范围内。在温度变化和结构变形的情况下它能使两路钢索的一侧收紧而另一侧放松,从而保持钢索的张力不变。安装在这个补偿装置上的两个压缩弹簧提供了保持钢索张力所需要的力,一个制动装置使该弹簧只有当钢索系统在中立位时,即在两侧的钢索的张力相同时才可以发挥作用。当飞行员或操纵机构任何一方施加操纵力时,调节器就会立即锁定弹簧并给飞行员提供固有的操纵。

图 2-4 为一种典型的钢索张力调节器和操纵系统图。该种钢索张力调节器包含有两个弹簧作用的扇形件、一个指针以及指示钢索长度变化的刻度盘。十字件靠近制动轴但可以在轴上自由滑动。每个扇形件都可以绕一个公共支点自由转动,并在十字件和两个连杆作用下使它们保持同向运动。十字件在弹簧力的作用下沿钢索张力变化的方向运动。

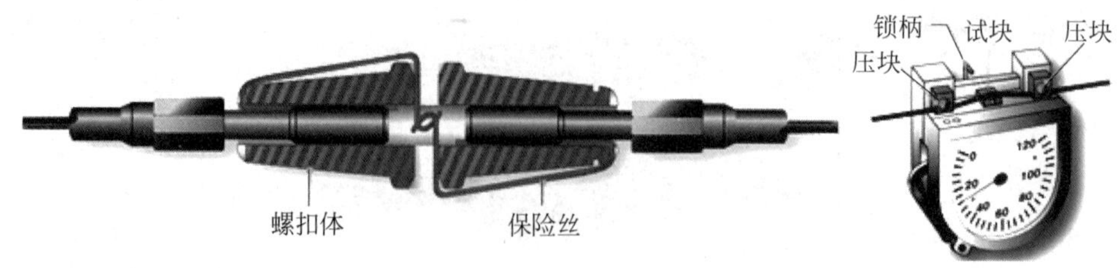

图 2-4 钢索张力调节器

与调节器相连的钢索的张力变化会使调节器上的弹簧引起两个扇形件沿相对方向转动,连杆使十字件沿制动件自由向外滑动,压缩弹簧于是使钢索保持预先设定的张力。当有外力作用在该系统上时,十字件发生偏转并锁定在制动件上,两个扇形件于是就锁定在一起像一根杆一样工作,使飞行员可以直接操纵。在飞行中只有在有操纵作用的时候该调节器才会锁定。在地面时,调节器则会对逐渐的伸展或收缩现象自动进行补偿。

张力表一般不用于检查装有调节器系统的钢索的张力。钢索的张力通过安装在两侧的管形螺母来调节,直到在调节器的刻度表获得正确的数值。该数值随外界温度的变化而不同。

2.1.3　总距操纵

通过学习直升机飞行原理我们已经知道总距杆是用来增加或减少主旋翼有效力的。总距杆分别安装在机长和副驾驶座位的左侧。和其他的飞行操纵一样,总距杆的操纵也是和人的直觉反应一致的。向上拉杆则同时增加所有主桨叶的桨叶角,从而增加了主旋翼的有效力;向下推杆则同时减小所有主桨叶的桨叶角,从而减少了主旋翼的有效力。

总距杆一端固定,并通过扭力轴与操纵系统相连。当然,它还有其他的形式,如图2-5所示。例如有的直升机的总距杆是竖立安装的,而不是通常的通过推拉来操纵的水平安装形式。还有一种总距杆是在地板上垂直安装的,通过垂直地向上拉或向下推来操纵。不同的直升机对总距杆的命名也不同,例如叫做总距、推力杆或推力操纵器等。

总距杆一般安装在一根扭力轴上,也叫横轴。扭力轴的两端通过轴承安装在机身结构上,如图2-6所示。当总距杆上下活动时,扭力轴则相应地转动。这种设计有两种好处:一是使两个总距杆通过扭力轴连接在一起,机长和副驾驶都可以独立地操纵;二是扭力轴把周向运动转换为线性运动,可以为操纵系统提供推拉运动。

推拉杆通过与安装在扭力管上的连杆相接,将总距杆的运动传递到总距操纵系统上。在传递到主伺服或主作动器之前,这些运动首先要传递到操纵复合摇臂上(后面会详述该组件)。

大多直升机的总距杆的前端安装有一个操纵手柄(见图2-7),可以接通和切断以及操纵重要的系统,例如绞车、搜索灯和发动机调节控制等。这样可以保证随时操纵这些重要系统而不需驾驶员从总距杆上移开手去另外进行操纵,尤其在某些比较关键的飞行状态下,例如悬停等。

图2-5　总距杆的形式

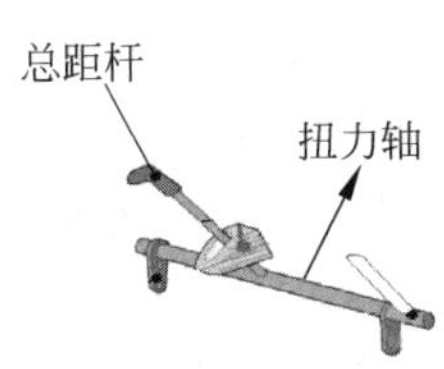

图2-6　总距杆扭力轴

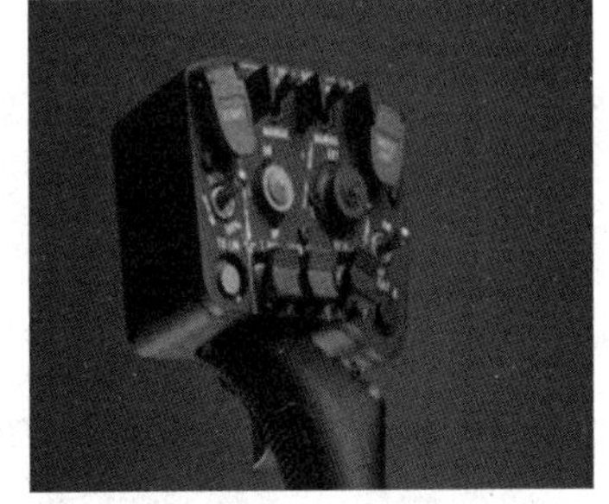
图2-7　总距杆操纵手柄

然而,在飞行中飞行员总是需要把手从总距杆上移开的,为了防止总距杆向下滑落而影响主旋翼总推力,因此需要安装一种摩擦装置。这种摩擦装置只是一种安装在扭力管上的简单的卡子(见图 2-8),或者是安装在与总距杆相连的一支撑杆上的摩擦片组件。无论哪种方式,它们都应该是可调的,可按飞行员的需要来调节。

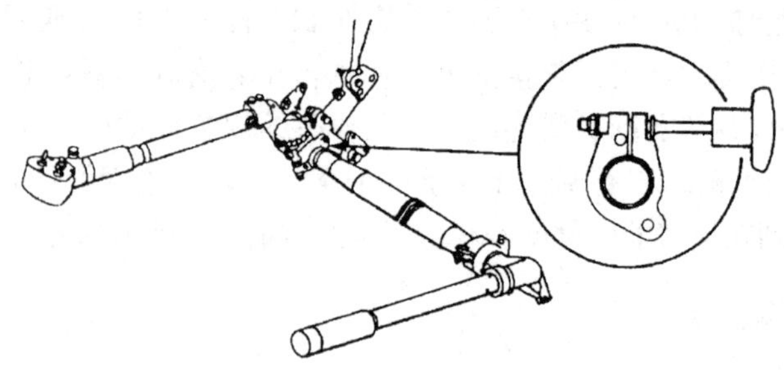

图 2-8 总距杆摩擦装置——总距锁

2.1.4 周期变距杆

周期变距杆分别位于机长和副驾驶员座位的正前方,它通过倾斜盘来实现直升机在水平方向上的飞行。和其他的飞行操纵一样,周期变距杆的操纵也是和人的直觉反应一致的,向前推杆使直升机向前飞,向后拉杆使直升机后移,向左或向右移杆使直升机向相应方向移动。

周期变距杆以下端为支点,与两套推拉管相连,一根控制直升机的左右运动(横滚),另一根控制直升机的前后运动(俯仰)。一个叉型件使这两种运动相互独立,因此直升机的横滚和俯仰可以单独实现而不相互影响。

在前后运动中,一根杆将该运动传递到一个复合摇臂;而在左右运动中,有两根相邻的杆参与了工作,它们总是互相向相反方向移动。当周期变距杆向左移动,其中一根杆向前运动,另一根则向后移动。因为直升机的横向操纵(横滚)是由两个控制横向(横滚)的主伺服来实现的,在横滚时这两个主伺服的作动也是相反的。而前后运动却只需要一个主伺服就可以实现,它们通过操纵固定倾斜盘作为支点来传递运动。

周期变距杆也有一个摩擦装置(见图 2-9),通常是在杆的基座上安装一个滚花螺母。

和总距杆一样,在周期变距杆的上端安装有操纵手柄(见图 2-10),上面有一些操纵开关用来操纵直升机的某些重要系统,通常是操纵微调、自驾或增稳、货物释放和通信系统等。

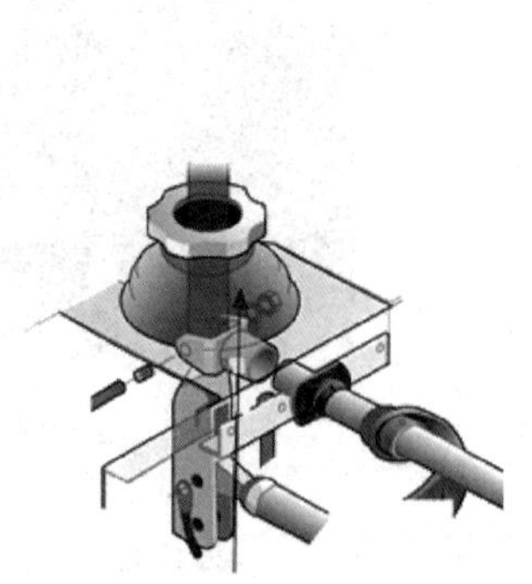

图 2-9 周期变距杆摩擦装置

图 2-10 周期变距杆操纵手柄

2.1.5 操纵复合摇臂

在前面讲述总距和周期变距操纵时我们知道这两种操纵的输入都要传递到一个复合摇臂上，该复合摇臂能够保证所有的操纵输入都传递到主旋翼而不会造成任何缺失或相互影响。

复合摇臂传递操纵输入到主旋翼伺服作动器，该作动器综合不同的操纵输入并传递到主旋翼。

对于安装有3个主作动器的单旋翼直升机，每个作动器必须获得正确的操纵输入以使直升机按照飞行员的操纵给予正确反馈。当然其中还有增稳或自驾系统的输入，这些会在以后讲述。

不同的直升机安装不同的复合摇臂。复合摇臂的最简单形式就是在一根中心轴上安装3个直角曲柄，该轴本身又通过轴承安装在另外一对较大的曲柄上，从而可以使3个曲柄转动。图2-11为典型的复合摇臂和对于周期变距与总距输入的转动轴线。

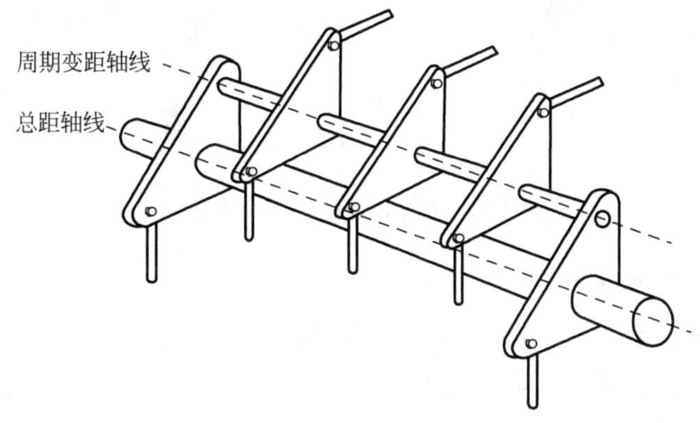

图2-11 复合摇臂轴线

这3个曲柄每一个都有输入推拉杆将它们与周期变距杆连接，分别为前后、横向左和横向右操纵，每一个曲柄又各有输出推拉杆将操纵传递到相应的主旋翼作动器上。

作为总距轴线的主轴上安装的曲柄，通过推拉杆与总距杆连接，这两个曲柄的转动会使上面3个小曲柄也随之一起活动，它们的输入和输出如图2-12所示。

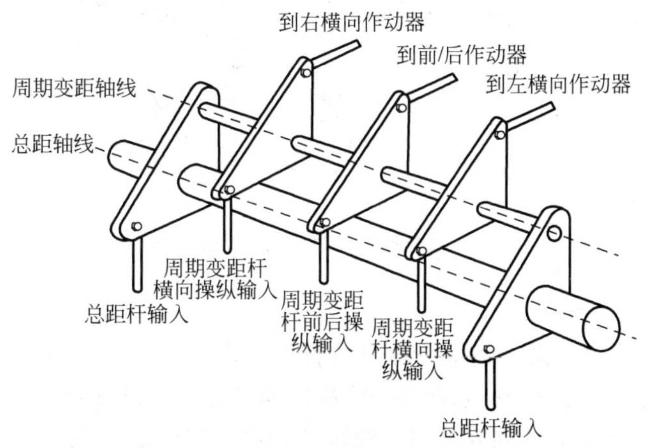

图2-12 复合摇臂的操纵输入和输出

1. **总距输入**

总距杆的活动传递到主轴的曲柄上,使所有 3 个较小曲柄一起移动(见图 2-13),从而同时同量地将操纵输入传递到所有的主作动器上,增加或减少旋翼的有效力。

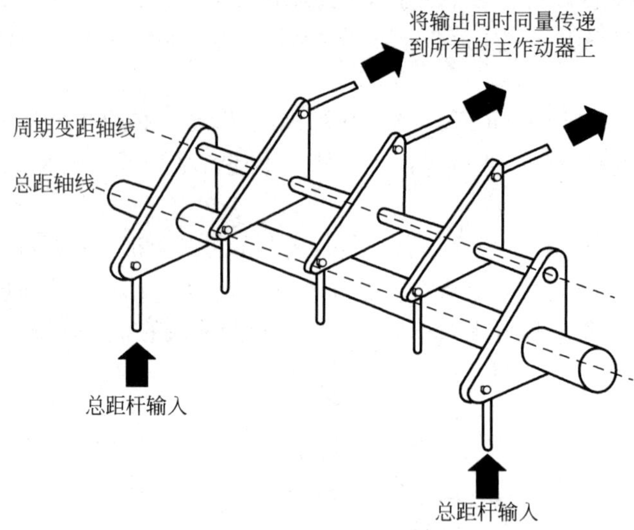

图 2-13 总距操纵输入到复合摇臂

2. **前后周期变距输入**

前后操纵周期变距杆只会将操纵传递到前后曲柄上。该曲柄绕中心轴转动,并将操纵传递到前后作动器,作动器根据输入要求伸长或收缩,使倾斜盘绕固定扭力臂偏转,从而使主旋翼旋转面前倾或后仰,如图 2-14 所示。

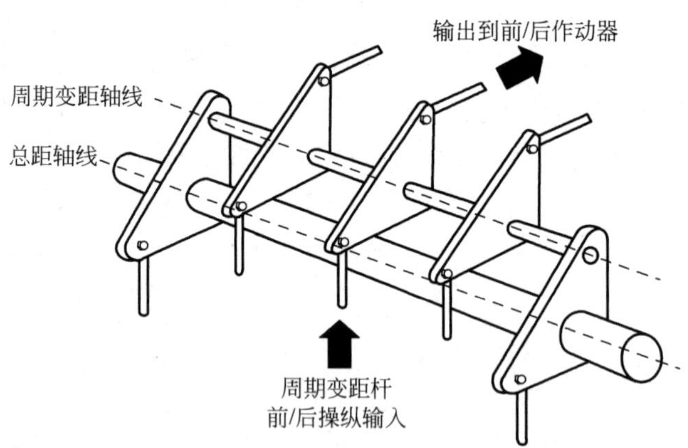

图 2-14 前/后变距操纵输入到复合摇臂

3. **横向周期变距输入**

左/右横向操纵周期变距杆会使一根输入操纵杆向上移动,而另外一根向下移动,带动两个横向曲柄分别向上/下转动,从而使一个横向作动器伸长,另外一个作动器收缩,使倾斜盘侧转,最终使主旋翼旋转面向左或向右偏转,如图 2-15 所示。

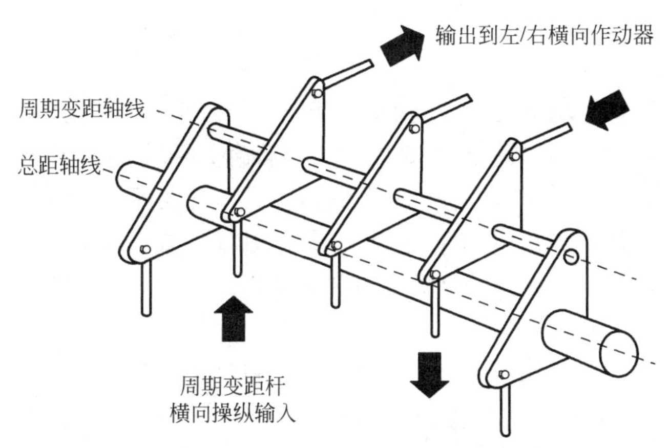

图 2-15 横向变距操纵输入到复合摇臂

2.1.6 倾斜盘和星形件

1. 简介

直升机飞行操纵系统中的主要部分就是将飞行操纵从系统的非转动组件传递到转动组件的机械装置，通常有两种装置，即倾斜盘和星形件。

倾斜盘主要应用在操纵主旋翼上，而星形件则是应用在操纵尾桨上的常用装置。当然，也有直升机采用星形件来操纵主旋翼。

2. 倾斜盘

倾斜盘分为旋转倾斜盘和固定倾斜盘两种，它是把直升机总距杆和周期变距杆的操纵位移分别转换成旋翼桨叶的总距操纵和周期变距操纵的主要操纵机构。由于承受的负载较大，因此由钢、钛或合金等制造而成。倾斜盘组件和组件剖面图如图 2-16 所示。

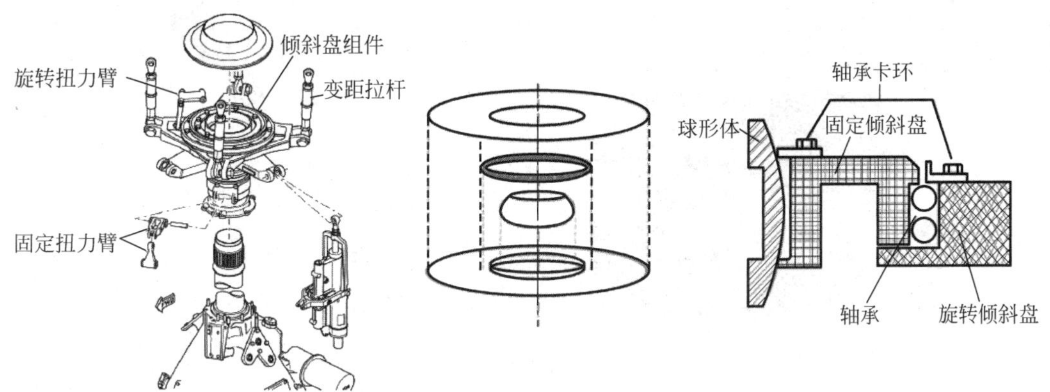

图 2-16 倾斜盘组件和组件剖面图

固定倾斜盘通过一个位于它中间的大球形轴承安装在主旋翼传动轴上，这个球形轴承可以沿着一个环绕主旋翼传动轴的滑动轴套上下自由滑动。旋转倾斜盘安装在固定倾斜盘的上方，它的中间有一个环形轴承，因此可以在水平面上像一个整体一样自由转动旋转倾斜盘和固定倾斜盘，固定倾斜盘在水平夹角的任何变化都会传递到旋转倾斜盘上，使其也随之进行相同的变化。

(1) 固定倾斜盘

固定倾斜盘的四周平均分为 4 个连接点，其中 3 个与作动筒的上端连接，它们以眼形件和叉形件形式相连，之所以需要眼形件是因为当作动筒上下活动时，它与倾斜盘相连的角度就会发生变化。安装在眼形件内的轴承保证它可以自由活动而且减少了磨损。通常还会发现在倾斜盘上的连接件，无论是眼形件还是叉形件，都安装在一套轴承内，因此也可以沿倾斜盘转动。这种设计是因为复杂的操纵输入会使倾斜盘倾斜，导致在倾斜盘和作动筒之间的连接有径向和轴向的位移产生。

这样的连接方式产生的自由活动会导致固定倾斜盘被旋转倾斜盘带动而使作动筒连接产生侧向负载，从而产生应力并加速疲劳失效。因此为了减轻这种侧负载，就需要另外一个叫做扭力臂的附件。它包括两个相似形状的连臂，通过它们中间的轴承相连。扭力臂的上端安装在固定倾斜盘上，另一端与主旋翼传动轴上的一固定安装座相连。

固定倾斜盘上的扭力臂还有另外一个作用。既然有两个横向作动器，一个在左侧，一个在右侧，但却只有一个前后作动器，所以需要另外一个支点才能进行正确的操纵。固定倾斜盘上的扭力臂就安装在该前后作动器的对面，从而可以作为一个固定支点使倾斜盘能上下活动，如图 2-17 所示。

(2) 旋转倾斜盘

旋转倾斜盘上也有 4 个连接点，同样平均分布在它的外围，并通过变距拉杆与主旋翼上的变距角臂相连。与固定倾斜盘上的连接一样，所有的连接都安装在轴承上，从而可以允许有角运动。变距拉杆可以在旋翼进行轨迹检查时用来调节其长度而不必断开它的两端。它的两端是以正反螺纹形式旋转安装在变距拉杆上。它还有一种锁定装置，通常是锁定销或锁定螺帽。调节完毕后锁定螺帽需要再打保险以确保锁定安全。图 2-18 为一个典型的变距拉杆，它安装有弹性轴承。

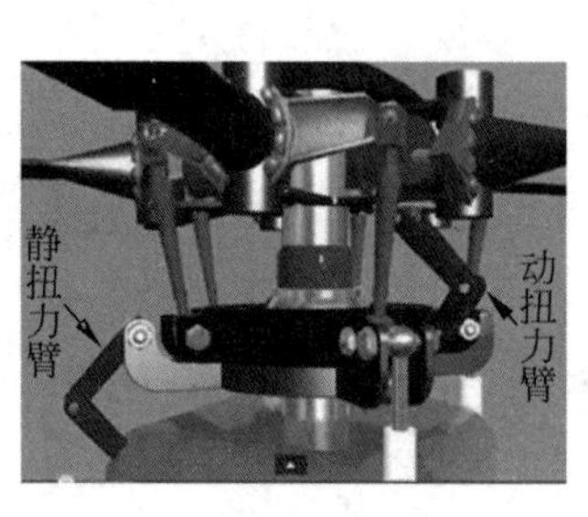

图 2-17 扭力臂

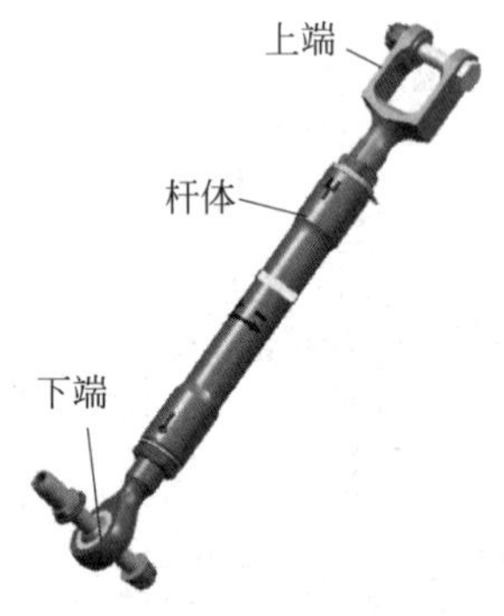

图 2-18 变距拉杆

必须确保旋转倾斜盘和主桨毂同步转动，不能使倾斜盘发生任何的滞后。因为这种现象会导致变距拉杆的有效长度变短，从而使桨叶角度减小。为防止这种现象的发生，旋转倾斜盘也和固定倾斜盘一样在它与主桨毂之间安装有一对扭力臂。

(3) 倾斜盘的工作

不管实际安排和厂家偏好如何，所有倾斜盘传递到主旋翼的方式都是相同的。通过下面的一个示意图可以比较简单清楚地了解它们的工作方式,图 2-19 为该部件的安装示意图。

① 总距

当总距输入时,所有 3 个作动器会一起同时同量地伸长或缩短,它们的变化会使倾斜盘上升或下降,从而使大球轴承沿主旋翼轴上下移动。主旋翼于是就会同时获得相同的总距变化,从而使总的旋翼推力增大或减小。图 2-20 是当总距杆拉起时所有桨叶的桨叶角同时等量变化的示意图。

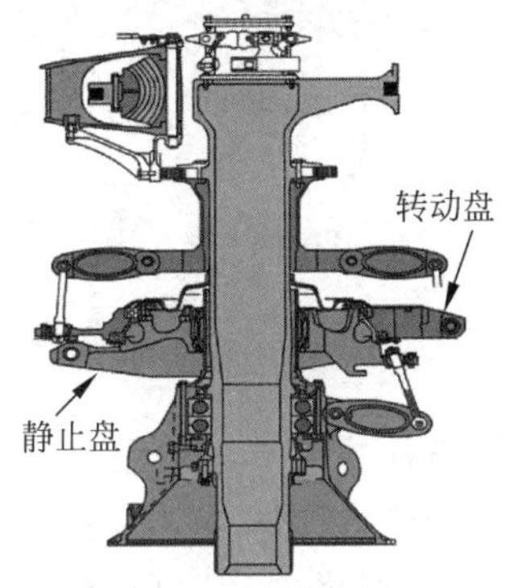

图 2-19　倾斜盘的位置及工作

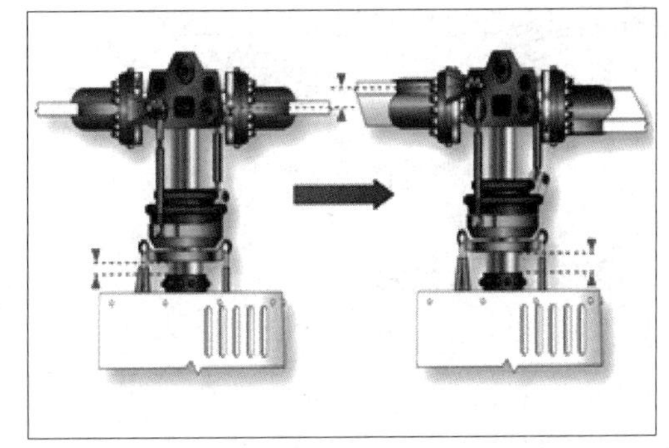

图 2-20　倾斜盘的工作——总距输入

② 周期变距

移动周期变距杆会有不同的输入传递到复合摇臂,然后再传递到作动器,使作动器伸长或缩短。于是固定倾斜盘发生倾斜,这种变化传递到主旋翼引起各片旋翼的桨距发生各自不同的变化,从而使旋转平面发生倾斜。根据前面学过的相位滞后理论,倾斜盘的偏转和旋转平面的偏转是在不同方向的。随着旋转倾斜盘的转动,旋翼的桨距会随着周期变距杆的位置不停地发生变化。图 2-21 显示当周期变距杆前后运动(俯仰)时,固定倾斜盘上的扭力臂作为一个基准点,前后作动器使倾斜盘发生变化。在横向运动(翻滚)时,一个横向作动器伸长,另外一个缩短。

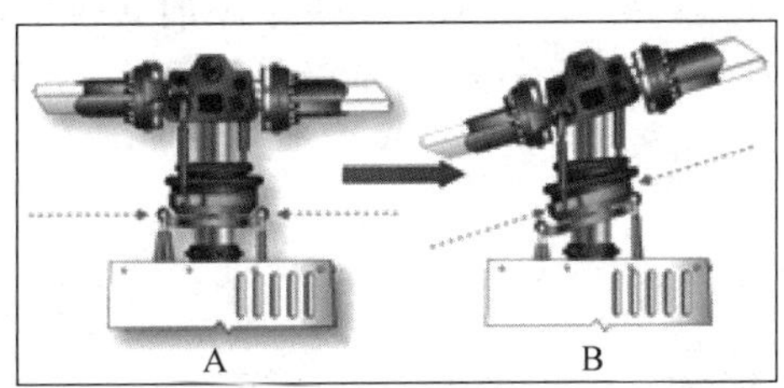

图 2-21　倾斜盘的工作——周期变距输入

(4) 倾斜盘组件

图 2-22 是一种安装在中型直升机上的典型的倾斜盘组件。它有五片旋翼,因此有 5 个

变距拉杆安装点,同时也有转动防扭臂和固定防扭臂。

前面我们说过变距拉杆和扭力臂的连接需要一定的自由活动来偏转倾斜盘,否则这些部件就会承受很大的弯曲应力,导致疲劳而过早失效。

图 2-23 所示是一种典型的耳轴,作动器、变距拉杆和扭力臂都是通过耳轴连接到倾斜盘上。变距拉杆和其他部件通过一根螺栓穿过耳轴中间的轴承,因此可以允许有一定的径向间隙。耳轴本身又安装在倾斜盘连接角臂内的一组轴承上,这些轴承允许耳轴有少量的角度上的变化。因而使所有与耳轴连接的部件在任何方向都允许有少量的活动,从而减少当倾斜盘偏转时在这些部件上产生的应力。

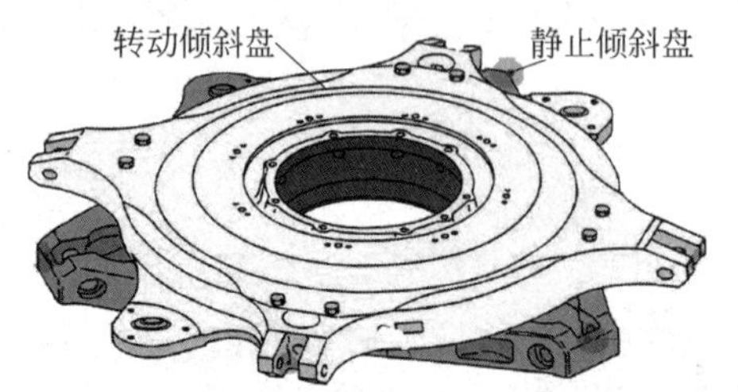

图 2-22　典型的倾斜盘组件

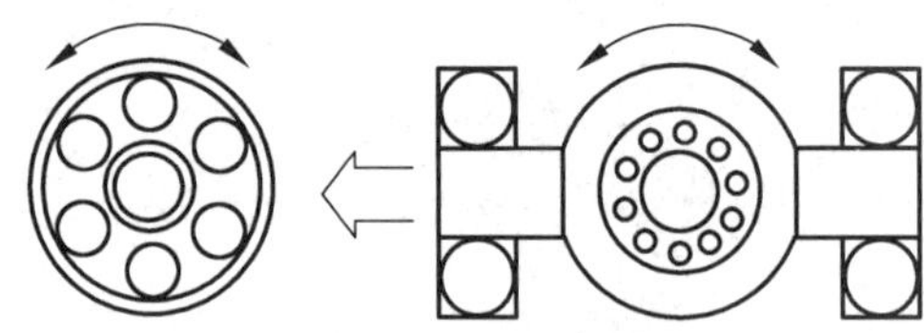

图 2-23　耳轴的安装

3. 星形件操纵系统

星形件操纵系统的操纵方式和倾斜盘系统明显不同,但两者的作用却是完全一样的。大多数情况下星形件操纵系统主要用于尾桨的操纵,但如果用于主旋翼操纵,飞行员的每项主要操纵则都是通过不同的操纵途径来完成的,例如周期变距杆对横向运动和前后运动的操纵,以及对总变距的操纵。在星形件操纵系统中它们都是分别与操纵杆相连的,因此总距操纵不需要复合摇臂,但需要一种特殊的操纵连接来获得周期变距。

旋翼桨距角的变化通过安装在一个滑动轴套内的垂直心轴来作用,它通过星形件臂与旋翼相连,心轴和轴套可以在主减速器上空心的主传动轴内滑动。由于旋翼是转动的,而星形件又与旋翼相连,于是垂直心轴在主传动轴内也转动,因此转动和非转动系统之间就需要一种连接,这种转动和非转动连接能提供总距和周期变距的全方面活动。

人工操纵的星形件系统与用动力操纵的系统基本相似,只是在每个操纵途径上增加了伺服作动器。

安装有动力控制的操纵系统还有人工恢复功能,当液压失效时,在飞行员操纵杆和伺服作动器之间有一个缓冲连杆,以保证在人工操纵接手之前获得初始的操纵。在总距和周期变距操纵系统上连接一个独立的液压系统,以释放在飞行操纵过程中产生的额外负载。

2.2　尾桨操纵

2.2.1　尾桨操纵系统

1. 简介

如前所述,尾桨操纵系统有两种形式:操纵钢索和推拉管。在早期直升机上采用的是钢索系统以减轻较长操纵路径的重量。钢索系统比推拉管系统可以减少25%～30%的重量。但是钢索系统也有些缺点，它需要加强机身结构以适用它相对强的钢索拉力，钢制钢索的膨胀会造成它与轻合金机身结构之间产生或多或少的摩擦。当然后者可以通过钢索调节器来克服，但钢索系统仍然需要较多的维护并容易产生故障。因此在许多现代直升机上，特别是大型直升机，多采用推拉管系统操纵尾桨。

2. 钢索系统

大多的钢索系统在脚蹬和钢索扇形件之间用推拉管连接，然后再用钢索穿过机身和尾梁传递到尾部。很早期的直升机上的钢索是缠绕在一个钢索线轴上的，通常缠绕1.5～2.5圈，然后直接连接到一个螺旋止动器上，它可以将钢索运动转换90°，通过星形组件传递到尾桨。这是纯粹的人工操纵系统，通常只用在轻型直升机上。

另一种形式是在有液压操纵的情况下，在尾桨的前方再安装一个扇形件，然后通过推拉管与尾桨操纵组件或作动器连接。其中一个扇形件可能也作为钢索调节器，以保证钢索的拉力。

3. 推拉管系统

在该系统内推拉管传递从脚蹬到尾桨操纵系统部件或作动器的操纵输入。推拉管的安装路径比钢索难，包含了更多的部件，其中的许多部件可能会导致潜在的故障，但是它不会像钢索系统那样一旦失去张力就马上失去操纵能力。

4. 球轴控制索系统

球轴控制索由一个双行排列的钢球组成，钢球在两个外圈和一个中心芯片之间滚动，一个软球盒包围着外圈。由于这个结构，中心芯片可以传输同等的拉力和压力。由于球轴控制索具有一定的弯曲度，所以它具有便于安装和占用空间小等特点。球轴控制索的结构如图2-24所示。图2-25为欧直EC135直升机尾桨操纵系统。

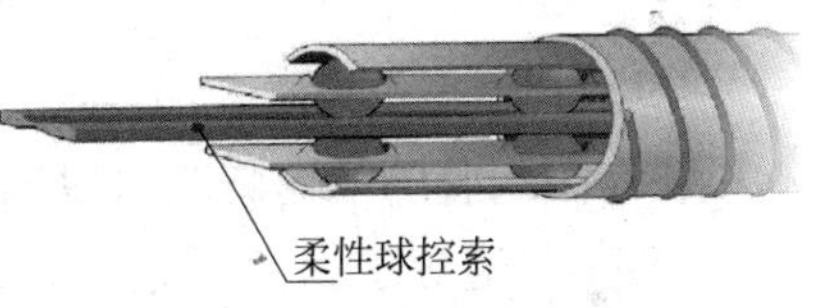

图2-24 球轴控制索结构

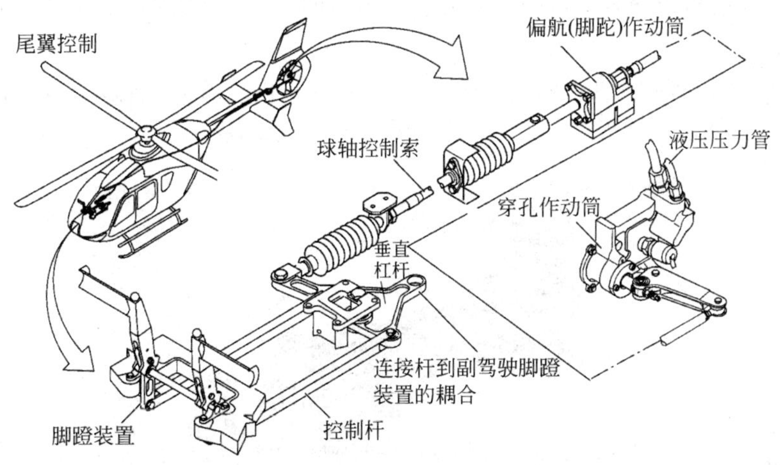

图2-25 EC135直升机尾桨操纵系统

2.2.2 喷气系统

1. 简介

由于尾桨极易碰到地面和受到障碍物撞击，而且最容易导致灾难性后果，造成机身解体和人员伤亡，自20世纪70年代初开始，一些厂家就开始研究如何获得反扭矩的方法和无尾桨的航向操纵。

早期的设计，如开喷气口的管道风扇设计，应用在欧洲宇航局的许多小型直升机上。但是这种设计仍然需要依靠安装在机身后的桨叶风扇的高速旋转，还是容易受到损坏。

麦道公司尝试用发动机引气来抵消扭矩和作为航向操纵装置，这一设计现在广泛应用在同它一个类别的直升机上，叫做NOTAR，即无尾桨装置。

2. NOTAR反扭矩和航向操纵装置

在这种装置中有两种反扭矩方法，一种是通过管道风扇，另一种是柯恩达效应。

(1) 管道风扇

安装在机身后面的一个大管道风扇，由主旋翼传动装置驱动，可以提供一股低压气流穿过大直径的复合材料制成的空心尾梁。在尾梁的末端是由飞行员脚蹬操纵的可变喷气推力器，该推力器根据操纵输入开启或关闭，从而提供不同的反扭矩力。

(2) 柯恩达效应

在大直径空心尾梁的一侧制造了两个齿槽，叫做循环控制齿槽。通过尾梁的一部分气流通过这些齿槽排出，使主旋翼下洗气流附着在一侧的时间比另一侧长，因此形成了一个垂直的翼型，从而产生一个侧向力来抵消扭矩作用。

3. 系统的工作

机长和副驾驶的航向脚蹬可以同时操纵喷气推力器和管道风扇的变距角，从而获得所需的反扭矩力，避免了因为管道风扇的变距角和速度固定不变而导致从传输系统消耗过多的能量。另外，航向脚蹬还可以操纵安装在尾梁后部的侧垂尾的角度，它最大可以偏转29°，从而在前飞时可以减轻喷气推力器和管道风扇的负担，使更多的功率提供给主旋翼，减少燃油消耗。

在悬停时，循环操纵齿槽产生的柯恩达效应可以提供主要的反扭矩力，而在前飞时，则是由侧垂尾和喷气推力器提供，如图2-26所示。在自转下降时，发动机关车，方向是由侧垂尾来控制的。

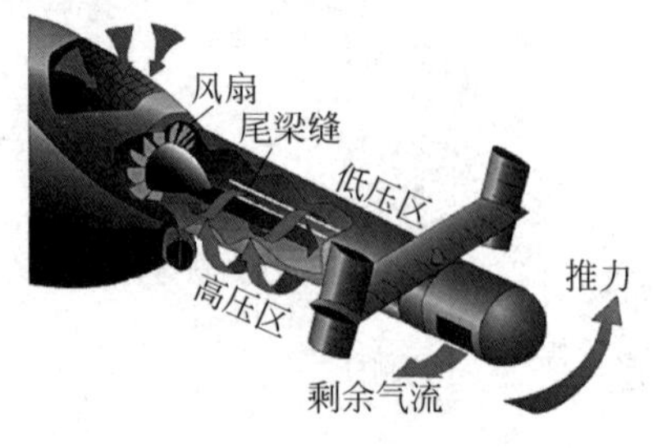

图2-26 柯恩达效应和喷气推力器的共同作用

2.3 主桨毂

2.3.1 简介

在第1章我们已经了解了主旋翼桨毂的气动性和基本结构性能。本节着重讲述它的结构。旋翼桨毂用于向旋翼桨叶传递主减速器的旋转力矩，同时承受旋翼桨叶产生的空气动力，并将旋翼的气动合力传给机身。直升机上有各种形式的主旋翼桨毂，尽管各个厂家的设计和制造技术不同，但它们都可以归为三类：全铰接式主旋翼桨毂、半刚性跷跷板式主旋翼桨毂和刚性主旋翼桨毂。

1. 全铰接式主旋翼桨毂

全铰接式主旋翼桨毂包含挥舞水平关节和摆振垂直关节。全铰接式主旋翼桨毂可能是目前应用在中型到重型直升机上最普遍的类型。

(1) 优点

① 挥舞水平关节的采用使主旋翼可以倾斜而不需要使旋翼主轴发生倾斜；

② 挥舞水平关节和垂直关节可以释放旋翼安装处的弯曲应力和载荷；

③ 挥舞水平关节可以减少因阵风引起的反应，通过单独的桨叶挥舞，而不会将影响传递到机身；

④ 挥舞水平关节和摆振垂直关节提高了直升机的稳定性，尤其在以中速到高速的前飞过程中。

(2) 缺点

① 挥舞水平关节轴承和轴向关节轴承受很大的载荷，尤其在沿翼展方向的离心力，这些载荷如果得不到足够的润滑就会加速铰接轴承的磨损和失效；

② 单独的桨叶的挥舞会产生科里奥利效应，因此需要摆振关节；

③ 需要减摆器来控制旋翼的摆振速率，否则直升机会不稳定，如果这些减摆器的工作时间不一致，超出规定范围，会增加直升机的水平振动；

④ 允许旋翼下摆，就需要下垂止动块，以防止旋翼伤害到人员和机身。

2. 半刚性跷跷板式主旋翼桨毂

半刚性主旋翼桨毂有几种不同的设计，最普遍的是跷跷板式的。跷跷板式主旋翼桨毂包含有挥舞水平关节或其他形式的允许挥舞的部件。

(1) 优点

① 由于取消了单独的挥舞关节和摆振关节，简化了结构，也减少了故障的产生，尤其减少了类似全铰接式主旋翼桨毂产生的振动；

② 由于简化了设计，维护也随之简化，节约了时间；

③ 旋翼固定在主旋翼桨毂上，不需要刚性来应付离心力；

④ 由于减少了部件，所以减轻了重量，减小了阻力。

(2) 缺点

① 由于单独桨叶挥舞的限制，阵风会引起不稳定性；

② 由于缺少挥舞关节和摆振关节，会在旋翼根部产生更大的弯曲应力，因此叶片必须有足够的强度以承受这种应力，因此重量增加；

③ 跷跷板式桨毂需要悬挂式设计以减少科里奥利效应的影响。

3. 刚性主旋翼桨毂

除了周期变距，这种桨毂不提供旋翼任何的活动。这种设计使操纵反应非常快速，通常只应用在小型直升机上。

(1) 优点

① 设计简单，减少了故障的产生，减少了维护工作；

② 相同尺寸时，刚性主旋翼桨毂的横截面积比其他两种的要小，因此阻力也随之减小；

③ 操纵反应既快又准确。

(2) 缺点

① 需要更复杂的操纵系统来保证直升机的稳定性，尤其在前飞时，旋翼不能通过挥舞产生平衡的升力，而只能通过使桨叶扭转来实现；

② 桨叶的设计必须有足够的强度来承受各种状态下所产生的载荷；

③ 刚性主旋翼桨毂非常容易受阵风或侧风的影响。

每种主旋翼桨毂都有轴向关节轴承以提供旋翼桨距的变化，因此不能用来分类。另外也有特例，例如在 Westland Lynx 直升机上，主旋翼桨毂被定为半刚性跷跷板式，但它却有一定程度的挥舞和摆振功能。在实际工作中，在直升机维护手册内可以找到描述该桨毂属于哪一类的具体信息。目前我们见到最多的是全铰接式主旋翼桨毂和半刚性跷跷板式主旋翼桨毂，但在采用了弹性材料部件以后，桨毂的分类已经不是那么明显了。

2.3.2 全铰接式主旋翼桨毂

铰接在这里即为关节。安装在桨毂上的每片旋翼有 3 个关节：轴向关节轴承、挥舞关节、垂直关节。全铰接式主旋翼桨毂大多安装有 3 片或 3 片以上的旋翼，通过一个叫做旋翼轴套的部件连接，该轴套提供这 3 个关节。图 2-27 为全铰接式主旋翼桨毂的示意图和各个关节的位置。图 2-28 为典型的全铰接式主旋翼桨毂。

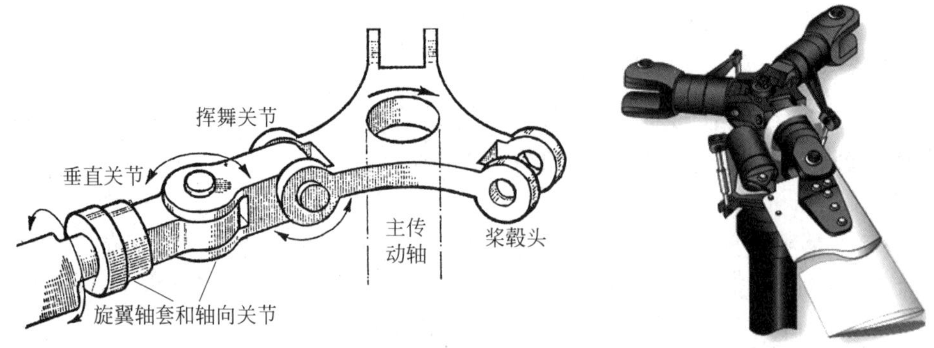

图 2-27 全铰接式桨毂

图2-28 典型的全铰接式主旋翼桨毂

旋翼轴套有上下两个安装接耳通过锥形销来安装旋翼。旋翼轴套和心轴这两个重要部件安装在一起形成一个组件。心轴的一端为叉形接头安装在摆振关节的耳轴上，轴向关节轴承则安装在该心轴上。轴套包含有一个圆柱形壳体、变距摇臂和安装接耳,它套在轴向关节轴承的外面,因此操纵系统通过变距摇臂可以使它自由转动,来使桨距角变化。图 2-29 为旋翼轴套和心轴的构造图。

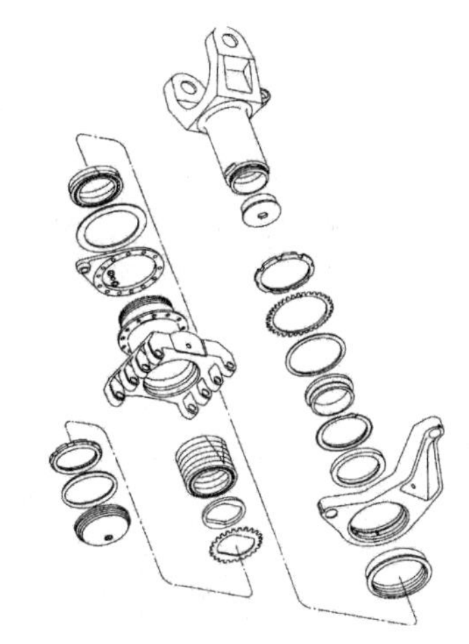

图 2-29 旋翼轴套和心轴的构造图

下垂限动器和挥舞限动块允许主旋翼挥舞有许多好处,例如挥舞可以消除直升机在前飞时产生的不平衡升力,减少阵风影响的敏感度,但这也带来了不利,需要克服。

当直升机起动时,旋翼开始转动,由于作用在它们上面的离心力非常小,旋翼会下坠,即不受控制地上下活动,尤其当有阵风时会更严重;另外当直升机停车时,旋翼转速减慢,离心力也会减小,同样会引起旋翼下坠。无论哪种状态都会严重危及安全,在某些情况下可能会拍击尾梁,损坏机身结构。因此就需要一个系统能够满足当旋翼以正常速度旋转时允许完全自由挥舞,而当转速低于一定值时又能限制它的下坠。这可以通过在主桨毂的支臂上安装一个下垂限动器来实现,该限动器的一个卡块位于主旋翼轴套和主桨毂支座之间。当限动器工作时,它就会限制桨叶的下垂量,当退出工作时就会恢复桨叶的完全自由挥舞。

下垂限动器由两根结实的弹簧拉紧固定,在旋翼启动时,作用在限动器上的离心力会克服弹簧的拉力,使限动器向外移,从而使卡块退出工作;当关车减速时,弹簧将限动器拉回,卡块就会卡在主旋翼的轴套和主桨毂支座之间。

另外一个问题是当旋翼停车或慢速转动时,在大风情况下,如何防止旋翼不发生漂移。挥舞限动块的安装就克服了这一问题。它的工作原理和下垂限动器一样,即离心力减小,弹簧拉回挥舞限动块,防止主旋翼轴套快速上下挥舞,避免轴套和桨毂受到损坏。图 2-30 为下垂限动器和挥舞限动块的示意图。

老式主桨毂使用的液压垂直关节减摆器,通过限制液压从一个腔向另外一个腔流动的速率来控制主旋翼的摆动速率。图 2-31 为典型的液压减摆器的剖面图。

减摆器通过壳体上部和下部的耳轴,安装在主桨毂的轴承上,在工作时它能够始终保持对齐。当旋翼超前或滞后时,它就会在减摆器的活塞杆上产生一个力,使活塞在圆筒内移动,迫使液压油从一个腔通过一个限流器流向另外一个腔,限流器减小了流动速率,从而也就控制了旋翼活动的速率。如果限流器或传输孔被堵塞,液压油就不能流动,作用在减摆器活塞上的力就会使腔内压力升高,使其中一个释压活门打开,从而使液压油通过活塞直接流到另外一个腔。

有些液压垂直关节减摆器的外壳上安装有一个透明的液压油箱来保持减摆器始终满油,可以同时为所有的减摆器供油。在活塞杆的两端安装有橡胶缓冲装置,来防止当旋翼起动或停止时减摆器完全伸长或压缩而导致活塞杆或壳体受到损坏。

图 2-32 为一个完整的全铰接式主旋翼桨毂的示意图。

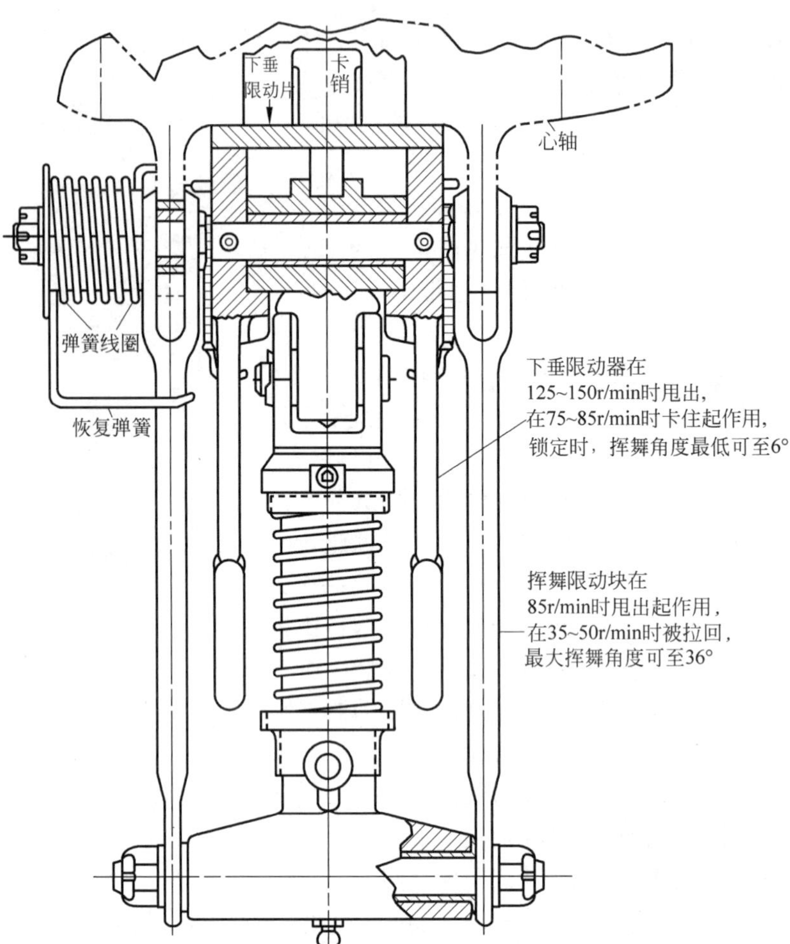

图 2-30　下垂限动器和挥舞限动块

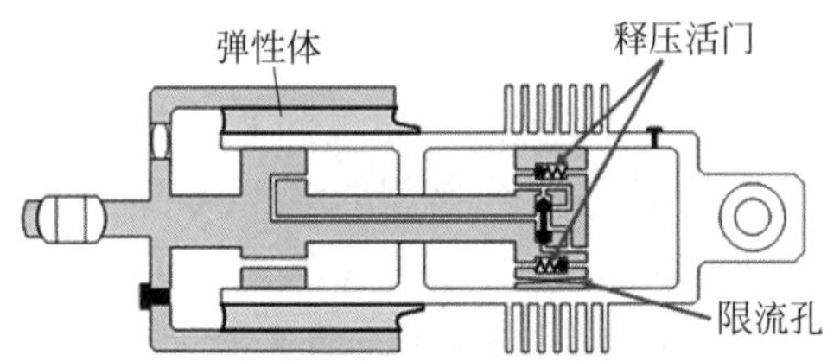

图 2-31　典型的液压减摆器

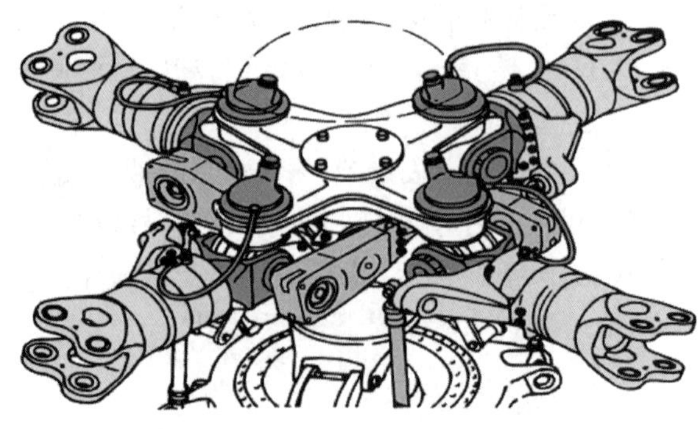

图 2-32　全铰接式主旋翼桨毂

由图 2-32 可见，全铰接式主旋翼桨毂是一个很复杂的部件，上面的所有轴承和关节都会产生潜在的多种故障。例如缺少滑油或油脂，即使在最小的轴承上，都会增加直升机的振动。另外，这些部件也明显增加了直升机的重量，它暴露在气流中的横截面也产生了大量的型阻。

该主桨毂安装在主减速器驱动的旋翼主轴上，主轴上的花键与主桨毂内环上的键齿相啮合，通过一个大环形螺帽固定在主轴的顶端。该环形螺帽设定力矩，并由锁片来锁定。

超美洲豹直升机是另外一种全铰接式主旋翼桨毂的设计，如图 2-33 所示。它的主减速器、倾斜盘和主桨毂形成一个整体组件。它在锥形齿轮箱壳体内安装一个升力轴承，外面的结构将锥形壳体和传动平台通过三根承力杆连接，将升力传递到机身结构。主轴的下端是花键形式，并与主减速器内的第二级星形齿轮啮合，锥形体通过一圈螺栓安装在主减速器上。

图 2-34 是一个复合关节的剖面图。它是油浴式的，滑油通过安装在摆振关节上面的储油盒来提供润滑，该储油盒也通过一根软管为轴向轴承供油润滑。在该复合关节的下面有两个磁堵，用来吸附滑油里的磁性金属颗粒，为维护人员检查轴承的磨损或故障提供帮助。

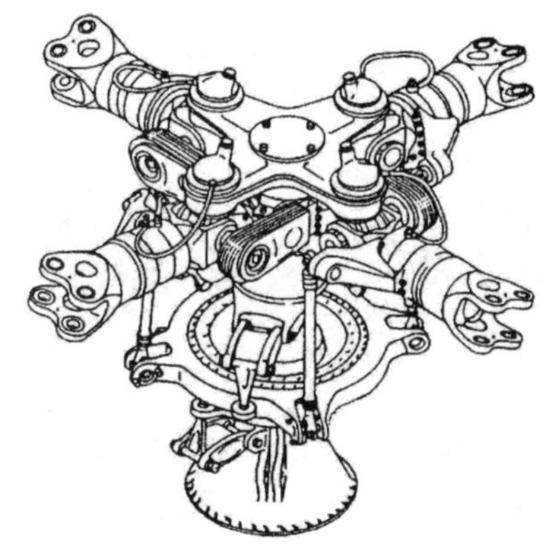

图 2-33　超美洲豹直升机主旋翼桨毂

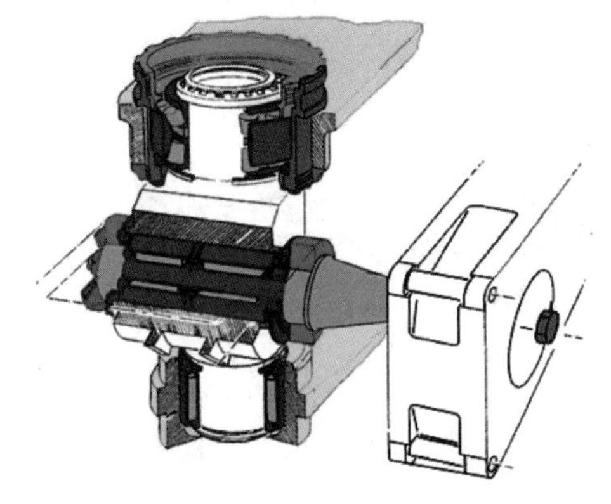

图 2-34　挥舞和摆振关节复合组件

旋翼轴套和心轴组件的设计和前面讲述的一样。如图 2-35 所示，变距摇臂安装在轴套上，传递从变距拉杆来的操纵输入，它与变距拉杆通过一个轴承组件连接，因此变距拉杆就可以在倾斜盘偏转时自动与它对齐而不会变形。在轴套壳体内有一个铅丸腔，用于向主桨毂里加铅丸进行桨毂的平衡。

旋翼轴套随安装在心轴上的 7 个轴承自由转动，轴承的安装必须正确。通常会发现在轴承组上有两条锥形线，并且在每个轴承上刻有编号，如图 2-36 所示。通常不能分解轴套组件，但在有些直升机上可以更换密封圈。

这种主桨毂采用的是复合的挥舞和摆振关节，在其早期的型号中采用的是液压减摆器，而随着技术的发展，在改进的新型号中采用的是弹性橡胶和复合材料部件，即频配器。频配器的功能和垂直关节(阻力铰)减摆器基本一样。图 2-37 是频配器的示意图，它的眼形接头安装在主桨毂上，中间大轴承通过一根螺栓连接到挥舞关节上。频配器由轻合金芯和眼形

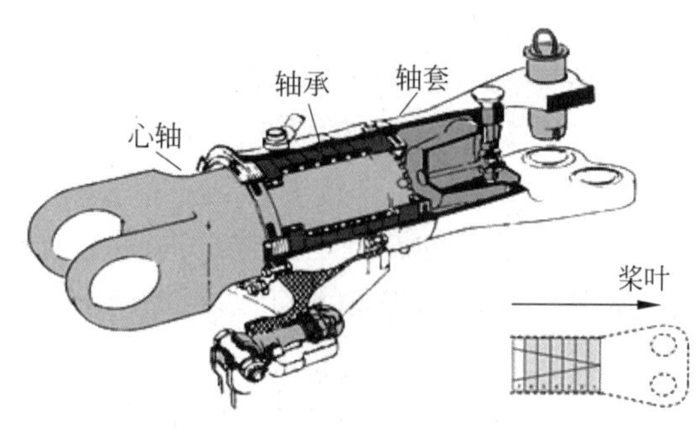

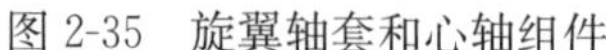
图 2-35　旋翼轴套和心轴组件

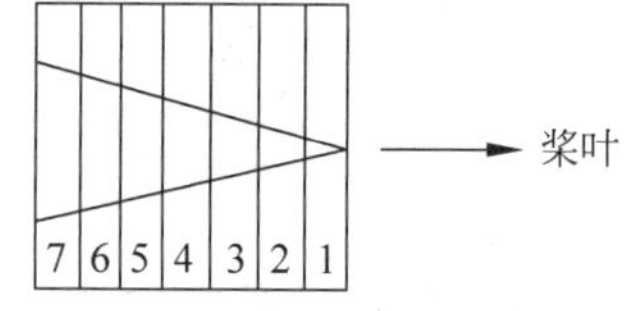

图 2-36　轴向轴承的校准和安装标记

件构成，轻合金芯安装在挥舞关节销上，眼形件安装在主桨毂上。两层弹性橡胶粘贴在这两个金属件上，当旋翼绕垂直关节摆动时承受剪切力。一系列的嵌入垫片插入到黏弹性胶制体内，作为频配器减振成分来控制旋翼摆振的速率。这种主桨毂安装的下垂限动器和挥舞限动块，也叫锥形头止动器，和前面所讲述的全铰接式主旋翼桨毂上安装的相似。

EH101 直升机代表了设计和生产的另一种方式，它的主桨毂的设计采用了许多现代的材料，弹性橡胶和高强度的复合材料被大量采用。图 2-38 是 EH101 主桨毂的示意图。

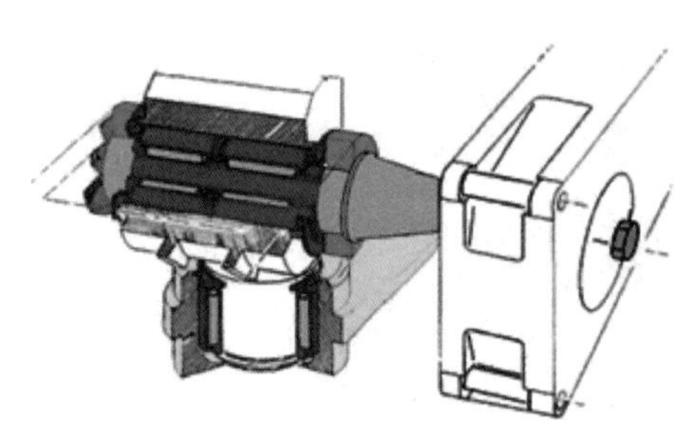
图 2-37　频配器

图 2-38　EH101 主桨毂

这种主桨毂由金属、复合材料和弹性橡胶构成，中芯是有花键的金属桨毂。它的每片桨叶是全铰接式的，一个弹性橡胶轴承连接到主桨毂的复合材料座上以承受离心载荷，另外一个中心弹性橡胶轴承则通过金属支撑芯直接安装在主桨毂的金属座上，以承受挥舞和摆振运动，它也允许桨距变化时作周期变距运动。

在旋翼起动和刹车时，作用在摆振和挥舞止动器上的离心力使剪切载荷不会作用到复合材料结构上。在主轴上的滑动环组件为主旋翼的防冰系统提供电源。主桨毂通过两个锥形体安装在主轴上。除了采用现代材料外，EH101 在内承力连杆和主桨毂的复合材料座之间安装了液压阻力铰减摆器。

2.3.3　半刚性跷跷板式主旋翼桨毂

1. 跷跷板式主旋翼桨毂

如前所述，半刚性主旋翼桨毂只提供周期变距和挥舞，而不可能摆振。这种主旋翼桨毂的最常见形式是跷跷板式旋翼，这是因为旋翼在主轴上像跷跷板一样交替上下运动。跷跷板式主旋翼桨毂只应用在两片旋翼的直升机上，是 BELL 直升机公司的典型特点，也是美国厂家的普遍设计观念。

如图 2-39 所示，在该设计中有一桨叶夹板，通过一个称做耳轴的机构连接到主轴上。该耳轴起跷跷板关节，即挥舞关节的作用，桨毂和旋翼像一个整体围绕着它，像个跷跷板。耳轴解决了桨叶挥舞的问题，但仍然解决不了旋翼由于科里奥利效应引起的摆振问题，该问题通过另外的方法解决。

图 2-39　半刚性跷跷板式主桨毂

半刚性主桨毂只有两片主桨叶，桨毂的水平挥舞关节支点通常位于桨毂上方，这意味着桨叶的变距轴低于挥舞轴。它的另一个特点是桨毂具有预置的锥体角，即连接桨叶的轴向关节在安装时略向上倾斜使桨叶在静态时就有一个锥体角，这样可以减小在桨叶转动中产生的弯曲应力。预置锥体角的另一个优点是可以消除科里奥利效应，这是因为桨叶的变距轴低于挥舞轴且桨叶略向上倾斜，通过两片桨叶重心的连线也通过了挥舞轴心，当桨叶挥舞时，桨叶的重心与转动轴的距离保持不变(见图 2-40)。

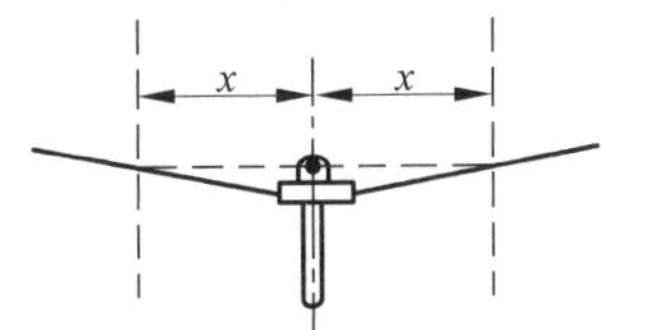

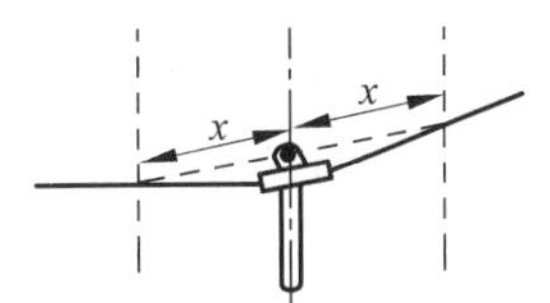

图 2-40　桨叶重心位置

某些半刚性桨毂使用万向节式的安装，桨毂可向任何方向倾斜，因此也叫全向跷跷板式。

半刚性桨毂还装有一装置叫平衡棒，它的作用是为桨毂提供一种内在的稳定性，在平衡棒的外端装有配重，以其中心为支点自由摆动，与桨叶成 90°角(见图 2-41)。

虽然主桨毂的悬挂设计减少了科里奥利效应和摆振影响，但是主旋翼仍然受部分水平方向力的影响。前面提过，桨叶可以通过弯曲来吸收这种运动，但仍然需要额外的支撑装置，即在主桨毂和桨叶的跟部后端安装一根承阻拉杆。

图 2-41　平衡棒结构

这种主桨毂相对简单，横切面较小，因此产生的型阻也就少。但和全铰接式主旋翼桨毂相比，半刚性跷跷板式主旋翼桨毂的动态平稳性较差，更易受阵风影响。这种主桨毂很少应用在现代直升机上。

2. 弹性橡胶球形轴承式主旋翼桨毂

现代的中重型直升机大多采用这种桨毂设计，现在的弹性材料制造的球形轴承(见图 2-42)可以减少桨毂必要的旋转及减少需要润滑的部件。图 2-43 是一种典型的半刚性球形轴承桨毂的示意图，它的挥舞水平关节、轴向关节和摆振关节可以设计成一个球形轴承来承受 4 个方向的应力，包括变距旋转、挥舞垂直位移、摆振水平位移、旋翼轴向离心力。

图 2-42 典型的球形轴承

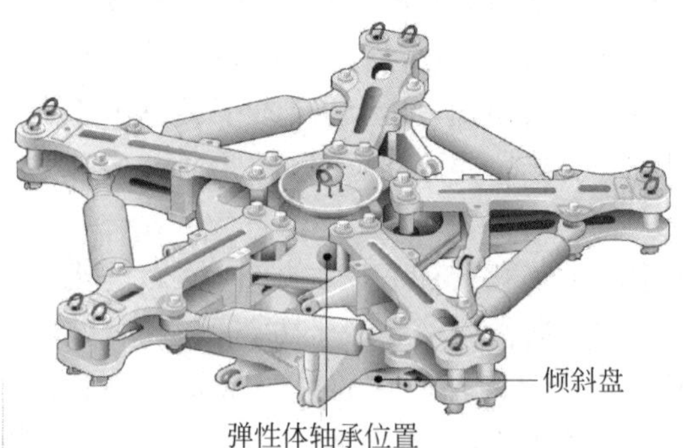

图 2-43 典型的半刚性球形轴承桨毂

2.3.4 刚性主旋翼桨毂

刚性主旋翼桨毂只有变距轴，这并非是说该直升机的操纵不需要桨叶的挥舞和摆振，而是它们可以通过桨叶的弯曲来获得。

EC135 直升机采用的就是无铰接式旋翼，如图 2-44 所示。

图 2-44 EC135 刚性主旋翼桨毂

跷跷板式系统的操纵是通过倾斜旋翼旋转面到所需要的飞行方向。机身像个钟摆悬挂在旋翼的下面，通过摆动来自动与新的推力方向对齐。

全铰接式系统和跷跷板式系统相似，但桨毂的摆动是另外一种操纵来源，即挥舞关节在主轴上的力。由旋翼转动产生的剪切力保证了旋翼在同一平面旋转。当有操纵输入时，旋翼挥舞，但剪切力立即使桨叶回复到另同一平面旋转，从而致使桨毂和机身发生转动。

无铰接式或刚性主桨毂系统则通过桨毂的运动作为直升机的主要操纵源。由于更大部分的旋翼翼展发挥挥舞作用，因此无铰接式系统上的桨毂的强度是全铰接式系统的 3～4 倍。它的旋翼是由复合材料制成的。在设计复合材料桨叶的时候，在桨叶内安装一个理论的挥舞关节来发挥直升机最佳的气动性能。摆振则通过桨叶根部材料的弯曲来实现。

无铰接式旋翼可以直接固定在机身上，使操纵与推力相互独立。这样实现了飞行员的操纵输入和旋翼运动间的直接反应，而不会发生在其他两种桨毂上产生的操纵输入和旋翼反应迟缓的现象。

无铰接式旋翼系统机械制造简单，维修量小。但相对于其他两种桨毂，它的操纵不那么柔和。

EC135直升机的桨毂是刚性的，周期变距由一个轴承来实现，但挥舞和摆振则通过桨叶根部材料的弯曲来实现。

2.4　尾桨毂

尾桨只有总距操纵，因此只需要一种操纵输入来同时同量地改变所有尾桨的桨距角，即总距。

尾桨毂通常包含桨毂、尾桨主轴和轴套组件以及其他机械操纵装置等。机械操纵装置一般和尾减速器合成一体，它的作动器安装在尾减速器的另一侧，作动杆则穿过尾减速器输出轴，将操纵输入通过星形件或变距杆传递到尾桨上。

图2-45是一种典型的尾桨毂，它包含一个钢铸件，上面有5个安装滚棒轴承的臂，尾桨叶轴和轴套组件通过螺栓安装在臂上。

这种设计允许尾桨叶挥舞时与操纵输入和气动载荷形成锥体。在每个尾桨毂臂的顶部有一个机加工的锥形销，它作为一个挥舞止动销来防止尾桨叶在两侧任一方向挥舞过大。该挥舞止动销插入到尾桨叶轴内的一个机加工的孔中，并与里面的尼龙套对齐，以防万一桨叶挥舞过大使桨叶轴碰到止动销而损坏金属部件。

在尾桨叶轴上装有轴向轴承，尾桨叶轴套安装在该轴承的外面，整个组件通过一个大环形螺帽固定。变距杆将操纵输入从星形件传递到尾桨叶轴套上。

图2-46和图2-47是某尾桨部件的整体图。尾桨毂和尾桨叶安装在尾减速器输出轴上，通过垫片、密封圈和螺帽固定。尾桨变距轴通过尾伺服器，穿过尾减速器输出轴，伸出尾桨部件安装螺栓，连接到星形件上，星形件和尾桨叶轴套通过短的可调变距拉杆连接。

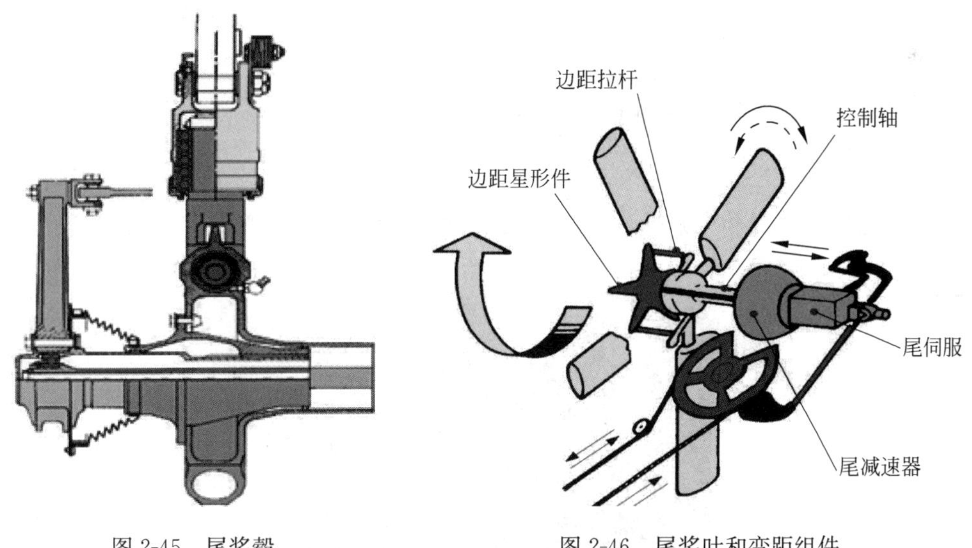

图2-45　尾桨毂　　　图2-46　尾桨叶和变距组件

当操纵输入从飞行员航向脚蹬传递到尾伺服器时，就会使伺服器内的柱塞伸出或收缩，从而使连接在它上面的变距作动杆伸缩，也同样引起变距拉杆移动。而变距拉杆的线性运

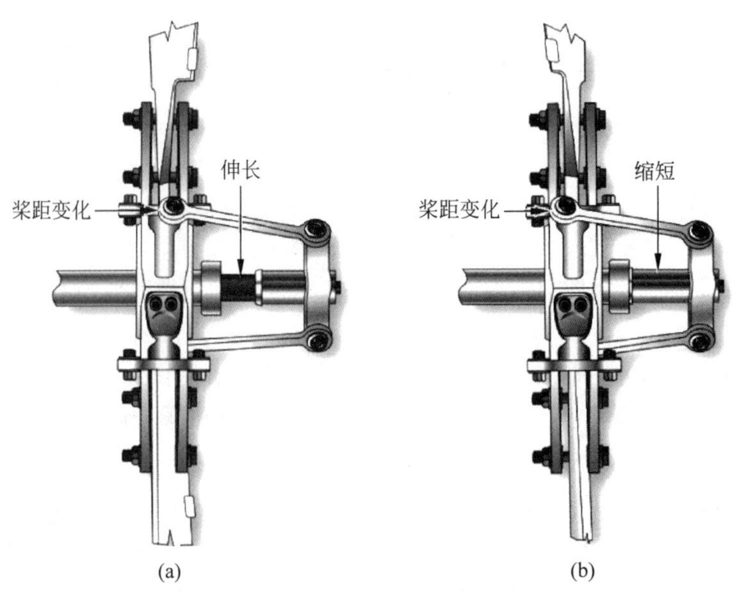

图 2-47 尾桨变距装置

动通过转动轴向轴承转换为轴套的周向运动,从而改变尾桨的总桨距。

如果安装在航向脚蹬处的主要止动装置故障或调节不当,安装在旋转的尾减速器输出轴上的止动装置就会接触星形件以限制尾桨桨距。

尾桨操纵只需要传递总距变化,而倾斜盘装置非常复杂,故使用星形件装置。由于星形件和它的部件是和尾桨一起转动的,而尾伺服柱塞是不能转动的,因此就需要一个装置能够从不转动部件传递运动到变距机构的转动部件上。尾伺服作动杆只伸入尾减输出轴一段,它的端头变细并通过垫片和螺帽安装有一个双滚珠轴承,而变距操纵轴的内端则用力固定在这个轴承的外侧。这样的话,尾伺服作动杆就可以保持不用转动,而线性操纵运动却可以通过轴承传递到变距轴上。

2.4.1 AS332 超美洲豹

如图 2-48 所示,AS332 超美洲豹直升机上的尾桨毂和前面学习的很相似。但最主要的一点不同是它的尾桨毂和尾减输出轴加工成一体,轴套和花键轴的设计和安装与前面所讲的一样。

图 2-48 超美洲豹直升机尾桨毂和轴套心轴组件

操纵输入通过不转动的尾伺服作动杆在轴承作用下传递到安装在尾减输出轴内的转动的变距轴上。有一点需要注意，就是在尾桨叶安装轴套上有一个小角块，它的作用是防止桨叶被安装反了，即桨叶后缘朝向旋转方向。之所以这样，是因为尾桨叶安装螺栓是完全相同的，存在将桨叶安装反了的可能性。

2.4.2　H101 Heliliner

这种直升机采用的是金属与复合材料。4 片尾桨叶片成对安装在复合安装板上，这些复合板具有挥舞方向的柔性，但在摆振方向是不动的。复合板和桨叶通过球形轴承用螺栓安装在钛合金半凸缘上，该半凸缘再通过两个螺栓穿过球形轴承与钛合金驱动接合盘相连，如图 2-49 所示。这种设计使每个安装板上的轴承在径向都是相互对立的，因此可以使桨叶作跷跷板式运动，即通过 Δ3 效应来有效地改变尾桨叶的角度(见图 2-50)。

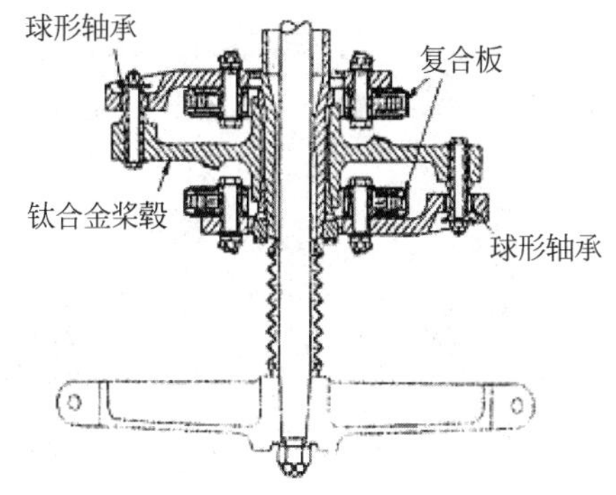

图 2-49　复合板和钛合金安装板的安装

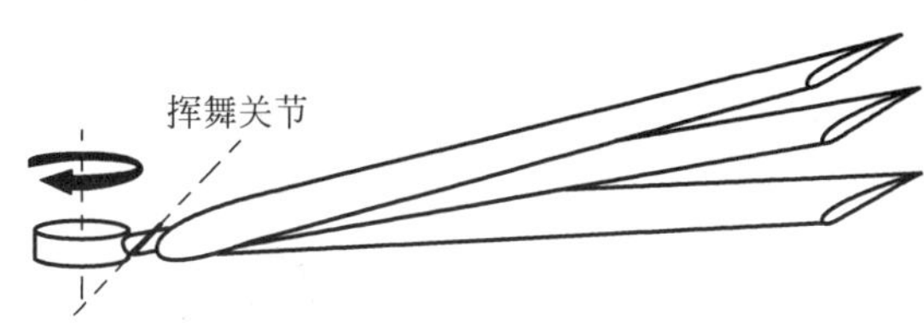

图 2-50　尾桨的 Δ3 效应

Δ3 效应曾经应用在很多直升机的桨叶系统上，它的基本方法是当桨叶向上挥舞时，它的桨叶角会减少，相反向下挥舞则桨叶角增加。这种效应是通过将桨叶的挥舞关节与叶片的中心线的夹角安装成一定的角度实现的，而不是 90°直角。

驾驶员或自驾、自稳系统传递来的操纵信号通过串联作动杆伺服器，由尾桨变桨距机械装置穿过尾减速器输出轴传递到星形件上，如图 2-51 所示。由于安装桨叶的复合安装盘不能扭转，因此就需要轴承来实现。每个复合安装盘在桨叶根部安装有一个弹性橡胶轴承，在桨叶内部还安装有一个十字轴头轴承，它随着安装在桨叶内的一个轴套转动。每片尾桨叶只通过内轴承(弹性橡胶轴承)安装在尾桨毂上。

星形件通过键齿连接到变距轴上，并由螺帽和开口销锁定。两个扭力臂组件通过螺栓连接到星形件上，它的另一端连接到钛合金驱动接合盘上。变距拉杆连接星形件和安装桨叶的变距角臂，它的两端分别是正反螺纹以便调节长度而不需要断开。

在改进尾桨形式方面最成功的设计之一是欧洲直升机公司的涵道式尾桨(见图 2-52)，主要应用在该公司的部分直升机产品如海豚、EC-155、EC-135 等机型上。

涵道式尾桨的作用类似于常规尾桨，但将尾桨置于垂直尾翼的圆筒形涵道中，垂尾是不对称翼型，平飞时产生的侧向力类似尾桨拉力，起着平衡主旋翼反扭矩的功能，还可节省尾桨消耗的功率。

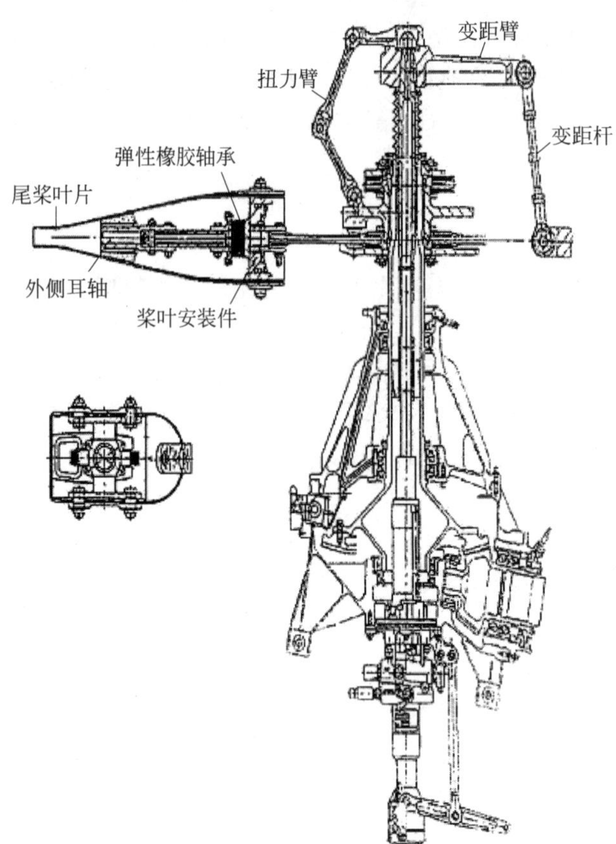

图 2-51 操纵输入和尾桨叶片的安装

图 2-52 涵道式尾桨

涵道式尾桨与常规尾桨相比,有以下特点。

(1) 气动性能显著改善。由于尾桨安装在垂尾内,避免了气流的干扰,减少了功率损失。

(2) 减小了阻力。由于尾桨装在垂尾涵道内,直升机机体更加流线型。

(3) 由于涵道式尾桨直径小,桨叶数目多,加上桨叶间距不等,降低了尾桨的工作噪声。

(4) 安全性得到改善。一是减少了尾桨对地面人员伤害的可能性,同时尾桨本身受外界障碍物影响的可能性大大降低。

涵道式尾桨的不足之处在于直升机在悬停和垂直飞行状态下的功率消耗比常规尾桨多。

2.5 弹性橡胶部件

2.5.1 简介

在现代直升机的主桨毂和尾桨毂上安装弹性橡胶部件以取代传统的滚珠和滚棒轴承,在传动安装组件和主桨阻尼器上也会采用该种部件。

弹性橡胶的意思是自然的、合成的橡胶或类似橡胶的塑料,在这里只是简单地代表具有橡胶特性的物质。实际应用中会有自然橡胶、合成橡胶或自然与合成橡胶混合体。

总的来说,弹性橡胶部件的优点多于缺点。

1. 优点

(1) 弹性橡胶一般可以自润滑,不会卡滞,由于不需要润滑,也就不需要防护罩和密封件;

(2) 不会发生如传统轴承那样的压痕、凹痕和擦伤等故障;

(3) 对邻近部件产生较少的振动或冲击;

(4) 由于包含较少的部件而且大多粘结在一起,减少了潜在的松动危险;

(5) 具有较好的抵抗外界环境的能力;

(6) 通常来说,弹性橡胶部件的寿命至少是传统部件的5倍;

(7) 可以承受所有的载荷和运动,而不需要将几个轴承安装在一处。

2. 缺点

(1) 弹性橡胶部件的费用比同样的传统部件要贵得多;

(2) 它的尺寸依承载而定,弹性橡胶部件要比它所替代的传统部件大;

(3) 它们易受化学物和溶剂侵害,必须小心。

2.5.2 弹性橡胶轴承

弹性橡胶轴承由硬化橡胶层和金属片粘和而成,它们的构成、尺寸和橡胶的混合等由所设计承受的最大载荷决定,它可以由0.015in(1in=25.4mm)厚的弹性橡胶层和同样厚的金属片构成。金属片通常由合金钢、不锈钢或铝制成,但也可以是能承受该载荷的任何材料。有些轴承可以有26层,而且由12~14层的不同的橡胶混合而成。

1. 轴承类别

在直升机飞行操纵系统和主桨毂组件上通常有5个基本类型的弹性橡胶轴承:传统的止推轴承、球型止推轴承、径向轴轴承、杆端轴承、锥形轴承。

每一种轴承都需要特别设计以承受不同方向的载荷,即扭转、剪切和轴向等。

(1) 传统的止推轴承

可以承受很高的轴向压缩载荷,也可以承受因橡胶层剪切而产生的扭转载荷,如图2-53所示。

(2) 球形止推轴承

承受剪切力,允许在3个垂直轴方向产生运动,同时在轴向也承受很大的压力,如图2-54所示。

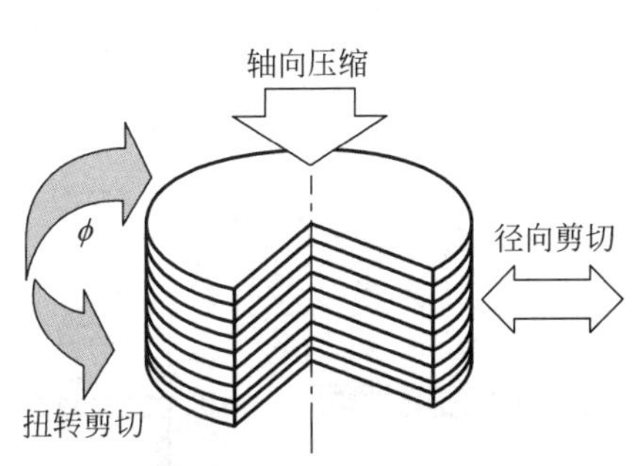

图2-53 传统的止推轴承

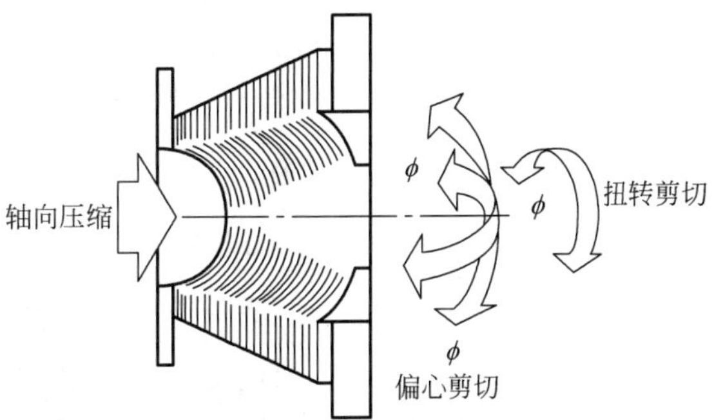

图2-54 球形止推轴承

(3) 径向轴轴承

承受很高的径向载荷，而且还可以允许在剪切状态下的扭转和轴向活动。

(4) 杆端轴承

承受很高的径向载荷，同时允许扭转和位移方向的活动；还承受部分的轴向载荷，这由它的实际片层形状所决定。

(5) 锥形轴承

承受很高的轴向和径向载荷，也允许有扭转活动，如图 2-55 所示。

以上弹性橡胶轴承是最常见的，有时为了特殊需要也有特殊的变化和结合形态。

2. 典型的弹性橡胶轴承安装

与传统的球型和滚棒轴承一样，在现代的主桨毂上可能安装有几种不同的弹性橡胶轴承。图 2-56 所示为一种典型的弹性橡胶轴承安装。

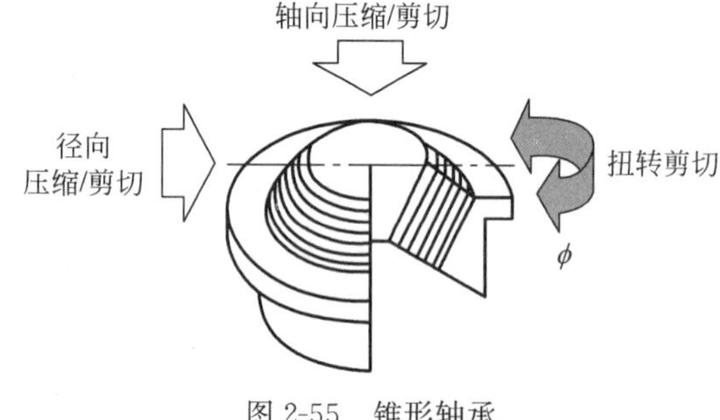

图 2-55 锥形轴承

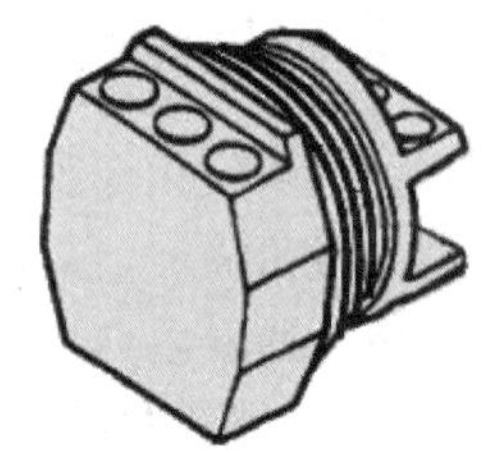

图 2-56 典型的弹性橡胶轴承安装

2.5.3 弹性橡胶减摆器

自 20 世纪 70 年代初，弹性橡胶减摆器就应用在一些桨毂的设计上了。桨叶减摆器是用来控制桨叶超前或滞后速率的，弹性橡胶减摆器就是通过橡胶层移动的迟滞或阻抗来减少这种摆振的。

通过将三层金属板与橡胶层相粘合，可以形成橡胶“三明治”。中间的金属板有开槽，而不是同心孔，这允许沿线性轴有一定的活动，但由橡胶层移动的阻滞来限制。图 2-57 所示为该减摆器的图形。

另外一种弹性橡胶减摆器为圆筒式弹性橡胶减摆器(见图 2-58)，在外形上与传统液压减摆器相似，但它的腔内是弹性橡胶而不是液压油，它具备弹性橡胶的优点，但由于没有液压减摆器那样的中立位，它需要额外的维护工作，还需要对桨叶作线性校正。

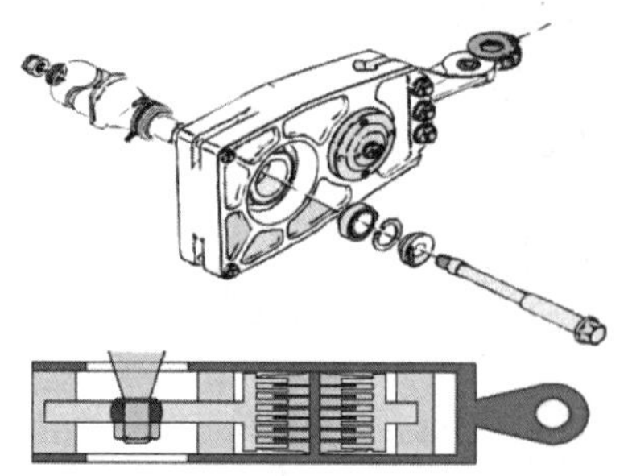

图 2-57 典型的弹性橡胶减摆器

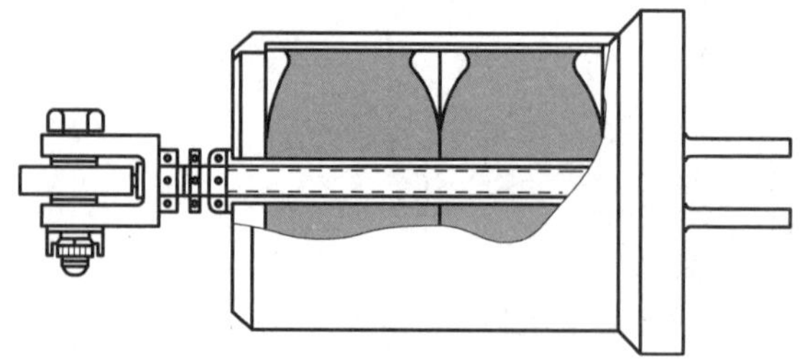

图 2-58 圆筒式弹性橡胶减摆器

2.5.4　检查和维护

总的来说，弹性橡胶部件需要较少的维护工作，但在维护手册内会有特殊的指引。当弹性橡胶部件被液体如溶剂、滑油、煤油等污染时，就需要进行维护工作了。在这种情况下，维护手册会给出特殊指导，但通常的处理方法是用柔性清洁剂和水的溶剂来去除所有的污染物。MEK、三氯乙烯和染色渗透剂等溶剂对弹性橡胶非常有害，因此必须远离它们。

弹性橡胶部件具备"良性"故障状态，即通常不会发生突然的灾难性失效，而是失效破损安全。一般的磨损是表现为细橡皮灰似的物质，随着作用在该部件上的负载过大，它就会随之增加。细弹性线也会与橡皮灰一起出现。鉴定部件的可用性的图形和检查标准通常可以在维护手册内找到。弹性橡胶部件表面出现的脏的灰色物通常并不是意味着它的恶化，而是由于在橡胶混合物内的蜡状物被挤出表面，它可以提供一层保护层，用以抵御臭氧和其他的外界环境侵蚀。这层蜡如果被擦掉，就会有更多的出来。弹性橡胶部件的疲劳故障表现为粘状，这是由于在部件内因摩擦力而产生过热现象，橡胶硬化而产生过多的黑色橡皮灰造成的。

2.6　桨叶

2.6.1　主旋翼叶片

1. 简介

桨叶的主要作用是通过在空气中旋转产生直升机飞行所需要的空气动力，主旋翼桨叶在飞行中主要用于产生飞行所需的升力，而尾桨叶则主要产生一个侧向的拉力以平衡主桨产生的反扭矩并实现航向控制。

自从第一架直升机制造以来，主桨叶片的结构设计就有许多的不同方法。但主要分为两大类：金属叶片和复合材料叶片。下面会讲述每种叶片各自的结构特点及其最新技术。许多主桨叶片的翼型为对称翼型，这是因为它可以提供非常稳定的压强中心(CP)，避免了因CP沿旋翼弦线移动而导致叶片发生扭转。但是许多现代直升机的复合材料叶片采用的是和固定翼飞机的机翼相似的翼型，因为这样具备更好的气动性，这就需要其他的方法来保持CP位置的不变，通常可以通过使用柔性后缘来获得。在安装时，主旋翼和主桨毂之间由搭铁线连接，以确保静电不会对桨叶产生不利的影响。

2. 金属主旋翼桨叶

典型的金属主旋翼桨叶是由轻合金制成的，通常是对称翼型。它的结构的主要组成部分是大梁，是由轻合金在软状态下压制而成的，大梁从旋翼根部一直伸展到翼尖。图2-59所示为典型的金属主旋翼桨叶结构。

许多金属桨叶内有许多被称为轻合金锻件的小部件粘合在大梁上形成旋翼的升力和后缘部分。这些锻件形成翼肋，在它们上下表面粘有金属蒙皮。可以有22个独立的锻件粘合在大梁上构成旋翼，为了防止旋翼变形时对锻件表面造成破坏，在每个锻件之间留有一个小间隙，通常这些空隙被填充泡沫块以缓冲旋翼变形时对锻件的冲击，还可以防止水和其他污染物的进入而造成腐蚀。在旋翼前缘是由抗侵蚀包层来抵御灰尘、雨、雪等造成的侵蚀，在老式旋翼上通常由氯丁橡胶制成,现代旋翼上则用金属前缘包层替代了它们。

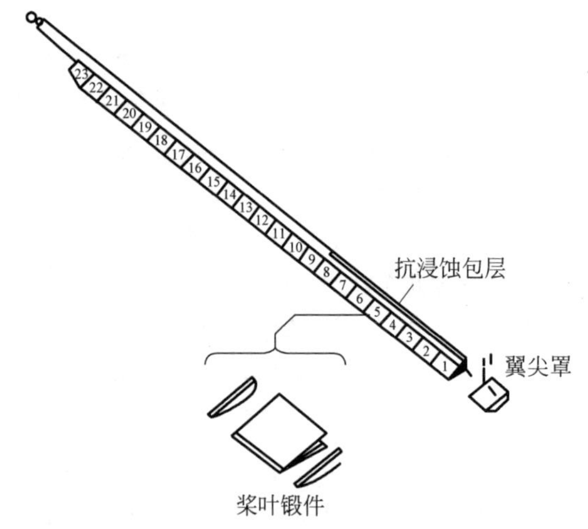

图 2-59　典型的金属主旋翼桨叶结构

3. 金属主旋翼桨叶安装衬套

安装衬套通过螺栓连接在桨叶大梁上,从而可以将桨叶安装在主桨毂上,如图 2-60 所示。根套在日常维护时不能更换,任何损伤超出了维护手册内的限制都需要将叶片拆下送回大修。根套和它的安装螺栓通常都被密封,防止水汽侵入造成钢制根套、螺栓和轻合金大梁等不同金属间的腐蚀。

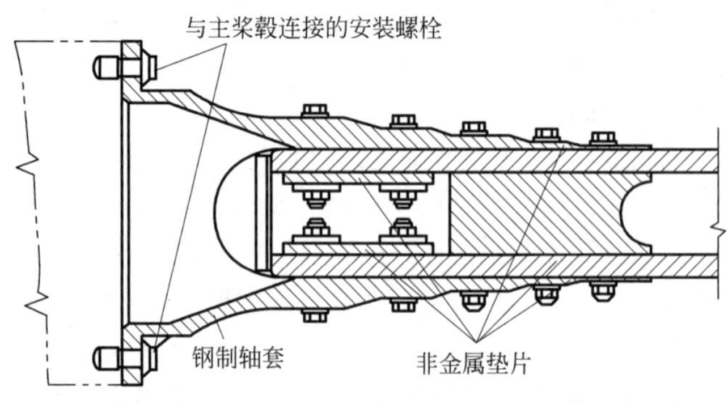

图 2-60　桨叶钢制衬套

在制造过程中,每个锻件都要在翼肋上安装小配重片来配平,然后整个桨叶也要进行平衡。桨叶的平衡有从翼根到翼尖的翼展方向的平衡和从翼前缘到后缘的弦线方向的平衡。可以在大梁上安装配重作弦线方向的平衡,也可在翼尖安装配重作翼展方向的平衡,如图 2-61 所示。

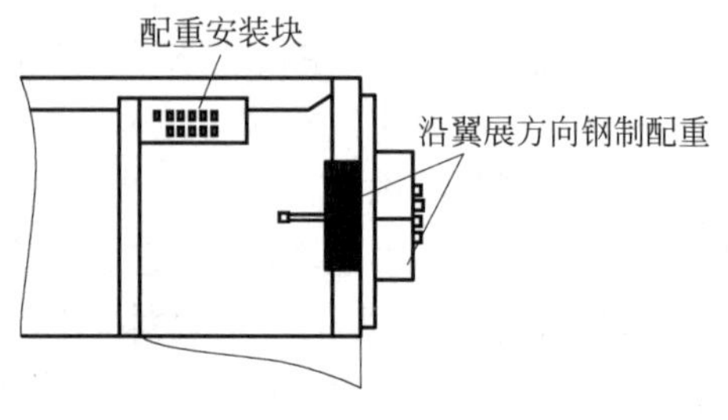

图 2-61　主桨叶配重

4. 桨叶 BIM 检查方法

BIM 是英文 blade inspection method 的缩写简称,这种检查法通常用在金属桨叶上,桨叶上安装有指示器,用于探测和指示主旋翼大梁上潜在的裂纹，给予机组和维护人员警告。由于大梁横贯整个桨叶，承受桨叶工作时所有的扭转和弯曲载荷，这样就会导致大梁疲劳，并呈现出细小的裂纹。

BIM 检查法是可持续检查的一种简单方法。整个空心大梁用氮气加到一定的压力，在大梁的根部安装一个专用活门加以密封，任何的压力降低就意味着氮气的泄漏或可能有裂纹的出现。这里之所以说可能，是因为压力的下降也可能是由其他原因引起的，例如衬套密封内的裂缝或活门失效等，因此压力的下降并不一定要将叶片报废，而是应该拆下进行更严格的检查，例如 X 光检查。

为保持持续的监控压力，在大梁上安装有一个完全依靠压力工作的可视指示器，它包含有一个透明管，里面有一个滑阀安装在一个膜盒组件上，膜盒依靠大梁内的气体压力活动，在透明管的内壁喷有白色的条带，而在滑阀上则为白黑相间的相匹配的条带。当大梁内的压力值正确时，管内壁上的白色带和滑阀上的白色带一起可见，使管看起来完全为白色。当压力下降时，滑阀会随膜盒收缩，从而显示为黑白相间的条纹，即表示有故障发生。有些主桨叶应用这一系统时在滑阀上的色带为红色和黄色，当显示白色和黄色条纹时表示压力正常，而显示白色和红色条纹时则表示出现故障。

这种检查方法还有一个压力传感器安装在桨叶大梁上，它可以产生一个对应于压力的电流，当压力低于一定值时，警告灯就会闪亮警告飞行员大梁压力的降低。

在压力传感器电路和驾驶舱指示系统之间还应具有测试功能，BIM 指示系统需要按照直升机维护手册(AMM)要求的时间间隔定期进行人工测试。在 BIM 指示器(见图 2-62)的旁边有一个测试杆，当按压该测试杆时，里面的活门关闭，关断从大梁供给 BIM 的气体，同时使 BIM 内的气体通过杆体缓慢泄漏出去。在所规定的检查时间间隔或怀疑 BIM 故障时，应按 AMM 内所列明的测试程序来进行检查。

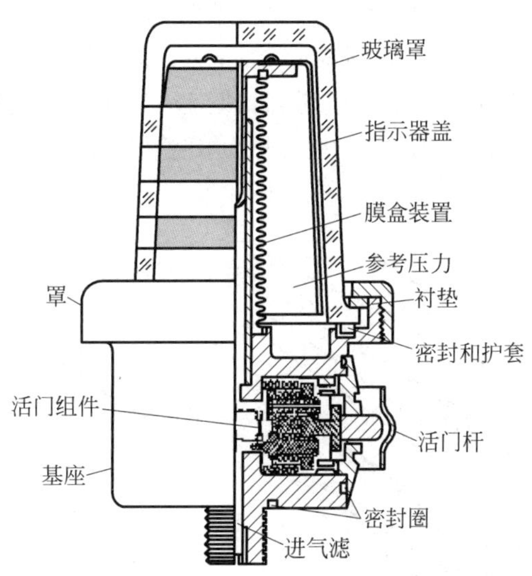

图 2-62 典型的 BIM 指示器

如果测试没有通过，维修手册内会给出进一步的测试，但如果是 BIM 故障，通常就会要求释放所有气体压力，更换 BIM，然后重新给大梁冲压，再进行 BIM 测试以确认工作正常。

有些桨叶上采用另一种方法，其工作原理和上面讲述的相似，但它的大梁不是使用惰性气体，而是被抽成真空。

5. 复合材料主桨叶片

复合材料主桨叶片是一个整体结构，没有像金属叶片上的单独的锻件。有些复合材料主桨叶片仍然采用老式金属叶片的对称翼型，但许多采用的是类似固定翼飞机的翼型，这样的翼型具有更好的气动性能，但却需要安装可弯曲后缘等措施来保证压力中心的稳定。

图 2-63 所示的复合材料主桨叶片就是由玻璃纤维(也叫玻璃纤维增强塑料)和诺梅克斯(Nomex)蜂窝以及钛和镍制成的金属桨叶前缘防磨套等制成的。

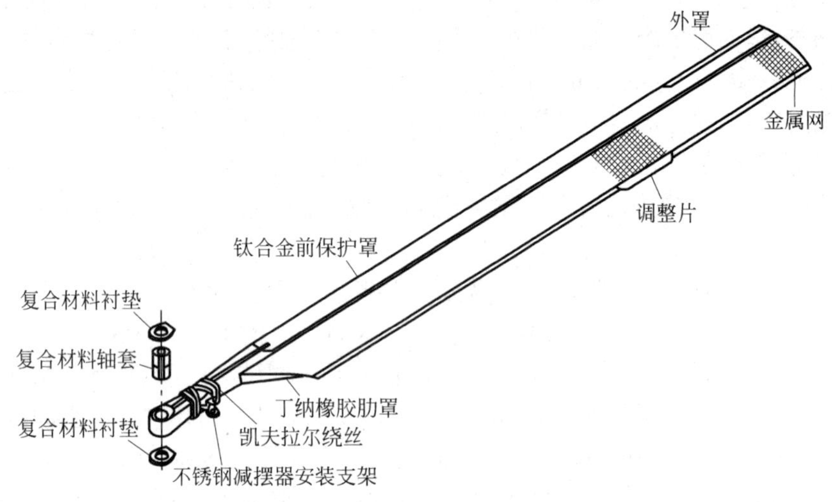

图 2-63 典型的复合材料主桨叶片

该桨叶的主要结构是一个 D 形大梁，大梁由单向玻璃纤维编织的中央扭带和缠绕扭带从翼根一直延伸到翼尖来构成，这些扭带都缠绕在翼根的复合材料制成的安装销衬套上，如图 2-64 所示。由多层交叉玻璃纤维布层覆盖，以满足抗扭刚度的要求。钢制减摆器支架(在新式的机型上由复合材料支架代替)由凯夫拉尔绕丝缠绕固定在大梁上。

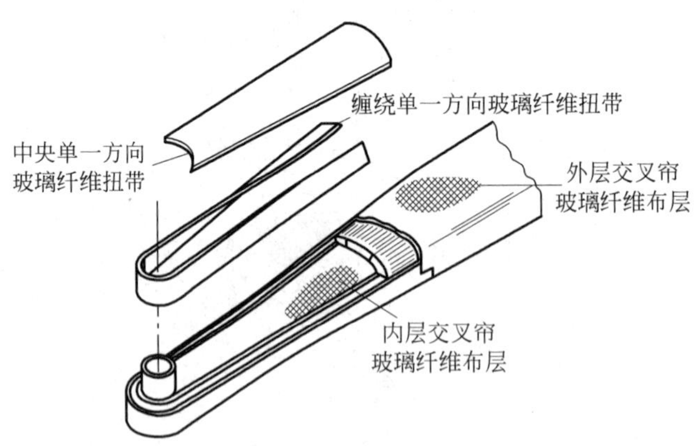

图 2-64 典型的复合材料主桨叶片构造

大梁的前缘由钛金属制成的防磨层来保护，在最易受侵蚀的叶片的最外端又由镍包层保护。诺梅克斯蜂窝部件粘贴在大梁上形成叶片的外形，外面覆盖着交叉帘玻璃纤维布蒙皮，如图 2-65 所示。

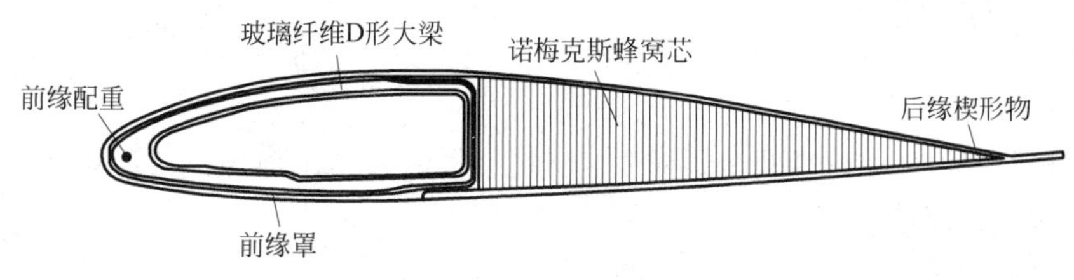

图 2-65　典型的复合材料主桨叶片剖面图

叶片的后缘由沿整个翼展方向(包括桨叶安装外缘和减摆器支架)的单一方向玻璃纤维制成的楔形物来加强。该楔形物和蒙皮的后缘由玻璃纤维制成的尾缘包带覆盖。为了防止雷击,在翼尖和调整片处的玻璃纤维蒙皮内粘贴有金属丝网嵌层,它们又粘合在叶片前缘的防磨包层上,然后通过两根搭铁线与主桨毂相连。

由图 2-65 可见,在大梁的前缘永久性地粘贴有一条配重块(见图 2-66),在翼尖处又有附加的配重来调整翼展和弦线方向的平衡,也可用于直升机锥体和平衡的调整。

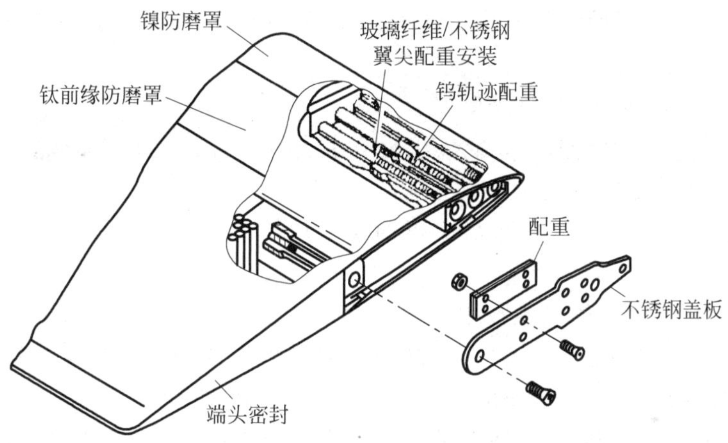

图 2-66　典型的复合材料主桨叶片配重

6. 复合材料主旋翼的发展

图 2-67 是 EH101 的主旋翼叶片,它是复合材料结构,在与主桨毂安装连接的翼根处是钢制轴套。它的剖面弦是连续的,每个截面有着不同的外形和翼型,这样可以保证每个截面在整个飞行速度下提供最佳的空气动力效率,而与其他的叶片不同。它的后缘在内侧的叶片部分是柔性的,而朝翼尖处则是对称翼型。

ZH101 的翼尖是一个大上反角的划桨式叶片,这种翼尖的优点是:

(1) 后掠的翼尖延迟了即将发生的压缩效应;

(2) 大的平面增加了升力;

(3) 前缘外形允许截面很薄,减少了前进阻力。

图 2-67　EH101 翼尖的上反角翼型

2.6.2 尾桨叶片

1. 简介

和主旋翼一样,尾桨叶片是金属或复合材料结构的,在翼型上也相似,尾桨叶片的结构通常一样,包含的部件也较少。

2. 金属尾桨叶片

金属尾桨叶片通常有两种构成方式:一种是用D形挤压成型的大梁和翼肋构成;另外一种是实心的大梁并以蜂窝结构填充而成。

图2-68是第一种结构的尾桨叶片。它有一个开放的D形挤压成型的大梁从翼尖一直到翼根,并形成安装结构,一小片轻合金板粘贴在大梁的前缘内侧以形成完整的D形并提供扭转强度和硬度。薄的轻合金翼肋粘贴在大梁的后面,构成翼型并抵抗蒙皮所承受的压缩载荷。

轻合金蒙皮粘贴在整个结构上,粘合剂的使用可以保证蒙皮的平整无分割,提高了空气动力效率,减小了阻力。前缘又覆盖了更强硬的金属包带,例如不锈钢、镍或钨等,以提供防磨保护。

和主旋翼一样,尾桨叶片也需要平衡,图2-68所示的叶片的弦线方向的配重是安装在接近安装部位的斜端翼肋处,翼展方向的配重则是安装在翼尖处,它们的外面安装了轻合金翼尖罩,翼尖罩通常采用拉铆安装。

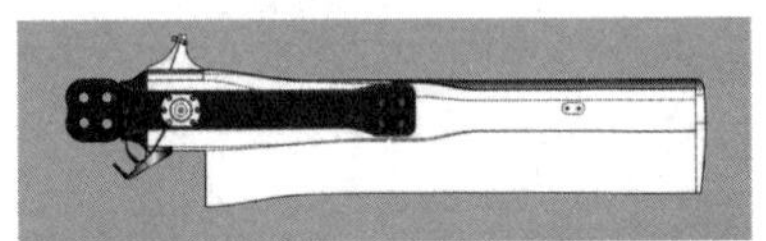

图2-68 D形大梁的尾桨叶片

第二种金属尾桨叶片的制造技术则更普遍。如图2-69所示,它的大梁是一个单体设计,是实心的而不是D形管,轻合金蜂窝结构粘贴在大梁的后面,构成了叶片的外形并抵抗蒙皮所承受的压缩载荷。但和翼肋型叶片不同的是,它沿整个叶片长度上给蒙皮以支撑。蒙皮从大梁后面的切割槽内一直粘贴覆盖整个蜂窝结构,叶片后缘被加强并粘贴有后缘盖,叶片前缘则如前面所讲述的是一薄金属片构成的防磨带。

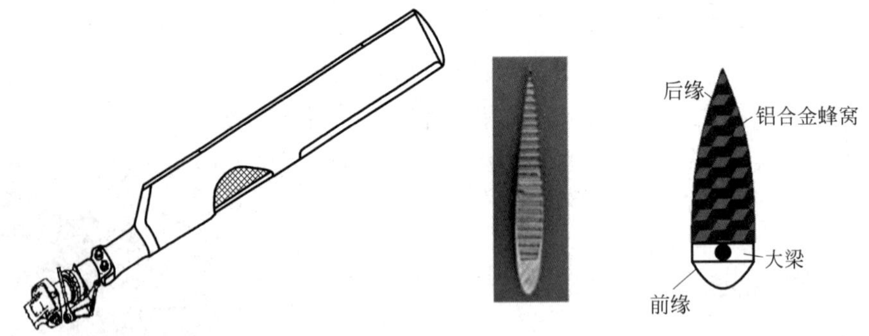

图2-69 蜂窝结构的金属材料尾桨叶片

图2-69中叶片弦线方向和翼展方向的配重都安装在翼尖处,外面铆接了翼尖罩。

这种制造方法使蒙皮有了更多的支撑,并可承受更多的压缩和扭转载荷,但如果蒙皮和蜂窝结构间脱层了,就会大大降低它的强度,因此就需要进行额外的检查来鉴定蒙皮是否脱层。在翼肋型叶片上也会发生这种问题，但由于在蒙皮和翼肋间粘合面较大，这种问题也就较少发生了。

3. 复合材料尾桨叶片

图 2-70 所示是 EH101 上的复合材料尾桨叶片，它采用的是由玻璃纤维和碳纤维混合而成的复合材料，复合材料的使用发挥了两种材料的优点，构成比单一材料更坚固、更轻或能承受更多载荷的材料。

图 2-70　复合材料尾桨叶片

叶片前缘和主桨叶片一样是由钛防磨带保护，上面还安装了在寒冷气候下进行防冰工作的加热部件。由 Nomex 蜂窝结构粘贴在单向复合材料大梁上构成叶片的外形，外面盖有交叉帘布层式的复合材料蒙皮。在该例设计中，变距角臂是插入安装在叶片上的轴套内的，而不像其他的尾桨叶片安装在轴向关节轴承组件上。

弦线方向的配重是安装在接近翼根的角端带上，翼展方向的配重则安装在翼尖处，同样，采用可拆卸外罩用来罩住这些配重。

4. 健康和安全注意事项

要注意的是，有些老式叶片所采用的配重是由废弃的铀制成的，之所以这样是因为这是一种非常密实的材料，很小尺寸就可以提供很大的重量。这种材料具有低辐射危害，因此应该引起注意。

废铀配重和隔板，当应用在叶片上作配重时通常被涂成红色，在维修手册上会有警告提示。当需要拆卸翼尖罩或暴露这些配重时，必须带橡胶手套，使用后必须用干净水清洗干净。虽然在很久以前已停止使用这种材料作配重了，但仍然可以在某些直升机或桨叶上发现这些配重，工作中如有疑问应参考手册规定或咨询厂家。

2.7　操纵系统的工作

2.7.1　人工操纵

1. 简介

老式的直升机采用的是人工操纵系统，现在即使有了动力操纵系统，但位于该系统动力伺服助力器之前的某些部件，仍然需要人工操纵。

2. 系统的工作

即使在小型直升机上作用在叶片上的载荷仍然是非常高的，因此只有在非常小的直升机上才能看到钢索或杆直接连到主旋翼和尾桨的操纵杆上的简单系统。

一般情况下人工操纵系统在主旋翼和尾桨上使用螺旋制动器，主要有以下优点：

(1) 输入少，输出大；

(2) 采用了梯形螺纹或正方形螺纹，意味着作用在旋翼上的力不会反过来影响系统，即不可逆转；

(3) 螺纹能使非常小而精确的输入传递到旋翼;

(4) 螺旋制动器可以通过一定的角度传递机械运动。

3. 典型的螺旋制动器

螺旋制动器相对来说是一种简单的装置,基本由一个有外螺纹的杆和一个和它相配合的可以转动的有内螺纹的轴套组成。杆上外围有花键可以与外壳相连或内圈有键齿可以与内杆相连,这样它就可以直线滑动而不会转动。

由于螺纹的关系,轴套的转动会使螺旋制动器上的作动杆移进或移出。图 2-71 是典型的螺旋制动器组件,前面的轴套由钢索或链条驱动,第二个是由穿过传动组件的轴驱动的。这些都是固定翼直升机上的组件,但在老式或小型直升机上也有用的。

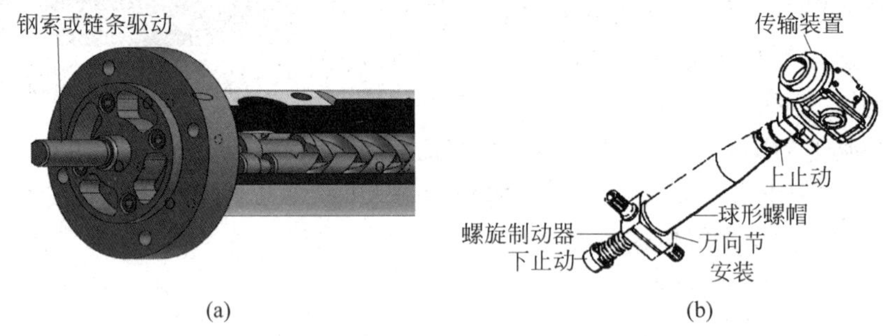

图 2-71 螺旋制动器

(a) 钢索或链条驱动的螺旋制动器;(b) 传动轴操纵的螺旋制动器

2.7.2 动力飞行操纵系统

1. 简介

随着直升机越来越大和速度越来越快,作用在旋翼上的气动载荷已经超出了机组人员的体力承受能力,因此需要一定形式的辅助使作用在操纵设备上的负载保持在合理的水平,同时还要使设备保持所需的能够反应本能的、安全的、有效的和精确的操纵性质。

这种辅助通常是一种液压伺服助力器,也叫伺服助力器。它属于直升机液压系统的执行元件,但大多用于操纵系统,其作用是对输入的指令信号(机械操纵位移信号或电信号)进行功率放大,以便推动旋翼或尾桨变总距或周期性变距。动力操纵组件通过操纵作动杆提供信号给伺服助力器控制活门,从而控制液压来移动伺服助力器内的活塞杆。飞行员则只需要克服飞行操纵系统的静态摩擦力和移动伺服助力器的控制活门。

传递飞行操纵到液压伺服助力器可以采用钢索或推拉管等机械方式,或通过增稳、自驾和电传操纵系统等电子方式。

2. 动力操纵系统的方式

基本有两种动力操纵应用在直升机的飞行操纵系统上,即动力辅助和动力操纵。

另外对于飞行操纵作动筒的安装,根据它安装在机身结构上的方式分为柱塞安装式和壳体安装式。

(1) 柱塞安装式伺服助力器

柱塞安装式伺服助力器(见图 2-72)是将活塞杆固定安装在机身结构上。在 20 世纪五六十年代这种方式在固定翼飞机上和直升机上都是普遍采用的。这种设计有一个主要优点,就是当有操纵输入时,活塞固定不动,伺服助力器的壳体移动,而壳体的移动又会使伺服助力器上的出入口通过伺服活门回到零位/中立位。当操纵伺服助力器/壳体到达所要求的位置时,就会切断液压,停止移动。

这是一种简单的解决方法,既能提供反馈又能在到达所需位置后取消操纵输入。显然这种形式的安装需要柔性管作为液压压力管和回油管。

然而这种安装方式有几个缺点,主要是它需要较大的空间来满足伺服助力器的活动,另外又大又重的伺服助力器的活动可能会影响重心的变化,尤其是安装在离直升机重心较远的位置,如尾桨等位置时这种影响更明显。

图 2-73 是柱塞安装式伺服助力器的工作原理图。

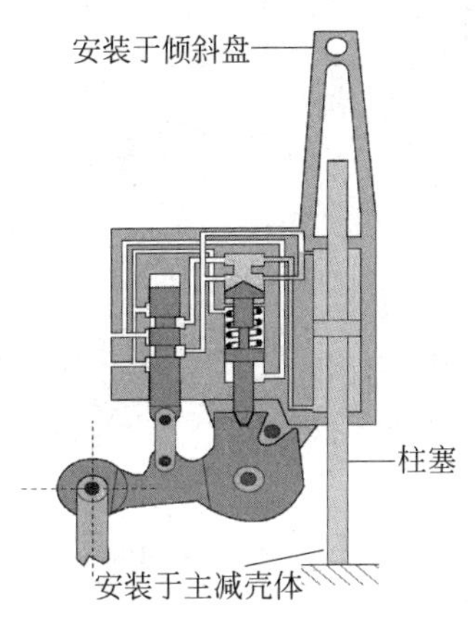

图 2-72　柱塞安装式作动器

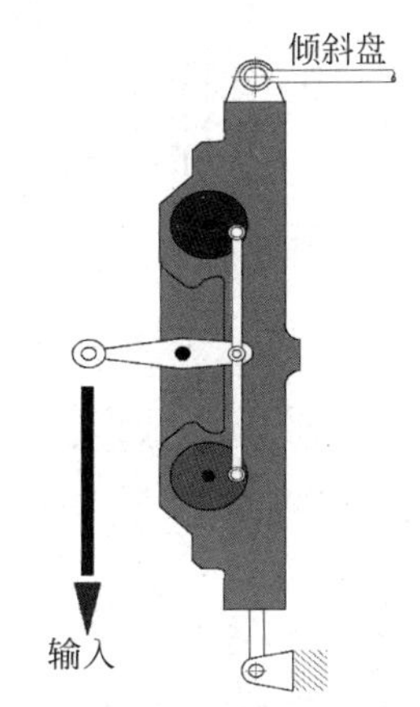

图 2-73　柱塞安装式作动器的工作

(2) 壳体安装式伺服助力器

壳体安装式伺服助力器是将壳体固定安装在机身结构上；或当作为直升机的主旋翼伺服时,安装在主减速器上。由于它只有柱塞和动力杆移动,因此只需要较小的空间即可,而且减少了对重心的影响。

然而这种伺服助力器需要附加部件来获得反馈和在到达所需位置后使伺服活门回到零位。如图 2-74 所示,通过使用反馈杆和 U 形件就可以获得这种功能。U 形件通过一种缓冲连杆安装在伺服助力器壳体上,从复合摇臂传递过来的操纵输入传递到 U 形件的顶端,它的末端与反馈杆相连。伺服活门的连接一般是位于操纵输入和宽松连接之间。

当飞行员的操纵输入从复合摇臂传递到 U 形件,就会使它绕末端旋转,从而作动伺服活门,使伺服活门开启,液压油就会流入或流出伺服助力器的腔体,柱塞和作动杆就会运动到所要求的位置。

柱塞的移动会带动反馈杆一起移动,从而带动 U 形件。当所有的操纵输入停止后,反馈杆会以操纵输入端为支点转动 U 形件,直到伺服活门回到零位/中

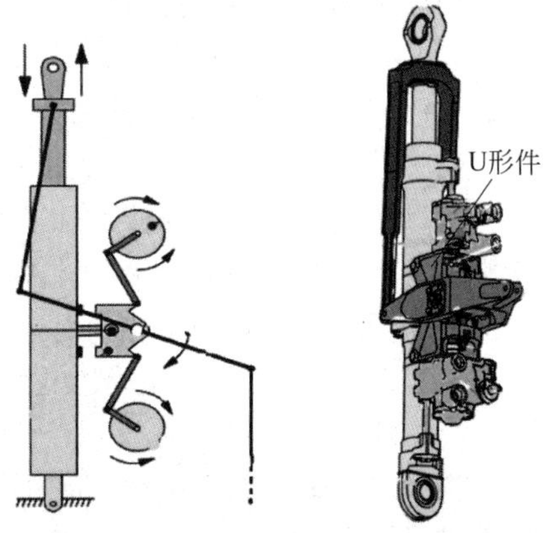

图 2-74　壳体安装式作动器

立位为止,图 2-75 为该运动过程示意图。

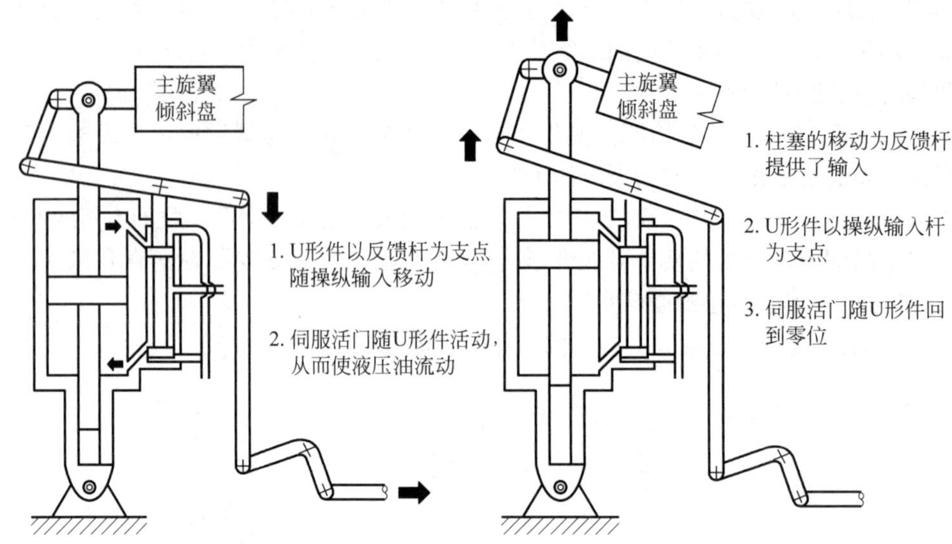

图 2-75 作动器的移动和反馈

必须强调的是,这里所展示的是它的工作原理图,大多情况下它的运动为了清楚起见被夸大了,另外在这里输入和反馈是分开讲述的,而事实上它们是同时作动的,而且在压力作用下它们的作动速度是非常快的。

后面的章节会具体讲述真实的飞行操纵伺服助力器上部件的其他功能。

3. 动力飞行操纵系统的必要条件

和许多飞行操纵系统一样,动力飞行操纵系统同样需要具备符合人员操纵习惯的、安全的、有效的和精确的操纵特性。另外,动力飞行操纵系统还应满足以下条件:灵敏性、刚性、稳定性、不可逆转性、有操纵感觉度、有备用系统。

(1) 灵敏性

动力飞行操纵伺服助力器必须有足够的灵敏度,一收到飞行员的操纵指令,就能以最短的时间作出响应。

动力伺服助力器选择活门,也叫伺服活门,通常是滑阀形式。它的活门交叠量的最小值决定它的灵敏度,即滑阀的凸起部分刚好可以关闭压力和回油腔口。活门的任何移动,无论多么小,都会使油流进伺服助力器而使它工作。

(2) 刚性

通过消除柔性以及连接点和安装点的间隙来获得刚性。间隙或无效运动可能是由于轴套松动、错误的钢索张力、错误的曲柄安装位置等原因造成。确保液压油内没有空气存在可保证液压伺服助力器的刚性。由于气体是可以压缩的,因此存在于伺服助力器内的空气会使柱塞和动力杆移动,而正确的放气就可以消除这种影响。

(3) 稳定性

为了获得最大的灵敏性和防止动力飞行操纵组件的无意操纵,飞行操纵系统必须具备稳定性,即对来自非正确来源(即飞行员、自稳系统、自驾系统等)的操纵信号将不受影响。这可以通过以下方法获得:

① 确保任何的间隙或无效运动在规定的范围内；

② 避免在液压系统内残留气体；

③ 安装弹簧或液压阻尼器。

另外，伺服助力器本身也需要稳定。当所要求的位置达到后，伺服助力器需要一些方法来取消伺服活门的输入，使伺服助力器停止运动。应用在典型的液压系统上的方法连同压力会导致伺服助力器工作不稳，因此需要采取措施来弥补。

当伺服活门在操纵输入下活动时，压力液压油会供给动力活塞的一侧，而另一侧会打开回油路。这样就会在活塞的两侧形成很大的压差，使活塞快速地移动。伺服活门的移动量和液压压力的大小决定这种运动的快慢，活塞的移动可能会超过所要求的位置。

通过使用反馈组件则可有效地解决这个问题。它通过提供一个相反的输入到伺服活门，使伺服助力器活塞和动力杆迅速向相反方向移动，通过一系列的、连续的快速减速，直到活塞停止运动，这种现象叫做过调和回弹。这可以导致操纵输出不稳，从而使伺服助力器和直升机不稳定。

导致过调和回弹的主要原因是活塞两侧的压差太大，因此降低压差就可以消除这种不稳现象。通过给伺服助力器内的回油腔提供一定比例的压力，就可以减少这种压差。具体供给回油腔的压力的大小由伺服活门的移动量来决定。

（4）不可逆转性

作用在旋翼上的任何气动载荷不应该反过来操作伺服助力器，这可以通过伺服助力器内的液锁来实现，即伺服活门在零位或中立位时，它的两个通油口都是关闭的，因此液压油既不能流入也不能流出伺服助力器的腔体。

完全动力操纵系统是不可逆转的，但动力辅助操纵系统却是可逆的，通过该系统可以在驾驶舱操纵杆上感受到一定程度的旋翼的气动载荷所传递过来的力。

（5）有操纵感觉度

在人工操纵系统里，飞行员通过移动操纵杆来做机动飞行，操纵部件的位移量和气流的速度所产生的载荷会通过操纵系统反馈到操纵杆，从而使飞行员感觉到这种力。因此在直升机载重较大、速度较高的情况下，飞行员所感受到的力通常会较大。这也显示了在任何一个机动动作下直升机所承受的载荷。在动力辅助操纵系统，来自旋翼的载荷只有一部分会在驾驶舱内感受到，即按比例反馈。

在动力操纵系统里，飞行员所感受的力只是来自克服系统的静摩擦和操纵伺服活门所需要的力。

如果驾驶舱内的操纵没有感觉的话，就很有可能会导致直升机结构在飞行包线内所承受的应力超限。因此就需要一种装置，它能够在驾驶舱内操纵杆上产生一种人工的感觉力，这种力与直升机的速度和飞行员的操纵输入量成正比，以防止因疏忽而在机身上产生过载。

（6）备用系统

飞行操纵系统对于任何直升机的飞行安全都是非常重要的，如果液压系统失效，飞行操纵必须能够通过应急或备用系统来操纵，有以下两种方式。

① 人工复原。当液压失效后一些直升机可以通过人工状态在降低飞行速度下飞行。

② 双套的动力组件或液压系统。该系统应用在一些大型直升机上，它不可能人工飞行，因此双重系统是唯一的解决办法。

2.7.3 液压助力器

液压助力器按其作动筒的配置方式,可分为单作动筒式、双作动筒串联式和双作动筒并联式。

1. 单作动筒式液压助力器

单作动筒助力器的工作方式前面我们已经介绍过,分别有固定活塞式和固定壳体式。在应用这种伺服助力器的动力操纵系统上,如果系统失效,为保证直升机和乘客的安全,必须有其他的备用操纵系统。

最早的解决办法是采用两套相互独立的液压系统,它们的驱动方式互不相同。主系统由主旋翼齿轮箱附件驱动,而次要系统由传输系统通过传送带带动的风扇驱动。后来的改装是将辅助泵安装在发动机耦合的齿轮箱上。

这些液压泵提供的液压和压力都通往一个往复阀组件,当主液压系统工作时,它提供的液压和压力就会用来操纵飞行操纵伺服助力器。万一主液压系统失效,则次要液压系统的压力就会推动往复阀,关闭主液压系统,从而辅助液压系统的液压和压力开始起作用。其中一个液压系统的失效会提示机组尽快地做预防性着陆。

更多的现代直升机在复合摇臂和主伺服之间的操纵连接安装了辅助伺服助力器,给这些辅助伺服助力器提供液压和压力的来源是与主伺服助力器不同的。当主系统失效时,主伺服助力器就会锁定,其作用与其他的操纵系统中的推拉管一样。操纵输入此时就会由辅助伺服助力器传递到主旋翼上来操纵主桨毂。正常情况下,辅助伺服助力器通常用来作为自稳和自驾系统的输入,在有些直升机上,辅助伺服助力器本身也是双套的,这在后面会具体讲述。

2. 双作动筒串联式助力器

串联伺服助力器是另外一种采用两套液压系统来保证安全的方式。这种伺服助力器的壳体分为两个独立的腔,一个紧连着另一个,即串联。每个腔有各自的动力活塞,两个活塞又都安装在同一根作动杆上。每个腔有各自的伺服活门,两个伺服活门都连接到同一根操纵输入杆上,而两个伺服活门由不同的液压系统提供压力和液压,互不混合,因此一个系统的失效不会影响另一个。

正常状态下,两个液压系统都会提供压力和液压,两个伺服活门都会调节液压从各自的腔体流入或流出。当一个系统失效,另外一个会继续正常工作,而不会降低性能。

图 2-76 所示是一个典型的壳体安装式的串联式伺服助力器。

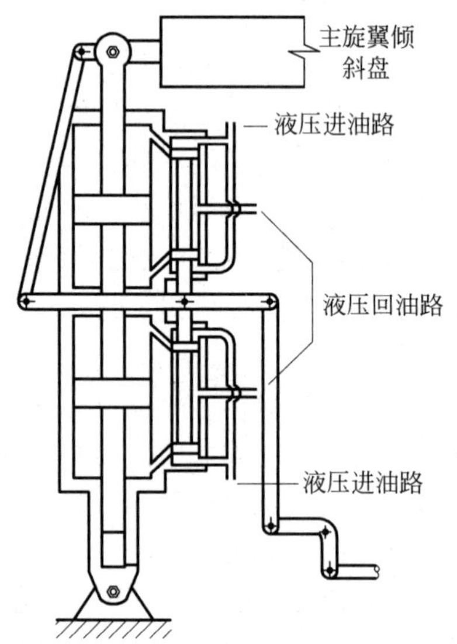

图 2-76 双作动筒串联式助力器

3. 双作动筒并联式助力器

双作动筒并联式助力器的设计和工作与串联式基本相似,除了它的两个腔是并排安装的，它也是由同一根操纵输入杆操作两个伺服活门，如图 2-77 所示。它的腔体安装在伺服助力器的下端，是固定不动的，由作动杆上下移动进行操纵；而伺服活门安装在作动杆的上端，因此作动杆任何的移动都会带动伺服活门。当操纵输入停止时，作动杆仍然会继续移动，直到滑阀的凸起部分刚好盖住伺服助力器的通油口，液压油停止流动，然后作动杆才停止运动。

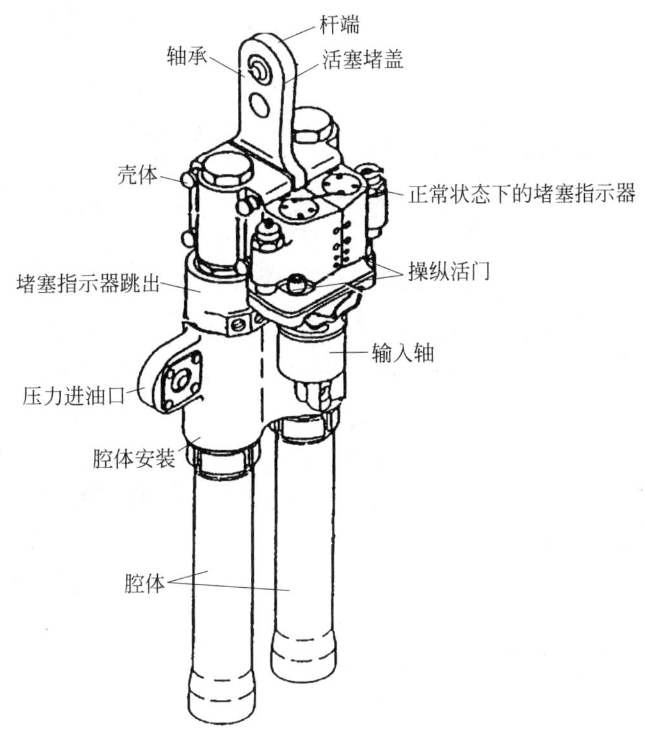

图 2-77　双作动筒并联式助力器

4. 直升机的飞行操纵液压系统

图 2-78 是应用在中型直升机上的一种典型的液压系统。该系统还提供公用系统的液压操纵，例如起落架的收放等。该系统有三个相互独立的动力驱动的液压泵，在完整的系统图里还有一个手摇泵，用来对公用系统进行应急操纵，以及在应急状态下放下起落架等。在这里我们只讨论液压系统对飞行操纵系统的工作。

这种液压泵是变容式的，即自调式，主伺服和尾伺服是串联式伺服助力器。该液压系统分为左、右液压系统，分别供给每个伺服助力器的相应一侧液压，它们的液压油互不混合，因此当一个系统因为液压油泄漏或污染时不会影响另外一个系统的工作。

(1) 左液压系统

左液压系统给主伺服的上腔和尾伺服的左腔供油。左主液压泵从左液压油箱中抽油，在主减速器的左附件机匣的驱动下工作。左系统辅助泵是电动马达，在以下状态时它会自动发挥作用：

① 主液压泵失效；

② 需求增大(例如操纵起落架收放时)。

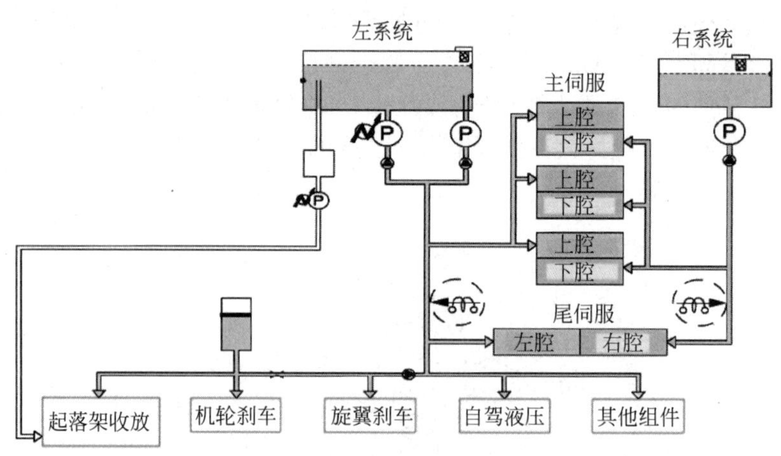

图 2-78 典型的直升机液压系统

另外,电动泵还可以在维护时提供液压压力,特别是在没有地面液压设备的情况下。为了防止两个液压泵相互反向驱动,在每个泵的出口处安装了单向活门,以确保液压油只能朝一个方向流动。

通往尾伺服的管道非常长,因此比主伺服有更大的泄漏可能性。为了保证对主伺服的供应,当左液压油箱低油面警告的时候,就会有一个电子信号传到电磁活门来切断通往尾伺服的液压以防止液压油继续泄漏。驾驶舱内的低油面警告灯也会闪亮。如果泄漏发生在通往主伺服的管道上,就没有这种保护措施了,只能到所有左主油箱液压油泄漏光为止。

(2) 右液压系统

右液压系统给主伺服的下腔和尾伺服的右腔供油。右主液压泵从右液压油箱抽油,在主减速器的右附件机匣的驱动下工作。右系统同样在通往尾伺服的管路上安装有一个电磁活门,它和左系统的工作原理一样。

2.7.4 感觉系统

1. 简介

前面已经讲过,在使用液压动力来进行飞行操纵可能会导致飞行员失去部分或所有的操纵感觉。例如,在动力辅助系统中,作用在操纵系统上的力会有部分反馈回驾驶员操纵杆上,即按比例反馈。在中型到重型直升机上的完全动力系统中,没有反馈力,只有为克服系统静摩擦力和动摩擦力而需要的力。

在动力飞行操纵系统中应当应用一定形式的人工感觉,否则驾驶员会无意中造成直升机结构、旋翼和传动系统过载。和固定翼飞机不同,直升机不需要对速度、高度和马赫数等产生反应的复杂的感觉系统,它只需要对操纵位移产生感觉力。这种感觉力也叫回中力,因为在飞行员操纵取消后,它的自然趋势是要回到它所安装的中立位。最简单的方法就是使用一个弹簧装置,来作为一个梯度组件。

2. 主旋翼系统感觉——梯度组件

最简单的梯度组件可能就只包括两个弹簧,相互预加负荷;或只有一个弹簧,安装在壳体内,两端安装有驱动装置。当有飞行操纵输入时,根据它施加在梯度组件上的运动,会使弹簧压缩或拉长。这个梯度组件通常不作为飞行操纵系统整体的一部分，而是依据操纵程度而施加给飞行员的额外的力的一部分。图 2-79 是典型的梯度组件的原理图。

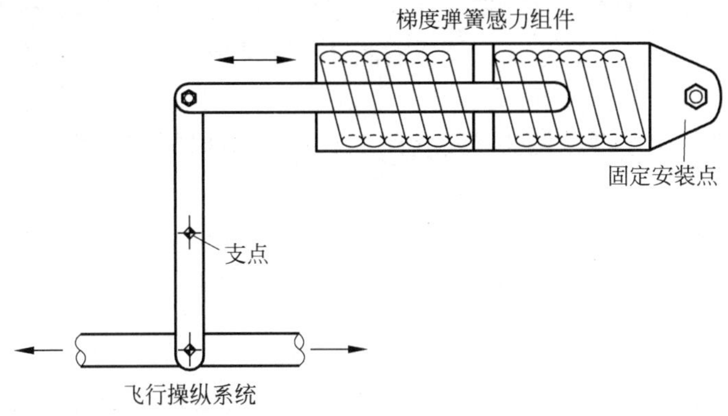

图 2-79　典型的梯度组件

梯度组件内有一根弹簧，安装在一根杆上，在弹簧的两端安装有座圈。这种方式可以保证任何方向的运动都会受弹簧力作用，从而在飞行操纵系统的人工操纵部分产生一定程度的感觉力。这种感觉力与弹簧的变形程度成正比，施加的力越大，则感觉到的力也越大。

梯度组件一般安装在所有的飞行操纵输入件上，一个安装在总距输入件上，两个安装在周期变距件上，其中一个在俯仰通道，另外一个在翻滚通道。

由于产生了一个回中立位的力，梯度组件就增加了操纵组件初始移动的脱开力，随着操纵组件的移动，它还会产生动摩擦力，并且随着操纵组件远离中立位，这个动摩擦力还会继续增加。

3. 尾桨操纵系统感觉——航向脚蹬阻尼器

航向脚蹬阻尼器有时也叫脚蹬阻尼器或航向阻尼器，要注意的是后者应用在固定翼飞机上时的作用是完全不同的。

典型航向脚蹬阻尼器如图 2-80 所示。典型航向脚蹬阻尼器的工作原理如图 2-81 所示。

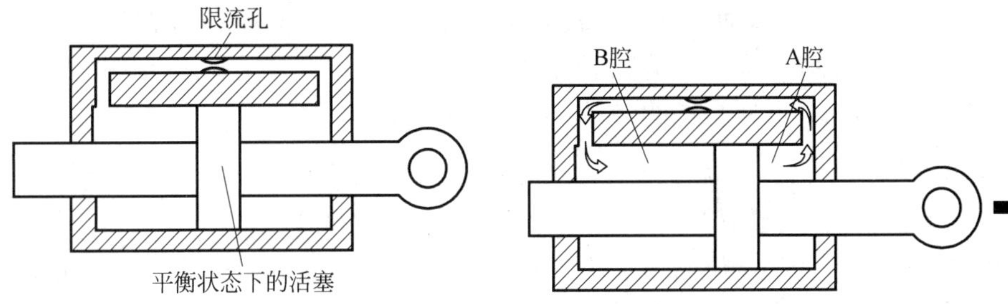

图 2-80　典型航向脚蹬阻尼器　　图 2-81　典型航向脚蹬阻尼器的工作原理图

航向阻尼器提供了以下三项功能：

（1）防止对尾桨操纵系统过快的操纵输入；

（2）感觉力；

（3）配平保持力。

如果在尾桨操纵系统里没有提供感觉力的装置，就容易使操纵输入过快，导致操纵过量,造成对直升机结构的损伤。航向脚蹬阻尼器的作用就是限制操纵输入的速率,它还可以用来对尾桨操纵系统进行配平调整。

航向脚蹬阻尼器的工作通常以液压油作为阻尼介质,根据阻尼器的原理,运动的速率与液压油的流动速率成正比。在它的壳体内的腔体上安装有一个平衡活塞(它的两端都连接有动力杆),腔体内注满液压油,两头都与一个小孔相连,该小孔在壳体内,中间还有一个限流装置。通常还有一个小型的储油器安装在这个装置上,以便有轻微泄漏发生时保证装置满油。

活塞的移动会压缩一端的液压油,使它从一端流到另外一端,流动的限制会控制它传递的速率,从而控制操纵系统移动的速率,图 2-82 是该部件的工作原理图。

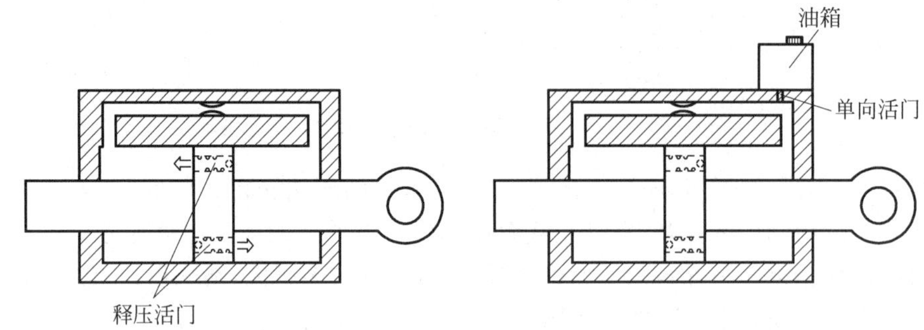

图 2-82 航向脚蹬阻尼器活塞释压活门、油箱和单向活门

活塞右移,使液压油通过传输通道和限制器,从 A 腔流向 B 腔。限流孔决定了流动的速率,因此也就决定了尾桨操纵系统移动的速率。另外,由于流动被限制,在 A 腔内的压力也因此增加,从而给航向脚蹬提供一个感觉力。然而在主旋翼操纵上由于没有这种回中功能,也就没有这种感觉力,当脚蹬的操纵输入取消后,航向脚蹬阻尼器活塞两侧的液压会相互平衡,因此就可以保持在新的位置。有一些直升机在使用这种阻尼器的同时还安装了一根弹簧来提供额外的感觉力。

它还可以提供配平并保持的功能。当飞行员需要对直升机进行调整而操纵尾桨时,他只需要给脚蹬一个力使其移动到所要求的位置,然后就可以移开脚。而脚蹬仍然会保持在新位置,直到下一次操纵。在很多情况下阻尼器是可调的,但通常是在该部件从直升机上拆卸下来后再作调节,而且需要特殊的夹具和定时设备。

4. 安全作用

很多时候当航向脚蹬阻尼器的工作失效时,也会危及直升机和机组安全。例如,虽然它和飞行操纵推拉管平行安装,但当细小的传输通道或限制器堵塞的情况下,液压油就不能传输,导致操纵系统不能操纵。另外在紧急情况下,飞行员需要比平常快得多的速度来操纵尾桨系统,但如果没有安全装置,这一切几乎不可能实现。

为了防止这些不利情况的发生,在动力活塞上安装了两个释压活门,互相朝不同方向。如果正常的传输通道堵塞或需要比平常大的力来操纵时,腔内的压力就会迅速升高,当压力超过释压活门的设定值时,液压油就会通过释压活门和活塞流到另外一个腔。

许多航向脚蹬阻尼器,尤其是那些没有安装透明蓄压器的,通常使用压力加油而不是用油壶加油,这就需要另外第三个释压活门,以防止在系统加油过多超压时将过多的油排出。

使用整体液压油箱的阻尼器的加油是通过重力注油方式进行的，在油箱的底部有一个单向活门，当航向脚蹬移动使腔内压力升高时，该活门就会关闭。如果该活门发生卡滞或堵塞，液压油就会反流回油箱，而不是另外一侧的腔体，导致阻尼器操纵松软，操纵时间更快。

5. 安装有自动飞行系统的整体感觉系统

在飞行操纵系统中安装有自动飞行系统的直升机，通常就不再需要感觉装置了，因为这些自动飞行系统不需要感觉，而且它本身的设计就已经避免操纵输入过快了。然而如果飞行员想矫正操纵或从自动飞行转换为人工操纵，就需要马上断开自驾，重新恢复反馈的感觉力。

在自动飞行时感觉力可以通过将操纵输入放在感觉组件的下游来消除其作用，而不使任何的移动反馈回驾驶舱内。这可以通过将自动飞行输入直接与飞行操纵系统内的液压伺服助力器连接，或与辅助伺服助力器连接来实现。

飞行员对飞行操纵具有优先权，他可以通过在操纵手柄或航向脚蹬上的电子开关来实现，也叫杆力电门、旁通开关或移动感觉装置。在自动飞行时，如果驾驶杆或脚蹬被操纵，就会断开自动飞行系统，允许飞行员自己操纵，这些内容后面的章节会详述。

图 2-83 是一个与尾桨操纵系统连杆平行安装的航向脚蹬阻尼器和航向系统杆力电门，它和梯度组件的功能很相似。

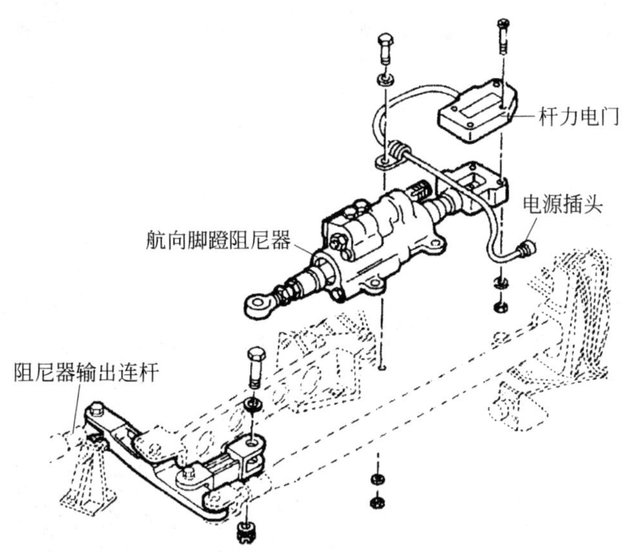

图 2-83　航向脚蹬阻尼器和杆力电门的安装

2.8　直升机增稳系统

1. 直升机增稳系统简介

有些直升机为了提升气动稳定性使用增稳系统。在早期直升机上使用机械式连杆机构，当直升机姿态因外界干扰发生变化时，系统在机械连杆的作用下调整主旋翼桨叶角，改变气动特性从而使直升机恢复到原来的状态。现代直升机很多使用电子机械增稳系统，在地面直升机起飞前开启，直到直升机落地后再关闭，因此在整个飞行过程中它可以保证俯仰、翻滚和航向的稳定。

由于增稳系统通过一系列的操纵输入将它的修正传递到飞行操纵连动装置上，因此不需要改变飞行员的操纵就可以改变桨叶角，当然飞行员也可以通过传统的方式操纵驾驶杆来改变桨叶角。增稳系统控制的飞行操纵连动装置的限制和设计方式使飞行员在任何时候都可以随时完全地操纵直升机。增稳系统只是起稳定作用和在飞行员选择的飞行操纵状态下做一些修正。

增稳系统包含有几个电子部件，并直接与直升机上的辅助液压伺服系统相连，通过控制伺服内的液压活门来进行飞行操纵。增稳系统和飞行员一样可以操纵飞行操纵连动装置，只是它的动作量没有那么大。

直升机增稳系统的组成如图 2-84 所示。

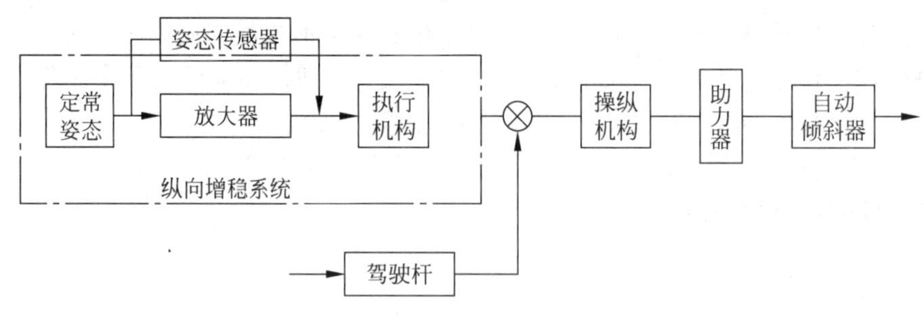

图 2-84 增稳系统的组成

2. 部件

增稳系统一般包含以下部件。

(1) 放大器

通常包含五个部件：三个放大器组件、一个航向同步器、一个航向速率陀螺设备。

放大器组件用来放大信号。在俯仰和横滚通道它们也用来获得电子速率信号。

(2) 通道监控面板

通道监控面板上有开关可以单独断开某个通道和进行系统测试。

如 S-61N 直升机上，通道监控面板有 4 个舵面终点限动电门和 4 个通道切断开关。舵面终点限动电门向相应的通道传递舵面终点限动信号，通道切断开关则是由飞行员来切断相应的通道。例如，如果航向通道故障，飞行员就可以切断航向通道来保持其他通道的稳定而继续飞行。

(3) 操纵面板

操纵面板见图 2-85，它是正常状态下飞行员用来操纵增稳系统的，上面有以下开关和调节按钮：

① 连通按钮——正常工作时处于接通位，如出现故障可关断，当系统接通时中间的绿灯会亮。

② 指针转换和关闭按钮(在有些系统上它被盖住不用)。

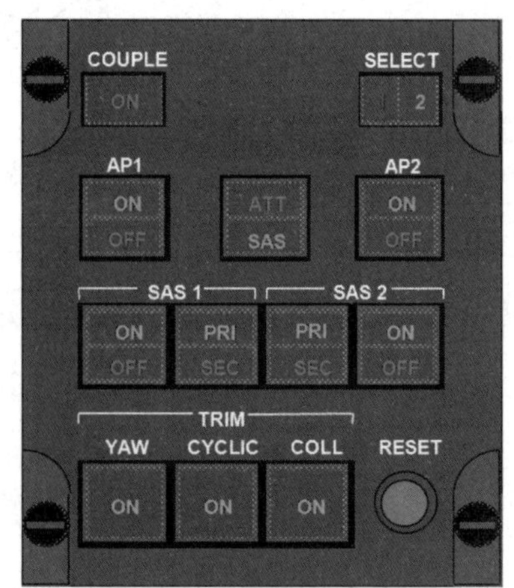

图 2-85 操纵面板

③ 航向调节开关与航向通道连接，当增稳系统接通后，飞行员可以对航向做微调。该装置是经过校验的，上面的每一个格相当于航向的1°。

④ 重心配平开关用于调整增稳系统，补偿直升机不同的重心载荷。

(4) 操纵杆位置传感器

操纵杆位置传感器(见图2-86)有两个位置传感器连接到俯仰和翻滚操纵联动装置上，它们与垂直陀螺的信号相对，提供飞行姿态的操纵参考信号。

(5) 解除开关

解除开关(见图2-87)位于周期作动杆上，使增稳系统处于解除状态而只保留航向同步操纵，这也是增稳系统接通之前的状态。

图2-86 操纵杆位置传感器

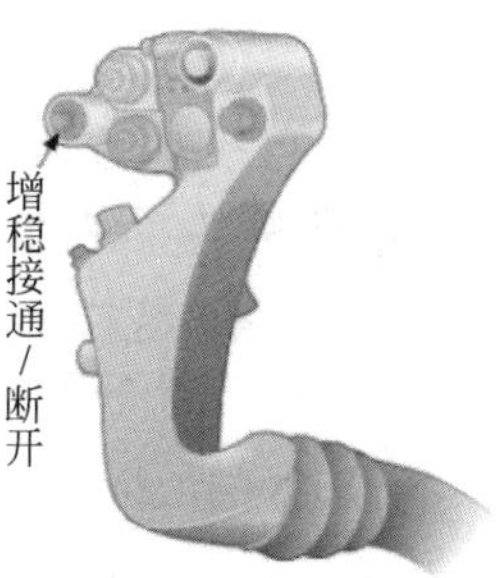

图2-87 解除开关

(6) 航向微电门

位于联动装置上的两个微动开关可以使航向通道在人工转弯对方向舵脚蹬操纵时保持在同步状态，有些系统的微动开关就安装在脚蹬上。

(7) 伺服活门

俯仰通道增强了直升机沿横轴的动态稳定性。该通道可以很好地进行稳定性操纵，而飞行员所需要做的只是操纵更快、更准些。

3. 俯仰通道

假设直升机正以机头朝下3°的飞行姿态飞行，增稳系统接通进行稳定性操纵。

假定该传感器(见图2-88)感应直升机的俯仰移动，有阵风使直升机机头向下偏。传感器感应这个变化并传递信号到放大器，放大器立即分析这个信号，来决定机头在方向、距离和速度方面与原先选择的姿态是否存在变化，产生一个修正的信号并以最小的过调量和最快的速度将机头调整回原先的状态。

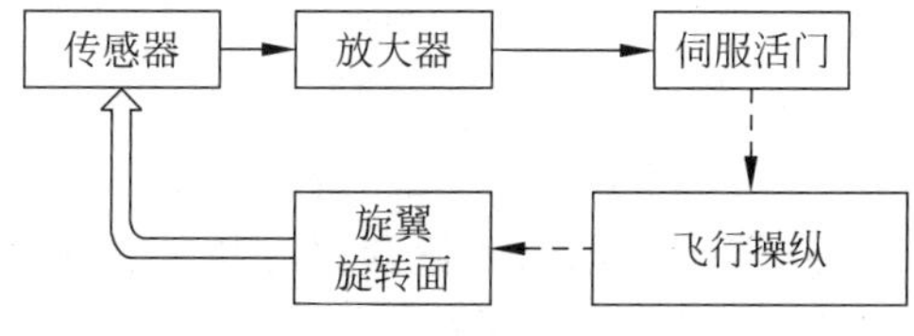

图2-88 俯仰通道增稳

当直升机回到它原先所选择的姿态后，传感器感应的信号也与原先的输出信号一致。放大器再次与初始信号比较，使它的输出信号与所选择的初始状态一致。这使伺服活门恢复到它所对应的飞行操纵和旋翼平面原先选择的状态。

4. 横滚通道

横滚通道的工作原理和俯仰通道的工作原理是相同的,除了它没有重心配平要求外,它还有一条与驾驶杆传感器串联的延迟电路。

这条延迟电路使驾驶杆传感器的信号延迟,从而使之与延迟的滚转陀螺的输出信号相匹配。滚转陀螺的输出信号的延迟是由于直升机机体对于周期变距杆横向操纵反应的延迟所致。

将俯仰通道的操纵中的"前后"更换为"横向",将"俯仰"更换为"横滚",就可以了解横滚通道的工作情况。横滚通道允许有±10%的变化。

5. 航向通道

航向通道的功能和其他两个通道——俯仰通道和横滚通道相似。三个通道中从变换器S1到伺服活门的电信号是一样的,只有当直升机的姿态或航向与所选择的一致时,每个通道输入到S1的信号为零,这样才能获得最佳的工作性能。航向通道用来稳定直升机的航向。

当直升机在所选择的航向上飞行时,系统内没有信号产生。但是当有外界干扰改变直升机的航向时,系统罗盘内的磁场方向也随之转动,从而输出信号可以改变尾桨叶片的迎角,最终使直升机回到所选择的航向上来。

如果飞行员想通过尾桨操纵系统来改变航向并稳定在新航向上,就需要首先断开整个增稳系统,然后在获得新航向后再接通它。或者通过安装在脚蹬上的航向作动装置微动开关(SW1和SW2),在转弯的过程中始终保持其中一个开关被按压并发挥作用,使之保持同步状态,直到飞行员的脚从脚蹬上移开。

当直升机获得所选择的航向后,飞行员就可以将脚从脚蹬上移开,然后航向通道就开始发挥作用来保持直升机的航向了。

飞行员还可以通过使用安装在操作面板上的航向配平调节钮来改变直升机的航向,它每转动一圈就相当于直升机航向改变72°,上面的每一个格等于1°。

2.9 配平操纵系统

2.9.1 配平调节

1. 简介

为了使飞行员能够修正不合乎要求的飞行姿态,但又不必一直把住操纵杆来进行修正飞行,直升机也和其他的飞机一样需要配平系统。直升机的配平系统和正常飞行操纵系统在一起,任何的输入都会改变从驾驶舱操纵装置到主旋翼的操纵中立基准。这常常通过以下两种方法来完成:电磁制动器和电动配平作动器。

有些直升机采用其中一种方法,但有些会两种都采用,无论哪种方式,它的反馈回路都要经过飞行员,并由他/她在获得所要求的飞行姿态后来终止配平输入。对于梯度组件或尾桨操纵系统的航向脚蹬阻尼器等的感力部件,配平的输入不应该对它们有任何的影响。如果配平系统有力作用在这些感力部件上，就会在不同的方向位移上产生不一样的感觉力。例如，如果通过配平操纵使周期变距杆产生了部分的前移，就会压缩周期变距梯度组件，那么从这个新的中立位向前推杆所感受的力就会比正常大，而向后拉杆的力会比正常要小。

为了取消这种不利状态，配平系统被设计成能够满足任何的配平输入，不只是将操纵系统移到新的中立位，使感力系统也同样移到零位，以保证无论进行了多少的配平调整，感觉力都是均衡的。

2. 电磁制动器

电磁制动器实际上是一个卸载机构，当接通电源时它的作用就像一个制动器，一旦关闭电源它就解除制动。

电磁制动器安装在机身结构上，梯度组件的壳体则连接在制动器杆的曲臂上。通电时，制动器工作并为梯度组件弹簧提供一个固定点，使之可以为飞行员的操纵提供感觉力。

电磁制动器通常由安装在周期变距杆或总距杆上的按钮来解除工作，该按钮叫做配平解除开关，上面标记 TRIM REL。图 2-89 为安装在周期变距杆手柄上的该按钮图示。

当按压住配平解除按钮时，相应的电磁制动器被解除，包括梯度组件在内的整个操纵系统就可以自由活动，从而再确立系统新的中立基准。一旦重新完成对系统的配平调整，TRIM REL 按钮就可以松开，电磁制动器被重新接通，从而使梯度组件和操纵系统保持在新位置上。由于梯度组件是作为一个整体组件来移动的，而不只是作为操纵杆的输入，因此就从新位置上提供一个相应的感觉力。从这个位置开始的任一方向的移动都会产生完全相同的感觉力或回中立力。

如图 2-90 所示，当电磁制动器工作时，操纵系统的任何移动都会压缩梯度组件弹簧并随偏移产生相应的感觉力。

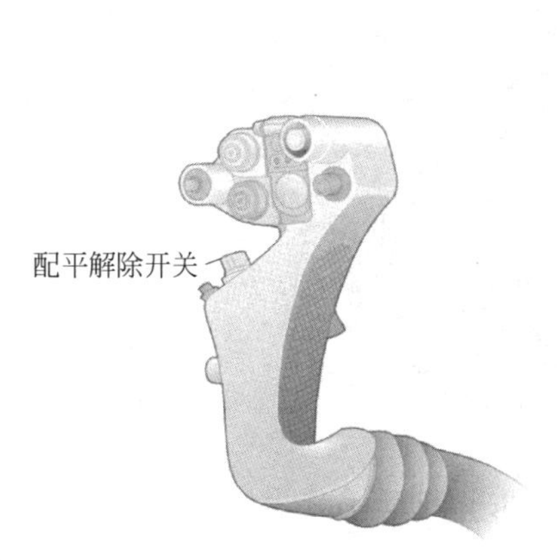

图 2-89　安装在周期变距杆手柄上的配平解除按钮

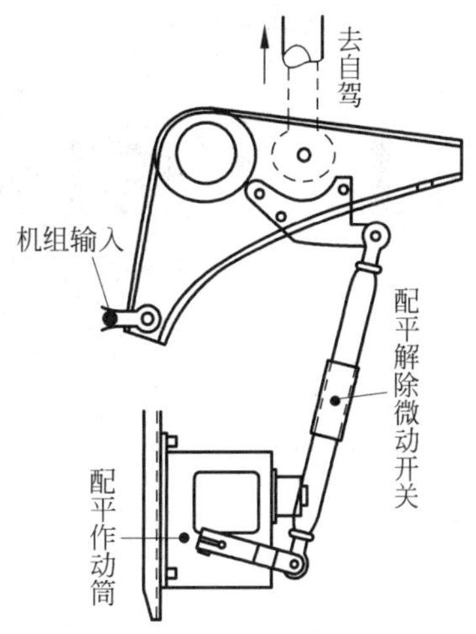

图 2-90　电磁制动器解除工作

电磁制动器被解除时，操纵系统和梯度组件可以自由活动，飞行员就可以自由操纵系统来修正和调整直升机状态。当配平解除按钮被松开后，制动器工作，将操纵系统保持在新位置上。通过电磁制动器系统，飞行员可以对直升机进行调整，来修正任何的偏移趋势，通过暂时解除电磁制动器和梯度组件，人工操纵就可以直接完成该修正调整。当按压配平解除按钮时，飞行员可完全掌控直升机的操纵，但由于没有了感觉力的反馈，因此不能做任何过度的或快速的操纵，以免对直升机结构或传动系统造成过载损坏。

3. 电动配平作动器

在电动配平作动器系统中，电动作动器安装在梯度组件和安装结构之间，如图 2-92 所示。在周期变距杆上有一个可以用大拇指操纵的弹簧作用的调节开关见图 2-91，该开关面向飞行员，调节它就可以对电动作动器提供一定的电流，使其伸长或收缩，并相应地输入到操纵系统。当获得相应飞行状态后，该按钮被释放并在弹簧作用下回到中立位。

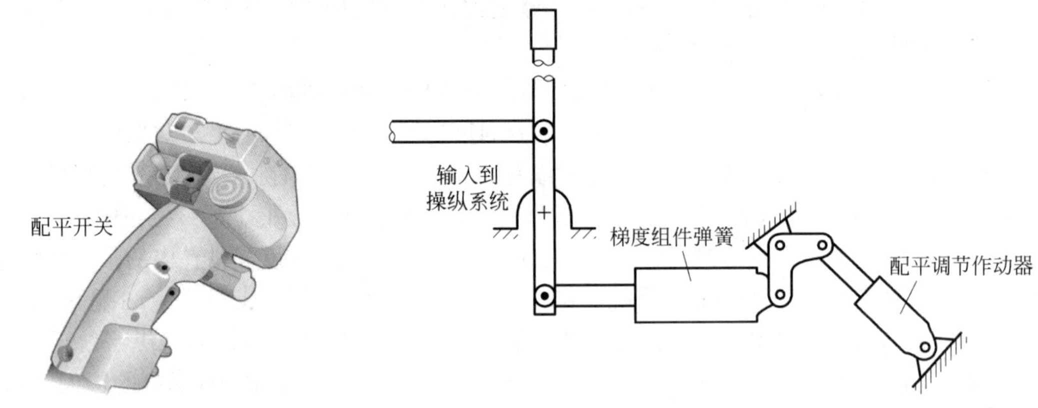

图 2-91　周期变距杆配平调节开关　　图 2-92　电动配平调节作动器的安装

电动作动器工作时，由于影响到梯度组件，使其重新定位，因此飞行员的操纵感觉力不会受到影响，仍由杆的新的位置来提供相应比例的感觉力。

在有些直升机上，电动配平作动器和梯度弹簧组件合为一体，如图 2-93 所示。

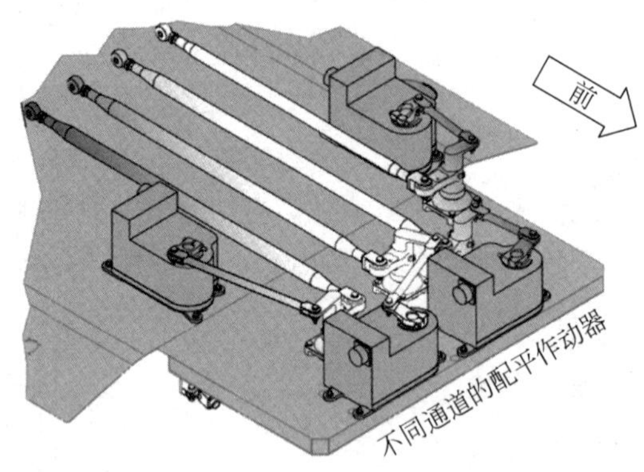

图 2-93　调节作动器和梯度组件的混合件

电动配平作动器通常是双套系统，有两个马达和齿轮箱组件，在正常工作状态下两者一起发挥作用，当其中一个马达失效后，安装在驱动齿轮上的离合器组件就会脱开，使另外一个马达可以继续工作并提供配平调整位移活动。

电动配平作动器通常可以提供位置指示，在进行操纵系统的调整时就可以确定作动器的中立位。对于作动器和梯度组件的混合件，它的马达壳体上方有一个小透明窗口，当作动器伸长或收缩时，有色指示器在管子内上下移动而给予位置指示。

2.9.2　固定和可调安定面

在前飞过程中，固定翼飞机通过尾翼或水平安定面来进行对绕横轴(俯仰)的稳定操纵，同样对于直升机也需要这种稳定操纵。有些直升机在尾梁安装了固定的安定面，但在早期的直升机的发展过程中也设计了可调安定面以适应飞行速度和操纵输入的要求。通常来说，安装了多桨叶的直升机采用固定安定面，如图 2-94 所示。安装两片叶片、半刚性跷跷板式主旋翼采用的是可调安定面，以适应较大的姿态变化以及机身结构的影响。安定面应用在所有传统的、单桨叶系统的直升机上，而在双旋翼的直升机上则不需要安定面。

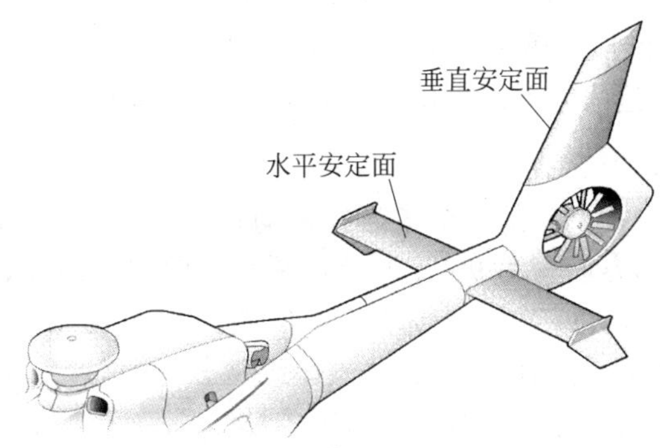

图 2-94　直升机固定安定面

固定安定面有几种形式，包括安装在尾梁后部的单一翼型水平安定面，或在尾梁两侧各安装一个的双水平安定面。有些直升机还在水平安定面的外缘安装了侧垂尾，以增加直升机绕立轴的稳定性。

在前飞的过程中，当气流速度达到一定值时，安定面就会和传统翼型一样产生一定的空气动力。这种气动力作用向下以平衡直升机前飞时机头产生的向下的扭矩。这种机头下俯的姿态会导致更大面积的上部机身面对气流，产生更大的型阻力，影响直升机的前飞速度，从而需要更多的功率来克服所增加的阻力。

可调安定面的优点就是可以在任何飞行速度和操纵输入状态下提供最佳的角度。这样可以使直升机在前飞过程中，当达到一定速度后安定面发挥作用，它就可以通过水平安定面获得最大的好处。

最简单的可调安定面就是将安定面与周期操纵系统直接连接。当前后操纵周期变距杆时，周期操纵输入也同时操纵安定面，以确保它可以提供正确的回复力矩，使直升机机身在该飞行状态下仍保持所需的角度。这种连接可以是通过钢索或推拉管系统，安定面则安装在一根扭力管上，该管穿过尾梁安装在轴承上，如图 2-95 所示。该系统也属于直升机主要飞行操纵系统的一部分，需要进行调整检查，以确保在一定的操纵输入下获得正确的角度。

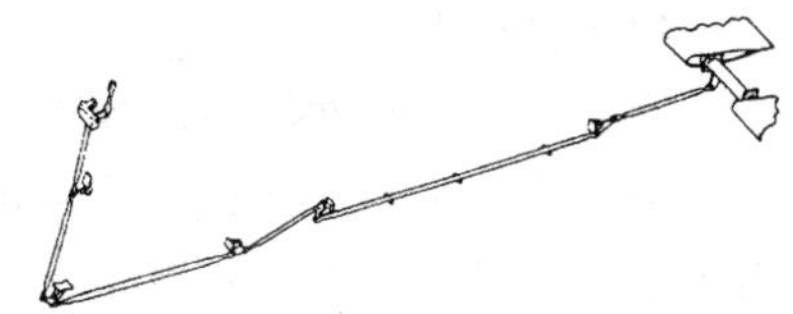

图 2-95　可调安定面与周期操纵系统的连接

另外一种较复杂的系统是可以根据操纵系统的输入、直升机的飞行速度、功率的变化以及直升机重心的变化来改变安定面的活动量和方向。这种系统可以在所有的前飞过程中保证直升机机身保持在一个相对平稳的姿态。为了达到这个目的，就需要一个操纵系统，根据许多不同的输入来不断改变对安定面的操纵输入。在贝尔 214ST 直升机上完全采用的是电传操纵系统，它的安定面可以作向上 10°和向下 15°的活动，对直升机的姿态有明显的影响，它的功能和固定翼飞机的升降舵很相似，而不只是单单作为安定面那么简单。

2.10 典型的直升机飞行操纵系统

2.10.1 系统描述

以一种典型的直升机飞行操纵系统为例，本章描述整个系统的原理及其工作。该系统采用推拉杆为主旋翼提供操纵输入，穿过尾梁的钢索操纵尾桨变距，它们之间还有相位组件、液压动力自驾组件和其他为系统提供指示和安全操纵的组件。

1. 相位组件

在直升机飞行原理中我们已经了解了陀螺进动和相位滞后的道理，对于转动的物体，任何的输入只有在沿着转动方向转动 90°才能获得最大的输出。因此，对于主旋翼，就需要在它所预期的操纵效应前提前 90°提供操纵输入。例如，如果需要直升机作俯仰运动，那么就要在沿机头方向右侧 90°的固定倾斜盘上提供操纵输入，才能使直升机按照操纵的输入值进行相应的抬头或低头，这样才能符合飞行员的本能反应。图 2-96 为相位滞后原理图。

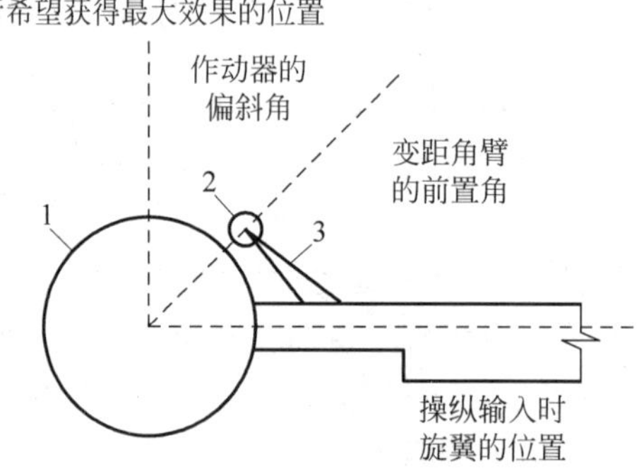

图 2-96 相位滞后

1—主齿轮箱；2—前/后操纵作动器；3—变距角臂

在中型至大型直升机上，为了满足相位滞后的需要，主旋翼操纵作动器的安装会在倾斜盘上产生很大的弯曲应力，因此必须采用强度更高的材料以承受该应力。解决的办法就是将 3 个主伺服装置安装在倾斜盘的四周，以达到平均承受该载荷的目的，即以平均 120°的间隔安装 3 个主伺服装置。但是 3 个平均点却不能提供两条相互垂直的倾斜轴线。从图 2-97 可以看出轻型直升机和重型直升机上伺服位置分配的区别。

位于倾斜盘连接组件间的相位组件，其作用就是使倾斜盘沿这两条轴线偏转。其工作原理很简单，将倾斜盘通过 3 根平均间隔的杆 a、b、c(作动器)与另一个作动盘(相位组件)相连接，相位组件的任何活动就会完全在倾斜盘上体现出来。例如，如果由于横向杆和前后作动杆运动，相位组件将绕相差 90°的 A' 点和 E 点运动，它就会沿 X_1X_1' 和 Y_1Y_1' 两条轴线倾斜，从而使倾斜盘相应地沿 XX' 和 YY' 轴线偏转，使主旋翼作相应的运动，如图 2-98 所示。

如果作动器和变距摇臂的前置角刚好是 90°，相位组件就会进行有效的操纵。而在实际直升机结构中，相位组件也不是直接安装在倾斜盘下方的。

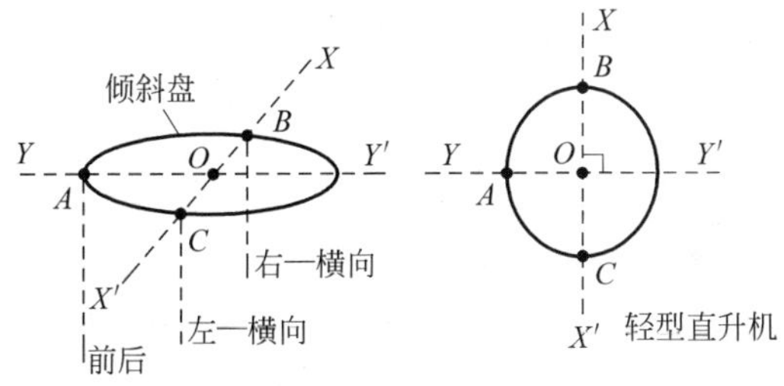

(a)

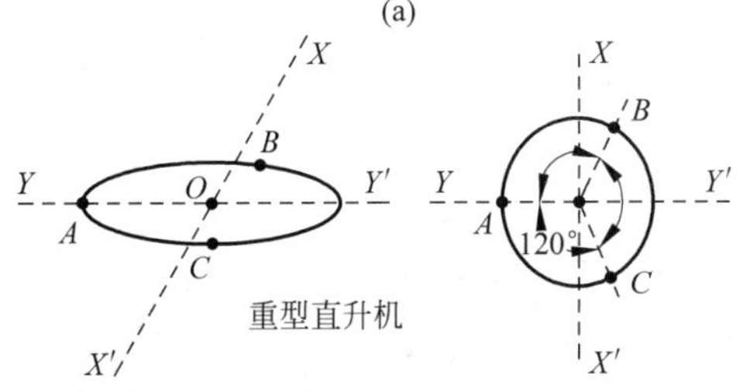

(b)

图 2-97　在轻型和重型直升机上伺服位置的分配

(a) 轻型直升机；(b) 重型直升机

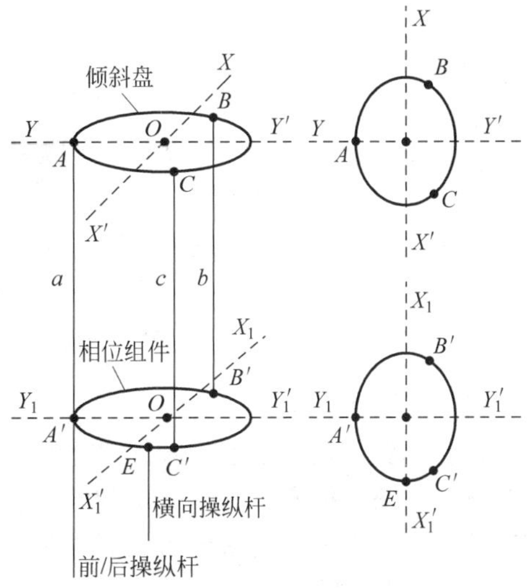

图 2-98　相位组件的工作原理

2. 自动飞行输入

增稳和自驾组件对该系统的输入与以上系统的方法不同。在该系统中，AFCS 作动器是在一个组件内，通常称为 ASE 组件（自动稳定设备）或自驾组件，而不是在操纵系统内分散的组件。由自动飞行系统产生的操纵输入和以前的一样，在这种情况下，它们通过操纵组件内的伺服活门，然后在液压作用下操纵组件动力活塞。和伺服作动器的工作相似，自驾组件通过电动马达操纵组件内的伺服活门，由液压系统为飞行操纵系统提供输入。

安装在驾驶舱操纵系统上的杆力开关可以用来暂时断开所有的自驾飞行输入，由飞行员完全控制飞行操纵系统，当飞行员的操纵输入停止后，自驾组件就会立刻重新恢复工作。

2.10.2　操纵系统上的各种部件

1. 总距操纵系统

在这些飞行操纵系统内还有一些其他的部件安装在总距操纵系统上，例如配重和超桨距指示、总距指示器、液压阻尼器。

(1) 配重和超桨距指示

当飞行员需要松开总距杆去操纵其他的开关或仪表板上仪器时，安装在总距杆扭力管上的配重可以提供一个平衡力来防止总距杆的自由活动。另外在限动块和弹簧装置的共同作用下，配重还可以用来提示飞行员最大主旋翼桨距角是否已经超限。

图 2-99 中，配重、弹簧装置安装在一个与总距杆扭力管相连的作动臂上。在正常工作状态，配重会随着总距杆的活动而上下移动；当总距杆被提升到最大桨距 17°位置时，配重就会接触到安装在驾驶舱下的限动块；如果总距杆被继续提升到 19°位置时，操纵杆就会碰到自驾组件内的止动块，防止进一步的输入，同时总距杆和配重的连杆就会拉伸弹簧增加总

距杆上的感觉载荷,警告飞行员最大桨距角已经超限了。

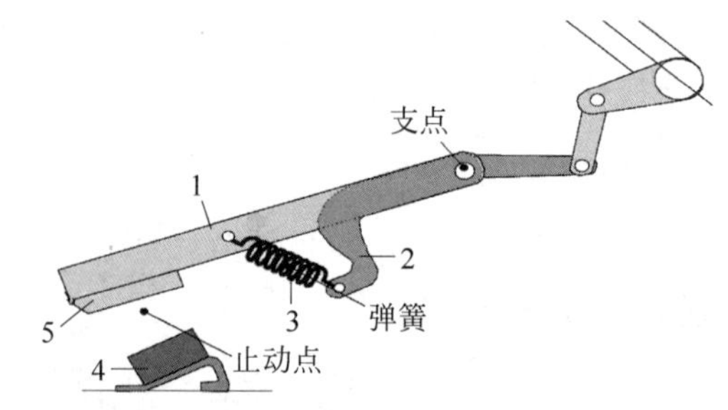

图 2-99 总距杆配重和止动装置

1—作动臂;2—弹簧装置;3—弹簧;4—限动块;5—配重

(2) 总距指示器

在主旋翼齿轮箱和固定倾斜盘之间安装有一个电子位置传感器,当有总距输入时,该传感器就会将信号传递给安装在驾驶舱仪表板上的总距指示表上。如果该装置故障,一个直接连接到总距杆下部的机械指示表作为备用,通过一种滚轴式的指示器来提供桨距读数。

(3) 液压阻尼器

总距操纵系统包含一个液压阻尼器,用来限制总距操纵输入的速率。它的工作原理和航向脚蹬阻尼器很相似,外形为圆筒状,通过一个下部的总距曲柄来操纵。

2. 周期变距操纵系统

在该系统内有两点需要注意:一是安装在周期变距杆底部的配重,它的作用和总距杆上的一样,用来防止操纵杆的自由活动;另一点是 12Hz 补偿杆,它是一个曲柄连接杆。

由于主减速器安装在柔性板上,当直升机在地面滑行时,就会使主减速器产生一种低频的前后运动的振动——12Hz 的振动(在第 3 章有详述)。安装在主减速器上的伺服作动器于是也就随之振动,但它的操纵输入杆却不会振动,因此就会引起伺服活门的运动,从而在主旋翼转盘的前后方向上就会产生快速的周期运动,导致进一步的振动的产生。

而安装了 12Hz 补偿杆的直升机则可以避免这种周期操纵的输入。采用了 12Hz 补偿杆就可以使伺服活门与输入杆一起运动,使其他系统不受该振动的影响,避免了对前后作动器的不受控制的输入。

3. 尾桨操纵系统

尾桨操纵系统的工作和前面的讲述基本相同,但有一点值得注意,该系统提供了一种总距/航向耦合,安装在自驾组件的下游,因此总距的输入无论是来自飞行员还是自驾系统,它都可以发挥作用。

一根类似于梯度组件的弹簧杆,作为安全装置,安装在尾梁上的一个固定座和操纵钢索的后扇形盘之间。万一钢索发生断裂,该弹簧组件就会自动将尾桨回复到中立位,使尾桨仍然可以产生部分的补偿反扭矩,使直升机易于安全着陆。

下面的系统是直升机操纵系统的一个例子,应用在由英国 GKN 公司生产的 EH101 新中型直升机上,见图 2-100 所示。

它的基本操纵系统是机械装置,从驾驶舱到主旋翼和尾桨的双液压伺服器采用的是推拉管连接。通过一个机械操纵混合器提供主混合操纵到主旋翼,它也通过副混合操纵从总距到俯仰通道和从总距到航向通道。

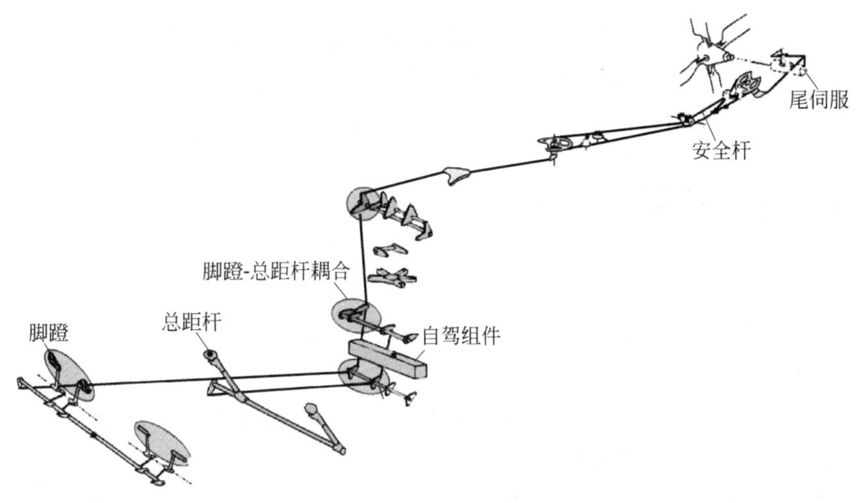

图 2-100 EH101 尾桨操纵系统

与每个操纵线系一起工作的有双串联作动器和单并联作动器，它们都作为 AFCS 系统的一部分来提供自稳和自驾功能。双串联作动器是作为正常操纵线系的一部分，而单并联作动器则只是连接到正常操纵线系上，而不是它的一部分。除了 AFCS 功能外，单并联作动器还提供配平功能，由正副驾驶员的周期驾驶杆上的调节开关来操纵。图 2-101 为前机身这些部件在操纵系统内的示意图。

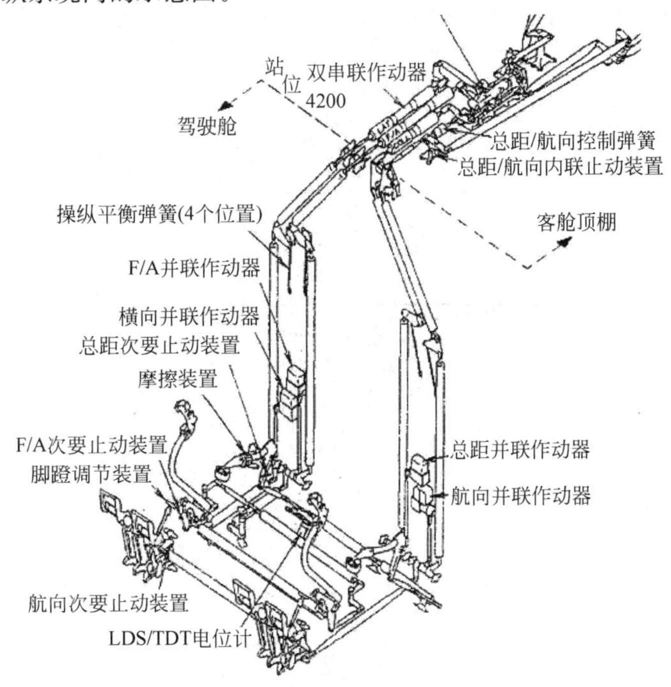

图 2-101 直升机前飞操纵系统

主旋翼伺服作动器是双串联式，由各自的液压系统提供压力，它有一个旁通活门用来防止一个作动器故障而影响另外一个的正常工作。在正常状态下，该作动器的位置是由来自正副驾驶员机械操纵的输入总和以及增稳系统的机电信号来控制。总的信号开启伺服活门并操纵动力活塞和作动杆，当到达所要求的位置时就会停止运动。

尾伺服作动器也是双串联式，由一根与航向脚蹬连接的推拉管相连。

在复合摇臂上有一个机械耦合，来保证尾桨推力随着总距的变化而自动地补偿变化，即总旋翼推力和扭矩反作用力。

2.11 平衡和校装

2.11.1 目的

操纵系统校装的主要目的是确保叶片的桨叶角变化与特定的操纵输入相一致，以获得直接和迅速的操纵反应。通常在以下情况下需要对飞行操纵系统进行校装：

（1）飞行操纵系统部件的更换；

（2）更换主/尾桨毂或主/尾减速器；

（3）飞行故障分析/排故；

（4）直升机维护手册或计划内所要求。

校装检查方法有两种：快速校装检查和完整校装。在维修手册内规定了在何种情况下需要进行哪一种的校装检查。通常当更换了主要部件后需要进行完全的校装检查，而更换桨叶或个别的推拉杆等则只需要进行快速校装检查。无论哪种情况，都必须完全按照维修手册上所要求的来严格进行。操纵系统校装示意图如图 2-102 所示。

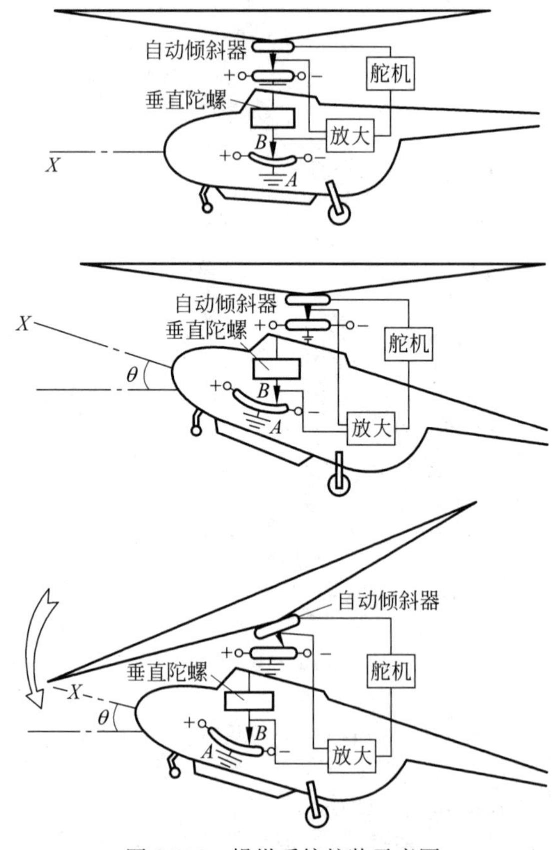

图 2-102 操纵系统校装示意图

2.11.2　典型的操纵校装程序

以下所述校装程序只是作为举例说明，不针对任何机型，但应用很普遍，包含了全面的校装检查程序，可作为参考。

1. 校装检查的前期准备

校装进行前的前期准备工作包括：

(1) 从驾驶舱到桨叶，检查整个飞行操纵系统的完整性以及周围环境；

(2) 校装时通常需要桨叶安装在位，检查时需要转动桨毂，因此检查四周的空间是否满足桨毂转动时的需要；

(3) 测量桨叶角度时如果需要测角器，在有些老式直升机上需要参考 AMM 用千斤顶顶起直升机并校装到所规定的正确位置；

(4) 确保地面液压装置可连接到机上的液压系统并且可用；

(5) 确保地面电源车可连接到直升机上并可提供校装所需的电源；

(6) 检查所有的校装设备(插销、卡块等)的数目，并且确保状态良好。

2. 校装设备使用前的检查

应用于飞行操纵系统校装的专门的地面设备通常装在专门的盒子内，一般包括金属插销、校装卡块和夹具。在使用前应该对这些设备进行检查，以下为典型的检查程序。

3. 典型的主桨操纵校装程序

在任何情况下，如果没有液压动力供给，绝对不能强行安装校装设备。主旋翼校装卡具将桨叶固定在预先要求的位置，该卡具通常是管状金属部件，它可以防止叶片因重力下垂而导致主桨毂产生不平衡。图 2-103 是一种卡具组件的装配图。

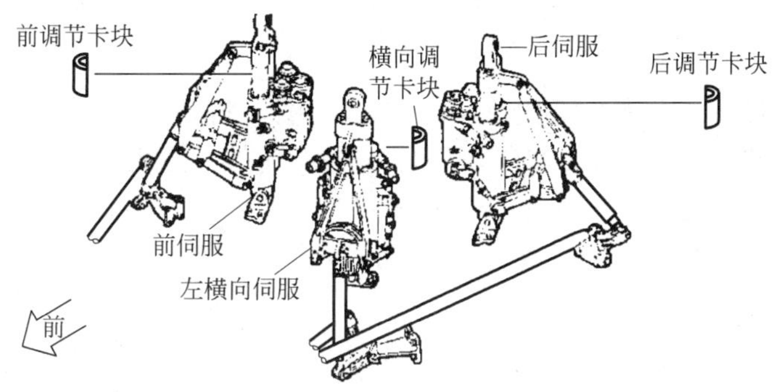

图 2-103　主旋翼液压作动器定位卡块

主旋翼操纵的校装基本程序包括：

(1) 辅助或自动飞行/配平系统中立；

(2) 周期变距杆中立；

(3) 总距杆中立；

(4) 所有系统摇臂中立；

(5) 主伺服作动活塞中立；

(6) 主旋翼中立；

(7) 相对于周期变距杆/总距杆的运动来修正桨叶角；

(8) 操纵系统止动点设定正确。

4. 自动飞行/配平系统校装

在进行校装之前，首先必须将自驾和增稳系统置于零位(即中立位)。因为自驾系统的输入会改变该系统的中立基准，从而对操纵系统无法进行正确的校装。在极端的情况下会严重危及直升机和人员的安全，即使在旋翼刚起动时也会发生。因此，自驾系统的中立调整虽然相对简单但必须格外小心。

正确的方法是先给直升机通电，使陀螺仪有足够时间运转到正常工作速度，然后接通所有的自驾/增稳系统通道(横滚、俯仰、航向和总距)。

系统运转足够的时间后再关断，这样就会使所有的输入自动恢复到中立位或零位。可以通过目视检查各个自驾部件是否回到中立位，有时候也许还需要特殊设备并由授权专业人员来进行检查。

配平系统的中立调整通过电动作动器或电磁制动器来进行。许多大型直升机在仪表板上安装了配平指示器来指示系统的状态。通常需要通过检查实际配平部件的位置并和仪表指示相比较来确定工作情况。电动作动器上通常有一个环行凹槽并注满红漆，当作动器刚好在中立位时，该凹槽就应该刚好露出。电磁制动器在壳体上和作动臂上也做有标记来指示中立位。

5. 中立操纵系统

以下是操纵系统内人工操作部分的中立校装程序。通过使用定位销和固定装置，由周期变距杆和总距杆开始进行。将周期变距杆用定位销固定在中立位，而总距杆通常位于中间行程位然后用定位销固定。注意，只有在各个系统位于中立位后才可以插入定位销，如果不易进入时应该参考 AMM 对推拉管进行调节以便使定位销孔对齐，绝对不能强行将定位销插入。

6. 中立主伺服作动器

主伺服作动器的中立和自驾组件的中立很相似。将输入杆断开，在作动器壳体和眼端件之间安装定位卡块，然后调节输入杆并重新连接。通常一次只能校装一个作动器。在操作时要特别注意，作动器内有液压供应，伺服活门的运动会导致倾斜盘和桨叶活动。

7. 中立主旋翼

有些老式直升机上使用倾斜仪来测量桨叶角，现代直升机大多采用量角器，因此就不需要将直升机停放在测量位。要将桨叶中立，需要将每个叶片按顺序转到预先要求的位置，即使安装在转动倾斜盘上的变距拉杆位于安装在固定倾斜盘上的伺服作动器的正上方。有些直升机在倾斜盘上做有标记线来方便检查。当叶片的位置确定好以后，就可以使用倾斜仪或量角器来测量桨叶角了，然后通过调节变距拉杆来校装桨叶角，如图 2-104 所示。

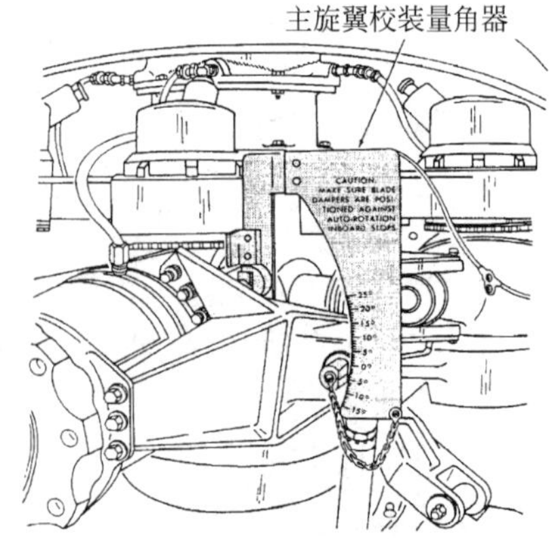

图 2-104 典型的主旋翼调整站量角

8. 校装后检查

在校装工作完毕后，必须检查所有的校装点以确保正确的安装和锁定保险。通过驾驶舱的操纵杆对系统进行操纵检查以确保没有故障，系统的摩擦力和起动力在限定值内。对于安装了梯度组件的直升机可能需要断开该组件或使用配平释放开关来松开电磁制动器。最后检查所有的校装设备，确保已经全部从直升机上拆除。由于操纵系统被干扰过，因此需要进行双重检查。

9. 其他的校装程序

还有另外一种校装程序，即对主旋翼进行预先轨迹校装。

厂家为了使每一片桨叶与主叶片相匹配，将测试叶片与主叶片安装在可以转动的测试台上，测试叶片相对于主叶片所需要进行的校装度数会标于翼根的下表面，通常以"′"为单位，被称为三角迎角，以符号 ΔI 表示，例如一片叶片的预先轨迹校装度数为 $+3'$ 时，就会表示为 $\Delta I=3$，而负值则为 $\Delta I=-3$。

将一片需要预先轨迹校装的叶片安装到主桨毂上后，系统按照前面所述使用定位销和固定装置校装中立，并将倾斜盘和叶片通过校装装置转到预先要求的位置，然后叶片按照AMM 所要求进行调整，并且参照预先轨迹校装度数进行对变距拉杆的调整。通常在桨毂上有一个游标尺（见图 2-105），一半在桨毂上，一半在桨叶轴套上，这样可以便于桨叶角的校装，而且不需要其他的设备。

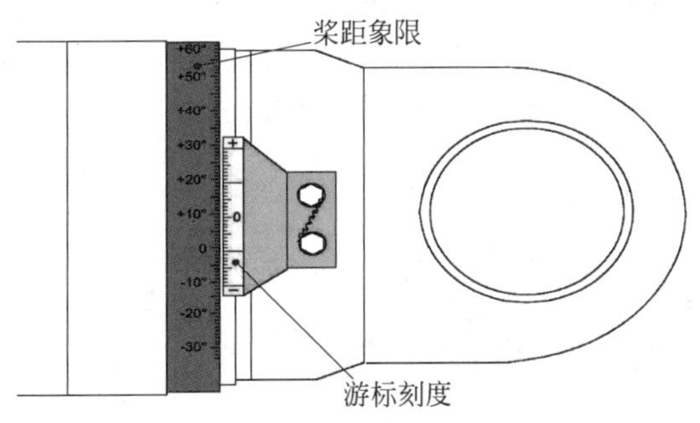

图 2-105　桨叶轴套和心轴上的游标尺

快速/检查校装需要按照 AMM 来进行，通常包括安装所要求的定位销并检查叶片的桨叶角。

10. 典型的尾桨操纵的校装程序

尾桨操纵系统的校装基本上和主旋翼的一样，只不过尾桨的操纵只有总距的变化，因此尾桨叶片的桨叶角的校装比较简单，详细的操作程序需要参考 AMM 进行。

（1）脚蹬中立；

（2）系统内曲柄，包括复合摇臂中立；

（3）自驾系统中立；

（4）钢索张力正确；

（5）尾桨叶片中立；

（6）相对于脚蹬位置尾桨叶片的桨叶角正确；

(7) 系统止动装置安装正确。

11. 尾桨桨叶角的检查和校装

测量尾桨的桨叶角时应该注意,要将总距杆放到最低位,左右脚蹬分别放在最前位来测量相应的桨叶角。一旦基准角度设定,拉升总距杆到最高位,然后再分别测量尾桨的桨叶角,以确保自驾的总距、航向输入正确。在检查过程中,操纵止动装置也要进行检查调节。

所有的校装结束后,随后的检查程序包括:检查整个系统的钢索安装正确,检查滑轮导缆器的安装正确,检查所有的调节点状态良好。同样也需要进行双重检查。

在维修手册中会有对尾桨操纵系统的快速/检查调节程序包括安装定位销、检查钢索张力和桨叶角等。

2.11.3 操纵系统限动装置

操纵系统限动装置是用来限制操纵系统的操纵行程的。所有的操纵系统行程的设计极限值一般都大于实际使用行程值。

限动装置安装错误会使操纵系统行程过大,从而导致危险,例如对传动系统过转矩操作、前飞速度过快、悬停接地时止动转动超限等,因此必须进行正确的校装。操纵系统中一般有两套限动装置,通常分为主限动装置和次要限动装置。次要限动装置通常在止动块和操纵系统之间只提供很小的间隙。当操纵量超过正常极限后,操纵系统就会首先接触到主限动装置,如果进一步对系统施加力,就会使操纵系统接触到次要限动装置,阻止更进一步的操纵输入。主限动装置通常安装在作动器内或自驾组件内,次要限动装置则安装在距离驾驶舱操纵系统较近的地方。典型的限动装置如图 2-106 所示。

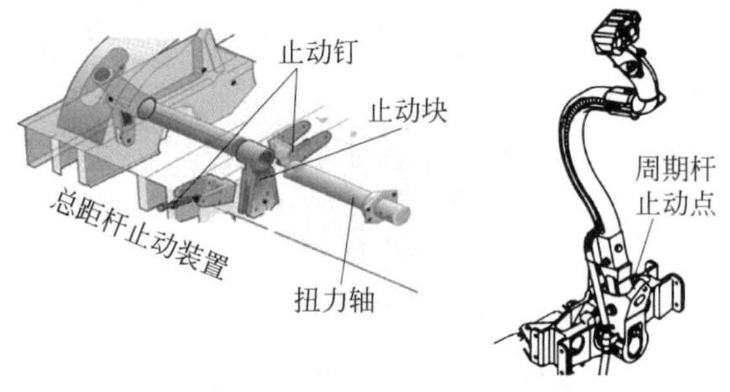

图 2-106 典型的限动装置

第3章

桨叶锥体及振动分析

3.1 直升机振动

1. 简介

直升机由于转动部件很多，不可避免地存在振动。振动将影响直升机的舒适程度，过大的振动将造成直升机旋转部件及结构的磨损及失效。飞行员和机务维修人员都必须掌握直升机振动的类型和引起振动的原因。

桨叶锥体与平衡以及振动分析技术的目标就是将振动控制在最小范围内，从而保证部件及机体结构的持续有效性。

了解直升机振动应该从振动的频率、振动的幅度、振动出现的方式和对直升机的影响等方面入手。

驾驶员飞行后的报告对分析振动产生的原因非常重要，他应该不仅能指出振动的频率、幅度，同时也能指出振动出现的方式，即出现在操纵系统上还是在机身结构上；他还可以指出振动发生的阶段，如是发生在悬停时还是在飞行过程中，以及产生振动时直升机的速度；还应该明确振动产生后对直升机飞行有无影响，如有无造成直升机横向或上下的摆动；等等。

低频振动可能的来源非常广泛，全铰式主桨由于转动部件多，产生振动的可能性尤其复杂，表现形式主要是“每圈一振”(one per revolution)，例如水平阻尼器故障将会引起主桨不平衡从而使直升机产生振动，振动从一侧开始传到另一侧。如果这种振动主要从周期变距杆上感觉到，则说明变距轴承已发生故障；如果振动发生在机身上，则振动一般是垂直或挥舞关节、阻尼器、主桨毂固定螺帽松动，主减固定螺栓松动或主减内部轴承故障等。

由于设计思想不同，半刚性主桨系统的振动与全铰式主桨系统略有不同，但同样存在振动，不解决振动同样对直升机的飞行有影响。半刚性主桨毂属于静态稳定，桨叶在安装使用前先要平衡，然后整个系统必须在进行动态振动测试后方可使用。

2. 振动

在学习如何分析锥体及平衡之前，首先来介绍什么是振动及产生振动的原因。

振动为一种快速的振荡运动，可能是由于旋转部件失去平衡，或者是在类似于空气动力这样的外力作用下产生的。这样的振荡运动可以表述为：位移或振幅(大小)、频率(快、慢，例如：振动次数/min)。

振动频率是指在单位时间内振动发生的次数，其单位为 Hz，1Hz 等于 1 个循环/s；振动周期为振动频率的倒数，如图 3-1 所示。

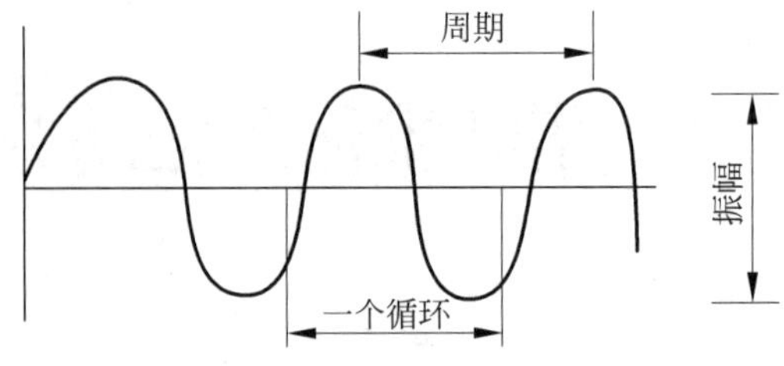

图 3-1 振动曲线图

另一种振动的表述方法常用来描述旋翼系统中的振动水平，即由振动频率与旋翼旋转速率相比较。例如，在旋翼旋转一周发生振动 6 个循环，也就是 6R 振动或者比率为 6∶1。

由于直升机设计及工作特性，直升机承受的振动可能来自桨叶、传动机构、发动机，这些振动可以对机体结构产生应力甚至损坏，缩短部件的使用寿命，并给飞行员及乘客造成不舒适的乘坐感觉。在飞行中振动的起源主要来自于主桨及尾桨，这样就产生一种内在固有的振动。举例说明，每片桨叶产生一个固有的 1∶1 的振动，如果直升机有两片桨叶，就会产生固有频率为 2∶1 或者 2R 的振动，三片桨叶就会产生 3∶1 或者 3R 的振动，以此类推。旋翼系统中 1∶1 或者 1R 振动叫做 ONE PER(每圈一振)，即每转一周振动一次，这是由于一片桨叶产生大于其他桨叶升力造成同轴度不好而引起的振动。

3. 引起振动的原因

转动部件的振动频率一般与部件的转动速度有关，而直升机上部件的转动速度各不相同，因此振动频率是识别振动来源的一个主要指标。振动按频率一般分为以下三类。

低频振动：主要来自于主桨系统；中频振动：主要来自于尾桨系统；高频振动：主要来自于发动机和高速传动轴。

必须注意，不是所有的直升机都遵循此模式，对振动如有疑问应以维护手册为准。例如，贝尔飞机的高频振动来自于尾桨而中频振动则可能来自于滑橇的松动等。

根据振动的幅度或者说振动的严重程度，如果再辅以转动速度、飞行速度等其他因素，可以让我们准确地找到振动的原因。

(1) 低频振动

对各种主桨系统来说，最常见的振动原因是桨叶锥体偏差。所谓锥体是指直升机所有桨叶叶尖转动轨迹都在一个平面内，因此首先应该在地面进行桨叶锥体的检查，符合要求后再进行悬停状态的检查。一般振动可以分为两种形式：垂直振动和横向振动，如图 3-2 所示。

① 垂直振动：由于桨叶产生的升力不相等，即主桨锥体超标而引起，与飞行速度有直接关系，飞行速度越大，振动越大。如果振动发生在低速状态下可以通过调节变距拉杆长度来减小振动；如果振动发生在高速度状态下，则须调节桨叶调整片角度来减小振动值。

② 横向振动：因主桨系统平衡超标而引起，与主桨转速有直接关系。如果振动随着旋翼转速的增大而增加，一般是展向平衡超标，应该在轻的一端加配重。如果振动随着转速减

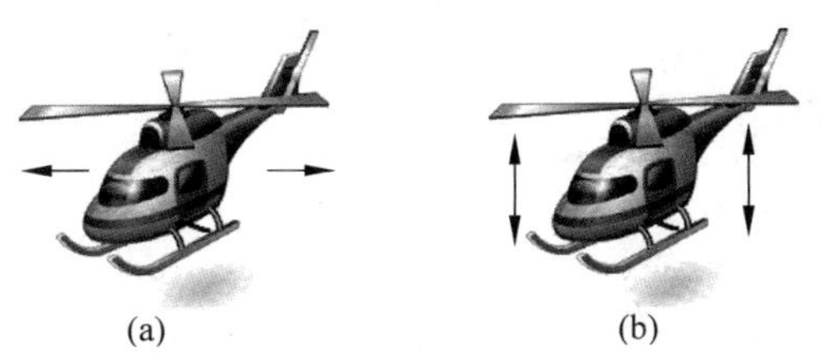

(a) (b)

图 3-2 直升机的振动形式

(a) 横向振动；(b) 垂直振动

小而增大，一般是弦向平衡超标引起桨叶后掠过大。但要注意的是，不能通过调整桨叶后掠角的方法来修正振动，这样会引起低头力矩。

两种振动形式都与发动机功率有直接关系，输出功率增大则振动增大，尤其是垂直振动更明显。

低频振动主要由主桨引起，下面列出一些常见的振动起因。

横向振动的起因是：频率匹配器(俗称减摆器)设定及相位不正确、桨叶不平衡、垂直关节轴承粘结或者卡滞。

垂直振动的起因是：桨叶同轴度(翼尖轨迹)不好、桨叶锥体调整片调整不正确、频率匹配器失效、变矩轴承磨损以及粘结、减振器失效。

(2) 中频振动

有一种振动不常见，但危险性却很大，俗称尾桨蜂鸣振动，这种振动一般在下列条件的综合影响下才会发生：

① 旋翼转速太高；

② 飞行速度太小；

③ 大气温度太低；

④ 尾桨桨叶角太大；

⑤ 气流方向是右前方，而且气流很不稳定。

这些条件一般在海上平台飞行降落过程中同时出现，振动产生时会在脚蹬上感觉到大幅度的抖动。驾驶员这时应减小尾桨叶的桨距来克服这种振动，否则振动会越来越严重并造成尾桨叶故障。尾桨叶不平衡或者尾桨轴承故障会使这种振动迅速加剧。

中频振动一般由尾桨引起。在一些直升机上，由于尾桨的高转速，一旦尾桨出现缺陷，就可能产生中频至高频的振动。中频振动常见的起因是：尾桨组件不平衡、尾减速器传动轴同轴度过分偏离设计值、水平安定面连接点松动或磨损、减速箱齿轮磨损、尾斜梁连接螺栓松动。

尾桨的振动过大可能造成脚蹬颤抖，但是如果由于尾桨操纵钢索张力过大，尾桨产生的正常固有振动也可能显得不正常。所以在分析工作开始时，就应该首先使用振动分析仪器确定振动是不是真的过大。

(3) 高频振动

高频振动由高速运转部件产生，一般情况下认为是由发动机引起的。另外，有一些传动部件的转速与发动机相同，例如，离合器、飞轮机构以及连接发动机与主减速箱的输入轴，所以在进行高频振动分析时，这些部件也应被考虑为潜在的起因。

3.2 直升机减振措施

3.2.1 简介

前面我们已经提到了一些振动形成的原因,这里将进一步讨论减少振动的方法。首先应该强调的是,不正确的维护也会造成直升机振动,以下列举了一些如何防止不正确维护的方法。

部件的磨损可以产生振动,事实上,当部件开始发生磨损,产生的振动就会加速磨损的速度,更大的磨损产生更大的振动,以此循环发展下去。对于旋转的部件或组件,磨损是一个很重要的问题,磨损可以在传动部件的使用寿命里缓慢地发展,这是一种很难看到的损伤,直到因此产生的振动达到一个极限值。有效检测部件磨损的关键是有健全完善的机务操作规章制度,采取有效的检查方法,及早地发现部件的磨损和振动征兆。应特别注意齿轮箱里有无碎屑,传动机构安装有无位移,以及部件结构是否有裂纹。维护手册里列明了磨损的许可范围,一旦超出,应及时采取适当的维护工作。

不完善的维护操作也会引起振动,尤其是在传动系统上进行工作时。无论何时将转动部件拆下,都应将该部件与其相连接或相互安装的其他部件的相对位置标示清楚,这样当重新安装后原有的平衡状态就能被保持。

在制造桨叶的过程中,采取了许多技术来最大可能地保证生产出的每片桨叶保持相同,对于那些在制造过程中无法消除的微小不同之处,可以在使用中采取同轴度及平衡的技术分析手段来消除,这将在后面具体讨论。

无论多轻微的桨叶损坏,都会引起气流分离,改变桨叶的气动特性。前缘防磨保护层的过度磨损也会造成同样的影响。一旦对桨叶进行了修理工作,就应进行桨叶重新平衡,如果这个工作无法在直升机上完成,应该将桨叶送到厂家或者有资格的维修部门。应该注意的是,即使是对桨叶进行一些简单的工作,例如定期清洁桨叶,也要注意避免改变桨叶的气动特性。

许多老式桨毂都含有许多轴承和铰链关节,需要定期对其进行润滑及检查工作,否则一旦磨损,振动值就会变大。现代的桨毂轴承数量相对减少,但在维护中也要注意保证工作的有效性。挥舞或减摆阻尼器多由弹性材料制成,这种材料可以被一些强溶剂损坏而造成阻尼作用下降,振动水平升高。旧式液压阻尼器如果发生液压油气化或者由于渗漏造成液压油减少,也会产生上述影响。

造成振动水平上升的内在原因还有许多,在这里无法一一列举,但是可以肯定的是,如果严格按照维护参考资料进行有效的维护工作,在规定的时限内进行定期检查工作,将最大限度地降低振动水平。

3.2.2 减少/消除固有振动

前面提到过,当传动系统工作时或者直升机在空中飞行时,都会产生固有或者正常出现的振动。同样地,这样的振动也会引起磨损以及失效。厂家在设计及生产过程中采取各种方法尽一切可能将固有振动减小到最小。减少甚至消除固有振动的目的就是要给乘客及机组一个舒适的驾乘感觉，并且减小作用在机体结构以及系统上的作用力，常用的方法有以下三种：安装节点梁、采用柔性安装盘以及安装减振器。

1. 节点梁

如果一根弹性梁的两端系有重物，并作垂直振动运动，在弹性梁上将有一点位置（通常位于中心）不发生上下移动，这个点就是节点，如图3-3所示。

如果在中心位置上再系上一个重物，将会出现两个节点，分别位于两段梁的中心点上。利用这个原理，可以将最大的固有振动源——主减速器安装在梁的中间位置上，在两边节点位置将梁连接到机体上，并且在梁的两端装有配重（见图3-4）。这样，虽然主减速器、桨毂头、桨叶仍产生固有振动，但是由于安装点位于节点位置，机体就不会受固有振动的影响而发生振动，乘客及机组就感觉不到这种固有振动。这种消除固有振动的方法就是节点梁。在小型ASTAR直升机上，类似的节点梁就安装在驾驶舱的地板下以减小座舱的振动水平。

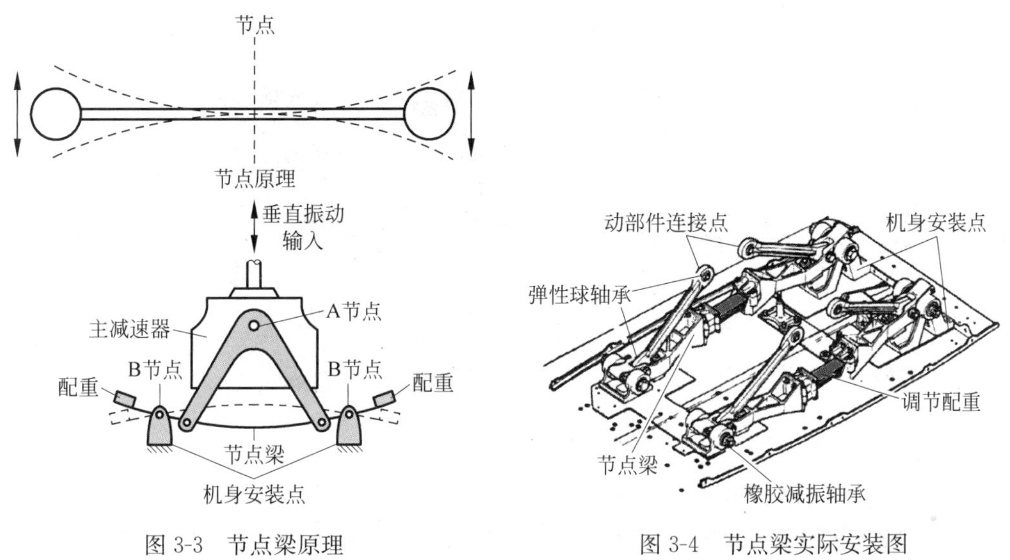

图3-3　节点梁原理

图3-4　节点梁实际安装图

2. 柔性安装盘

在许多直升机上，主减速箱及桨毂头组件被安装在一个柔性盘上（例如在AS332超美洲豹直升机上，因为柔性盘的外形类似烧烤盘而称之为BBQ），柔性安装盘通常由钛合金或有相似特性的金属制成。主减速箱安装于盘的中心，在盘的边缘连接到机体。柔性盘的工作就像一个改进的节点梁结构，吸收掉大部分由主减速箱及主桨组件产生的固有振动。图3-5为AS332超美洲豹直升机柔性盘。

图3-6为EC155直升机柔性盘，虽然两者结构略有不同，但其作用却基本相同。主减速箱安装于柔性盘中央，柔性盘边缘连接到机体结构。同时有三根钢支撑杆，一端连接到主减速器顶部，另一端连接到机体上，这样主减速器就像一个钟摆一样被悬挂起来。主减速器可以在纵向上摆动，造成柔性盘弹性变形，从而吸收振动。

除了吸收振动，柔性安装盘还可以吸收主减速器产生的反扭作用力以及纵向、横向的载荷。

3. 减振器

多年以来应用于直升机的减振器种类很多，有些是将整架直升机的振动减小到最小，另

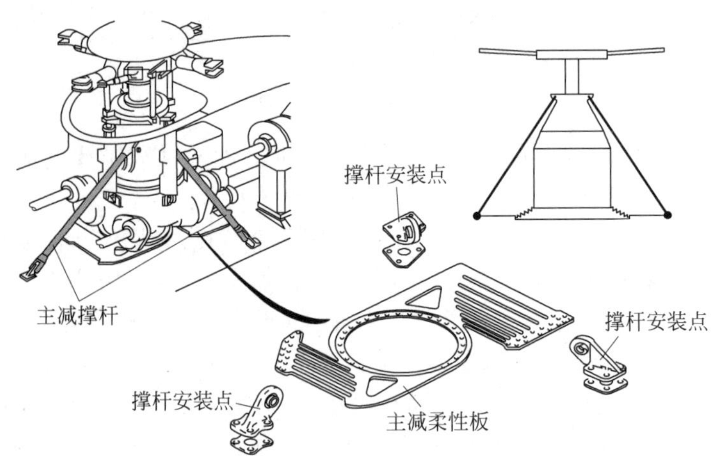

图 3-5　柔性安装盘

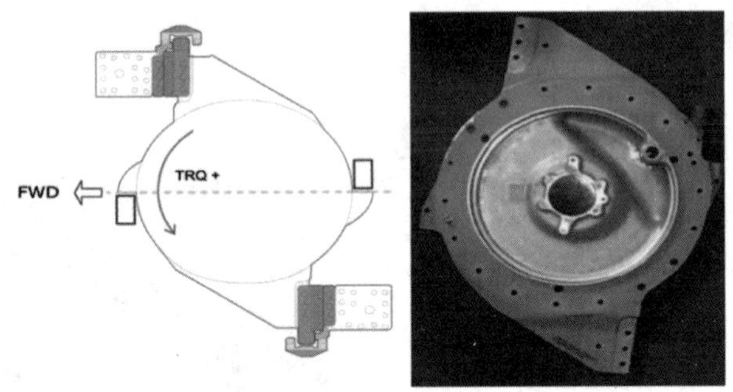

图 3-6　EC155 主减速器安装盘

一些则只是以达到使机组与乘客有一种良好的驾乘感觉为目的。常用的减振器包括弹性共振体、自调谐振动吸收装置(STVA 或 AVCS)、桨毂阻尼器、双向吸振器(bifilar)。

(1) 弹性共振体

这是一种最简单的减振器,工作原理为共振质量理论。通常在座舱内设有一个安装在弹簧上的重物,该重物产生一个与固有振动刚好相反的垂直共振,这样就产生一个节点,消除掉大部分振动。

在一些直升机上并不需要添加额外的配重作为共振体,可以直接将电瓶的安装座作为弹性共振体。

图 3-7 所示为应用于西科斯基 S61 直升机上的一种安装设计。电瓶作为一个共振物体,安装于 3 个减振板弹簧上,弹簧将电瓶安装托盘与机构结构连接在一起。由于 S61 直升机有 5 片主桨叶,所以 S61 就具有一个 5∶1 或 5R 的固有振动。电瓶安装设计时使电瓶与这个 5R 固有振动产生相反的共振,从而消除掉该固有振动。该装置在飞行中是不可调谐(即频率调整)的。如果更换了一个与原有电瓶重量不相同的电瓶,就需要在电瓶安装托盘上增加或减小配重使共振频率与主桨固有振动频率一致。这种调谐工作只能在地面通过机械手段来完成。

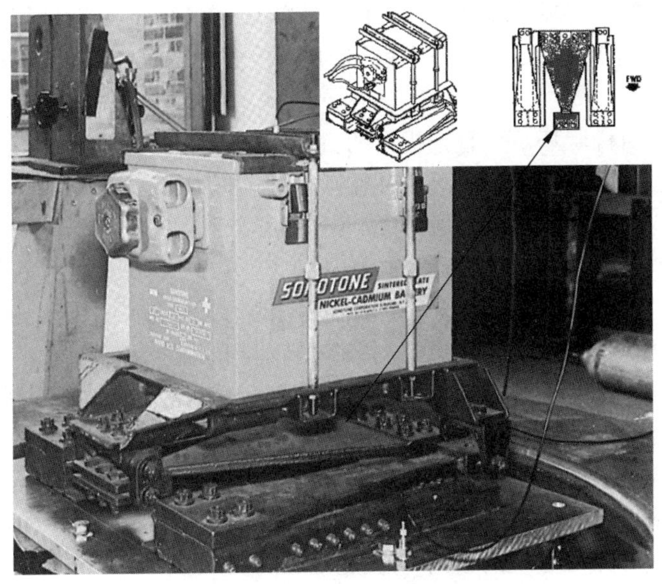

图 3-7 电瓶振动吸收安装装置

(2) 自调谐振动吸收装置(STVA 或 AVCS)

自调谐振动吸收装置也是一种共振体,只是该装置可以通过一些简单的电路自动进行调谐从而减小实际振动,如图 3-8 所示。

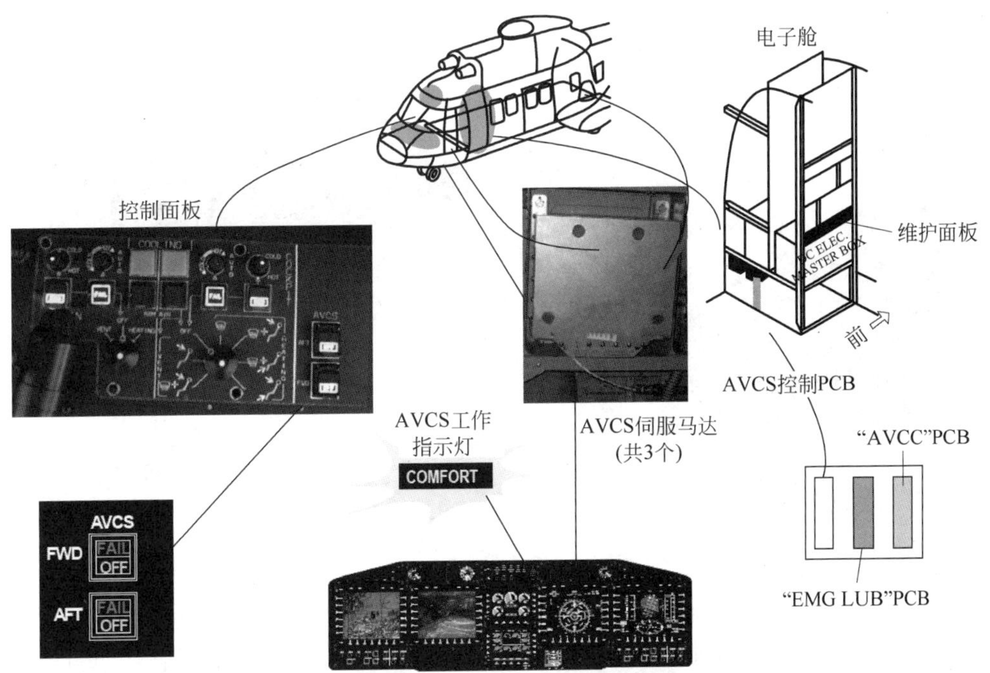

图 3-8 某直升机的自调谐振动吸收装置

在机身装有一个加速度传感器,探测一定频率范围内的振动,并且产生电流给一个与配重相连的伺服马达,伺服马达可以移动两个配重块来改变共振体质量分布,从而改变共振体振动的频率以达到降低实际的振动值的目的。STVA 和 AVCS 一般被用在大型、复杂的直升机上,例如 EC225 的 AVCS 就有三个这样的装置,分别位于驾驶员座椅地板下以及后面货舱两侧地板下方。

另一种是用在西科斯基 S76 直升机上的自调谐振动吸收器,其工作也是利用共振体的原理,只是该装置是利用液压动力进行调谐的,如图 3-9 所示。

可以看到该装置包含有动态惯性体(或者质量),支撑在一个基座上。惯性体通过销钉和衬套连接到一个框架上,弹簧预施加一对相反的作用力。当振动被惯性体感受时,惯性体就做与振动相反的运动,这样就产生一个抵消振动的力。通过两个液压柱塞改变弹簧的预施加力的大小,从而调谐惯性体的振动与主桨叶转速相匹配。

控制机构包含一个装在主减速箱上的桨叶转速传感器,为控制器提供转速信号。一个与液压柱塞相连的电位计,为控制器提供柱塞实际位置信号。控制器比较这两个信号,一旦转速发生变化,控制器根据变化大小给伺服活门一个电信号,使液压流向柱塞一端或另一端,使柱塞伸长或缩短,从而改变弹簧的预施加力。

该装置安装在前机头舱,用于减小驾驶舱区域的振动。

(3) 桨毂减振器

该装置安装在桨毂上,吸收其振动以使振动不会传递到直升机机身结构上。其基本结构包含一个由球形枢轴连接支撑的重物,静止时重物被几个相同的张力弹簧固定在一个固定位置,运动中重物可以克服张力弹簧而在任何水平方向上移动,类似于共振体,该重物也会根据产生的振动而做与之相反的运动,减小振动的影响,如图 3-10 所示。

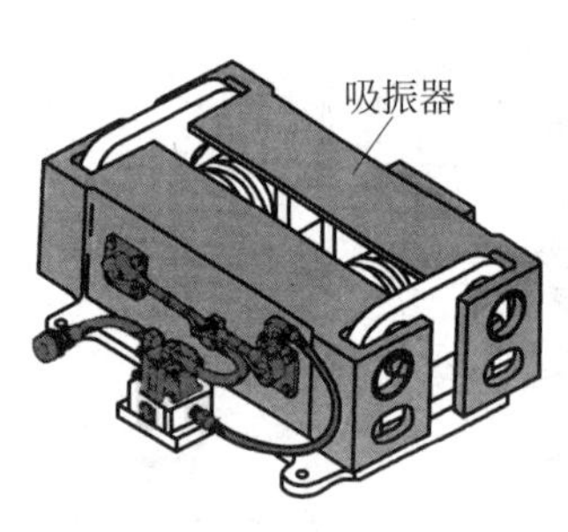

图 3-9 电动液压减振装置

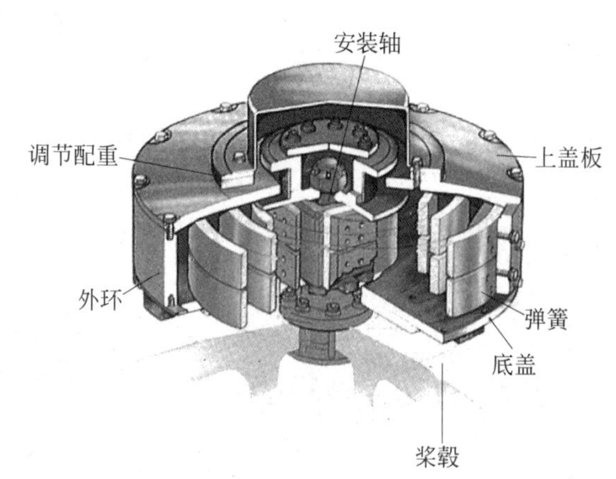

图 3-10 桨毂减振器

(4) 桨毂减振板(bifilar)

此为另一种在振动传递到机体结构之前消除或者减小主桨毂头产生振动的方法。如图 3-11 所示,这种吸振装置通常包括两个各有四个呈 X 形的铝材锻件减振板,每个减振板被制成 I 形截面结构,以实现以最小的重量达到最大刚度的要求。在减振板末端通过两个悬摆式的短轴连接有一个独立的配重组件,每个减振板都被设计成吸收特定的振动。图 3-12 所示为一种典型的桨毂减振板安装示意图,上面的减振板是用来消除 5∶1(5R)振动,下面的减振板是用来消除 3∶1(3R)振动。

桨毂减振板装置主要应用在西科斯基直升机上，例如 S76、S92 等；在一些东欧直升机上也有类似的装置，例如 Mil 17。

这种振动吸收装置最初应用在电力工业上。大型发电机的高速运转涡轮会因为振动的影响而缩短其使用寿命，为了解决这个问题在涡轮机匣上通过一个小轴连接有一个配重。配重的质量被设计成相当于最大可预判的不平衡动量，而柱轴的弹性可以调节配重的固有频率与涡轮产生共振，这就是最初的减振原型。当涡轮开始旋转时，配重会与不平衡位移发生共振，产生与其相反的力，从而吸收掉最初的振动，保持涡轮良好的平衡状态，不受振动的影响。

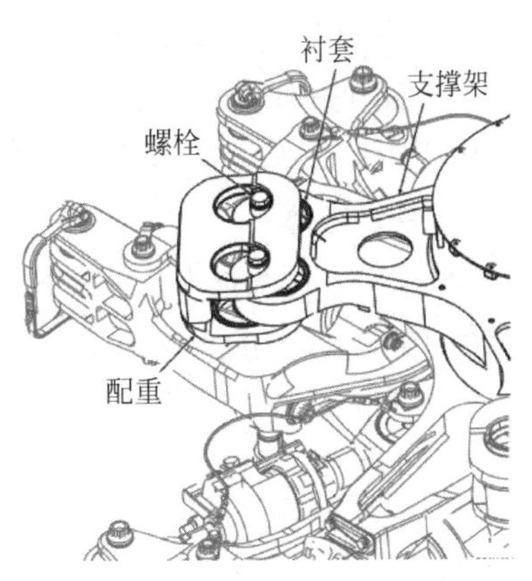

图 3-11 桨毂减振板

每片直升机的主桨叶片都会产生旋转平面内的振动载荷，也就是作用于和反作用于主桨叶旋转平面内的力。然而，其他的主桨叶还存在着频率等于主桨叶片数量加 1 和减 1 的其他振动。例如，对于 S76 那样拥有 4 片主桨叶的直升机，存在着 3R(3：1)和 5R(5：1)的不平衡振动，其共同作用下机体反映出 4R(4：1)振动。

为了达到减振的目的，S76 机型采用了一个小配重，将其振动频率调谐到与桨毂的固有频率相同，形成共振但方向相反。但为了使配重自身的固有振动频率足够高到可以与 3R 或 5R 的振动发生共振，设计中桨毂减振板的长度就必须很小，这显然不切实际。更实际有效的减振板设计则由改变调谐销钉的直径来改变固有频率的大小。

在早期的 S76 直升机上(见图 3-12)，使用两个减振板，一个用来消除 3R 振动，一个用来消除 5R 振动。在后期西科斯基直升机和其他比较新型的直升机上，5R 的振幅已经在设计上减小到足够小了，所以只使用一个减振板来消除 3R 振动。

图 3-12 典型的桨毂减振板

3.3 锥体检查

1. 简介

锥体或者打锥体的定义就是尽量使所有主桨叶片翼尖轨迹在转动中处于同一平面上的过程。但是在一些环境下，完全的翼尖轨迹重叠并不能带来零振动和良好的操控性能，反而微小的轨迹分离可以达到此目的，也就是在各主桨叶片翼尖轨迹存在着轻微不同的情况，会带来最平稳的飞行和最小的振动。

平衡就是在主桨叶旋转盘面上，尽可能地实现质量分布均等，使主桨叶的重心尽可能地靠近旋转中心也就是主桨轴中心的过程。

2. 主桨锥体

前面提到过，确保所有主桨叶翼尖处于同一个转动轨迹上可以使桨叶不会受到前面桨叶翼尖所产生涡流的影响。另外，如果一片桨叶的转动轨迹比其他桨叶低时，就会因为下洗气流的影响而造成升力损失。过去数十年来有许多不同的方法用来检查主桨叶锥体，下面介绍其中几种主要方法。

(1) 旗标锥体检查

这种方法现已被一些更先进可靠的方法所取代，只在一些小型、结构简单的直升机上使用，而且只限制于在地面进行锥体检查。

该方法是使用一个支架，套有一个旋转的枢轴，在支架的顶部有两个减振板，在减振板之间用橡皮筋垂直悬挂着一面帆布旗(见图 3-13)。在每片桨叶翼尖上用彩色蜡笔依据桨叶的颜色分别涂上各自不同的颜色。当旋翼达到所要求的转速后，杆子慢慢接近并进入翼尖轨道，直到每片桨叶翼尖撞击旗标留下痕迹。取下旗杆就可以进行翼尖高度分析，并与维护手册中列明的限制进行比较。

在操作中需要特别注意避免桨叶翼尖击打到旗杆的金属部分，否则不仅可能造成桨叶损伤，还会伤及直升机和操作人员。一般情况下应将直升机迎风停放，旗杆应位于直升机纵向中心线稍前的桨叶一侧。飞行员必须能完全看到旗杆和操作者，当机组给出许可(例如，“大拇指向上”的手势，或者使用对话装置)后，旗杆才可以开始渐渐靠近翼尖轨道。

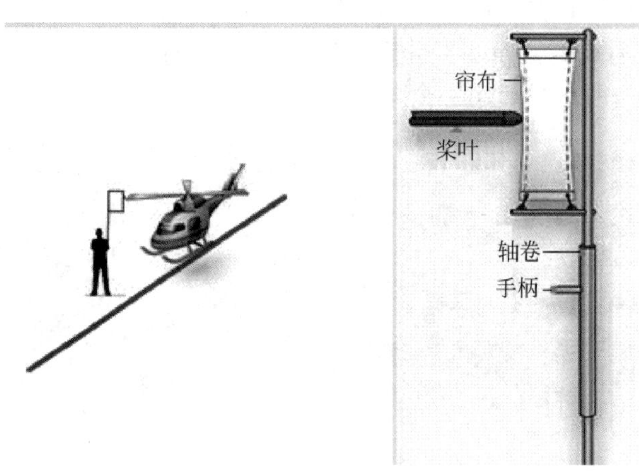

图 3-13 旗标锥体检查法

(2) 频闪锥体检查

这是近些年才被使用的一种更加系统有效的锥体检测方法，它可以在悬停和飞行中进行锥体检查。

在该方法中使用一个金属片作为靶标，在其一面涂有反光材料，通常利用翼尖罩的安装螺钉将其固定在翼尖罩下部。在座舱内有一个控制盒和一个便携高能频闪灯，都由直升机的电源系统供电。

为了使频闪灯光的闪光频率与主桨叶片旋转速率达到同步，一般情况下会在直升机固定倾斜盘上装有一个磁频率探测器，在变距杆基座上装一个小的金属切割器。当切割器随桨叶每转动一周就经过磁频率探测器一次，并使探测器产生一个脉冲信号，该信号就是频闪灯光的闪光频率。图 3-14 所示即为一个典型磁频率探测器与切割器的安装示意图。

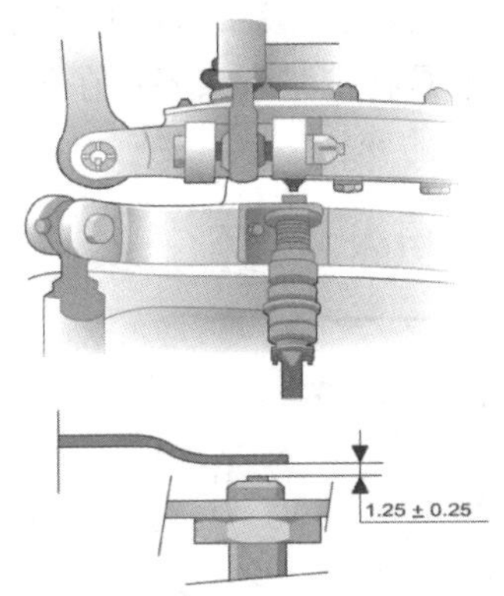

图 3-14 磁频率探测器与切割器的安装示意图

图 3-15 频闪仪检查锥体

见图 3-15，当主桨叶在适当的转速下转动时，将频闪灯光对准桨叶翼尖位置，按下频闪灯按钮，高频闪亮的灯光将翼尖靶标照亮，当它的闪光频率与旋翼转速同步时，就会使观察者看到的是靶标几乎静止的图像，这样就可观察到翼尖的高度差。在一定模式下，这种方法也可用来判断阻尼器（前挥后摆阻尼器）的工作差异，也就是观察靶标水平位置上的分离度。

开始操作前，一定要在准备工作中注意将所有连接电源及磁频率探测器的外部导线固定好，不能妨碍飞行操控以及倾斜盘的运动，或者松脱向上飞入旋翼转动面。许多直升机维护手册和维护程序都说明了设备的安装方法以及工作中频闪设备的位置，实际操作中一定要严格遵守。

(3) 电子锥体检查

这是一种比较先进的方法，其主要元件为以分析程序为基础的微处理器，并且不需要在翼尖安装靶标。这种设备一般都具有锥体及平衡的记录功能，完全由微处理器完成所有采集和分析工作，不像其他方法是依靠操作者的操作技术以及对数据的分析水平来达到更好的效果。锥体数据采集方面，一般采用光学的或者电波探测（雷达）的方法进行采集。同时，电子锥体检查法最大的一个优点就是可以提供打印出的锥体及平衡数据，以便在调整工作中使用。记录的数据可以被下载到一个地面设备上，一个具有适当软件程序的计算机设备就可以对下载的数据进行分析及存储，并且作为该直升机或者部件的历史数据。

电子锥体检查设备有许多不同的类型，可以在需要时安装在直升机上进行检查工作。许多大型直升机已经将这样的设备设计成模块永久地安装在直升机上，例如直升机应用及监控系统（HUMS）。

3. 预调锥体

生产厂家为了将所有生产的桨叶与标准桨叶相匹配，达到在实际使用中的统一，采取了预调锥体的方法。也就是将桨叶安装在一个同时装有标准桨叶的旋转测试装置上，对其进行比较,并将所要求的达到能与标准桨叶相匹配的调整值标示在每片桨叶根部的下表面,通常该调整值的角度单位为"′"。

将一片预调锥体的主桨叶安装到直升机上后,可以有许多不同的方法来调整设定桨叶的变距角。许多桨毂头变距杆上都设有刻度,出厂时变距杆都为一个统一的标准长度,当需要进行预调锥体时,可以根据刻度来确定调整量；另一方面,在桨毂和轴套上也可以设有游标尺,用来确定变距角的大小(见图 3-16)；或使用水平卡具将主桨毂头固定在预设位置上,根据刻度调整变距杆的长度,同时通过游标尺读出变距角的变化。

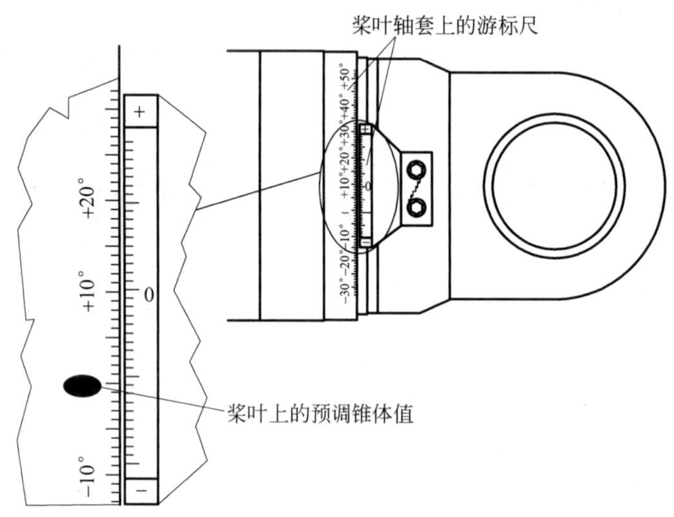

图 3-16　桨叶上的锥体预调

理论上,经过以上预调锥体的工作,桨叶应该已被设置在理想锥体状态下了。可是实际工作中由于许多因素的影响,预调锥体后还需要对锥体进行检查(可以采取前面已经讨论过的锥体检查方法),进一步精细调整桨叶锥体。

4. 锥体调整

锥体调整可以采用以下两种方法中的一种,或者同时采用两种:

(1) 调整变距杆的长度；

(2) 调整安装于桨叶外部后缘的调整片。

典型变距杆如图 3-17 所示。地面锥体调整一般是通过调整变距杆的长度来实现的,如图 3-18 所示。直升机维护手册中通常会给出每个变距杆调整量相对于翼尖轨迹的移动变化量,调整量的单位通常为"面"(也就是在变距杆上,使用扳手紧固锁定螺帽的六边形的一个面)。同时,维护手册还会注明变距杆伸长或缩短的最大允许长度,在实际工作中一定不能超过该限制。如果调整量超过了这个限制,那么应该重新检查调整量的大小是否正确,如果该大小正确,则应该确定是什么原因造成了调整量超出限制。通常情况下的做法是将飞行控制系统以及变距杆恢复到其基准状态下,重新进行锥体检查。

如果其中一片桨叶仍然超出限制,可以尝试调整其他几个变距杆,将其他的桨叶飞行轨迹整体上移或者下降,以达到将所有翼尖轨迹处于同一锥体。

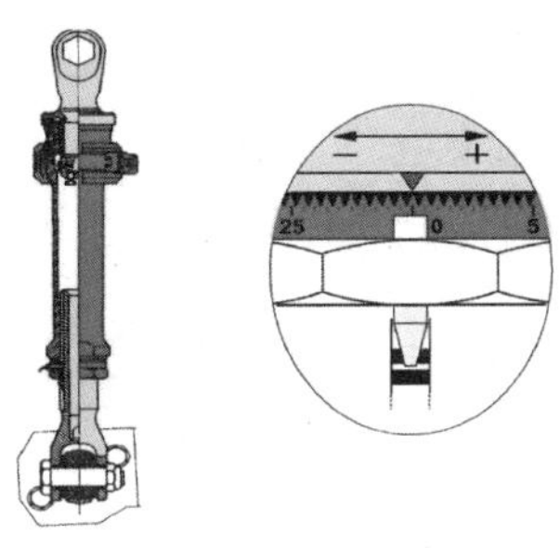

图 3-17　典型的变距杆

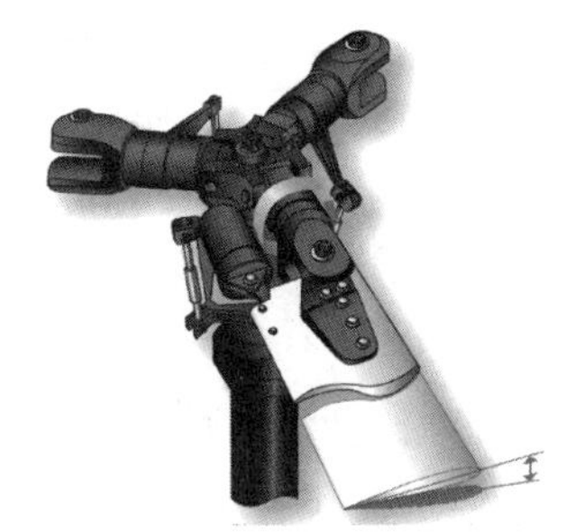
图 3-18　改变变距杆长度调整锥体

飞行锥体通常通过调整固定安装的调整片来实现，也就是进行微小的锥体调整。主桨叶通常会有 2～3 片调整片，一般只有一片是用来进行飞行锥体调整的，其他的都是不可调的，并且必须保持为出厂时设定的状态。一旦进行了调整片调整，就需要将调整量记录在原始履历卡中。

维护手册中会给出调整片的最大允许调整量。如图 3-19 所示，左面的桨叶显示：当将调整片向下扳动后，将会使桨叶下降；右面的桨叶显示：当将调整片向上扳动后，将会使桨叶上升。

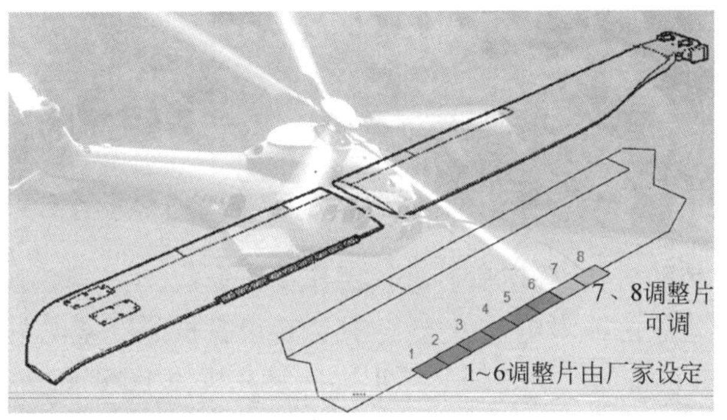

图 3-19　桨叶调整片

另外，也可以使用弯板器和量角器(见图 3-20)对调整片进行调整。量角器连接到桨叶后缘，弯板器安装在调整片上，维护人员用力扳动弯板器上的把手来改变调整片的位置。弯板器必须与需要进行调整的调整片尺寸大小是一致的，这样调整时整个调整片都被扳动，而不会造成波纹效果。禁止使用手或者像钳子一类的工具扳动调整片，因为这样不能实现整个调整片的统一调整，而且有可能损坏调整片，破坏直升机锥体及振动。当完成了调整工作之后，应该注意检查在调整片连接到桨叶后缘处有无裂纹。

图 3-20　桨叶弯板器和量角器

一些小型直升机，在桨叶后缘并未装有调整片。进行锥体调整时，直接在指定位置的桨叶后缘进行向上或者向下扳动的调整，如图 3-21 所示。

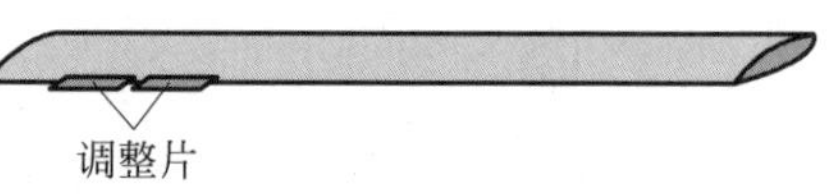

图 3-21 桨叶后缘直接作为调整片

由于锥体调整并不能消除所有低频振动，因此必须慎重考虑锥体调整方法的采用。如果进行了正确的锥体检查及调整后，并且桨叶轨迹已达到要求，低频振动仍然存在，那么应该对整个桨毂头及飞行控制系统进行详细检查，而不是盲目地继续进一步的锥体调整。

5. 尾桨叶锥体

应用于主桨叶锥体检查中的方法也可以应用在尾桨叶锥体检查中，实际工作中一般都采用频闪检查法和电子检查法。

尾桨叶片一般没有桨叶后缘调整片，所以锥体调整一般通过改变变距杆长度来实现。在尾桨锥体检查工作中，由于尾桨叶片离地面很近，所以需要特别小心不要伤害到地面工作人员。同时由于工作区域在直升机尾部，不在飞行员视线范围内。这样就需要在场有一名安全员，可以同时被飞行员和工作者观察到。当飞行员给出开始工作的许可后，安全员传递开始信号给工作者。

6. 锥体检查程序

操作者应根据维护手册对直升机进行锥体检查。以下所叙述的工作程序是概括了所有锥体检查操作中的普遍共性部分内容，仅作为参考。

(1) 地面锥体

① 检查整个桨叶传动机构，确定所有维护工作都已完成。

② 如果采用频闪检查法或者电子检查法，其检查设备按照厂家说明书或者维护手册的相关规定来安装。检查设备的所有连线必须牢固固定在机体上，正确安排导线束的走向，确保不会造成对操纵系统的阻碍和损伤。

③ 实施完整的飞行前检查程序，确定直升机处于适航状态。

④ 在驾驶舱有一名合格的飞行员操纵，这样一旦直升机产生地面共振或者其他类似的问题时，可以迅速将直升机提升至悬停。

⑤ 只有当直升机正常工作时，飞行员给出可以开始进行检查工作的许可后，工作人员才可以开始锥体检查，否则不允许擅自开始工作。

⑥ 一旦检查工作完成，获取数据并记录，直升机应马上关车。

⑦ 对检查数据进行分析后，如果需要，则进行锥体调整。调整时，可以采用改变变距杆长度的方法，调整后应正确锁定变距杆。

⑧ 地面锥体检查程序可以重复实施，直至锥体符合维护手册中的规定。

(2) 飞行中锥体

① 详细检查桨毂头及桨叶状态，尤其是在进行了锥体调整工作后。

② 进行完整的飞行前检查程序。

③ 如果需要在飞行中携带检查设备，应对设备及其连接导线进行仔细检查。导线应被固定在机体上，并且不会造成对直升机控制的任何阻碍和损伤。

④ 一般飞行锥体检查是指检查直升机处于悬停及不同向前飞行速度状态下的锥体情况。

注意：任何检查操作都应首先得到飞行员的许可，才可以开始进行。

⑤ 检查完成后，调整工作一般是通过调整桨叶后缘调整片来完成的，注意使用正确的调整工具。

⑥ 调整片被调整后，应检查其固定根部是否出现裂纹。

⑦ 飞行中锥体检查程序可以重复实施，直至达到满意的锥体结果。

⑧ 某些情况下如果进行了锥体调整后，还需要进行直升机自转检查。在安全的高度上使直升机进入自转状态，当自转转速稳定之后，记录下转速、高度、外界空气温度。将以上数据与维护手册中的相关图表进行对比，检查自转速度是否在限制范围内。

⑨ 所有锥体检查工作完成后，将所有检查设备从直升机上拆除。

3.4　平衡

前面提到过，平衡就是尽可能地将主桨旋转平面上的质量均等分布的过程。这里有两种平衡过程：静平衡与动平衡。

1. 静平衡

制造厂家和大修部门在产品出厂前为保证传动机构尽可能振动最小，各旋转组件（例如桨毂头和桨叶）都分别单独进行静平衡。在每片主桨叶片上装有重量不同的配重以实现桨叶在弦向和展向上的平衡，根据桨叶类型的不同，配重应该在特定的重量限制范围内。通常主桨毂头和尾桨毂头在安装到直升机前也要求进行静平衡。

静平衡后的旋翼系统并不代表在旋转工作中也会达到良好的动平衡。但是经过了静平衡后，将避免旋翼系统在旋转中出现较大的振动以及很严重的平衡失效，而只出现很微小的不平衡。

如果在静平衡中做到尽可能的细致、准确，将会避免桨叶在以后出现许多其他问题。许多旋翼系统，包括桨毂头和桨叶，只要求安装一些小的部件来单独进行静平衡。所有静平衡应在理想的条件下完成，不受气流和振动的影响，通常在特别设定的区间或实验室内完成。

（1）部件静平衡

前面曾提到过，传动系统和旋翼系统中所有部件在出厂前，制造厂家都已经对它们进行了平衡处理，所以在日后维护时，关键要保持这种平衡状态不被破坏。

当转轴或者其他旋转部件被拆下并且重新装回时，一定注意要与其连接的其他部件正确匹配，拆卸时所做的基准标识可以用来确保部件被装回原来的位置。如果对拆卸下来的部件进行修理或者部件受到了损坏，将破坏部件原有的平衡状态。这时就应该参照维护手册的规定，如果厂家允许外场重新进行静平衡，那么就进行静平衡调整；如不允许，则返还到厂家重新进行静平衡。

还需要注意的是，如果需要从部件上拆下可调垫片或者配平垫片/配重时，这些小部件应与其原安装部件系附在一起，以免错装，并且标记上它们原来在部件上的安装位置，当重新组合后可以恢复到原来的平衡状态。

（2）主桨叶片静平衡

根据直升机或者部件生产厂家的不同，在静平衡过程中使用的精密设备各不相同，以下所叙述的为其中非常普遍的程序。桨毂头在平衡之前一定是处于可适用的状态，并且在各个润滑油箱内储存正确的滑油油量。如果桨毂头是用油脂进行润滑的，应该在平衡之后才对桨毂进行润滑。这是因为在平衡过程中是无法准确判断出具体在每个部件中的油脂量。无论是哪种情况，都应严格按照维护手册或者维护大纲进行操作。

图 3-22 所示为一种典型的使用水平仪作测试的静平衡支架。支架上有一个球型轴承，被测试桨毂头可以在球形轴承上摇摆。对桨毂头进行精细的配平，直至桨毂头在静止状态下完全达到水平稳定状态，这时水平仪上的指示器位于中心。配平是通过在指定位置添加或减少配重来完成的。

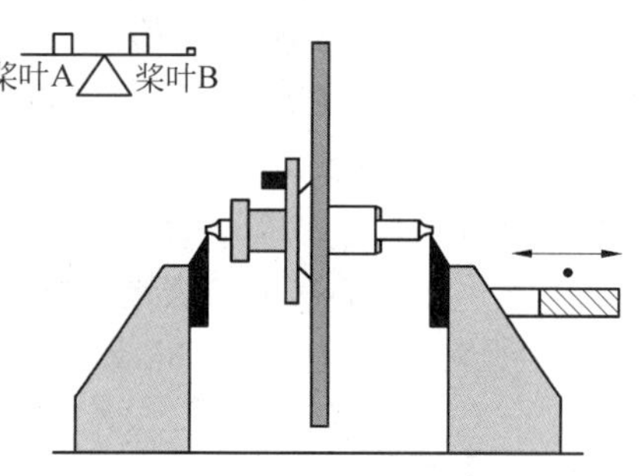

图 3-22　主桨静平衡示意图

(3) 尾桨静平衡

尾桨静平衡的设备与程序基本上是与主桨静平衡相似的，只是尾桨毂头与尾桨叶片总是作为一个整体机构进行静平衡。图 3-23 所示为一种尾桨静平衡的设备，尾桨组件在中心部位被固定在一个有两个伸出心轴的机构上，心轴架在托架的刀架上。刀架为水平安置，心轴可以在刀架上自由滚动，如果心轴有向某一边滚动的趋势，说明组件存在着不平衡。在进行静平衡之前，需要注意应该先将托架置于完全水平，以避免在工作中产生误差。

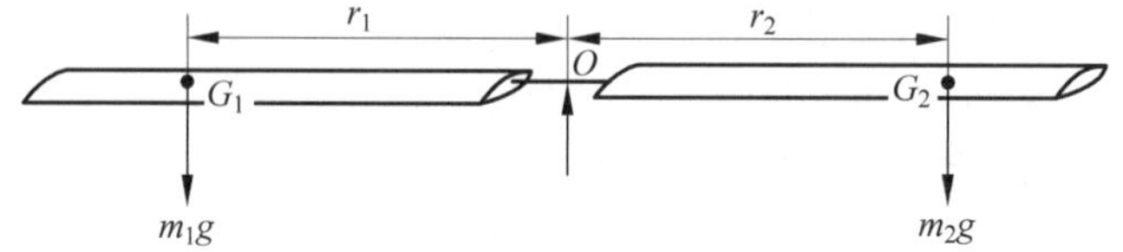

图 3-23　尾桨静平衡示意图

2. 动平衡

即使经过了静平衡，某些桨毂头与桨叶组装在一起后仍然会出现一些问题，继续对整个机构进行动平衡是非常必要的。当摆振阻尼器或者其他一些部件被安装到桨毂头上后，也有可能由于不平衡而产生振动。由此可以看出，无论何时进行部件更换，大到整个桨毂头，小到阻尼器，都应该进行整个机构的动平衡检查。这里需要强调的是，在进行动平衡之前，桨叶一定要锥体良好或者首先进行锥体检查。使用一些先进的电子方法可以将锥体及平衡检查在同一设备上完成。

加速度传感器(加速度计)是常用的一种用来探测不平衡力矩的元件。加速度计一般为压电式，其主要原理是当晶体材料被拉伸或者挤压时，会产生电流。将晶体安装在一个固定基座及一个可移动块之间，可移动块材料一般为钨金属。将加速度计安装到探测机体上，当机体发生振动时，加速度计作为一个整体也随之发生移动，可移动钨金属块就会不断做出相对于晶体的挤压和拉伸运动，由于晶体的这种运动，随着每个振动周期产生的电流就会产生一个交变电压。

加速度计产生的信号被过滤掉其他振动所引起的部分后，只留下所设定探测振动的信号，并且被记录下来，其结果显示在一个仪表上。该显示只能表明振动的大小，而不能显示出振动相对于旋翼的位置。如果想要通过加减配重来消除振动，还需要清楚不平衡力矩出现的位置。通常会用时钟角度(clock angle)来表达不平衡力矩的位置。为了确定振动相位，一般采取与锥体检查类似的方法，在主桨旋转及不旋转倾斜盘上分别安装传感器及磁采集器。每当感应片经过磁采集器就产生一个脉冲信号，以此就可以给出桨叶旋转位置的信息。这样就可以同时获得振动强度和振动相位的信息，然后根据维护手册的说明，就可以进行动平衡调整了。图 3-24 所示为垂直及横向振动的加速度计的安装示意图。应该注意的是，在将加速度计安装于支座上之前，应首先检查确定支座是否被牢固固定，避免安装后产生错误显示。

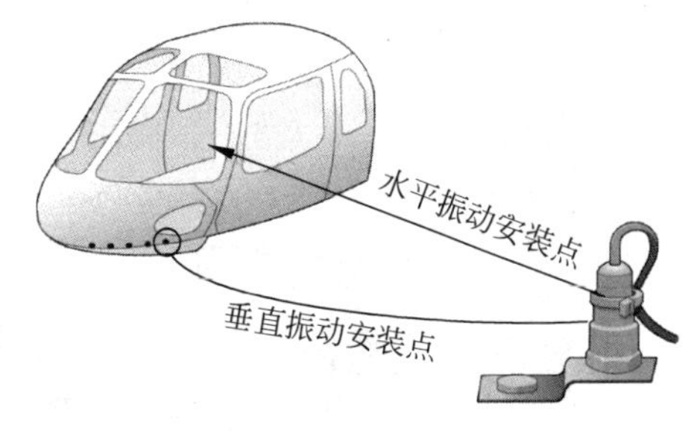

图 3-24　典型的垂直和横向加速度计的安装

动平衡调整主要是指在主桨毂或者桨叶上增加或者减少配重，使不平衡力矩尽量靠近旋转中心，即旋翼轴中心线，从而减小振动。配重的形式多种多样，有些直升机将配重做成垫片装在安装螺栓上，在桨毂上形成平衡点，如图 3-25 所示。另一种方法是在桨叶安装轴套内形成中空腔，在腔内可以精确添加一些铅丸作为配重来调整桨叶平衡点，如图 3-26 所示。

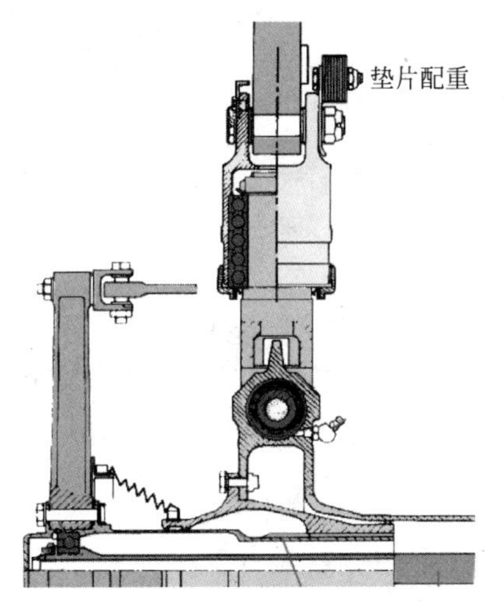

图 3-25　垫片配重

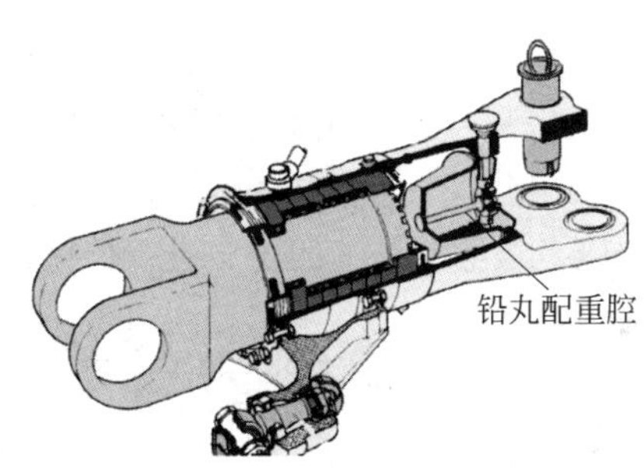

图 3-26　轴套空腔加铅丸

3.5　直升机机载监控系统

许多大型现代直升机已经加装了直升机应用及监控系统(HUMS)或者综合直升机应用及监控系统(IHUMS)，将其作为一个永久部件安装在直升机上。该系统用来监控和显示一些影响飞行安全的参数，其中的一部分就是探测及记录桨叶、传动机构和机体的振动水平，某些型号的 HUMS 及 IHUMS 系统也会探测及记录桨叶的锥体。

在一个典型系统中，如图 3-27 所示，有多达 17 个加速度计来探测传动机构的振动。其中，7 个加速度计探测主桨和主减速器，1 个加速度计探测尾桨，1 个加速度计来探测中减速器，另外有多达 6 个加速度计探测机体振动，其中 2 个安装在发动机上。系统还包含有一套光学仪器用来监控主桨叶锥体，根据系统设置的不同，可以在全部或者部分飞行状态下监控锥体。

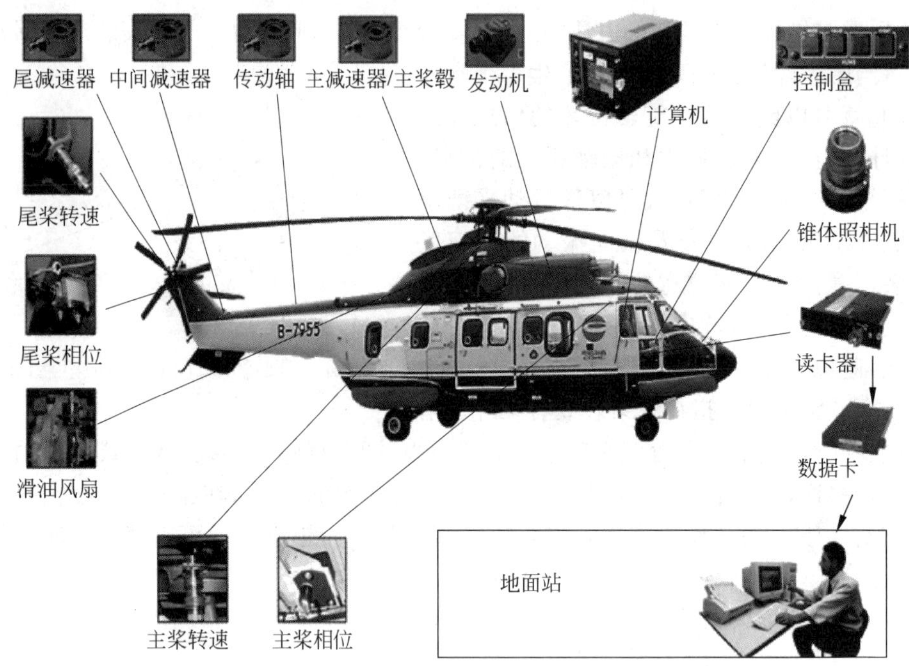

图 3-27　IHUMS 系统加速度计安装示例

传感器将信息传递到维护数据记忆卡(CMDR),并储存在卡内。信息可以显示在驾驶舱显示单元(CDU)上,也可以下载到一个地面站。驾驶员可以通过 CDU 了解振动水平及锥体状况。一旦超出限制,显示器会给出警告提示。

地面站是一台装有配套软件的计算机,用来下载并分析 CMDR 上的数据,并且可以向维护人员给出建议,使一些潜在的故障在发生之初即提醒维修人员处理。同时还可以对每架航空器以及被监控系统的历史进行数据归档。图 3-28 所示为某种机型的 HUMS 流程图。

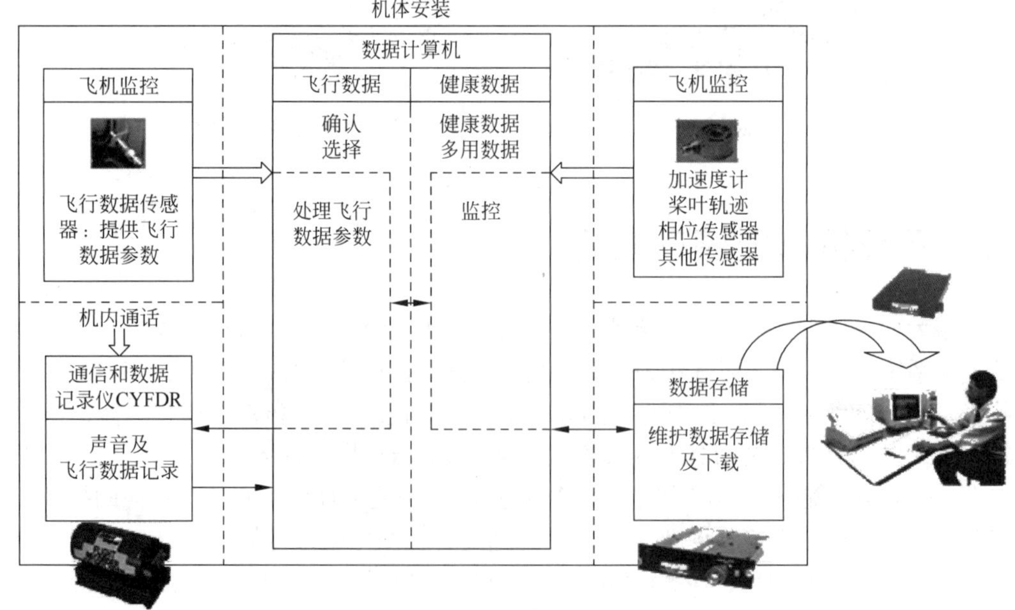

图 3-28　典型的 HUMS 方块图

3.6 地面共振

地面共振是发生在地面的一种自激振动，当直升机在地面工作或滑跑时受到外界振动后，旋翼会偏离平衡位置，这时桨叶重心偏离旋转中心，桨叶重心的离心激振力引起机身在起落架上振动，机身的振动对旋翼起激化振动的作用，形成一闭环系统，使得旋翼摆振运动越来越大。当旋翼摆振频率与机身在起落架上的某个固有频率相等或接近时，系统的阻尼又不足以消除它们相互激励的能量，这时地面共振将逐渐地发展变大，如果地面共振没有被及时正确地处理，将会导致整个直升机的结构损毁。地面共振多发生于全铰接桨毂头结构的直升机上，这是由于主桨机构几何上的不平衡而造成的。

实际上当桨叶发生不正常位移时，也就是一片桨叶向前挥动，而邻近的另一片桨叶向后摆动时，产生了不平衡力矩，桨叶重心也从其平衡位置上偏出。不平衡力矩传递到机体结构上就会造成直升机前后、左右摇摆，如果任由这种摇摆发展下去，就足以使直升机侧翻，最终损毁直升机。图 3-29 表明了桨叶前挥后摆是如何造成地面共振的。

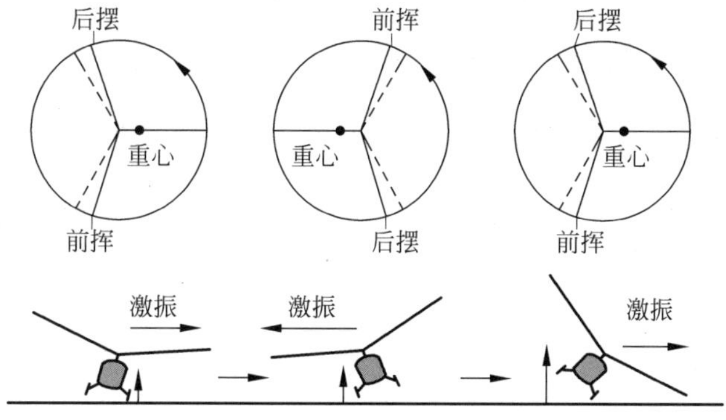

图 3-29 地面共振

桨叶引起的摇摆移动造成直升机产生反作用力，并且通过起落架传递到地面时，情况就会更加恶化。如果轮胎压力不足，或者减振支柱设定不正确或压力不足时，情况会更加恶化。所以有必要定期检查起落架轮胎的压力状况，以及根据维护手册中的规定或者如果怀疑起落架存在隐患时，采取必要的、正确的措施。减振支柱也应根据维护手册中相关的内容，定期检查压力及伸展状况。

滑橇式起落架一般都设计成具有吸收振动的功能，但滑橇式起落架也可能使地面共振的情况更加恶化，尤其是在铰接点发生磨损或者没有进行正确的起落架调试时。滑橇式起落架应该根据维护手册的相关内容进行定期、仔细的维护，避免可能的地面共振现象。

地面共振也经常出现在旋翼开始转动并且逐渐加速的期间，这是由于在这期间内桨叶离心力不够大，导致桨叶“滑”出锥体。所以旋翼启动时间不宜过长，应该尽快将旋翼达到正常转速。

一旦直升机发生地面共振，负责操控直升机的飞行员应该采取以下措施：

(1) 减小油门，将桨距放到底；

(2) 蹬舵，防止直升机猛烈转动；

(3) 如果上述两项措施仍没有使振动明显减弱,则应立即关闭发动机,并柔和地使用旋翼刹车;

(4) 在滑跑情况下如果出现地面共振,在考虑起飞重量、标高、温度、湿度等因素,且净空条件允许的情况下,应立即将直升机提升离开地面进入悬停状态。直升机在空中摇摆位移将会消失。应该注意的是,此时引起地面共振的振动源依然存在。直升机应在重新落地后迅速关车,查明原因。

第4章

直升机传动系统

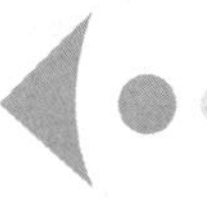

4.1 直升机传动系统的布局与类型

现代直升机的传动系统是一个由各附件组成的传递机械能的整体，一般包括动力装置、减速器以及传动轴和联轴节等部件。典型的直升机传动系统布局如图 4-1 所示。

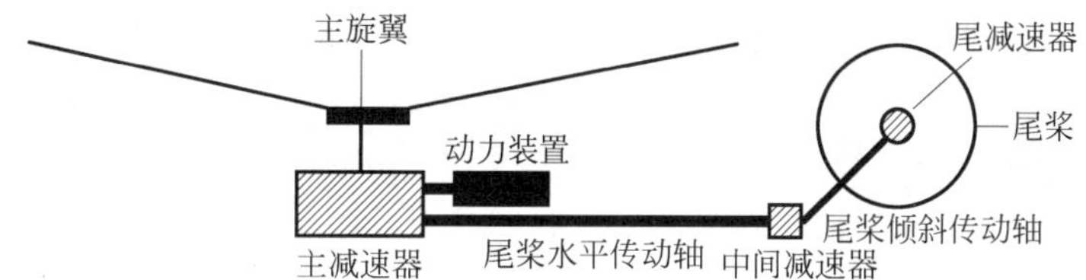

图 4-1　典型直升机传动系统布局

直升机的类型和设计思想，决定了其传动系统的特点。

传统单旋翼直升机(见图 4-2)的优点是设计简单。单旋翼直升机的一个缺点是，需要损失功率以驱动尾桨。经测算，在直升机悬停状态下，驱动尾桨大约消耗 8%～10%的有效功率，平飞状态下大约消耗 3%～4%的有效功率。它的另一个缺点是常规尾桨有可能发生触地危险或伤害地面人员。

共轴双旋翼直升机(见图 4-3)具有两个反向旋转的主旋翼，这样旋翼旋转产生的反扭矩可以相互抵消，从而取消了尾桨设计。由于共轴直升机具有两个主旋翼，机械部件的功率需求小于传统单旋翼直升机，因此减小了旋翼桨叶尺寸。其缺点是桨毂和操纵的设计复杂且重量大。

图 4-2　单旋翼直升机

图 4-3　共轴双旋翼直升机

横列双旋翼设计布局的直升机(见图 4-4)在平飞状态下减少了功率需求,但其存在机身牵引阻力较大、结构重量较大、驱动齿轮和传动轴结构复杂、传动系统操纵困难等缺点。内部啮合式的旋翼设计虽简化了传动系统,但却损失了升力效率。

纵列双旋翼设计布局的直升机(见图 4-5)具有牵引阻力较小、重心范围较大和商载分配合理等优点。但由于其后部旋翼受到前部旋翼涡流气流的影响,损失了部分升效,所以通过升高后部旋翼位置的改进办法来减少其升效的损失。另外,复杂的传动结构和重量大、操纵困难也是需要进一步解决的问题。

图 4-4 横列双旋翼直升机

图 4-5 纵列双旋翼直升机

4.2 减速器

4.2.1 主减速器的功用

主减速器是直升机上主要传动部件之一,也是传动装置中结构最复杂、体积最大、重量最重的部件,一般为齿轮传动式。

主减速器的主要功能是将高转速、小扭矩的发动机功率变成低转速、大扭矩传递给主旋翼轴,并按转速、扭矩需要将功率传递给尾桨、附件齿轮箱等。在直升机上它还起到中枢受力构件的作用,将直接承受主旋翼产生的全部作用力和力矩并传递给机体,如图 4-6 所示。

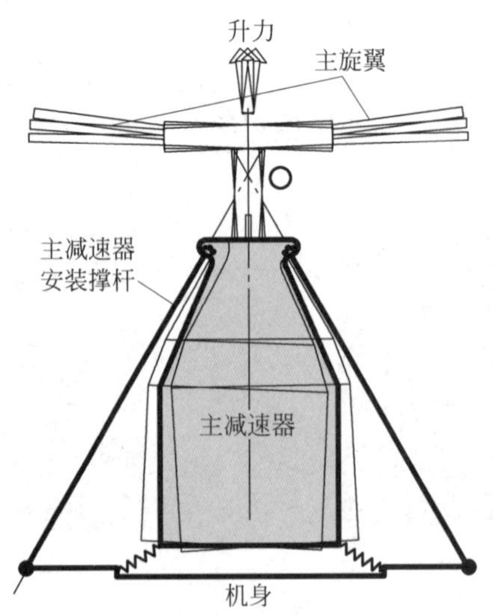

图 4-6 直升机主减速器受力示意图

主减速器的功能还包括：提供发动机的安装支点；安装旋翼刹车附件；安装飞行控制部件；接收多台发动机的输入，实现统一的输出。

在直升机上主减速器是一个独立的部件，安装在驾驶舱/客舱结构的上部，与发动机一起安装于传动系统整流罩内，用支架支撑在机体承力结构上，如图4-7所示。

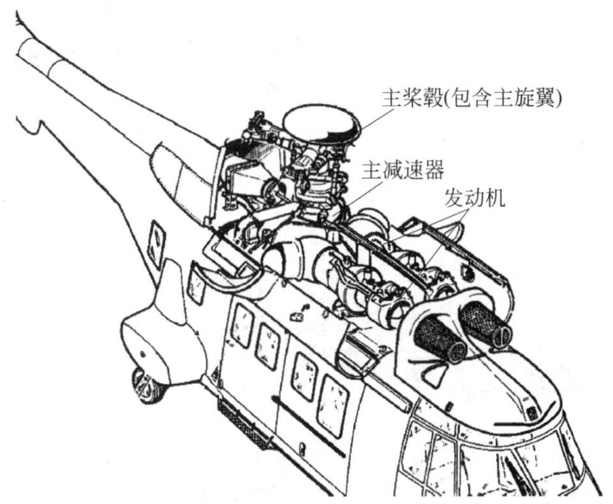

图4-7　典型直升机主减速器安装位置图

4.2.2　主减速器的结构

主减速器通常由若干个构造机匣组成，用于支撑和安装减速齿轮及轴系。如图4-8所示，现代直升机的主减速器多采用模块化的结构设计，以便于拆装维护。

图4-8　模块化设计的主减速器

主减速器一般包括输入机匣、底部机匣及轴承支架、周向齿轮机匣和上部机匣。输入机匣和周向齿轮机匣多由合金钢和镁合金制成。

输入机匣采用花键与发动机功率输出轴的柔性联轴节连接，以克服高速旋转下的轴向同心度的微小误差。输入斜齿轮在锥形滚棒轴承的支撑下连接自由轮组件，将功率传至主减速器的其他齿轮。

底部机匣和轴承支架支撑着底部驱动轴，底部驱动轴向上与伞形齿轮、第一级周向齿轮的中心齿轮相连接，向后与输出斜齿轮、液压泵等附件驱动齿轮相连接。

主减速器借助于齿轮传动来降低发动机输入轴转速，增大输出轴扭矩。随着直升机技术的不断发展，要求主减速器传递的功率也越来越大。由于发动机与主旋翼的转速差越大，旋翼轴的扭矩也越大，齿轮载荷也就越高，为了减轻载荷，就必须采取多级减速和齿轮系卸荷等保护措施。周向齿轮分两级减速即为实现这一目的。由于两级减速需要在较短的距离内实现较大的减速比，除增大齿轮部件的刚度和强度外，还可采取增加齿轮数量和增大齿轮尺寸的办法来吸收大扭矩载荷。典型主减速器内部齿轮及轴系传动方式如图 4-9 所示。

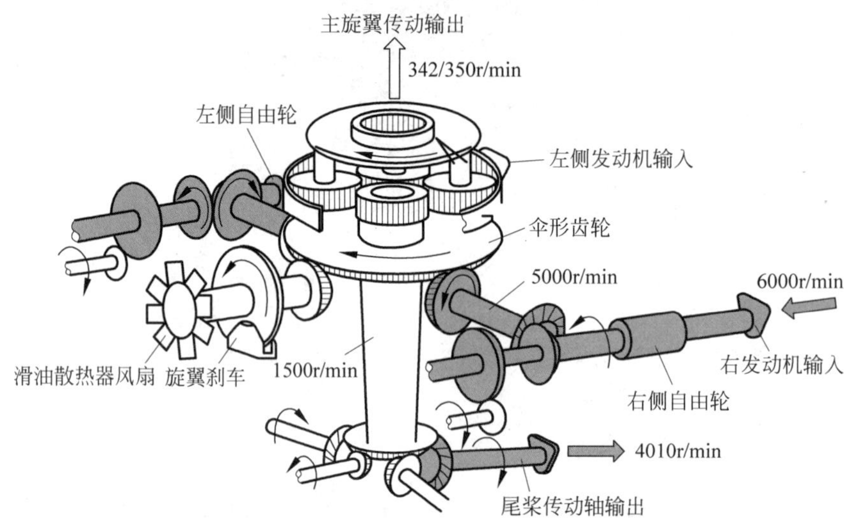

图 4-9 典型主减速器内部齿轮及轴系传动方式示意图

4.2.3 主减速器润滑系统

主减速器内部不同机械部件之间啮合面的接触摩擦会产生很大的热量，从而可能导致部件的高温。尽管目前齿轮和轴承的设计都有一定的干摩能力，但摩擦产生的热量将会在齿轮与齿轮之间、轴和轴承之间产生高热，形成烧蚀，直接影响传动部件的可靠性和安全性。因此主减速器润滑系统不仅要润滑机械啮合部件，还要起到可以带走热量给机械部件降温的作用。

由于主减速器的体积大，需要进行润滑的部件多，传统的浸润式润滑方法不能满足要求，目前主减速器多采用润滑油经油泵加压、在减速器外部通过散热器冷却后喷入减速器内部润滑、冷却的循环系统，如图 4-10 所示。

主减速器润滑系统通常包括的主要部件有油泵、油滤、散热装置(热交换器)、系统指示/警告传感器、管路、活门等。

1. 油滤组件

齿轮和轴承的旋转摩擦会产生少量污垢和细小金属粉末等杂质，这些杂质不仅影响机械效率，还会导致传动机构、部件的损坏。油滤组件用于滤除系统润滑油中的杂质，过滤元件一般采用金属丝滤网或纸滤，其过滤精度通常用 μm 表示。油滤组件内部还装有旁通活

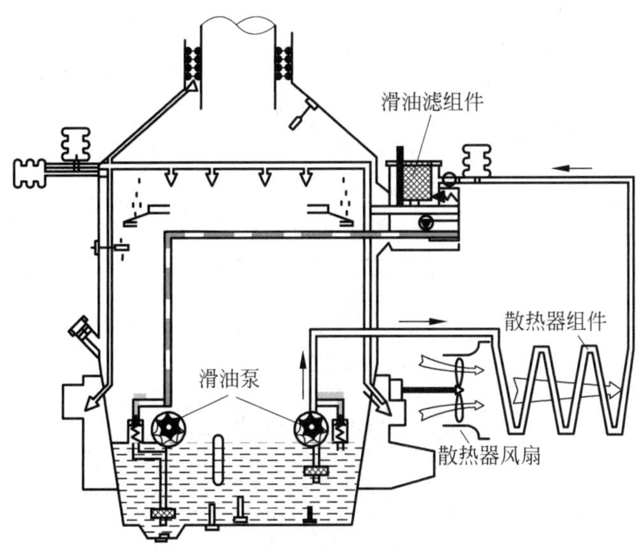

图 4-10　主减速器润滑系统工作原理示意图

门，以便在发生过滤元件阻塞时能够旁通润滑油，保证主减速器始终处于润滑状态。油滤组件结构及工作原理如图 4-11 所示。

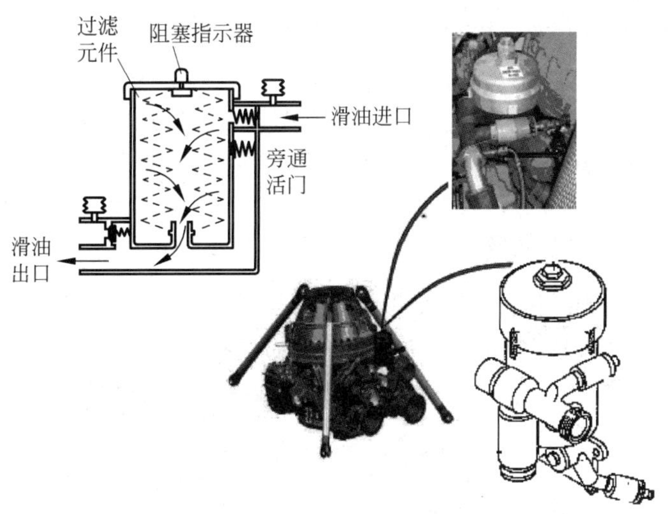

图 4-11　油滤组件结构及工作原理示意图

2. 油泵

油泵用于加压润滑油，通常安装在主减速器底部集油槽的最低点，以便能最大量地吸入润滑油。

根据润滑系统的特点，油泵多采用直齿轮泵和偏心齿轮泵。

(1) 直齿轮泵

直齿轮泵的工作齿轮固定安装在泵体的空腔内，并浸润在润滑油中，在主减速器附件齿轮的驱动下运转。随着工作齿轮的转动，齿轮泵进油口的润滑油被吸入并通过工作齿轮流向需要润滑的齿轮和轴承。齿轮顶端成斜面设计，目的是在齿轮的啮合转动过程中，消除因齿轮密切啮合而产生的油压。

为了防止油压过高导致的旋转齿轮卡滞或齿轮轴受到高剪切力，直齿轮泵上还安装有释压活门，释压活门的压力设定值通常高于润滑系统释压活门的调节压力。因此只有在系统释压活门压力调节功能失效时，直齿轮泵的释压活门才能发挥作用，以保证泵体的正常工作压力。直齿轮泵结构及工作原理如图 4-12 所示。

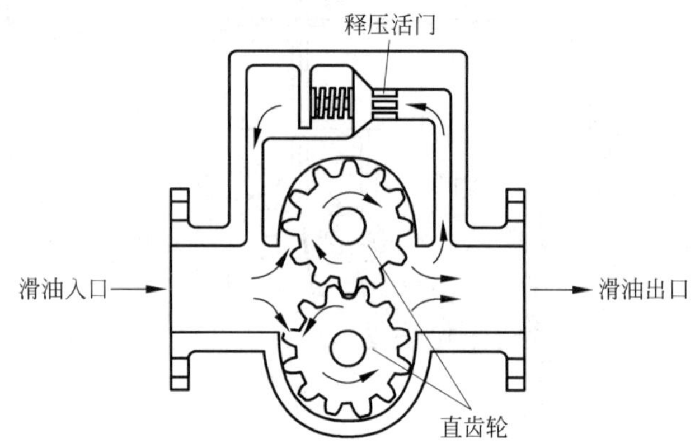

图 4-12 直齿轮泵结构及工作原理示意图

(2) 偏心齿轮泵

偏心齿轮泵又名常压油泵，因其齿轮的工作特点和性质而得名。偏心齿轮泵是由一组非同心安装的内、外齿轮组成。内齿轮是一个外缘圆形齿轮，为主动齿轮。外齿轮是一个固定在泵体上的内缘齿轮，为从动齿轮。当内齿从 A 点旋转到 B 点时，内、外齿轮之间的容积增大，即为吸油过程；继续从 B 点旋转到 A 点时，内、外齿轮之间的容积减小，即为压油过程。

由于齿轮外形的设计特点，内、外齿轮之间具有极佳的啮合状态，所以偏心齿轮泵的工作噪声很低。偏心齿轮泵结构及工作原理如图 4-13 所示。

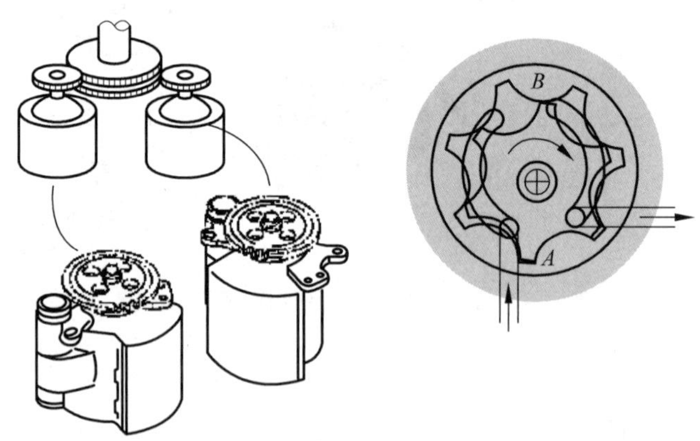

图 4-13 偏心齿轮泵结构及工作原理示意图

3. 散热装置

散热装置一般由散热风扇、散热器、支架和一些排风管组成。

散热风扇直接将外界空气吹在散热器上，并通过散热器后部的排风管将经过热量交换的热空气直接排到机身外面。散热器由许多包裹散热片的细小管路组成，以增大迎风面积，提高热量交换效率。

散热风扇的驱动方式包括以下几种：

(1) 由中间减速器带动，并通过皮带传动；

(2) 由一根传动轴连接主减速器附件齿轮箱传动；

(3) 由减速器直接驱动；

(4) 由电动马达驱动。

典型传动轴驱动散热风扇式散热装置结构如图 4-14 所示。

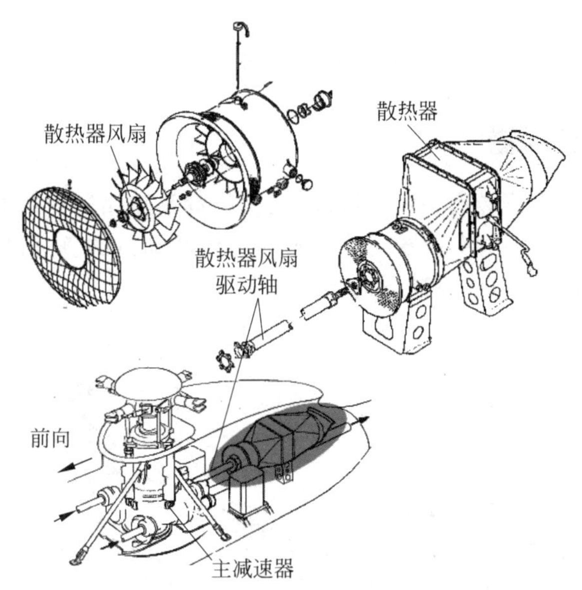

图 4-14　典型传动轴驱动散热风扇式散热装置结构示意图

4. 系统状态指示

为了让机组人员和维护人员及时了解润滑系统的工作状态，及早判断可能发生的故障，主减速器润滑指示系统主要包括：

(1) 滑油压力指示、警告；

(2) 滑油温度指示、警告；

(3) 磁性堵塞(金属屑探测器)探测警告等。

4.2.4　应急喷洒系统

根据直升机设计适航规范的最新要求，目前部分直升机上安装有主减速器应急喷洒系统，例如欧洲直升机公司生产的 EC225 型直升机。其功用是在主减速器润滑系统完全失效的情况下，通过向主减速器内部喷洒冷却液的方式保证减速器内部机械部件在干摩状态下不会出现高温烧蚀现象，使机组能够有充足的时间执行应急操作程序。

应急喷洒是在特殊情况下采用的减速器内部机械部件冷却方式，并有工作时间的严格限制，不能替代主减速器润滑系统，并且主减速器在使用应急喷洒功能后须返回生产厂家进行检修。应急喷洒系统管路布局如图 4-15 所示。

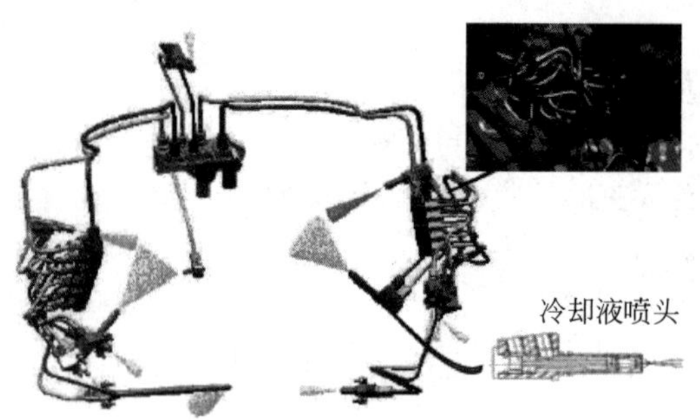

图 4-15　应急喷洒系统管路布局示意图

4.2.5　其他减速器

直升机传动系统中除安装有主减速器外，根据位置和功用还安装有中间减速器和尾减速器，如图 4-16 所示。个别由单台发动机改装为多台发动机的直升机上，还安装有组合齿轮箱，用于实现多台发动机到主减速器的驱动输入。

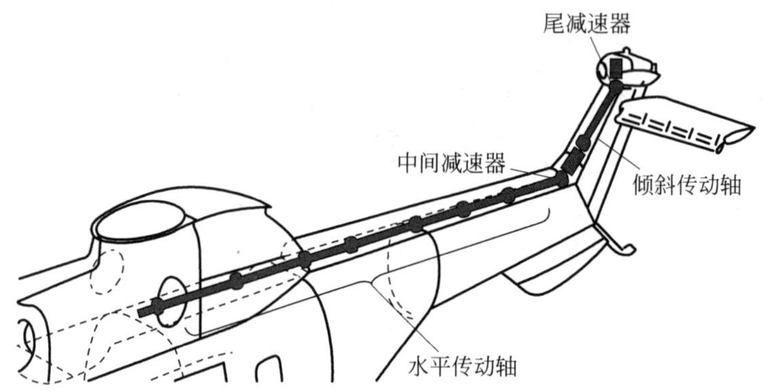

图 4-16　直升机中间减速器、尾减速器安装位置示意图

1. 中间减速器

中间减速器通常由镁合金铸造的壳体以及内部安装的一组混合齿轮组合而成，其用途为改变传动方向、改变传动转速并传递至尾减速器。

中间减速器普遍采用浸润式润滑，即齿轮在滑油中运转的润滑方法。中间减速器采用风冷的方式进行滑油冷却，为改善冷却效果，减速器通常会尽可能地增大其迎风面积。

典型直升机中间减速器结构如图 4-17 所示。

2. 尾减速器

尾减速器通常也是由镁合金铸造的壳体以及内部安装的一组混合齿轮组合而成，其用途为改变 90°的传动方向和获得正确的尾桨转速。

由于尾旋翼的负载需要通过尾减速器传递到机身，所以尾减速器的壳体强度、安装稳固性和刚度都必须满足要求。

与中间减速器类似，尾减速器同样采用浸润式润滑。

由于尾旋翼变矩的需要，尾减速器通常采用一个中空的输出轴，变矩控制杆穿过这根轴

将尾伺服机构与尾桨毂连接在一起；也有一些类型的尾减速器是在外部安装变矩控制机构。

典型直升机尾减速器结构如图 4-18 所示。

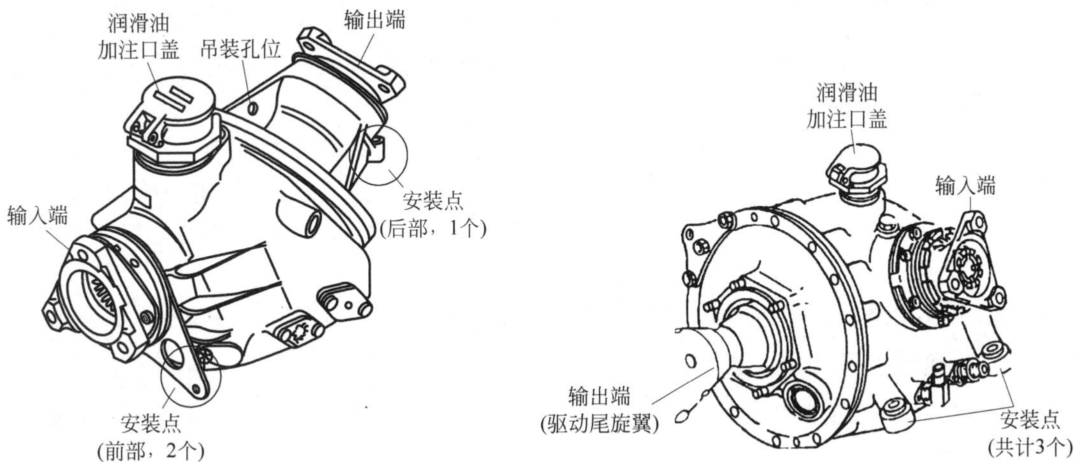

图 4-17　典型直升机中间减速器结构图

图 4-18　典型直升机尾减速器结构图

4.2.6　维护

主减速器的维护项目通常包括部件清洁、加注润滑油、润滑油液面观察、更换润滑油、冲洗、部件拆装、调节/测试、污染物监控、腐蚀保护、适用性检查等，这里只选择性地对一些维护工作要点进行论述。

1. 减速器内部滑油冲洗

下列情况下，主减速器需要进行彻底冲洗并更换新的润滑油：

(1) 更换不同标准的滑油产品；

(2) 当减速器内发现有大量的金属粉末；

(3) 经过封存后的减速器，更换油封油为工作润滑油。

减速器冲洗步骤如下：

(1) 彻底排放减速器内润滑油；

(2) 装好排放堵塞，按照维护手册的要求，重新添加正确的润滑油；

(3) 进行地面开车，使减速器达到正常的操作温度并稳定 10～15min；

(4) 热油状态下，再次排放减速器内润滑油；

(5) 重新检查金属屑探测器和加油口粗滤，并进行清洁；

(6) 更换油滤；

(7) 排放并清洁热交换器；

(8) 重新添加正确的润滑油，并确定正确的液面高度。

2. 主减速器的调节和测试

当主减速器装机后，必须进行一系列的检查和测试，以确保该部件安全可靠。通过地面试车和大约 30min 的悬停测试，机组人员应密切注意减速器在工作状态时滑油温度和滑油压力是否正常稳定。测试结束后,应对金属屑探测器和油滤进行检查。

另外,连接主减速器输入端的发动机高速轴和润滑油冷却风扇的驱动轴也应该进行振动和平衡检查,通过测量、计算和合理的调节,使振动值维持在规定的范围内。

3. 减速器润滑油污染

当油滤或金属屑探测器中发现有金属颗粒时,可以判定减速器内部出现了故障。但是这并不表明该减速器不能继续使用。

维护人员可以使用过滤纸对润滑油进行过滤,析出金属颗粒来加以研究和判断。通过对金属颗粒的数量、来源、形状、金属类型、减速器的使用方式、曾经出现过的故障、使用时间(包括 TSN 和 TSO)和使用履历的综合分析和判断,最后才能确定是否能够继续使用该减速器。

金属颗粒根据不同的金属类型,可能为钢、银、镉、铝、镁、铜、铜锡合金或苯酚(石碳酸)等。

4. 减速器的可用性检查

如果仍然对减速器的可用性存在怀疑,可参考机型维护手册提供的检查程序对减速器进行检查和监控,并严格按照报废标准予以更换。

5. 减速器的防腐保护

主减速器金属表面的维护应根据作业区域的特殊气候环境,制定一整套系统的预防性保护措施,周期性地进行冲洗、清洁、检查、腐蚀表象的确认和及时处理、表面保护处理,这样将会有效地降低发生腐蚀的概率。

减速器表面的检查应注意以下几点:

(1) 检查表面是否存在擦伤或磨损;

(2) 检查表面锌铬酸盐底漆和表面保护漆的状态;

(3) 检查不同金属结合面是否存在较为明显的腐蚀;

(4) 检查固定螺栓、螺钉和其他紧固件周围区域是否存在腐蚀,检查底漆和密封状况;

(5) 当需要拆卸某些部件或设备时,对于主体结构上平常不容易观察的表面进行重点检查;

(6) 使用正确的溶剂清洁受腐蚀侵袭的表面;

(7) 根据需要及时修补底漆;

(8) 根据需要重新密封连接部位;

(9) 及时修补表面保护漆;

(10) 定期清洁并使用防腐材料保护,使用 WD40 可有效去除水分,减小潮湿气候的影响。

4.3 扭矩测量系统

现代直升机多设计安装有扭矩测量系统,用于测量发动机输出到传动系统的轴马力。对于多发的直升机,飞行员还可以通过观察扭矩测量值来监控平均分配各发动机的输入。通常情况下,扭矩指示采用百分比的方式,扭矩理论最大值为 100%。

扭矩的测量装置通常安装在主减速器的输入端,扭矩测量系统按工作原理分为油压式扭矩测量系统、霍尔效应传感器扭矩系统、变形测量仪电子扭矩系统和光电扭矩测量系统。典型直升机扭矩测量系统如图 4-19 所示。

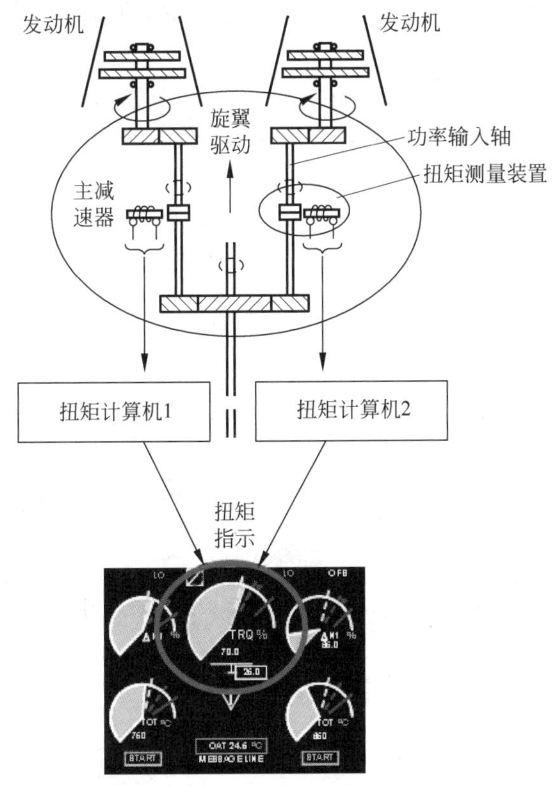

图 4-19　典型直升机扭矩测量系统示意图

4.3.1　油压式扭矩测量系统

油压式扭矩测量系统是通过压力传感器感应一个扭矩活塞腔中油压的变化来进行扭矩测量的。齿轮泵使进入测量系统扭矩活门的润滑油具有一定的压力。由于机械传动部件的扭力变化，传动部件的线形移动直接影响着扭矩活门的开度，其开度决定了进入压力的大小，从而经比例测算得出扭矩值。

油压式扭矩测量系统因不再被直升机行业广泛应用，这里不再多做介绍。

4.3.2　霍尔效应传感器扭矩系统

霍尔效应传感器扭矩系统通过测量主减速器输入轴的相对扭转量来获得发动机的扭矩值。

发动机输出轴的后端连接着一个带有均匀凹槽的轴套，旋翼轴前端连接一个带有均匀齿条的轴套，两者交叉安装在扭矩轴的外部。齿条和凹槽之间存在着一个等宽的间隙。由于驱动旋翼负载和发动机扭矩之间存在相互作用的应力，扭矩轴在这种反向应力下发生扭转，从而改变了齿条和凹槽之间间隙的宽度。正对着间隙的位置，在减速器壳体上安装有一个霍尔效应(电磁)传感器。

由于间隙宽度的变化,导致传感器的磁场改变,从而产生了一个电脉冲信号。这个电脉冲信号的图形直接反映出间隙宽度的变化,即扭矩的变化值。通过扭矩计算机的处理,这个脉冲信号以直流电压的形式传递至扭矩表,根据电压和扭矩值的比例关系换算,可以直接从扭矩表中读出真实的扭矩值。

如图 4-20 所示,当扭矩增大时,e_1 间隙将随之变小。根据 e_1 和 e_2 的不同位置对传感器磁场的干扰,脉冲信号的图形也发生规则的"宽度"变化。经扭矩计算机的处理,不同的电压降信号在扭矩表上反映出了目前真实的扭矩值。

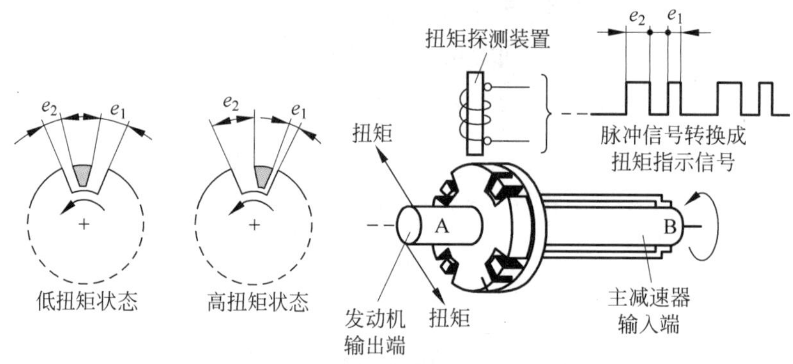

图 4-20 霍尔效应扭矩测量系统原理图

4.3.3 变形测量仪电子扭矩系统

变形测量仪电子扭矩系统包括以下主要部件:

(1) 驱动线圈指示器,单位为 lb/in;

(2) 一个电子组件,包括一个 8000Hz 的晶体振荡器、两个晶体管放大器、指示平衡组件、解调器和按压测试转换继电器;

(3) 一个扭矩传感器,包括带有变形测量仪的主轴和旋转变压器。

当主轴上的扭矩为零时,28V 直流供电给 8000Hz 晶体振荡器,经放大器放大,进入传感器的旋转变压器的输入端,此时,旋转变压器无输出。

当主轴上产生扭矩时,变形测量仪的两个"电臂"被压缩,另外两个被拉伸,电桥失去平衡,旋转变压器输出端产生输出信号,信号经放大、解调后送到扭矩仪表。由于这个信号的强度与主轴上扭矩的大小相对应,因而它代表实际的扭矩值。

如图 4-21 所示,系统的测试装置包括了安装在主仪表板上的测试按钮,当按压测试按钮时,电子组件中的继电器开始工作,旁通了传感器的正常输入。系统同时给仪表一个设定信号,扭矩表就指示设定的扭矩值了。

4.3.4 光电扭矩测量系统

光电扭矩测量方法与霍尔效应传感器的扭矩测量方法相类似,它也是通过测量两个相对盘的角度变化而获得扭矩值。唯一不同的是,光电扭矩测量系统使用了一个光源和光学传感器来完成位移测量。

扭矩轴通常安装在发动机和离合器/自由轮组件之间,扭矩轴的一端固定有一个带三个突

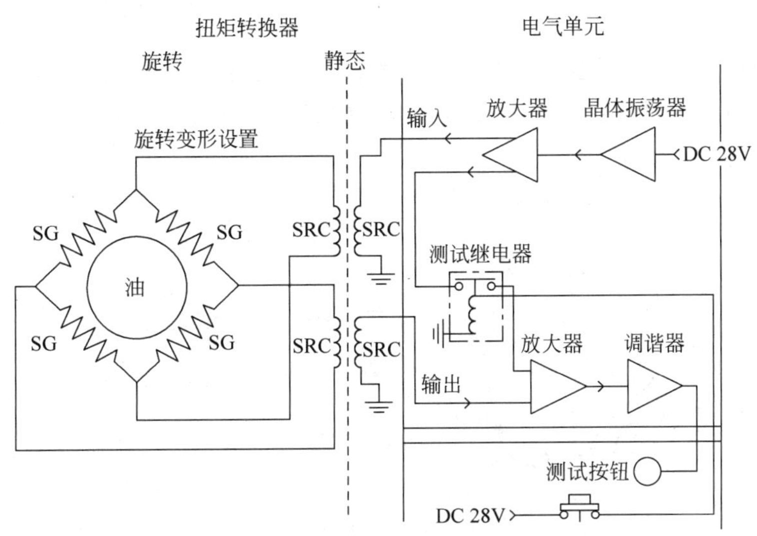

图 4-21　变形测量仪扭矩系统电路图

出销的圆盘,另外一端固定有一个带三个切口的圆盘。当扭矩为零时,圆盘的突出销与另一圆盘的切口成一条直线。当扭矩发生时,扭矩轴扭转,突出销和切口的相对位置也发生变化。

光源放置在圆盘的一侧,光学传感器则位于圆盘的另一侧。当扭矩轴旋转时,光学传感器可感受到光的频率。当扭矩升高或者降低时,由于突出销和切口的相对位移,光的频率也发生了变化。传感器根据频率的不同产生了不同的电信号,可以在扭矩表上以百分比的形式显示出来。光电扭矩测量系统如图 4-22 所示。

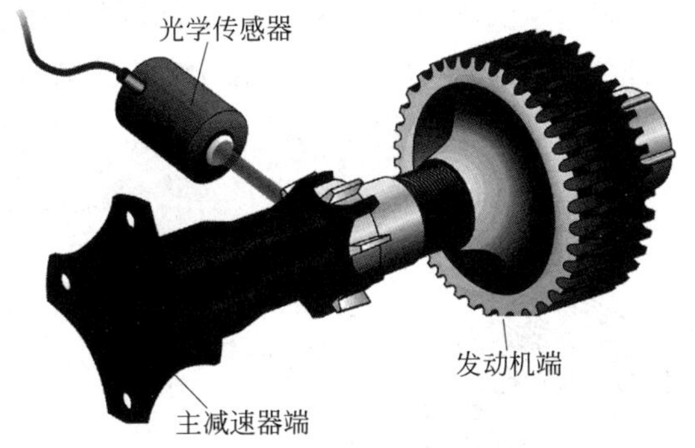

图 4-22　光电扭矩测量示意图

4.4　自由轮、离合器和旋翼刹车

4.4.1　自由轮组件

自由轮组件的主要设计目的是不会在发动机输出轴上产生反向的扭矩传递。这种现象可发生在直升机自转降落过程中及由工作状态发动机向不工作状态发动机传递过程中。

自由轮组件主要有两种类型：滚棒式和制动轮式。

1. 滚棒式自由轮组件

滚棒式自由轮组件由内环、外环和中间滚棒轴承组构成，如图 4-23 所示。内环与发动机输出轴连接，在发动机的驱动下转动。内环上安装一个凸轮环，支持着中间滚棒轴承。外环连接减速器内的驱动输入轴。

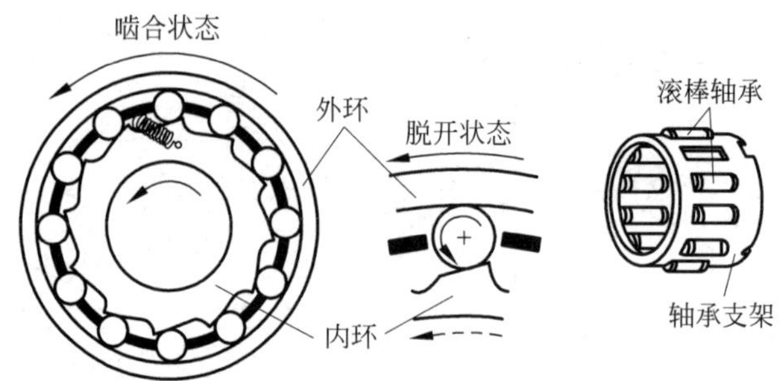

图 4-23 滚棒式自由轮组件

当内环在发动机的驱动下转动时，滚棒轴承通过内环凸轮斜面利用摩擦力紧压外环进而啮合在一起，将扭矩传递到与外环连接的减速器内部驱动输入轴上，从而形成了方向相同的同步连接。

当减速器内部的驱动输入轴转速大于发动机的输出轴转速时，即外环转速大于内环转速时，滚棒轴承失去了楔形挤压，内环与外环独立转动。

2. 制动轮式自由轮组件

制动轮式自由轮组件的结构与滚棒式相似，区别是用“8”字制动块替代了滚棒轴承，其排列方式与滚棒轴承相似，如图 4-24 所示。制动块的垂直高度略微大于外环内直径与内环外直径的间距，在弹簧力的作用下，固定在一个由两部分组成的支架内，并通过摩擦力啮合内、外轴承圈。

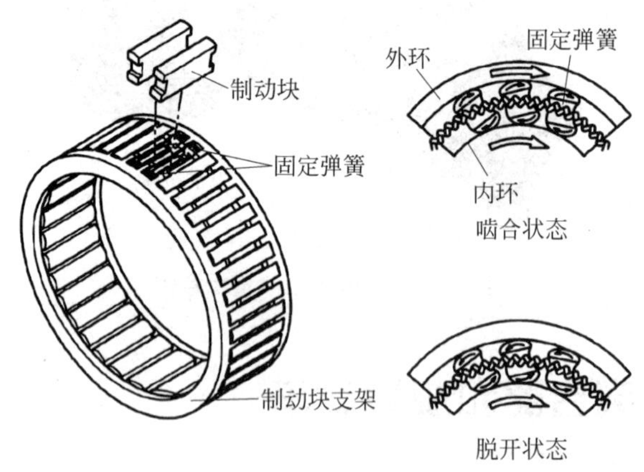

图 4-24 制动轮式自由轮组件

制动轮式自由轮组件的外环与发动机输出轴相连，内环连接减速器内部的驱动输入轴。当发动机转动带动外环转动时，制动块被顺时针旋转挤压，使内环与外环啮合，一起同方向转动。当内环转速大于外环时，制动块逆时针旋转使内外环脱开。

4.4.2　离合器

离合器设计安装的目的是为了改善发动机的起动性能，使发动机起动后能可靠地将发动机功率传给旋翼和尾桨，并减少发动机的起动负荷。

离合器主要包括两大类：机械式离合器、液压机械式离合器。

离合器的选择，取决于直升机的类型。通常情况下，小型直升机选用机械式离合器；而中、大型直升机选用液压机械式离合器，这是因为中、大型直升机惯性负载较大，啮合的光滑程度也要求很高。

离合器工作原理如图 4-25 所示。

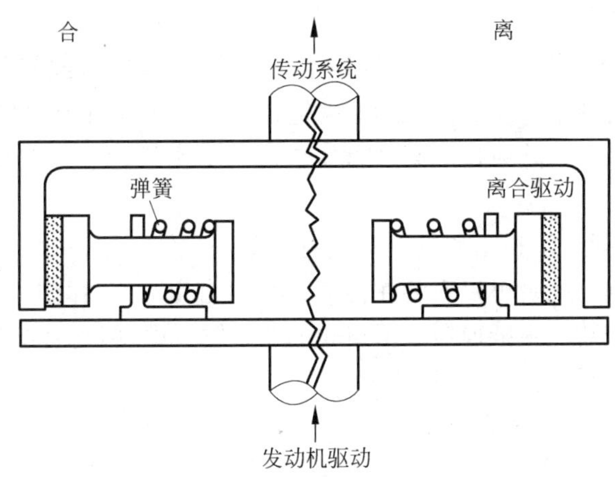

图 4-25　离合器工作原理

1. 机械式离合器

机械式离合器由主动驱动盘、驱动鼓轮和离心飞重组成。主动驱动盘连接发动机驱动轴输出端，上面安装有离心飞重，离心飞重在弹簧的作用下始终保持“离”位，驱动鼓轮则与传动系统连接。

当发动机起动保持低转速时，主动驱动盘带动离心飞重一起在驱动鼓轮内转动，此时扭矩得不到传递。随着发动机转速的升高，离心飞重在离心力的作用下，克服反向的弹簧力，逐渐向驱动鼓轮滑动。当发动机转速达到一定值时，离心飞重与驱动鼓轮的内壁紧密贴合，这样发动机的输出和传动系统的输入实际连接在一起，扭矩得到了传递。在整个接合过程中，当发动机转速略微大于旋翼转速时，离心飞重和驱动鼓轮光滑的接触面相对滑动，在几秒的时间内平稳过渡到紧密贴合。当发动机转速减小时，离心飞重的惯性离心力也随之减小，在弹簧力的作用下，离心飞重向中心移动，脱离驱动鼓轮，发动机和传动系统的扭矩传递终止。

2. 液压机械式离合器

液压机械式离合器自带一套液压系统，用来产生操纵离合装置的原动力。这样就可以保证在较大的惯性力下，能够产生更加平稳的离合，以提高部件的耐用性和可靠性。

液压机械式离合器由主动盘、从动盘、圆形外壳、自由轮机械锁装置、液压部件和控制开关等装置组成。其中，主动盘连接着发动机输出端，从动盘连接主桨毂驱动轴。当发动机起动时，主动盘转动，从动盘则处于静止状态。

液压部件包括一个电动液压泵。当飞行员操纵液压泵工作时，液压油进入主动盘，在离心力的作用下，一定量的液压油被甩到从动盘的内腔中。这样，液压油传递了转动所需的能量，使从动盘转动，从而带动主旋翼转动。当旋翼转速接近正常转速时，旋翼在惯性作用下继续转动。此时，飞行员控制自由轮组件，机械推动滚棒处于预啮合位置，再推动发动机油门控制杆，随着发动机转速的升高，自由轮将完全啮合，传动得到良好的传递。当主动盘和从动盘完全啮合时，飞行员关闭液压电动泵的开关，液压油将流回到油箱内。

当发动机关车时，旋翼转速也随之下降，自由轮和机械锁装置将自动回到分离的位置并保持在此位置上。

4.4.3 旋翼刹车

旋翼刹车通常用于发动机关车后尽快停止旋翼桨叶的转动，或露天停放时保持旋翼静止。在大风天气，旋翼刹车系统的强风刹车功能还可以在发动机起动和慢车位时，保持旋翼桨叶处于静止状态，以避免阵风造成桨叶直立。这项功能只能应用在装有自由涡轮轴发动机的直升机上。

旋翼刹车系统包括液压刹车和机械刹车两大类。

理论上讲，旋翼刹车系统可以安装在传动系统内自由轮组件之后的任何地方。通常情况下，旋翼刹车系统安装在主减速器伞形齿轮的驱动输入端，但也有部分直升机选择将旋翼刹车系统安装在主减速器之后的传动轴上。

为了实现野外停放刹车和强风起动的功能，刹车系统还安装了一些机械部件，如棘齿、棘轮机构、几何锁、定位器等。

1. 液压刹车系统

液压刹车系统主要由刹车盘、刹车片、活塞、补偿杆、回力弹簧和摩擦装置组成。当在活塞后部的油腔内提供液压压力时，液压刹车系统推动活塞从而推动刹车片向刹车盘移动。当刹车片与刹车盘密切接触时，刹车功能得以实现。刹车的同时，与活塞连接的补偿杆拉动摩擦装置一起移动，并压缩回力弹簧。当松开刹车时，液压油回流到液压油箱，在回力弹簧的作用下，活塞、刹车片反向移动，与刹车盘脱离。

当刹车片和刹车盘发生磨损时，为了弥补刹车间隙，补偿杆在摩擦装置中的位置也将随着刹车盘/片的磨损前移。刹车盘/片的磨损量可以通过补偿杆在压紧螺母上的伸出长度来确定。在维护手册中通常会给定最小伸出长度的范围，而最小伸出长度对应着最大的磨损量。在安装刹车组件的过程中，压紧螺母的安装力矩非常重要，当安装力矩过大时，补偿杆将不能在摩擦装置中移动，不能发挥其磨损补偿作用。

旋翼刹车系统的压力通常来自主液压系统，而驻留刹车则使用蓄压瓶和手摇泵来实现。同时，系统还设置了一个安全装置，以防止飞行过程中的误刹车操作。

典型的旋翼液压刹车系统工作原理如图 4-26 所示。

2. 机械刹车系统

机械刹车系统由连接在传动轴上的刹车鼓轮、刹车操纵杆和刹车垫组成，如图 4-27 所示。刹车垫包围着刹车鼓轮，并连接刹车操纵杆。刹车操纵杆固定在附近的结构上，由一个中心枢轴与刹车鼓轮连接。刹车鼓轮极大地增大了摩擦面积，从而提高了刹车效率。

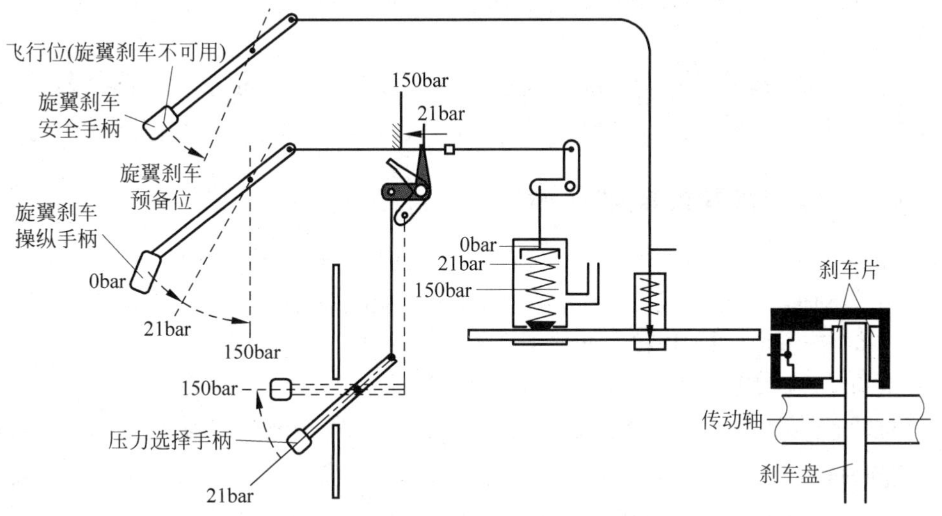

图 4-26　典型的旋翼液压刹车系统工作原理图(1bar＝10^5 Pa)

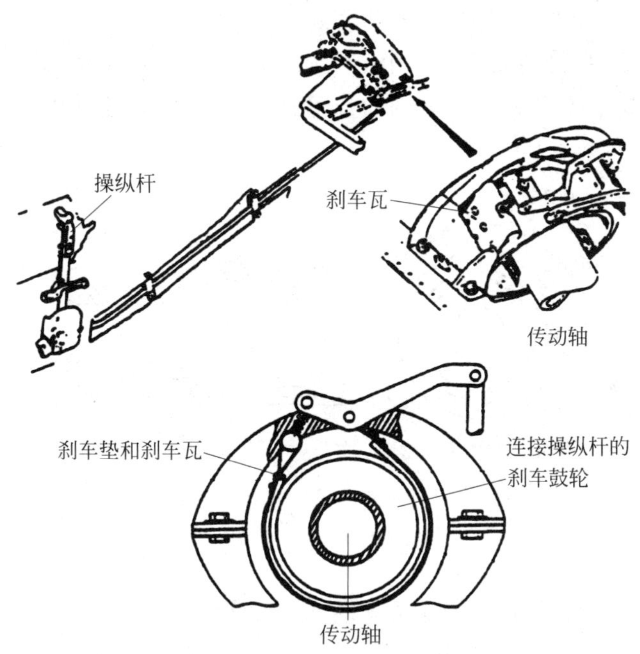

图 4-27　机械刹车系统部件

当进行刹车操作时,飞行员拉动刹车操纵杆,刹车垫绕着中心枢轴转动,拉紧刹车鼓轮,在鼓轮和刹车垫的摩擦作用下,完成刹车。

3. 旋翼刹车系统的维护

旋翼刹车系统的维护主要包括以下几个方面。

(1) 刹车盘的表面检查。目视检查和测量刹车盘的厚度和表面物理特性,包括是否存在划痕、裂纹、变形和过热痕迹。具体的检查标准可参照机型维护手册的相关章节。

(2) 刹车间隙检查。刹车间隙检查的步骤大致为：重复刹车三次，松开刹车，对刹车盘和两侧刹车片的间隙进行测量。

(3) 液压刹车系统排气。液压刹车系统的排气操作通过操纵刹车产生的工作压力，可将系统中的气体从排气孔排出。排气的过程中，应严格避免液压油与刹车盘/片接触。

4.4.4 传动轴及传动轴连接

直升机传动系统传动轴通常分为主传动轴、中间传动轴和尾传动轴。

(1) 主传动轴：用于连接发动机、复合齿轮箱到主减速器齿轮箱。

(2) 中间传动轴：用于连接主减速器和中间减速器。

(3) 尾传动轴：用于连接中间减速器和尾减速器。

传动轴的连接方式通常包括膨胀连接、法兰盘连接、花键连接、万向连接、柔性连接等。

1. 膨胀连接

在有些直升机上，发动机涡轮轴与主驱动轴之间采用膨胀连接方式。

膨胀连接主要是为克服发动机正常工作时因高温膨胀引发的主驱动轴上产生较大负载，也可以用于克服驱动轴与减速器的安装容差。

如图 4-28 所示，膨胀连接是通过 4 个钢球在驱动部件和从动部件之间的轴向凹槽内滑动来克服热膨胀变形，这样连接部件之间的轴向应力将被钢球的位移所取代，以达到更好地传递扭矩的目的。

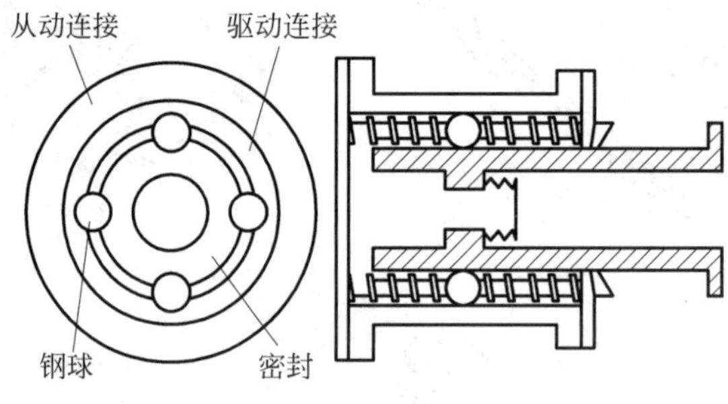

图 4-28 膨胀连接

2. 法兰盘连接

在需要长距离传递扭矩时，为了使传动轴拆装方便，往往会采用多根传动轴相互连接的方法来实现。这些传动轴之间的连接通常就采用法兰盘连接(见图 4-29)。

然而，由于减速器在机身上安装位置的差异，传动轴的安装必然会产生误差。为了克服这种误差给传动轴安装带来的偏心、局部应力和负载，通常在法兰盘之间添加一种可以调整的垫片，来减小误差。

3. 花键连接

花键连接类似于法兰盘连接方式，主要都是为了克服传动轴之间的轴向位移。如图 4-30 所示，花键连接是由外花键和内花键配合在一起的一种连接方式。出于平衡的考虑，某些花键设计有一个特殊的花键齿和花键槽，以确保每次安装时能够正确地定位。

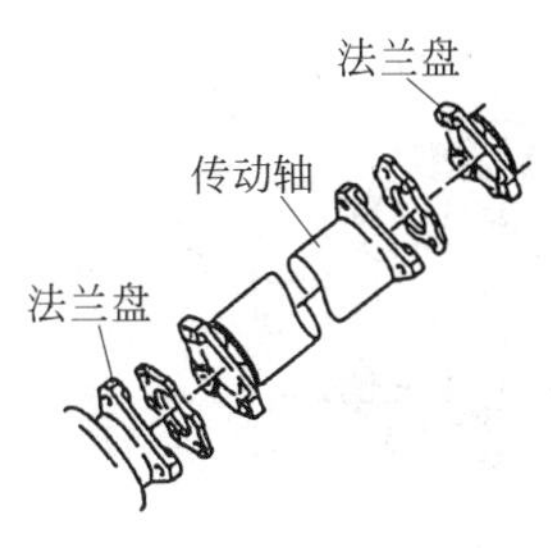

图 4-29 法兰盘连接

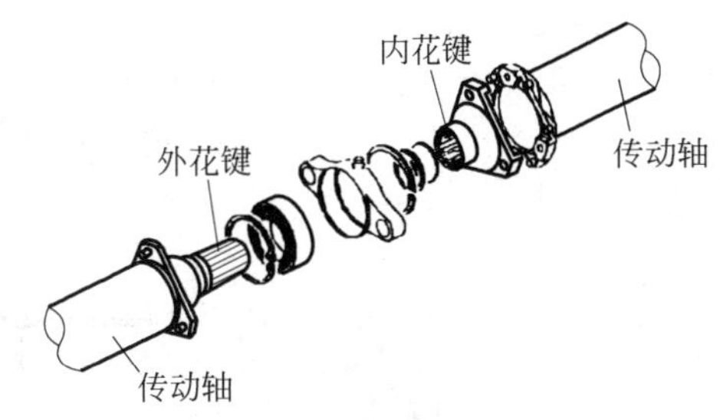

图 4-30 花键连接

4. 万向连接

当传动方向出现一个微小的角度变化时，通常采用万向接头的连接方式。万向接头位于两个传动轴之间，通过若干轴承臂、滚针轴承连接而成，如图 4-31 所示。这种自由的连接方式可以轻易地改变传动轴的传动方向和角度。为了减少摩擦，降低轴承的磨损程度，可以通过轴承臂上的注油嘴定期对轴承进行润滑。

5. 柔性连接

在大多数直升机传动系统中，传动轴与传动轴、传动轴与减速器法兰盘之间的连接均采用柔性连接方式(见图 4-32)，这种连接方式可以很好地缓解横向和纵向的轻微变形。

图 4-31 万向连接

图 4-32 柔性连接方式

柔性连接是靠柔性片来实现的，柔性片是由一组不锈钢薄片经机械加工而成的规则的扁平片状连接件。

单片的连接方式被称为托马斯连接(Thomas coupling)。柔性片两边的安装垫片必须是凸形垫片，这样当柔性片变形时不会因挤压垫片而造成柔性片的损坏。

有一些直升机上采用将多个柔性薄片重叠制成的柔性连接片，这样极大地简化了拆装过程。

传动轴和法兰盘之间可能会存在一定的间隙，可以通过加装垫片来进行调整。需要强调的是，这些调整垫片必须安装在螺栓头或螺帽的一侧，不得直接安装在柔性片上。

6. 传动轴支撑轴承、轴承套、轴承座和托架

轴承、轴承套、轴承座和托架支撑着传动轴进行长距离的传动。

支撑轴承和轴承套通常直接安装在传动轴上，成为传动轴部件的一个组成部分。

轴承安装在轴承套内，带有减振装置的轴承套通过衬套和安装螺栓固定在轴承座上，如图 4-33 所示。轴承座通过安装螺栓固定在托架上，两者之间调整垫片的使用可以保证所有的轴承座处在一条直线上，这样就避免了传动轴设备的安装变形。

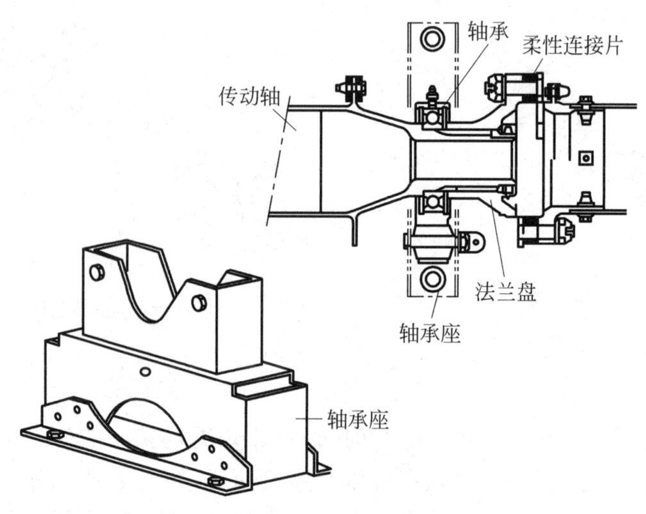

图 4-33　轴承及轴承座

托架通常铆接在机身的加强结构上。

传动轴部件的维护检查项目通常包括轴承与轴承座间隙检查、传动轴的同心度检查、传动轴振动水平监测等。

4.5 传动系统监控

直升机传动系统是一个复杂的综合系统，它包括数百个独立的部件，当其中的一个部件发生故障或者损坏时，极有可能危及直升机、机组和乘客的人身安全。为此，对传动系统的全面健康监控，及早地发现潜在故障就显得尤为重要。

传动系统健康监控的方法通常包括以下几种：磁性金属屑探测器、油滤的污染监控、滑油光谱分析法、振动水平的监测、健康监控系统(HUMS)。

为了提供一套多层次的、更可靠的健康监控体系，传动系统通常采用几种方法同时进行检测，极大地提高了系统的安全性和维护的可靠性。

4.5.1 磁性金属屑探测器

磁性金属屑探测器的原始模型被称为磁堵，其磁性杆可以用来吸引悬浮在减速器和发动机滑油内细小的金属粉末。磁堵与其底座通常采用快卸的安装方式，这样便于日常的检查和加快拆卸速度，以防止拆卸过程中漏油。磁性杆上有两条环行的凹槽，用来安装密封用的 O 形圈。为了方便拆装时用力，磁堵头使用滚花旋扭，并设计了 3 个突点，当磁堵被正确地安装到底座上时，磁堵上的突点与底座上的突点成一直线，这种纠错设计极大地减少了因磁堵安装不当而导致的滑油泄漏。磁堵底座通常采用一个自封活门，以保证在拆卸检查磁堵时不会漏油。

为了提供一种更明显的金属屑监控方法，磁堵被改装成为金属屑探测器，提供了一套电路并在驾驶舱内以警告灯的形式指示。磁性金属屑探测器包括一个中央元件和外围元件，形成同心的两个接线点，并与探测电路内的导线相连。当金属屑产生时，金属粉末搭接了电路内的两个极点，使电路闭合，金属屑警告灯亮。一种更好的确定金属屑类型和判断减速器内部磨损程度的方法是使用消除装置，它可以给金属屑探测器提供一个大电流，用来烧掉那些细小的金属粉末。如果此时飞行员发现金属屑警告灯仍然亮，这说明可能是金属屑体积较大或内部件的磨损速度过快，此时应尽快着陆，以便维修人员进一步判别金属屑产生的原因。

当发现金属屑后，应参考机型维护手册给出的标准和检查步骤，确定减速器是否可以继续投入使用。同时，应该将金属粉末或者整个磁性探测器发往专门的实验室进行分析。

4.5.2　油滤的污染监控

油滤通常用于主减速器、组合传动齿轮箱等较复杂的大部件的滑油过滤，这些部件的滑油冷却系统通常以油泵供油而非喷溅供油。油滤过滤掉一定尺寸的金属粉末和残渣，尺寸取决于油滤的过滤能力。过滤能力通常以微米或零点几微米来计算。

油滤的维护项目通常包括检查、清洁或者更换，其检查周期和更换标准需严格按照维护手册的规定执行。油滤可以阻挡各种类型的残渣、金属碎片和其他材料的异物，作为较早发现内部机械部件非正常磨损和损坏的一种检查手段。为了彻底了解堵塞油滤的物质成分，甚至可以将油滤发往相关的实验室进行分析判断。航线维护中需要对油滤进行清洁时，不仅要注意清洁器皿和溶剂的清洁度，还要注意微小物质和清洗剂可能对人体造成的健康危害。

航线维护需要清洁油滤时，应严格按照维护手册和维修方案的要求进行。清洗完毕后使用滤纸过滤并收集留在清洗剂里的残渣，以方便分析判断。清洗完毕后，使用纯净的压缩空气将油滤吹干，检查或更换密封圈，按照维护手册的工作步骤重新装回油滤设备，渗漏检查后继续使用。超声波震荡清洗法是外场经常使用的方法之一。

4.5.3　滑油光谱分析法

除了磁性堵塞和油滤上的一些颗粒之外，更加微小的金属或非金属的粉末通常悬浮在滑油中，这些微粒需要采用专门的技术手段才能探测到。滑油的光谱分析方法是一种定期的检查项目，可以进一步了解机械部件的磨损位置、材料和程度。

4.5.4　振动水平的监测

直升机的振动水平检测能较早地发现传动系统部件的潜在故障和问题，便于在发生严重故障和问题之前，给予及时的纠正处理。振动水平的监测应按照维护手册的时间间隔要求及时进行，或者在更换大部件后和帮助故障诊断时进行。

直升机可以使用的振动分析与检测设备有很多，它们都是通过预先安装在指定位置的加速度计来获取振动数据，其中一些加速度计通过对振动频率的扫描、调谐得到一个固有的振动频率。通过振动检测设备，可以得到振动的速率和频率，按照维护手册的标准，就可以判断出振动水平是否在容许的误差范围之内。由于不同传动部件转动的角速度不同，其频率也就不同，所以按其频率的差异，就可以同时收集到每一个部件的振动数据或根据得到的振动速率和频率找出振动源。

4.5.5 直升机健康监控系统

现代直升机在定点监测振动水平的基础上，专门开发了通过对所有机械转动、传动部件振动的采集来监控直升机整机振动环境的健康监控系统。

典型的直升机健康监控系统(health and usage monitoring system，HUMS)通常由负责采集、处理振动信号的机载硬件设备和安装有下载、解码分析软件的地面站(GSC)服务器两部分组成，如图4-34所示。每日飞行后，维护人员将数据记录卡上记录的采集数据下载到地面站，经过特定软件的处理分析和与基准值的对比，可以得到包括传动部件、机身、发动机的振动数据，旋翼轨迹平衡，发动机功率趋势，滑油金属粉末出现的次数和量比以及其他的飞行数据超限状况。

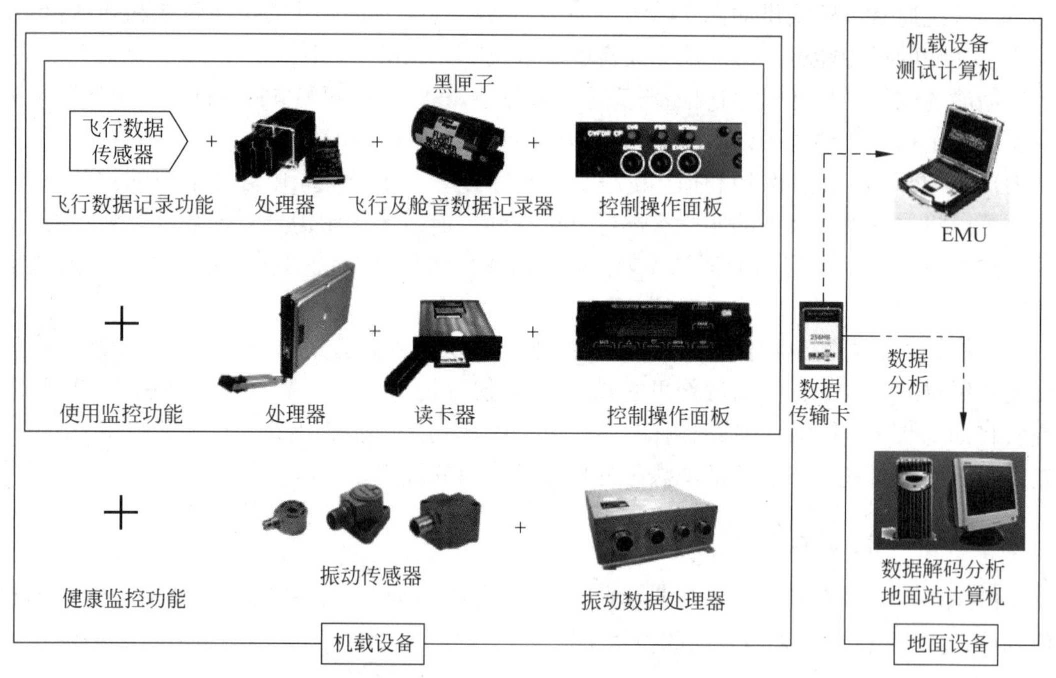

图4-34 典型直升机HUMS系统示意图

4.5.6 特殊事件后的检查

1. 超转

当发生主旋翼转速超过了限制值时，其主减速器、中间减速器和尾减速器都必须进行彻底的可靠性检查，以确定是否可以继续使用。检查项目包括：目视检查减速器壳体的连接、密封部位，检查金属屑探测器、回油网和油滤，必要时进行滑油的光谱分析。通过对滑油污染程度的评估和金属屑颗粒的属性分析，就可以得出是否继续使用减速器的结论。

根据超转程度的不同，会有不同的检查项目被要求执行。包括主驱动轴、中间传动轴和尾传动轴，以及相关的连接部件和轴承。可以通过检查发现一些故障现象，例如连接部件固定的螺栓孔延长、轴承发现过热痕迹、轴承失去润滑、皮带驱动的滑油风扇组件因超转使皮带在滑轮上发生移位的痕迹等。当超转程度非常严重时，整个传动系统的部件都有可能被报废。

2. 传动运转的突然中止

不同情况下的主桨叶、尾桨叶或相关部件运转的突然中止事件发生后，必须进行突然中止事件后的检查。机型维护手册的相关章节列明了检查的详细内容和步骤。

发生下列事件也被认定为传动运转的突然中止事件：

(1) 主桨叶和尾桨叶的外来物撞击损伤。

(2) 动部件被突然限制运转。

(3) 除刹车因素外，动部件突然减速。

(4) 旋翼刹车短时间内使旋翼停止。例如，对于S76直升机来说，当旋翼转数大于45%时，使用旋翼刹车在8s(含)内能使桨叶停止转动，即可被认定为传动运转发生了突然中止。

3. 主旋翼驱动系统

当主桨叶被外来物撞击损坏，但损坏范围仅为翼尖罩和桨叶未发生永久性的变形、大梁弯曲时，执行如下检查项目：目视检查翼尖罩连接面、减摆阻尼器和轴向关节的连接支撑架、变矩拉杆、旋转和静止防扭臂及主桨毂的安装状况，观察是否存在裂纹、部件松动、面漆裂纹、粘合部件分离等故障现象。如果翼尖罩连接面、减摆阻尼器和轴向关节的连接支撑架和其他部件没有发生损坏，直升机继续适航。如果只是翼尖罩损坏，桨叶和桨毂头未发现明显损坏痕迹，更换翼尖罩后，直升机恢复适航状态。如果翼尖罩连接面损坏而无法更换和修复，或者发现桨叶减摆阻尼器和轴向关节连接面、桨毂头发生明显损坏，遵守下面提到的相关规定。

当主桨叶被外来物撞击损坏，导致永久性的变形、大梁弯曲、凹陷，执行以下步骤：

(1) 拆卸桨叶、主桨毂和主减速器，并返厂详细检查、修理或直接大修；

(2) 检查机身连接点的变形和损坏；

(3) 目视检查发动机驱动轴、尾传动轴、全部柔性连接片、轴承及轴承座是否发生了裂纹和扭曲。

检查后，在损伤部件的明显位置加贴故障件标签，并注明具体被撞击的桨叶和损坏程度。

4. 尾旋翼驱动系统

当复合材料尾桨叶被外来物撞击，损坏程度轻微，也没有发生永久性的变形、凹陷和大梁弯曲，并经敲击法检查确定无严重损坏时，执行以下检查：

(1) 根据机型维护手册中传动运转突然中止事件的检查程序对尾旋翼系统进行彻底检查；

(2) 对全部尾减速器安装支座进行染色渗透法检查；

(3) 目视检查中间减速器的安装状况和所有传动轴、柔性连接片、轴承及轴承座是否存在裂纹、变形、褶皱等故障现象；

(4) 目视检查尾桨变矩控制杆、变矩拉杆是否存在裂纹、松动、面漆开裂、粘接分离等异常痕迹。如未发现尾桨毂损坏，直升机恢复适航。

当尾桨叶被外来物撞击，损伤面积较大并引起大梁的变形和弯曲时，执行下列检查处理：

(1) 拆卸变矩拉杆、变矩控制杆、尾桨叶、尾桨毂、尾减速器、中间减速器及所有的尾传

动轴部件,并返厂进行详细检查、修理或直接大修;

(2) 目视检查垂直尾梁是否存在结构性的损伤,例如铆钉松动、裂纹等。重点检查减速器连接部位是否存在变形等故障现象;

(3) 按照机型维护手册的要求进行主减速器的可靠性检查。

检查后,在损伤部件的明显位置加贴故障件标签,并注明具体被撞击的桨叶位置和损坏程度。

5. 瞬间超扭矩(某型直升机范例)

双发动机运转状态,扭矩限制为:

(1) 起飞功率 100%扭矩(每台发动机);

(2) 最大持续功率 100%扭矩(每台发动机)。

单台发动机运转状态,扭矩限制为:

(1) 2.5min 功率 112.1%扭矩;

(2) 30min 功率 104%扭矩;

(3) 最大持续功率 100%扭矩。

直升机的最大扭矩限制的目的是为了保证主减速器在稳定状态下的最长可用寿命。但是在日常的操作使用过程中,也会发生瞬间的超扭矩现象。

(1) 在单台发动机运转过程中,瞬间超扭矩的可容许条件是:超过 112.1%扭矩但未超过 16s 的时间限制。

(2) 在双发动机运转过程中,瞬间超扭矩的可容许条件是:115%的输出扭矩但未超过 5s 的时间限制。其中,输出扭矩按下式计算:

$$\text{输出扭矩}=(1\text{ 发扭矩})/2+(2\text{ 发扭矩})/2$$

如果主减速器超过了(1)或(2)的限制条件,该减速器必须进行检查。

6. 主减速器的温度限制

正常使用条件下,当主减速器滑油温度高于规定值时,除了外界环境温度的原因外,也可能是主减速器损坏故障或者是滑油冷却系统出现故障。如果是主减速器内部损坏直接导致滑油温度过高,应将减速器返回厂家进行评估、修理或直接大修。

如果滑油温度过高的原因是滑油冷却系统故障时,例如某机型主减速器温度调节装置失效,在下列标准条件下,可继续使用:

(1) 滑油温度为 105～120℃(221～248℉)时,除了瞬间的高温以外,应对主减速器高温的原因进行调查并作出合理处置;

(2) 滑油温度为 120～140℃(248～284℉)时,且持续工作时间超过 30min,应对金属屑指示器、油滤的污染情况进行检查并作出评估,并更换主减速器滑油;

(3) 当滑油温度高于 140℃(284℉)时,必须更换主减速器。

第5章 机身结构

5.1 结构适航性设计要求

5.1.1 航空器结构设计思想

1. 安全寿命设计思想

航空器结构构件出现可检裂纹被看作是一种破坏，形成这种裂纹所需的时间就是构件的疲劳寿命。安全寿命设计思想最早出现于 20 世纪 50 年代，所谓安全寿命设计是要求直升机结构在一定阶段内不发生疲劳破坏。采用安全寿命设计思想进行航空器结构设计时，通过对航空器结构进行各种科学的计算和分析，从而对航空器结构进行安全寿命的估算和评定。这种设计思想是以结构无初始缺陷假设为基础的，事实上，即使在严格的质量控制条件下，在结构中总有可能出现未被发现的初始缺陷或裂纹。如果这些裂纹得不到控制而进一步扩展，就会造成结构失效。因此采用安全寿命设计方法测算的寿命与实际试验和使用寿命相差很大，因而安全寿命设计思想不能确保航空器结构的安全性，结构必须进行经常性检查。

在给出安全寿命时，要考虑磨损、疲劳和腐蚀情况的影响。寿命可以用飞行小时、起落或循环等来表达。

2. 破损安全设计思想

由于安全寿命设计思想不能保证安全可靠，20 世纪 60 年代开始提出了破损安全设计概念。破损安全是指结构构件破坏之后，它所承担的载荷可以由其他残余结构继续承担，以防止航空器破坏或航空器刚度降低过多而影响航空器的正常使用。因此这种设计思想允许航空器结构有破损，但必须保证航空器的安全。

需要提醒的是，如果某一允许失效件发生故障，残余结构承担负载后，就再没有后备件了，应尽可能及早查出故障，以防止其发展到无法挽回的地步。

3. 损伤容限设计思想

破损安全与安全寿命相结合的设计思想仍然带有一定的局限性，仍不足以解决安全与寿命问题，而且整架直升机因重复性结构而重量过大。随着科学技术的不断发展，从 20 世纪 70 年代开始出现了损伤容限设计思想。

损伤容限的概念是承认结构中存在一定程度的未被发现的初始缺陷、裂纹或其他损伤，通过损伤容限特性分析与试验,对可检结构给出检修周期,对不可检结构给出最大允许初始损伤,以保证结构在给定的使用寿命期限内不会发生因为未被发现的初始缺陷、裂纹或其他损伤扩展而引起灾难性的破坏事故。

损伤容限的概念要求裂纹在日常检查中能被发现并且裂纹的生长率很低,检查周期可以进行调整。确定检查周期的原则是如果一个可检裂纹在一次检查中错过,裂纹发展到下一次检查时仍不失效。最小可检裂纹长度由厂家给出,并且在直升机取得适航证时得到局方认可。

5.1.2 直升机结构设计

直升机结构的设计要满足各种适航标准,包括在飞行和地面所受的载荷、空气动力学的要求和有效携带各种商载的需要,更为重要的是安全方面的考虑。

直升机的形状和布局是由它的操作类别和工作环境所决定的,所以直升机的外形、大小和配置千差万别,但总体构型是基本相同的。图 5-1 所示为典型的直升机结构。

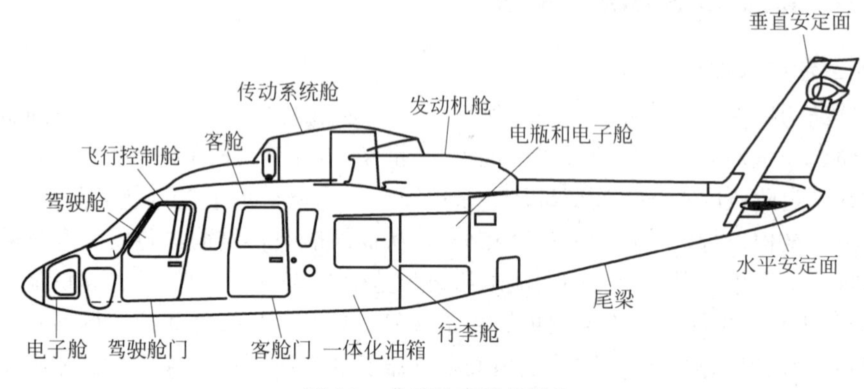

图 5-1 典型的直升机结构

直升机结构必须具备足够的强度,以承受各种载荷,包括在正常飞行时极端条件下的重载荷。结构必须能够承受超出它的重量多倍的力,因此,设计者必须考虑满足适航标准的结构强度要求。

直升机结构要能够承受极限载荷而没有永久变形,另外在极限范围内的受载变形不能影响直升机的安全飞行。对于每一个极端载荷条件,必须通过静、动态测试或结构分析等方法对结构强度和变形的大小进行测试和验证。

直升机在设计和取证时给出了一个特定飞行时的最大重量,这个重量称为最大起飞重量。直升机的装载必须使起飞重量小于规定的最大起飞重量,否则结构将承担超出其设计能力的载荷,影响直升机的结构安全。

5.1.3 直升机结构的分类

根据功能和失效后果的不同,直升机结构分为主要结构和次要结构。

1. 主要结构

结构部件的失效会直接导致结构塌损、动力损失,会严重影响直升机的安全和操纵,这样的结构称为主要结构,如图 5-2 所示。

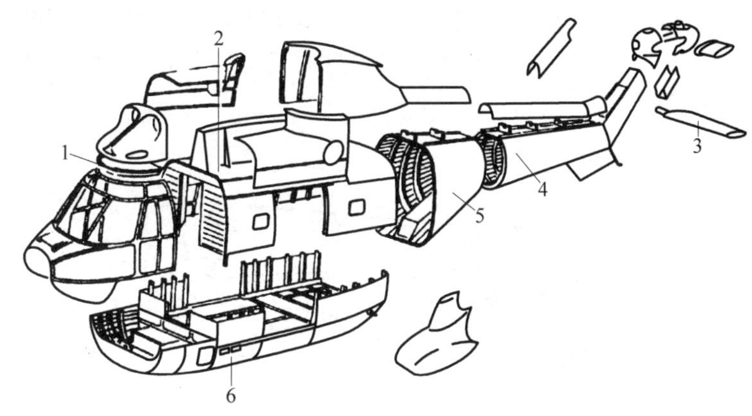

图 5-2 典型的直升机的主要结构

1—驾驶舱；2—上部结构；3—水平安定面；4—尾部结构；5—中间结构；6—下部结构

2. 次要结构

主要结构以外的其他结构称做次要结构，如驾驶舱地板、仪表板、客舱地板、电气安装架和脚踏板等。与主要结构的描述相同，允许次要结构有安全裕度的降低。

5.2 直升机区域划分和识别

5.2.1 直升机结构分区

与固定翼航空器的数字分区系统不同，直升机因其结构简单，多采用对直升机区域直接命名的分区方式，直升机厂家在其提供的维护手册和维护大纲中标出直升机的区块，并以反映该区块的传统名字直接命名，如图 5-3 所示。

5.2.2 直升机站位识别系统

为精确定位直升机上的位置点，通常在机身上中设定了 3 个相互垂直的基准面 X、Y、Z，如图 5-4 所示。直升机上任意点都可以用该点与 3 个基准面之间的垂直距离——“站位”来表示。数值的正/负表示方位信息，即位于基准面的左/右、前/后、上/下。

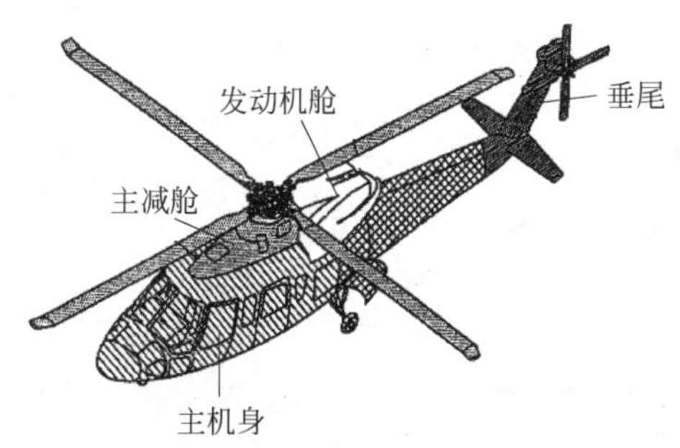

图 5-3 直升机结构分区示意图

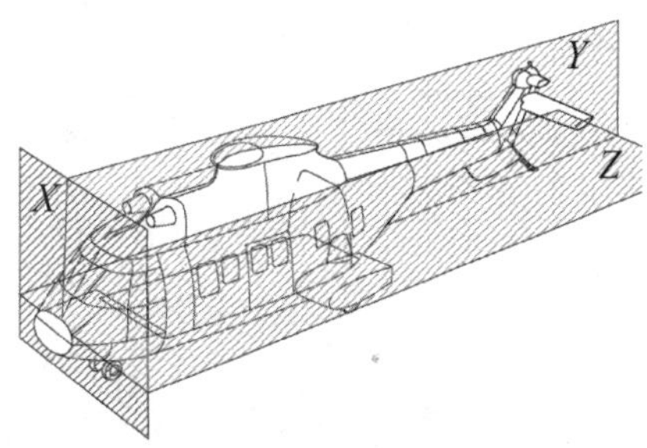

图 5-4 直升机站位基准面示意图(一)

直升机生产厂家在维护手册中会明确基准面的设定规则,通常情况下将机身水位线所在的平面定义为 Z 面,将机身纵向中轴线所在垂直面定义为 Y 面,X 面一般为设置在机头位置的垂直面,如图 5-5 所示。

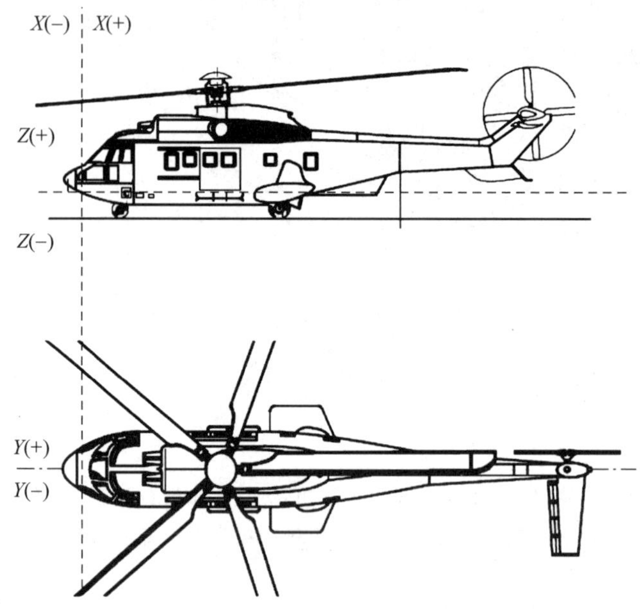

图 5-5 直升机站位基准面示意图(二)

5.3 直升机结构应力应变

5.3.1 直升机结构的基本变形

直升机结构在各种力的综合作用下主要承受 5 种基本变形:受拉变形、受压变形、弯曲变形、受剪变形和扭转变形,如图 5-6 所示。

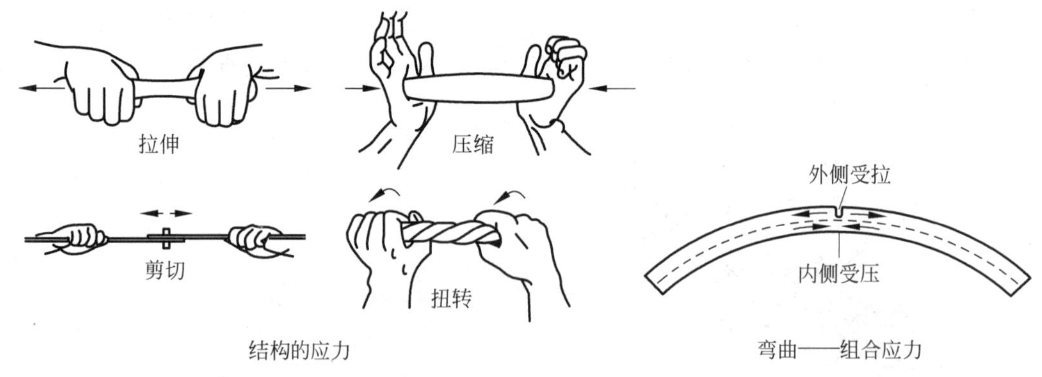

图 5-6 直升机结构的基本变形

(1) 受拉变形:拉伸载荷通常使一个部件被拉伸而发生变形,承载件通常称为拉杆。

(2) 受压变形:压缩载荷通常使一个部件受压缩而发生变形,当一个部件受压时,它有变弯的趋势，最大应力存在于变弯的外侧和内侧，外侧是受拉，内侧是受压。薄的构件在压力作用下变弯或皱褶，良好的设计可使很轻的管承受很大的载荷。

(3) 弯曲变形：一个载荷以一个角度作用于一部件上，使它弯曲而发生变形。这样的部件通常就是梁，典型的工字梁的压缩和拉伸载荷由上下冠部来承担。中间部分叫做腹板，承载剪切载荷。它的厚度通常很薄，因为冠部可以防止它变皱。

(4) 受剪变形：剪切是指在力的作用下相邻层间的滑动趋势。对于铆接或螺栓连接的两块板，分别在两端施加拉伸力，试图将两者分开，在铆钉或螺栓上所承受的力就是剪切力。而材料因此产生的变形叫受剪变形。

(5) 扭转变形：扭转力是拉伸力与压力的组合，拉伸力与压力的方向相对于外力为45°，两者之间相互为90°。材料在扭转力作用下发生的变形叫做扭转变形。

5.3.2　疲劳

1. 疲劳

如果材料中应力逐渐增大，最终将导致材料的断裂，这是材料能承受的极限静载荷，在大多数情况下这种现象不会出现在直升机结构上。假设极限静载荷的一部分作用于结构上，结构将产生变形而不会断裂。一旦去掉外力，结构又恢复到它的正常状态。这样的循环作用可以重复很多次，而且每次结构都能回到其初始状态。目视检查不会发现异常，但这样的循环持续作用一定时间，材料就会断裂。

这种在远低于极限载荷的外力循环作用下而导致断裂的现象称为疲劳。疲劳引起材料的微裂纹并使它发展成裂纹，如果不被发现，则将导致灾难性的后果。图 5-7 所示为几种典型的疲劳断口形貌。

疲劳损伤有许多形式，主要有以下几种。

(1) 周期性疲劳：因周期载荷而引起。

(2) 腐蚀疲劳：因材料表面腐蚀向内发展而加速疲劳，导致材料强度劣化。

(3) 磨损疲劳：小幅度的摩擦运动引起的疲劳。

(4) 热疲劳：因温度变化引起的材料膨胀和收缩而产生的疲劳。

(5) 声疲劳：声波振动引起的高频应力波动而产生的疲劳。

(a)

(b)

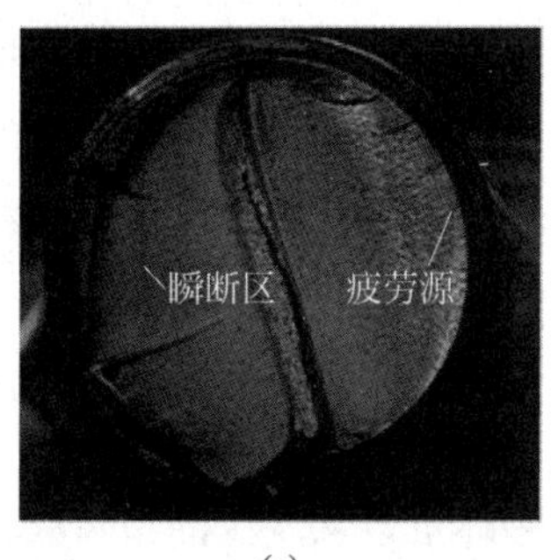

(c)

图 5-7　疲劳断口形貌

(a) 双向弯曲载荷下的疲劳断口；(b) 偏心旋转弯曲载荷下的疲劳断口；(c) 单向弯曲载荷下的疲劳断口

2. 疲劳试验

疲劳试验取材于从直升机生产线上取下的结构件，使它承担在使用中可能遭受的各种应力和载荷，对材料进行连续试验，相当于在很短的时间内遭受几千飞行小时的疲劳载荷作用。

试验中由计算机控制，对材料要施加一定的力以及力的变化频率。试验前需要向计算机输入直升机的最大重量、飞行高度、速度、可能的气动和机动载荷等参数。

试验一段时间后，检查结构有无损伤和变坏。对测试结果和结构材料数据进行分析，可以预测直升机的寿命和直升机及其部件的疲劳极限。

结构的某些部件可能受到无法预知原因的疲劳损伤，如在组装时的零件损坏或受力以及装配维护过程中结构的不可见损伤等。在检查时，要仔细检查裂纹痕迹，还要认真检查容易出现应力集中的地方如螺钉孔、铆钉、截面突变、切槽、压痕、尖角等。尽管可能腐蚀已经去除，但因腐蚀引起的凹坑处在周期力的作用下仍然可能发展成裂纹，而最终导致疲劳断裂。因此安装不当会降低疲劳寿命。例如，一个大梁在测试时发现低于正常寿命的断裂，原因是螺栓孔的工具擦伤导致的应力集中。螺栓上的毛刺会造成孔的划伤，严重的将加速受力部件的疲劳破坏。

5.4 排放通风系统安装和防雷击

5.4.1 排放

1. 概述

为了防止水和其他液体沉积在结构内而成为火警隐患和腐蚀源，在直升机结构内必须敷设内外排放管道。

直升机排放可以分为内部排放和外部排放两个区域。

外部排放孔位于机身和尾部的外表面，用于将液体排放到机外。在直升机结构内，通过管路将要排放的液体、气体引到排放孔处。典型的例子是在桁条处打孔，使液体向下流到底舱。

电瓶舱通常是封闭的，因此需要通风，防止腐蚀性气体进入直升机结构内。同时必须有一个能将溅出来的电解液安全地排放到机外的系统。一般用于铝/酸电瓶的部件是塑料的，用于碱性电池的部件是不锈钢的。排放口一般都从机体突出一定的长度，以防止排放物在飞行中影响直升机的蒙皮。图 5-8 所示为电瓶舱通风。

2. 直升机机身排放

在许多直升机上，发动机、传动系统和液压系统是装在驾驶舱和客舱顶上的，为了防止泄漏的液体，如燃油、滑油、液压油和水进入机舱内，需要安装排放系统。

液体可以从液压油箱底盘、液压放油连接处、燃烧室机匣放油活门处直接收集，引到机身下部排放。在主减速器和发动机安装平台上，也有接盘或沟槽来收集液体，再通过导管引到机身下部排放口。有的直升机装有集液箱或排放箱，将废油液体收集到排放箱内，在地面进行处置。

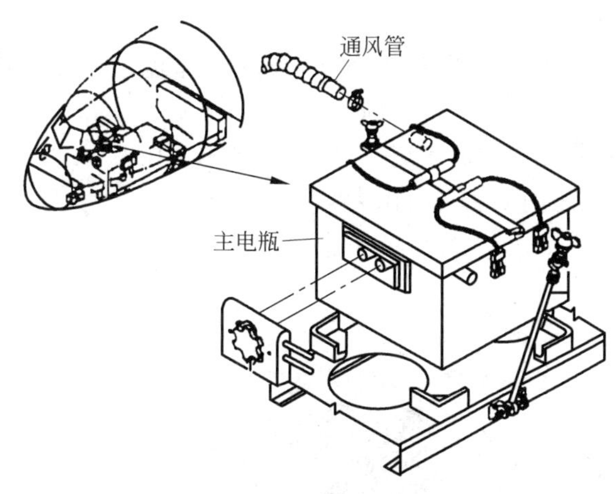

图 5-8 电瓶舱通风

如图 5-9 所示，一般在机身底部也有排放口，使得从驾驶舱、客舱向下漏的液体以及燃油箱漏油等能从底部排放掉。对于水陆两栖直升机，这些排放口在水上自动关闭。

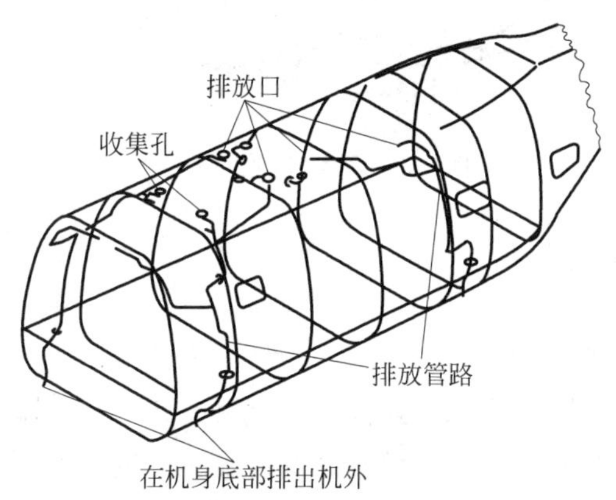

图 5-9 机身的排放管路和排放口

5.4.2 通风要求

1. 通风系统

通风系统包括电子电气设备、电瓶、驾驶舱、客舱和货舱等。

机舱和电子电气舱内的电子设备要通过设备冷却系统来冷却，冷却介质以气体为主。烟雾探测器可以安置在排放气流中探测烟雾。

在机身蒙皮上的文氏管将电瓶周围的空气吸到机身外。

2. 直升机的通风

每个乘客和机组舱都需要通风，保持空气流通，补充新鲜空气，排出有害气体。发动机舱也需要通风，以便发动机舱降温和排掉可能的易燃气体。

驾驶舱和客舱通风通常与加温系统相连接，但可以隔离加温只进行通风，也就是可以单独靠引入外界新鲜空气进行通风。通风系统在每个乘客头顶装有出风口。两个电动排气扇将客舱内的废气排出机外。

在加温通风系统内的热区，管路使用不锈钢管；在常温区，管路使用铝合金、橡胶和复合材料。

发动机舱的冷却和通风通过引气流方式实现，如图 5-10 所示。发动机和尾喷的排气根据文氏管效应，将发动机舱内的热气引出去。

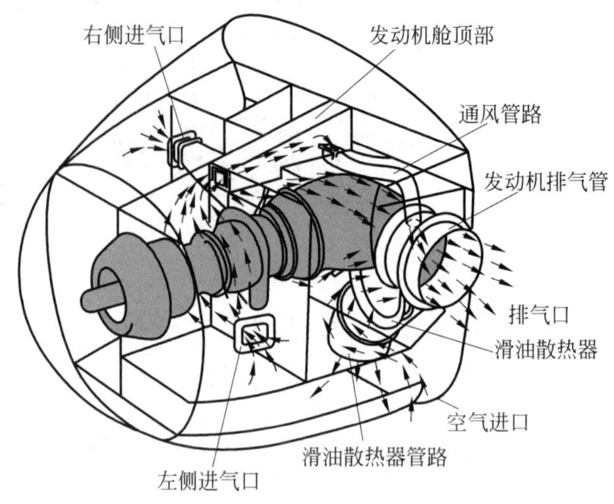

图 5-10　发动机舱的通风

5.4.3　系统安装

1. 无线电设备托架和存放

各种无线电设备和部件安装在专门的部位，厂家设计了各种隔罩、排放设备、托架、托板等，使得无线电设备的拆装简单化。无线电设备区块易产生热量，需要冷却气体来保持可接受的温度。

2. 冷却

风扇驱动气流给无线电设备降温，使热气排出机外。所有无线电托架都要确保搭铁线良好。

5.4.4　防雷击

1. 搭铁

直升机在飞行中会聚集大量静电，电压极高。如果不同区域存在电位差，就会在这些部件间产生火花，会造成结构损伤、起火、无线电干扰、电击、腐蚀(电化学反应)等，这对直升机和人员来说都相当危险。

在加油操作时也会产生相应的问题，这时大量燃油流进管路会产生静电。

为了防止在机身各部件存在电位差，要在各部件间建立一个低阻值的内连网络，这就叫做搭铁。这个低阻值的回路作为电路的接地，这样的线路叫做单极系统，而接地通常是负极。

搭铁也可以减少雷击对直升机的影响。防止雷击的搭铁系统的组件是主导电体，其他的搭铁是次导电体，主导电体由铜材料制造。如果是传递全部电流，其横截面必须大于 $6mm^2$；如果是多条导线分担电流，其横截面可减小。

搭铁可以有很多方法实现。金属件主要以连接件的导电性来接地，一些部件需要除掉面漆来保证连接处的搭铁，如图 5-11 所示。

安装在结构上的部件通常使用搭铁线，搭铁线是端头冷压的线缆。

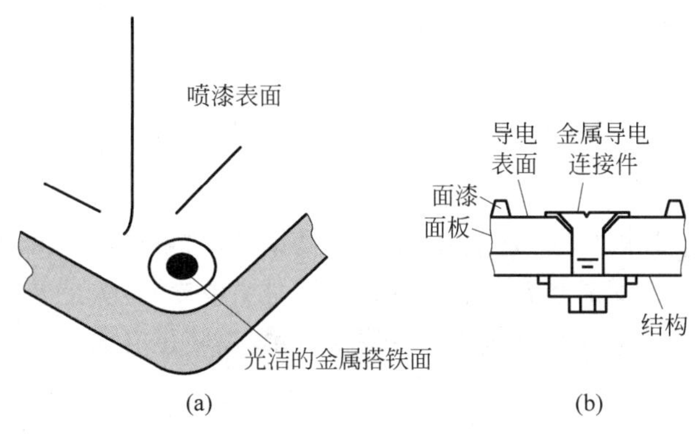

图 5-11 搭铁点

(a) 部件搭铁点；(b) 复合面板搭接点

非金属件，比如复合材料整流罩和操纵面，在制造时添加一层导电层，也就是在非金属件上用火焰喷射金属织铺层或导电碳基材料铺层。

在着陆时，直升机的静电要释放到地上，搭铁系统要自动连接到地面，这一般通过前轮或尾轮低电阻材料的轮胎来实现。有些直升机在起落架上有静电刷或类似构件提供接地放电。

在给直升机加油时，必须连接搭铁线，通常在加油口附近装有搭铁线连接孔。起落架也可以作为接地点。加油车与直升机搭线，还要与地面接线，这样可以消除加油过程中产生的静电。

在有些直升机上，水平安定面的后缘装有放电刷，如图 5-12 所示，将直升机产生的静电缓慢放掉。放电刷可以是一种导电的纤维材料接到金属上或一个导电杆连接到结构上。在飞行中，大气中的静电可以影响直升机，高强度辐射场(HIRF)和雷电能够影响机载电子和电气设备，同时雷击还会损伤结构、熔化连接件(如轴承等)。

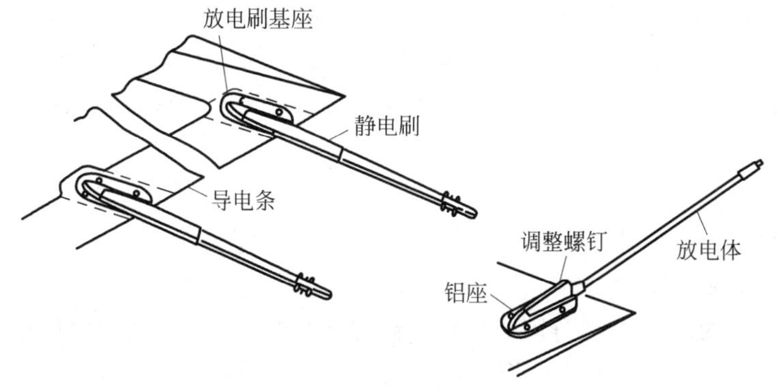

图 5-12 静电放电刷

2. 搭接测试

在下列情况下整架直升机应该检查搭铁的有效性,也叫搭接测试,包括:

(1) 计划维护要求;

(2) 重新安装重大部件;

(3) 更换搭铁线和搭地拴;

(4) 结构受到电击的报告;

(5) 电气系统改装后。

主要的静电回地路径也要检查,这叫做静电导通性检查。

3. 直升机的特殊性

直升机除了机身结构外,主旋翼和尾桨也要搭铁,以防止静电和雷击。搭铁线从每个轴套连到轴上,从轴上连到桨毂顶盘上。这些搭铁线是主电导体,防止电流流过轴承而发生电蚀,因此至少有一个主电导体跨接轴承或操纵面铰销,以防止电蚀。

5.5 直升机结构

5.5.1 概述

从第一架直升机诞生之日起,直升机经过50年的技术发展,其结构所应用的元件范围越来越广。直升机结构所使用的结构构件与固定翼飞机基本相同。通常有3种基本类型,用于直升机机身、尾部和发动机吊舱。

(1) 桁架式结构;

(2) 承力蒙皮结构——硬壳式或半硬壳式结构;

(3) 复合材料结构。

尽管直升机和固定翼飞机使用相同的组装技术,但其基本结构变化还是相当大的,这主要是因为航空器结构上所受的应力和载荷作用的位置不同。对于固定翼飞机,升力和推力是分开的,机翼连接点传递升力,发动机安装点传递推力。直升机机身则在同一点承受推力和升力,这意味着要建立一个中央结构来承载,因为主桨既是机翼又是推进器。

着陆冲击对直升机结构又增加了一个载荷因子。直升机不需要向前的速度来得到平稳着陆,因而有些直升机装有滑橇取代轮式起落架。固定翼飞机受两个方向的着陆载荷,直升机通常仅有垂直方向的着陆载荷。有时候,比如在自转着陆时,直升机也承受两个方向的着陆力,因此尽管在水平方向上的力远小于固定翼飞机,但仍然要设计承力结构。

5.5.2 桁架式结构

早期一些小型直升机使用桁架式结构,尽管这种结构强度重量比较高,但制造成本也很高。桁架式机身骨架由铝合金制成,并且用实心杆件或管材做成撑杆,通过焊接和铆钉或螺栓连接成为整体。为了减小机身阻力,在桁架式结构外面固定有整形用的隔框、桁条和蒙皮。这种结构很难保证尺寸紧密配合,且由于蒙皮不参与受力,其抗弯性和抗扭刚度较差,内部空间不能得到充分利用。桁架式结构的最大优点是外场修理方便,只要不是严重性损坏和需要结构校准对中的，外场都可以修理。

桁架式结构支撑所有转动部件、传动系统和发动机驱动轴。它与其他部件的连接点均设在整体框架的节点上，节点上装有传递集中力的对接接头。

桁架式结构分成两种：一种是普拉特式（或叫 N 形），另一种是瓦伦式（称为 W 形），两种结构形式都是围绕着大梁来搭建结构，而大梁是承载扭曲和弯曲的主要部件。

1. 普拉特式（PRATT）

机身大梁由横向和垂直钢管连接，通过对角连接件加强，钢管承受拉伸载荷，如图 5-13 所示。

2. 瓦伦式（WARRAN）

这种类型主要依靠对角件来承受拉伸和压缩载荷，如图 5-14 所示。

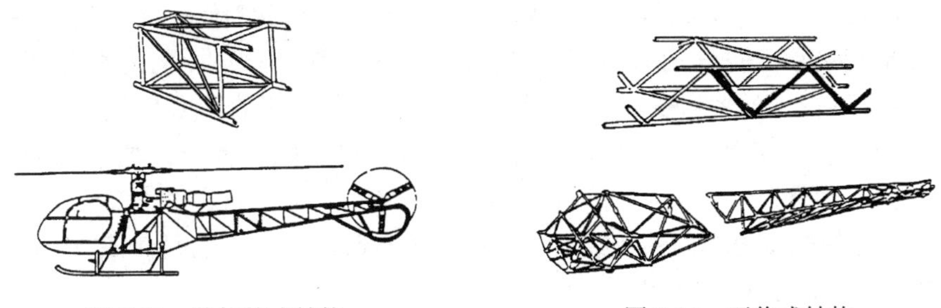

图 5-13 普拉特式结构

图 5-14 瓦伦式结构

3. 桁架式结构的修理

桁架式结构出现损坏，如裂纹、划伤、压痕、腐蚀和弯曲等，可将损坏的部分除掉，并平整地过渡到周围材料，所去掉的深度要符合修理手册的标准。损伤材料去除后，可以使用专用设备对损伤深度进行测量。

修理方法通常为焊接补丁（见图 5-15）或内部与外部搭接加强（见图 5-16）。对于高应力的部件，在焊接修理后，须做无损探伤检测。

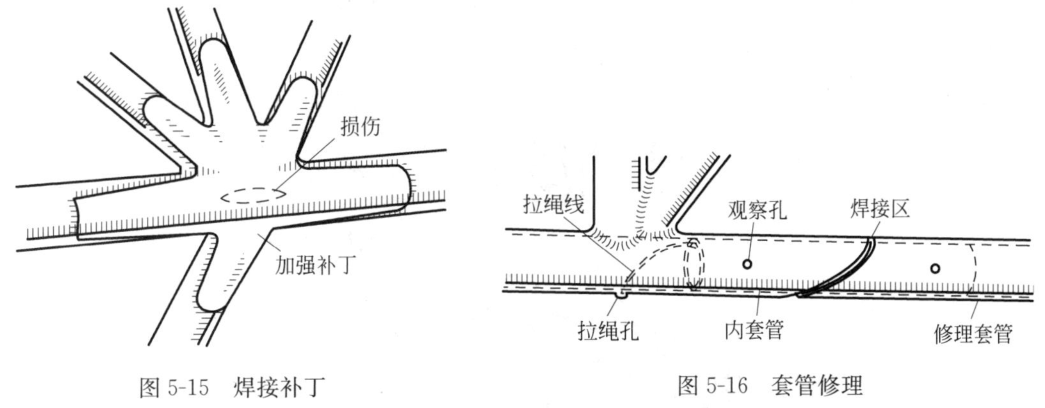

图 5-15 焊接补丁

图 5-16 套管修理

4. 弯曲极限

为了测量一个结构件比如管状撑杆的弯曲程度，可以使用直角量器和塞尺。如果结构件没有突出的安装点,直尺可平放在沿结构件长度的方向上,用塞尺测量最大间隙处数值,再计算结果。

注意:除非修理手册中另有规定,通常可接受的最大弯曲度为1∶600。

如果测量有突出物的结构件,用带3个指针的测量器来跨过突出物,3个指针长度要一样,将测量器放在对接构件上,通过测量中间指针到结构件的间隙,除以测量器的长度,得出结构件的弯曲度。

5.5.3 承力蒙皮结构

大多数现代直升机的机身设计都是承力蒙皮理念。承力蒙皮通常很薄,主要用于承受剪应力和拉伸方向的应力,而与蒙皮所连接的机身框架承受压缩载荷。

机身是直升机的主要结构,主要用于支持和固定发动机、主减速器、旋翼、尾桨和起落架装置等部件,也可为装载货物、承载旅客、安装操作机构、附件及其设备提供空间。机身同时又是直接承受空气动力的部件,构成直升机的气动外形。另外机身还具有承载和传力的作用,飞行中的各种载荷通过连接接头以集中载荷的形式作用在机身上,并通过机身结构把这些力和力矩分散传递到各个部位,最终使机身各个部位上的力和力矩均获得平衡。

与蒙皮相连的机身内部构件包括大梁、隔框、桁条、长桁等,通过铆钉、螺栓、螺钉及焊接或胶接连接起来,形成一个整体结构。

蒙皮铆接或胶接到结构上形成一个完整单元,其厚度随在直升机上位置的不同而变化。

1. 硬壳式结构

硬壳式机身没有内部结构,现代航空器几乎不采用这种结构,其最大问题是既要保持结构的强度又要使重量保持在允许的范围内。

2. 半硬壳式结构

半硬壳式结构(见图5-17)的优点很多,只依靠少数部件来保持结构的强度和刚性。机身构件主要由纵向构件、横向构件和蒙皮组成,使设计和制造流线型机身更加方便。同时结构的强度和刚性得到加强,这意味着半硬壳式结构因它的应力蒙皮结构,可以承受更加大的损伤并保持其形状不变。

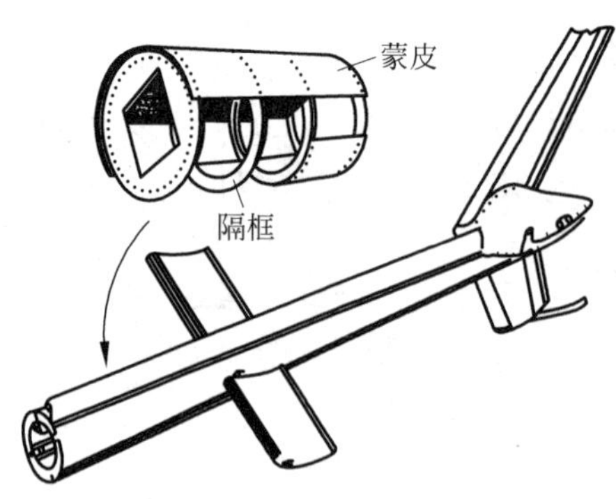

图5-17 半硬壳式结构

3. 基本构件

(1) 隔框

横向的结构件通常被称为隔框，其中承受集中载荷、同时也是其他部件安装点处的隔框叫加强隔框，如图 5-18 所示。加强隔框有较强的缘条和腹板，在集中载荷作用处还有较强的接头，主要安装在如减速器、发动机、安定面的安装点。普通隔框通常是很轻的构件，用于保持机身形状，提高纵向构件的抗失稳能力，承受蒙皮传来的气动载荷。

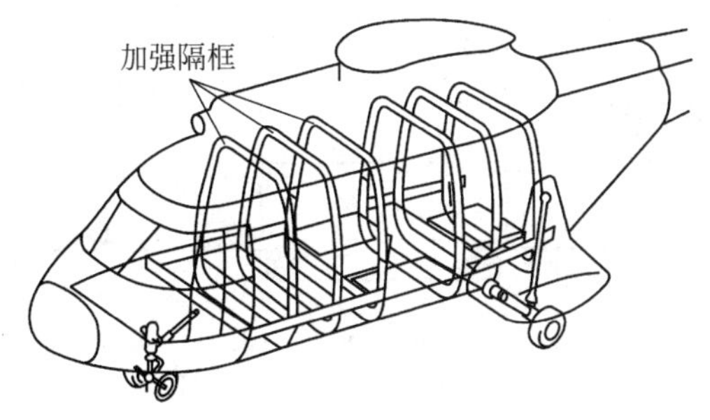

图 5-18　直升机结构加强隔框

(2) 梁

属于纵向构件，剖面尺寸较大，有较强的橡条和腹板，两端对接处还装有较强的对接接头。梁主要承受和传递弯曲载荷和轴向载荷，提高蒙皮承载能力。梁是机身内最强的纵向部件，可以从前端贯穿到后端。短梁也可以用于机身开口处。

(3) 桁条

桁条也是纵向元件，但小于且轻于长梁。桁条可以贯通整个机身长度。它们穿过隔框的开口，其主要作用是保持蒙皮的强度和形状。桁条是通过铝合金挤压成形或铝板卷曲成形的。桁条的常见形状如图 5-19 所示。

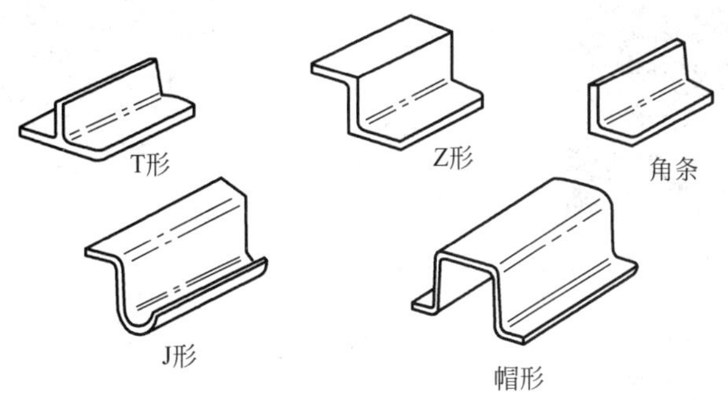

图 5-19　桁条

(4) 承力蒙皮

金属蒙皮铆接到长梁、桁条、隔框和其他结构件上。承力蒙皮可以承受大多数载荷，其厚度随载荷大小和位置而变化。

(5) 加强件

在某些需要的地方，如门、货舱、窗户等开口周围，需要增加一层额外蒙皮来提供额外强度。加强件可能与原来的构件厚度不一致。如果应力很大,可以使用多层加强蒙皮以阶梯形叠加,用于防止出现过大的应力集中。

(6) 地板结构

直升机的地板承受商载,铝合金地板梁在隔框处沿机身横向与隔框连接,地板安装在梁上。地板采用蜂窝式结构,上面有固定座椅的滑轨,如图 5-20 所示。

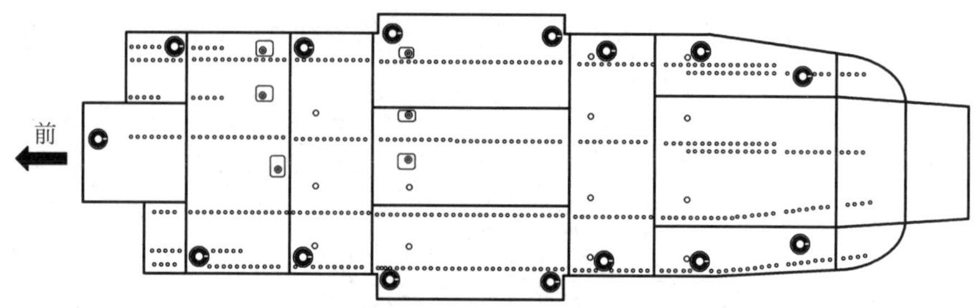

图 5-20　地板结构

(7) 减重孔

在内部结构上,可以见到一些开孔,孔边卷起,如图 5-21 所示。这些开孔是为了加强刚度,减轻重量,同时也利于导线、操纵杆、管路等结构件的穿过。

(8) 对接框

机身对接处的隔框必须是加强隔框,采用螺栓将两边对接框连接起来,如图 5-22 所示。这样设计便于运输时分解和组装,也利于厂家设计加长板来延长机身。

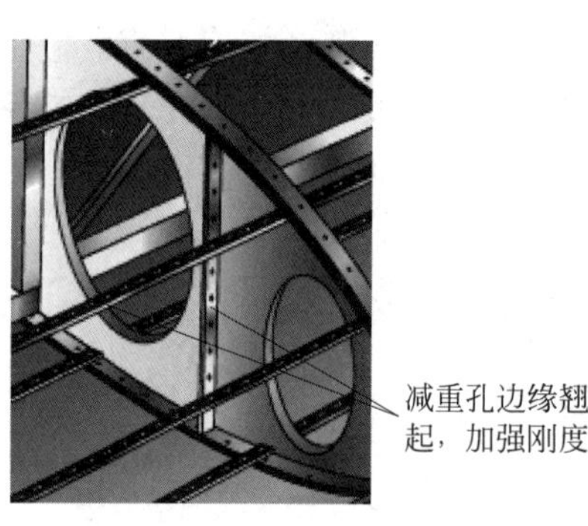

图 5-21　减重孔

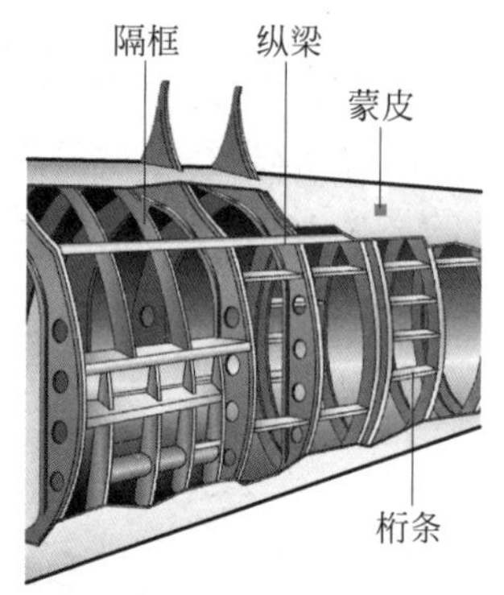

图 5-22　对接框

5.5.4　复合材料结构

1. 典型的复合材料

两种或两种以上不同化学性质或不同组织结构的材料,以微观或宏观形式组合而成的材料称为复合材料。一种称为基体,另一种称为增强材料。因为复合材料具有较高的强度重量比和耐腐蚀性,因此已被广泛应用在现代直升机结构上,大多数复合材料能够粘接在一起而不需要铆钉和螺钉,也减轻了直升机的重量。

复合材料分为石墨纤维材料、Kevlar 材料、蜂窝结构材料、玻璃纤维材料和人造纤维材料等几种类型，每种类型在直升机构造中满足不同的要求。

（1）石墨纤维材料

石墨纤维又称做碳纤维，原材料为纯碳。引入石墨纤维材料是在复合材料领域的巨大进步之一。这些材料通过在拉伸状态下加热人工纤维获得，在这些条件下，人造纤维分解，但纤维丝内碳链保持在原始状态。

如图5-23所示，石墨纤维材料的制造方法是将碳纤维丝按要求放入合适模型中，预先调好的树脂混合物倒入模型中，当树脂凝固后，一种非常轻的高强度、高韧性的材料就诞生了。材料的强度取决于碳化炉的温度，3000℃将产生极高强度的材料。

（2）Kevlar材料

Kevlar材料是ARAMZD纤维，ARAMZD的原材料是芬芳聚酰胺，为一种尼龙材料。

（3）蜂窝结构材料

粘接的蜂窝结构在直升机制造中是相当常见的。它的使用取决于应用区域。本质上，它是一种分层结构，蜂窝粘在两个面之间。不同的地方使用不同的蜂窝材料，主要用于成型的机身面板、隔框、地板等。

蜂窝材料主要有玻璃纤维、不锈钢、铝合金、钛合金、Kevlar、石墨。典型的蜂窝结构如图5-24所示。

图5-23　玻璃纤维(左)、Kevlar(中)、石墨纤维(右)

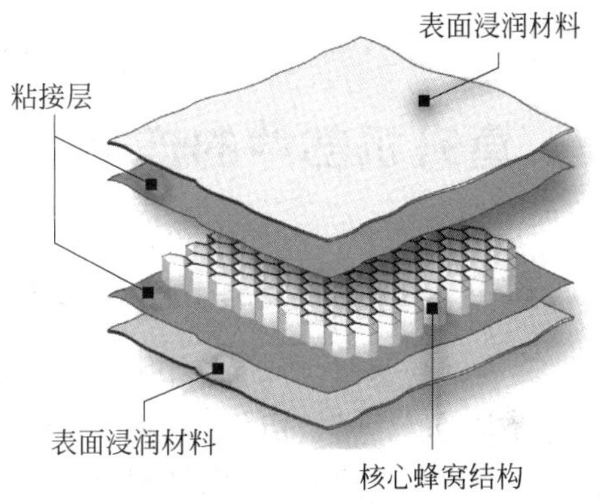

图5-24　典型的蜂窝结构

（4）玻璃纤维材料

最常见的复合材料是树脂预浸玻璃纤维。这种材料是由非常细的玻璃纤维和树脂胶粘在一起组成的。用于蒙皮面板时，将纤维丝织成布，再浸树脂胶，使用模型来确保得到正确的形状。玻璃纤维具有高强度重量比，而且可以允许无线电、雷达信号穿过，不会对这些系统造成干扰。

（5）人造纤维材料

直升机复合材料结构的人造纤维包括以下几种。

① 硼：很昂贵。硼纤维有着非常好的拉伸强度和低密度，但很脆，偶尔也用于对其他材料进行加强。

② 石墨：碳的一种。石墨是较便宜的一种复合材料，它很容易和其他纤维材料一起使用。它的缺点是易脆性，而且石墨不能直接粘贴在金属上，碳可以与金属形成电化学腐蚀。

③ 玻璃纤维：制造旋翼大梁的最常用材料。它是最便宜的纤维产品，而且不容易失效。

④ Kevlar：按重量比，Kevlar 比钢强度高 5 倍，比玻璃纤维轻 40%。这种材料有着较高的拉伸强度，而且不容易失效。常用的是 Kevlar49。

⑤ NOMEX：另外一种 ARAMZD 纤维。通常用于蜂窝结构，它的强度是玻璃纤维或铝合金的两倍。NOMEX 蜂窝芯粘在两层 Kevlar 板之间，这种结构的刚度是实体钢板的 9 倍。

2. 复合材料的应用

正如金属取代木头和织物用在航空器结构上一样，复合材料正取代金属用在越来越多的地方。纤维和树脂，通过现代凝结技术，制成大而轻、耐用性高的型材。直升机从 1950 年就开始使用玻璃纤维，从 20 世纪 60 年代起开始制造复合材料桨叶。现在厂家越来越喜欢使用复合材料进行结构设计和制造。

现代直升机结构一般由 30%Kevlar、30%碳纤维和 5%玻璃纤维，加上铝合金、钢、玻璃、塑料、泡沫和胶组成。在直升机上，使用复合材料制成的舱门关闭时接合良好，有的直升机的两块风挡玻璃之间的窗框也是由碳纤维预浸树脂制造的。

燃油箱安装在抗坠毁的蜂窝结构内，发动机平台采用蜂窝式结构。发动机防火墙使用一种比环氧树脂更耐高温的树脂，它能承受 1090℃高温 15min。

现在大部分直升机的桨叶都采用复合材料。

Kevlar 用于制造整流罩、发动机包皮、隔声板、地板、侧板、座椅、行李舱托架、顶棚等。

5.6 直升机部件的连接

5.6.1 尾梁和安定面的连接

尾梁为尾减速器、传动轴、其他传动部件和水平安定面提供安装平台。典型的尾梁是半硬壳式结构，包括大梁、桁条、隔框和铝合金蒙皮。安装座由铝合金铸造或锻造而成，带有合金钢衬套，用特殊螺栓连接到尾梁结构上。如图 5-25 所示，尾梁和垂尾直接用螺栓连接。连接点锻铆于结构上，承担和传递载荷。在某些直升机上尾梁和垂尾由补片来进一步加强。对于可折叠式尾梁，垂尾与尾梁的连接螺栓由铰链式锁定结构取代。

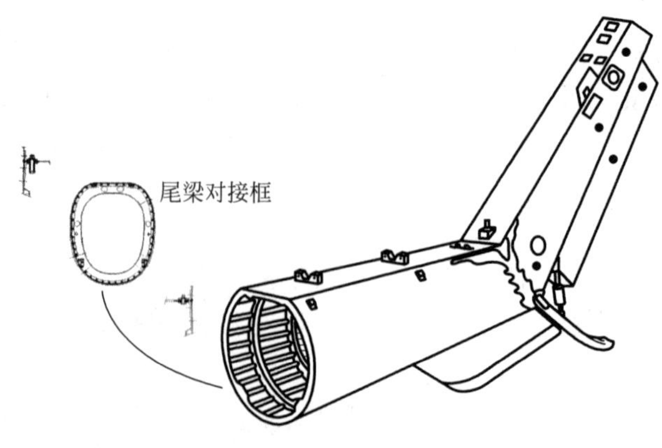

图 5-25　尾梁的连接

水平安定面经常位于尾梁区域，有些水平安定面是可调的。图 5-26 所示就是一种水平安定面，它通过铝合金管状主梁连接卡箍或穿过垂尾的安装衬套连接。有的水平安定面，如海豚直升机水平安定面穿过尾梁，用在尾梁安装面两侧的固定螺栓来安装。

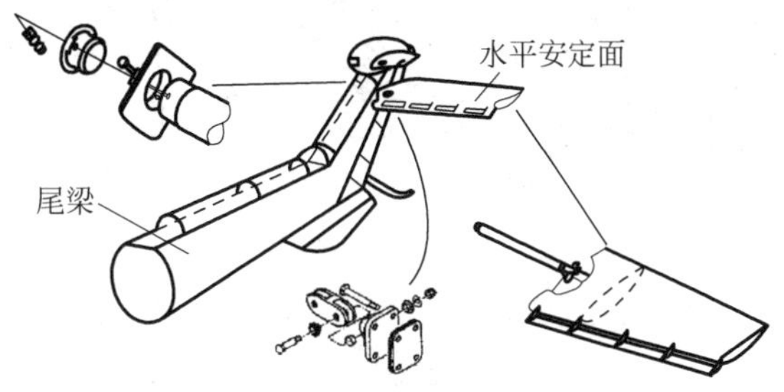

图 5-26　水平安定面的连接

直升机上的水平安定面没有固定翼飞机上的升降舵那样的活动部分，在飞行中不是用来进行纵向操纵的，而是起保证纵向稳定性的作用。当直升机受外力作用而使机头下俯时，机尾抬起，水平安定面迎角减小，升力也减小，从而产生一个机尾下沉的力矩，使机头上仰，恢复原来姿态；反之亦然。当然只有直升机具有足够的前飞速度时水平安定面才起上述作用，在悬停时不起作用，因此直升机悬停稳定性和操纵性较差。

因为直升机在着陆时采取抬头姿态，那么尾鳍和尾桨区可能触及地面，为了防止接触损坏，在尾部结构上安装有尾橇。

5.6.2　窗户

1. 概述

因为直升机能垂直起降，相对于固定翼飞机，需要更为宽大的驾驶舱窗户。

驾驶舱窗户通常由一系列透明面板组成，透明面板是取材于 PERSPEX 和 PLEXSGLASS 的热塑材料。

这些面板安装在前风挡的上下左右位置，可以倾斜以防止眩目。这些面板用胶条和压板通过螺栓固定到框架上，胶条和密封胶用来防水。

前风挡玻璃通常需要加温来除雾、除冰，它由特殊玻璃制造而成，能承担热冲击。两块玻璃板中间夹着一层透明的、带加温网栅和温度传感器的塑料面板。在超美洲豹直升机上，加温电阻由金或镍制造。

较重的前风挡由预成型的密封橡胶条和托架支撑，放在窗框上。在托架和窗框之间，垫好合适厚度的胶条，使得前风挡正确地安置在窗框上，达到保持窗框的自然弧度后，再用压板和螺钉固定。图 5-27 和图 5-28 所示为某直升机前风挡和电加热风挡。

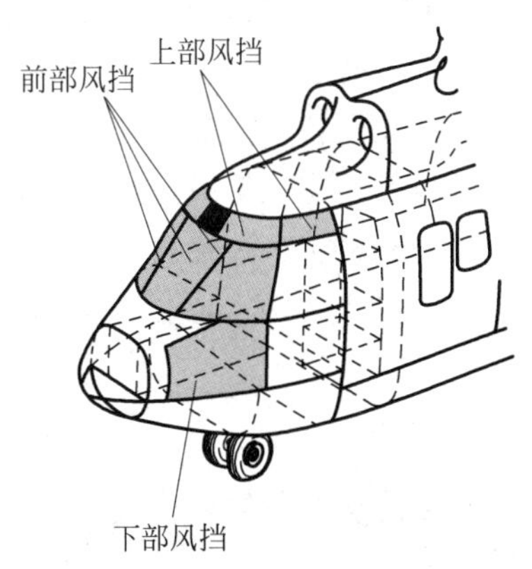

图 5-27　前风挡

客舱窗户也使用有机玻璃板，用挤压橡胶封条安装在窗框上。橡胶封条开 4 个槽，两个槽用于装到结构上和有机玻璃板上，另两个槽用于安装密封条。密封条将

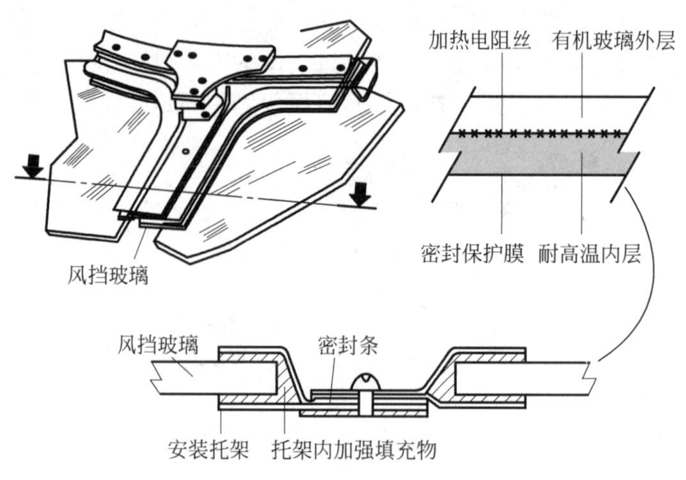

图 5-28　电阻丝加热风挡

有机玻璃板锁住。在紧急关头,用拉带拉出密封条,再将密封条从橡胶中抽出后,推出有机玻璃板,整个窗户就可以取下,如图 5-29 所示。

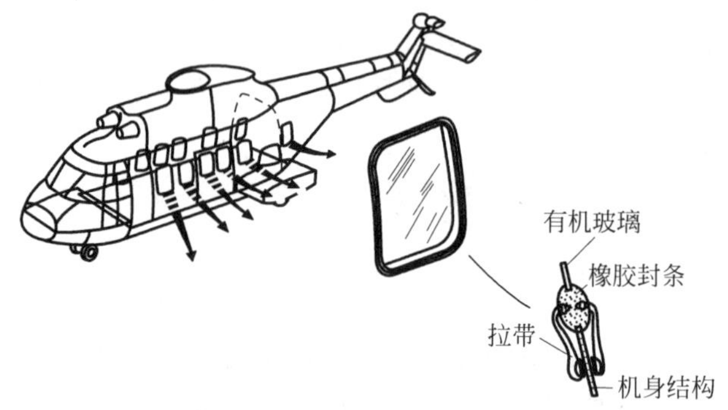

图 5-29　客舱窗户玻璃的安装

2. 驾驶舱风挡玻璃的安装

(1) 安装前,对窗框、玻璃和所有其他材料进行检查;

(2) 窗框清洁,在玻璃周围的间隙要合适;

(3) 将玻璃按程序入位,注意不要在任何点施加额外力,使玻璃四周受力均匀;

(4) 如果备用罗盘安装在风挡附近,则要使用非磁性螺钉;

(5) 安装完风挡后,对加温电阻进行测量,校准备用罗盘。

3. 客舱窗户的安装

(1) 客舱窗户通常制成合适的形状,但可能需要小的打磨;

(2) 新的窗户覆盖着保护纸或膜,在安装时小心剥掉足够安装的地方的保护膜,其他的仍留在面板上;

(3) 遵从手册的程序,注意窗户周围的间隙和所钻的安装孔,装上窗户后,拧紧螺钉,压紧密封条;

(4) 一旦所有螺钉到位后,正确安装已完成,去除窗户上的保护膜,清洗窗户。

4. 修理

对驾驶舱玻璃的修理通常是更换。小的损伤，比如轻微的划伤，可以打磨，但需要时间，也会影响视线。对只影响外观而不影响视线和适航性的 PERSPEX 板的修理，可以通过打止裂孔或补丁的方法。详细修理方法和程序见修理手册。

5.6.3 舱门

在直升机驾驶舱和客舱出入口安装有各种舱门，有铰接式的，有滑动式的，有的装有窗户，有的带有应急抛放机构，如图 5-30 所示。有的直升机还安装有专用的货舱门（见图 5-31）。

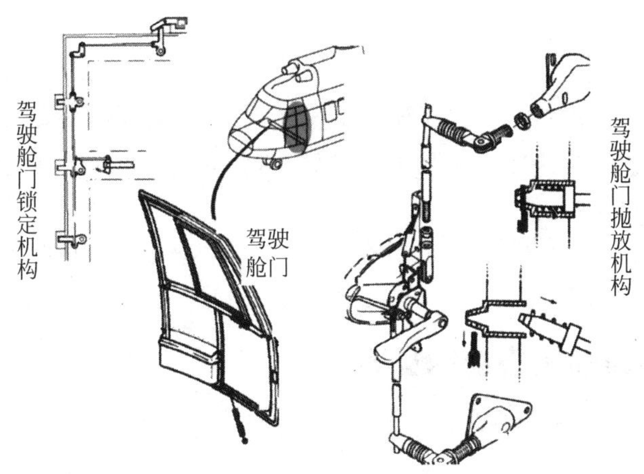

图 5-30 驾驶舱门锁定及抛放机构

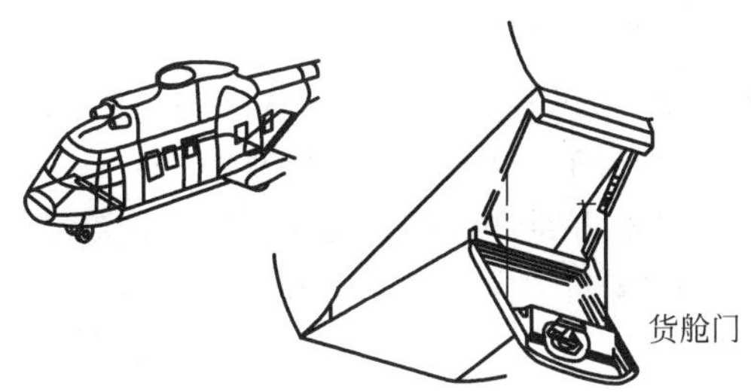

图 5-31 超美洲豹货舱门

通常驾驶舱门是铰接式的，左、右驾驶舱门便于正副驾驶上、下。驾驶舱门具有铝合金面板，上面装有观察窗口。

客舱门密封可以采用在舱门周边贴 P 形或 D 形密封条，或者通过门框上与门接触处的用于封严的尼龙刷式密封来实现。

铰接式门支撑在可转动的铰链销上，铰链销是应急抛放机构的一部分。舱门内外有弹簧作用的把手操纵上下锁销，通过将锁销卡进和退出门框上的销座里来开关舱门。销座内的抓钩也可以是抛放机构的一部分。为了保持舱门处于打开状态，舱门支撑杆两端分别连在舱门上和客舱地板上。客舱门锁定及抛放机构如图 5-32 所示。

客舱门可以装在客舱的一边或两边，可以是滑动型便于货物装卸。构件材料为铝合金或复合蜂窝材料。舱门上装有窗户，有的舱门上有抛放机构。

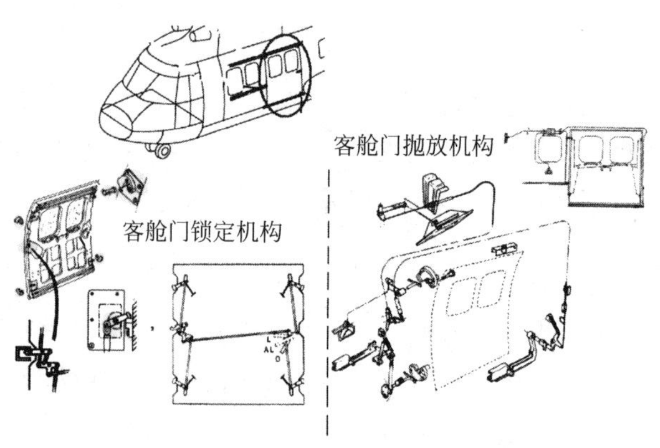

图 5-32　客舱门锁定及抛放机构

舱门抛放把手转动铰链销,通过钢索转动销座内的抓钩,使舱门可以向外抛掉。抛放把手用易碎罩保护,有铜保险固定。一旦进行抛放,带弹簧力的锁针作用到抛放手柄上,防止它再自动返回未抛放位置。

为了保持滑动门在打开位置,一个简单的弹簧钩安装在门上,接触到机身结构上的止动块时,卡进止动块上的座里。

5.6.4　发动机和主传动的安装

发动机和主传动的安装必须有足够的强度,能承担部件转动时产生的应力,并能支持自重和着陆时的惯性载荷。

1. 发动机的安装

发动机和主传动部件的支撑和安装点有时是分开的,有时是合二为一的。典型的发动机支撑系统有一个发动机支架,通过一些金属和管状支座(称为载荷支座)连接到机身结构上。发动机通过两个发动机座连到支撑架上。这种支撑系统包括一个支座,由螺栓连接到发动机底部,通过撑杆支撑,撑杆再通过橡胶金属减振器连接到结构。

有些发动机采用锥形螺杆,锥形螺杆穿过一个橡胶减振垫,目的是在发动机安装过程中保护锥形螺杆的螺纹。

在典型的双发燃气涡轮发动机的直升机上,发动机前支撑也是橡胶金属混合结构。发动机后部由一个套管支撑,里面包裹着高速传动轴,套管螺栓连接到主减速器上。前面外侧安装点有一个可调的支柱,在发动机安装时可根据手册设定,如图 5-33 所示。

在正常环境下,可以认为标准的支撑和支座已经有足够的强度,然而要有备用安装以防不测。典型的方法是安装保持钢索和支杆。如果发动机支座出现问题,通常会感受到机身的振动明显增大。

2. 主减速器的安装

用于降低从主桨系统向机舱传递振动的系统称为节点(nodal)梁式安装系统。主减速器通过撑杆连接并支撑在一个柔性梁上,在梁的底部安装惯性阻尼重块。当振动通过主旋翼传到主减速器再传给梁时,梁上下摆动,梁和惯性重块将吸收振动。机身与梁连接在节点处,该节点是梁上摆动最小的地方,因此振动几乎没有或只有少量地传递到机身,如图 5-34 所示。

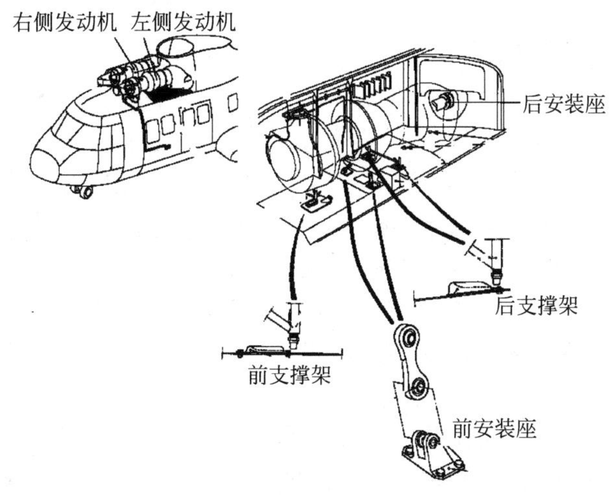

图 5-33　发动机安装示意图

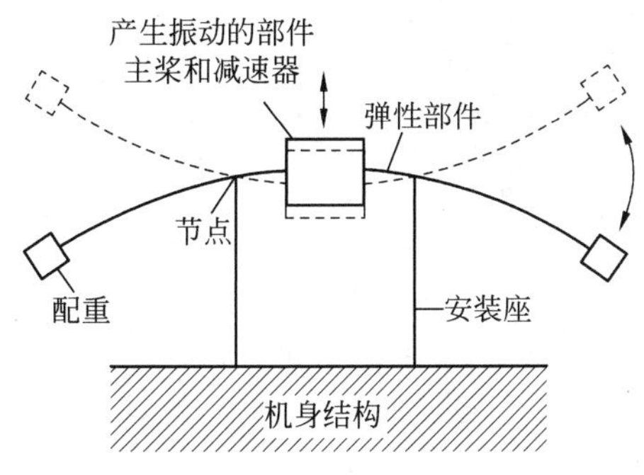

图 5-34　节点梁原理

有时检查主减速器的安装座的状态和可用性比较困难，典型的解决方法是在一些直升机上装有安装失效指示销，如图 5-35 所示。

主减速器可以直接装在结构上，不用任何吸振装置。一些直升机把主减速器装在管状金属架上再接到机身上。超美洲豹的主减速器由 3 个撑杆承担升力，而主桨的扭矩载荷和横向载荷则由一块钛合金柔性板承担。这个板的中间连接到主减速器底部，在它的外部的右前端和左后端由螺栓连接到机身上，如图 5-36 所示。

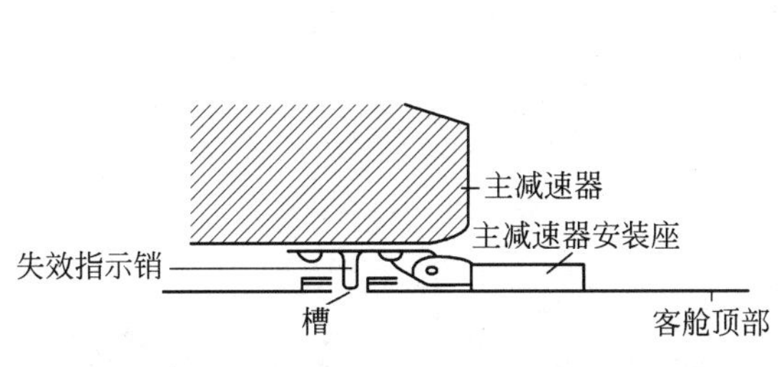

图 5-35　失效指示销的安装

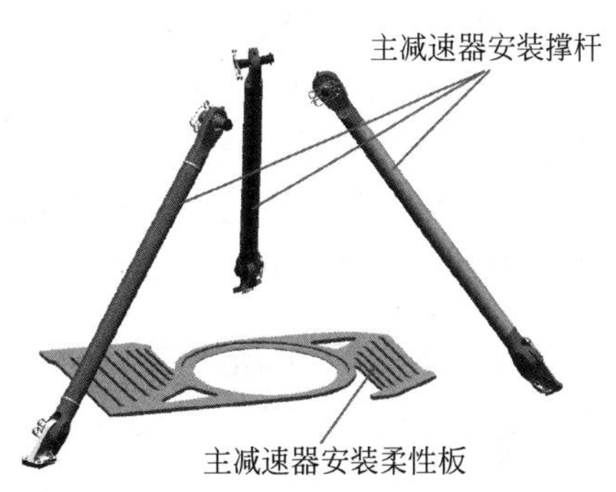

图 5-36　典型的主减速器安装柔性板

5.7 结构装配技术

5.7.1 铆接

在金属框架结构中，大多数永久性连接是铆钉或螺栓连接。铆接是最便宜和轻便的连接方法，而且组装起来比螺栓连接更快速、更便利。

用螺栓代替铆接来固定永久性连接，主要用在将蒙皮板与其他高应力结构连在一起，比如主翼大梁端头和安装点、起落架和安装点、发动机和安装吊舱的连接等。

铆钉的广泛使用，使得厂家对铆钉的设计采用标准化，确保对于给定类型的金属结构，其要求的铆钉类型和大小可随时满足装配工作的需要。铆钉以一个金属销钉的形式将两块或多块板材、片料或构件铆合在一起。铆钉头在生产时已成形，铆钉杆则是在插在待强合件的铆孔中后，将其端头敲击形成第二小铆钉头，从而将两块铆接板贴合。第二小铆钉头是靠手工或气动工具来成形的。

两种常见的铆钉类型是凸头铆钉和埋头铆钉。凸头铆钉用于内部件；埋头铆钉用于外部连接，由于气动阻力小，埋头铆钉有助于减少扰流。

凸头铆钉通常使用蘑菇状和通用头形。正常情况下，埋头铆钉的铆钉头倒角为 100°，现在有时也可见到 120°和 90°的埋头铆钉。

用于埋头铆钉的孔或者是切割成埋头形，或者是冷拉成埋头形，这主要取决于金属板的厚度和铆钉的直径。通常来说，0.036in 以下(含)厚度的板采用冷拉成锥形钉孔，而厚些的金属板则可以切割出埋头形状来，如图 5-37 所示。

图 5-37 铆接

另外一种流线型铆接方法是将铆钉从内部向外穿，铆钉杆从锥形孔中露出来，当铆钉成型后，填满锥形孔，再通过磨床将突出部分磨平，保持机身光滑外表。

在直升机结构设计时，应尽量使螺钉和铆钉承受剪切力。有时候铆钉会受到较小的拉伸力，但通常受拉伸的紧固件是螺栓。例如在使用铆钉固定蒙皮时，上表面是负压，蒙皮的铆钉就是受拉伸的。解决这个问题的办法是加密铆钉间距，进而减小铆钉承担的拉力。

铆钉靠头型、杆和端头标识来区分，有些使用不同的颜色以便于区别。

直升机上有一些部位，由于空间限制不允许采取垫铁顶铆的方式，尤其对某些铆接结构和结构元件，无法接近施工；另外一种情况，即装配某些非结构性的零件，如机舱内装饰件等，没有办法采用这种方法。针对这些问题，开发了能在单方向冲铆成型的专制铆钉。这种铆钉一般较实芯铆钉轻，但具有所需要的足够强度。这种特殊设计的铆钉是应用在看不到工件背面的部位(铆接施工时看不到“加工铆头”的成型过程)，故称之为盲铆钉。

5.7.2 结构粘接

1. 粘接简介

机体部件接合的标准方法是铆接，但也有通过粘接方法进行接合的情况，即使用合成树脂胶将两个面粘起来。通常将桁条使用垫压法粘接到机身蒙皮上。

2. 粘接的优点

粘接的优点主要有：

(1) 节约重量，不要铆钉；

(2) 没有钉孔，减少了裂纹形成的可能性；

(3) 没有钉头，外表面光滑；

(4) 隔离电化学腐蚀，因为没有湿气聚集的空间；

(5) 比铆钉结构连接更强固；

(6) 在增压区不会造成漏气。

3. 修理

由于需要复杂的设备来获得压力和温度，只有厂家才可以进行粘接。小的修理按结构修理手册(SRM)进行铆接。

5.7.3 螺栓连接

螺钉和螺栓都是紧固件，螺栓主要用在必须经常拆卸和分解的地方，同时又有一定的强度要求。铆钉用在不经常拆卸的、承受剪切的地方。还有另外一种特殊的紧固件，称为快卸钉，需要使用螺丝刀转动 90°来松开或安装紧固，主要用在固定蒙皮、盖板等非主要结构处。

在实际工作中，有各种各样的螺栓在使用，可通过其标识来区别。

正常情况下，螺栓是与螺母配合使用的。螺母有自锁螺母，或称为刚性螺母。有的螺母可以使用保险丝或开口销作为保险。

如果螺栓安装在直升机使用寿命内不大可能拆卸的地方时，那么可以使用像高剪力、高锁定或类似的紧固件。

对于螺栓的光杆长度，沉头螺杆是指从螺栓平头到螺纹的长度，对于其他螺栓是指从螺栓头下部到螺纹的长度。在安装时，应确保光杆正好覆盖孔的长度，这样螺纹不会接触孔的表面。在多数情况下，对螺栓的正确长度进行规定，使得光杆正好露出孔口少许，安装垫片后，上紧螺母就可以定力矩了。

定力矩是为了确保接合面正确、有效地夹紧在一起，也为了防止过应力、变形和螺栓的剪断等。大多数螺栓和螺帽连接要进行定力矩。力矩值通常在维护手册中给出，其大小是由摩擦力、螺纹类型、材料、润滑和光洁度等因素决定的。外场通常使用力矩扳手进行定力矩。为了得到自锁螺母的正确力矩，有时使用力矩指示垫片。当力矩指示垫片被锁紧到位后，自锁螺母的压紧值就是正确的力矩值。力矩指示垫片不可重复使用。

5.8 表面防护

5.8.1 合金防护

1. 铝合金防护

(1) 包铝法

铝合金板材通常使用纯铝进行包盖来防腐，薄的纯铝板滚压到铝合金上下两面，纯铝板的厚度占5%左右,如图5-38所示。

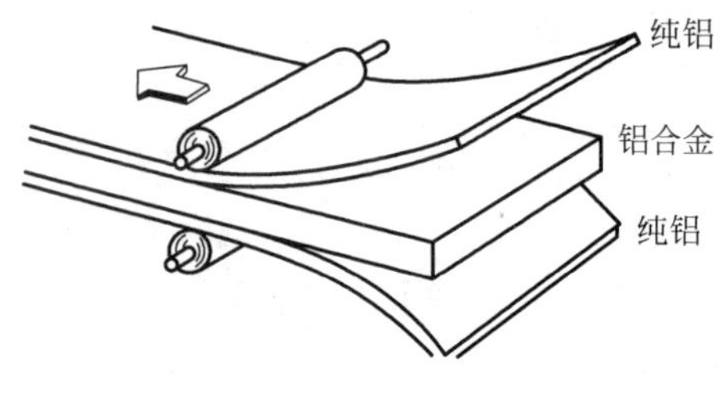

图5-38　包铝法

铝合金芯保持强度,同时纯铝层起防腐作用。纯铝相对于铝合金来说是阳极,因此在切口或其他表面损伤处起到牺牲性防护作用。纯铝的表面形成氧化膜,可阻止进一步氧化。

(2) 阳极化处理

铸造或锻造的铝合金安装面在正常情况下可以使用防腐处理——阳极化处理。直流电流过极板间的电解液时,正极板称为阳极,负极板称为阴极。通过电流的化学作用,在阳极处释放氧气,在阴极处释放氢气。

将需要阳极化处理的零件悬挂在电解液中作为阳极,另选其他材料作为阴极。在电流作用下,阳极处的氧气对零件表面进行氧化,形成薄层氧化铝。零件经过阿洛丁处理后,表面已形成致密的氧化铝薄层,有较强的耐腐蚀性。氧化铝也是绝缘材料,电流无法在阿洛丁处理过的表面和其他零件接触面间流动,这样就抵抗了腐蚀。

有3种阳极化处理,即铬酸处理、硫酸处理、阿洛丁处理。

① 铬酸处理(电化处理)形成2～5μm的氧化层。铬酸处理可以用于铆接部件或部件有裂纹、止裂孔等,因为铬酸电解液对铝没有腐蚀。

② 硫酸处理(电化处理)形成8～25μm厚度的氧化层。硫酸处理的优点是外表亮丽,防护效果好,但不适合于叠接的、有铆钉的部件。

③ 阿洛丁处理(化学处理)形成氧化层厚度高达50μm。这层保护层致密坚硬,非常耐磨损、耐摩擦抗腐蚀,并能减小温度的影响,又是良好的绝缘体,硬阿洛丁处理是改进的硫酸处理。硬阿洛丁降低了零件的疲劳强度,但可以通过进行密封处理得到改进。

(3) 密封处理

刚完成阿洛丁处理的氧化膜是多孔的,所以需要密封处理来提高抗腐蚀能力。密封处理是将零件浸入到热水中,这避免了除铬溶剂引起的颜色变化。另一种替代方法是将零件浸入到钾或钠除铬溶剂与水的热混合液中。对于硫酸膜最终会变成黄绿色,而对于硬阿洛丁处理的厚膜会变成深绿色。

2. 镁合金防护

镁合金是在制造时使用铬酸处理来保护的。国际DTD 911标准给出处理的详细内容。铬酸处理在表面产生一层膜,与镁合金成为一体,与沉淀涂层有很大区别。这层防护对腐蚀保护起很大作用,同时吸附表面喷涂。

镁合金也可以进行硬阿洛丁处理,表面会出现较厚的耐磨层。铬酸处理和硬阿洛丁处理可以用环氧树脂涂层来密封,这样可以用于腐蚀性环境。

铬酸处理是将零件浸入加热的化学溶剂中,一段时间后再用清水冲洗,在表面就会形成防腐氧化膜。

3. 钢的防腐

现在钢材料是通过镀铬或镀镍来防腐的。

电镀的基本原理是：将需要电镀的零件作为阴极，将镀料作为阳极，并放入合适的电解液中。镀料的酸盐添加到电解液中，目的是为了产生少量的气体而且改进电镀的质量。直流从阳极流向阴极，使得镀离子沉淀在阴极表面，阳极慢慢地溶解，补充电解液的镀离子的含量。有时，在镀铬时可以使用非溶解性阳极，铬离子来自电解液本身。

在电镀过程中，电解液要进行搅动，防止氢气泡留在零件上，使镀层变脆。电镀完成后，零件要在清水中彻底洗净并晾干。电镀时间取决于电镀的类别和所需镀层的厚度。

5.8.2 直升机油漆和保护性喷涂

1. 介绍

航空器喷漆的目的是防护蒙皮和结构免于腐蚀并提供美观效果。通常由厂家提供喷涂方案，单一方案不能满足航空器所有部件要求。发动机区域较热，需要耐高温漆。机身下部蒙皮与结构会接触到污染液，可能比其他地方需要更强的防护。耐火液压油可以损坏油漆表面。

一个喷涂方案的实施效果很大程度上取决于：①表面处理和准备状况；②喷涂车间的条件；③油漆是否符合相关规格等。

2. 油漆

油漆分为底漆和面漆两类。

（1）底漆

底漆附在航空器内外表面，防止金属腐蚀，并为面漆提供附着力。

底漆必须满足以下要求：

① 在室温固化；

② 提供长期耐腐蚀性和多种材料的黏着性；

③ 化学耐液压油、润滑油和燃油；

④ 承受低温。

预处理底漆，又叫做刻蚀或清洗漆，对表面有轻微腐蚀，为其他漆提供基础。清洗漆干得很快，并且1个小时后可以重新喷刷。它们不会产生危害性废物，并很容易剥掉。上底漆的相对湿度要在30%～75%之间。

① 内部底漆

内部底漆在部件组装前对具体零件或组件进行施工时使用，它们通常不被刮去，持续作用于整架航空器服役期。内部底漆经常与水、润滑油和液压油接触。环氧底漆经常选作内部底漆，因为它们能提供好的附着力、好的抗腐蚀和好的耐油性。环氧底漆也可以用于烤漆。

烤漆的耐磨性非常好，对于机体和发动机不受烤炉高温影响的零件可以实施烤漆方案。炉温通常低于125℃，对铝合金影响不大。常规是零件清洁后喷涂底漆，再放入烤炉一段时间，取出冷却后再喷底漆，然后再放回炉内，加热一段时间后烘烤面漆。

② 外部底漆

外部底漆作用于航空器外部并经常覆盖聚亚氨脂面漆，其有两种类型：环氧氨基甲酸酯兼容底漆、聚亚氨脂底漆。

在环氧底漆使用的地方，经常是面漆可以刮掉，露出底漆，用溶液清洗底漆。

(2) 面漆

面漆用来防止航空器外表被腐蚀，并提供装饰，使顾客能够辨别航空器。

面漆必须满足以下要求：

① 在室温固化；

② 和底漆有好的附着；

③ 耐油脂；

④ 良好的天气适应性；

⑤ 长时间外部裸露仍保持柔韧性；

⑥ 外表美观，现代航空器主要喷涂聚亚氨脂面漆。

(3) 喷涂条件

喷漆车间通风良好，且不干燥，温度保持在15～25℃之间。如果喷刻蚀底漆，相对湿度保持在30%～75%之间。

喷漆车间要保持洁净，地板封好，防止起灰。干漆和喷雾易燃，所以灭火瓶须在位。所有灯光应防爆。在喷漆时，采用合适的工作平台。

喷漆所用材料是易燃的，在处置、储存、使用时应遵守有关操作规定。

(4) 腐蚀防护材料

在机身下部、起落架舱等极易遭受腐蚀的地方，应加额外耐腐蚀材料，如LPS3、ASTROLAN和FLIGHTGUARD等。这些都是汽油基材料，溶剂溶解后，喷到结构上，形成排斥水的厚膜。

小的地方可以使用罐装(预增压的手喷漆罐)的Aerosol，也可以使用桶装的进行大面积喷涂。通常，防腐材料应进行周期性喷涂。

(5) 健康注意事项

在喷漆车间工作时的注意事项如下：

① 通风良好；

② 裸露皮肤涂隔离防护霜；

③ 高蒸汽密度地方戴口罩；

④ 喷聚亚氨酯时戴防毒面具；

⑤ 避免油漆溅到身体和眼睛里；

⑥ 使用脱漆剂时戴橡胶手套。

5.9 机身线性检查

直升机的机身在组装或遭受冲击后必须进行机体线性检查。机身线性检查的目的是测量直升机主结构与前、后结构安装连接的一致性，确保机体结构的横、纵轴线与直升机操纵系的轴线吻合。

1. 机身顶升

在进行线性检查之前必须首先将机身顶升至水平姿态，直升机通常为三点顶升。一般通过使用水平仪和铅锤调节机身基准水平面(如客舱地板的划定位置)来达到水平姿态，如图5-39所示。

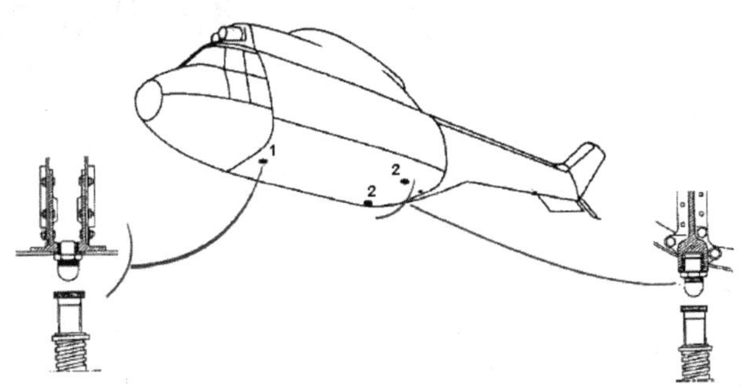

图5-39 直升机顶升

2. 机身线性测量

机身的线性测量通常包括水平度测量和同轴度测量两种。

水平度测量一般是通过观察、测量横向安装在机身上的靶标来实现的，如图5-40所示。

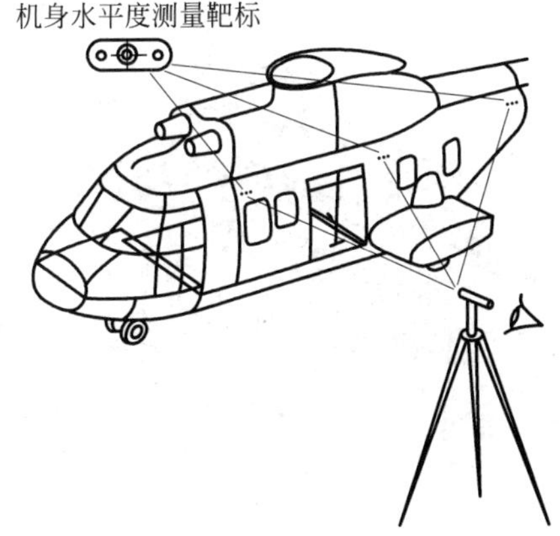

图5-40 机身水平度测量

同轴度测量一般是通过使用铅锤投影机身上沿纵轴分布的基准点实现的，如图5-41中A、B、C点。

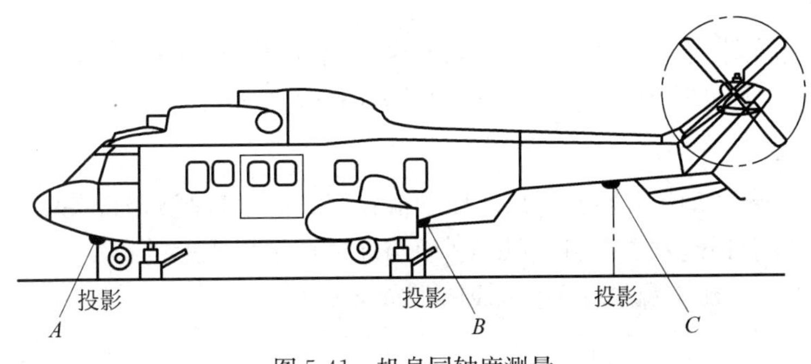

图5-41 机身同轴度测量

第6章

空调系统

6.1 概述

6.1.1 通风与加温系统

现代中小型直升机普遍采用座舱加温与通风系统，利用发动机引气与机外空气相混合，向座舱提供合适温度的空气。制冷组件可作为选择性配置。系统管路布局如图 6-1 所示。

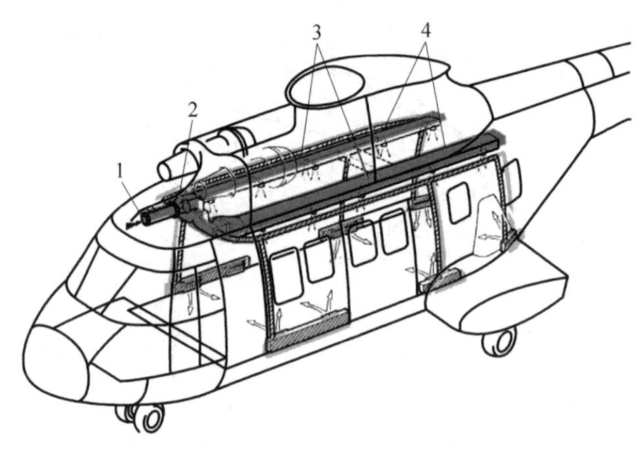

图 6-1 通风与加温系统管路图

1—外界空气进口；2—通风风扇；3—通风空气管路；4—加热空气管路

1. 座舱通风

将控制旋钮转到“通风”位置，开启座舱通风模式，加热管路被挡板关闭，通风风扇将外界空气引入通风管路。座舱通风系统工作原理如图 6-2 所示。

2. 座舱加温

将控制旋钮转到“加温”位置，开启座舱加温模式，通风管路被挡板关闭，发动机引气管路的控制电磁活门打开，发动机引气（热空气）与通风风扇引入的外界空气（冷空气）混合后引入到加温管路。座舱加温系统工作原理如图 6-3 所示。

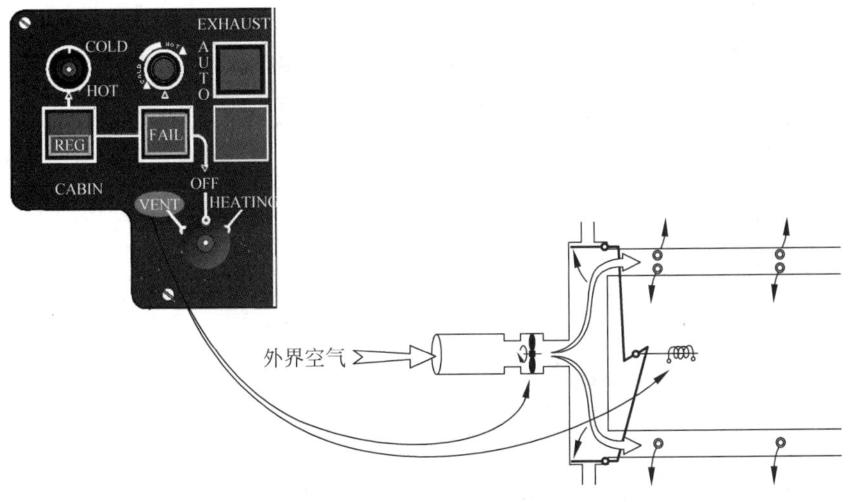

图 6-2　座舱通风系统工作原理图

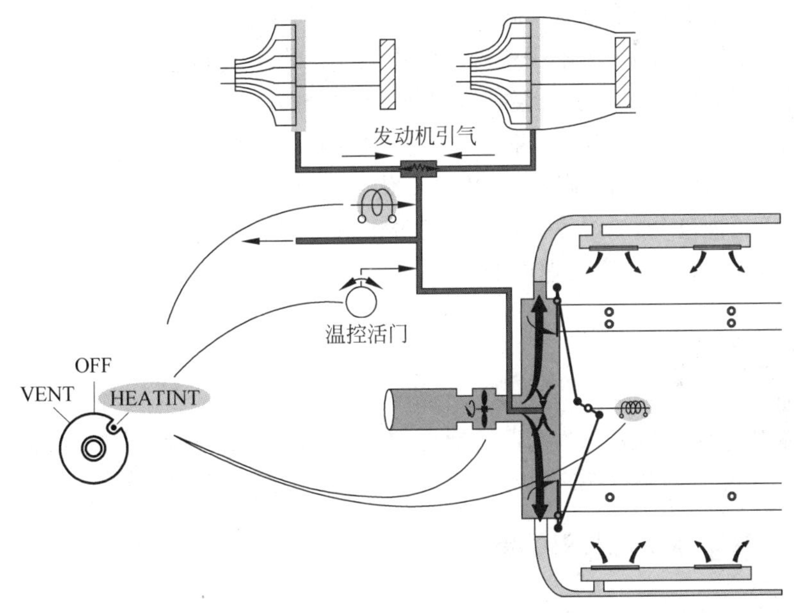

图 6-3　座舱加温系统工作原理图

6.1.2 温度控制系统

为保证在各种飞行状态下乘员的安全、舒适及设备的可靠工作，现代直升机必须安装温度控制系统。

温度控制系统原理如图 6-4 所示。从流量控制活门来的一定流量的空气，通过温度控制活门分成两路：一路到制冷系统使其降温，称为冷路；另一路称为热路。两路空气在进入座舱前进行混合。

温度控制器接受预定的温度和座舱反馈的实际温度，进行比较并输出与设定温度偏差

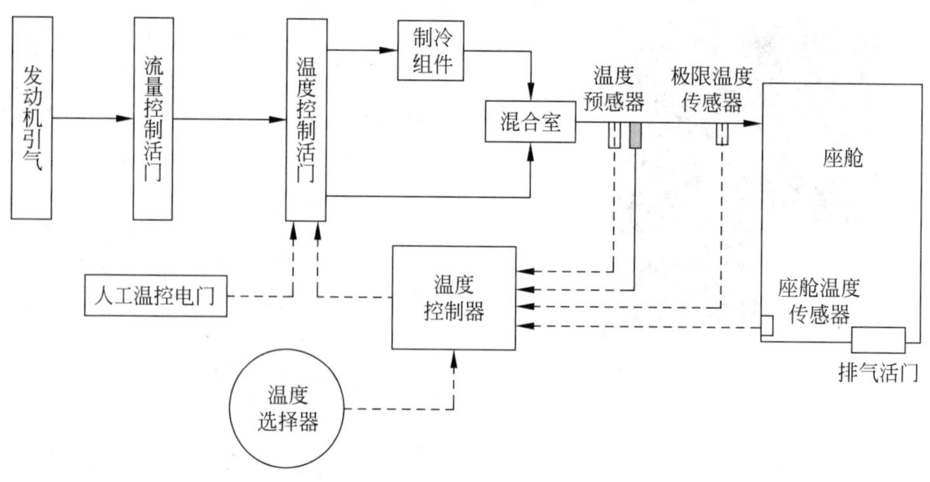

图 6-4　座舱温度控制原理图

成正比的控制信号,控制温度的控制活门调节冷、热路流量进行温度控制。为减小温度调节过程的超调量,在控制系统中加入温度变化速率反馈,由管路上的温度预感器提供输入信号。温度控制系统是个闭环的电子式温度伺服系统。当供气管道温度过高时,供气极限温度传感器向温控器发出信号,驱动温控活门向冷路全开方向转动。

当温度控制器出现故障时,可进行人工温度控制,即驾驶员直接通过人工温控电门向温度控制活门发送控制信号,控制座舱温度的变化。在进行人工控制时,驾驶员应不断监控座舱温度、供气管道温度(座舱温度和供气管道温度可采用一个温度表,由选择开关切换)以及温度控制活门的位置,减小座舱温度的波动。

6.2　制冷系统

直升机制冷系统的主要部件为制冷组件,其作用是为温度控制系统提供冷空气。现代直升机空调系统多采用蒸发循环制冷和空气循环制冷两种方式。

6.2.1　蒸发循环制冷原理

1. 蒸发循环制冷系统简介

蒸发循环制冷系统是利用液态制冷剂的相变来吸收座舱空气中的热量,它可使系统中的空气在进入座舱或设备舱之前显著地降低温度。蒸发循环制冷系统具有性能系数高、代偿损失较小、无发动机引气、制冷量大等优点,在现代直升机上获得了广泛的应用。

制冷剂作为传热的载体,通过状态变化吸收和放出热量,因此要求制冷剂具备在常温下容易汽化、加压后容易液化的特性,同时在状态变化时要尽可能多地吸收或放出热量。从安全角度考虑,制冷剂还应具备不易燃易爆、无毒无腐蚀性和对环境无害的特性。制冷剂的英文名称为 Refrigerant,常用其开头字母 R 来代表制冷剂,后面接表示型号的数字和字母,如 R12、R22、R134a 等。目前直升机空调系统中使用的制冷剂是 R134a,其在标准气压下的沸点为−26.3℃。蒸发循环制冷系统的工作原理如图 6-5 所示。

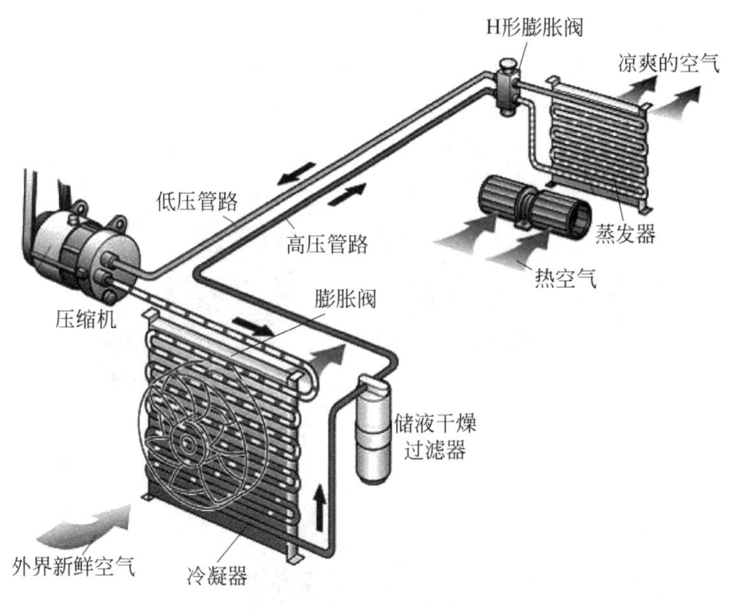

图 6-5 蒸发循环制冷系统工作原理图

液态制冷剂在蒸发器中吸收空调空气的热量后汽化成低温低压的蒸气，被压缩机吸入，压缩成高压高温的蒸气，进入冷凝器，向冷却介质（水或空气）放热冷凝为高压液体，经过膨胀节流阀，转变为低压低温的液态制冷剂，再次进入蒸发器。如此往复循环，从而利用制冷剂状态的变化使蒸发器热边的空气得到冷却。

膨胀阀通过控制喷入蒸发器内的制冷剂的流量来调节蒸发器的制冷效率。为充分发挥蒸发器的效能，使蒸发器获得最佳的工作状态，蒸发器出口处安装有感温包（调节器），根据蒸发器出口温度调节膨胀阀的制冷剂流量，使全部液体制冷剂在蒸发器出口处全部变成气态。

2. 蒸发循环制冷系统的组成

直升机蒸发循环制冷系统通常包括压缩机、冷凝器、冷凝器风扇、储液干燥瓶、膨胀阀、蒸发器、温度调节器和水分离器等。典型的直升机蒸发循环制冷组件结构如图 6-6 和图 6-7 所示。

3. 蒸发循环制冷系统维护时的注意事项

(1) 自身安全。制冷剂是无色、无味但有毒的液体，且比空气重，应避免吸入，为此要在敞开通风处维护；由于制冷剂蒸发温度低，溅到皮肤或眼睛上会造成伤害，因此维护时应戴上护目镜、手套，穿上防护服等。

(2) 及时充灌制冷剂。当系统的制冷剂液体指示器（装在冷凝器出口处）中出现气泡时，表明需要灌充制冷剂。具体灌充程序和方法必须参考机型维护手册。

(3) 保证蒸发器空气流量。蒸发循环制冷系统工作时，必须保证蒸发器的空气流量充足，否则会在蒸发器上结霜，以致影响制冷效果。

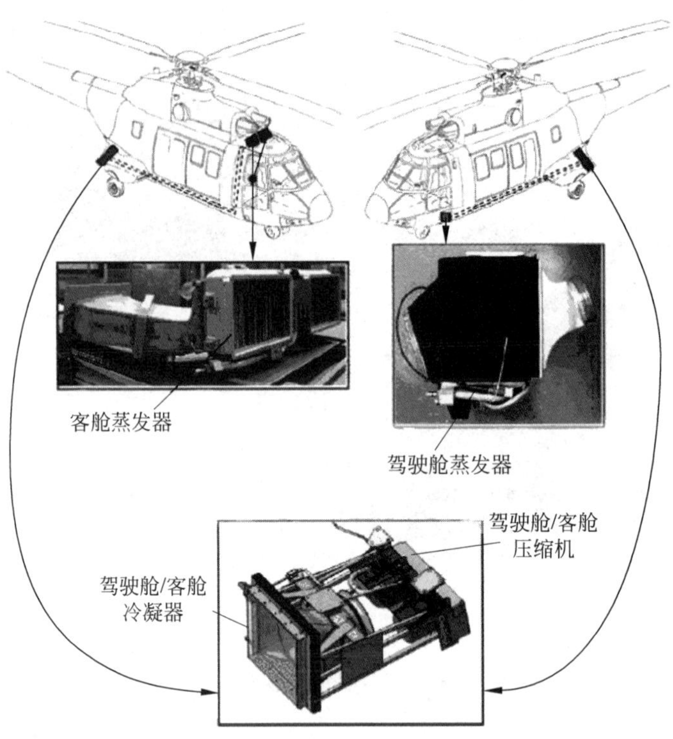

图 6-6 典型直升机蒸发循环制冷组件结构图(一)

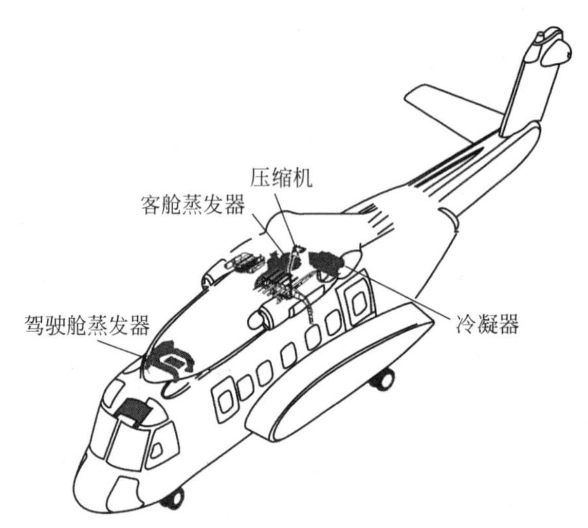

图 6-7 典型直升机蒸发循环制冷组件结构图(二)

6.2.2 空气循环制冷系统

空气循环制冷系统是利用来自发动机压气机的高压空气在冷却涡轮中膨胀降温,最后通往座舱或设备舱提供制冷功能。空气循环制冷方式在固定翼飞机上应用广泛,在直升机领域逐渐被日趋成熟的蒸发循环制冷方式取代。

空气循环制冷系统主要方案包括简单式、升压式及三轮式 3 种,直升机上多采用简单式。空气循环制冷系统主要部件包括热交换器、冷凝器、水分离器、涡轮-风扇组件、温度控制组件等，如图 6-8 所示。

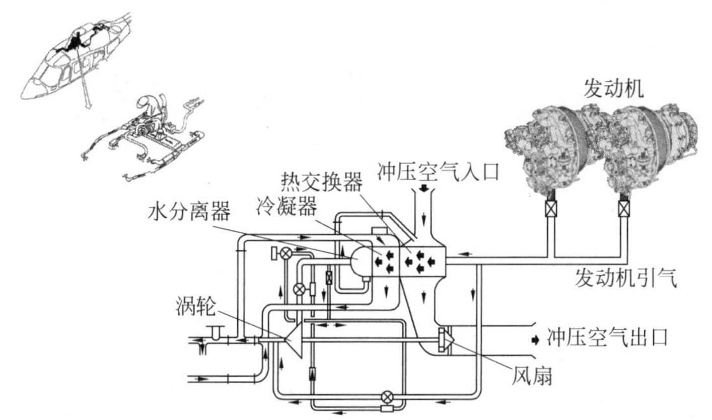

图 6-8 典型直升机简单式空气循环制冷系统结构图

发动机引来的高温气体中除小部分到热通道外，其余的空气首先通往热交换器，热量交换后，气体温度再次降低。

从热交换器出来的气体到达冷凝器，冷凝器属格栅式结构，有两个通道，一个冷空气通道和一个热空气通道，这两个通道以十字交叉的形式盘旋在一起，使冷、热空气得到充分的热量交换，将热空气中的水蒸气由不饱和状态变成饱和状态甚至过饱和状态，也称湿空气。

湿空气离开冷凝器的热空气通道，进入高压水分离器。高压水分离器主要由静止的旋流器、带有许多小孔的内壳体和外壳体组成。含有水珠的气流通过旋流器，气流在内壳体内旋转，由于水珠的动能大，水珠甩向带有小孔的内壳体壁面并收集起来，排向热交换器的进口，进一步蒸发雾化后提高冷却效率。

干燥的空气离开水分离器到达涡轮端，通过涡轮膨胀降温，同时气体驱动涡轮带动风扇旋转，将热能转化为机械能，由热空气变成冷空气。

从涡轮端出来的冷空气进入冷凝器的冷空气通道，通过热量交换，一方面温度少许升高，另一方面将空气中的饱和水蒸气变成不饱和水蒸气，以避免机件腐蚀、管道结冰、影响电子设备正常工作。

从冷凝器冷空气通道出来的冷空气到达最终目的地——混合室。冷、热空气在混合室充分混合后，输送到各处，创造出舒适的座舱环境。

第7章

仪表和电子系统

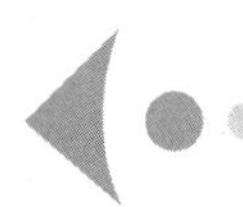

7.1 电子仪表概述

7.1.1 航空仪表的分类

在直升机的驾驶舱中可以看到许多仪表，它们用于监视和控制直升机的飞行、发动机以及其他系统，因此，航空仪表分为飞行仪表、发动机仪表和其他系统仪表。

飞行仪表位于正、副驾驶员的仪表板上，用于测量直升机的各种运动参数，飞行仪表提供的数据帮助飞行员驾驶直升机完成安全经济的飞行。飞行仪表包括大气数据仪表、姿态仪表、航向仪表和指引仪表，其中大气数据系统仪表有气压高度表、升降速度表、指示空速表、大气温度表等，姿态系统仪表有地平仪、转弯仪和侧滑仪等，航向系统仪表有磁罗盘、陀螺罗盘和陀螺磁罗盘等，指引系统仪表有姿态指引仪、水平指引仪等。

发动机仪表位于中央仪表板上，发动机仪表是指发动机工作系统中的各种参数测量仪表，如转速表、扭矩表、排气温度表、燃油压力表、滑油压力表、滑油温度表、燃油油量表、燃油流量表和滑油油量表等。

其他系统仪表是指在直升机的其他系统或设备中使用的测量仪表，如直升机液压系统、灭火系统的各种压力表，此外还有起落架收放位置指示器和直升机电气设备使用的电流表、电压表等，它们通常位于驾驶舱的顶板上。

7.1.2 航空仪表的发展历程与布局

在直升机刚问世时，因其本身结构简单，飞行高度和速度都很低，直升机上没有航空仪表。后来，随着飞行时间和飞行距离的增加，才开始安装时钟、航速计和指南针等简陋的仪表设备。飞行员只能在晴朗的白天，依靠地图和地标来飞行。第一次世界大战期间，迫于军事上的需要，一些国家大力投资发展航空事业，机上开始安装空速表、高度表、磁罗盘、发动机转速表和滑油压力表等。到了 20 世纪 30 年代，为使飞机能在云中或夜间飞行，又增添了升降速度表、转弯侧滑仪、陀螺地平仪和陀螺方向仪等飞行仪表。随着科学技术的发展，航空仪表的发展是紧跟飞机发展而发展的，它的发展过程大体分为以下 5 个阶段。

1. 机械仪表阶段

这个阶段是仪表的初创时期，多数仪表为单个整体直读式结构，也称为直读式仪表，即传感器和指示器组装在一起的单一参数测量仪表。直读式仪表内的敏感元件、信号传送和指示部分均为机械结构，例如早期的空速表和高度表。这种表的最大优点是结构简单、工作可靠、成本低廉，它的缺点是灵敏度较低、指示误差较大。随着飞机性能和精度要求的不断提高，机械式仪表早已不能满足航空发展的需要。

2. 电气仪表阶段

从 20 世纪 30 年代起，航空仪表已由机械化逐步走向电气化，发展成电气仪表，此时的仪表称为远读式仪表，如远读式磁罗盘、远读式地平仪等。所谓"远读"是指仪表的传感器和指示器没有装在同一个表壳内，它们之间的控制关系是通过电信号的传输实现的，因相距较远，故称为远读式仪表。

用电气传输代替机械传动，可以提高仪表的反应速度、准确度和传输距离。将仪表的指示部分与其他部分分开，使仪表板上的仪表体积大为缩小，改变了因仪表数量增多而出现的仪表板拥挤状况。另外，仪表的敏感元件远离驾驶舱，减少了干扰，提高了敏感元件的测量精度。远读式仪表也存在一些缺点，即整套仪表结构复杂、部件增多、重量增加。

3. 机电式伺服仪表阶段

为了进一步提高仪表的灵敏度和精度，20 世纪 40 年代后出现了能够自动调节的小功率伺服系统仪表，即机电式伺服仪表。伺服系统又称为随动系统，它是一种利用反馈原理来保证输出量与输入量相一致的信号传递装置。采用伺服系统方式来传送仪表信号，信号能量得到放大，提高了仪表的指示精度和带负载能力，可以实现一个传感器带动几个指示器，有利于仪表的综合化和自动化。

4. 综合指示仪表阶段

20 世纪 40 年代后，由于飞机性能迅速提高，各种系统设备日益增多，所需指示和监控仪表大量增加，有的飞机上已多达上百种，仪表板和座舱无法安排，导致驾驶员眼花缭乱、目不暇接。另外，飞机的飞行速度和机动性能的提高，又使驾驶员观察仪表的时间相对缩短，容易出错，因此把功能相同或相关的仪表指示器有机地组合在一起，形成统一指示的综合仪表，已成为航空仪表发展的必然趋势。例如，综合罗盘指示器、组合地平仪和各种发动机仪表的相互组合等都是一表多用的结构形式。机电式综合仪表一直使用到 20 世纪 60 年代末。

5. 电子综合显示仪表阶段

随着电子技术的飞速发展，从 20 世纪 60 年代开始出现电子屏幕显示仪表，逐步取代了指针式机电仪表，使仪表结构进入革新的年代。到 20 世纪 70 年代中期，电子显示仪表又进一步向综合化、数字化、标准化和多功能方向发展，并出现了高度综合又相互补充、交换显示的综合电子仪表显示系列。驾驶员可以通过控制板对飞机进行控制和安全监督，初步实现了人机对话。驾驶舱仪表、惯性导航系统、大气数据系统、自动飞行控制系统和飞行管理系统等已成为重要的航空电子设备。

20 世纪 80 年代初期，在一些先进运输机机型的驾驶舱中，主要仪表的显示部分已广泛采用衍射平视仪和彩色多功能显示器，出现了 EFIS(电子飞行仪表系统)和 EICAS(发动机指示和机组警告系统)，但是综合程度有限，仍配置有较多的机电仪表和备用仪表。这是电子飞行仪表的第一代产品。

20 世纪 80 年代中后期，彩色电子显示系统有了进一步的发展，出现了高度综合的电子飞行仪表系统，其特点是驾驶舱用大屏幕 CRT 显示器显示数据，仅配置很少的备用仪表。

20 世纪 90 年代为第三代电子飞行仪表即平板显示系统。仪表数据显示用液晶显示器(LCD)取代了彩色阴极射线管(CRT)，它的显示亮度大并且分辨率高，特别是具有体积小(无需电子枪，法向长度短)、重量轻、耗电量小等优点。直升机的部分机型也开始采用这种类型的显示系统，例如，目前的 A109、EC155、EC135、EC225、S-76C＋等机型的驾驶舱的主要仪表显示采用的就是彩色液晶显示器。无论采用 CRT，还是采用 LCD，其驾驶舱的布局基本相同。正、副驾驶员的飞行仪表板上有主飞行显示器(PFD)和导航显示器(ND)，中间的发动机仪表板上有上、下 EICAS 显示器。

在现代屏幕显示的驾驶舱中，仍然保留了陀螺地平仪、气压式高度表、空速表等若干块指针式备用仪表，如图 7-1 所示。

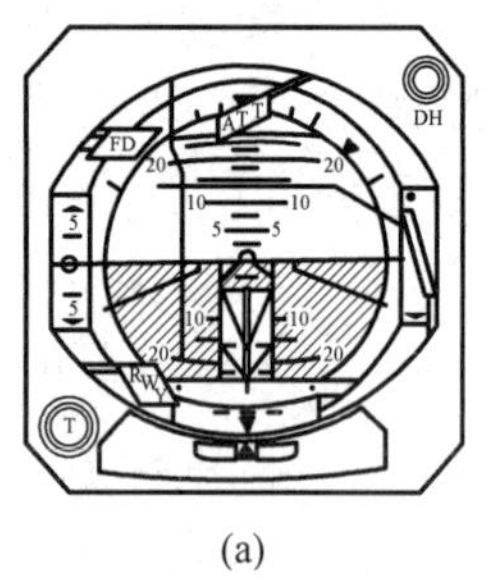

(a)

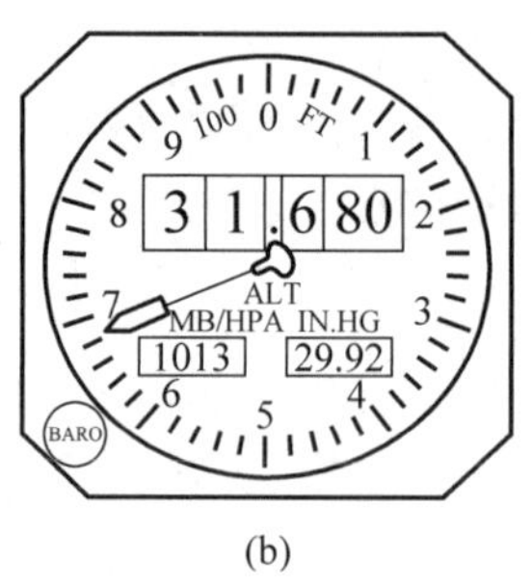

(b)

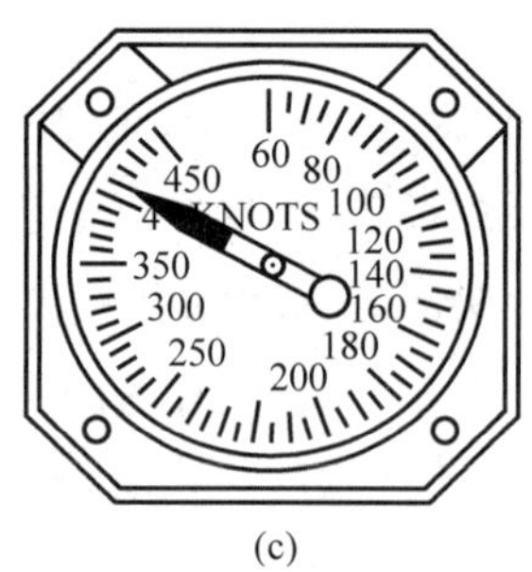

(c)

图 7-1 典型的备用仪表

(a) 陀螺地平仪；(b) 气压式高度表；(c) 空速表

电子显示器容易实现综合显示，故又称为电子综合显示仪，它有如下优点：

(1) 显示灵活多样，可以显示字符、图形、表格等，采用不同的颜色显示；

(2) 容易实现信号的综合显示，减少了仪表数量，仪表板布局简洁，便于观察；

(3) 电子式显示器的显示精度高；

(4) 采用固态器件，寿命长，可靠性高；

(5) 价格不断下降，性能价格比高；

(6) 符合机载设备数字化的发展方向。

总之，航空仪表的发展过程是从机械指示发展到电子显示，信号处理单元从纯机械到数字、计算机系统，仪表的数量经历了从少到多、又从多到少的发展过程。在某种意义上讲，驾驶舱显示仪表是飞机先进程度的重要标志之一。

在直升机上，老式的空速表是模拟式测量仪表，指针在刻度盘上连续地指示出空速值。飞行员要想得到空速值就必须根据指针在刻度盘上的位置计算出来，这需要一定的时间。然而，如果飞行员关心空速的变化趋势时，则可以很快地通过指针的摆动方向判断出来，如图 7-2(a)所示。可见，飞行员使用模拟式测量仪表具有获得准确数值慢，获得数值变化趋势快的特点。

现在空速指示在主飞行显示器(PFD)上显示，它是典型的数字式仪表。从图 7-2(b)中可以很清楚地看到，此时的空速值是 30kn。可以想象，如果数据仅以纯数字的形式显示，那么，对于数据变化趋势的判断同样需要一定的时间。因此，现代航空仪表均采用数字附在带状表盘上的显示方式，使需要读取的数据综合了数字和模拟两种方式显示的优点，这样，飞行员即可以较快地得到准确的数据，又可以较快地获得该数据的变化趋势，这是现代数字式仪表的特点。

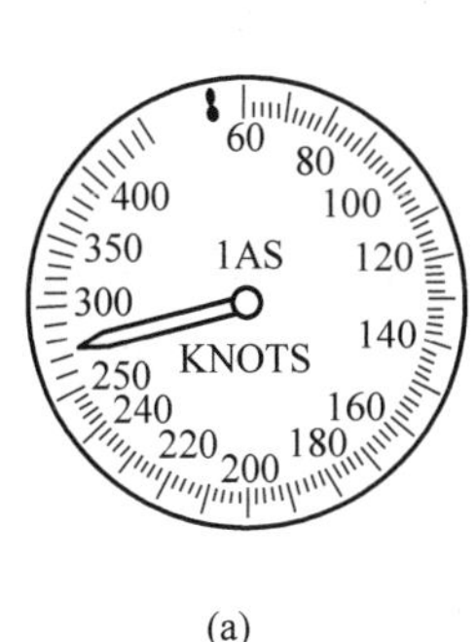

(a)

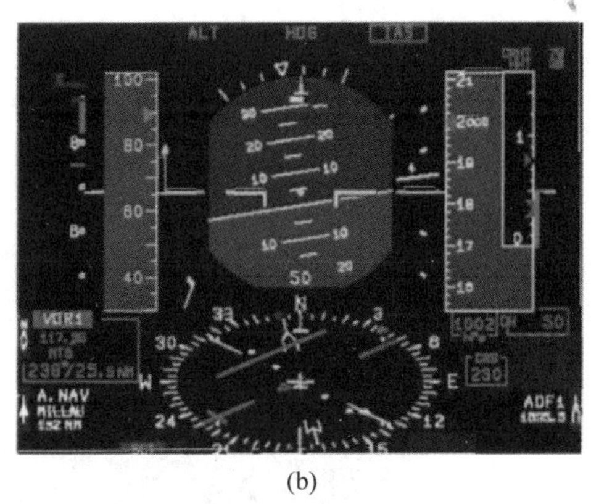

(b)

图 7-2　典型的模拟指针表盘和数字显示器

(a) 模拟指针表盘；(b) PFD 显示器

需要注意的是，在布局上无论分离式仪表显示数据的格式，还是屏幕仪表显示数据的格式都遵循基本 T 形格式。

7.1.3　航空仪表显示数据的基本 T 形格式

1. 分离式仪表显示数据的基本 T 形格式

如图 7-3 所示，该仪表板是正驾驶员的飞行仪表板，从仪表板上粗黑线框出的形状可以看出，左边的马赫-空速表、中间的姿态指引仪（ADI）、右边的气压式高度表、下边的水平状

图 7-3　分离式仪表显示数据的基本 T 形格式

态指示器(HIS)或称航道罗盘构成了T形格式。按照这种格式,主要飞行参数的显示为空速、姿态、气压高度、航向。即使小型直升机驾驶舱中的飞行参数也以上述格式显示。这种固定的格式可以为飞行员提供习惯的观察仪表方式。

2. 电子式仪表显示数据的基本T形格式

如图7-4所示,该显示器称为主飞行显示器(PFD),从显示器上粗黑线框出的形状同样可以看出,左边的空速带、中间的姿态指示球、右边的气压式高度带、下边的航向带也构成T形格式。

图7-4 电子式仪表显示数据的基本T形格式

7.2 全静压系统及仪表

7.2.1 全压和静压

1. 概述

大气流动形成的气压称为动压,任何高度的大气层所具有的气压称为静压,动压和静压的总和称为全压。静压和全压对直升机的作用一般由空速管探测。

最早的空速管由两根铝合金管组成(见图7-5),它们分别用于收集大气的静压和全压。空速管一般安装于正常的飞行路径平面上,与气流平行。气压的改变与直升机高度和速度的变化相对应,空速管将气压的改变传递到驾驶舱的高度表和空速表,为驾驶员提供气压高度和空速指示。

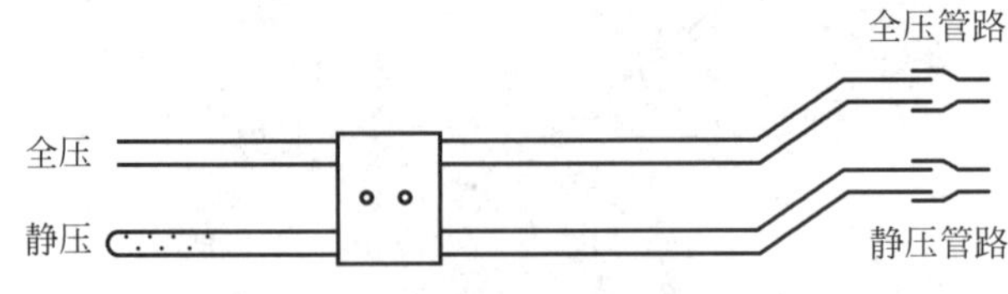

图7-5 简单全静压探头

在飞行中,全压总是大于静压。随高度和温度的改变,两种压力都会发生变化。

空速管的前端开口,在飞行中,空气直接进入空速管形成压力。该压力随着空速和空气密度的改变而改变，然后由轻金属材料传送到仪表。

静压管前端封闭，在与气流垂直的方向上开有静压孔，这样进入管的压力取决于直升机附近的气压，它也是独立传送到仪表的。

2. 常用气压探头

(1) 组合气压探头

组合气压探头由单一组件构成(见图 7-6)，其前端全压孔张开连接到全压管路。静压管路连接到探头内部静压腔，该腔通过探头旁边的静压口或静压孔探测直升机外部静压。这一区域可以减小扰流和偏航气压的影响。

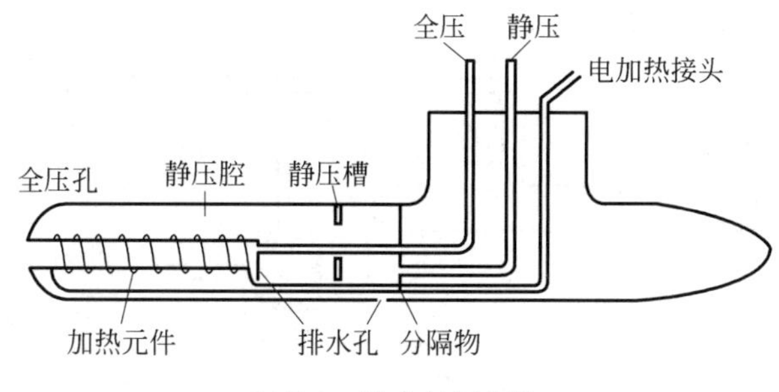

图 7-6　组合气压探头

探头一般由铜制成，铜材适合加热而且防腐蚀，有的探头还要镀铬。它们由流线型管组成，与气流平行安装。它的后部由分隔物密封。加热元件安装于全压孔附近，电线敷着在铜管上，应确保完全密封。

组合探头有两个排水孔，一个在总压和静压之间，另一个在静压腔外部。这些孔是经过精密校准的，它对气流的泄漏不影响仪表读数。

(2) 空速管和静压口

另一种形式的全静压探头如图 7-7 所示。静压由安装在直升机机身上的静压盘上的孔探测。两个静压孔安装于机身左右两边，且连接到相同的静压管路。这样可以纠正偏航或横滚引起的误差，因此，对静压的探测实际上探测的是机身左右两边的平均气压。这种类型的系统不适用于高速飞行，因为激波的作用会产生误差。

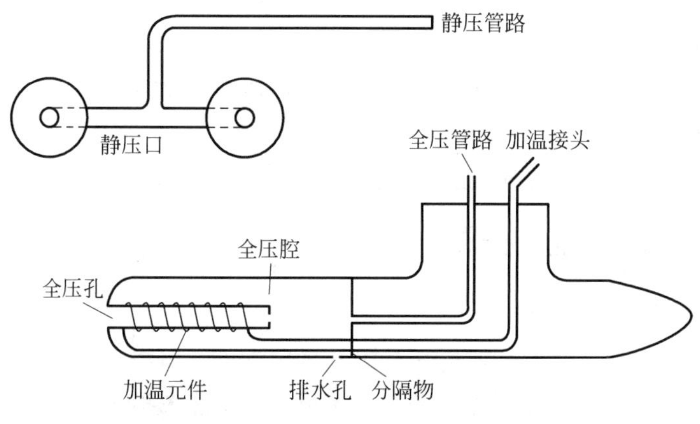

图 7-7　空速管和静压口

静压盘一般由铜制成,安装于机身上对称的位置。它们由单孔或者多个小孔组成,然后直接连到静压管路。静压盘一般不喷漆,如果要在静压盘附近表面喷漆时,必须小心处理,防止对静压口附近的气流产生干扰。

全压管路直接与全压腔相连,探测大气全压。全压探头只有一个排水孔,位于全压腔的外部。

3. 交替系统

空速管、组合探头或静压口可以交替使用(见图 7-8)。有时,完全单独的系统用于不同仪表端口,例如,左侧的用于正驾驶,右侧的用于副驾驶。在其他系统中,通过选择活门可交替连接到组合探头、空速管和静压口。

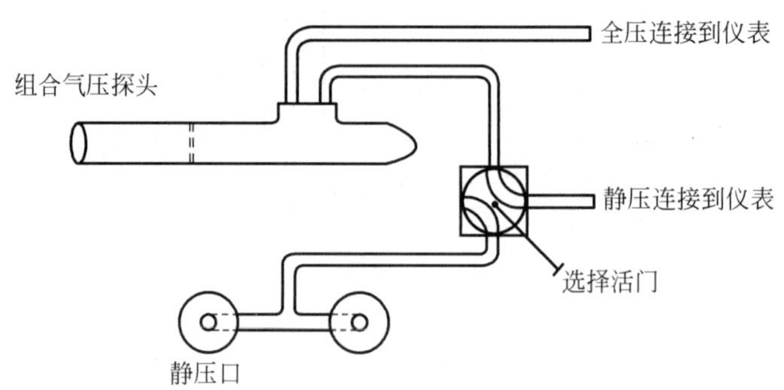

图 7-8 交替系统

飞行员可以选择由哪一个空速管、静压管或静压口将测量到的参数提供到仪表端口,当系统一部分故障时,交替系统可以给飞行员提供选择的机会。

4. 加热

在直升机飞行中,气压管或空速管可能会结冰,它会干扰气体的流动,当全压或静压管完全堵塞时,将导致全静压系统不能测量出正确的压力值。通常,静压口很少会受到结冰的影响。但是,空速管则不同,在结冰天气中飞行时它会结冰,因此,必须对其进行电加热。加热丝安装于空速管前沿末端,加热可以防止整个空速管表面结冰。加热电源为直升机上提供的标准 DC12V/24V 或 AC115V 电源,电压值通常由厂家标注在空速管上。

5. 气压误差

空气流过直升机会在机身周围形成紊流,这会造成由全静压探头和静压口探测的静压与实际机身周围的静压存在误差。为了减小这一误差,静压口一般开在机身结构上紊流干扰较小的地方,厂家通过飞行实验确定这一位置。当校验全静压仪表时,将一起计算这些误差。

7.2.2 全静压系统与管路

1. 全静压系统

直升机的全静压系统由全压管、静压孔以及备用静压孔组成,如图 7-9 所示。

正常情况下,全压管向左仪表板上和右仪表板上的空速表提供全压信号,而静压却采取并联供压的形式,即来自左右侧的静压并联后再同时向左、右仪表板上的所有大气数据仪表提供静压,以减小飞机姿态改变时可能出现的误差。

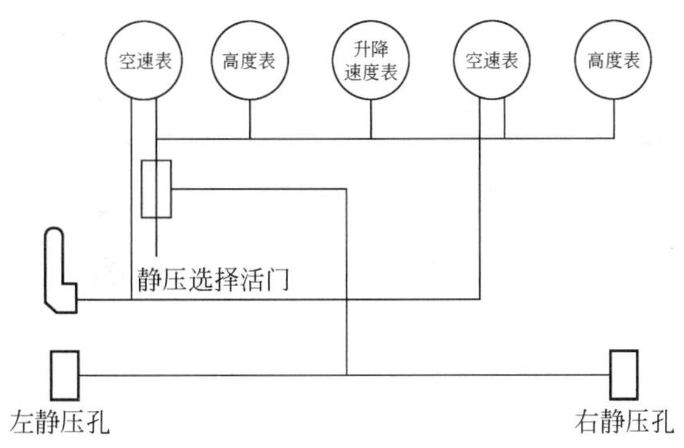

图 7-9　全静压系统

如果使用了备用静压源选择装置，左、右仪表板上的静压都来自备用静压孔。

2. 全静压管路

（1）管路连接

有些直升机使用特殊尺寸的铝合金管，它的外径是 5/16in，内径为 1/4in。这些非标准尺寸的使用是因为管道只工作于低压，它不能用于高压系统。管道通过带有橡胶衬套的特殊的螺帽连接到适配器，适配器有多种类型，例如弯管型、3 路 T 形、4 路交叉型和笔直型。管路可以承受 1.7bar(25lbf/in^2(1lbf/in^2 = 6894.757Pa))的压力。螺帽靠衬套的摩擦力防止松脱(见图 7-10)，在连接 MARICON 橡胶或纯塑料管时允许弯曲。这种管子适用于管道安装和密封以及仪表安装。软管的固定一般使用不锈钢或铜材卡箍。

（2）识别

管路的末端和中间用胶带标记着“气压仪表”。它们也可用标准颜色代码“橙色/灰色”表示，以及标准信号代码“白底黑线”表示。除此之外，也可以用系统进行识别。例如，带有厂家代码的全压或静压标签(见图 7-11)，这在直升机手册中有所描述。

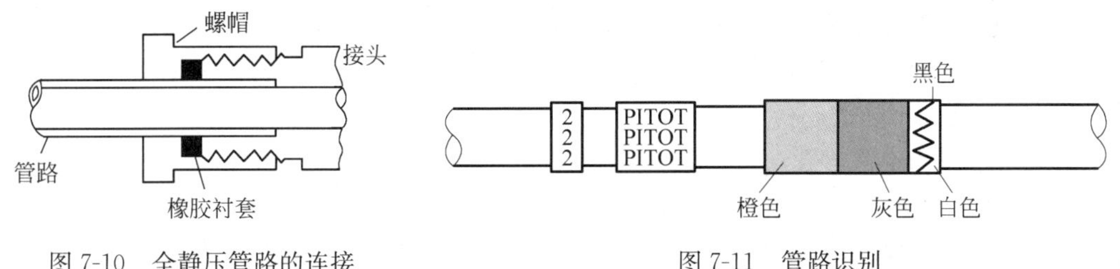

图 7-10　全静压管路的连接

图 7-11　管路识别

（3）安装

管路需在适当的位置用 P 形夹子支撑，并与其他结构进行有条理的安装，在特殊位置上要求有电气连接。

（4）衬套

橡胶衬套只能一次性使用，任何时候断开连接处，需使用新的衬套。螺帽不要拧得过紧，因为过紧的螺帽容易引起气压渗漏，还可能使管道产生凹痕或变形，从而阻碍气流的流动。

（5）管路排水

为了排掉管路中的水分，一般在系统最低处安装排水孔(见图 7-12)，它允许在不干扰系统管路的情况下进行排水。

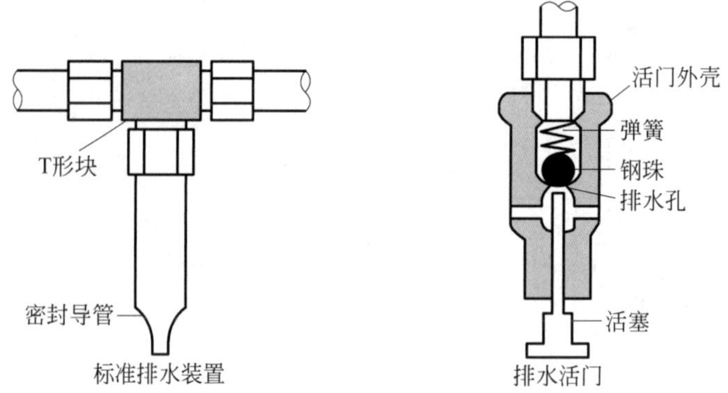

图 7-12　管路排水装置

如果排水装置内积满水,水将会在管路中流动。如果水还没有结冰,就会在管路中前后流动。这种运动将会使水像活塞作用一样,使仪表上的气压不规则变化。总压管上有水会引起空速表指示不规则,静压管上有水会引起所有仪表读数不规则。

如果水结冰,就可能完全堵塞仪表的管路,导致在高度表上指示固定读数,在升降速度表上指示 0。如果全静压管路都堵塞,空速表指示固定读数,也会出现多指或少指,这取决于哪个系统堵塞。

3. 气压探头的检查

(1) 装机前气压探头的气密性检查

① 目视检查损坏、氧化和腐蚀,确保所有的孔没有堵塞。

② 使用气密性测试仪作为气压源和标准空速表。用橡胶管密封静压槽,连接到探头,用手指将排水孔堵住。

③ 缓慢增压直到 130kn 或 150mile/h(1mile/h=0.44704m/s)。

④ 50s 后读数的下降不超过 10%(13kn 或 15mile/h 情况下)。

⑤ 将连接到静压探头的软管夹紧密封,从排水孔将手指移开,空速表指针平缓地回到零,证明排水孔是干净的。

(2) 气压探头电气检查

① 检查完探头气密性后,需按照以下程序检查加热丝的绝缘电阻:使用 500V 兆欧表,连接兆欧表的一个表笔到加热丝,另一表笔连接到管道探头的金属部分,接通兆欧表,最小读数为 20MΩ。

② 断开兆欧表,然后把安培表串联到加热管路,使系统提供正常电压。

③ 接通供电电路,注意工作电流会使探头很热,不能用手触摸。记录电流大小,计算加热丝的功率。断开电源,断开供电电路,并重新连接兆欧表。

④ 用 500V 挡位立即测量加热丝和探头金属之间的绝缘电阻,最小读数为 20MΩ。

7.2.3 高度表

1. 简介

机械式高度表基本上是一种测量气压的无液式气压表,任一指定高度获得的气压值必须等于ICAO标准气压下所得的高度值,ICAO标准大气表规定了气压值对应的基准高度。这种机械式高度表的工作依赖于一种假设,即假设温度变化率和空气密度与ICAO标准大气状况一致。机械式高度表就是通过测量大气压力然后将气压值转化为高度值的。

2. 气压设置

如果天气状况变化,气压也会随之变化,就可能使指示高度存在较大误差。为克服这一问题,可以给精密高度表设置一个校准的"气压设置刻度",它以毫巴(mbar,1mbar=100Pa)或英寸汞柱(in Hg,1inHg=3386Pa)为单位。仪表的气压刻度设置范围为850~1050mbar。

在地面时,可通过设置旋钮调整仪表机构,使指针指示正确读数。在飞行中,可以通过给高度表提供地面、海平面或其他直升机基准来修正读数,为使这种修正有效,一般参照ICCL国际通信代码中的3种气压值:

(1) QNE或AA:ICAO标准海平面气压,规定为1013.25mbar;

(2) QFE:机场标准气压;

(3) QNH:平均海平面气压。

值得注意的是,海平面气压每变化1mbar,高度变化30ft。

如果需要QFE和QNH的值,则可从机场空中交通管制获得。当直升机在地面上,将仪表气压基准设置为QFE,则在气压高度表上读出的读数为零。若仪表气压基准设置为QNH,则仪表上指示出机场相对于海平面的高度。

当直升机在过渡高度以上飞行时,高度表的气压基准应该设置为QNE或AA。这样,所有直升机的高度表都以相同的气压基准指示高度。此时,所有直升机的高度可以相互比较。当直升机在低于过渡高度飞行(通常距离进近点100km内)时,高度表的气压基准一般设置为QNH,这样使直升机高度易于同地面高度进行比较。

3. 高度的概念

直升机的飞行高度是指直升机在空中距某一个基准面的垂直距离。测量高度的基准面不同,得出的飞行高度也不同。如图7-13所示,飞行中使用的飞行高度大致可分为以下4种。

(1) 绝对高度:直升机从空中到平均海平面的垂直距离。

(2) 相对高度:直升机从空中到某一既定机场场面的垂直距离。

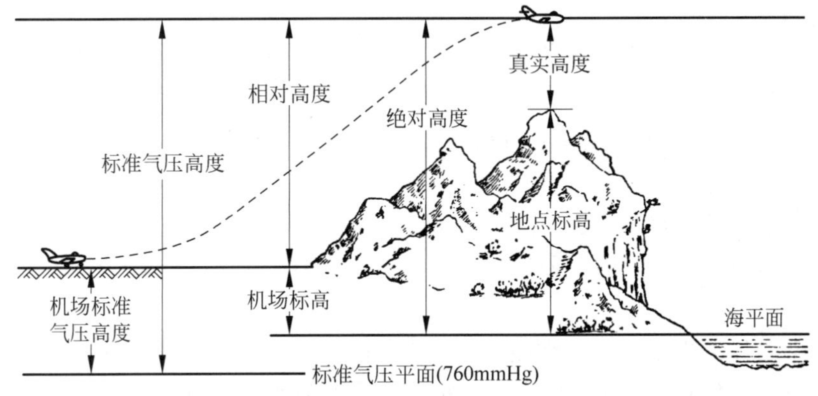

图7-13 飞行高度的种类

(3) 真实高度:直升机到正下方最高点水平面(如地面、水面、山顶等)的垂直距离。

(4) 标准气压高度:直升机从空中到标准气压海平面(即大气压力等于760mmHg的气压面)的垂直距离。标准气压高度是国际上通用的高度,是直升机在飞入航线时使用的高度。其主要目的是:防止同一空域、同一航线上的直升机在同一气压面上飞行时两机发生相撞。

4. 精密高度表的结构

精密高度表有一个圆柱形的密封塑料表壳连接到直升机的静压系统,因此该表壳内存在外界静压。与其他全静压仪表一样,如果表壳渗漏而客舱增压,仪表将会指示错误。

铍铜膜盒压力传感器有三层夹缝,静压作用于膜盒。选择使用铍铜是因为该材料具有良好的弹性,为确保其膨胀和压缩几乎为线性要将其抽成真空。当静压减小时膜盒膨胀,而静压增加时膜盒收缩。精密高度表的结构如图7-14所示。

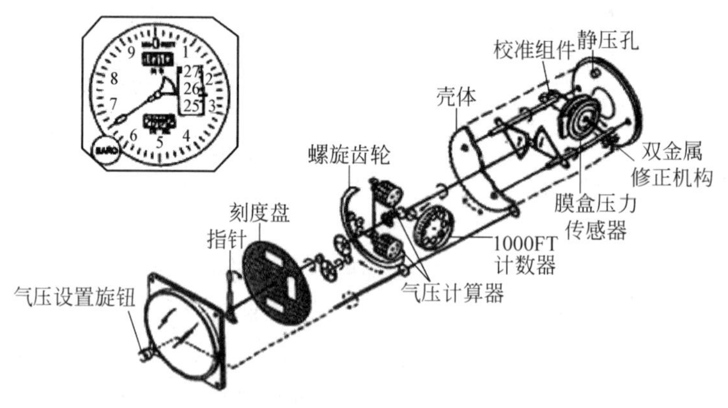

图7-14 精密高度表的结构

5. 伺服高度表

伺服高度表的基本工作原理与简单的灵敏高度表相同。当气压改变时,膜盒压力传感器便产生相应的压缩和膨胀,以此测量相应的高度。在伺服高度表中,膜盒直接连到电磁感应装置上,感应信号的输出传到放大器,放大器将该信号放大驱动马达旋转,马达带动指针和计数系统转动。

该设备由高度表本身和一个放大器两个主要部件构成。放大器用于自身指示并将高度信号传输给外部系统。

在较低高度时伺服高度表指示很精确。这是由于伺服高度表由马达驱动,即使在6000ft/min的上升率和下降率情况下,指示也不存在延迟。

伺服高度表的原理如图7-15所示。系统的中心部件是交流变压器,膜盒的膨胀和压缩改变它的输出,而输出信号与伺服环路连接,这样,反馈信号便逐渐驱动电磁感应装置到中立位。

该系统对气压的微小变化非常敏感,马达可提供足够的扭矩来驱动指示和反馈机构。

伺服高度表的优点是:放大器中有特殊的装置可调整仪表的气压误差,例如,有一些仪表是通过螺钉驱动来调整的,也可用来调零。

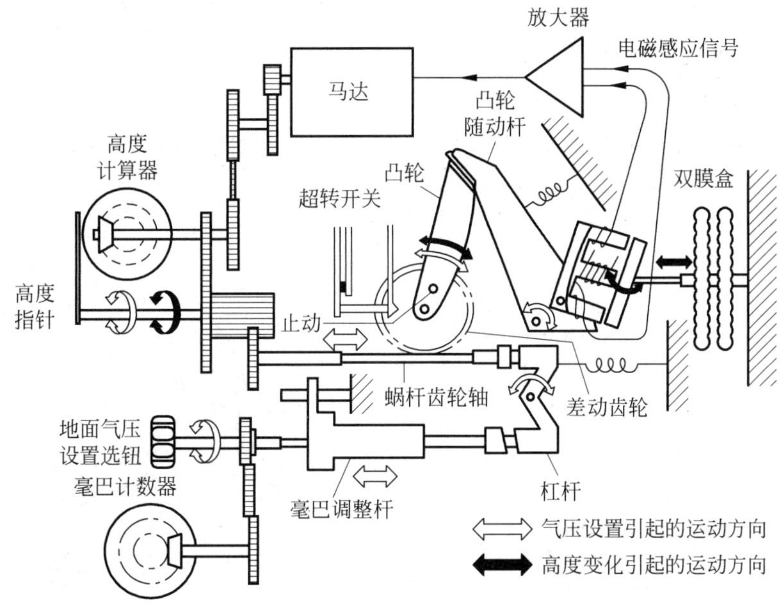

图 7-15　伺服高度表原理简图

7.2.4　空速表

1. 空速表原理

(1) 空速表(ASI)指示直升机在飞行中相对于气流的速度,它是一种压差表,通过比较全压和静压,利用动压指示出直升机的飞行速度(见图 7-16)。

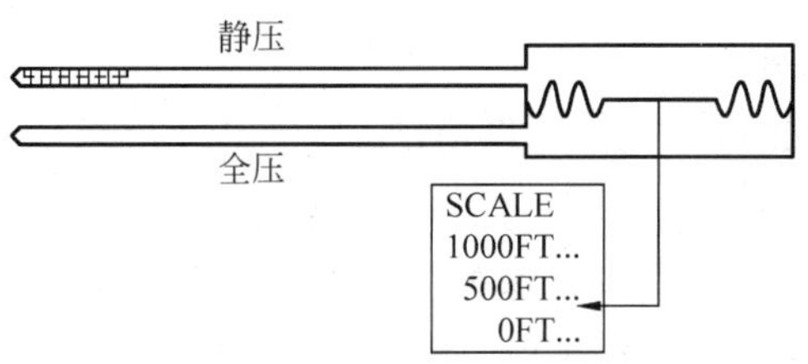

图 7-16　空速度表原理

在有风的情况下,空速表指示的不是地速。地速需通过计算气流的强度和方向才能得到。

如果风向与飞行方向在一条直线上,也就是简单的顺风或者逆风,那么计算时只需简单的相加或相减(见图 7-17)。如果风是有一定角度,就需用向量图进行计算。

(2) 空速修正

空速表单位为英里每小时(mile/h)、公里每小时(km/h)或海里每小时(kn),有时也会在一个仪表上标有两种单位(常用换算关系: 1mile＝5280ft,1n mile＝6080ft,1mile/h＝0.868kn,1kn＝1.15mile/h)。

(3) 指示

气压式空速表(ASI)指示的不是真空速(TAS),而是指示空速(IAS)。通过对 IAS 进行校准仪表误差修正和直升机气压误差修正，就可以得到校正空速(CAS)。再利用外界大气温度和高度修正大气密度，就可以得到真空速(TAS)。

(4) 仪表刻度盘标记

一些仪表使用彩色圆弧和半径标线作为范围标记(见图 7-18)，用来定义仪表刻度范围的各个点，确保飞行员操纵直升机安全。

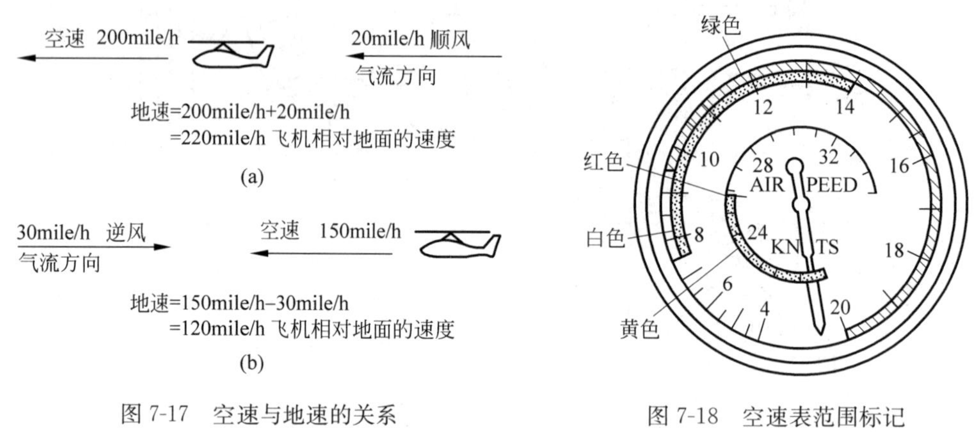

图 7-17 空速与地速的关系

(a) 顺风；(b) 逆风

图 7-18 空速表范围标记

标记可能刻在刻度盘上，也可能刻在玻璃上。如果是刻在玻璃上，做标记时必须准确定位。一般的标记如下：

红色半径标线＝最大和最小限制速度；

黄色圆弧＝警惕范围；

绿色圆弧＝正常工作范围；

白色圆弧＝指示范围偏低。

(5) 空速表的结构

与其他仪表一样，虽然不同生产厂家的不同类型存在差异，但所有的空速表基本原理是相同的。仪表内部的全压和静压作用于铍铜褶皱膜盒上，全压作用于膜盒内部，静压在密封表壳的内部作用于膜盒的外部。根据两者的压差，使膜盒产生膨胀和压缩。

膜盒的形变幅度行程较小，需由传送机构放大才可使指针工作。膜盒的膨胀和压缩对应指针的运动行程。

传送机构由推杆、行程杆、摇摆轴、第二行程杆、扇形轮、小齿轮组成。小齿轮用于驱动指针轴，游丝连接到齿轮来吸收指针的后冲(见图 7-19)。

大多数全静压仪表的密封表壳都是由酚醛塑料制成的。

2. 空速开关

空速开关与空速表工作原理相同，但是其结构比较简单(见图 7-20)，它用于实现开关功能，空速开关没有指示器。在直升机飞行中，它用于接通电路，例如空速管加热组件。在直升机停留于地面时，用于断开电路。

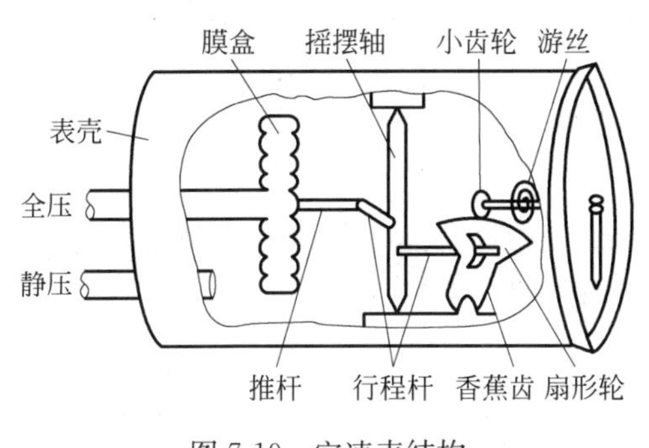

图 7-19　空速表结构

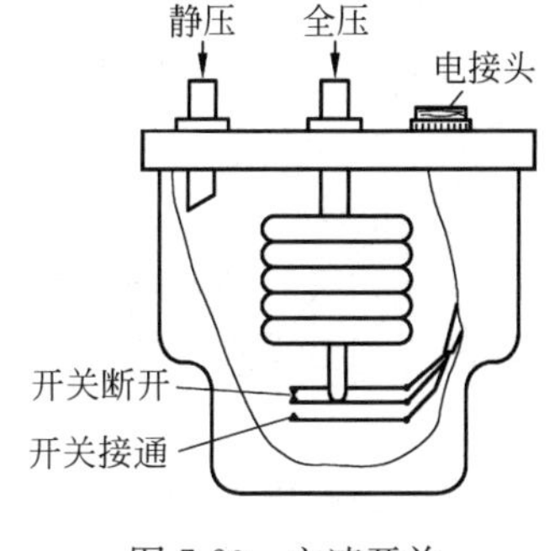

图 7-20　空速开关

7.2.5　升降速度表

1. 简介

由于压差表非常灵敏，因此，将其用于测量直升机的升降速度，升降速度表以 ft/min 为单位，它指示直升机的爬升率和下降率。典型的直升机升降速度表如图 7-21 所示。

2. 升降速度表工作原理

在密封的酚醛塑料表壳内装有一种非常灵敏的铍铜膜盒，膜盒连接到直升机的静压管路，测量组件(毛细管)也允许静压进入表壳。在地面或者平飞时，静压管路、膜盒内部气压等于表壳内气压，膜盒内外没有压差，仪表指针指零。直升机周围的气压会随着高度的改变而改变，膜盒内部可以随时探测到直升机周围气压的任何变化，但由于毛细管阻碍了气流，使表壳内气压的变化会以一定的速率延迟，这样就在膜盒内部与表壳之间产生了压差。膜盒的膨胀与收缩驱动指针指示出直升机的升降速度(见图 7-22)。

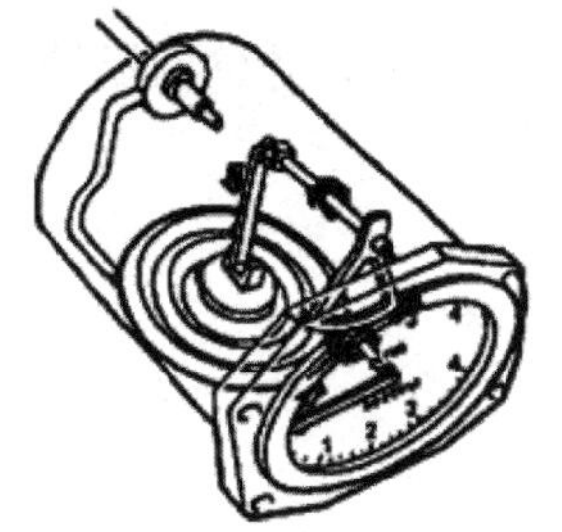

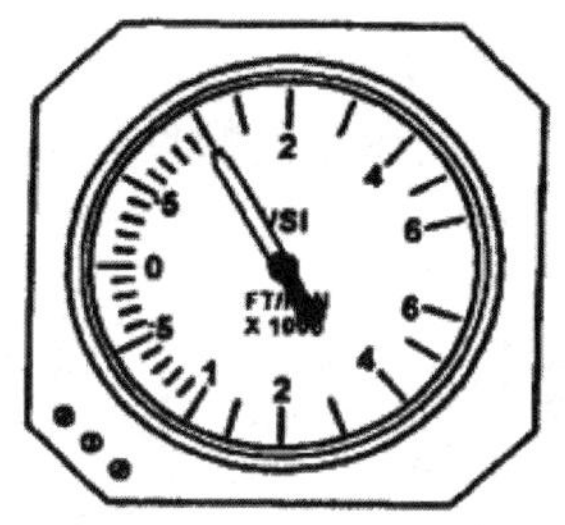

图 7-21　典型的直升机升降速度表

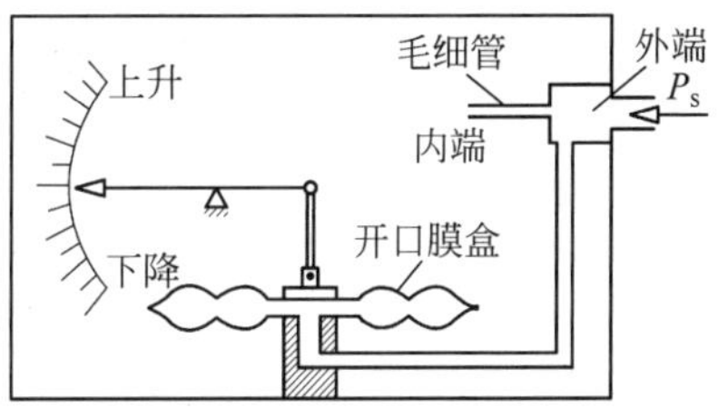

图 7-22　升降速度表工作示意图

3. 升降速度表的结构

(1) 传送机构

膜盒的膨胀和压缩通过推杆、摇摆轴、扇型轮、小齿轮驱动指针，其中小齿轮驱动指针轴，指针轴上的游丝吸收齿轮的后冲。该传送机构会放大膜盒的膨胀和压缩。

(2) 刻度盘的刻度

指针的零位一般设置在刻度盘上 90°位置，爬升和下降的指示范围从 0 到某个值。刻度盘上的每个数字点分为相等的 5 小格。传送机构可进行排列，因此指针的运动对应爬升率和下降率是线性的，于是可以在刻度盘上的每个标点给出相同的刻度。在某些情况下，传送机构的排列给出一个指针的对数移动，这需在较小值时给出更大的间隔和在较大值时给出较小的间隔，使 VSI 更精确，以及在低刻度时易读。

(3) 机械止动

这一功能一般安装在英国直升机上，防止仪表指针的运动超过最大量程。这主要通过限制推杆的行程来实现，但允许膜盒膨胀和压缩时超过正常范围。

(4) 仪表延迟

仪表需要膜盒内部和表壳有压差产生，带动膜盒给出爬升或下降的读数。实际上压差产生前直升机已经改变了高度，因此指示有轻微的延迟。在大多数情况下，该延迟是很小的，可以忽略不计。可是，对于直升机和高性能滑翔机，就要求同步指示。这可在静压接口的毛细管中加入一个或两个作动筒来实现，这个作动筒包括一个螺钉控制的活塞。

(5) 温度补偿

与其他膜盒仪表一样，在温度变化时，膜盒的弹性发生变化，影响读数。为了消除这一影响，行程杆由不变钢和黄铜制成。

7.3 陀螺仪

7.3.1 地平仪工作原理

1. 地平仪工作原理

地平仪是一种陀螺仪表，它可以指示直升机的俯仰和横滚姿态，其指示不会出现延迟。利用地平仪中直升机标识与水平杆的相对位置，飞行员可以一目了然地知道直升机的俯仰和横滚姿态。

地平仪利用一个垂直陀螺固定在一个万向支架上，支架的外框可围绕直升机的纵轴转动，内框可围绕直升机的横轴转动。图 7-23 所示是陀螺仪结构原理图。

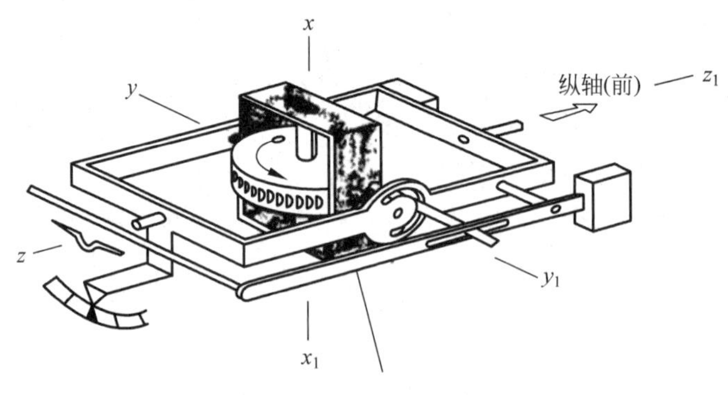

图 7-23 陀螺仪结构原理

(1) 俯仰指示

如果直升机在俯仰方向上改变姿态，仪表的外盒会随直升机姿态的改变而绕 yy_1 轴转动，所以，相应地，直升机标识就会相对水平杆上下移动。

直升机抬头：外环随直升机向上倾斜，而陀螺旋转轴要保持垂直，所以固定在内环的动作杆相当于一个支点将水平杆向下带动。

直升机低头：外环随直升机向下倾斜，水平杆向上移动。

(2) 横滚指示

当直升机横滚姿态发生改变时，仪表的外盒和直升机标识随直升机绕纵轴 zz_1 转动，并和水平杆成一定角度，同时，倾斜刻度盘也随直升机移动，所以横滚指针就可以相对地指示出倾斜角。

另外，所有的陀螺地平仪中都有一个校准装置，它用以保持陀螺的旋转轴一直在垂直方向。

2. 电动地平仪

下面所用到的图和电路仅作为例子，实际中有很多不同的类型，各不相同。

电动地平仪的陀螺转子由一个三相鼠笼式感应马达组成。在结构上，鼠笼部分构成转子，在垂直轴上绕定子线圈转动。这种构造使转子的重量都尽可能集中在周边，从而尽可能取得最大的转动惯量。

陀螺的静子接上 115V、三相、400Hz 交流电后产生 24000r/min 的旋转磁场，转子的实际转速大约为 22500r/min，其转差率为 6%。

电源可以来自直升机的主电源系统，只要频率保持恒定；也可以来自一个直流转三相交流的变流机。另外，当地平仪作为应急备用仪表时，机上电源系统只能提供单相交流电，因此，需要利用静变流机将单相交流电转为三相交流电供地平仪使用。

陀螺转子转轴的漂移问题通过液体摆启动修正系统来修正。图 7-24(a)所示是一个水银开关，两个液态水银平衡开关控制两个修正马达，其中，横滚水银开关控制位于万向节外框和内框之间的力矩马达，俯仰水银开关控制位于外环和壳体之间的力矩马达。

当水银开关探测陀螺转轴距离垂直位置的偏差时，接通相应的力矩马达控制电路，陀螺在马达的作用下产生进动，使转轴重新回到垂直位，水银开关也回到水平位，切断向力矩马达的供电，使陀螺的进动停止，如图 7-24(b)所示。

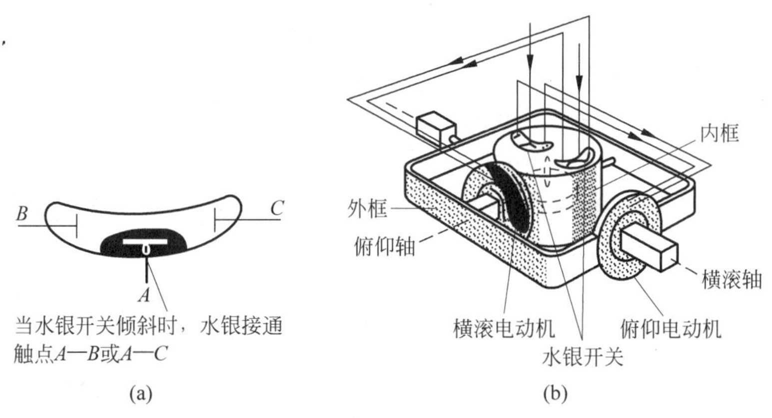

图 7-24 水银开关和电动地平仪结构简图

(a) 水银开关；(b) 电动地平仪结构简图

7.3.2 协调转弯仪

在一些小型和早期的直升机上会用到这类仪表,它用来代替转弯侧滑仪。

协调转弯仪的机械构造和转弯侧滑仪类似,不同的是在协调转弯仪里陀螺的万向框是倾斜放置的,与直升机纵轴大约成30°角,这种构造使得陀螺在直升机转弯和直升机横滚倾斜时都会产生进动。当直升机进入转弯时,直升机在横滚方向上发生倾斜,在协调转弯仪上,直升机符号会移动,从而指示出直升机倾斜的方向;飞行员根据直升机符号指示的外圈刻度来控制直升机达到所需的转弯率,如图7-25所示,图中的一个刻度代表180(°)/min(RATE1)。转弯的协调性由曲形管内的小球的中立位指示。

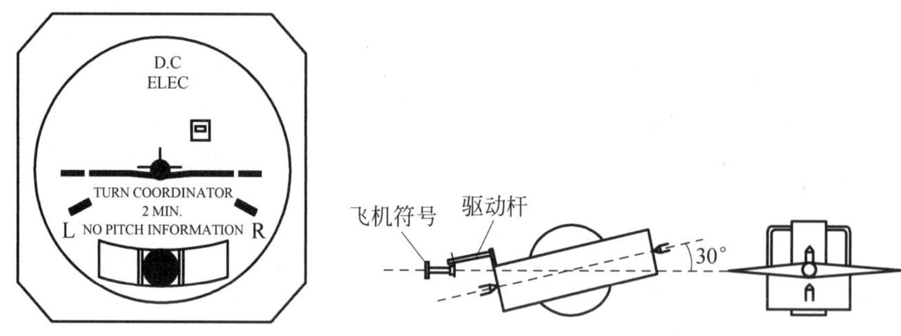

图7-25 协调转弯仪

在协调转弯仪里使用的陀螺多种多样,有的使用工作在6000r/min的直流马达;也有的使用通过仪表内自带的静变流机供电的交流无刷马达;也有一些采用气动和电动一体的,这种仪表在其中一种能源失效的情况下仍能正常工作。

在一些直升机上,陀螺的万向框的移动可以用来操纵机翼平衡系统,在直升机受到气流的影响时,该系统可以自动稳定直升机在横滚方向的变化。

这种仪表还必须注明"没有俯仰姿态信息",以免和地平仪混淆。

7.3.3 转弯侧滑仪和速率陀螺

1. 转弯侧滑仪

通过对陀螺仪表的介绍,我们知道速率陀螺是一种单自由度陀螺,它用来测量直升机围绕垂直轴转动的速率,单位为(°)/min,而不是测量转动的度数。

转弯侧滑仪由两部分组成,转弯指示部分由陀螺机构控制,而侧滑指示部分可以是重力操作指针,也可以是比较多见的曲形管球装置,如图7-26所示。

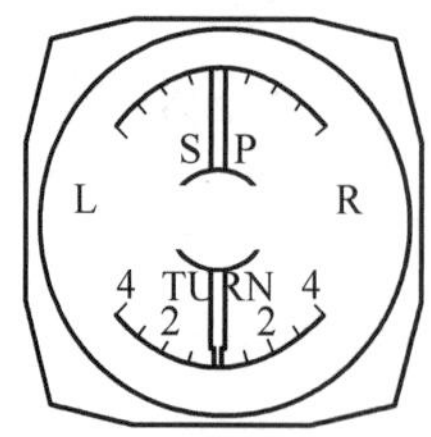

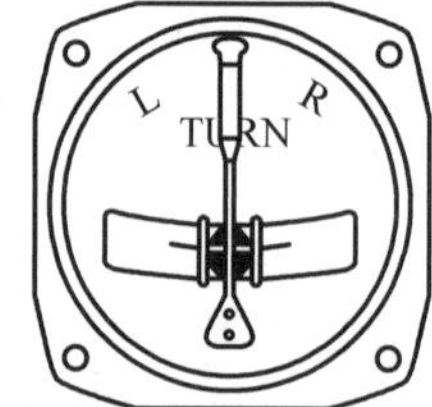

图7-26 转弯侧滑仪

2. 速率陀螺

通过图 7-27 我们来看看速率陀螺的原理。陀螺转子绕其自转轴旋转，它支撑在内框上，内框连接到仪表的结构上，这样使转子绕内框轴有一个自由度。转弯率的测量运用了陀螺的进动性，用一根弹簧来限制内框的移动。

当陀螺静止时，由于弹簧的限制力，陀螺保持旋转轴水平，因此，对于速率陀螺不需要一个专门的起动机构，同样速率陀螺的转子不需要很高的转速，一般为 4000～5000r/min。当然维持转速在适当的值同样重要，因为陀螺的进动性直接与转速成正比。

假设直升机向左转弯，左转弯使得内框前端向左移动，这相当于在转子上施加了一个垂直于旋转平面的力，这个力与直升机的转弯速率成正比，于是，陀螺的进动性将会使内框带动指针转动一定读数。

如果没有限制弹簧，对于一个稳定的力 $\boldsymbol{F}$，陀螺的旋转轴将一直转动，直到与力的输入轴重合为止。由于弹簧的存在，陀螺的进动力与弹簧的力将会达到一个平衡，内框将维持在一定的角度，从刻度盘上得到一个直升机转弯率的指示。各种仪表有不同的刻度盘，但它们都有一个相同的标准，RATE1 代表 180(°)/min，RATE2 代表 360(°)/min，RATE3 代表 540(°)/min，RATE4 代表 720(°)/min，不是所有的仪表都有这 4 个刻度，通常在零刻度左右两边各有一个刻度，并且刻度下面标有“两分钟转弯”，这代表指针指在一个刻度时直升机完成 360°转弯需要 2min。

3. 倾斜指示

转弯侧滑仪的另一个指示是倾斜指示(或者叫侧滑指示)。在某些仪器中利用钟摆，某些仪器使用曲形球管装置，当直升机水平直飞时，小球或钟摆在重力作用下处在中间位置，在转弯时小球或钟摆的位置由重力和离心力的合力决定，小球和钟摆的移动都有阻尼力，以防止不必要的摇摆。如图 7-28 所示，直升机处于水平直飞状态，钟摆在重力的作用下处在中心位置，指针读数为零。

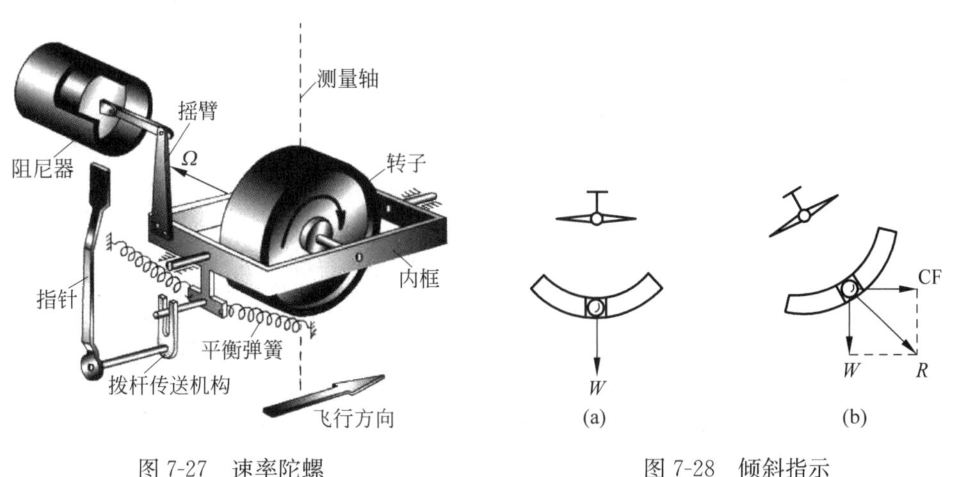

图 7-27　速率陀螺

图 7-28　倾斜指示

(a) 水平飞行；(b) 协调转弯

直升机向左转弯，侧滑仪的外壳也随直升机偏离垂直线，这使得钟摆也企图偏离外壳的中心线，由于转弯的离心力同样作用在钟摆上，所以最终钟摆仍停留在仪表的中心线上，这说明钟摆的重力和离心力相平衡。

7.4 罗盘

7.4.1 地磁

1. 简介

地球本身可以看成是一个巨大的磁铁，它的磁极位于地理两极的附近。

在两极之间的磁力线通过地球的表面以及地表以上的大气，在地表上的磁力线相对较弱，磁力线并不和地表平面平行，它们和地表平面成一个角度，这个角度在赤道附近基本可以忽略，而在两极附近非常明显。

2. 磁差

由于地球的磁极与地理两极位置并不相同，所以地球的磁力线并不与地理上的经线平行。如图 7-29 所示，它们之间成一个角度，这个角度被称为磁差，它对直升机的全球导航非常重要。

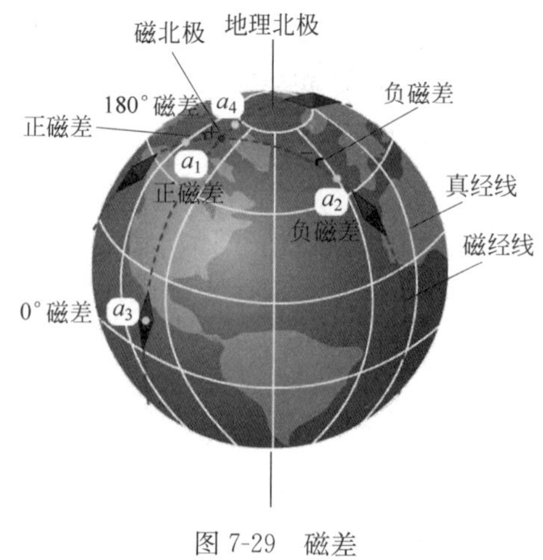

图 7-29 磁差

我们可以用图表来表示某个地区的磁差角，把图中所有磁差角相同的点连起来，就可以得到图 7-30 所示的曲线，这些曲线称为等偏角线，它们相当于磁经线，不太规则。所有偏差角为零的线定义为无偏差线。

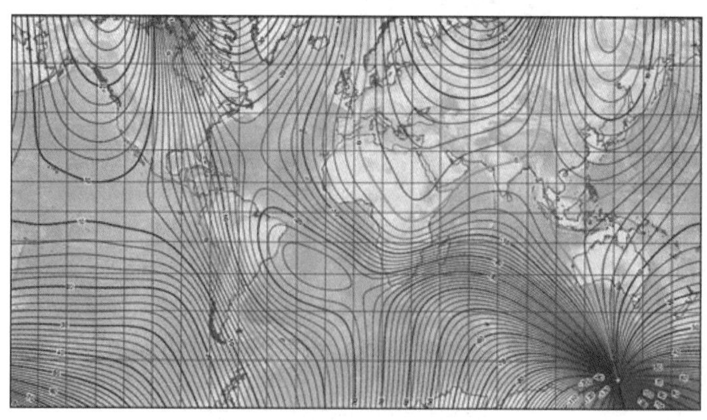

图 7-30 等偏角线

3. 罗盘构造

直升机的罗盘基本上就是一个永久磁铁，它通过某种方式悬挂起来使得自己可以与地球的磁场方向一致，磁铁的北极总是指向地球的磁北极。

4. 磁倾角

由于地球的磁场作用在整个地球表面，在赤道上，磁力线基本和地表平行，越接近磁极，磁力线和地表的角度越大，到达磁极，磁力线以 90°的直角进入地表。

如图 7-31 所示，一个自由悬挂的磁铁主要受到两个力的作用：一个是水平方向上的，我们称为 ***H*** 分量；一个是垂直方向上的，我们称为 ***Z*** 分量。它们的合力称为 ***T***，合力 ***T*** 使得磁铁磁极的指向和水平面成一个角度，这个 ***H*** 和 ***T*** 之间的角度称为磁倾角。

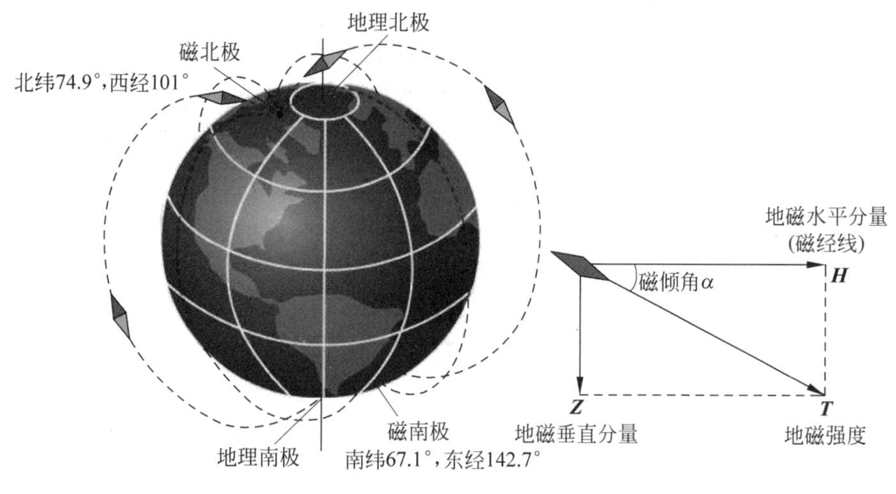

图 7-31　磁倾角

由于磁倾角的存在，我们必须想办法尽量减少它对直读式罗盘的影响，尤其是当直升机在高纬度的地区作业时。磁倾角接近 90°时，罗盘磁针将不能正确指示。

为了克服磁倾角的影响，使罗盘只对地球磁场的水平分量作出反应，其中一种办法就是把罗盘的磁铁做成垂摆式。

7.4.2　直升机磁场

1. 直升机磁场以及它对直升机罗盘的影响

直升机本身会产生一个磁场，磁场的大小也不稳定，这对直升机罗盘的设计者来说是一个难题，这个磁场对罗盘的指示来说是一个潜在的误差源而且无法避免。不过，通过对这个磁场的分析，我们可以将它分类，或者也可以把它分解成在规定方向上的分量，这样就可以采取相应的措施减少这些分量引起的误差。

2. 直升机磁场的特点

(1) 永久性

永久性是由使用在直升机结构、动力装置或其他设备上的铁质、钢质的部件引起的，这些材料在制造的时候，或者直升机长时间在一个航向上飞行时，被地球磁场磁化而具有磁性。

(2) 暂时性

暂时性是由直升机的金属部件被地球的磁场“软性”磁化而引起的，这类磁场的大小由航向、直升机的姿态以及地理位置决定。

直升机上有大量的磁性材料，一些是硬铁材料，具有永久磁铁的特性；另一些是软铁材料，可以被感应出磁性，但是当感应磁场移开后，它的磁性也消失。

3. 罗差

直升机本身的磁场对罗盘的影响使得罗盘指针的指向略微地偏离磁北极。实际的磁北极与罗盘所指示的北极之间的差别被称为罗差。

4. 符号的规定

从磁北极的指向顺时针计算的罗差规定角为正值“+”，或者称为“向东”；从磁北极的指向逆时针计算的罗差规定为负值“−”，或者称为“向西”。

磁差是从真北极到磁北极的角度，罗差是从磁北极到罗盘北极的角度。

如图 7-32 所示，直升机上的罗盘读数为 104°，也就是从罗盘北极顺时针到直升机航向之间是 104°；图中的偏移角是+5°，或称为向东 5°；直升机的磁航向为罗盘读数加上偏移角，即 104°+5°=109°。

表 7-1 给出了如何从罗盘读数、磁差、罗差计算出真航向。

表 7-1 真航向的计算

罗航向	罗差	磁航向	磁差	真航向
104°	+5°E	109°	−9°W	100°
304°	−4°W	300°	+10°E	310°

5. 直升机磁场的影响

如图 7-33 所示，由直升机的磁性材料产生的磁场可以分解为 3 个部分：

(1) 分量 **P** 作用在前后方向(纵轴)；

(2) 分量 **Q** 作用在左右方向(横轴)；

(3) 分量 **R** 作用在上下方向(垂直轴)。

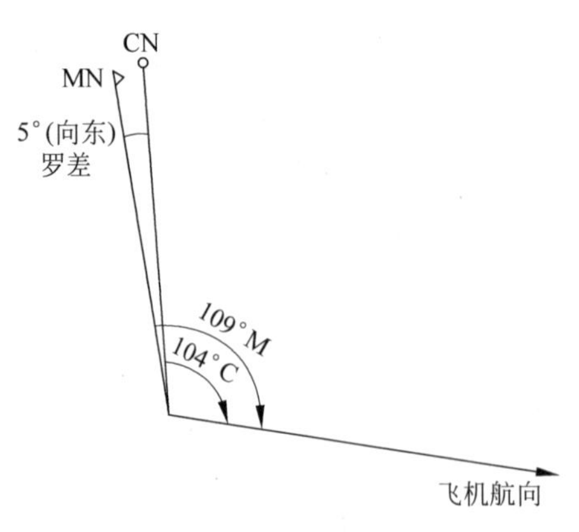

图 7-32 直升机的磁航向

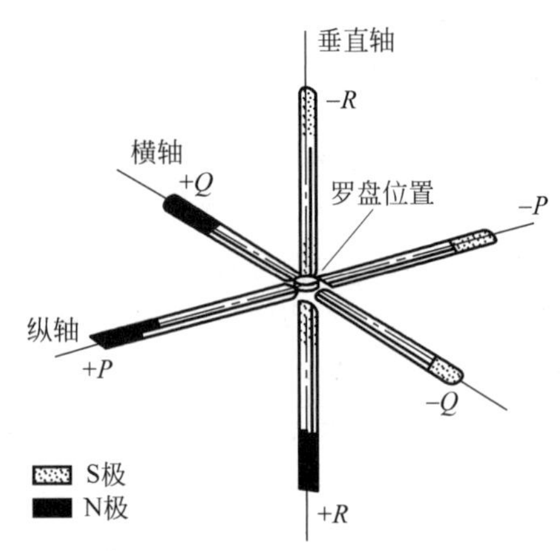

图 7-33 磁分量

如果这些分量吸引罗盘的指针向前、向右、向下，我们规定为正；如果这些分量吸引罗盘的指针向后、向左、向上，我们规定为负。尽管硬铁材料产生的磁场比较恒定，但是经过很长一段时间后它仍会发生改变，这样罗盘的罗差就改变了，罗盘就需要重新校验找到新的罗差，罗盘的校验周期在直升机的手册中都有规定。

7.4.3　直读式罗盘

直读式磁罗盘是最先被引用到直升机上的导航飞行辅助装置，它的主要功用是指示直升机相对地球磁方位的航向。不过现代直升机使用更为精确的远读罗盘系统、飞行指引系统提供直升机的方位参考，直读式罗盘只作为备用。

直读式罗盘的工作是以磁场的基本原理为基础，根据一个自由悬挂的磁铁与地球磁场的相互作用提供指示。直读式罗盘是一个自主式的部件，不需要其他外部的传感器，也不需要电源，在现代直升机上一般作为备用仪表。

除了前面提到的下倾角对罗盘的读数造成困难外，还有几个其他的外力会对罗盘造成误差，比如机械误差、动态误差、偏移，其中机械误差主要是由仪表的构造造成的误差。

前面讲到过为了克服下倾角对读数的影响，我们把罗盘中的磁铁系统做成垂摆型，磁铁的重心与它的支点不重合。而这一点又给罗盘带来另一个问题——动态误差。

前面已经提过偏移了，它是由直升机本身的磁场造成的，是磁北极和罗盘北极之间的夹角，需要注意的是它的正负号的规定。

7.4.4　远读式罗盘和陀螺磁罗盘

1. 远读式罗盘

直读式罗盘只能放在飞行员可以很容易看到的地方，而不能随意选择一个受直升机磁场干扰较小的地方。

如果我们使用一种远读式罗盘，那我们就可以将指示部分安装在容易看到的地方，将探测部分安装在受直升机磁场干扰较小的地方，比如尾梁。指示部分主要就是一个罗盘卡，它受一个同步或不同步的电气机构控制，控制信号来自探测部分。探测部分由线圈环组成，探测地球的磁场，并把这个磁场信号转化为控制罗盘卡转动的信号。探测装置也需要像直读式罗盘一样被校准。后面介绍的磁流阀就是一个探测器。

2. 陀螺磁罗盘

现代的磁罗盘系统尽管在长时间的稳定飞行中能提供很准确的航向信息，但不可避免地会受到直升机的姿态移动的影响而产生转弯误差和加速误差；而单纯的方向陀螺虽然不受直升机的姿态移动的影响，但它在长时间的飞行中会有漂移的问题。

如果我们能够把磁罗盘和方向陀螺结合起来就能得到一个更准确的系统，我们称它为陀螺磁罗盘。陀螺磁罗盘比较陀螺与磁探测器（磁流阀）的输出，用它们的误差信号带动陀螺的进动马达，使陀螺能够修正它的漂移误差。基本的陀螺磁罗盘的框图如图 7-34 所示。

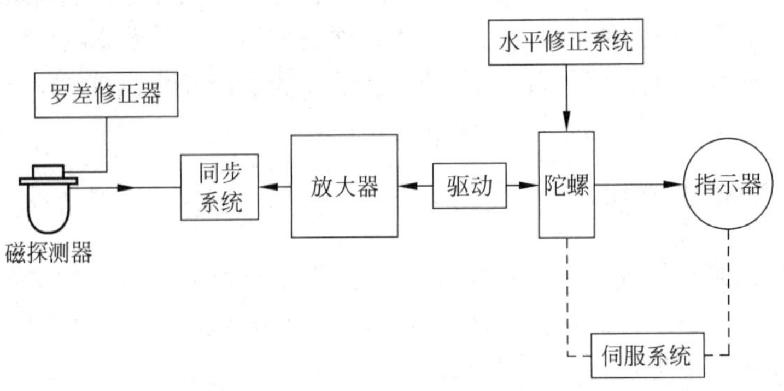

图 7-34　基本的陀螺磁罗盘的框图

陀螺磁罗盘系统的具体工作这里就不作介绍了，这里简单地介绍一下两个探测部件——磁流阀和方向陀螺的简单原理。

3. 磁流阀

磁流阀用来探测地球磁场的方向与直升机前后轴之间的相对位置，它的大致结构如图 7-35 所示。整个探测机构被悬挂在一个密封的盒子里，当直升机的姿态改变时，感应元件一直保持水平，当直升机转弯时，感应元件随直升机转动，这样就相当于它在地球的磁场里转动，从而输出信号。

4. 方向陀螺

方位陀螺是一个三自由度陀螺，根据陀螺的原理，当直升机的航向改变时，陀螺的外框可以绕垂直轴自由转动，从而保持陀螺的旋转轴的空间位置，那么陀螺的外框和固定外壳之间的相对移动就可以反映出直升机的航向。

由图 7-36 中可以看到，陀螺的旋转轴被一个外框上的力矩马达控制而保持水平，而马达的信号来自内框上的一个重力液体水平开关。当液体开关探测到旋转轴不水平时，它会接通力矩马达的电路，根据陀螺的进动特性，当力矩马达在外框施加力矩时，内框会发生进动，从而使陀螺的旋转轴回到水平位置。

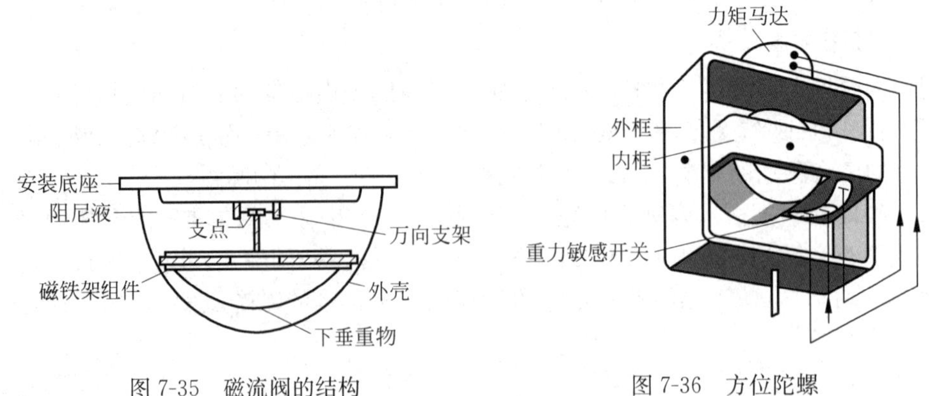

图 7-35　磁流阀的结构

图 7-36　方位陀螺

7.5 自动飞行

7.5.1 自动飞行控制系统的组成和基本功能

1. 自动飞行控制系统的组成

目前许多现代直升机都装有自动飞行控制系统(AFCS),一般自动飞行控制系统包括自动驾驶仪(AP)、飞行指引系统(FD)、自动配平系统。另外,最新一代直升机甚至还装有飞行管理系统(FMS),该系统的输出信号输入到自动飞行控制系统,完成直升机的制导。

2. 基本功能

自动驾驶仪通过自动地控制直升机的飞行,减轻飞行员的工作负担,它还可以在恶劣的气象条件下完成直升机的自动着陆。

现代直升机装备的FMS为直升机完成最佳飞行进行导航和飞行剖面的计算。FMS的输出信号控制自动飞行控制系统的工作,并对其进行监视,这样就防止了直升机在不正常条件下执行错误的自动飞行指令。

7.5.2 自动驾驶仪

1. 自动驾驶仪(AP)的功能

当自动驾驶仪投入工作后,可以实现的主要功能列举如下:

(1) 自动保持直升机沿三个轴的稳定(姿态角的稳定);

(2) 接受飞行员的输入指令,替飞行员操纵直升机以达到希望的俯仰角、航向角;

(3) 接受飞行员的设定,控制直升机按预定高度、预定航向飞行;

(4) 与飞行管理系统耦合,执行飞行计划,实现按预定飞行轨迹的飞行;

(5) 与仪表着陆系统(ILS)耦合,实现直升机的自动着陆。

2. 自动驾驶仪的基本原理

任何自动驾驶仪,尽管其传感器、伺服系统有所不同,但其基本工作过程都是误差敏感、误差纠正和桨距随动的过程,即闭环自动控制过程。因此,自动驾驶仪属于闭环工作系统,它包含两个反馈回路,一个称为内回路,另一个称为外回路(见图7-37)。

通过操纵控制面板上相应的控制旋钮或开关,可以实现自动驾驶仪的衔接、脱开和工作方式之间的转换。

自动驾驶仪通常以两种常见形式衔接,即驾驶员操作方式和指令方式。

当自动驾驶仪以驾驶员操作方式衔接时,自动驾驶仪的作用原理是:驾驶盘上飞行员的操作量作为输入指令,被转换成电信号后,送到计算机,计算机再输出信号去控制液压作动器,这时自动驾驶仪仅起到助力器的作用。

当自动驾驶仪以指令方式衔接时,计算机会自动计算输出指令,然后通过液压作动器控制直升机的相应操纵,实现直升机的自动控制。

由于不同直升机上安装的自动驾驶仪系统各不相同,所以可能的工作方式有3种:高度保持、航向保持和速度保持。

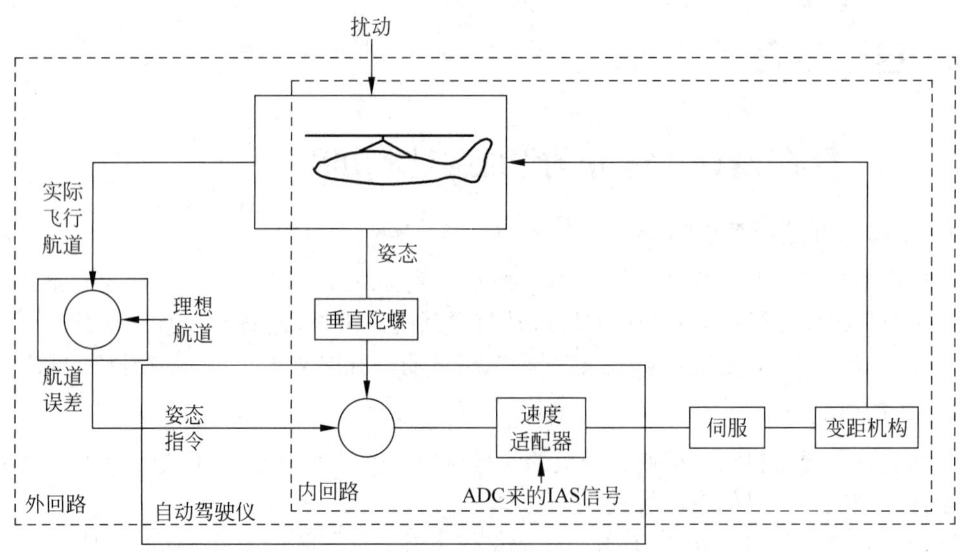

图 7-37　自动驾驶仪的内、外回路

对于飞行指引系统来说，在直升机上的应用并不普遍，因此，这里不作介绍。

直升机的自动配平系统，就是改变操纵系统的基准点，使系统回到中立位置或在中立位置附近工作，从而使直升机保持某种稳定飞行姿态。

7.6 通信系统

7.6.1 通信系统的组成和功能

现代直升机通信系统主要用以实现直升机与地面之间、直升机与直升机之间的相互联络，还包括机内通话、广播、驾驶舱内话音记录等。该系统可以分为机内通话系统、无线电通信系统和事故调查设备三部分，如图 7-38 所示。

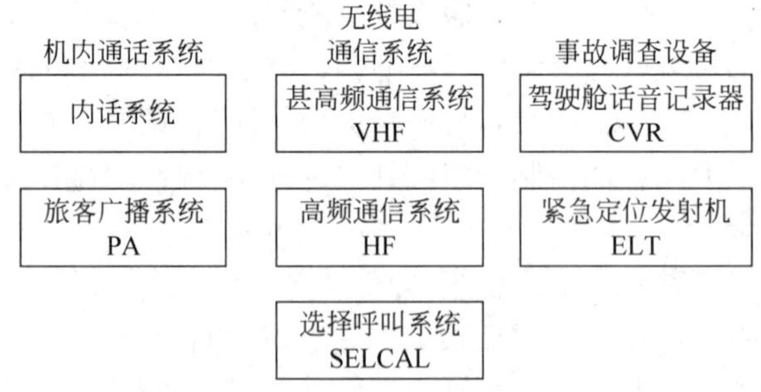

图 7-38　现代直升机通信系统的组成

机内通话系统用于直升机内部的通话，包括内话系统和旅客广播系统。其中，内话系统可使驾驶舱与客舱之间建立通信联络，旅客广播系统用于飞行员向旅客播放通告。

机组成员之间通过飞行内话系统联络，其他工作人员之间使用客舱内话系统联络，维修人员之间则使用勤务内话系统联络，飞行员通过广播系统向乘客播放通知。

每个机组成员都有自己的音频控制板，驾驶舱音频设备有头戴耳机。

地面维修人员将耳机连接于机身连接点，也可以与驾驶舱人员联络。旅客广播系统的用途是为乘客提供信息，飞行员按下音频控制板上的PA按钮(有的需按下并保持)，才能向旅客播放通知。

无线电通信系统包括VHF系统、HF系统、选择呼叫系统。VHF通信系统通过无线电信号完成通信任务，其最大作用距离可达200n mile。例如，该系统可与空中交通管制一起工作完成交通管制，它还用于与其他直升机的通话联络。HF通信系统可以完成长距离的通信任务，因为HF无线电信号利用电离层的反射进行传播。选择呼叫系统用于供地面塔台通过高频或甚高频通信系统对指定直升机或一组直升机进行呼叫联系。

事故调查设备包括驾驶舱话音记录器(CVR)和紧急定位发射机(ELT)。驾驶舱话音记录器记录所有机组人员的通话信号，在意外事件发生之后，用其记录的信号进行事故原因的调查。紧急定位发射机可以帮助搜寻人员，确定失事直升机的位置。

7.6.2　甚高频通信系统

VHF通信系统用于与地面台或直升机之间实现短距离的话音与数据通信，如图7-39所示。

VHF通信系统的工作频率范围为117.975～137MHz。

注意：121.5MHz是国际上规定的紧急频率。在航空器上紧急定位发射机使用这一频率，所以通信系统不用。

通信频道的间隔一般为25kHz，共有760个频道。然而，随着直升机数量的增多，需要更多频道。因此，现代系统使用的频道间隔为8.3kHz，大约有2000个频道可以使用。

现代直升机上一般都装有两套独立的VHF系统，左(L)系统通常用于正驾驶的话音通信，右(R)系统用于副驾驶的话音通信。

每一套VHF通信系统都具有收发机和天线，两部天线分别安装于机身不同的部位，并且机型不同其安装的位置也不同。

一般情况下，一部甚高频控制盒上有两个频率读数，分别由其相应的选择旋钮控制，如图7-40所示。一个转换开关用来选择使用其中的一个频率，同时另一个频率备用。每个频率窗口上方有一个灯指示哪个频率正在工作。

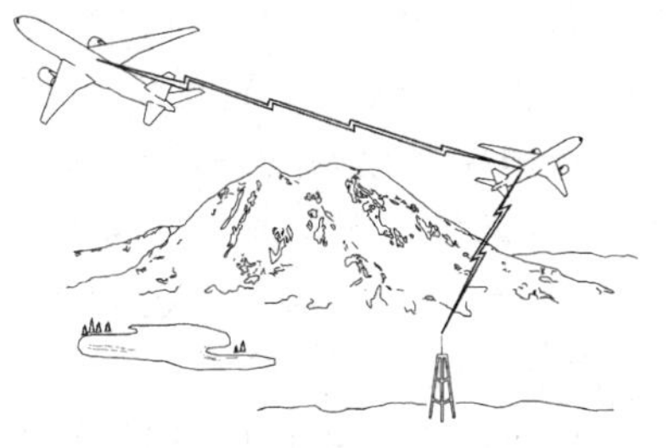

图7-39　甚高频通信系统的功能

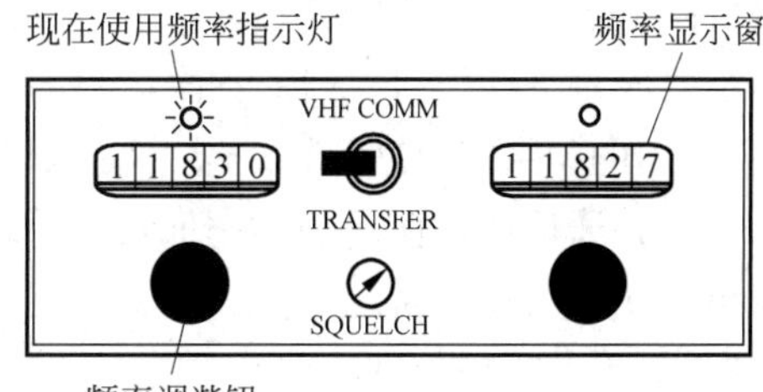

图7-40　甚高频控制盒

麦克风和耳机/扬声器要独立地接到机组成员的音频选择设备上，接收机远距离安装并连接到垂直极化刀形天线。

无线电管理板用于选择频率，该频率既作为发射机中的载波，又作为接收机中的本振信号。音频控制板用于起始发射功能和选择音频信号。

正常工作时，发射形式为调幅，发射机的输出功率大约为25W，通过收发机中的探测电路，在头戴式耳机中可以听到测音信号。如果测音信号消失，则说明整个系统故障。

7.6.3 高频通信系统

HF通信系统用于长距离通信，它一般安装在长途飞行的、需要远程通信的直升机上。

无线电信号通过电离层的反射传输信息，所以它比视距传播的距离远。但不足的是，电离层经常发生变化，所以通信质量不高。高频通信原理如图7-41所示。

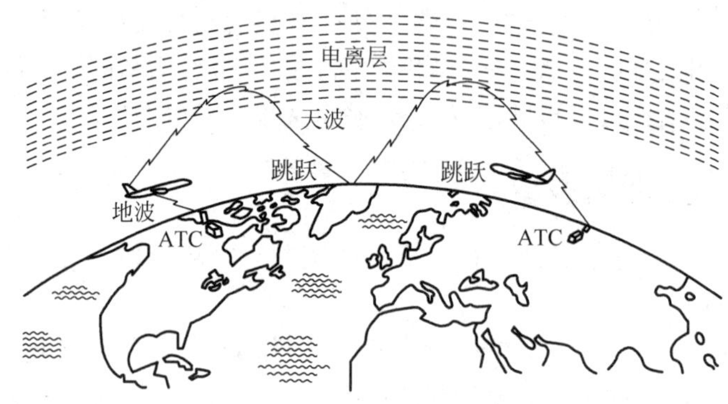

图7-41 高频通信原理

在现代直升机上，卫星通信SATCOM系统取代了HF系统，因为它可以更可靠地实现长距离的通信。

高频通信系统如图7-42所示。直升机上通常有一套HF通信系统，系统包括收发机、控制盒和天线。收发机位于电子舱中，天线位于尾梁侧面。天线耦合器用于对天线进行调谐，以选择HF频率，它靠近天线安装。

HF收发机与VHF收发机一样，也将发射机和接收机集成在一部机载设备上，其发射功率比较大，约为200～400W。在控制盒上可以进行频率和系统选择，与VHF系统相同。HF的频率范围为2～25MHz，频率间隔为1kHz或0.1kHz。

在控制盒上，使用AM按钮，可以选择HF的两种不同的工作方式。当第一次按下按钮时，选择AM调幅方式工作，这一方式将载波和上下边带一起发射出去，占用的频带较宽。当第二次按下按钮时，选择SSB方式，SSB是单边带，这一方式仅发射调幅信号的一个边带，它占用的频带窄，传输效率比较高。典型的高频无线电控制板如图7-43所示。

由于高频通信系统使用的频率低，其天线较长，因此，在起始发射功能之前，必须用天线耦合器将天线调谐在与所选HF频率相匹配的长度上。当然，此处提到的“天线长度”指的是电长度，而不是机械长度。注意，收发机工作于接收方式时不需要调谐。

天线调谐过程为：按下PTT按钮，起始调谐过程；调谐时，耳机中可以听到1kHz的音调；天线调谐完成时，1kHz的音调消失；再次按下PTT开关，起始发射功能。在正常的发射功率下，可以通过测音信号监听发射信息。

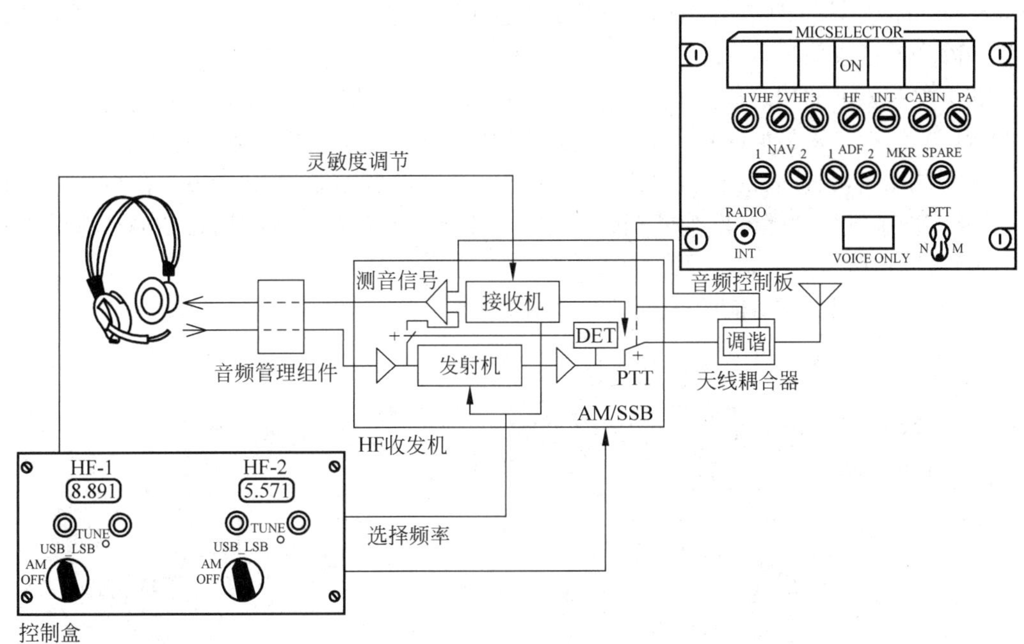

图 7-42　高频通信系统简图

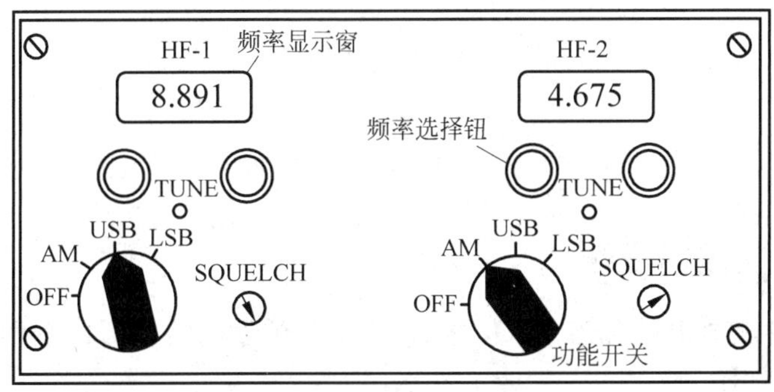

图 7-43　典型的高频无线电控制板

7.6.4　驾驶舱话音记录系统

驾驶舱话音记录器(CVR)是一个非常重要的设备。因为,在直升机失事或发生意外事故之后,它可以用于对直升机当时的情况进行评价,它连续地记录驾驶舱中机组人员的通信联络话音。

现在使用的话音记录器有两种类型:模拟磁带记录器可记录直升机飞行结束前 30min 的话音数据,先前记录的信息被新记录的信息自动覆盖;数字式记录器可以记忆 120min 的内容,先前记录的信息被新记录的信息自动覆盖。

话音记录器有三个音频输入:两个输入来自音频管理组件,在驾驶员的头戴式耳机中可以听到它,由于所有的发射信号也要在头戴式耳机中重复出现,所以记录的内容包括收、发话音信号;第三个输入来自区域话筒,它感受整个驾驶舱的声音。

当一台发动机起动时,话音记录器开始自动记录信息。在直升机落地后最后一台发动机停车5min之后,记录器停止工作。直升机落地并处于旋翼刹车位时,按下消除键(ERASE),可以消除全部记录信息。

按下控制板上的测试按钮,可以测试话音记录器。该功能使记录器记录所有三个通道的测试信号。在许多类型的直升机上,先闭合地面控制开关,才能接通记录器的电源。

在测试期间,测试表的指针必须指示在绿区或状态指示器显示 pass。在现代直升机上,通常在中央维护计算机系统(CMCS)中完成测试。当在控制板的插孔中插入头戴式耳机时,就可以监听这一测试记录的信号。

驾驶舱话音记录器功能简图如图 7-44 所示。

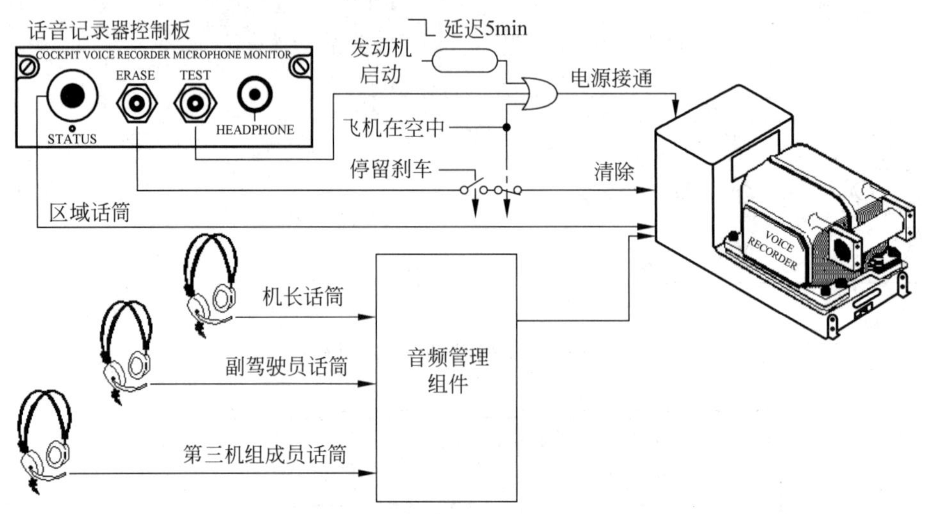

图 7-44　驾驶舱话音记录器功能简图

7.6.5　紧急定位发射机

在直升机发生意外着陆和落入水中之后,紧急定位发射机(ELT)帮助搜寻营救人员查找直升机的下落,如图 7-45 所示。

图 7-45　紧急定位发射机在水中工作

如图 7-46 所示，在直升机上有两种类型的 ELT：第一种是固定的发射机，它一般安装于直升机后部；第二种是便携式的发射机。

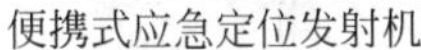

便携式应急定位发射机　　固定式应急定位发射机

图 7-46　两种紧急定位发射机

便携式 ELT 以两个国际上规定的紧急频率发射无线电信号，一个频率是 VHF 频段的 121.5MHz，另一个频率是 UHF 频段的 243MHz。两个频率发射的无线电信号都用扫频音调信号调制。UHF 和 VHF 频率的接收范围大约为 200n mile，所以，如果直升机失事在这一范围内，营救人员就可以找到直升机。

在一些直升机上装有固定式 ELT，它通过机身后部的小天线向外发射 121.5MHz 和 243MHz 的信号。另外，它还发射一个 406MHz 的附加信号，这一信号卫星可以收到，它可以在全球范围内确定直升机的位置。该信号包括直升机的型号、尾翼上的标志信息和失事前的位置，如图 7-47 所示。ELT 靠内部电池供电，它至少能工作 48h。

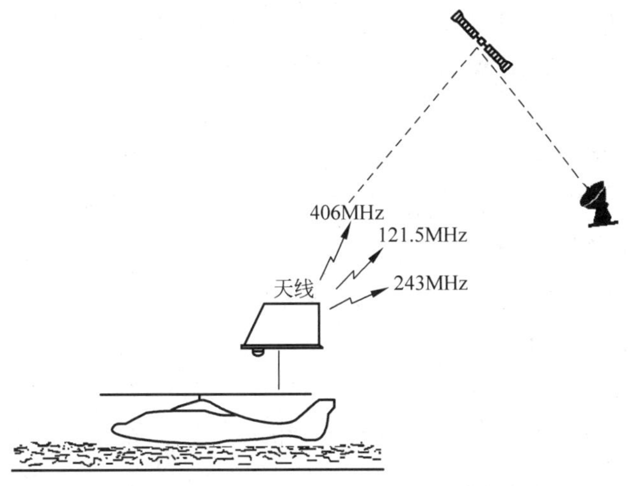

图 7-47　固定式紧急定位发射机的作用

当电池落入水中或电池线脱开时，便携式 ELT 开始工作。当内部 g 开关探测到直升机纵轴的加速度大于 $5g$ 时，固定 ELT 将自动激励。另外，它还可以通过驾驶舱顶板的控制板人工启动。在测试时应该注意：在一个小时的第一个 5min 内，只能接通 ELT 开关最多 15s，否则，产生的任何发射信号都将立刻启动搜索和营救工作。在测试期间，当 VHF 通信系统调谐在 121.5MHz 时，可以听到扫频音调信号。

7.7 导航系统

7.7.1 导航系统的组成

导航是指引导直升机从某地沿预定的航线安全、准确地飞达目的地的过程。直升机导航系统的设计、工作原理等与固定翼直升机基本一致。直升机导航系统由无线电导航系统、雷达系统、交通管制系统组成，最新型的直升机还可以选装飞行管理系统，如图 7-48 所示。

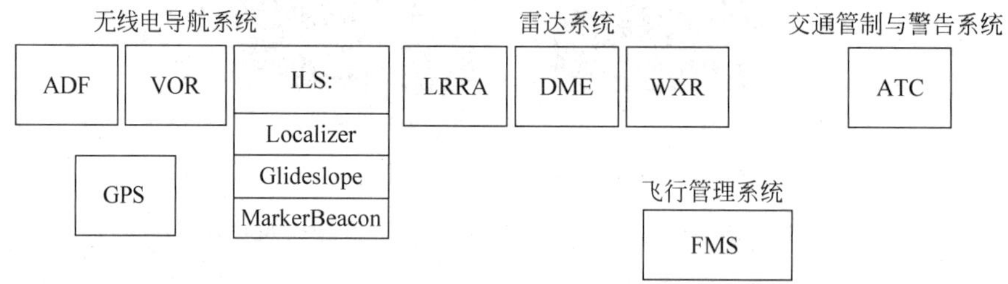

图 7-48 导航系统的组成

1. 无线电导航系统

无线电导航系统利用来自地面台或空中的无线电信号帮助飞行员引导直升机沿正确航路飞行。用于航路导航的两个最基本的系统是 ADF 和 VOR。ADF 是最早的航路导航系统，也叫自动定向机；VOR 是甚高频全向信标，是最普遍使用的一种航路导航系统。目前，全球定位系统 GPS 也已经安装在直升机上，它可以精确地为直升机定位。

用于引导直升机安全着陆的系统称为仪表着陆系统，用 ILS 表示。仪表着陆系统可以在恶劣的环境下为直升机提供着陆引导，它由航向、下滑和指点信标系统组成。

2. 雷达系统

雷达系统包括无线电高度表(LRRA)、测距机(DME)和气象雷达(WXR)，它们分别用于测高、测距和对直升机周围的环境进行监测，其收发机的工作频率均在 1GHz 以上。

3. 交通管制与警告系统

交通管制由机载空中交通管制(ATC)应答机和地面交通管制台共同完成。

4. 飞行管理系统(FMS)

飞行管理系统是以飞行管理计算机为核心的高级区域导航、制导和性能管理系统，它的出现不但减轻了驾驶员的工作负担，而且使直升机以最佳的路线安全、经济地飞达目的地。

7.7.2 无线电导航系统

1. 自动定向机(ADF)系统

ADF 是自动定向机，它是一个近程无线电导航系统。它从地面台接收无线电信号，其频率范围为190～1750kHz。ADF接收机计算出直升机到地面台的相对方位角(RB),即以直升机机头方向为基准顺时针转到直升机与地面台连线之间的夹角,该计算结果在无线电磁指示器(RMI)和导航显示器(ND)上显示。

ADF接收机还从地面台接收由音频信号调制的莫尔斯电码信号,并将其输出到音频系统,用于对地面台的识别,如图7-49所示。

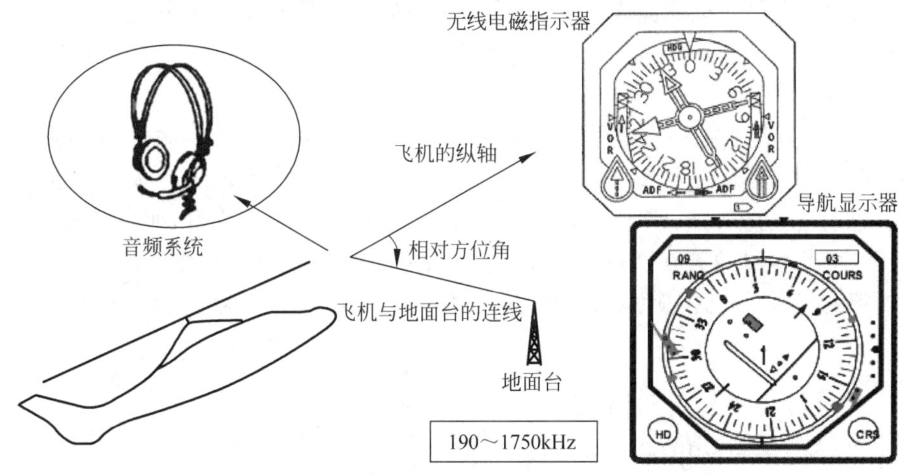

图7-49　ADF的功能

典型的ADF系统的接收机位于电子设备舱,天线位于机身底部。接收机的调谐既可以由FMS自动完成,也可以在ADF控制盒上完成。ADF接收机输出的相对方位角在导航显示器上显示,大多数直升机上还安装有无线电磁指示器(RMI)。在音频控制盒(ACP)上选择ADF系统,可以收听地面台的音频识别信号。ADF系统的组成与功能如图7-50所示。

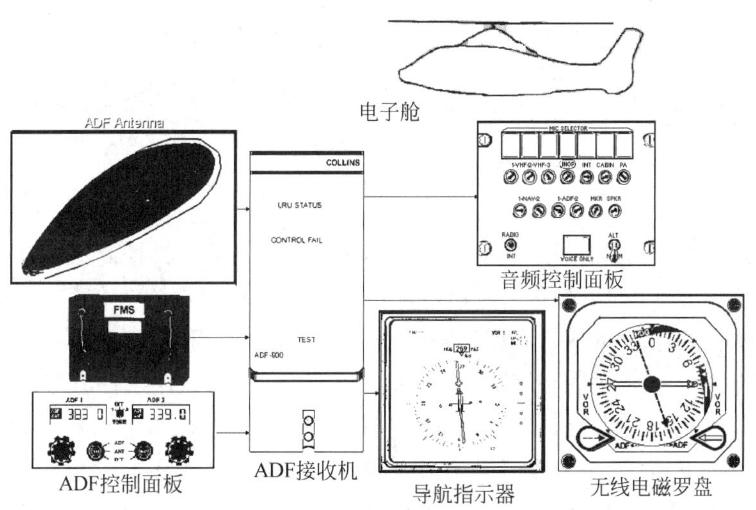

图7-50　ADF系统的组成与功能框图

ADF系统利用两部天线接收来自地面台的电磁波。环形天线接收电磁波的磁场部分,感应天线(垂直天线)接收电磁波的电场部分,并将信号传送到ADF接收机。ADF接收机利用这两个信号计算出相对方位信号,并且驱动ND和RMI上的指针指示出相对方位。

我们知道,将普通收音机旋转360°时,可以感受到接收信号的强度发生变化。具体来说,在旋转360°时,有两个方向上得到的声音最小,有两个方向上得到的声音最大。而普通收音机内部安装的是磁棒天线,它类似于环形天线,因此,利用环形天线可以找到电台的方位。环形天线的方向性图为8字形,如图7-51(a)所示。

环形天线接收电磁波的磁场部分。当线圈轴垂直于电磁波来向时,线圈上感应的信号最强。当线圈轴平行于电磁波来向时,线圈上感应的信号最弱。ADF正是利用接收信号的最弱点现象实现定向的,因为信号在最弱点附近的变化比在最强点附近的变化更明显,所以ADF定向也称为哑点定向。

但环形天线有两个方向信号最弱,环形天线在相差180°的方向上接收信号的效果一样,这样给定向带来一个模糊点,如图7-50(b)所示。为了去掉这一模糊定向点,则需要使用第二部天线,该天线称为感应天线,感应天线的方向性图为圆形,它没有方向性,如图7-51(c)所示。

如果将两种类型的天线接收信号混合在一起,可以得到一个心脏形的辐射图形,如图7-51(d)所示。由图7-51(d)可见,在该图中仅有一个最弱点,这样就解决了单值定向的问题。

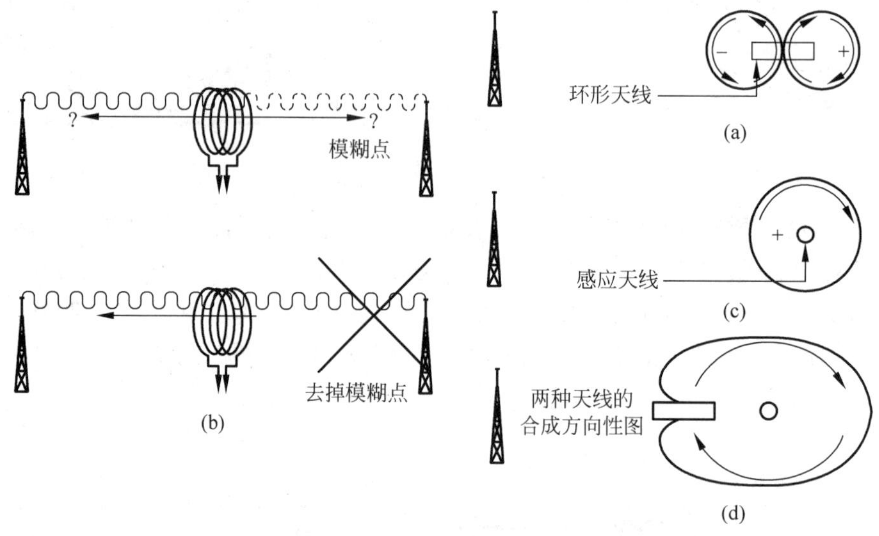

图7-51 ADF基本原理

ADF系统有两个工作方式,即ADF和ANT,可人工选择,其控制板如图7-52(a)所示。

在ADF工作方式下,系统具备所有的功能。它能计算出相对方位角,并且通过音频系统可以听到地面台发出的莫尔斯识别码。在ANT工作方式下,只有感应天线工作。因此,不能计算出相对方位。但是,收听识别信号更清晰一些。这一方式用于台识别信号较弱的情况。

相对方位角显示在ND上。在直升机上有两套ADF系统,在ND上可以看到两个指针:ADF 1是单线的指针,指针标准颜色是白色。ADF 2是带双线的指针,指针的标准颜色是蓝色。磁航向(MH)是以磁北极为基准顺时针旋转到机头方向形成的角度,它也在ND上显示。如果接收到的地面台信号太弱,指针将消失。如果系统探测到故障,警告旗将出现。在ND上的警告旗是一个琥珀色的矩形框,如图7-52(b)所示。

相对方位角和航向信息也在RMI上显示,其背景盘指示出磁航向(MH),指针指示出相对方位。RMI有两个选择钮,它用于选择显示ADF或VOR角度。当信号太弱时,其指针总是显示在 3 点钟的位置，并且红色 ADF 警告旗出现，如图 7-52(c)所示。

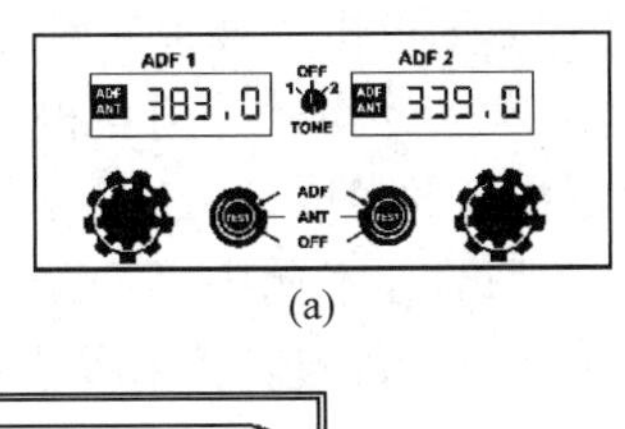

(a)

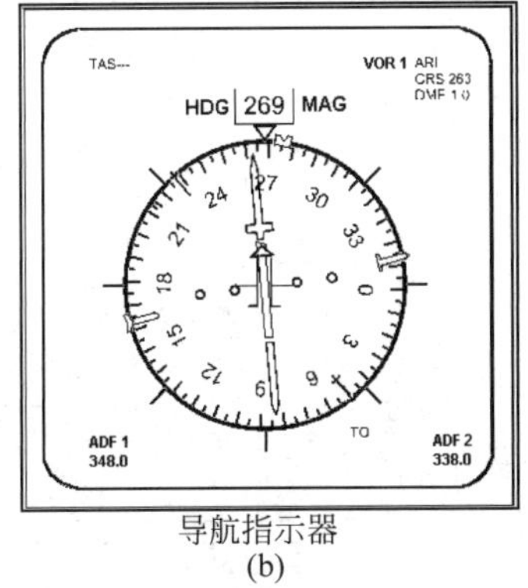

导航指示器
(b)

无线电磁指示器
(c)

图 7-52　ADF 控制板和 ND/RMI 显示器

2. 甚高频全向信标(VOR)系统

VOR 的含义是甚高频全向信标机，它利用地面台发射的 VHF 频段的全向和方向性信号进行定向。其频率范围为 108.00～117.95MHz，其作用距离与直升机高度等有关，其最大作用距离为 300～500km，因此，它属于甚高频近程无线电导航系统。VOR 系统接收来自地面发射台的信号并对其进行译码处理输出 VOR 方位角。VOR 方位角(VOR bear)是以直升机所在位置的磁北极方位为基准，顺时针转到直升机与 VOR 台连线之间的夹角，如图 7-53 所示。

VOR 的工作原理与灯塔的工作相似。灯塔由闪亮和以一定速度旋转的光束两个可视信号组成。闪亮信号在每个方位都可以看到，而旋转光束只有在照射到某个方位上时，该方位上的光强度才最强。假设在旋转光束指向磁北极时，闪亮信号闪烁。那么，将闪亮与旋转光束直射到某点时所用的时间测量出来，就可以确定该点相对于灯塔的方位。

如图 7-54 所示，VOR 地面台也发射两个信号：一个是基准信号，它向所有方向发射，就像灯塔的闪亮信号一样；第二个信号被称为可变信号，它相当于灯塔上发出的旋转光束。

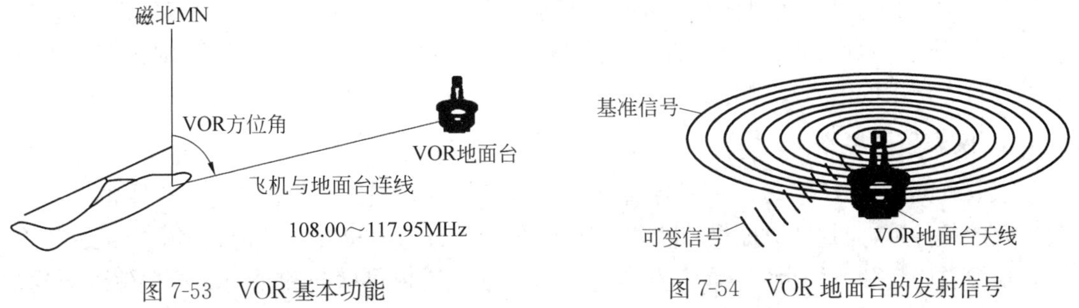

图 7-53　VOR 基本功能　　　　图 7-54　VOR 地面台的发射信号

VOR 接收机比较上述两个无线电信号，从而计算出直升机相对于 VOR 台的方位。为了便于理解，我们将 VOR 台向四周发射的电磁波称为射线，在图 7-55(a)所示的例子中，直升机位于 240°射线上，这一角度是从 VOR 台观察直升机得到的角度。注意：0°射线指向磁北。

在驾驶舱中，RMI/ND 指示器指示的角度是从直升机观察 VOR 台的角度，即 VOR 方位角，该角度总与射线相差 180°。因此，在本例中，VOR 方位角是 60°，如图 7-55(b)所示。在 RMI 上双线指针的箭头指示出 VOR 方位角，其末端指示出射线的角度。

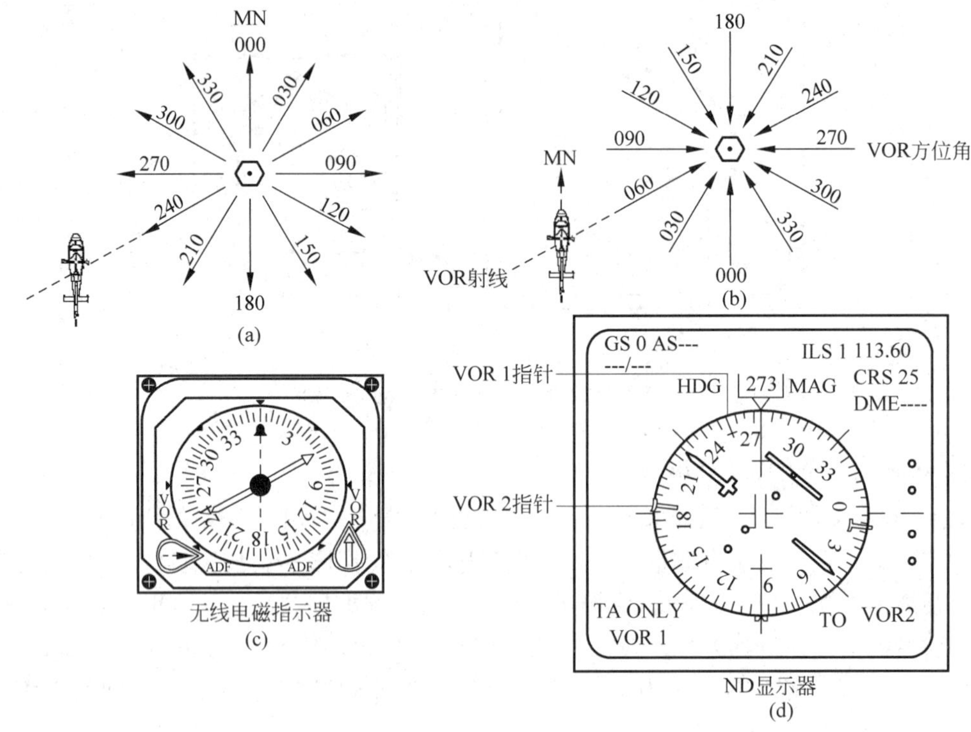

图 7-55 VOR 方位角的含义及指示

VOR 接收机的输出信息在 ND 和 RMI 上显示，如图 7-55(c)、(d)所示，并且提供给自动飞行控制系统的自动驾驶仪和飞行指引仪，在一些系统中还利用它进行位置计算。

VOR 接收机将从地面台接收到的音频信号输出到音频系统，飞行员可以听到 VOR 台识别信号。另外，在大型机场还提供航站自动情报服务(ATIS)信息，因此，飞行员还可以听到 VOR 台发射的语言交通信息和气象报告。

目前，有两种类型 VOR 地面台：一种是基本 VOR 台；另一种是多普勒 VOR 台，它是由基本 VOR 天线组成的天线阵，其造价很高，但工作性能比较好，它能消除例如山峰或高大的建筑物产生的信号反射的影响。

3. 仪表着陆系统

仪表着陆系统(ILS)是一种引导直升机进行着陆的设备，尤其是在气象条件恶劣或能见度差的条件下，为驾驶员提供着陆的引导信号，以保证直升机安全进近和着陆。系统利用来自地面航向台和下滑台发射的信号为直升机对准跑道提供横向和垂向的位置偏差数据，其输出在显示器上显示。为完成自动着陆，该数据还输出到飞行管理系统(FMS)和自动飞行控制系统(AFCS)。另外,仪表着陆系统还包括指点信标机。仪表着陆系统如图 7-56 所示。

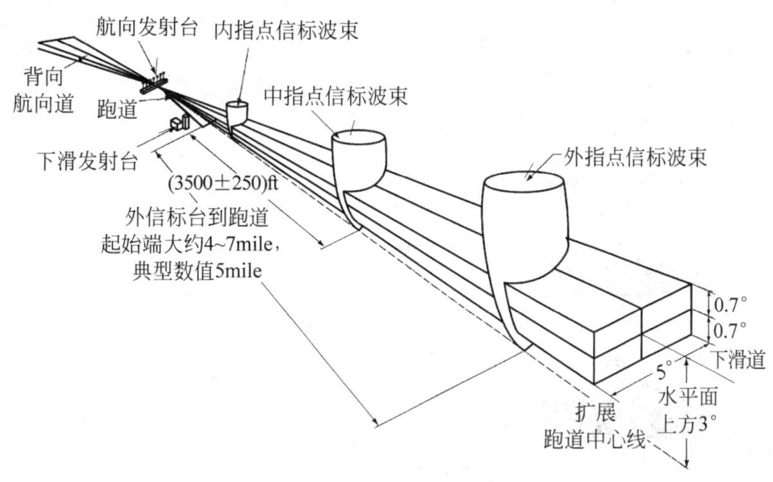

图 7-56 仪表着陆系统

(1) 航向台

航向台的发射频率为 108.10～111.95MHz,左波瓣用 90Hz 调制,右波瓣用 150Hz 调制。航向台有 40 个频道。发射机发射的信号通过方向性天线阵向空间辐射出两个波瓣,其交汇处对准跑道中心线。发射机房和天线位于跑道末端。

当直升机下降在跑道中心线上时,航向接收机接收到的两个调制信号的幅度相同,它驱动航向偏差指针指示在中间。如果直升机位于跑道中心线的左侧,则航向接收机中接收到的 90Hz 信号幅度大,如图 7-57 所示。航向偏差指针向右偏,这说明跑道中心线在直升机的右边。在显示器上,一个点表示 1°偏差。

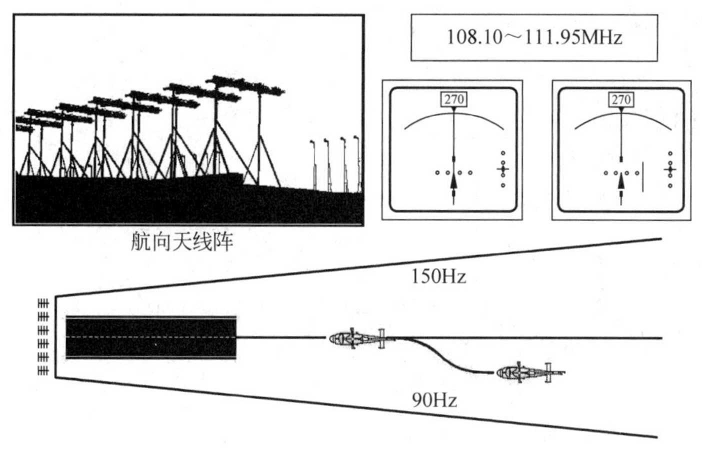

图 7-57 航向机的功能及指示

在近进末端,航向偏差显示变为扩展显示,仅有两个偏差点,一个点表示 0.5°偏差。

(2) 下滑台

下滑台的发射频率为 329.15～335.00MHz,上波瓣用 90Hz 调制,下波瓣用 150Hz 调制。下滑台有 40 个频道。两个波瓣的交界处形成了 2.5°～3°的下滑道。地面台位于跑道旁边大约 300m,在跑道始端平面之上。

当直升机飞在下滑中心线上时,下滑接收机接收到的两个调制信号的幅度相同,它驱动下滑偏差指针指示在中间。如果直升机位于下滑道的下方,则下滑接收机中接收到的 150Hz 信号幅度大,如图 7-58 所示。下滑偏差指针向上偏,这说明下滑中心线在直升机的上方。在显示器上,一个点通常表示 0.35°偏差。

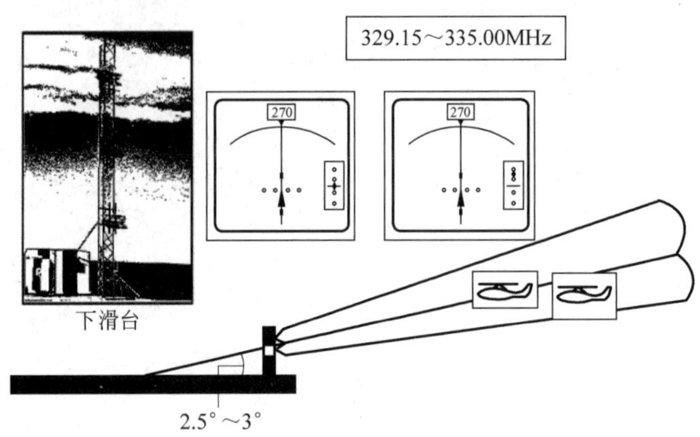

图 7-58　下滑机的功能及指示

机载 ILS 系统包括航向(LOC)、下滑(GS)和指点信标机。在大部分直升机上 ILS 系统通常整合在 VOR 系统中,一般情况下配备有两套系统,每套系统都由天线、接收机和输出接口(到显示器和自动飞行控制系统)组成。

下滑天线通常位于机头整流罩内。由于航向天线的工作频率低,而下滑天线的工作频率高,所以,航向天线尺寸大,下滑天线尺寸小。在一些直升机上,VOR 天线也作为航向系统的天线,因为它们处于同一个频段。另外,如果是独立的 ILS 接收机则包括航向/下滑接收机。仪表着陆系统的组成及功能框图如图 7-59 所示。

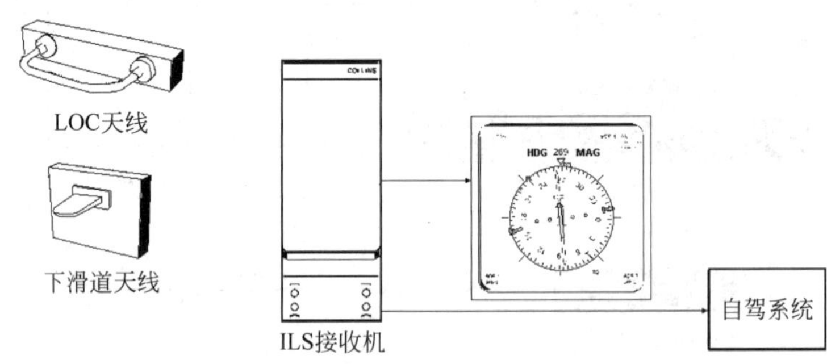

图 7-59　仪表着陆系统的组成及功能框图

自动驾驶仪不需要任何可视的参照物就可以操纵直升机。但是,驾驶员必须监控自动着陆,并且需要看到跑道,需要多少可视物主要取决于机场和机场设备。

更精确的数值取决于跑道和直升机的类型。当驾驶员在决断高度上没有看到跑道时,就必须人工复飞。决断高度也称为最低高度,它由无线电高度表测量。

4. 指点信标系统

指点信标系统(MB)属于仪表着陆系统,其作用是:当直升机飞过信标发射台时,为飞行员提供视觉信号和听觉信号以提示机组人员已经接近着陆跑道。在早期,地面上有3个信标台,即外信标台、中信标台和内信标台,如图7-60所示。但是,现在内信标台已经不再使用。所有信标机的发射频率都是75MHz。

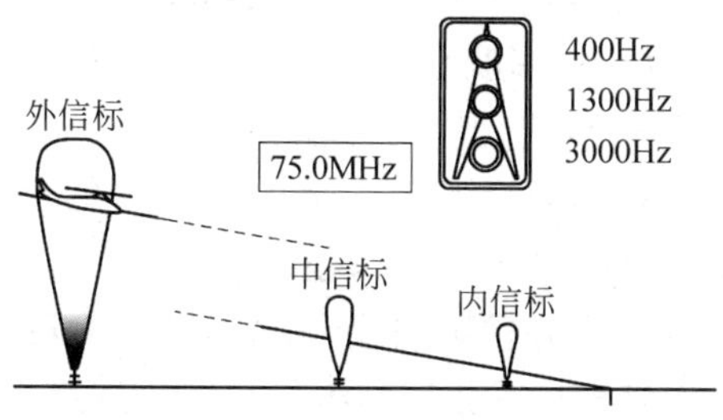

图7-60 指点信标机的功能

外信标机(OM)位于距离跑道大约7km处,其发射信号用400Hz的音调调制。当直升机飞过其上空时,在驾驶舱信标板上的蓝色灯亮,并听到400Hz的Morse码识别声音。

中信标机(MM)位于距离跑道大约1000m处,其发射信号用1300Hz的音调调制。当飞机飞过其上空时,在驾驶舱信标板上,琥珀色灯亮,并听到1300Hz的音调声。

内信标机(IM),位于距离跑道大约300m处,其发射信号用3000Hz的音调调制。当飞机飞过其上空时,在驾驶舱信标板上的白色灯亮,并听到3000Hz的音调声。

5. 全球定位系统(GPS)

全球定位系统是一种基于卫星的、长距离的、全球性的导航系统。GPS是一种全天候的无线电导航系统,它不受静电云团等气象干扰,通过收、发无线电信号可为用户提供精确的定位和时间基准等。GPS不仅适用于直升机等航空航天飞行器,也适用于地面汽车、人群、海上船只等的定位和导航。使用GPS系统的直升机,可以引导直升机在起飞、巡航、进近、着陆等各个阶段沿预定的航线准确地飞行。此外,卫星导航系统还可以综合应用于通信、交通管制、气象服务、地面勘测、搜救、授时等军事、民用领域。

在地球上空10908n mile的轨道上,有21颗工作卫星和3颗备用卫星。每个卫星绕轨道一周需要12h,如图7-61所示。

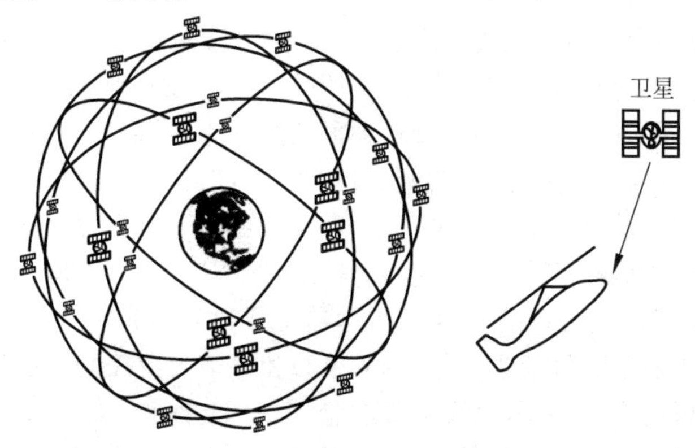

图7-61 全球定位系统示意图

每颗卫星向外发射包括传输时间在内的信号。机载GPS组件比较信号的接收时间与发射时间，并计算出这一信号的传输时间。通过这一传输时间，就能确定直升机到卫星的距离。因为无线电信号在空间传播的速度是光速。

当机载GPS能收到至少4颗卫星的信号时，它就能计算出直升机所在位置的纬度、经度和高度。因为GPS中存储了所有卫星的轨道位置数据，它也被称为星历。

GPS提供两种服务：一种精确定位服务，用PPS表示，它仅用于军事方面；另一种是标准定位服务，用SPS表示，它用于民用航空。

GPS使用的频率是1575.42MHz，其定位精度在15～25m之间。在使用标准定位服务时，其15m的定位精度太低，这样，直升机就不能利用GPS的定位数据着陆，为了弥补定位精度太低的不足，可以通过差分GPS，即DGPS进行改善。

DGPS是在机场上建造一个已知精确位置(纬度、经度、高度)数据的基准台，然后，利用GPS计算该基准台的位置，将已知位置数据与测量位置数据进行比较会产生位置误差。这一位置误差信号发射到直升机，利用它修正GPS计算出的位置误差。采用这种方法，可以使其定位准确度提高到大约3m，如图7-62所示。

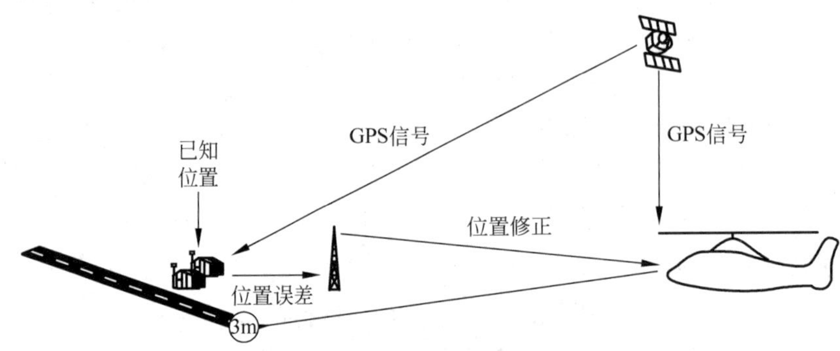

图7-62 差分全球定位基本原理

7.7.3 雷达系统

1. 无线电高度表

无线电高度表的作用是测量直升机到地面的垂直距离，这一距离称为无线电高度。无线电高度表的测量范围是0～2500ft，所以该系统主要用于直升机的起飞、进近和着陆阶段。因此，这一系统也被称为低高度无线电高度表，用LRRA表示。

无线电高度表测高的基本原理如图7-63所示。由收发机中的发射机产生一个雷达信号，通过天线发向地面。该信号的一部分经地面反射回来，反射信号由第二部天线接收。接收机计算发射信号与接收信号之间的时间延迟，并将其转换成高度信号输出到显示器上。

在大型直升机上通常有两套无线电高度表，每套无线电高度表都有一台收发机和两部天线，两部天线安装于机身底部，可以互换。其工作频率范围是4200～4400MHz，发射功率大约为100W。它既可以在传统的高度表指示器上显示，也可以在主飞行显示器(PFD)上显示。无线电高度也被送到气象雷达系统(WXR)和自动飞行控制系统(AFS)中。

现代先进直升机用PFD显示无线电高度，如图7-64所示。低于2500ft的无线电高度，以白色数字的形式显示在PFD姿态指示区的下部。当无线电高度减小时，附加在数字显示

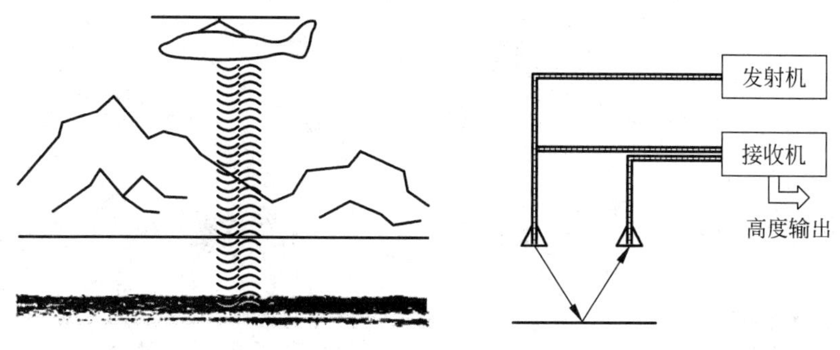

图 7-63　无线电高度表的测高原理

器上的指针向上移动，表示直升机下降。在直升机接触地面时，指针到达水平位置。当无线电高度信号全部失效时，数字显示由红色的 RA 标签取代。在老式直升机上没有 PFD，其高度在专门的无线电高度指示器上显示。

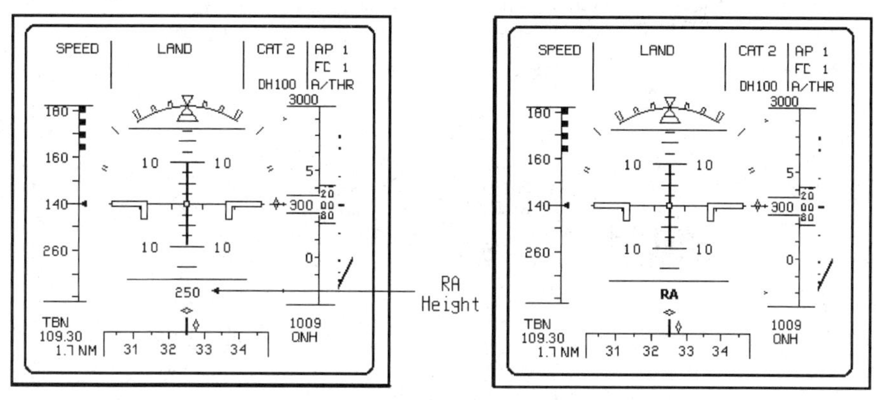

图 7-64　无线电高度及故障情况下 PFD 上的显示

典型的无线电高度表以模拟形式显示高度，在固定的直升机符号后面有指针和刻度盘或使用可移动条。当高度高于 2500ft 时，指针隐藏在遮挡罩的后面，可移动条显示黑背景。如果 RA 系统故障，在两种显示上都会出现红色警告旗。

决断高度用 DH 表示，DH 既可以通过仪表上的旋钮选择，也可以在遥控控制板上选择。在现代直升机上，决断高度也可以在 CDU 上输入。

已选择的决断高度既显示在无线电高度表上，也显示在 PFD 上。在进近时，当直升机的实际高度达到所选的决断高度时，将发出话音警告。与此同时，无线电高度显示从绿色变为琥珀色，指针式高度表上的 DH 灯亮。DH 的设置及指示如图 7-65 所示。

2. 测距机

测距机用 DME 表示，DME 测距系统是通过机载询问器与地面测距信标台的询问、应答通信来测量直升机到地面测距信标台之间的斜距，而不是直升机到地面台的水平距离，该斜距可近似看作直升机到地面台的水平距离，两者的误差和直升机到地面台的距离及直升机的高度有关，当直升机到地面台的距离较远(如 35n mile 以上)且在巡航高度上飞行或在进近着陆过程中，所测得的斜距与水平距离的误差通常为 1%左右。直升机离地面台越远，斜距与水平距离越接近。DME 测距示意图如图 7-66 所示。

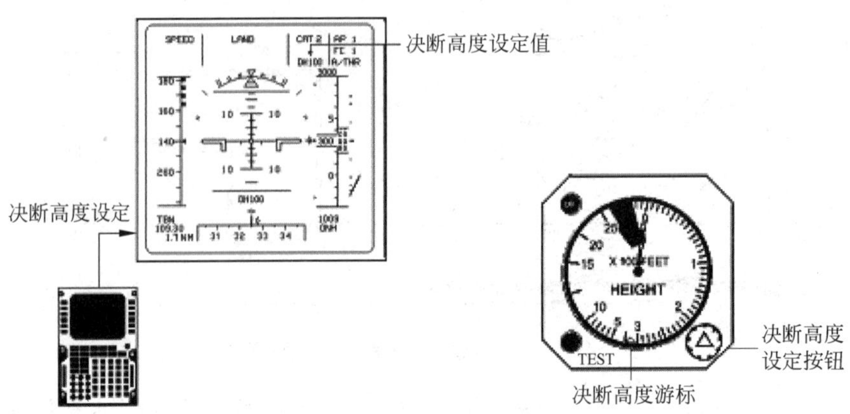

图 7-65　DH 的设置及指示

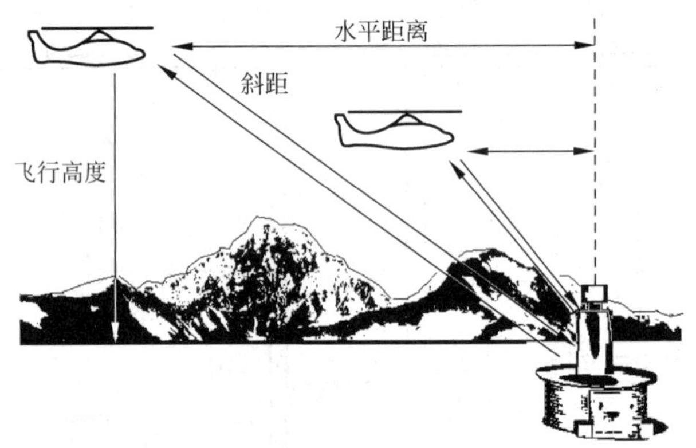

图 7-66　DME 测距示意图

DME 系统与 VOR 系统相结合(通常二系统的地面信标都装在一起)可为直升机提供 ρ-θ 定位及区域导航引导;同时,也可以利用直升机到 2 个或 3 个地面测距信标所测得的距离,为直升机提供 ρ-ρ 或 ρ-ρ-ρ 定位等。此外,DME 系统还可与其他系统,如 VOR 系统配合,实现对直升机的进近引导等。

DME 的工作频率范围是 962～1213MHz,它测量到地面台的斜距显示在 ND 上。

DME 系统通过向地面台发射信号,测量直升机到地面台的斜距,该发射信号被称为询问信号。接收机通过测量回答信号与询问信号之间的时间计算出距离。这一时间的长短与距离成正比,该距离以数字的形式显示出来,其单位是 n mile。DME 地面台既与 VOR 台装在一起,又与地面 ILS 信标台装在一起。因此,当选定相应的 VHF 导航频率时,DME 的频率也被自动调谐。

DME 系统由一台收发机和一部天线组成,收发机安装于电子设备舱,它产生询问信号,接收回答信号,并计算出斜距。DME 天线安装于机身底部,DME 系统的天线与 ATC 系统的天线相同,因为这两个系统工作于同一频段。

DME 计算出的斜距可以在 RMI 和导航显示器上显示,另外,在主飞行显示器上也有斜距显示。如果 DME 系统没有获得回答信号,那么用横线取代数字显示。在探测到 DME 系统发生故障时,显示器上出现琥珀色的 DME 警告框。DME 距离的显示如图 7-67 所示。

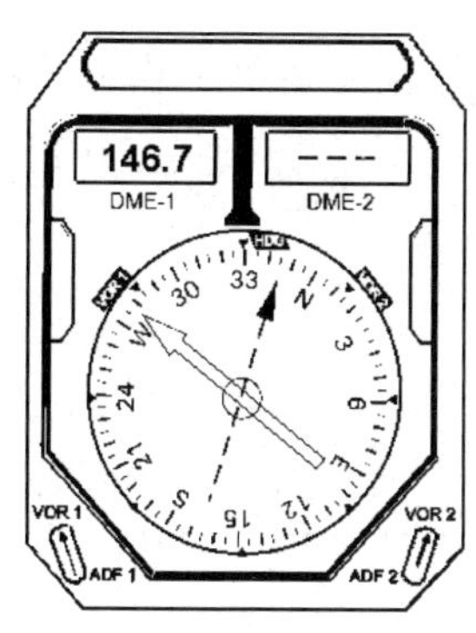

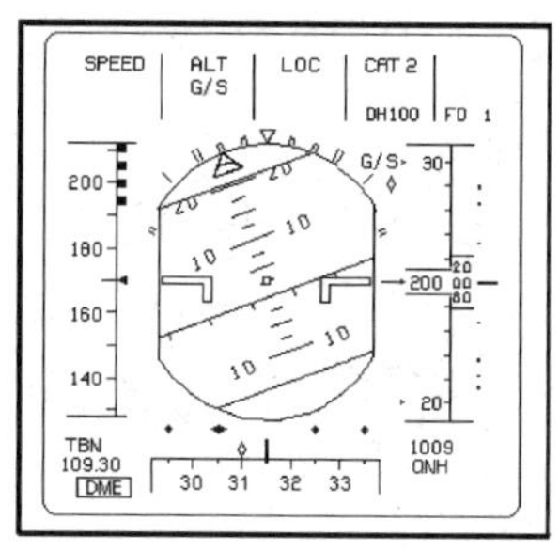

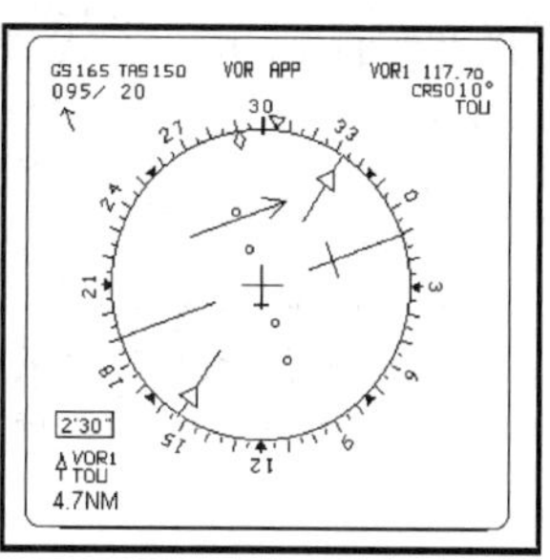

图 7-67　DME 距离的显示

3. 气象雷达系统

机载气象雷达系统(WXR)用于在飞行中实时地探测直升机前方航路上的危险气象区域,以选择安全的航路,保障飞行的舒适和安全。机载气象雷达系统可以探测直升机前方的降水、湍流情况,也可以探测直升机前下方的地形情况,可以判断出直升机下方是城市、森林还是海洋。新型的气象雷达系统还具有预测风切变(PWS)的功能,可以探测直升机前方风切变情况,使直升机在起飞、着陆阶段更安全。气象雷达用不同的颜色表示降水的密度和地形情况。气象雷达系统的用途如图 7-68 所示。

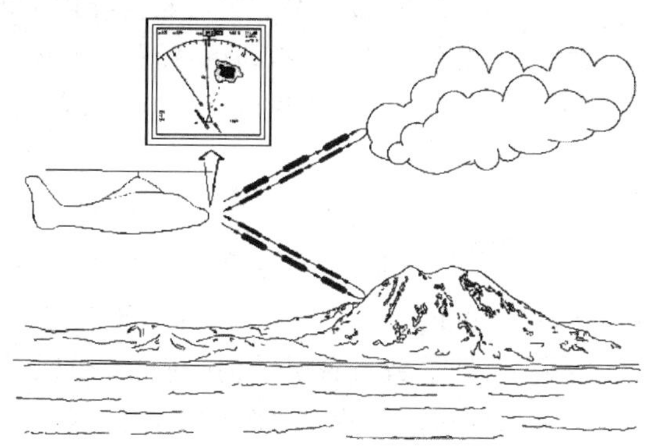

图 7-68　气象雷达系统的用途

典型的气象雷达系统由收发机、天线、波导管和控制面板组成,系统的输出信号在导航显示器上显示。

收发机用来发射脉冲和接收回波并对回波进行分析。气象雷达系统是利用回波原理工作的,它向直升机前方 180°的范围内发射脉冲,在这一区域内的目标,例如水滴等,将脉冲反射回来,气象雷达系统对回波进行分析,并将分析结果在导航显示器上显示,不同强度的信号用不同的颜色显示。现代气象雷达发射的脉冲功率为 100W。

天线组件安装在机头的整流罩内,它包括天线和天线操纵组件。利用平板缝隙天线或抛物面天线产生窄波束。由于平板缝隙天线产生的波束比抛物面天线产生的波束更窄,因此,在现代气象雷达系统中都采用平板缝隙天线。平板缝隙天线的另一个优点是旁瓣小,因为旁瓣大就会出现假目标。方位马达驱动天线在±90°的范围内扫描。俯仰倾斜马达保持天线始终在水平面内扫描,而不受直升机姿态的影响,维持稳定的信号来自惯性基准系统或垂直陀螺。俯仰倾斜马达也可以通过控制面板上的俯仰旋钮进行人工控制。

控制面板主要用来选择气象雷达的工作方式,现代机载气象雷达的工作方式有气象(WX)方式、湍流(TURB)方式、地图(MAP)方式和测试(TEST)方式等。其中,湍流方式如图7-69所示。

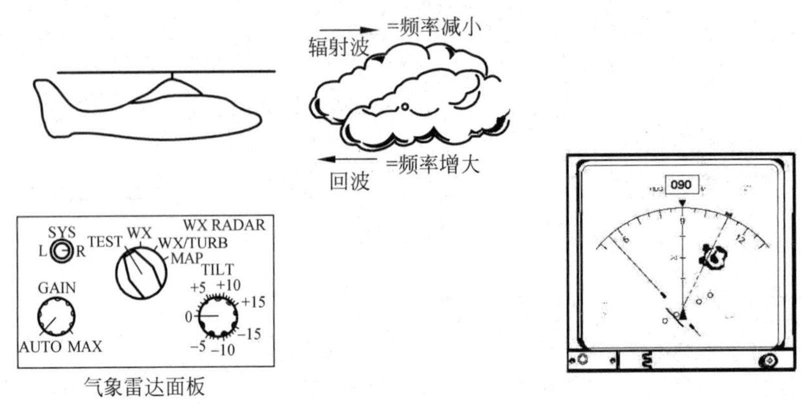

图7-69 湍流方式

(1) 气象(WX)方式

气象方式是机载气象雷达的基本工作方式,此方式的功用是在飞行中连续地向飞行员提供直升机前方航路及其两侧扇形区域中的气象状况及其他障碍物的平面显示图像。飞行员根据雷达显示器上所显示气象目标的分布图像,即可选择安全的航线,避开危险的气象区域或其他障碍物。在显示器上,红色表示非常严重的雷雨区,黄色表示中等雷雨区,绿色表示弱雷雨区。

(2) 湍流(TURB)方式

湍流方式是现代气象雷达的典型工作方式。湍流是一种对飞行安全极具威胁的危险气象状态,湍流区域中的气流运动速度和方向急速多变,当直升机遭遇这类区域时,不仅难以操纵,而且还会经受很大的应力,可能导致直升机结构的破坏,所以是极其危险的。

气象雷达工作于湍流方式时,雷达能检测出危险的湍流区域,将其显示为明显的品红色图像,使飞行员易于识别。在有的雷达中,湍流区域被显示为白色图像。气象雷达湍流方式的检测距离通常为40n mile。湍流区在ND上用品红色显示出来。

(3) 地图(MAP)方式

地图方式用于观察直升机前下方的地表特征图形。地图方式时,呈现在荧光屏上的是直升机前下方地面的地表特征,诸如山峰、河流、湖泊、海岸线、大城市等的地形轮廓图像。为此,应使雷达天线波束照射直升机前下方的广大地区。在现代气象雷达中,这是通过将天线下俯一定角度来实现的。此时天线所形成的波束仍为锥形窄波束,与雷达工作在气象方式时的波束形状相同。

当雷达波束指向地面时,利用地表不同地物对雷达电波反射特性的差异,可以在雷达显示器上显示出直升机前下方扇区内的地表特征的图像,这就是气象雷达工作于地图方式时的地形观察功能。含有大量钢铁或其他金属结构的工业城市具有比周围大地更强的反射特性,河流、湖泊、海洋对电波的反射能力则明显不同于其周围或相邻的大地表面。雷达电波投射到大地表面时,不同地表特征便形成了强弱差别明显的雷达回波,根据雷达回波的这一特性，气象雷达便可在显示器上显示出地表特征的平面位置分布图形来。

(4) 测试(TEST)方式

气象雷达均设置有测试方式，以判断雷达的性能状态。在测试方式下，有的雷达发射机部分仍像正常工作时一样产生射频脉冲信号，但所产生的射频能量被引导到等效负载上去耗散掉，天线并不向外辐射能量。因此当直升机停放在地面时，可以不受各种条件的限制而方便地检查雷达的性能状况。有的雷达则使发射机工作约1s，以检查收发组件的工作状况。

需要注意的是，在操作气象雷达系统工作时，必须遵守重要的安全规定。这是因为气象雷达的热效应和辐射效应与微波炉一样。因此，它会伤害人和设备，并且在直升机加油期间会引起爆炸。工作者必须遵守维护手册上的安全注意事项。

直升机在地面时，如果气象雷达系统在备份或测试以外的方式工作，则须注意以下事项：

(1) 对准直升机机头，使得天线的扫描扇区远离大的金属物体比如机库或其他飞机，最少保持60m的安全距离并且将天线调整至完全提起位置；

(2) 避免在直升机加油过程中或加油区域60m以内进行操作；

(3) 如果有人员站位过于靠近直升机前方扇区180°范围内，应避免操作气象雷达。

7.7.4　空中交通管制

1. 地面ATC雷达

为了保证飞行安全，必须具有空中交通管制(ATC)系统，它监视并控制空中交通。为了做到这一点，需要地面雷达系统提供一定空域内的直升机信息。地面ATC系统使用两种雷达：一次监视雷达(PSR)和二次监视雷达(SSR)。

一次监视雷达的地面网络系统可用于终端监视和航路监视。PSR发射的一束射频信号遇到直升机被反射回来，被同一位置上的接收机接收。如果波束很窄，说明回波(直升机)就在波束内，因为能量返回到雷达了。如果发射的是一个短脉冲，就有可能测得所用时间，从而确定距离。雷达，就是用一个方向性天线在某个方向上发射脉冲能量，再用同一个天线接收反散射的能量，时间延迟用于确定距离，这就是“雷达”(radar)这个词的含义：无线电探测和测距(radio detection and ranging)。PSR的作用距离比较近，不能显示目标的高度，不能识别目标。

二次监视雷达需要机载设备——应答机，它与地面SSR进行交流。应答机实际上就是一个收发机，它能够接收并应答脉冲编码信号。SSR也是根据发射时天线所对准的角度来确定直升机的方位，根据从发射询问信号到接收应答信号所消耗的时间来计算目标的距离。但是，由于SSR发射的询问信号有模式的区别，机载应答机根据不同的询问模式，给出识别应答和高度应答信号。由此可见，SSR恰好克服了PSR的缺点。

通常，地面雷达系统都包括PSR和SSR，如图7-70所示。

地面二次雷达发射机产生某一个模式的询问脉冲信号由其方向性天线辐射。天线波束的方向是与一次雷达协调一致的，发射时刻也是与一次雷达同步。在其天线波束照射范围内的机载应答机对所接收到的询问信号进行接收处理与译码识别，如果判明为有效的询问信号，则由应答机中的编码电路控制发射电路产生应答信号。所产生的应答信号是由多个射频脉冲组成的射频脉冲串，它代表直升机的识别代码或高度信息。与此同时，向同一方位

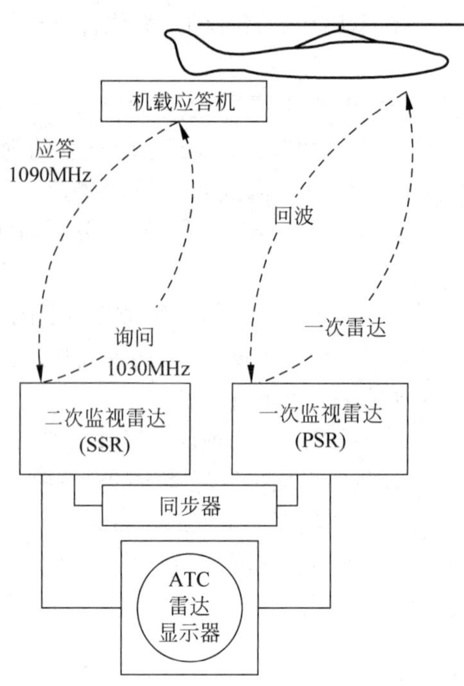

图 7-70　地面 ATC 雷达

辐射的一次雷达也会接收到直升机所产生的回波信号，它的接收机所产生的直升机视频回波信号也同时输往数据处理与显示系统。在控制中心的圆形平面位置显示器上的同一位置，显示直升机的一次雷达回波图像与二次雷达系统所获得的直升机识别代码及高度信息。

2. 机载 ATC 应答机

机载 ATC 应答机有 3 种应答模式，即 A 模式、C 模式、S 模式。

在模式 A 时，应答机发射一个 4 位数字的直升机识别码。飞行员通过话音通信系统，在 ATC 控制板上选择之后，收听地面管制中心分配给本机的数字识别码。

在模式 C 时，应答机将来自大气数据计算机的气压高度数据发射给地面台。

S 模式应答机是一个更先进的系统，它可以对日益繁忙的空中交通进行管制。另外，交通警告与防撞系统(TCAS)的工作也需要 S 模式应答机，它可以有选择性地对 ATC 地面台的询问给予应答，它还可以单独对其他直升机的询问给予应答。装有 S 模式应答机的直升机都有一个唯一的机身地址码，该码由当局给定。S 模式应答机可以实现有选择性的询问。S 模式应答机功能如图 7-71 所示。

ATC 应答系统由应答机、控制面板和天线组成，应答机位于电子设备舱内。在世界范围内所有 ATC 应答机接收地面信号所使用的频率都是 1030MHz，而应答所使用的频率都是 1090MHz。ATC 应答机的组成和功能框图如图 7-72 所示。

所有 ATC 应答机都有一部天线，它安装在直升机机身的底部。它可以和 DME 的天线互换，因为它们使用同一工作频段。S 模式应答机还有一部装在机身顶部的天线，它可以与高于本架直升机的其他直升机的 TCAS 系统实现通信联络。

在驾驶舱中，还有 ATC 应答机系统的控制面板，它还用于控制 TCAS 系统。有关这些内容将在 TCAS 中讨论。

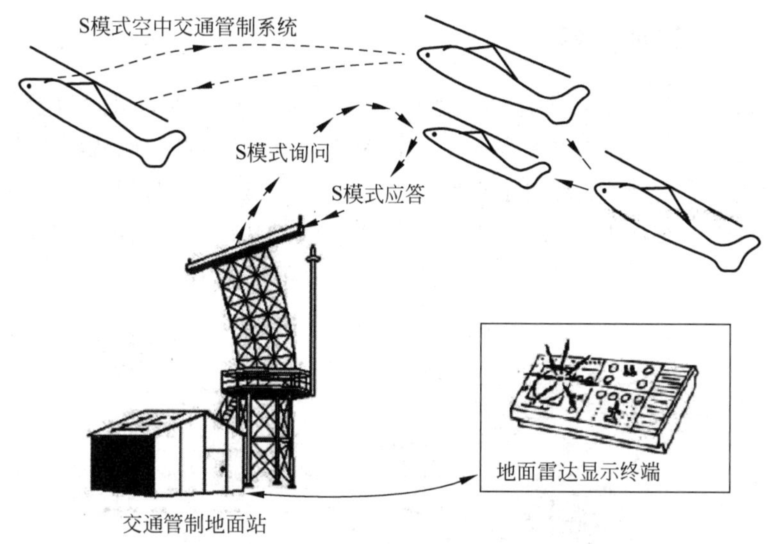

图 7-71　S 模式应答机功能

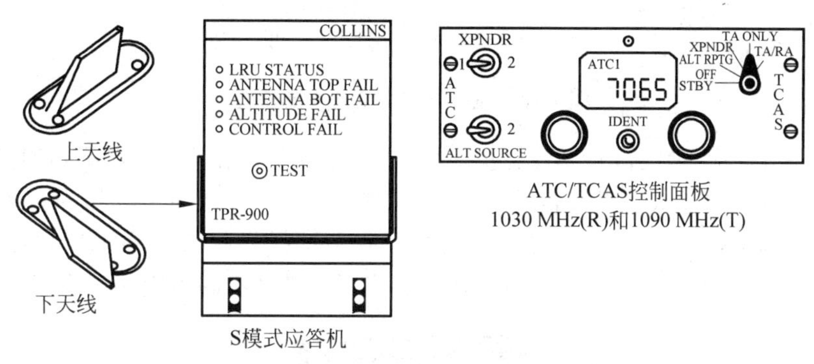

图 7-72　ATC 应答机的组成和功能框图

大型商业直升机通常有两部相互独立的应答机，但是在同一时刻，只有一部工作。而普通直升机一般只有一台应答机，在控制板上，利用转换开关 XPNDR，飞行员可以选择工作的应答机。利用高度源选择开关 ALT SOURCE，选择所使用的大气数据系统，用 C 模式将气压高度发送出去。

图 7-72 中，显示窗口显示出 1 号 ATC 应答机正在工作，其识别码为 7065。显示窗显示的数字范围从 0000～7777，它是四位八进制码。但是有三个码为应急码，在地面不能使用。应急码为：7500 表示劫机，7600 表示无线电故障，7700 表示直升机处于紧急状态。

飞行员通过两个选择旋钮设定地面台提供的识别码。当地面台要求飞行员确认直升机的识别码时，飞行员按下识别按钮(IDENT)，此时，发出识别脉冲(SPI)，在地面台控制台的屏幕上该直升机的识别码闪亮。

飞行员利用模式选择开关可以选择不同的工作模式。STANDBY 的含义是预位，此时不能对地面台的询问应答，直升机在地面就处于这种工作模式。在 ALT RPTG OFF 方式，应答机仅对 A 模式或 S 模式的询问进行应答，而不能进行高度报告。在 XPNDR 方式，应答机全功能工作，它对所有的询问给予应答。

7.7.5 飞行管理系统

飞行管理系统(FMS)是一个计算机系统,它可以减小飞行员的工作负担,并使直升机既安全又经济地飞行。它通过横向导航(L-NAV)功能计算出直升机从起飞直升机场到达目的地机场的最佳飞行路线;通过垂直导航(V-NAV)功能计算出最佳飞行剖面,这一功能也被称为性能计算。它还可以预计出直升机在每个飞行阶段所需要的时间。因此,飞行管理系统为飞行员提供了四维导航计算。飞行管理系统的主要功能如图 7-73 所示。

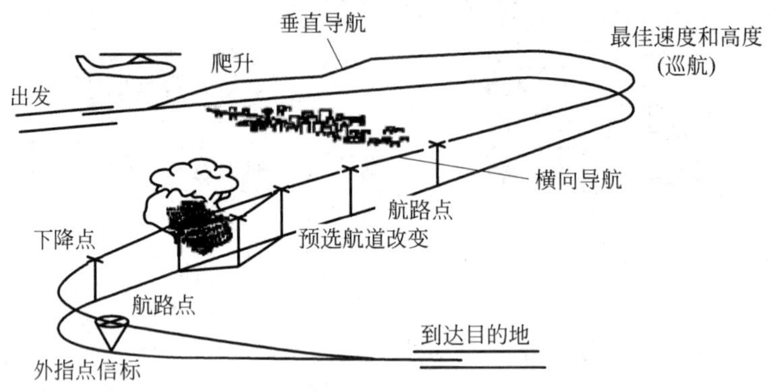

图 7-73 飞行管理系统的主要功能

FMS 有一台或两台飞行管理计算机,它通过两个控制板和两个控制显示组件(CDU)与飞行员进行沟通。对于长距离飞行的直升机,常常还需要第三台 CDU 作为备用。FMS 向 EFIS 提供的计算数据用于显示,向自动飞行控制系统提供的数据用于自动控制。当然,FMS 本身也需要许多传感器作为其输入信号。飞行管理系统的组成如图 7-74 所示。

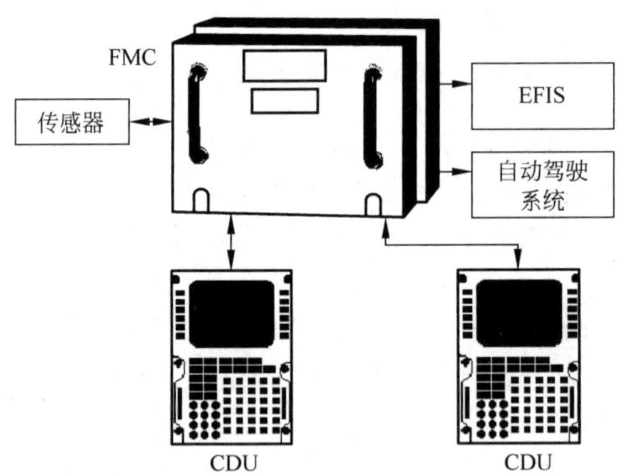

图 7-74 飞行管理系统的组成

7.7.6 近地警告系统

为了防止在飞行中发生可控飞行撞地(CFIT)以及类似事故,现代直升机上配备有近地警告系统(GPWS)。可控飞行撞地是指在飞行中并不是由于飞机本身故障或发动机失效等原因发生的事故，而是由于机组在毫无觉察危险的情况下，操纵飞机撞山、撞地或飞入水中而造成飞机坠毁或严重损坏和人员伤亡的事故。

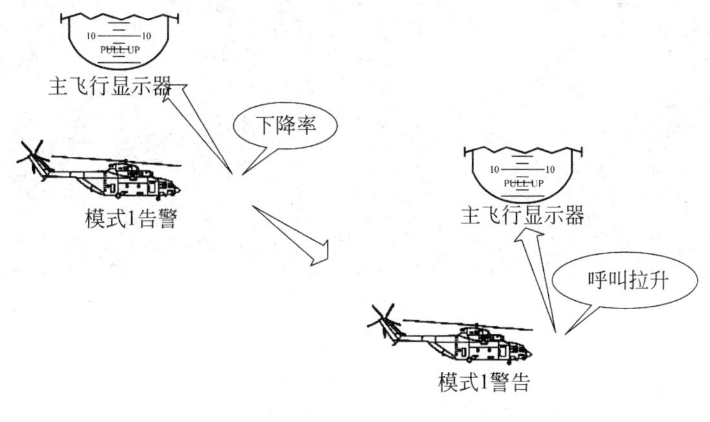

图 7-75 过大的下降率警告

GPWS 由近地警告计算机、控制板和显示系统组成。它的核心是近地警告计算机，一旦发现不安全状态就通过灯光和声音通知驾驶员，直到驾驶员采取措施脱离不安全状态时信号终止。

近地警告系统主要把危险状况分为 6 种方式警告：

(1) 过大的下降率，如图 7-75 所示；

(2) 过大的地形接近率；

(3) 起飞或复飞后掉高度太多；

(4) 地形净空高度不够；

(5) 进近时低于下滑道太多；

(6) 风切变警告。

近地警告系统还通过在驾驶舱内的扬声器向驾驶员发出声音报警，警告系统的主指示灯发出报警指令，并在电子飞行仪表系统上显示警告信息。

近年来，在传统近地警告系统的基础上出现了增强型近地警告系统(EGPWS)。

增强型近地警告系统使用自身的全球机场位置数据库和地形数据库，并且利用飞机位置、气压高度和飞行轨迹信息来确定潜在的撞地危险，如图 7-76 所示。机场位置数据库装有全球所有长度超过 3500ft(1067m)的 2 万多条跑道的资料，地形数据库包括了全球几乎所有的地形情况，在数据库中，地球表面被分为无数的方格，根据每个方格中的地形最高点来标明其方格的数值，而且这些资料会定期更新。当飞机在飞行过程中，在进入某一机场附近时，飞机所探测到的周围环境的数据会实时地与机上存有的数据进行对比，飞机在进入危险区之前，系统就会向机组发出警告，避免雨雾等恶劣天气中在飞行员仍然有效控制飞机的情况下发生飞机撞地或撞山的事故。

为了显示地形和提供地形告警，EGPWS 的计算机需要与飞机的其他系统链接，如图 7-77 所示。飞机的导航系统提供飞机目前的位置，告诉计算机应参照地形数据库中的哪一部分，飞机的高度表可以告诉计算机目前的飞行高度以便其确定何处的地形高度会引发危险。

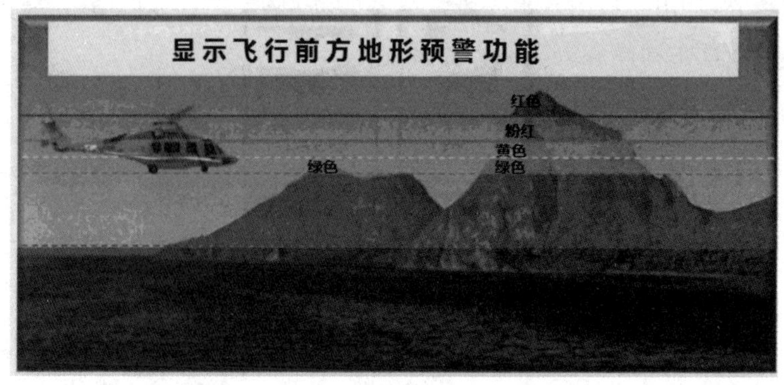

图 7-76　地形预警功能

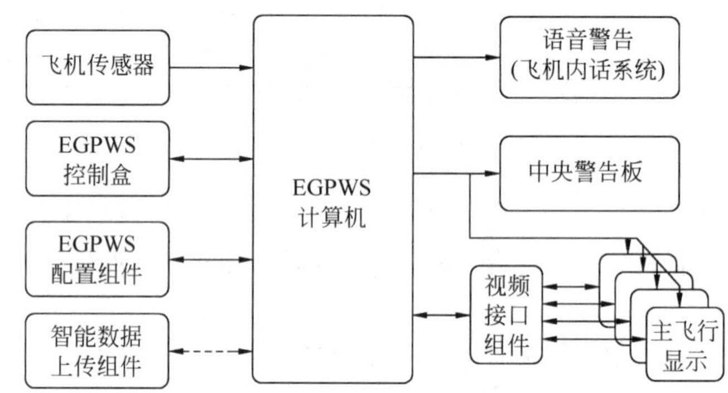

图 7-77　地形预警组成

EGPWS 可以向机组提供警戒等级或警告等级信息。当前飞行状况导致 EGPWS 警戒或警告启动时，无论机组是否选择，地形图将强制性地自动显示在飞行仪表上。由于使用了地形数据库，所以 EGPWS 可比 GPWS 能更早地发出预警信号。在 EGPWS 中，计算机沿着飞机的预定航迹连续搜索数据库，这样可使系统具有虚拟的前视能力。飞机直飞、平飞或机动飞行时均可采用预警的工作方式。若飞机正在下降，计算机会沿下滑航迹进行搜索；若飞机正在转弯，则沿转弯航迹搜索。如果 EGPWS 认为飞机的航迹在某处与地形太近，它会提前 1min 以上发出音频和视频告警信号，要是计算机认为时间还需要提前的话，则会更早发出告警信号，如图 7-78 所示。

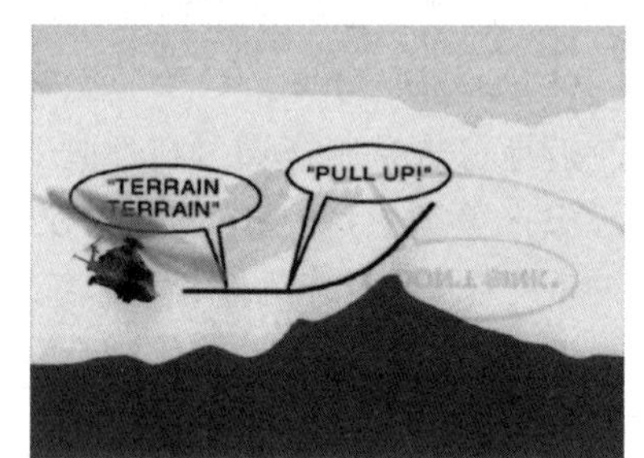

图 7-78　地形警告

7.7.7　机载防撞系统

机载防撞系统(TCAS)可显示飞机周围的情况，并在需要时提供语音告警，同时帮助驾驶员以适当的机动方式躲避危险，这些都有助于避免空中碰撞事故的发生。图 7-79 所示为 TCAS 系统示意图。

TCAS 的工作原理是：利用二次雷达用应答机确定飞机的编号、航向和高度的工作原理，把询问装置装在飞机上，使飞机之间可以显示相互之间的距离间隔，从而使驾驶员知道

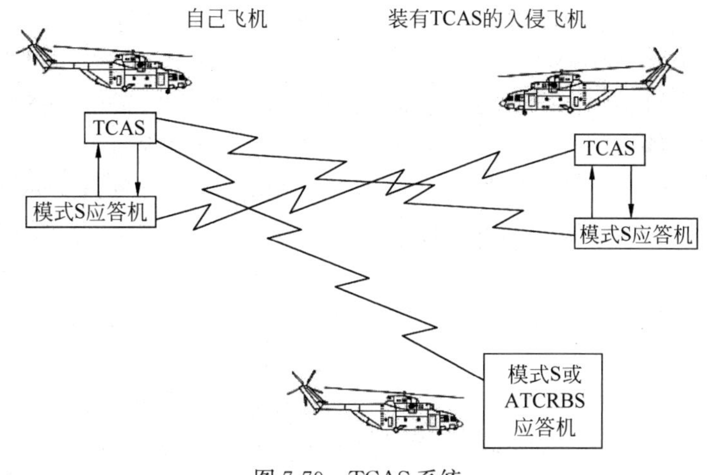

图 7-79　TCAS 系统

在一定范围内飞行的航空器之间的相互间隔，以便及时采取措施，避免碰撞。和二次雷达一样，TCAS 系统需要飞机上都装有应答机才有作用。

TCAS 主要由询问器、应答机、收发机和计算机组成。它的监视范围一般为前方 20n mile，上、下方为 3000m，在侧面和后方的监视距离较小(为了减少无线电干扰，无线电管理条例对 TCAS 的功率有所限制。它把 TCAS 的前向作用距离限定在 45mile 左右，侧向和后向作用距离则更小，见图 7-80)。

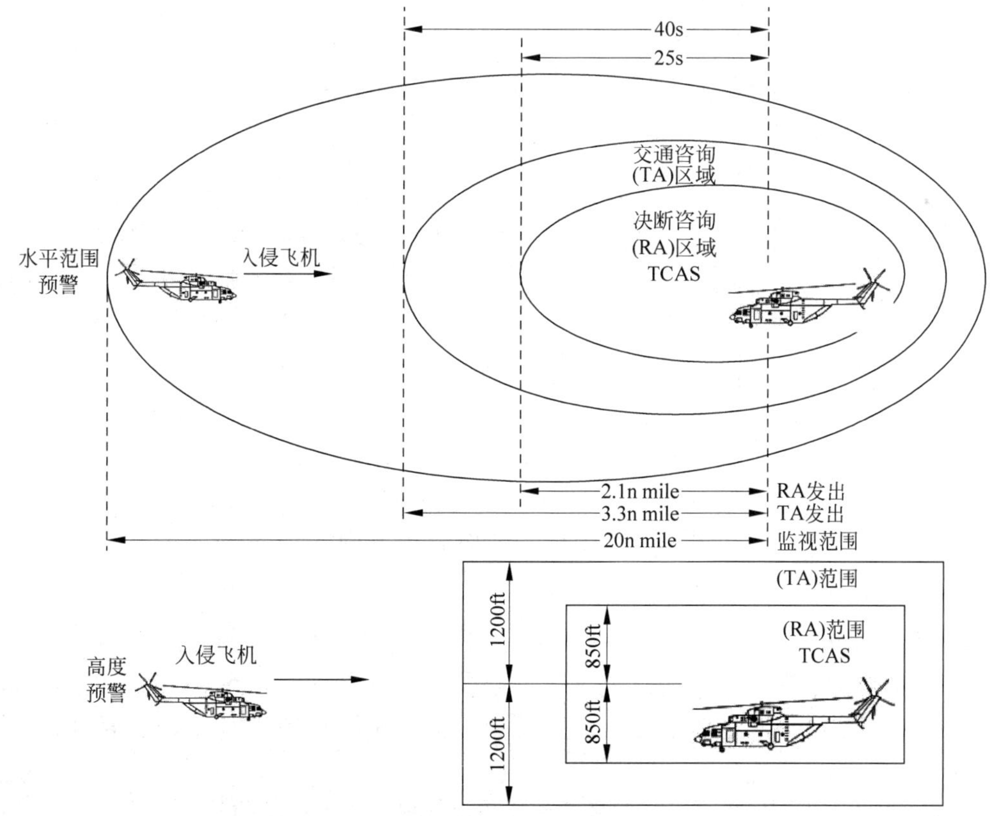

图 7-80　TCASII 原理图

TCAS 的询问器发出脉冲信号,这种无线电信号称为询问信号,与地面发射的空中雷达交通管制信号类似。当其他飞机的应答器接收到询问信号时,会发射应答信号。TCAS 的计算机根据发射信号和应答信号间的时间间隔来计算距离,同时根据方向天线确定方位,为驾驶员提供信息和警告,这些信息显示在驾驶员的导航信息显示器上。

TCAS 可以提供语言建议警告,计算机可以计算出监视区内 30 架以内飞机的动向和可能的危险接近,使驾驶员有 25～40s 的时间采取措施(TCAS 可跟踪 45 架飞机,根据选定目标的优先级,最多显示 30 架飞机)。

TCAS 的采用提高了飞行的安全性,目前新生产的大、中型直升机上 TCAS 都已成为标准装备。

TCAS 分为两类,即 TCASI 和 TCASII。两类系统都可显示与地图类似的空中交通情况。当其他飞机接近时,两类系统都可提供空中交通报告(TA)。采用 TA 方式时,预先录制的声音会播报"Traffic,Traffic",而表示其他飞机的符号则可改变形状和颜色。TCASII 是更先进的 TCAS,具有被称做处理建议(RA)的附加功能。当采用 RA 方式时,TCAS 可发出类似"Climb,Climb"或"Descend,Descent"之类的机动指令;或者会告诉驾驶员无须采取机动动作,具体为:当其他飞机进近的最近点小于 48s 时,则会发布空中交通报告 TA(traffic advisory)。进近的最近点是指两架飞机相距最近的空间点,是根据飞机目前的航迹和速度预测出来的。TCASII 信息显示在电子式水平状态显示器 EHSI 或导航显示器 ND 上,提供入侵(相遇)飞机的相对位置等图像信息,相关的字符信息,以及与交通咨询、解脱咨询相关联的语音提醒信息等,如图 7-81 所示。

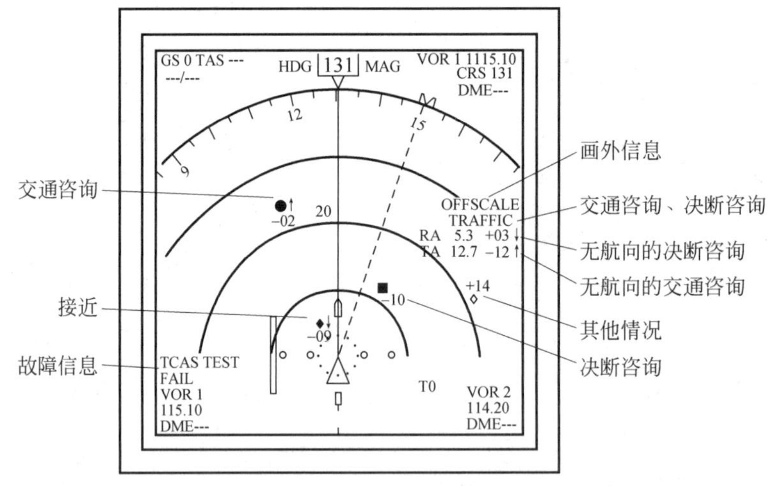

图 7-81 EHSI(ND)上的 TCAS 咨询信息

(1) 入侵飞机的相对位置。

(2) 威胁等级。以 4 种不同的符号来表示对本机威胁等级不同的飞机:一般(其他)飞机以空心的菱形图案表示;邻近飞机显示为实心的菱形;发出交通咨询的飞机的图像为黄色的圆形,交通咨询伴随有语音提醒信息"Traffic,Traffic";解脱咨询的飞机为红色的矩形图案。

发出空中交通报告(建议)后,如果两架飞机继续沿着可能有危险的航迹飞行,则在离最近点大约 35s 处，系统会提供处理建议 RA（resolution advisory）。代表其他飞机的符号会变为固定的红色方块，同时伴有诸如“Climb，Climb”之类的躲避机动语音提示。系统还会在垂直速度指示器上用一绿条显示所需的机动速度。这些机动动作幅度不大，一般不会引起乘客的注意。这两架飞机上的 TCASII 也会进行协调，以避免像两架飞机同时爬升之类的机动。当然只有 TCASII 和 ACASII 系统具有这种功能。在 TCASI 系统中没有 RA 方式。TCAS 的管理条例只允许产生垂直机动指令，不允许产生转弯指令。

值得一提的是，TCAS 并不是一次雷达，若没有与之兼容的应答机，则无法探测到飞机。在美国，10000ft 以上高度飞行的飞机或在大型机场 30mile 范围内飞行的飞机必须配备应答机，有些应答机，例如老式的苏制系统，由于与 TCAS 不兼容，所以无法探测。

第8章

电源系统

8.1 直升机电源系统概述

8.1.1 电源的用途

所有航空器都需要使用电能，其主要用途是：

(1) 给飞机所有用电设备供电，如计算机、显示器、传感器、通信导航设备等；

(2) 电能转换成热能，如电热防冰类负载；

(3) 电能转换成机械能，如电动油泵、电动机、电磁活门等；

(4) 照明，如驾驶舱照明、客舱照明、航行灯、着陆灯等。

直升机电源主要有两种形式，一种是直流电源，一种是交流电源。早期的直升机大多采用直流电源，现代直升机大多采用交流电源。根据适航要求，为了保证飞行安全，所有航空器必须装备有直流备用电源系统。

直流发电机容量较小，一般为十几千瓦，电压采用低压28V。小型直升机一般以直流电源为主电源。直流电源由直流发电机、交流-直流发电机或航空蓄电池提供，所需交流电由静止变流器(机)提供。

大型直升机采用交流电源为主电源，因为交流发电机容量大，目前单机容量已超过150kV·A，电压为115V/200V。交流电源频率一般为400Hz。在以交流电为主电源的航空器上，所需直流电源由变压整流器(TRU)或航空蓄电池提供。

8.1.2 电源系统的组成

直升机电源系统主要由电源控制及保护装置和供电网络等组成。

1. 电源

为保证直升机在各种情况下正常供电，电源系统由主电源、辅助电源、应急电源、二次电源和地面电源组成。

(1) 主电源：是指由直升机发动机直接或通过主减速器间接驱动的发电机提供的电源。

(2) 辅助电源：是指机载电瓶提供的电源。

(3) 应急电源：在飞行中主电源失效时，直升机主要设备由应急电源供电。应急电源有机载电瓶、机载静止变流器(机)等。

(4) 地面电源:直升机在地面时,由地面交流或直流电源车向直升机供电。

(5) 二次电源:是将主电源的电能转换为另一种形式或规格的电能,以满足不同用电设备的需要。如变压整流器(TRU)和变流器(机)(INV),前者将115V/200V的交流电变成28V直流电,后者将28V直流电变成115V交流电。

2. 控制及保护装置

电源的控制包括对发电机进行调压、发电机的励磁控制、发电机输出控制、发电机并网控制和汇流条控制等。电源系统的保护装置是当发电系统发生故障时,切断发电机的励磁和输出。设置的保护项目有过压(OV)、欠压(UV)、过频(OF)、欠频(UF)、过流(OC)、差动(DP)保护等。

3. 供电网络

供电网络是指将电能输送到负载的电网,它包括汇流条、电源分配系统、过流(短路)保护器(跳开关)等。

8.2 航空蓄电池

8.2.1 航空蓄电池的功能和构造

航空蓄电池(或称电瓶)是任何直升机必须安装的设备,它的主要功能有:

(1) 在直流电源系统中,切换大负载时起到维持系统电压稳定的作用;

(2) 用于起动发动机;

(3) 在应急情况下(主电源失效),向重要的飞行仪表和导航设备供电,保证直升机安全着陆。

根据电解液性质的不同,航空蓄电池分为酸性蓄电池和碱性蓄电池两大类。直升机上常用的酸性蓄电池为铅酸电池,其电解液为硫酸水溶液。碱性蓄电池主要为镍镉蓄电池,其电解液为氢氧化钾或氢氧化钠溶液。

航空蓄电池由多个单体电池串联而成,它们置于蓄电池箱内。单体电池由容器、正极板、负极板、隔板和电解液构成。典型的航空蓄电池如图8-1所示。

图8-1 典型的航空蓄电池

8.2.2 电瓶的容量

电瓶的容量是指电瓶从充满电状态以一定电流放电到放电终止电压所放出的电量。放电终止电压是指以一定电流在25℃环境温度下放电至能反复充电使用的最低电压。铅酸电瓶单体电池放电终止电压为1.8V(5小时放电)。直升机上使用的铅酸电瓶一般由12个单体电池组成,因此铅酸电瓶放电终止电压为21.6V;碱性电瓶的终止电压为每单元电池1V,碱性电瓶由19个或20个单体电池组成,终止电压为19V或20V。

电瓶的容量用安培小时(A·h)来表示。1个安培小时是指电瓶用1A电流向负载可持续放电1h。理论上讲,1个100A·h的电瓶用100A放电能放1h,用50A放电可以放2h,

用 20A 放电可以放电 5h。实际上,这一结论对于碱性电瓶基本上是正确的(碱性电瓶内阻很小)。而对于酸性电瓶,大电流放电由于极板迅速被硫酸铅覆盖,使电瓶内阻增加,电瓶容量迅速下降,这是酸性电瓶的主要缺点之一。例如,一个 25A·h 的电瓶用 5A 电流能放电 5h,用 48A 放电只能维持 20min,容量仅为 16A·h,如用 140A 放电仅 5min 就放完,电瓶容量下降到 11.7A·h。

为了准确定义酸性电瓶的容量,一般采用 5h 放电准则,即让一个充满电的电瓶用 5h 放完。如一个 40A·h 电瓶,用 8A 放电,应能持续 5h。

影响电瓶容量的因素主要有 4 个方面:

(1) 极板活性物质的多少;

(2) 极板面积的大小;

(3) 电解液的多少(密度一定时);

(4) 温度。

增加活性物质的数量,增加极板面积并有足够的电解液,电瓶的容量将增加;温度下降,则电瓶的容量也下降。例如在 50℉时,一个充满电的电瓶可以放电 5h,但在 0℉时以同样电流放电只能放电 1h。因为当温度下降时,化学反应的速度变慢。随着充放电次数的增加,电瓶容量会逐步下降,一般当容量低于额定容量的 85%时,就不能装机使用了。

8.2.3 铅酸电池

1. 结构

任何化学电池都由电极、电解液、隔板、电池容器及附件组成。航空铅酸电池由 12 个单体电池串联组成,每个单体电池输出电压 2.1V。单体电池的极板由铅锑合金栅架组成,其中锑含量约为 7%~10%。正极板上涂有糊状的二氧化铅(PbO_2),负极板上涂有金属铅(Pb)。二氧化铅和铅都是参与化学反应的有效材料,称为活性物质。为充分利用活性物质,极板多为疏松多孔状,以便电解液渗入。正负极板间的隔板由多孔的高绝缘性能材料制成。电解液为硫酸(H_2SO_4)溶液。为减小重量,航空蓄电池的电解液数量相对较少,而浓度相应增加,密度为 1.280~1.300g/cm^3(25℃)。因为单体电池的内阻随正负极板的距离变大而迅速变大,为减小内阻,极板之间的隔隙应尽可能小。单体电池装在防酸容器中。由于电池工作时有气体逸出,所以每个单体电池上方装有泄气阀,用于排出气体,但电解液不会因直升机机动飞行而溅出。单体电池的结构如图 8-2 所示。

2. 铅酸蓄电池的原理

当蓄电池正极通过和负极接通以后,电池开始放电,电子从负极板流向正极板,如图 8-3 所示。

接通电路后,硫酸 H_2SO_4 电离成氢离子 H^+ 和硫酸根离子 $SO_4{}^{2-}$。

对负极板,活性物质 Pb 电离为 Pb^{2+} 和电子,Pb^{2+} 和硫酸根离子相结合,生成硫酸铅 $PbSO_4$ 沉积于负极板表面,电子转移至外电路,可用下式表示:

$$Pb+SO_4{}^{2-}\longrightarrow PbSO_4+2e$$

正极板得到电子,使 PbO_2 电离为 Pb^{2+} 和 O^{2-}。与此同时,电解液中氢离子 H^+ 向正极板移动,和 PbO_2 中的 O^{2-} 生成水(H_2O),同时 PbO_2 的铅离子 Pb^{2+} 与部分硫酸根离子

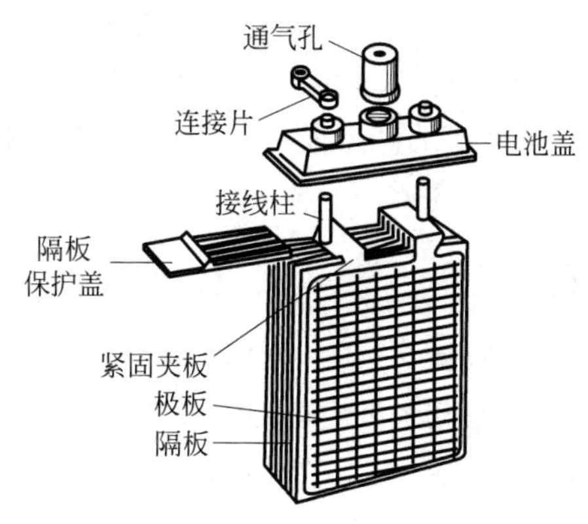

图 8-2　单体电池的结构

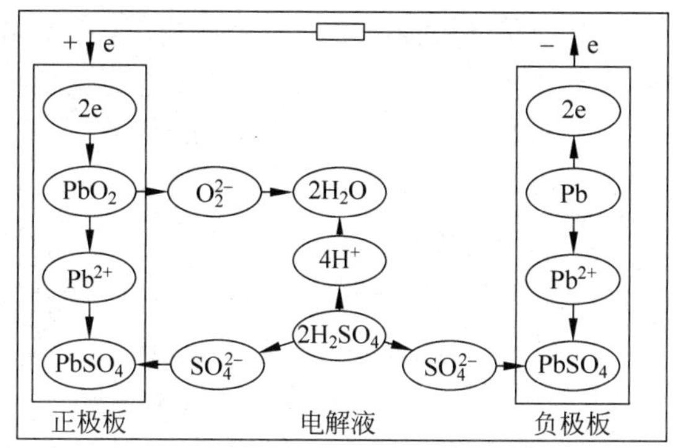

图 8-3　铅酸蓄电池放电时的化学放应示意图

SO_4^{2-}相结合生成硫酸铅 $PbSO_4$沉积于正极板表面。可表示为

$$4H^+ + PbO_2 + SO_4^{2-} \longrightarrow PbSO_4 + 2H_2O$$

当正负极板全部被 $PbSO_4$ 覆盖后，电池放电完毕。由于在放电过程中产生了水，使电解液比重不断下降，放电完毕时的电解液比重约为 1.150g/cm³。因此，可以用测量电解液的比重来判别电池的状态。

充电是放电的逆过程，充电完毕后，正负极板的 $PbSO_4$ 又分别转换成 PbO_2 和 Pb，电解液密度又恢复到初始值。充、放电总的化学方程式如下：

$$\underset{(-)}{Pb} + 2H_2SO_4 + \underset{(+)}{PbO_2} \underset{\text{充电}}{\overset{\text{放电}}{\rightleftharpoons}} \underset{(-)}{PbSO_4} + 2H_2O + \underset{(+)}{PbSO_4}$$

3. 充电状态的判别

电池放电时，只能放到电池放电终止电压(1.8V)，否则将影响电池的容量和寿命。充电时(指电瓶离位充电)，为保证飞行安全，电池必须充足电，但也不能过充。判断是否充足电，可用以下 3 个方面来衡量：

(1) 单体电池电压达到最大值(2.1V)(开路电压)并保持稳定；

(2) 电解液比重不上升并维持不变；

(3) 电池开始冒气泡。

用电解液比重来衡量电瓶充放电状态是比较可靠的方法。用比重计测量时,应考虑温度的影响。在27℃(80 ℉)时,比重计读出的数不需要补偿。高于或低于27℃时,读数需加上一个修正值,电瓶手册中均有相应的修正表,可对应温度查出修正值,如15℃时测得的读数为1.240,经修正后的读数应为1.232。

8.2.4 碱性蓄电池

直升机常用的碱性蓄电池为镍镉蓄电池。镍镉蓄电池与铅酸蓄电池相比,具有储能大、自放电小、低温性能好、耐过充电和耐过放电能力强、寿命长、内阻小、维护性好等优点,尤其是大电流放电时,电压平稳,非常适合于启动发动机等短时大电流放电场合。目前大多数直升机上都采用碱性电瓶。

1. 结构

镍镉蓄电池由20个或19个单体电池串联组成,每个单体电池输出电压为1.22V。单体电池的基本结构与铅酸蓄电池相同(见图8-2)。镍镉蓄电池正极板为活性物质三价镍的氢氧化物(Nickel Oxy Hydroxide)(NiOOH),负极板为镉(Cd)。电解液为氢氧化钾(KOH)水溶液(30%氢氧化钾和70%的水),KOH的密度为1.24~1.30g/cm^3。每个单体电池上安装有泄气阀,泄气阀开启压力范围为2~10lbf/in^2(13.8~69kPa)。当蓄电池充放电时,尤其是过充时,会产生气体,当气体压力大于2lbf/in^{2}时,泄气阀打开,否则会引起电瓶爆裂。当气压小于2lbf/in^{2}时,泄气阀关闭,防止空气中的酸性气体与电瓶的电解液起反应而降低电瓶容量;另一方面,也可以防止电解液在飞行中溅出。维护手册中规定,如果泄气阀在压力大于10lbf/in^{2}时不能打开,必须对泄气阀进行清洁和修理;如果泄气阀在压力小于2lbf/in^{2}时打开,说明泄气阀密封圈已损坏,必须更换。另外,蓄电池还装有温度保护开关,当蓄电池温度超过130 ℉(54.44℃)时会切断蓄电池的充电电源。

碱性电瓶在低温充放电时,如充电电压不变,会引起充电不足或放电容量下降。某些碱性电池上装有低温敏感开关和加热装置,当温度低于30 ℉(−2℃)时接通加热电路,当温度达40 ℉(5℃)时断开。

2. 碱性蓄电池的原理

当蓄电池和负载接通以后,电池开始放电,电子从负极板流向正极板,如图8-4所示。

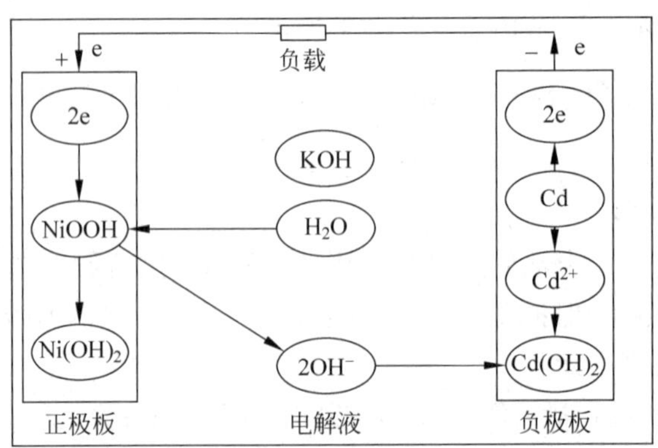

图8-4 镍镉蓄电池放电时的化学反应示意图

接通电路后，正极板得到从负极板输入的电子，正极板的活性物质 NiOOH 在水的参与下，生成氢氧化亚镍 $Ni(OH)_2$ 和氢氧根离子 OH^- 。

正极：

$$2\,NiOOH + 2\,H_2O + 2e \longrightarrow 2\,Ni(OH)_2 + 2OH^-$$

在电解液中，OH^- 自正极板携带负电荷迁移到负极板，完成电荷传递。

负极：

$$Cd + 2OH^- \longrightarrow Cd(OH)_2 + 2e$$

充电过程是放电过程的逆过程。借助于外电源作用，使电子从电源正极输出，经电池后回到负极，正极板的 $Ni(OH)_2$ 又还原为 NiOOH，负极板的 $Cd(OH)_2$ 也恢复为 Cd 和 OH^- 。OH^- 从负极迁移至正极，即把负电荷运回正极，完成导电作用。充电时正、负极的化学方程式如下。

负极：

$$Cd(OH)_2 + 2e \longrightarrow Cd + 2OH^-$$

正极：

$$2Ni(OH)_2 + 2OH^- \longrightarrow 2NiOOH + 2\,H_2O + 2e$$

从以上分析可以看出，电解液 KOH 没有参与化学反应，仅起到了导电作用。

充、放电总的化学方程式为

$$\underset{(-)}{2\,Ni(OH)_2} + \underset{(+)}{Cd(OH)_2} \underset{\text{放电}}{\overset{\text{充电}}{\rightleftharpoons}} \underset{(+)}{2NiOOH} + \underset{(-)}{Cd} + 2H_2O$$

3. 充电状态的判别

电池放电时，只能放到放电终止电压 1V(单体)，否则将影响电池的容量和寿命。充电时(指电瓶离位充电)，为保证飞行安全，电池必须充足，但也不能长时间过充。由于碱性电瓶的电解液不参加化学反应，电解液比重基本不变，因此不能像铅酸电瓶一样用测量电解液比重的方法来判断充电状态。

在实际使用中，可以利用充电电流和时间来确定电瓶是否充足。将放完电的电瓶用恒流充电法充电，充电的安培小时数大约为电瓶额定容量的 140%。大多数碱性电瓶要求采用二阶段恒流充电法。例如，型号为 SAFT40176 的碱性电瓶共有单体电池 20 个，额定容量为 36A·h。开始充电时用大电流，一般用 C 或 $C/2$(C 为 1h 放电速率，C=电瓶额定容量/1h)电流充电，然后用小电流 $C/10$ 充 4h 即可。如果时间允许，也可直接用 $C/10$ 电流充 14h。

4. 碱性电瓶容量的确定

当电瓶容量低于额定容量的 85%时，电瓶就不能重新装上直升机了。碱性电瓶的容量只能用放电的方法来确定，方法如下：将充满电的电瓶放置 12h 后，用电流 C、$C/2$、$C/4$ 放电，放到电瓶电压为 20V(20 个单体电池，19 个单体电池为 19V)或第一个单体电池电压低于 1V 时停止放电，放电电流乘以放电时间就是该电瓶的容量。

8.2.5　充电方式

目前，电瓶充电设备种类繁多。从充电方式看，有恒压充电、恒流充电和恒压恒流充电 3 种方式。由于电瓶充满后，存在自放电现象，为维持电瓶容量，在直升机上还采用浮充电方式。

1. 恒压充电(constant potential)

恒压充电是指在充电过程中,充电电压恒定不变,同时充电设备的输出电压应高于电瓶电压。

这种充电方式的优点是:①在充电设备能提供足够充电电流的情况下(大于10C),充电速度快。在开始充电的30min内,就可以将完全放电的电瓶充到90%的容量。②充电设备简单。③电解液的水分损失比较小。

其缺点是:①冲击电流大。当电瓶完全放电以后,电压很低,而充电电压保持不变,这时冲击电流很大。如一个40A·h的电瓶,冲击电流可能达到400A,随着电瓶电压的上升,充电电流逐步减小。②由于各单元电池的内阻、极板、电解液不能完全一样,恒压充电时,每个单元电池分配的电压不相等,容易造成单元电池充电不平衡,有些单元过充,有些单元充不足。③当充电设备的电压设定过高或过低时,容易造成电瓶过充或充电不足。对碱性电瓶容易造成热击穿(thermal runaway)和容量失效(capacity fading)。

为了防止冲击电流过大,损伤电瓶和充电设备,有些充电设备采用恒压限流的充电方式,即在电瓶开始充电时进行电流限制,当然这种充电方式的充电时间相对比较长。

2. 恒流充电(constent current)

恒流充电是指在充电过程中,电流维持恒定,充电设备的输出电压随电瓶电压的变化而改变。目前电瓶离位充电大多采用这种充电方式。

这种充电方式的优点是:①没有过大的冲击电流;②不会引起单元电池充电不平衡;③容易测量和计算出充入电瓶的电能(Ah)。

缺点是:①充电时间长;②过充时电解液水分损失相对要多;③充电设备比较复杂。

采用二阶段恒流充电法可以克服恒流充电时间长的缺点,一般采用大电流(C)充1h,再用小电流($C/10$)充3~4h。这种充电方式有效地克服了恒流充电法充电时间长的缺点,并且减小了充电过程中的水分损失,但充电设备比较复杂。没有大、小电流自动转换功能的充电设备需要人工调节。

实现恒流充电有两种基本方式:一种是采用模拟控制的方法实现电流恒定;另一种方法是采用脉宽控制方法,充电电流是间断的。当控制管导通时间上升、截止时间下降时平均充电电流上升;反之平均电流下降。脉宽控制恒流充电原理如图8-5所示。

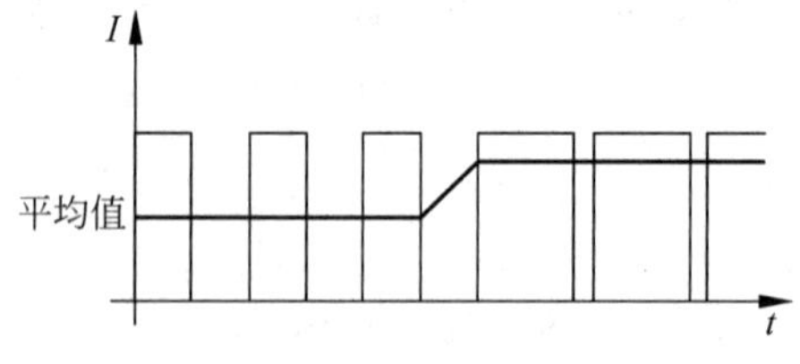

图8-5 脉宽控制恒流充电原理

这种充电方式能有效防止碱性电瓶的容量失效(capacity fading),因此得到了广泛应用。

3. 恒流恒压充电

恒流恒压充电是指当电瓶开始充电时采用恒流充电方式,充电一定时间后自动转换到恒压充电方式。这种充电方式集中了恒压、恒流充电的优点,克服了恒压、恒流充电的不足,但充电设备比较复杂。现代直升机上安装的充电器大多采用这种方式。

4. 快速充电(reflex)

快速充电时，为了缩短充电时间(充电时间为1h)，一般采用大电流(≥2C)充电。但是，大电流充电会使电池产生极化现象。所谓极化现象是指电瓶在充(放)电过程中，尤其是大电流充(放)电时，电池的极板电阻增加(欧姆极化)；另一方面，造成正、负极板附近电解液浓度与其他地方不一样(浓差极化)，从而使电化学反应速度减慢，导致温度上升，析气增加。为了克服电池极化现象，在充电过程中加入放电脉冲，即采用充电→放电→充电模式。当然是充入的电量多，放出的少。这种充电方式能有效克服电池的极化现象，消除碱性电瓶的记忆效应，充电效率高，速度快，因此在航空和地面电瓶充电中得到了广泛应用。但这种方法容易出现过充或单体电池损坏的后果，充电时要严格按照程序进行。

5. 浮充电

由于电瓶存在自放电现象，因此为维持电瓶容量不减小，必须对充满的电瓶进行浮充电。在直升机上进行浮充电时，将电瓶连接到比电瓶电压略高的直流电源上。浮充电电流的大小与电瓶的环境温度、清洁程度和容量有关。在15～33℃范围内，对于一般碱性电瓶来说，1A·h需要浮充电电流3mA左右(酸性电瓶略高)，一个40A·h的电瓶需要浮充电电流120mA左右。当温度升高时，浮充电流应有所增加。

8.2.6　机载电瓶充电器

电瓶除在地面进行定期容量检测和维护外，为保证电瓶一直处于充满状态，在直升机上也要给电瓶充电。早期的直升机尤其是装有酸性电瓶的直升机，将电瓶直接连接在直流汇流条上给电瓶充电，即采用恒压充电方式充电。在现代直升机上都装有专用电瓶充电器。电瓶充电器有两种基本形式，一种充电器只有恒压充电模式，另一种充电器具有恒流和恒压充电模式。

恒压式电瓶充电器(battery charger)在整个充电过程中电压恒定，碱性电瓶长期进行恒压充电时，容易造成电瓶热击穿(thermal runaway)和容量失效(capacity fading)，这是碱性电瓶(主要指镍镉电瓶)的固有特性。当碱性电瓶长期进行恒压充电时，有时会出现电瓶电压不上升反而下降的情况，使充电电流不断上升，电瓶产生过热而烧坏，甚至发生火灾。因此，这种充电器必须具有良好的电瓶超温保护功能和限流功能。目前，现代直升机上一般安装具有恒流和恒压两种充电模式的电瓶充电器，下面重点介绍这种充电器。

电瓶充电器给电瓶充电时通常先采用恒流充电模式，当电瓶电压达到转折电压时自动转换成恒压充电模式。恒压充电模式主要用于给电瓶浮充电(top charging)，并向热电瓶汇流条供电。如图8-6所示，当以恒流模式充电时，充电电流一般为1A左右，电瓶电压达到转折电压值(inflection point)27.75V时自动转换为恒压模式，此时充电器一方面给电瓶浮充电，另一方面给热电瓶汇流条供电。

转折电压值随电瓶型号和温度的不同而不同，一般在室温下的转折值为31.4V。当温度降低时，转折电压值升高。转折电压值由电瓶充电器根据电瓶温度计算得出。

恒流充电时间决定于电瓶的状态(如电瓶的电已完全放完，或仅放了一部分)和电瓶温

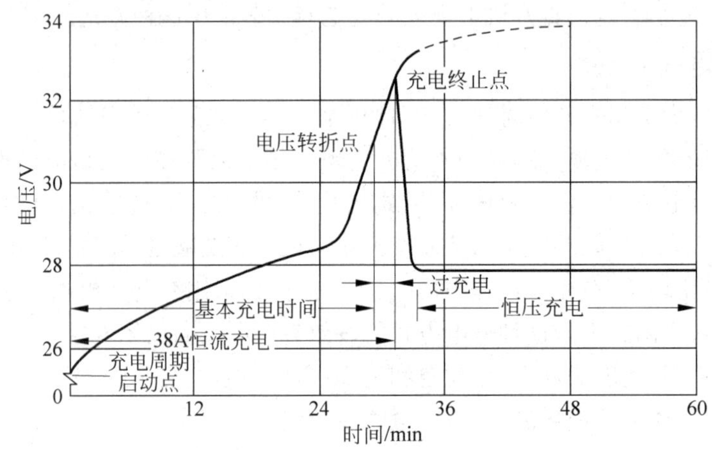

图 8-6 恒流和恒压充电曲线

度。当电瓶电压达到转折电压值时,为保证电瓶电量充足,还需要一段时间的过充电(overcharge),在地面时过充电一般采用 C/10 的小电流,过充时间约为基本充电时间的10%左右。有些充电器的过充时间是一定的,过充时间为 8 个脉冲。有些充电器在过充时采用恒压方式充电。

有些充电器还具有变压整流(TR)工作模式,可代替 TRU 向直流负载供电。充电器在恒压充电模式和 TR 模式的主要区别是:工作在 TR 模式时输出电流大。

8.2.7 电瓶的维护

维护电瓶应该严格按照生产厂家的使用说明书和维护手册进行。

由于酸性电瓶和碱性电瓶的电解液在化学性能上是相反的,因此,酸碱电瓶的维护车间应该间隔开,并保持良好的通风。

由于电瓶的电解液具有腐蚀性,不要让手或皮肤直接接触电解液。如不慎溅出了电解液,应立即中和。碱性电瓶电解液应用醋或硼酸进行中和,酸性电瓶电解液用苏打中和,然后用清水冲干净。

使用中应保持电瓶清洁,防止自放电。

在充电过程中,随着化学反应的进行,电瓶温度随之升高。一般要求电瓶温度不超过125°F,如果电瓶温度太高,应降低充电电流。

充电时排气孔一定要畅通。由于在充电过程中或过充时,会释放出氢气和氧气,形成易爆的混合气体,因此不能有明火存在,应采用防爆电气设备并保持良好的通风。

此外,酸性电瓶的维护还应该注意以下几个方面。

(1) 放电终了的电瓶必须在 24h 内充电;充满电的电瓶每月至少复充一次,以防止极板硬化。

(2) 经常检查电解液是否充足。如电解液不足,会降低电瓶容量,极板暴露在空气中也会使极板硬化。如果电解液不足,应加蒸馏水,不能加自来水或矿溶水。

(3) 在制作电解液时,先准备好一定量的蒸馏水,将硫酸慢慢倒进水里,并搅匀。需要注意的是，千万不能将蒸馏水倒在硫酸里，因为水的密度小，浮在酸的表面，剧烈的化学反应产生的热量能将水烧开，迸溅出来使人员受伤。

(4) 不能将航空电瓶的电解液与其他酸性电瓶电解液混用，因为航空电瓶电解液比其他地面用酸性电瓶电解液的比重大。

碱性电瓶的维护还应注意以下几点。

(1) 电解液加注：当电解液液面高度低于规定值时，应加蒸馏水，但同样不能超过规定值。要注意的是，充电结束后应马上检查和调整电解液高度，这是因为镍镉电瓶在放电或放置很长一段时间后，极板会吸收电解液。如果在放电后调整电解液高度，在充电时电解液可能会冒出来。

(2) 漏电检测：电瓶内部短路是碱性电瓶的常见故障，检查各个单体电池的漏电情况，利用毫安表检查，将表的一端与外壳相连，另一端接到单体电池的正极。如果漏电超过100mA，应对电瓶分解清洁和维修。

(3) 深度放电：采用恒压充电方式一段时间后，会造成单体电池不平衡，充电时测量电压正常，但放电时放出的电量不足，这时需要深度放电。用放电设备将电瓶的电全部放完，每当单体电池的电压低于0.2V时，用短路夹将单体电池正负极短路，放置至少8h，然后重新充电。如还不能恢复容量，需再做一次深度放电。

8.3 直流电源系统

8.3.1 直流发电机

1. 直流发电机

典型的直升机直流发电机如图8-7所示，其主要由定子、转子、整流子(换向器)、电刷组件等部分构成。

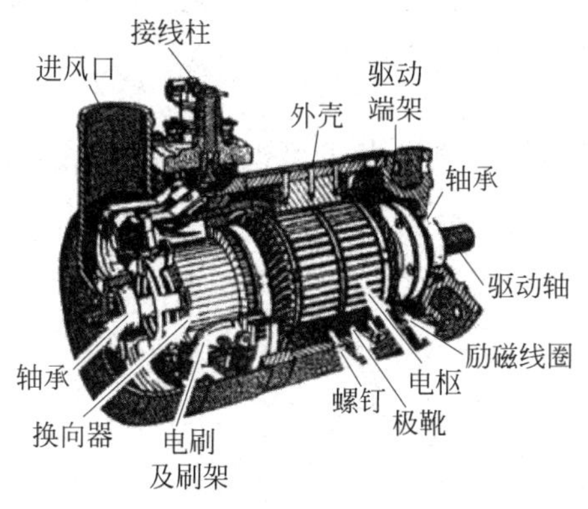

图8-7 直流发电机构造

(1) 结构

定子主要由磁极、励磁线圈、电刷组件和壳体组成。磁极和励磁线圈用来产生磁场。壳体的作用有两个：一是为磁极产生的磁场提供磁通路；二是作为发电机的机械结构，用于安装固定发电机和其他部件。壳体由铁磁材料构成。图 8-8(a)和(b)分别是两极电机和四极电机的定子结构图。

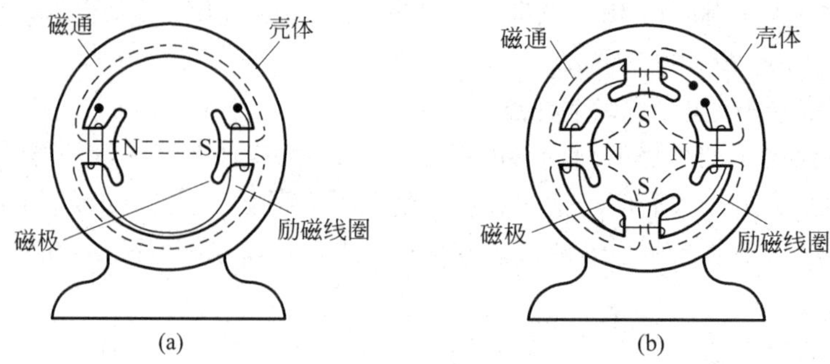

图 8-8 定子结构图

转子由铁心、电枢线圈、换向器和转轴组成,如图 8-9 所示。电枢线圈在转子转动时切割磁力线,产生交流电动势。每个电枢线圈的两端按规定的顺序连接在换向器上。

换向器和电刷组件的作用是将电枢线圈产生的交流电转换成直流电,由电刷输出。电刷结构如图 8-10 所示,电刷表面在弹簧的作用下与换向器表面紧密接触。电刷装在刷架上,刷架安装在定子上。

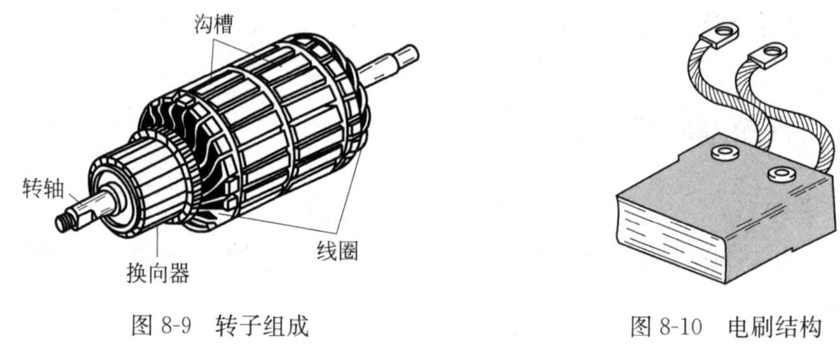

图 8-9 转子组成

图 8-10 电刷结构

(2) 励磁方式

根据励磁线圈的接线不同,直流发电机可以分为串励式、并励式和复励式,如图 8-11 所示。

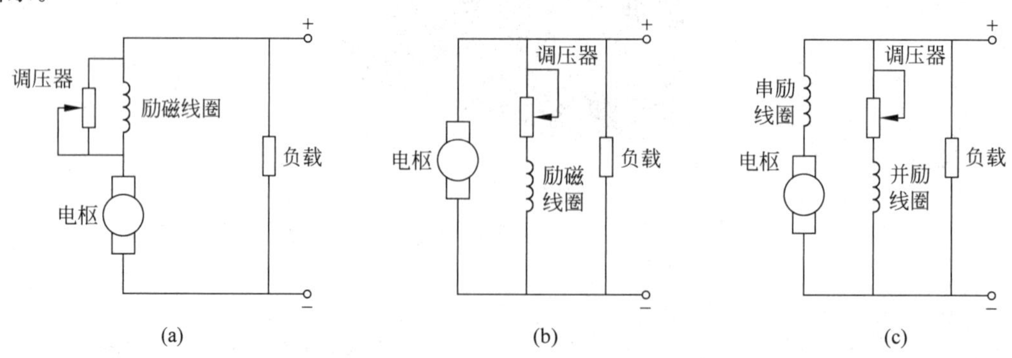

图 8-11 直流发电机的励磁方式

串励式发电机的励磁线圈与负载电路串联,励磁电流随负载的增加(电阻减小)而增大,使发电机输出电压上升。要维持电压不变,可在励磁线圈两端并联一可变电阻(调压器)分流一部分励磁电流。这种发电机多用在恒速恒负载或启动电流大的负载情况下。其缺点是电压调整困难,因此直升机上一般不使用。

并励式发电机的励磁电流小,电压调整相对容易,一般小型直升机都采用这种发电机。

复励式发电机兼有串励式发电机和并励式发电机的特点,常用于直流启动发电机。

(3) 电枢反应

当接通发电机负载时,电枢线圈中就有电流流过。根据电磁定律,在电枢线圈中就会产生磁场,该磁场称为电枢磁场。电枢磁场与主磁场(由励磁线圈产生)相互作用,使主磁场发生扭曲。磁场扭曲程度随发电机输出电流的增大而增大。主磁场畸变除了降低发电机效率外,还会在换向时产生火花,严重时会烧坏整流子和电刷。图 8-12(a)表示只有励磁磁场、没有电枢电流(发电机不输出)时的磁力线分布情况;图 8-12(b)表示发电机没有励磁、只有电枢电流产生的磁场;图 8-12(c)表明两个磁场同时存在时,电枢电流产生的磁场对主磁场产生的影响,这种影响称为电枢反应。

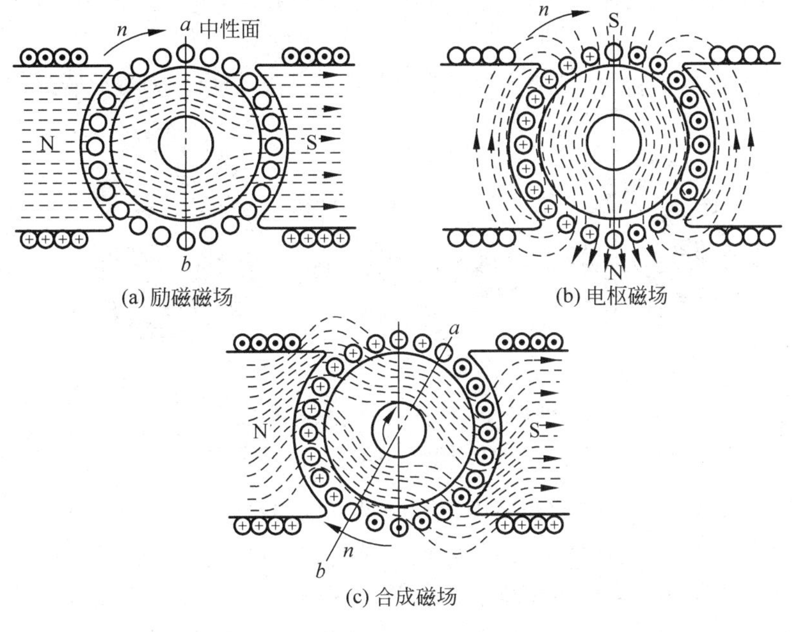

(a) 励磁磁场

(b) 电枢磁场

(c) 合成磁场

图 8-12 电枢反应

解决电枢反应的方法有两种:一种方法是电刷架可调,使电刷安装在合成磁场的中性面上(见图 8-12(c)中的 ab 线)。但当发电机输出电流变化时,产生的磁场强度也改变,磁场中性面的位置也会发生变化。一般将电刷调定在发电机输出额定电流时的中性面位置上,但当发电机的负载电流偏离额定值时换向会产生火花。小型发电机一般采用调整电刷位置的方法。另一种是增加换向磁极,换向磁极线圈与电枢线圈串联。输出电流越大,产生的换向磁场就越强(见图 8-13),用于抵消电枢反应的影响。较大的发电机一般采用换向磁极的方法或两种方法都采用。

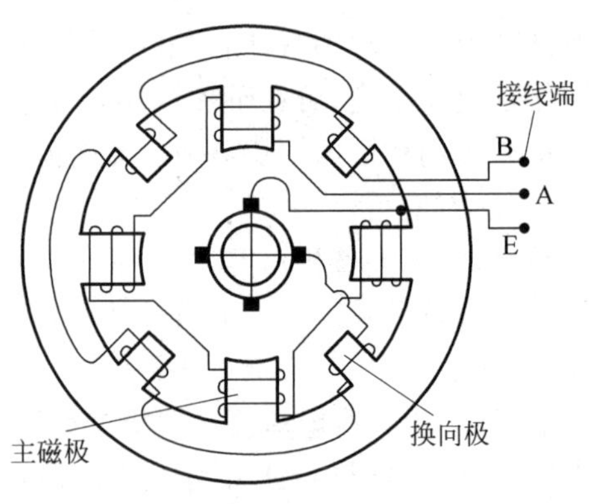

图 8-13　换向磁极

2. 交流-直流发电机(DC alternator)

为了克服直流发电机换向困难(尤其是在高空)、换向时产生火花及换向器和电刷的维护工作量大的缺点,可以采用交流-直流发电机(见图 8-14(a))。其基本原理是采用交流发电机发电,交流发电机发出的交流电经二极管整流后变成直流电,再输送到直升机电网供负载使用。

交流-直流发电机由转子(见图 8-14(b))、定子(见图 8-14(c))和整流器组成。

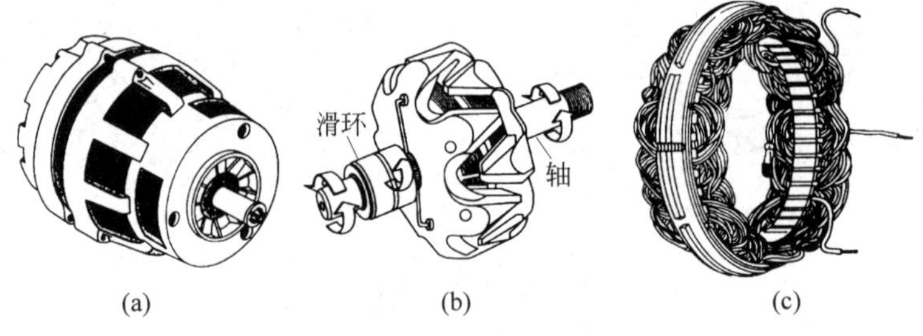

图 8-14　交流-直流发电机构造
(a) 发电机外形;(b) 转子;(c) 定子

与直流发电机相反,交流-直流发电机的励磁线圈装在转子上,励磁电流通过电刷和滑环(见图 8-14(b))加到励磁线圈上,因此磁场是转动的。由于输入的是直流电,所以没有换向问题。三相星形连接的电枢线圈装在定子上,三相交流电通过 6 只整流二极管全波整流成直流电后输出(见图 8-15)。图 8-15 中 F 为励磁线圈,装在转子上,三相电枢线圈和整流二极管装在定子上。

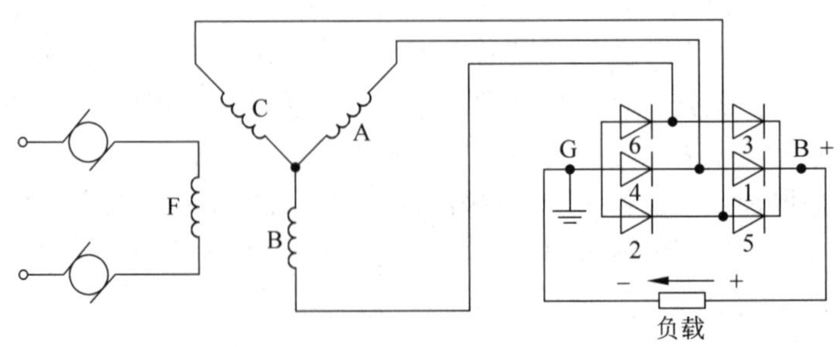

图 8-15　交流-直流发电机的全波整流电路

3. 两种直流发电机的优缺点

直流发电机主要有以下几方面的优点：

(1) 启动发动机时，用作电动机，发动机启动后转为发电机状态，一机两用，从而减轻机载设备的重量；

(2) 改变励磁方式可以做成不同特性的发电机或电动机。

但直流发电机也有以下缺点：

(1) 高空时由于湿度和空气密度低，换向困难，电刷磨损严重；

(2) 换向时产生火花，对机载电子设备产生干扰；换向器和电刷磨损大，维护工作量大；

(3) 结构复杂，重量重。

交流-直流发电机有以下优点：

(1) 结构简单，重量轻；

(2) 无机械换向装置，高空性能良好，工作可靠，维护工作量小。

交流-直流发电机的主要缺点有：

(1) 不能作为启动发电机用；

(2) 过载能力较差。

8.3.2 调压器

直升机直流电源的额定电压为 28V，但当负载变化或发电机转速改变时，电压将偏离额定值，因此必须有调压器来自动调整发电机的励磁电流，以保持输出电压恒定。增加发电机的励磁电流可以使发电机输出电压增高，反之则减小。

常用的调压器有振动式调压器、晶体管调压器和炭片调压器等。

1. 振动式调压器

振动式调压器的原理电路如图 8-16 所示，其主要由以下几部分组成。

(1) 电磁铁：用于感应发电机的电压。电磁线圈并联在发电机输出端，电压越高，电磁铁产生的电磁吸力越大。电磁铁的作用是拉开触点。

(2) 弹簧：弹簧的作用是使触点闭合。

(3) 触点：触点闭合，使电阻短路，励磁电流增大，发电机电压升高。

(4) 电阻：触点断开时，将电阻串入励磁线圈，使励磁电流减小，发电机电压下降。

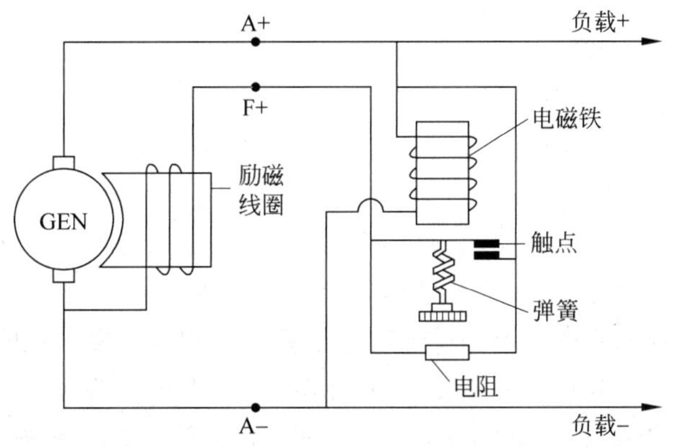

图 8-16 振动式调压器

振动式调压器的工作原理简述如下。

当发电机开始转动时,发电机自激发电,此时由于发电机电压低,电磁铁吸力小,弹簧的拉力大于电磁铁的吸力,使触点闭合,励磁电流上升,发电机输出电压上升。当发电机电压上升到一定值(大于额定值)时,电磁铁吸力大于弹簧拉力,触点打开,这时电阻串入到励磁线圈中,使励磁电流下降,发电机电压下降。当发电机输出电压下降到一定值(小于额定电压)时,弹簧拉力又大于电磁铁吸力,触点合上,将电阻短路,发电机电压上升……如此循环,就可以使发电机电压稳定在28V。调整弹簧拉力,就能调整发电机的输出电压值。

这种调压器主要用于小型发电机。其优点是结构简单,重量轻。缺点是触点频繁开合,容易磨损和产生干扰,且发电机输出电压有微小波动。

2. 晶体管调压器

为克服振动式调压器机械触点开合引起的问题,可以采用无触点开关,即用大功率晶体管代替机械触点。典型晶体管调压器原理如图8-17所示。

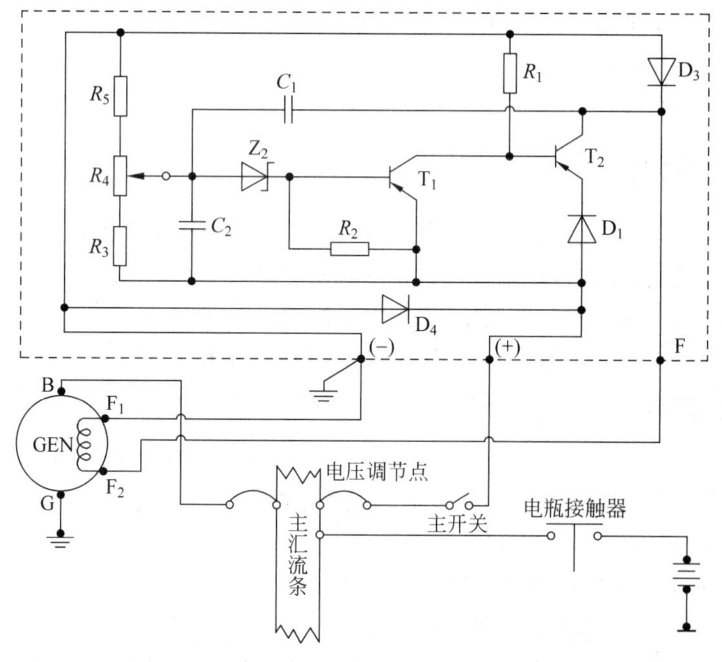

图8-17 晶体管调压器

电路主要由以下两大部分组成:

(1) 电压敏感电路——由电阻 R_3、R_4、R_5 和电容 C_2 组成。

(2) 开关放大电路——由三极管 T_1、T_2 和二极管 D_1、稳压管 Z_2 及电阻 R_1、R_2 组成。

晶体管调压器的工作原理与振动式调压器基本相同。当发电机电压低于一定电压时,稳压管 Z_2 截止→T_1 截止→T_2 导通,电源"+"端通过 D_1、T_2 加到励磁线圈的 F_2 端,再回到电源的"−"端,使发电机电压上升。当电压上升到一定值时,Z_2 击穿导通→T_1 导通→T_2 截止,励磁线圈断电(励磁线圈中的反电势通过续流二极管 D_3 释放),发电机输出电压下降。当电压下降到一定值时,Z_2 又截止……如此循环,使发电机输出电压保持在额定值上。当负载增大时,T_2 的导通时间变长,截止时间变短,以维持输出电压不变。调整 R_4,就能调定发电机的输出电压值。

C_1为负反馈电容，用于提高调压的稳定性。二极管D_4的作用是防止调压器或发电机极性接反，起到保护调压器的作用。

晶体管调压器具有调压精度高、体积小、重量轻、工作可靠等优点，目前被大多数直升机所采用。

3. 炭片调压器

晶体管调压器和振动式调压器都采用通断励磁电流的方式来调节发电机电压，这会引起发电机电压在小范围内波动，从而影响动态稳定性。为使发电机输出电压的波动减小，在励磁电路中串联一个可变电阻，通过改变可变电阻值来改变励磁电流，炭片调压器就是采用了上述原理（见图 8-18）。

炭片调压器各组成部分及功能如下。

(1) 炭柱：由一片一片炭片叠成，炭柱电阻的大小与加在炭柱上的压力成反比，压力越大，电阻越小。炭柱上所受的压力等于弹簧压力减去电磁吸力。

(2) 弹簧：弹簧的作用是压紧炭柱，使炭柱电阻减小。

(3) 电磁铁：电磁铁产生的电磁力的作用是拉松炭柱，使炭柱电阻增加。

(4) 调节电位器或调节螺钉：用于调整电磁铁的电流，从而调整发电机的额定输出电压。

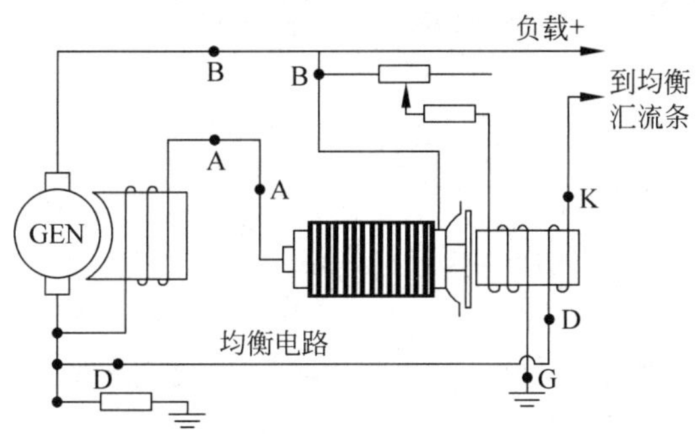

图 8-18　炭片调压器

炭片调压器的工作原理简述如下。

当电压升高时→电磁拉力增大→炭柱被拉松→电阻增大→励磁电流减小→电压下降；当电压下降时→电磁拉力下降→炭柱被压紧→电阻减小→励磁电流增大→电压升高。这样就可以使电压保持恒定。炭片调压器一般用于大功率直流发电机中。

8.3.3　反流割断器（反流保护器）

发电机正常供电时，其输出电压高于直升机电瓶电压，给电瓶充电；当某些原因造成发电机电压低于电瓶电压时，电瓶电流就会倒流入发电机，使发电机变成电动机，这种现象称为反流。反流会导致电瓶电能在很短的时间内耗尽，失去应急电源的功能，给飞行安全带来隐患，这是绝对不允许的。因此，直流电源系统都装有反流割断器，当出现反流时，及时切断发电机输出与电瓶的联系。图 8-19 所示为反流割断器原理图。

反流割断器主要由电磁铁和一个触点组成。电磁铁上绕有一个电压线圈和一个电流线圈。当发电机电压高于电瓶电压时，电压线圈产生的电磁拉力使触点合上，这时电流流过电

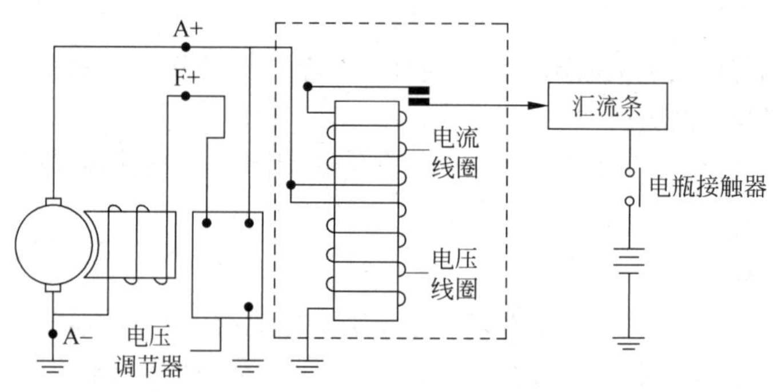

图 8-19 反流割断器原理图

流线圈,电流线圈产生的电磁力与电压线圈产生的拉力方向相同,使触点更紧密地闭合;当发电机电压低于电瓶电压时,电流反向流动,这时电流线圈所产生的电磁力与电压线圈的拉力相反,使电磁拉力减小,触点在弹簧作用下分开,这样就断开了发电机与电瓶的联系。

8.3.4 直流电源的并联供电

直流电源并联供电的条件比较简单,主要有以下两方面:

(1) 发电机电压极性相同;

(2) 发电机输出电压相等。

并联供电主要有以下优点。

(1) 供电质量高。并联供电时电网总容量增大,当负载突变时,对电网造成的扰动小。

(2) 供电可靠性高。在并联供电系统中,各发电机互为备用,当其中一台发电机故障时,不会对电网上的用电设备造成影响,可以实现不间断供电。

由于直流电源并联控制比较简单,两台及以上直流发电机多采用并联供电。直升机上一般采用同容量的发电机并联,并联运行时要求各台发电机承担的负载要相同,以防止发生有的发电机过载、有的发电机欠载的情况。

虽然在直升机上一般都采用同型号的发电机和调压器,但由于发电机及调压器的特性和安装不可避免地存在一定的差异,因此并联供电时负载分配一般是不均衡的,这就需要采取措施来均衡负载。调压器不同,均衡措施也不同。下面以炭片调压器和晶体管调压器为例,说明负载均衡的原理。

1. 炭片调压器的负载均衡电路

炭片调压器的负载均衡电路如图 8-20 所示。

在炭片调压器中,均衡线圈分别为 W_{eq1} 和 W_{eq2}。为了测量发电机的输出电流,在发电机的负极性端接入电阻 R_-,R_- 一般为换向磁极的线圈电阻和接线电阻。R_1、R_2 为正线电阻,包括馈线电阻和接触电阻等。

设 1 号发电机 G_1 的输出电流大于 2 号发电机 G_2 的输出电流,即 $I_1>I_2$,这时,A 点电位小于 B 点电位(以地为参考点),电压 U_{BA} 使两个均衡线圈中有电流流动。根据右手螺旋定则,可以判断出各台发电机均衡线圈中产生的磁通方向也各不相同,因此其作用也不相同,可分析如下。

对 G_1:均衡线圈 W_{eq1} 产生的磁通与 G_1 调压器工作线圈 W_{op1} 产生的磁通方向相同,因

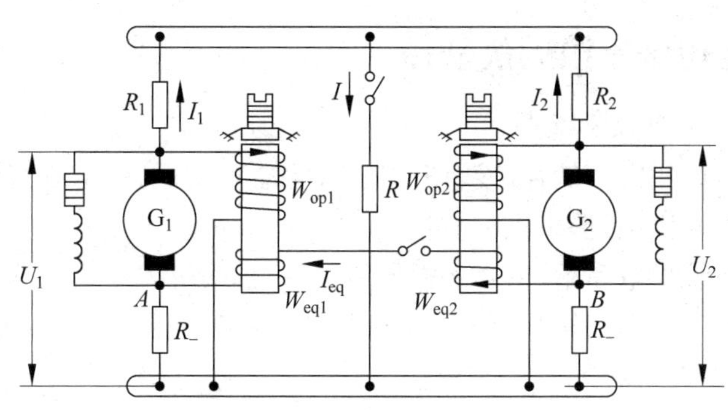

图 8-20 炭片调压器的均衡电路

此对炭柱的拉伸力增大，使炭柱电阻增加，励磁电流下降，使 G_1 输出电压下降，输出电流 I_2 随之减小。

对 G_2：均衡线圈 W_{eq2} 产生的磁通与 G_2 调压器工作线圈 W_{op2} 产生的磁通方向相反，因此对炭柱的拉伸力减小，炭柱电阻减小，励磁电流增大，使 G_2 输出电压上升，输出电流 I_1 增大。

当 $I_1 < I_2$ 时，可作同理分析。这样，就使两台发电机的负载得到均衡。在均衡线圈之间必须装一个开关，便于发电机单独供电时调压器的正常工作。

2. 晶体管调压器的负载均衡电路

在调压器的敏感电路中接入均衡电阻 R_{24}（见图 8-21）。

设 1 号发电机 G_1 的输出电流大于 2 号发电机 G_2 的输出电流，即 $I_1 > I_2$，这时的 A 点电位小于 B 点电位（以地为参考点），电压 U_{BA} 使两个均衡电路中有电流流动。

对于 G_1，均衡电阻 R_{24} 上的压降为上正下负，使 G_1 调压器敏感到的电压 U_{a1} 增加，调压器使 G_1 的输出电压减小，则 G_1 输出电流 I_1 也随之减小。

对于 G_2，均衡电阻 R_{24} 上的压降为下正上负，使 G_2 调压器敏感到的电压 U_{a2} 下降，调压器使 G_2 的输出电压增加，则 G_2 的输出电流 I_2 也增加。

当 $I_1 < I_2$ 时，可作同样分析。这样，就可以使两台发电机的负载得到均衡。在均衡电阻之间必须装一个开关，便于发电机单独供电时调压器的正常工作。

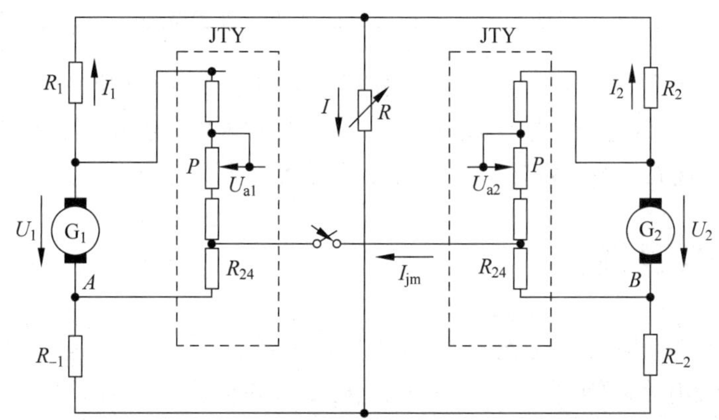

图 8-21 晶体管调压器的均衡电路

8.3.5 直流电源系统的优缺点

直流电源系统主要有以下优点。

(1) 直流电能可以用电瓶储存,使直升机在失去主电源后,能由电瓶供电而安全着陆。

(2) 容易实现并联供电,提高供电质量。

(3) 直流电源系统供电简单,只需一根导线,另一端接机体。

(4) 直流电机的起动力矩比交流电机大,且能实现启动机和发电机合二为一,从而减轻重量。供电电压低(28V),对人员比较安全。

(5) 控制保护设备简单,电源系统的重量相对比较轻。

但直流电源也有其缺点,主要表现在以下几方面。

(1) 高空换向困难(对直流发电机);电压变换困难,变换效率低。

(2) 产生噪声和干扰(电刷和换向器)。

(3) 功率小,一般单机容量不超过 13.5kW。功率重量比小,直流启动发电机的功率重量比仅为 0.7,而变频交流电源为 2.5,恒速恒频交流电源为 1.9。

8.3.6 直流电源系统的质量要求

为了保障飞行安全,在直升机上安装的直流电源系统必须满足适航条例规定,所有运输机必须有直流应急电源系统(电瓶),并保证在主电源失效后至少能飞行半小时。直流电源系统分为主电源系统和应急电源系统,它们对电压的具体要求如表 8-1 所示。

表 8-1 直流电源质量要求 V

项　　目	主电源系统	应急电源系统
电源汇流条电压	26～29	20～29
允许电压降	−2/+0	−2/+0
正常电压范围	24～29	—
应急电压范围	—	18～29
过欠压保护	±3(21～32)	—
电压波动	<2	—

欠压时(电压低于 21V),采用 4～7s 固定延时,切断发电机输出。过压采用反延时(电压超过 32V),即电压越高,延时时间越短。过压时切断发电机输出和励磁,以保护发电机本身和负载。另外,直流电源系统还具有短路保护功能。

8.4 交流电源系统

交流电源系统与直流电源系统相比,主要有以下优点:

(1) 发电机没有换向问题,减少了噪声、电磁干扰和维护工作量;

(2) 电压变换容易,适用于不同电压等级的用电设备;

(3) 交流电经变压整流器很容易变成低压直流电,且转换效率高;

(4) 发电机输出功率大,最大可超过 150kV·A;

(5) 输出电压高,使配电导线重量下降。

交流电源的不足之处是:

(1) 并联供电比较困难;

(2) 恒频电源系统需要恒速传动装置或变频设备或恒速发动机;

(3) 交流电机起动力矩比直流电机小;

(4) 交流电不能像直流电一样用电瓶储存起来。

由于交流电源优点突出,目前大重型直升机上都采用交流电源系统。

8.4.1　交流电源系统的分类

航空交流电源系统主要有 3 种形式:变速变频交流电源系统(VSVF)、恒速恒频交流电源系统(CSCF)和变速恒频交流电源系统(VSCF)。

1. 变速变频交流电源系统

在变速变频交流电源系统中,交流发电机是由发动机通过减速器直接驱动的,如图 8-22 所示。这种电源输出的交流电的频率随发动机转速变化而变化。

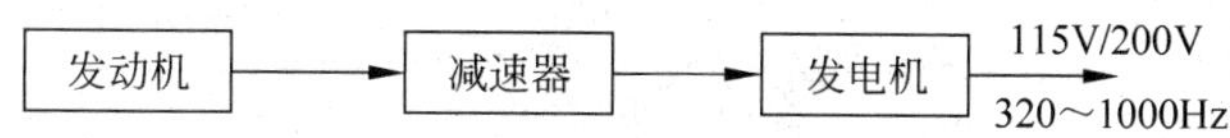

图 8-22　变速变频交流电源系统框图

变速变频交流电源系统不需要恒速传动装置,结构简单,可靠性高,维护工作量小,重量轻。不足之处是:由于频率的变化,对电机类用电设备的要求随之提高。需要恒频交流电的场合,由逆变器提供。

2. 恒速恒频交流电源系统

在恒速恒频交流电源系统中,发电机是通过恒速传动装置(CSD)驱动的,因此发电机输出恒频交流电,如图 8-23 所示。

图 8-23　恒速恒频交流电源系统框图

恒速恒频交流电源系统的优点是:恒频交流电对航空器上的各种负载都适用,配电简单;恒频交流电源系统可以单台运行,也可以并联运行,以提高供电可靠性和供电质量。不足之处是:CSD 增加了重量和成本,功率/重量比小于变速变频电源系统。

3. 变速恒频交流电源系统

由于 CSD 结构复杂,成本高,维护比较困难,随着电力电子技术的发展,目前已研制成功了变速恒频电源系统,如图 8-24 所示。

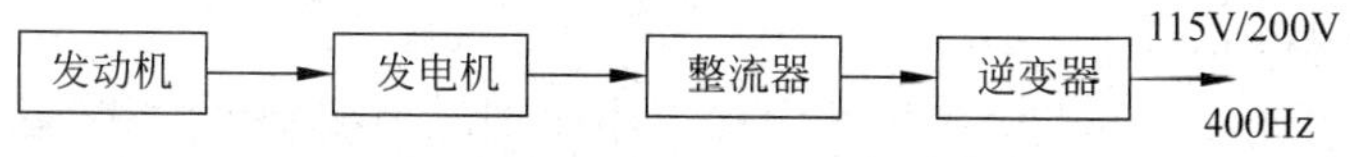

图 8-24　变速恒频交流电源系统框图

该系统不用CSD，发电机由发动机直接驱动，发电机输出的变频交流电经整流器整流成直流电，再由逆变器将直流电变成恒频交流电。

变速恒频交流电源系统的主要优点是：取消了CSD，重量有所减轻。不足之处是：允许的工作环境温度比较低，过载能力差，结构复杂，可靠性相对较低，维护比较困难。

8.4.2 恒速恒频交流电源系统的基本要求

目前，绝大多数现代运输机和直升机上都采用恒速恒频交流电源系统作为主电源，运输机上通过恒速传动装置实现恒速；而直升机发动机转速基本恒定，发电机连接在主减速器上，一般不需要CSD，发电机输出频率基本保持不变。因此，本章重点介绍恒速恒频交流电源系统，不讨论恒速传动装置的工作。

根据国际航空电源标准(ISO 1540)，航空恒频交流电源应满足的要求如表8-2所示。

表8-2 恒频交流电源参数

交流电源参数		主汇流条	应急汇流条
电压	额定电压(相)/V	115	115
	允许电压范围/V	108～118	104～122
	过压保护/V	>132	—
	欠压保护/V	< 98	—
	三相电压不平衡/V	<3	<4
频率	额定频率/Hz	400	400
	允许频率范围/Hz	380～420	360～440
	过频保护/Hz	>430	—
	欠频保护/Hz	<370	—
波形	理想波形	正弦波	正弦波
	总谐波/%	<5	<5
	单次谐波/%	<4	<4
相位	正常三相相位差/(°)	120	120
	允许相位差/(°)	118～122	118～122

8.4.3 交流发电机的结构和工作原理

在直升机交流电源中，普遍采用同步发电机。同步发电机类型可以根据其励磁方式来划分。按励磁系统结构中是否带有电刷，可分为有刷交流发电机和无刷交流发电机两大类，每一类中又包含自励和他励两种方式。由于有刷交流发电机存在输出功率小、可靠性差、维护工作量大的缺点，目前直升机上大多采用无刷交流发电机。

对直升机交流发电机励磁系统的基本要求是：起激可靠，短路时具有瞬时强激磁能力，从而保证保护装置可靠动作。

下面重点介绍无刷交流发电机的结构和工作原理。根据励磁方式不同，可分为自励和他励两种方式，又称为二级式和三级式无刷交流发电机。

1. 二级式无刷交流发电机(自励)

二级式无刷交流发电机主要由交流励磁机、主交流发电机和旋转整流器组成,其结构示意图如图 8-25 所示。图中,A、B、C 为三相输出,A、F 接调压器。二级无刷交流发电机原理电路如图 8-26 所示。

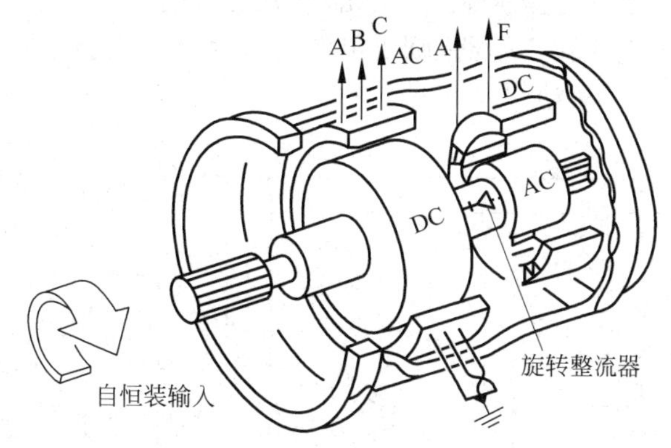

图 8-25　二级无刷交流发电机结构示意图

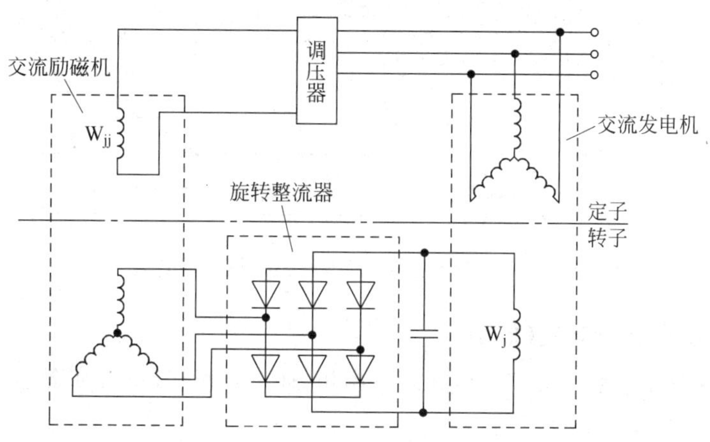

图 8-26　二级无刷交流发电机原理电路

交流励磁机的励磁线圈和主交流发电机的三相输出线圈装在定子上,交流励磁机的三相输出线圈、旋转整流器和主交流发电机的励磁线圈装在转子上。

二级无刷交流发电机的发电原理分析如下。

当发动机带动发电机转子转动后,交流励磁机的转子电枢绕组切割剩磁产生剩磁电压,经旋转整流器整流后输送到主交流发电机的转子励磁线圈上,从而产生磁场。主交流发电机定子电枢绕组切割磁力线,也产生一个剩磁电压,剩磁电压在 15V 左右。该电压通过调压器使交流励磁机的磁场增大,主发电机的输出电压也随之增加,当电压增加到额定电压时,调压器限制交流励磁机的励磁电流,使主发电机输出电压保持恒定。由以上分析可知,二级式发电机是靠剩磁起激发电的。在发电机振动、受干扰等情况下,剩磁会消失,需进行充磁。为保证起激可靠,可以在交流励磁机的磁极中嵌入永久磁铁。

另外,当交流发电机输出端短路时,也会导致励磁消失,也就是说没有了强激磁能力。

为了克服这个缺点,可以采用复励电路或相复励电路。相复励电路既具备强激磁能力,又能补偿不同负载的电枢反应,使发电机具有较硬的外特性,从而减轻调压器的负担。

相复励电路有电压相加型、电流相加型和磁势相加型三种。下面以电压相加型相复励电路为例,说明其工作原理。二级无刷交流发电机的相复励电路原理图如图 8-27 所示。它由一组电流互感器和一个降压变压器组成,励磁电源除了与发电机电压有关外,还与发电机输出电流有关。即使发电机输出短路,励磁电源仍可由电流互感器提供,即具有强激磁能力,使发电机保护装置能可靠动作。

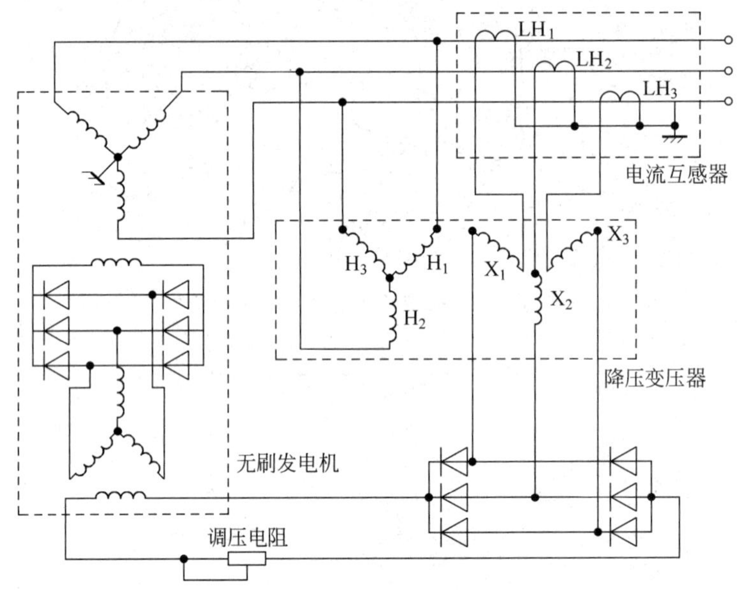

图 8-27　二级无刷交流发电机的相复励电路

2. 三级无刷交流发电机(他励)

三级无刷交流发电机增加了永磁式副励磁机,使激磁更加可靠,其余部分与二级无刷交流发电机基本相同,如图 8-28 所示。

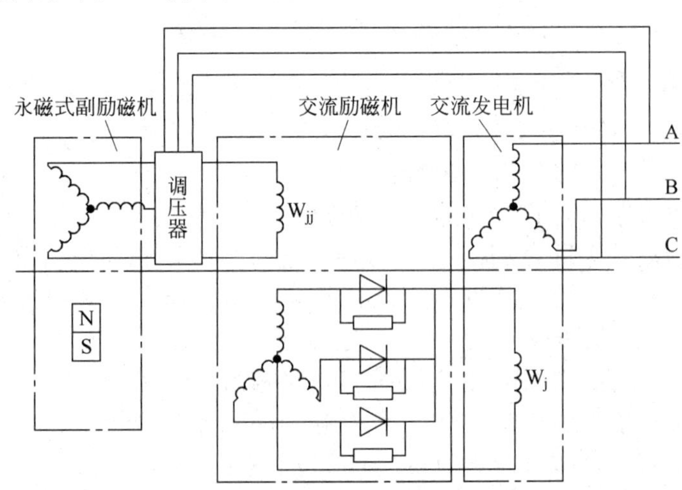

图 8-28　三级无刷交流发电机原理图

永磁式副励磁机给调压器和控制保护装置供电，和直升机电网无关，所以直升机电网故障不会影响调压器和故障保护装置的工作。

3. 调压器

现代直升机的交流电源系统都采用晶体管调压器。晶体管调压器有两种，一种是直放式调压器（调压器功率管工作在放大状态），另一种是脉冲调宽式（PWM）调压器（调压器功率管工作在开关状态）。由于直放式调压器存在功率管功率消耗大的缺点，因此，现代直升机上采用的调压器都是 PWM 式晶体管调压器。

PWM 晶体管调压器的原理框图如图 8-29 所示。

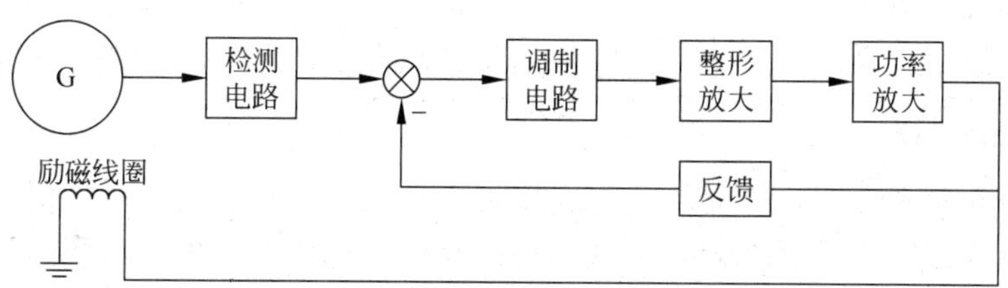

图 8-29 PWM 晶体管调压器的原理框图

检测电路的功能是将发电机的输出电压进行降压和整流，并将整流后的脉动成分进行部分滤波而形成三角波，输入到调制电路。

调制电路的功能是将检测电路送来的三角波与基准电压进行比较，产生 PWM 波。发电机输出电压随 PWM 波的脉冲宽度改变而改变。

整形放大电路的功能是将调制电路输出的 PWM 波进行整形和放大，以便推动功率放大电路工作。

功率放大电路的功能是推动发电机励磁线圈工作，调节发电机的励磁电流，从而调节发电机的输出电压。

反馈电路的功能是增加调压器的调压稳定性，减少超调量和调节振荡次数。

8.4.4 交流电源的故障保护

直升机交流电源系统中设置的主要故障保护项目有以下几种：过压保护（OV）、欠压保护（UV）、欠频保护（UF）、过频保护（OF）、差动保护（DP）、过载（过流）保护（OC）、开相保护（open phase）、欠速保护（under speed）和逆相序保护（NPS）等。下面简单介绍这几种保护的特性和电路原理。

1. 过压保护（OV）

根据航空电源的国际标准 ISO 1540，单相过压值为 132V，三相平均电压的过压值为 130V。产生过压的原因主要是调压器失效，导致发电机励磁电流过大造成的。为防止由于干扰而产生误动作，在保护电路中必须加故障延时。根据过压值越大危害也越严重的特点，过压保护采用反延时，即过压值越大，延时时间越短。设置过压保护是为了保护发电机本身及用电设备，因此，过压时应同时断开发电机励磁继电器 GCR 和发电机输出断路器 GCB，即断开发电机的励磁（灭磁）和发电机输出。

2. 欠压保护(UV)

当相电压低于 98V 时,欠压保护电路发出信号,经固定延时 7s 后,断开 GCB。欠压故障主要由调压器或发电机本身故障造成,但欠速(欠频)或发电机过载时也会造成发电机欠压。

3. 欠频保护(UF)

当发电机输出频率低于 370Hz 时,欠频保护电路发出信号,经固定延时 7s 后,断开 GCB。欠频和欠压故障往往同时发生。如果欠频发生在前,则欠压保护电路输出就会被锁定。如果欠压发生在前,则欠频保护电路输出就会被锁定。

4. 过频保护(OF)

当发电机输出频率高于 430Hz 时,过频保护电路发出信号,经固定延时 1s 后,断开 GCB。

5. 差动保护(DP)

差动保护范围包括两个方面:一是发电机内部电枢绕组发生相与地、相与相之间的短路,故障产生的原因通常是因振动而断线搭地或相间绝缘破坏。发生故障后将产生很大的短路电流,以致烧毁发电机,严重时可能引起火灾。二是发电机输出馈线短路故障。馈线是指发电机输出接头至汇流条的导线。由于振动等原因,容易造成搭铁(对地短路)或相与相短路故障。为了减小短路故障造成的危害,要求保护装置尽快切断发电机的激磁电路,并将发电机从电网上切除,即断开 GCR 和 GCB。

所谓差动保护,是指从发电机输出端流到汇流条的电流与回到发电机电枢绕组的电流不一致。在发生对地短路或相间短路时,这种情况才会发生。当电流相差 20~40A 时,保护电路发出保护信号。

在图 8-30 中,CT_1和 CT_2为两组电流互感器。CT_1装在发电机电枢绕组的中线侧,CT_2安装在 GR 之后。每相的两个互感器副边按同名端首尾串联,组成差动检测环。当没有短路故障时,每相流出发电机电枢绕组的电流与流入电枢绕组的电流相等,CT_1、CT_2副边感应出的电流也相同。在电阻 R_4、R_5、R_6中没有电流。运放 A“+”端电位低于 A“-”端的参考电压,A 输出为低电平,这时说明电路没有短路故障。当发生短路故障时,如在 GR 之前某一位置 A 相发生对地短路故障(相间短路同理),则 CT_1感应出的电流比 CT_2要大,使得在 R_6上产生的电压不为零。R_6上的电压经 D_1半波整流、C_1滤波后,经 R_8加到 A 的“+”端。当差动电流达到 20~40A 时,A“+”端电压大于 A“-”端电压,A 输出高电平,经控制电路断开 GCR 和 GCB。另外要注意的是,差动保护电路只有在 CT_1和 CT_2区间内发生短路时才能起到保护作用。其余两相对地短路时,则在 R_4或 R_5上产生电压,工作原理相同。

6. 过载(过流)保护(OC)

利用图 8-30 中的电流互感器 CT_2的信号可以实现过载或过流保护,保护电路的工作原理与差动保护电路相同,不同的是仅用了 CT_2一组电流互感器。当发生过载或过流故障时,过载保护电路发出信号,断开发电机输出,以保护发电机因过载而烧坏。过载保护采用反延时。过载时,容易造成发电机欠压,此时禁止欠压信号输出。

过载故障主要是由于其中一台发电机损坏而不能向直升机正常供电,另一台发电机由于负载加大而产生过载。在有些直升机中,过载信号将引起自动卸载,切除一些不重要的或不影响飞行安全的用电设备,以保证发电机向重要负载正常供电。

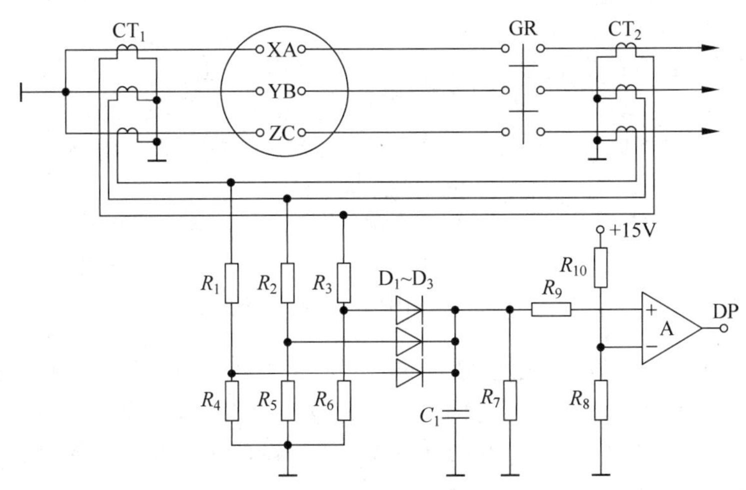

图 8-30 差动保护电路原理图

7. 开相保护(open phase)

利用图 8-30 中的电流互感器 CT_2的信号可以实现开相保护,所谓开相是指有一相电流输出为零而其他两相输出正常。在这种情况下,会使三相用电设备不能正常工作,如三相交流电动机等。保护电路的原理是比较 CT_2中各个互感器的输出,当输出相差达到一定值时,保护电路有信号输出,断开发电机输出,开相保护采用固定延时,一般为 5s。

造成开相的原因主要有:

(1) 发电机内部的输出绕组开路;

(2) 发电机外部馈线开路;

(3) 发电机输出断路器有一相接触不良或损坏。

8. 欠速保护(under speed)

由转速传感器感应发电机的转速,欠速保护电路将转速传感器送来的电压或频率信号与设定值进行比较,当转速低于额定转速的 90%时,欠速保护电路发出保护信号。

欠速一般不是系统故障,但欠速会导致欠频或欠压保护电路发出保护信号。欠速保护电路的功能是在发动机关断时,发出一个信号禁止欠频或欠压保护电路输出信号去断开发电机励磁继电器 GCR,而仅断开 GCB。

9. 逆相序保护(NPS)

当发电机输出相序不正确时,不能合上 GCB,否则在供电时会出现如电动机反转等严重故障;并联供电时,将烧毁发电机和供电线路。相序故障主要发生在更换发电机后或地面电源供电时。

逆相序保护电路原理图如图 8-31 所示。

发电机输出 A 相经 D_1半波整流后经 R_1加到可控硅 SCR 的阳极上,B 相经 D_2半波整流后经 R_2加到 SCR 的控制极。

A 相、B 相半波整流后的波形和 SCR 相序正确时的导通区间如图 8-32 所示。

相序正确时,A 相超前于 B 相 120°。根据可控硅的特点,只有当阳极有正向电压,并在控制极加触发信号时才能导通。可控硅触发导通后,只有当满足下列条件时才能关断:

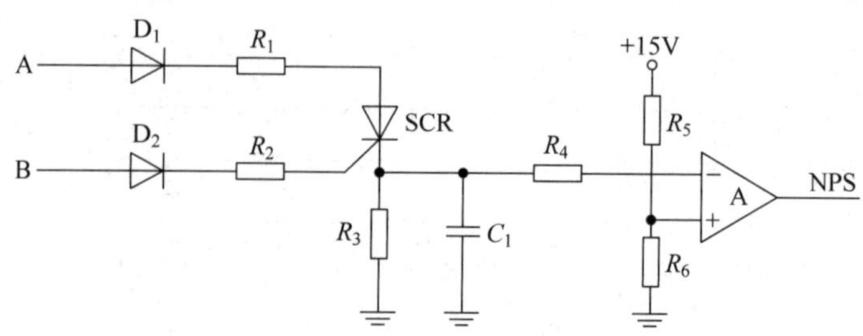

图 8-31 逆相序保护电路原理图

①可控硅阳极电压为零或负；②通过可控硅的电流小于其维持电流。可见，可控硅的关断与触发信号无关。由于 B 相加在控制极上，因此这时 SCR 的导通区间仅为 A 相波形的 1/3，如图 8-32 中的斜线部分，而在 A 相电压的负半周时截止。SCR 导通时向 C_1 充电，由于充电时间短，且负半周时 SCR 截止，C_1 通过 R_3 放电，因此 C_1 上的电压很低，比较器 A“－”端电压大于 A“＋”端电压，A 输出低电平，说明相序是正确的。

当相序不正确时，如 A 相和 B 相对调，则整流后的波形和 SCR 导通区间如图 8-33 所示。

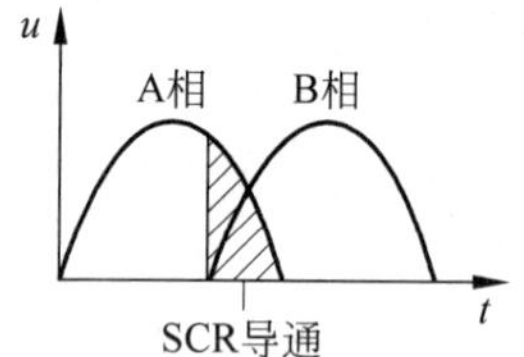

图 8-32 相序正确时 SCR 的导通区间

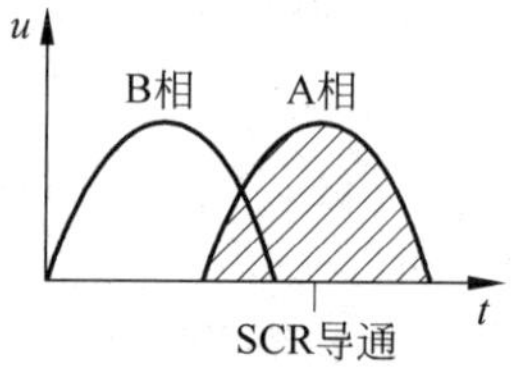

图 8-33 相序不正确时 SCR 的导通区间

A 相和 B 相对调后，触发信号提前 120°，即在 SCR 阳极电压到来前触发信号已准备好，在 A 相电压的正半周内，SCR 被触发导通后，就一直保持导通状态。因此，可控硅导通区间为 A 相电压的整个半波。这就使 C_1 的充电时间变长，电压升高，使 A“＋”端电压高于 A“－”端电压，A_1 输出高电平。输出信号送到 GCB 控制电路，使 GCB 不能接通。

同理可以分析，不管 A 相和 C 相对调或 B 相与 C 相对调，都可使逆相序保护电路工作。

8.5 二次电源

二次电源是将直升机主电源转换为另一种规格或形式的电源，如用变压整流器将 115V/200V、400Hz 的恒频交流电或变频交流电转变为 28V 直流电，用变流机(器)(逆变器)将 28V 直流电转变为 115V/200V、400Hz 的交流电。

8.5.1 变压整流器

在以交流电为主电源的系统中，变压整流器将交流电转变为直流电，为直升机的直流负载，如控制与保护设备、继电器和接触器的工作线圈、无线电通信、雷达、自动驾驶仪及直流电动机等提供电源。

1. 变压整流器的组成

变压整流器主要包括主变压器、整流元件、滤波器、冷却风扇等，如图 8-34 所示。

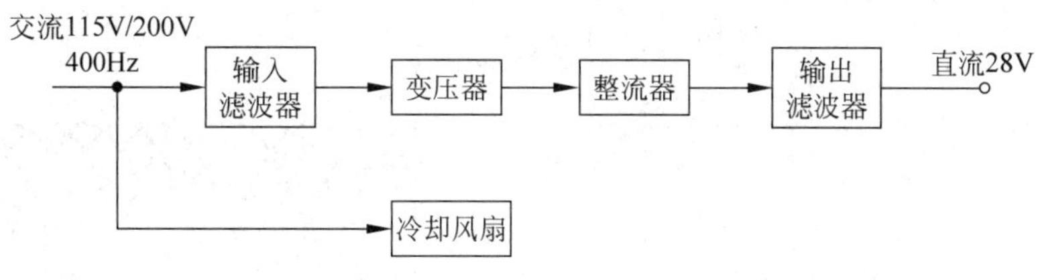

图 8-34　变压整流器组成框图

主变压器的作用是将 115V/200V、400Hz 的三相交流电变换为适合整流电路的交流电压。

整流元件的作用是将主变压器输出的交流电变换为直流电，整流元件一般采用硅整流二极管。

滤波器包括输入滤波器和输出滤波器。输入滤波器的作用是减小变压整流器对电网电压波形的影响，滤除高频干扰；输出滤波器的作用是滤除整流后的脉动成分，使直流输出更加平滑。滤波电路由电感和电容组成，其结构形式有 Γ 形和 Π 形滤波电路等。

冷却风扇对变压整流器进行通风冷却。

2. 变压器的连接方式

根据主变压器和整流电路接法的不同，变压整流器可以分成三相半波整流、三相全波整流、六相半波整流以及六相全波整流等基本类型。主变压器的原边绕组可以接成星形(Y)或三角形(△)。主变压器的副边绕组可以接成三相整流电路或六相整流电路。由于全波整流效率高，输出电压脉动小，直升机上的变压整流器大多采用全波整流。

(1) 主变压器按Y/Y连接的三相全波整流电路

这种电路又称为三相桥式整流电路，其电路及其输出电压波形如图 8-35 所示。

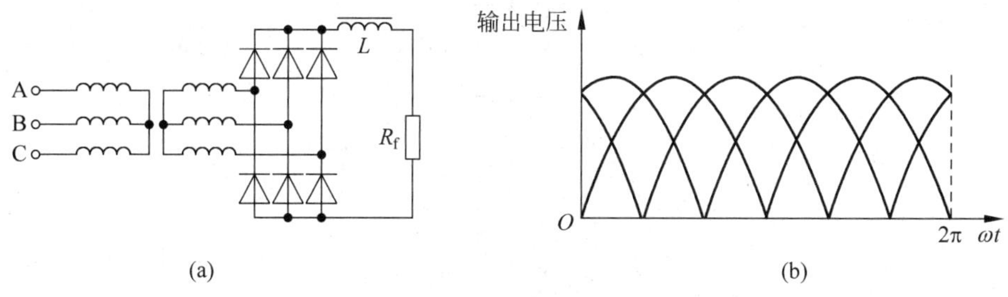

图 8-35　主变压器按Y/Y连接的三相全波整流电路及其输出电压波形

(a) 电路；(b) 输出电压波形

(2) 主变压器按Y/△Y连接的六相全波整流电路

为了进一步减小整流后输出电压的脉动成分，采用六相全波整流电路，即主变压器的原边绕组为Y形接法，而其副边绕组由一个Y形绕组和一个△形接法的绕组构成。电路结构及输出电压波形如图 8-36 所示。由图 8-36(b)所示波形可见，整流后输出电压的脉动频率提高一倍，脉动电压幅值减小，有助于减小滤波器的体积和重量。

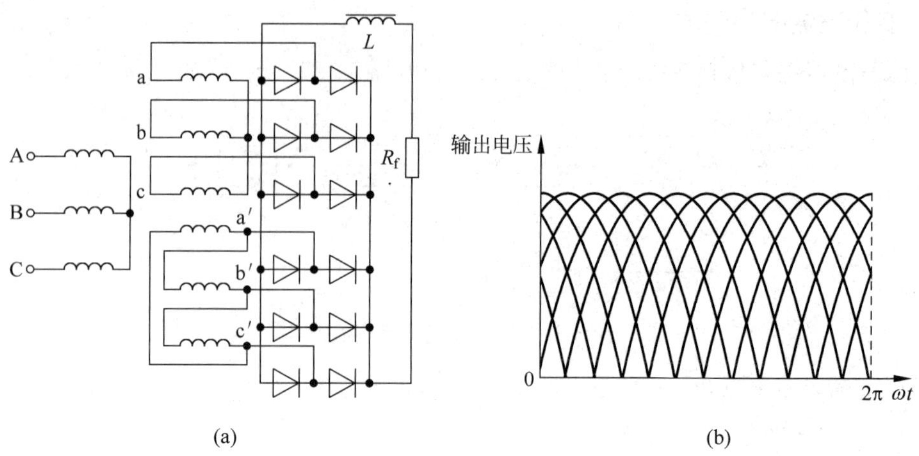

图 8-36　主变压器按Y/△Y连接的六相全波整流电路及其输出电压波形

(a) 电路；(b) 输出电压波形

3. 典型直升机变压整流器电路

图 8-37 所示是某直升机变压整流器电路。由变压整流器的连接方式可知，此电路属于主变压器按Y/△Y连接的六相全波整流电路，为增加输出功率，采用了两个△形绕组和两个Y形绕组的并联。

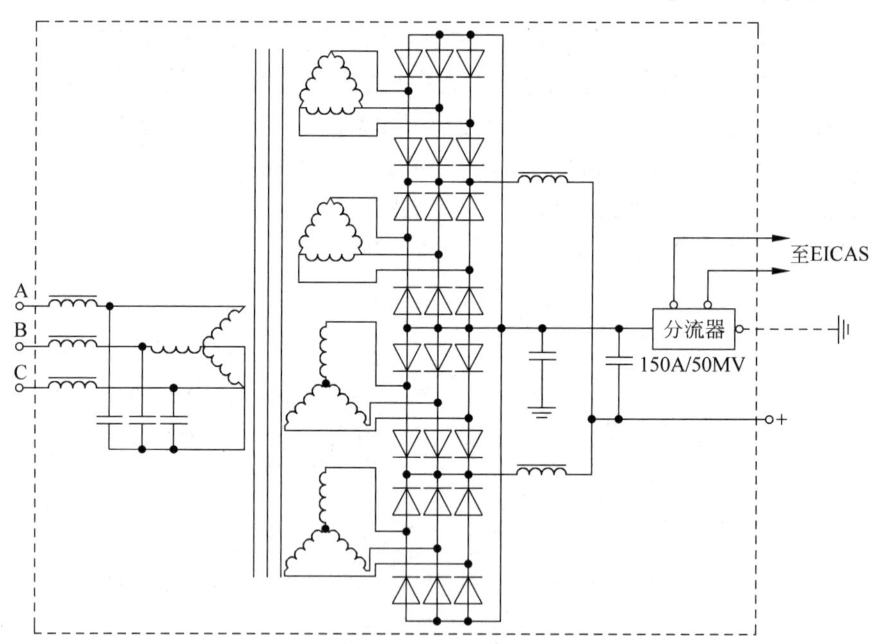

图 8-37　典型直升机变压整流器电路

在该电路中，主变压器的原边绕组是Y形连接，并带有一级 Γ 形 LC 滤波器。经整流后的直流电经过 LC 滤波后，送至直流汇流条，负端经过一个分流器接地。分流器用于测量负载电流的大小，送至发动机指示和机组警告系统显示。

8.5.2　静止变流器

直升机上的逆变器通常称为变流机（器），是将直流电变为交流电的设备，有旋转变流机和静止变流器两种。旋转变流机由直流电动机带动交流发电机发出交流电，这种变流机噪声大、效率低、维护工作量大，只在早期的直升机上采用。静止变流器（逆变器）采用电力电子技术，将直流电逆变为交流电。这种变流器没有运动部件、转换效率高、维护工作量小，在现代直升机上得到了广泛应用。本书仅讨论静止变流器。

静止变流器主要用于：在直流电为主电源的直升机上提供交流电源，即用作二次电源；在交流电为主电源的直升机上将电瓶的直流电变成交流电，提供应急交流电源。

1. 单相静止变流器

逆变器主电路主要有两种形式：一种是推挽式，如图 8-38（a）所示；一种是桥式，如图 8-38（b）所示。为了减小功率管的损耗，必须让功率管工作在开关状态。

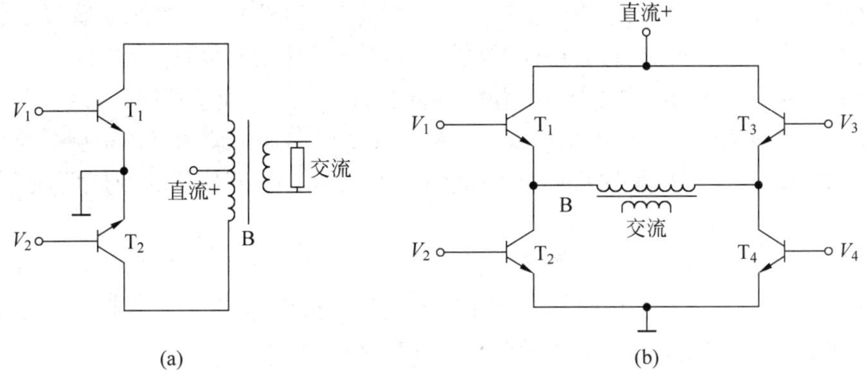

图 8-38　逆变器主电路

逆变电路的工作原理很简单，只要让 T_1、T_2（推挽式）或 T_1T_4、T_2T_3（桥式）轮流导通，在变压器次级就能得到交流输出。以推挽式逆变电路为例，T_1、T_2的控制信号如图 8-39 所示。由于 T_1、T_2的输出波形为方波，必须经过输出滤波器滤波后变成正弦波才能使用。将方波滤波成正弦波能量损失大，转换效率低，滤波器重量大，波形失真大（尤其负载为感性时）。为了提高效率，减轻滤波器重量，降低波形失真度，可采用图 8-40 所示的 3 种控制方法。图 8-40（a）为小于 180°的方波，经计算，180°方波的总谐波含量为 47%，而 120°方波的总谐波含量为 30%，但也不是越小越好。图 8-40（b）为开关点预置 SPWM 波，即按正弦规律调制的脉冲调制波，这种方法能有效降低低次谐波含量，提高转换效率，因此在地面电源和直升机上的静止变流器中得到了广泛应用。从理论上说，一个周期内的脉冲越多，总谐波含量就越少。但脉冲越多，功率管的开关损耗也越大。图 8-40（c）为阶梯波，这种方法的优点与 SPWM 波相同，但控制复杂，需要多绕组变压器和多个功率管，应用不太普遍。

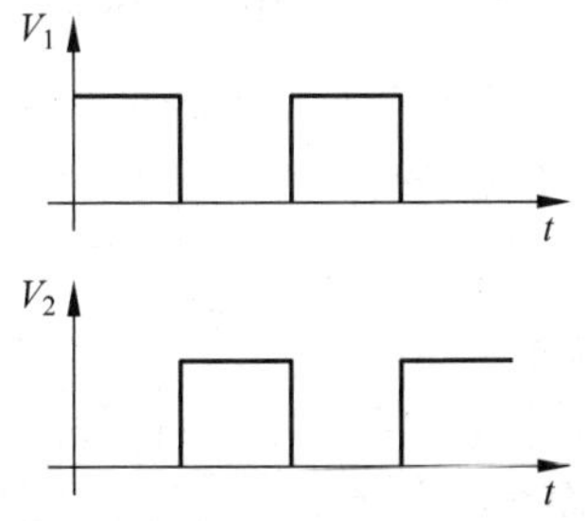

图 8-39　推挽式逆变电路控制波形

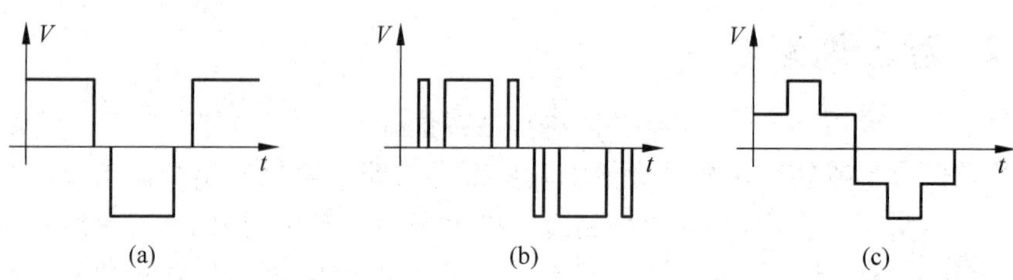

图 8-40 逆变主电路控制方法

2. 三相静止变流器

三相静止变流器可由三个输出电压相位差为 120°的单相静止变流器构成,也可由采用 6 只晶体管的三相桥式电路构成,其工作原理与单相静变流器相同。

8.5.3 应急照明电源

应急照明是在主电源断电、直升机处于应急状态时,为机组人员完成迫降以及直升机迫降后机上人员进行紧急撤离时为直升机提供内部和外部照明。因此,应急照明电源应独立于机上正常的照明系统,由独立于主电源的应急电源供电。在应急情况下,该电源是否正常工作直接影响到航空器和人员的生命安全。应急照明电源通常使用自备小型电池。在一架直升机上,由安装在不同位置的几个应急照明电源组件供电,即使机体断成两段,也能提供应急照明。

当直升机发生事故时,应急电源直接影响到人员的生命安全,因此,必须定期在内场进行功能性检查和校验。在内场校验时,应采取静电保护措施,并按要求定期进行电池容量测试。如果电池容量达不到要求,应更换同型号新电池。

8.6 外部/地面电源

8.6.1 地面电源的功用

当直升机在地面进行维护、清洁、加油、装卸货物、发动机启动等作业时,一般由地面电源供电。

8.6.2 地面电源的种类

地面电源有直流和交流两种,以直流电为主电源的小型直升机采用地面直流电源,大型直升机或以交流电源为主电源的直升机采用地面交流电源。

地面电源通常通过两种方法获得:一是用地面柴油发电机,产生与直升机上相同的交、直流电源,俗称电源车;另一种是将地面 220V/380V、50Hz 的工频交流电通过变压整流器整流成 28V 直流电,为直升机提供直流电源,或通过逆变器变成 115V/200V、400Hz 的交流电,而直流电源还可用地面电瓶车供给。由于柴油发电机组噪声大、效率低、使用不方便等原因,在民航已很少采用。

8.6.3 地面电源的控制

直流电源插座有3个插钉，如图8-41所示。两个大插钉分别为直流电源的“＋”和“－”端；另一个细而短的插钉是控制插钉，也是直流电源的“＋”，主要控制外电源接触器的通断。由于控制插钉比较短，插上电源时，只有插紧后，外电源接触器才能吸合，而拔出时，应保证先断开外电源接触器，防止拔出时产生火花。

交流电源插座有6个插钉，如图8-42所示。其中，4个大插钉分别为三相四线制电源的ABC三相和零线N，两个小插钉E、F起控制作用。E、F插钉比主插钉细，而且短很多，只有当插紧后，E、F才能和外部电源插头形成通路。

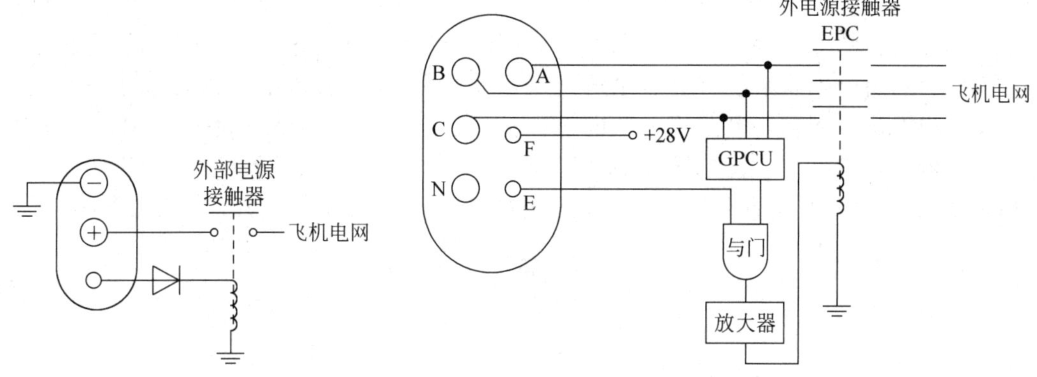

图8-41　地面直流电源控制示意图　　图8-42　外部交流电源控制示意图

在外部电源插头中，E、F是短接的。拔出时，先断开E、F插钉，应保证主插钉拔出时先断开外部电源，以免产生火花。

直升机上装有外电源控制组件GPCU，用于检测外部电源的相序、电压、电流及频率是否符合要求，如果符合要求，GPCU发出信号。

外部电源接触器吸合工作须有两个条件：一是E、F已插好并形成通路，二是GPCU发出信号，两者缺一不可，体现外电源也是单独供电的控制性质。

地面电源向直升机供电后，GPCU监控地面电源的质量，当发生过流、过压、欠压、过频、欠频等故障时，就会断开外部电源接触器。当主发电机向直升机电网供电时，自动断开外部电源。

8.7 直升机配电系统

8.7.1 直流电网

以直流电为主电源的直升机，其供电网络比较简单。发电机的输出经过发电机接触器送到汇流条上。负载用电从汇流条通过跳开关、控制开关或继电器送到负载。跳开关起保护作用，控制开关或继电器完成负载的通断控制。直流电源系统配电简图如图8-43所示。

安装有多台直流发电机的直升机一般采用并联供电，以提高供电质量和供电可靠性。

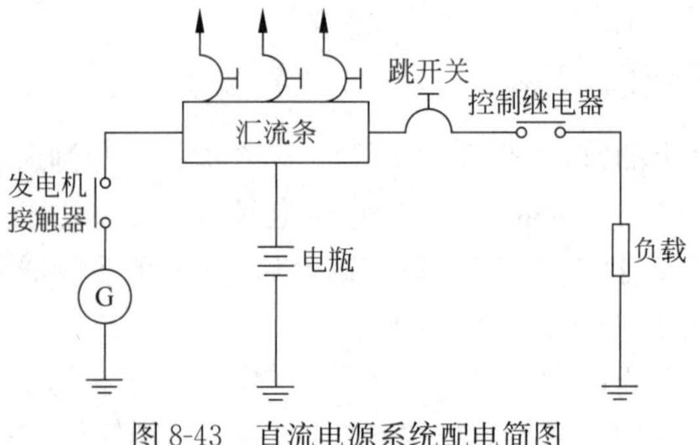

图 8-43　直流电源系统配电简图

8.7.2　交、直流混合电网

某些直升机的电网容量大,用电设备多,采用交流电源作为主电源。但根据适航要求,必须同时具有直流电源系统,因此,供电网络比较复杂。交、直流电网的关系如图 8-44 所示。交流电源配电网络的电源由主发电机、应急发电机(如 HMG)和地面交流电源提供。当交流电源正常供电时,通过变压整流器(TRU)提供直流电源给直流电源分配网络。当直升机上无交流电源时,由直升机电瓶提供直流电源,并通过变流器提供应急交流电源。

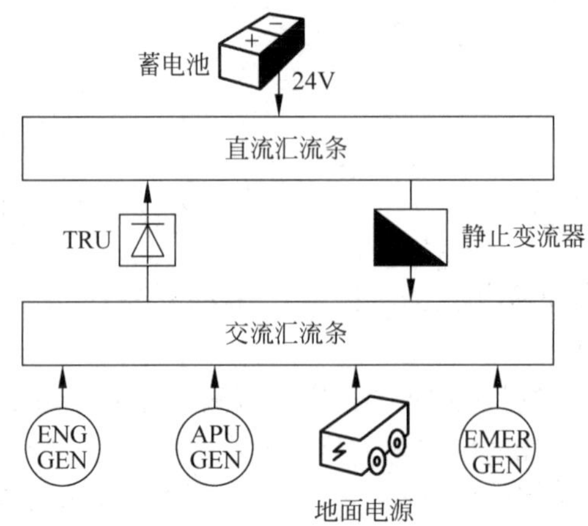

图 8-44　交、直流电网的关系图

根据供电设备的重要性,直升机上的汇流条分为正常汇流条(有些直升机称为发电机汇流条或主汇流条)、重要汇流条(有些直升机称为转换汇流条)和应急汇流条(有些直升机称为备用汇流条)3 个级别。一些不会对飞行安全造成影响的设备由正常汇流条供电,如自动驾驶仪、侧面风挡玻璃加温等。对飞行安全有重要影响的设备由重要汇流条(转换汇流条)供电,如发动机指示仪表、防撞灯、惯导平台等。直接关系到飞行安全的设备由应急汇流条供电,如广播、电瓶指示仪、发动机火警、灭火设备、飞行警告计算机等。

根据功能的不同,有些直升机设有不同的汇流条,如地面服务汇流条、中央汇流条、综合汇流条、仪表汇流条等。

8.7.3　典型双发直升机电源分配

1. 典型的双交流发电机独立供电电源分配

典型的双交流发电机独立供电电源分配原理图如图 8-45 所示。

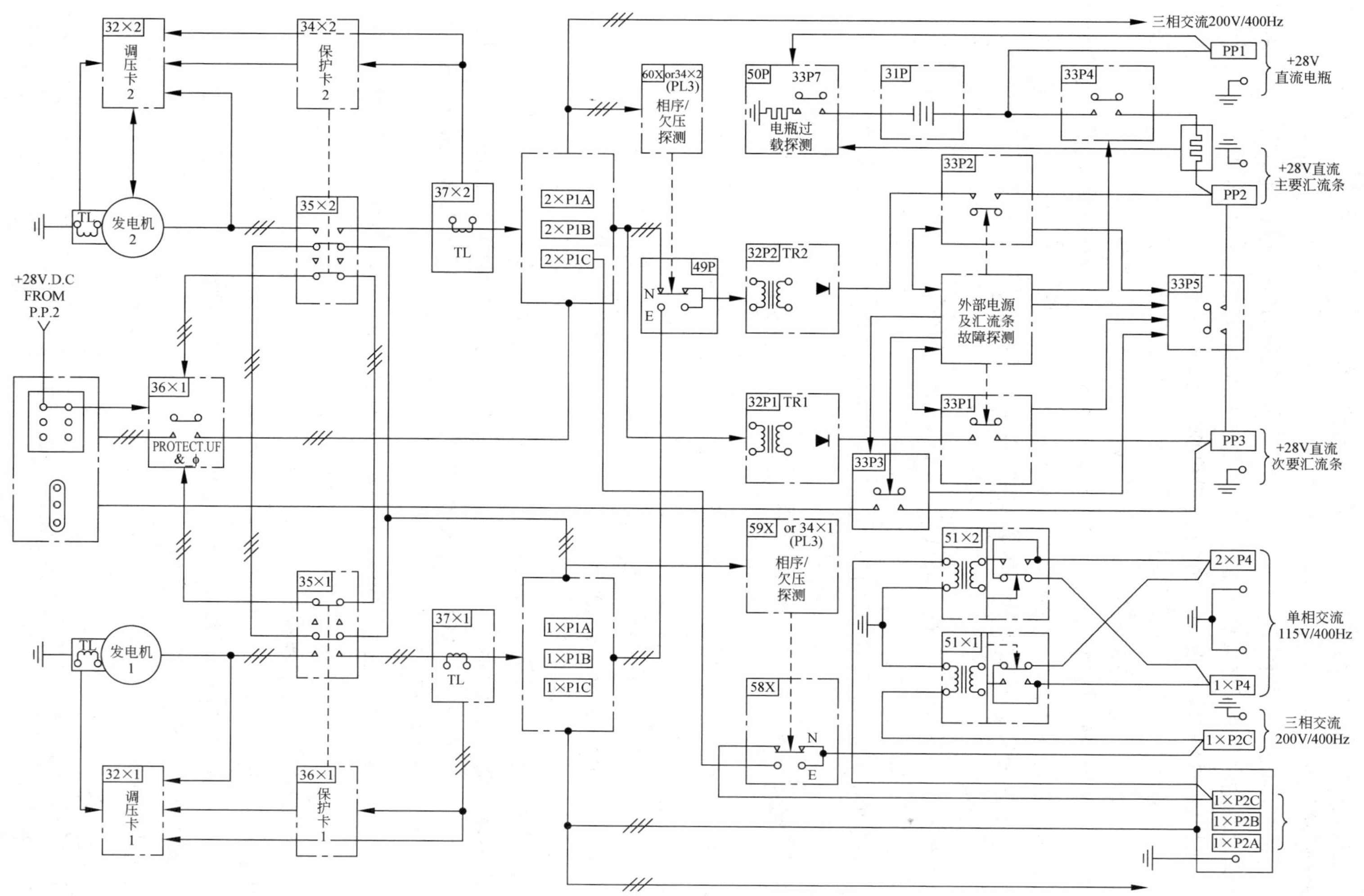

图 8-45　典型的双交流发电机独立供电电源分配原理图

直升机电源由交流供电网和直流供电网组成。

直升机有两个独立的交流供电网,由飞机上的两台交流发电机独立供电或者由地面外接的交流电源供电。

在正常工作状态下,两台200V/400Hz 3相交流发电机独立连接各自的供电网或者整个飞机交流供电网由外接地面交流电源供电。当一台交流发电机故障时,通过应急转换装置,整个飞机供电网可以由另一台交流发电机单独供电。

在正常情况下,2号交流电源系统通过变压整流器给直流系统供电,1号交流电源系统给115V/400Hz单向交流电源网络和115V/26V、400Hz变压器供电。

在应急情况下,通过转换线路1号交流电源系统可以给2号变压整流器提供电源,通过直流汇流条的耦合继电器,2号变压整流器可以给整个飞机直流电网供电。2号交流电源系统可以通过汇流条2XP2C给1号变压器供电,同样通过转换线路1号变压器可以给整个26V交流供电网供电。

直升机直流电源由以下三种方式供给:飞机交流电源经变压整流后供电,机载电瓶供电和外接地面直流电源供电。

当飞机两台变压整流器和地面直流电源都未接入时,飞机可以由机载空中电瓶提供直流电。

备用电瓶(没有在图8-45中显示)给以下设备供电:应急出口照明、客舱信息灯、备用地平仪。

某新型带APU供电的双交流发电机供电电源分配如图8-46所示。

两台交流发电机——GPU和APU可以给整个飞机的电源系统供电。自锁控制开关ALT1和ALT2控制着发电机输出连接器(GLC),当条件满足时使发电机供电。

在正常双发电机均供电的情况下,继电器BTC1和BTC2均断开,两发电机独立向各自网络供电。当由于某种原因导致其中一台发电机不供电时,该发电机的GLC连接器断开,BTC1和BTC2吸合,这样整个飞机的供电由另一台发电机完成。

APU(辅助动力装置)运转后,当相应供电条件满足后按压APU控制开关,继电器GLC3、BTC1和BTC2吸合,APU给整个交流网络供电。当GPU(地面外接电源)和APU都接入时,APU具有优先性。

当只有一台发电机供电时,通过GLC3和相应的BTC,APU给另外一台发电机的电网供电。

2. 典型的双直流启动发电机的供电

典型的双直流启动发电机的供电如图8-47所示。

由直流发电机供电的直升机一般由三个供电网组成,即电瓶供电网、左系统供电网和右系统供电网,它们彼此由汇流条耦合继电器连接在一起。

电瓶供电网包括一个500A的保险管、电瓶供电控制组件盒BMB和保险电门配电箱5α。

左系统供电网包括位于左发动机的启动发电机、左发电机供电控制组件盒EMB1和保险电门配电箱3α。

右系统供电网包括位于右发动机的启动发电机、右发电机供电控制组件盒EMB2和保险电门配电箱4α。

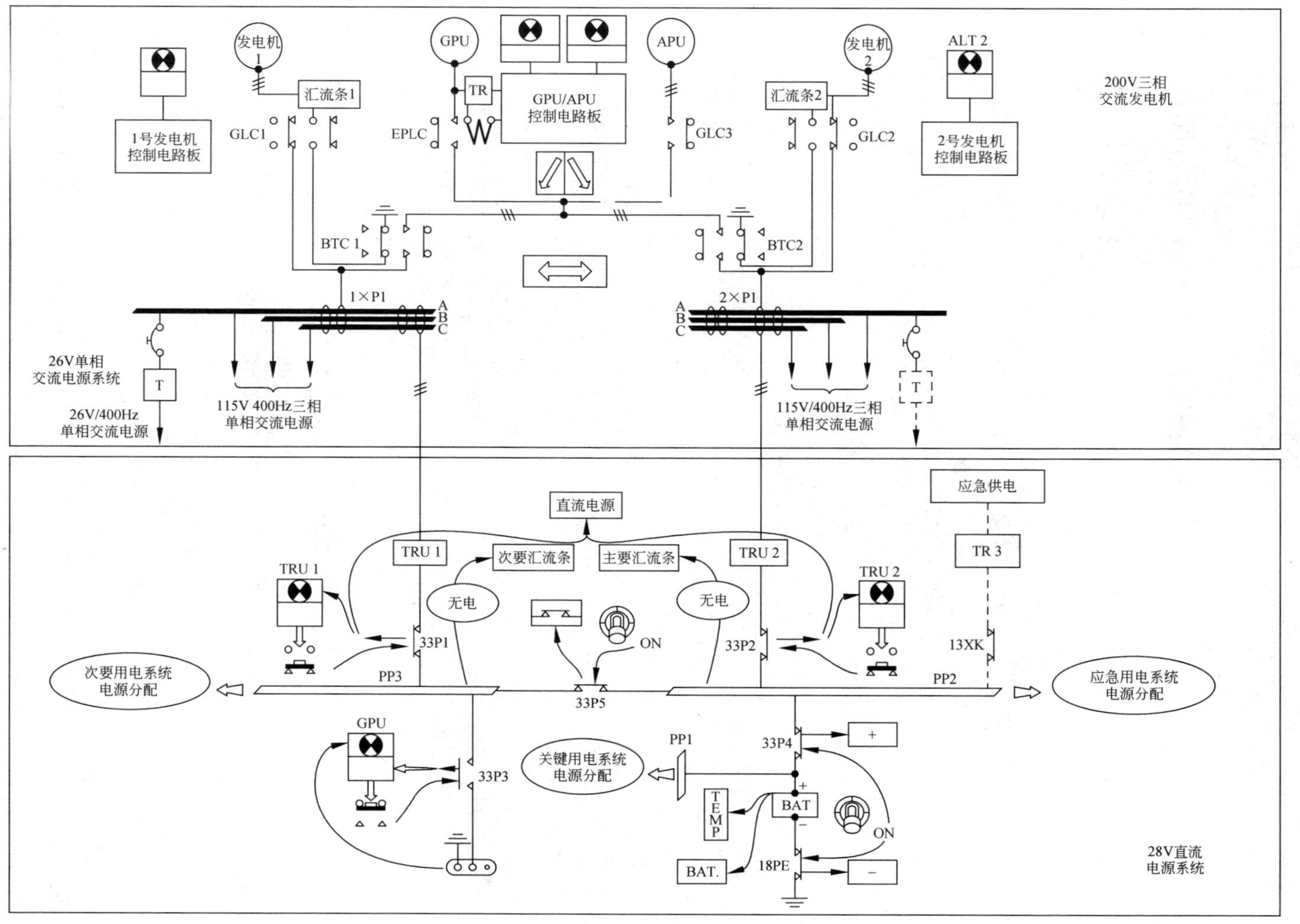

图 8-46 双交流发电机供电电源分配

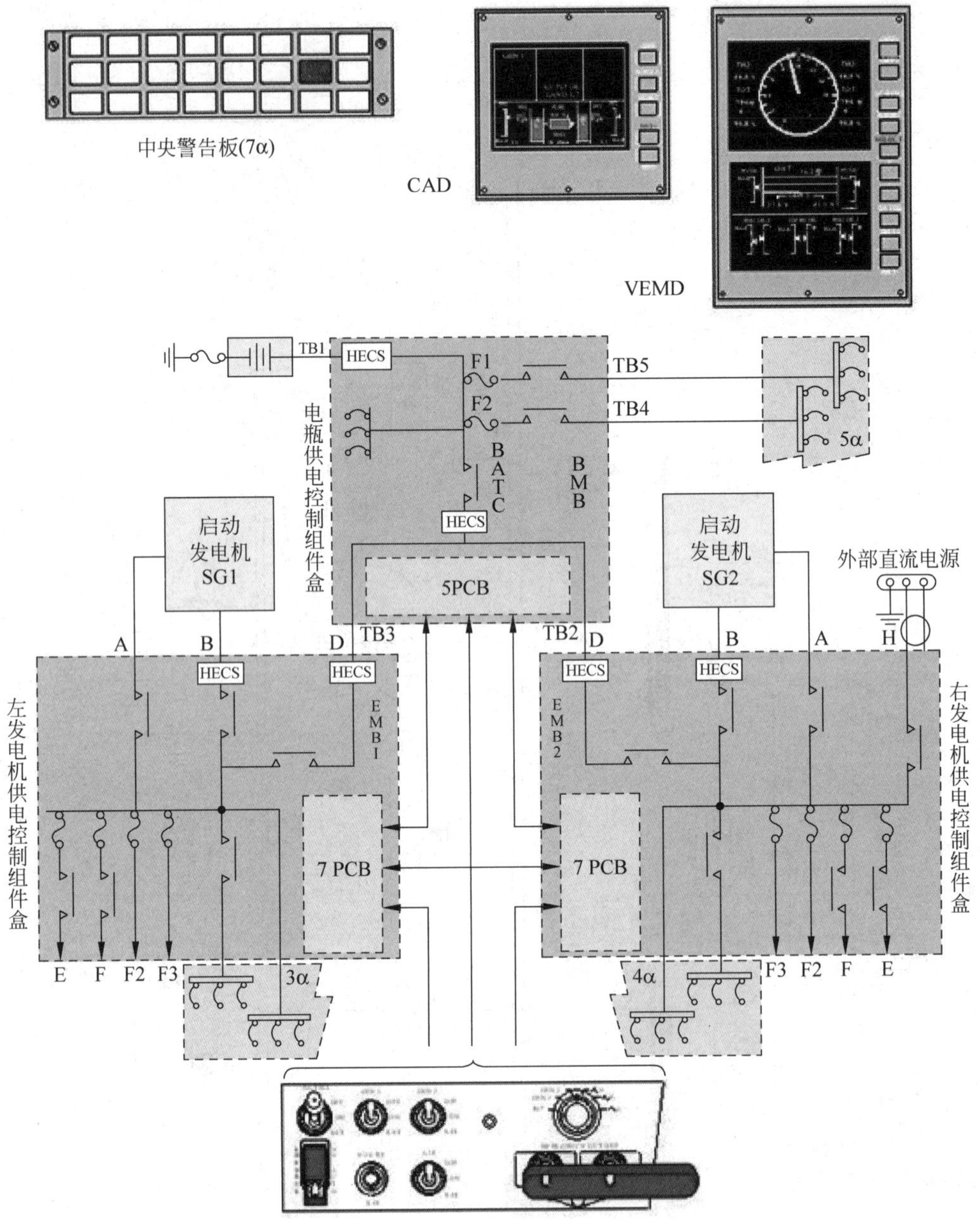

图 8-47　典型的双直流启动发电机供电

外部直流电源可以通过右发电机供电控制组件盒 EMB2 接入飞机电网。

系统控制开关位于驾驶舱的控制面板 12α。

系统的参数信息在警告提示显示器(CAD)、飞机和发动机多功能显示器(VEMD)和警告面板 7α 上显示。

第9章

设备和装饰

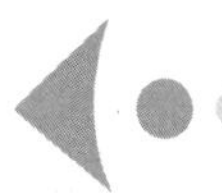

9.1 直升机客舱设备

9.1.1 客舱及其设备布局

1. 设备/装饰

直升机上的设备/装饰包括下列部分：

(1) 提供给机组和乘客舒适和方便的设施；

(2) 各种手柄和储存物品的设施；

(3) 紧急情况时保护机组和乘客的设施。

客舱的设备和装饰是为机组和乘客提供舒适和方便的设施。座椅供乘客和机组人员休息，座椅数量的安排和布局可根据客户的需求进行调整，有些时候为了运载货物可将部分或全部座椅拆除并将货物固定在客舱内地板上，行李舱在飞行过程中始终处于关闭状态。大部分直升机的客舱内设置有可抛放的应急逃生舱门和窗户。

2. 座椅

(1) 机长和副驾驶座椅

飞行员和副驾驶员座椅的主要结构由铝合金材料制成，靠背垫和坐垫由中国民航局批准的厂家提供的海绵和布料制成，座椅通过减振装置安装在直升机驾驶舱地板的纵向安装轨道上，座椅的调节机构可以调节座椅的高低和前后位置，如图 9-1 所示。

每个座椅都配备了可调节式的安全带，通过惯性轮进行调节。惯性轮的作用是允许驾驶员在座椅上作出正常前倾、靠后等姿势，同时惯性轮的预紧功能可自动收卷安全带。当安全带受到一定加速度的突然载荷时，惯性轮将锁定安全带，防止驾驶员突然前冲。

(2) 随机机械师座椅(第三乘员座椅)

这类座椅的高低和前后位置通常是不可调节式的，固定在驾驶舱通往客舱的通道上，安装有双肩式安全带。当其不使用时，靠背可以自动折叠，节省了空间。

(3) 乘客座椅

不同机型乘客座椅也是不一样的。座椅也可以根据客舱布局要求进行位置和数量上的调整。

座椅的安装轨道为冲压成型的带有圆形开口的结构，当座椅安装在其上面时可以进行

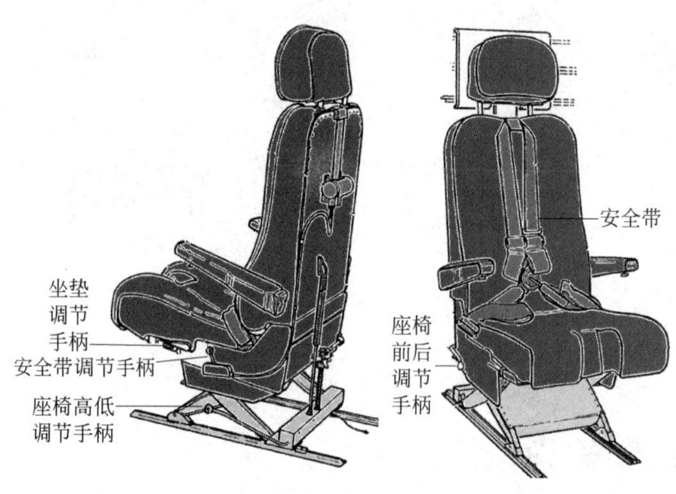

图 9-1 飞行员座椅

位置的调节，通常有 1in 的渐进调节量。这类轨道通常沿直升机纵向分布，必须定期地检查腐蚀和磨损状况。

座椅通过一种带有弹簧锁紧装置的锁定装置固定在轨道上(见图 9-2)，有时会使用配备的专用扳手或工具将其打开。

座椅的形式可以为单座、双座或三座式的，大多数的座椅可以进行左右互换。典型的双排座椅如图 9-3 所示。

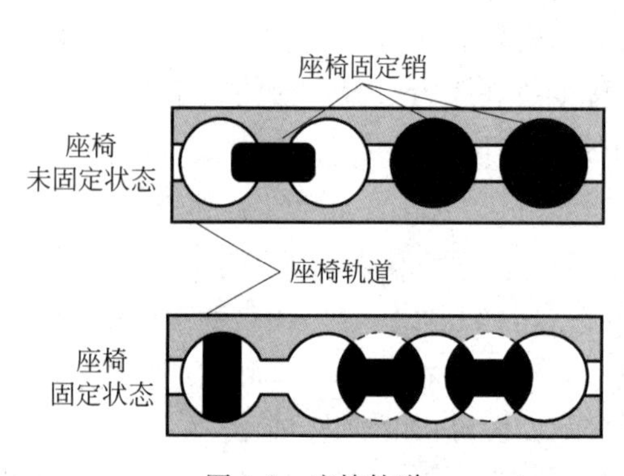

图 9-2 座椅轨道

图 9-3 典型的双排座椅

如图 9-2 和图 9-4 所示，将手动部分旋转 90°，座椅固定销就可以在轨道内前后移动实现座椅前后位置调节功能。移动的范围可根据客舱布局要求并应同时兼顾紧急撤离直升机的要求。

座椅和其组成部分大多数由铝合金材料制成。所有的座椅均有头枕和扶手，一个带有活动关节的固定的靠背，并带有可调节式安全带。

(4) 客舱内部的设计标准

直升机座椅的使用和设计同样必须获得民航当局的许可，必须符合所规定的座椅最小尺寸和间距。

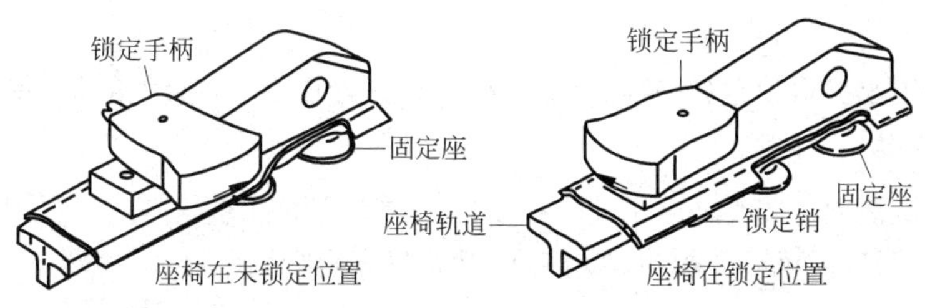

图 9-4 典型的客舱座椅固定机构

民航局法规还明确了座椅倾斜度的要求，必须符合 3 级和 5 级紧急撤离的要求。必须让乘客能迅速地离开座椅撤离直升机，座椅之间的空间形成了呈线性的逃生路线，该路线必须是简单和快捷的。安全须知说明书标明了乘客逃生撤离的路线和安全提示，放置在前排座椅的背面以方便快速获取和阅读。

(5) 座椅安全标准

对座椅的安全标准是以一定的优先次序来排列，并提供给机组和乘客使用的，举例如下：

① 每个座椅都必须符合民航法规的规定；

② 座椅的固定机构也必须符合相关的承载能力；

③ 座椅上不能有尖锐的突出部分；

④ 乘客座椅必须被良好地固定；

⑤ 座椅的织布面必须采用防火型材料；

⑥ 座椅的坐垫材料在遇到火焰时不能放出难闻和刺激性的气味。

(6) 座椅的维护

① 机组座椅

必须检查其外观状况、安全性和清洁性，可调节的座椅必须检查其可调节的所有功能。维护手册中规定了安全带的检查方式：检查安全带状况，磨损、缝线和划伤等状况，以及是否与座椅结构连接可靠；检查调节安全带长度的锁扣，确认功能正常；检查肩带惯性轮工作正常时卷收功能和在瞬间动作时的锁定功能；检查安全带和肩带的连接构件，确认其工作正常；确认安全带的扣紧装置良好；确认锁定机构正常。

② 乘客座椅

乘客座椅的检查必须按照维护手册的规定进行。确认其安全性和清洁性，座椅的各种功能均正常。检查并确认座椅正确安装，救生衣存放在规定的位置，安全带工作正常。座椅的坐垫、织物必须使用经过批准的材料生产。织物必须在遇到火焰时可以阻燃 1min 并干燥，或是在无火焰状态时 10min 之内自行干燥。机舱内的装饰也必须是经过批准的阻燃材料。

3. 隔板

直升机客舱内部的隔板一般用玻璃纤维等复合材料制成，用于将客舱和货舱隔离开来。

这些隔板通常固定在乘客座椅的轨道上，隔板的上部通过固定螺栓与直升机结构连接，一般使用现有的行李舱等框架结构。如果条件允许，也可以利用地板和客舱顶部构件加以固定。隔舱的外沿与机身的形状相吻合，并垂直于客舱过道。

4. 窗帘

窗帘可以用于将驾驶舱和乘客舱室区分开来,窗帘必须用防火型的材料制成。

5. 服务设备

有的直升机机型选装有乘客个人服务设备为乘客提供服务,安装在乘客座椅的前上方,组成部分有阅读灯、通风调节阀门、禁止吸烟和系好安全带指示灯、扬声器等。

9.1.2 地板

直升机地板安装在客舱结构的横向框架上,这些框架用来承受压力载荷,它们沿机身纵向以等距离的方式排列,成环形结构,这里所涉及的机身形状依靠地板桁条的张力来保持。地板的桁条将机身的结构连接在一起,并且可以将乘客座椅安装在其上面。

地板的横梁通常为加强结构,用来安装座椅轨道或是直接安装座椅,如图 9-5 所示。为了舒适和隔离噪声,橡胶层或是隔板将粘连到地板上,或是放上可移动的地毯。

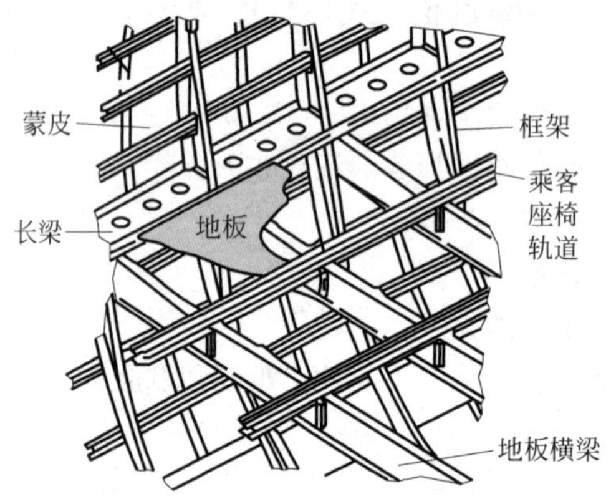

图 9-5 典型的地板横梁

为了承受更大的载荷,有些直升机使用夹层结构的地板。通常会采用铝合金或蜂窝结构的构件,并同时使用铝合金或复合材料的蒙皮,或采用蜂窝式的复合铝合金材料。

座椅轨道可以铺设到地板的表面,或是镶嵌到其中间,固定轨道的螺栓穿过地板,同时穿越过填充物,与地板下方的机身结构相连接。

9.1.3 内装饰和乘客服务设备

1. 装饰

机身内的装饰材料由隔声和密封性很强的玻璃纤维材质制成。装饰材料通常通过尼龙扣与机身结构连接,通过一种按扣或卡环与机身连接。有些机型机身内部的隔舱和舱门上使用了消音的材料以提高乘坐的舒适性。

消声材料通常使用的是一种 PVC 玻璃纤维,采用消声材料的部位包括机身、舱门、窗口等。

内部装饰的面料大多由玻璃纤维织物或人工合成的带有阻燃性的织布制成。地毯可以让客舱变得更加舒适和安全,通常会铺设在地板上。地毯前部带有双面粘合面,有时也会用到尼龙扣，在地毯连接到座椅轨道的地方，用按压式的塑料盖将结合部粘上。

直升机客舱所选用的装饰材料必须是防火型的，并在高温时不能释放有害气体。民航有关规章中对直升机客舱、行李舱等部位的装饰材料都作出了相应的规定，材料必须符合规定的防火要求，在清洁和干洗等处理之后也要保持初始设计特性。

2. 客舱广播

如果一架直升机携带超过 19 位乘客，它必须装备有供机组成员和乘客之间进行联系的机内通话系统。

飞行员从通话系统的喇叭输入信号，客舱通话系统、自动语音和磁带机均接受来自于飞行员的语音信号，当使用内部通话键时，客舱内部通话信息也将被记录。

3. 机内通话系统

通过机内通话系统，飞行员可以将信息发布到客舱，系统也可以将警告信息发布给乘客，允许机组成员之间和随机成员之间进行沟通，同时还可以播放娱乐信息。

飞行员与随机成员均可以利用该系统并通过客舱广播向乘客发布信息。客舱广播喇叭位于乘客座位和乘客服务区的上方，需要时可以对音量进行调节。

4. 乘客警告信号

乘客“系紧安全带”和“禁止抽烟”警告位于客舱前顶部，该提示信息由飞行控制台进行操控，当使用该功能时，控制台上会有相关的指示灯亮。

9.1.4　行李舱

1. 行李舱

行李舱使用密封的隔板与直升机其他部分分隔，舱内配备有供夜间作业用的灯光照明系统。相关的“操作手册”会说明货舱的级别和类型。

行李舱一般都标明了允许装载货物的重量和尺寸，必须依照规定进行装载。

2. 行李舱烟雾探测

烟雾探测器通常安装在容易产生烟雾的行李舱内，在产生的烟雾达到可以引起火警水平之前向机组提示。

3. 行李舱检查

(1) 行李舱内衬一定是加强塑料或金属玻璃纤维(不能用 Kevlar 材料)；

(2) 确定烟雾探测器工作正常；

(3) 检查舱门位固定带状况良好，确认舱门锁定机构工作正常；

(4) 确认装载的货物/行李的重量和尺寸符合规定的要求；

(5) 检查货物装载系统工作正常；

(6) 确认舱内灯光系统工作正常；

(7) 确认舱内无其他无关物品，对于危险物品执行相关的检查。

典型的货物/行李固定网一般是固定到行李舱固定点上的，并通过快卸机构与行李舱的连接点连接。

9.2 应急设备

9.2.1 应急指示灯

在直升机内外部必须提供足够的照明以便于乘客紧急撤离。

在客舱的地板上也必须安装协助乘客撤离直升机的地面路径指示照明系统。

应急照明使用镍镉电池作为电源,电池为可充电式,有监控电压的线路。光源能人工接通或设定在主要的照明电源失效的情况下可以自动接通。

当直升机正常的电源失效时,系统会自动接通应急电瓶进行供电。

应急指示灯包括以下几类:每个舱门都有 EXIT 指示灯;在某些直升机的舱门和逃生窗户的四周安装有应急指示灯;机身外部逃生门的两侧也都安装有指示灯。

9.2.2 救生设备

1. 救生筏系统

航空条例规定,直升机上携带的救生衣和救生筏等设备必须足够机上所有的成员使用,这一规定同样适用于携带超过 20 名乘客的海上飞行的直升机,乘员超过 20 名的直升机必须装备有两个救生筏。典型的应急救生筏系统的安装如图 9-6 所示。

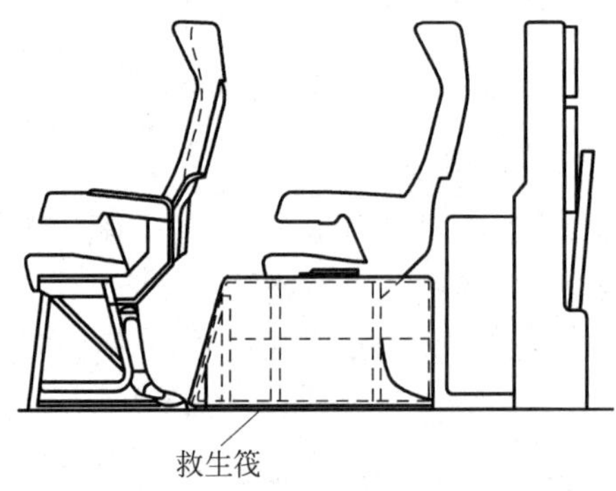

图 9-6 典型的应急救生筏系统的安装

救生筏内携带的项目包括:

(1) 一个维修工具包,包括盛水勺、人工充气设备、渗漏堵塞器等;

(2) 一个海洋锚,避免漂流;

(3) 两个救生筏之间的连接绳索;

(4) 划桨或一些其他在水上推进用的工具;

(5) 保护幸存者的一些设备(防风、防盐、防寒冷和防热侵蚀的设备);

(6) 防水的手电筒;

(7) 手提式无线电航空信标;

(8) 饮用水和食品。

救生筏储存在一个专用包装内,当需要其工作时,救生筏将从直升机上弹出或被人工抛出,并通过一条绳索与直升机连接。当救生筏被抛离直升机后,通过一个充满 CO_2 气体的储压瓶释放压力使其自动充气到工作状态。救生筏筏体四周有许多绳索,可以使幸存者比较容易地进入到筏体内。由于救生筏使用的是压缩包装的方法,并配备有储压式气瓶,直升机的振动将会导致危险的产生。典型的应急救生筏如图 9-7 所示。

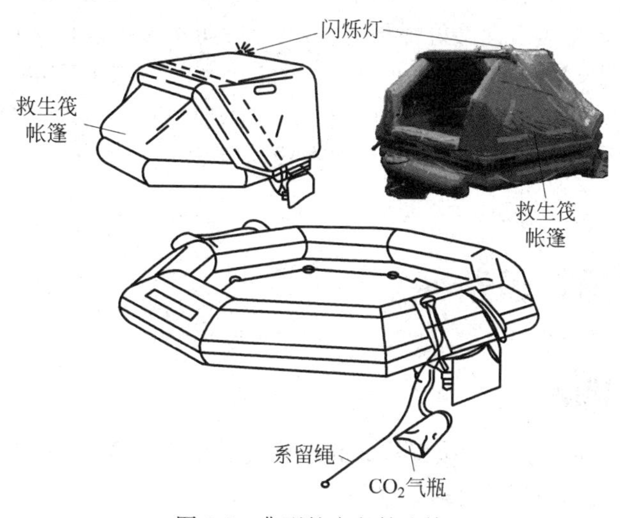

图 9-7　典型的应急救生筏

2. 救生衣

航空条例规定,每个乘客座位均必须配备独立的救生设备,通常是以救生包的形式存放。海上飞行的直升机每个乘客都必须配备有救生衣,同时救生衣必须有口哨和灯光指示;对于小于 3 岁的小孩,口哨则可以省略。成年人和儿童的救生衣如图 9-8 所示。

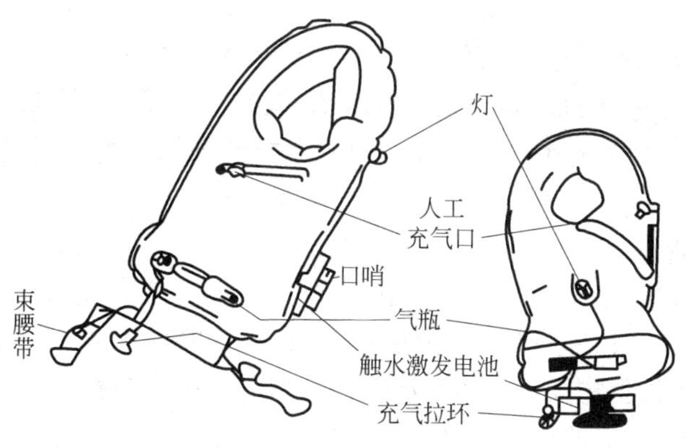

图 9-8　成年人和儿童的救生衣

3. 救生筏检查和修理

救生筏除了上述提到的振动损伤外,自身老化也会危及机上人员的安全,所以必须对其执行定期的检查和维护。

(1) 救生筏外包装的检查。检查其有无划伤、裂纹和其他损伤。

(2) 救生筏的充气测试。救生筏的充气检查必须在一个环境相对稳定的房间内进行,防止温度和其他因素对筏体压力的影响。

(3) 气瓶容量检查。测量气瓶容量的方法是测量其重量。

当救生筏出现撕裂、磨损或穿孔等情况时,必须依照厂家的维护手册进行修理。

4. 救生衣和救生筏的储存

救生筏和救生衣必须按照部件厂家规定的要求存放,包括:救生衣和救生筏必须完全放气,每件救生衣或救生筏表面最好铺洒滑石粉,放在防水纸中包装,小心避免损害筏体,工作时应在地板上铺设保护层。根据适航要求,救生筏和救生衣上应至少有以下一些标记:救生筏或救生衣的型号和序列号、充气测试和预计定期检查的日期、大修检查的日期、气瓶承压测试的日期。每次储藏期限一般为自上次检查后6个月,需要继续储存前则必须进行相应的检查。

9.3 直升机吊挂设备

9.3.1 载物设备

直升机主要用于在特定区域执行特殊的运载飞行任务,一般任务包括:

(1) 沙漠、森林或其他野外区域;

(2) 海洋巡查和执法、海上石油生产基地;

(3) 只能垂直进入/退出的地形;

(4) 救护/救援任务。

上述任务可以通过下列方式实现:外部设备、内部设备、绞车设备。

1. 外部设备

(1) 简述

大型直升机通常采用外部吊挂的方式实现载物功能,然而小型直升机通过使用专门的设备也可以实现上述目的。外部吊挂设备均是为某一机型专门设计的,一般不可串用。并且这些设备通常安装在机体底部结构或主减速器结构的下面,这类装置通常都有紧急释放系统。

(2) 载重物的固定

载重物固定的方式一般分两种,一种是将重物直接固定在机身底部的承重点运输,另一种是使用外吊挂挂钩。直接固定方式不能在直升机悬停时固定或释放重物,而使用外吊挂挂钩可在悬停时人工将重物挂上挂钩或从挂钩上卸下重物,重物也可在悬停或飞行中通过飞行员操纵自动释放,一般使用电操纵或机械操纵方式控制。

(3) 外吊挂挂钩的释放

外吊挂挂钩的释放分为正常释放和应急释放两种。正常释放操纵通过使用"货物挂钩准备"电门来实现,电门位于驾驶舱操纵台的位置。"货物释放"电门安装在总距或周期变矩操纵杆上;"脱钩"和"货钩准备好"警告和提示会出现在警告/提示板上。当准备电门置于"货物挂钩准备"位时,"货钩准备好"警告灯会亮。此时按"货物释放"电门,外吊挂挂钩会打开,同时,"脱钩"灯亮。系统一般使用DC 28V电源。应急释放是操纵控制杆或驾驶员附近的选择开关,通过钢索将挂钩释放。典型的吊挂设备如图9-9所示。

(4) 主减安装座

某些型号直升机的外吊挂系统安装在一个支架上,该支架直接固定在直升机主减速器下方的结构上。

为了飞行的稳定和安全,任何一种吊挂方式都应尽可能地靠近直升机重心位置。因此,在主减速器下方安装的方式是最接近重心的一种方式,需要时对直升机加装附加的加强结构,使得系统工作更加安全。典型的支臂式外吊挂系统工作原理如图 9-10 所示。

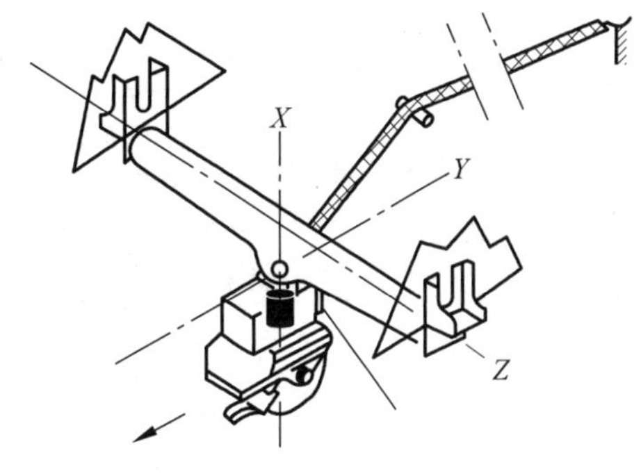

图 9-9　典型的吊挂设备

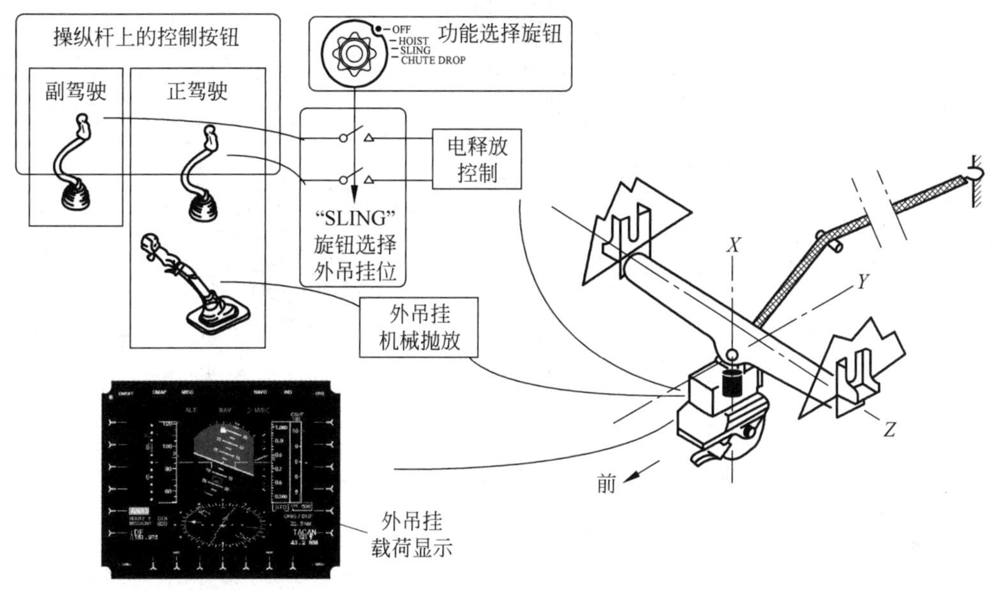

图 9-10　典型的支臂式外吊挂系统工作原理

(5) 监控系统

某些型号的外吊挂系统还装备有监视系统,典型的形式是指示器和传感器,载荷指示器通过压力传感器来感应载荷的重量,电阻式传感器则通过感应位置及其变化来实现。

① 吊挂无重量:电桥平衡;

② 吊挂有重量:吊桥不平衡,产生电压,输出信号和指示。

吊挂的显示可采用数字式,可以显示载荷的重量。

典型的数字指示器系统如图 9-11 所示。

(6) 紧急释放

因外部因素如阵风等紧急情况,可能会引起载荷处于不稳定的状态,甚至可能危及直升机本身,因此要求外吊挂设备可以实现紧急释放,可以对载荷采用任何一种方式实现快速释放。在电子系统失效的情况下为了抛放载荷,一些机型装备了人工操纵的机械释放装置,通过拉动控制钢索和脚部开关实现工作,具体参看选装设备的情况。使用外吊挂时不得超出其规定的重量范围,否则会引起结构性的损伤!典型的紧急抛放系统如图 9-12 所示。

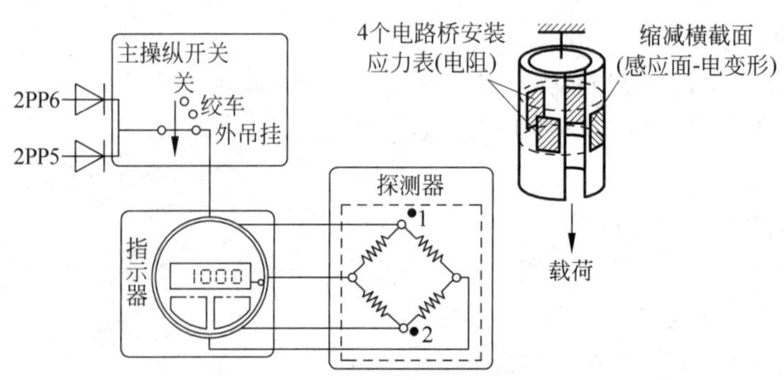

图 9-11 典型的数字指示器系统

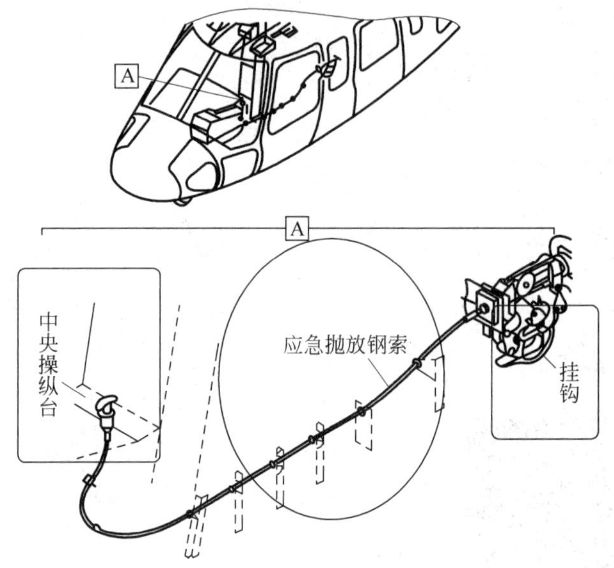

图 9-12 典型的紧急抛放系统

2. 内部货物装载(内置式)

大多数的直升机采用了和固定翼飞机一样的内置式载物方法,货物重量和尺寸的限制由直升机自身内部空间大小决定,并同时受到发动机功率大小的影响。

小型直升机的乘客座椅是可拆卸式的,以方便运载货物,大型直升机的货物装载可以通过使用固定铰链和固定销来实现,货物在运输时必须固定在直升机地板上。

注意:直升机只能运载符合规定的货物,对其重量和尺寸均有严格的限制。

3. 绞车

绞车系统是在直升机处于悬停状态时,用于垂直方向运送人员的装置,必要时也可以用于运送符合规定的货物。绞车可以有如下几种操纵方式:①液压马达。通过使用机身液压驱动的马达,操纵绞车钢索的运动。②电动马达。通过使用机身电源驱动马达,实现动作。③气动马达。通过使用发动机引气,通过一个气动分配阀实现动作。

(1) 绞车安装

① 绞车支撑臂。此结构通常安装在直升机的舱门边,有两种形式:固定式和可收放式。可收放式的绞车支撑臂可通过铰链直接收回到机身里,并可自行放出,在飞行中如不使

用绞车时可以收回。

② 绞车。不论是液压式、电动式或气动式，都可以分为在静止风速条件下工作的和在阵风条件下工作的两种，其工作的基本原理和方式均一样，主要区别在于其驱动方式和用途。

③ 动力系统。通常来源于直升机自身的液压、电源、发动机引气。

④ 非电动式绞车的电源仅供其操纵和指示装置使用。

⑤ 应急钢索切断装置。当有危及直升机安全的情况时，可应急切断钢索。应急切断方式失效时，可使用人工方式应急切断钢索。

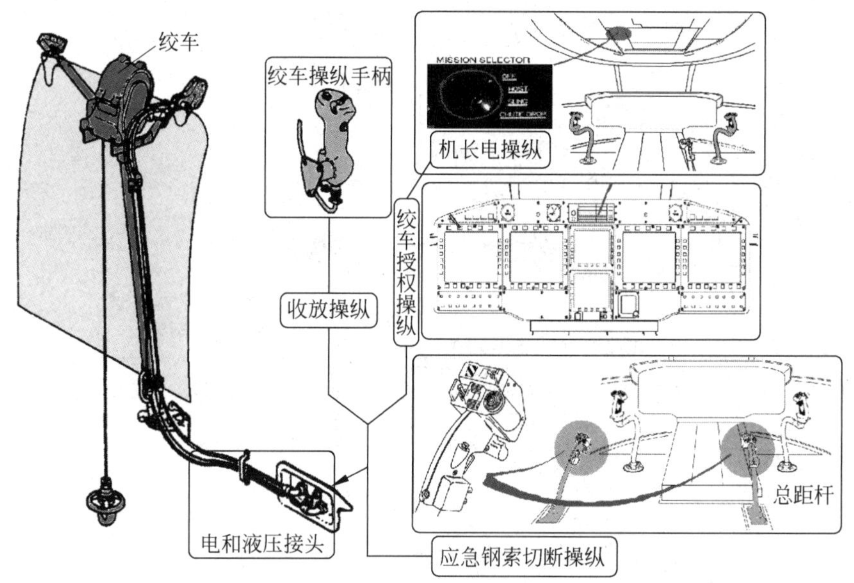

图 9-13　典型的绞车系统

(2) 典型的绞车系统

大型直升机通常有可靠的液压系统，基本采用液压动力的绞车系统；小型直升机通常采用电动式绞车或气动式绞车系统，基本的工作原理均是一样的，如图 9-13 所示。

注意：定速绞车通常安装在固定/可收放式支撑臂上，变速绞车则通常安装在可收放式的支撑臂上。

(3) 绞车钢索限制系统

机组通过安装在飞行员驾驶杆上/机身舱门框上的选择电子控制开关操纵绞车，通过控制阀实现绞车的收/放操纵。

系统内置了安全装置，如果钢索收上太多，上限动开关会使其停止工作，防止损坏组件。通过电子感应信号控制液压控制活门，关断绞车液压，使液压马达停止工作。同时下限动开关也可在绞车放下时保护绞车机构和防止下放钢索过长，工作原理和上限制开关一样，通过机头内部的控制机构在钢索还有 3m 长度时停止其向下放出。

(4) 绞车系统工作

绞车通过直升机液压系统实现驱动，绞车速度的控制通过一个两级齿轮实现。在转轴速度过大(大于马达速度时)，自动转轴刹车提供保护性的刹车。由导线器实现钢索正确缠绕，当绞车处于无载荷状态时，钢索应力补偿器可使钢索正常缠绕。离绞车根部还有 4m

时,上限动装置开始工作,通过微动电磁阀调节液压,可将绞车速度减小为 1/3 的正常转速,绞车操纵者也可以通过操纵手柄来实现提前对绞车减速。在吊钩收到最上位时,上限动开关工作,切断绞车运动。在离下钢索头 3m 距离时,下限动开关工作,切断液压,终止绞车工作。当下限动开关失效时,使用止动销可使绞车停止工作,防止损坏绞车。绞车通常有电动和人工两种紧急钢索切断方式,分别通过爆炸帽切断装置和剪钳来实现。

典型的液压绞车工作示意图如图 9-14 所示,典型的电动绞车如图 9-15 所示。

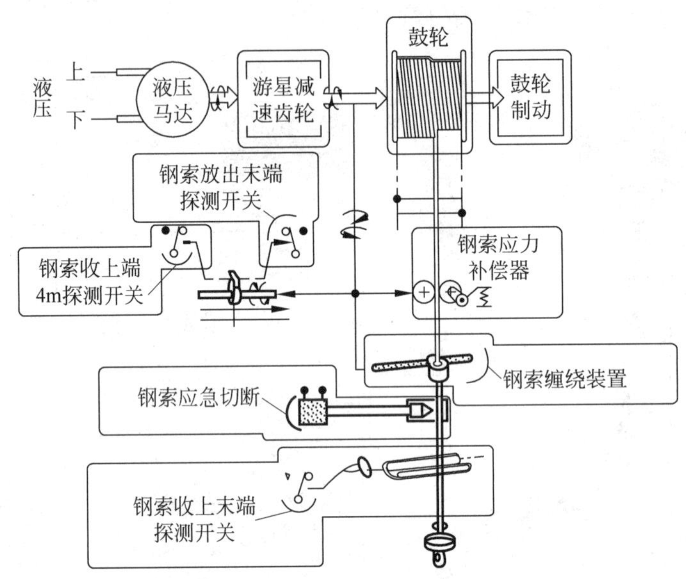

图 9-14 典型的液压绞车工作示意图

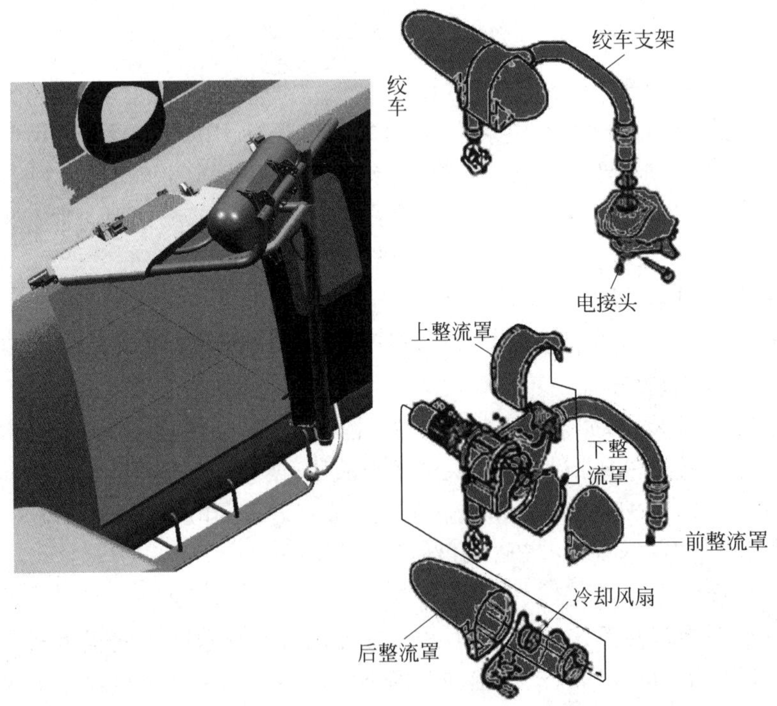

图 9-15 典型的电动绞车

(5) 气动绞车

气动绞车使用叶片式的气动马达,主要的旋转部件有一个壳体,形成两个管道,连接到气动分配阀上。旋转部件是由 4 片连在一个轴上的叶片一起构成的。轴的两端固定在机件的壳体上,但是通过球形连接与马达本身是分离的。当从发动机来的引气进入机匣时,机匣内的压力上升,叶片在气流作用下被驱动,马达被叶片驱动,在发动机与马达之间装有空气滤。

气压分配阀引气作用在两个空气作动筒上,作动筒的移动引起工作方向的变化,从而控制马达的旋转方向。

典型的气动绞车如图 9-16 所示。

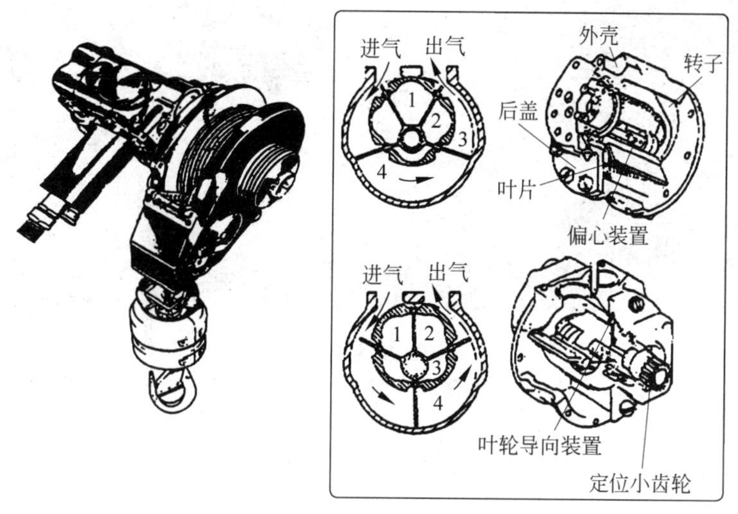

图 9-16 典型的气动绞车

(6) 绞车操作员安全带

在恶劣天气和执行救援任务时,绞车操作员处于十分危险的工作环境中,绞车操作员在机舱门边或机身外进行工作,身体容易失去平衡和控制。为了确保绞车操作员的安全,在他们执行任务的时候,必须有可靠的安全措施将其与机身安全连接。通常安全带的工作范围是允许绞车操纵员可以在机舱范围内自由活动。如果是执行机舱外作业,则必须是以可靠安全为主,并确保预留长度可以使其完成机舱外作业并可自由进入机舱。

典型的绞车工作人员安全装置如图 9-17 所示。

(7) 钢索紧急切断(电动)

绞车在使用过程中可能会出现对直升机/机组或绞车本身产生危害的可能性,当出现了上述危险的时候,驾驶员可以通过控制杆上的电门使用爆炸帽将钢索切断。爆炸帽的冲击力推动一个切刀将钢索切断并抛弃,使之与机组分离。

(8) 钢索应急切断失效(人工)

当机载钢索应急切断装置失效时,可以使用人工剪钳实施切断。

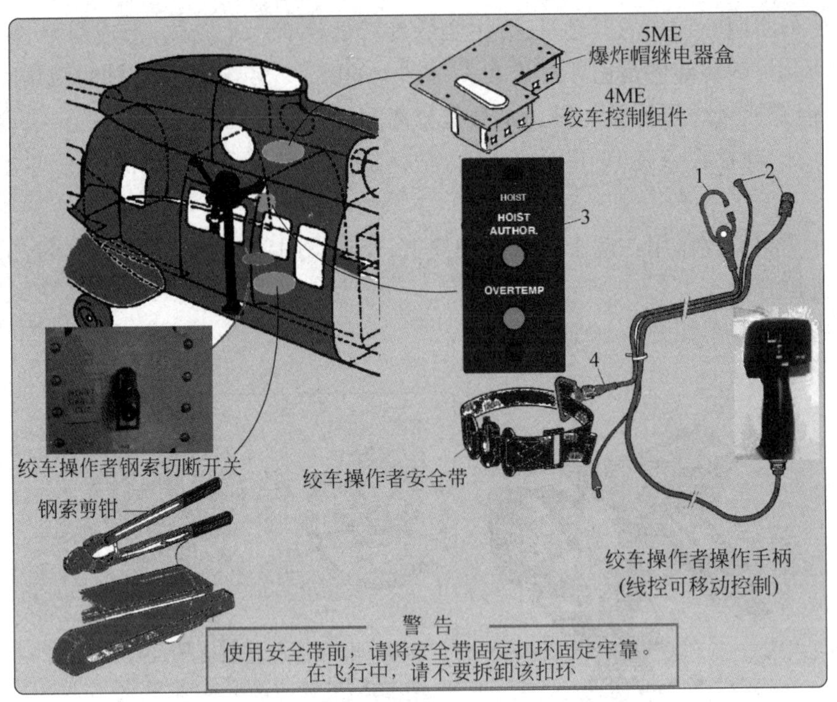

图 9-17 典型的绞车工作人员安全装置

1—安全带固定扣环；2—机内通话和电控线缆；3—绞车管理灯光；4—柔性钢索

9.3.2 维护

任何对绞车/外吊挂等设备的维护工作必须依照相关手册进行。一般来说，维护程序主要有下列几个方面。

1. 固定机构、外吊挂和挂钩

(1) 固定机构与机身结构连接处的状况，有无裂纹、腐蚀等；

(2) 外吊挂钢索的状况，有无断裂、松股、腐蚀等；

(3) 抗拉组件的状况，有无腐蚀、裂纹，转动是否正常；

(4) 钢索的状况，钢索与挂钩连接处的钢索要特别注意其松股现象，如果钢索出现了松股的现象，继续使用会导致更严重的损坏。

2. 绞车、绞车固定机构和钢索

(1) 绞车固定机构的状况，有无裂纹、腐蚀等；

(2) 绞车本身管路及电缆连接正常，无损伤、渗漏等；

(3) 钢索依照手册进行检查，状况良好，有无开裂、松股、腐蚀等；

(4) 在海洋气候条件下使用时，尤其注意对绞车钢索及其挂钩等部件进行防腐检查，使用清洁的水在每次飞行后进行清洁，并用干压缩空气将其吹干。

9.4　应急漂浮设备

9.4.1　概述

1. 要求

根据作业任务的需要，许多直升机要在水域上空飞行，如海上搜救、石油钻井平台等。为了应对各种突发事件，这类直升机须具备在水面迫降、逃生的功能，因此在水域上空作业的直升机对其设备、结构都有特殊的要求。

机身的防水结构要由多个相互独立的单元组成，这样如果其中的一个单元破损进水，剩余部分还能保持产生足够的浮力，最大限度地延缓直升机的沉没；要装备应急漂浮设备，以延长在水面的漂浮时间，使机组人员能够顺利地逃生。

综上所述，在水域上空作业的直升机，必须要满足以下 3 个条件：

(1) 具有密封防水结构；

(2) 防水结构要能产生足够的浮力；

(3) 要保持在水面漂浮足够长的时间。

为使直升机满足以上条件而加装的设备，称为应急漂浮设备。

2. 分类

根据构造不同一般分为以下 3 类：①密封机体结构，使机体自身防水以产生浮力；②在机身外侧加装密封容器，增加浮力；③在机身外侧加装可充气的气囊，在需要时充气展开增加浮力。

(1) 密封舱体

密封舱体类似水上飞机和船体底部的设计，如图 9-18 所示。

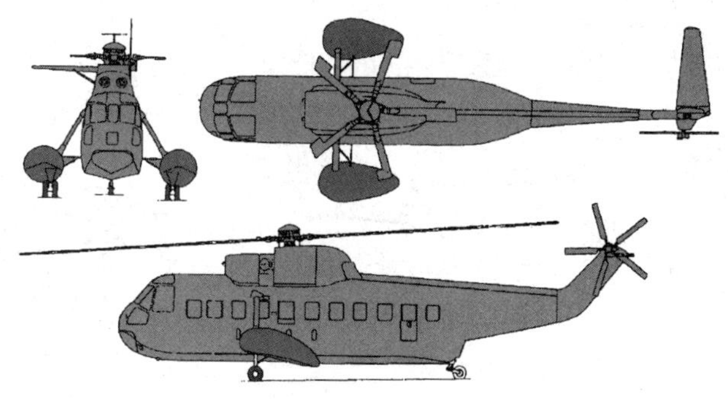

图 9-18　密封舱体

优点：无须加装辅助设备。

缺点：为了能够达到密封的效果，整个舱体的接缝处都要进行密封处理，包括舱门和盖板等。这样随之而来的就是机身重量的增加，同时也增加了对密封舱体的内部进行检查和维护的难度。而这种方法最大的缺点是：当直升机迫降在水面时重心位置高于水平面，导致无动力时很容易倾覆，也就是说，漂浮稳定性差。

(2) 不可折叠式浮筒设备

浮筒设备的结构与密封舱体类似，一般安装在机身的两侧，如图 9-19 所示。

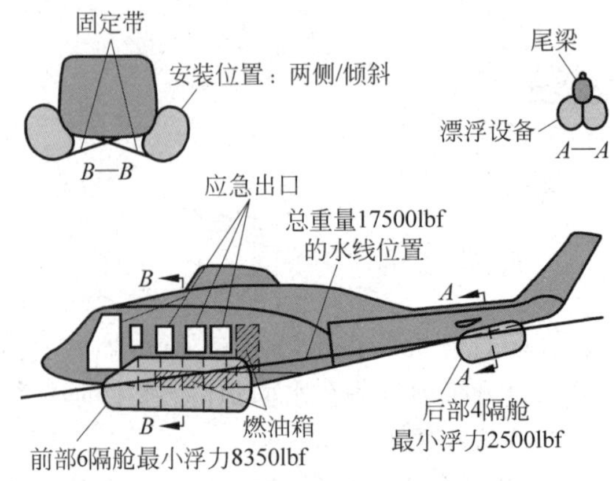

图 9-19　不可折叠式浮筒设备

优点：改善了由于重心过高而带来的不稳定性。

缺点：使机身的重量大幅增加，同时由于安装位置在机身外部，从而增加了机身迎风面的面积，增大了空气阻力，随之带来的是高燃油消耗量甚至需要安装更大功率的动力装置。

(3) 可折叠式浮筒设备

原理与上两种相同，不同的是，在正常情况下设备可以折叠存放，和充气装置一起安装在机体内，外面用盖子保护，如图 9-20 和图 9-21 所示。

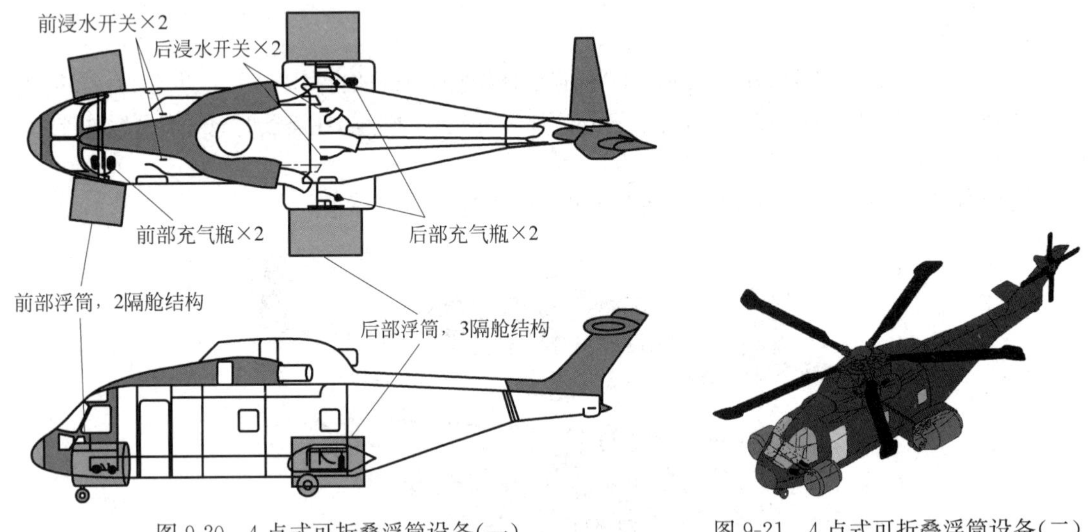

图 9-20　4 点式可折叠浮筒设备(一)

图 9-21　4 点式可折叠浮筒设备(二)

优点：既不会破坏直升机的重心，也可以保持机身的气动外形。

缺点：需要单独的充气设备。

漂浮设备的种类还有很多，根据直升机需要的不同，有的只安装一种就能满足需要，有的需多种设备混合使用，但都必须满足以下条件：

(1) 使直升机保持良好的水中漂浮稳定性；

(2) 在淡水和海水中都能产生足够的浮力，具体要求如下：在淡水中，单一漂浮设备产生的浮力必须要超过直升机最大重量的 50%，多漂浮设备产生的浮力必须要超过直升机最大重量的 60%；

(3) 结构必须由多个互相独立的防水单元组成，以保证某一单元失效后，其他部分还能产生足够的浮力。

超美洲豹直升机应急漂浮设备(可折叠式)如图 9-22 所示。

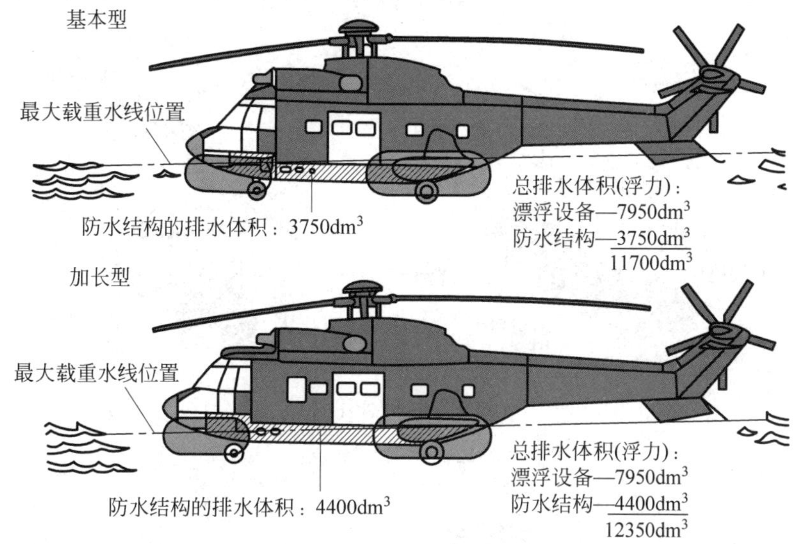

图 9-22　超美洲豹直升机应急漂浮设备(可折叠式)

9.4.2　设备的安装和使用

由于漂浮设备都是安装在机身的外侧，要承受飞行中产生的气动阻力和水面迫降时直升机的全部载荷，所以漂浮设备安装点附近的结构须进行加强处理(见图 9-23)，以适应各种变化的载荷。

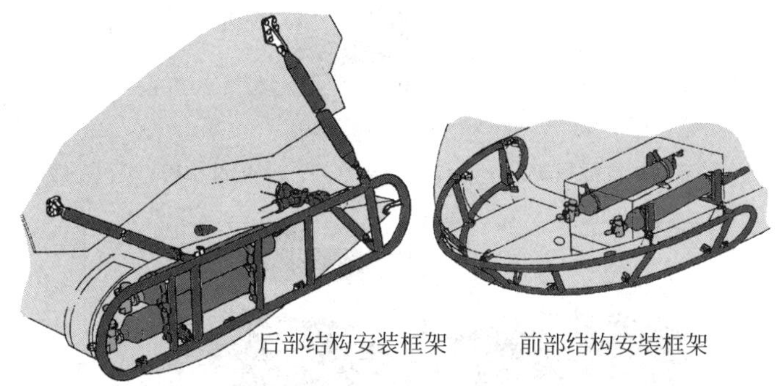

图 9-23　漂浮设备安装点加强结构

根据应用的广泛性，下面具体介绍可折叠式浮筒设备。

可折叠式浮筒设备由气囊、充气组件、控制与指示线路三部分组成。

1. 气囊

气囊是过压保护和人工充气装置。

在正常情况下，气囊折叠存放，外部有保护盖，保护盖由易断的尼龙线或简易的卡带固定，如图 9-24 所示。图 9-25 为充气、展开效果图。作为产生浮力的重要部分，根据所选材料的不同，对气囊的充气压力有严格的限制，为了防止充压过高而破裂，每个气囊最少装有一个(通常两个)释压活门(见图 9-26),通过内侧的挡板感受压力,当气囊内压力超过设定压力值时打开活门释压。

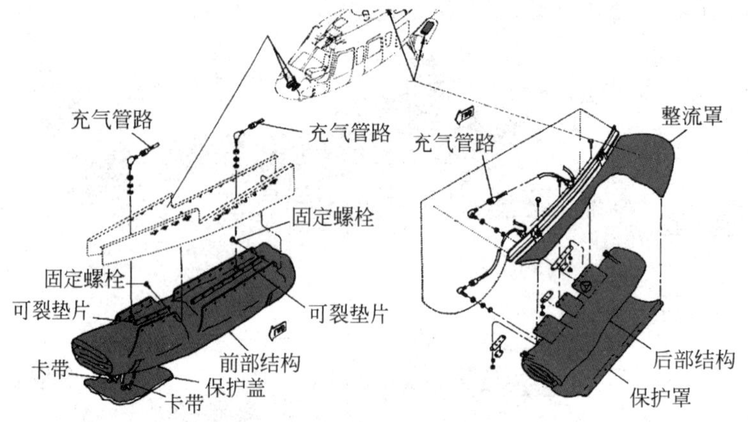

图 9-24　折叠存放

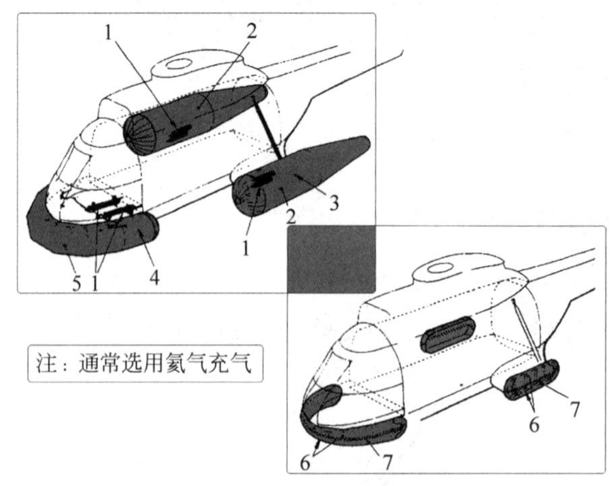

图 9-25　充气、展开

1—氦气瓶;2—后部结构;3—后结构支撑框架;4—前结构支撑框架;5—前部结构;6—尼龙保护盖;7—易断线缝合处

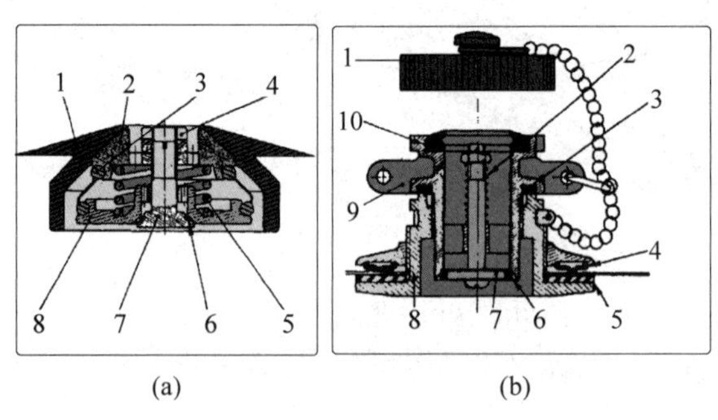

图 9-26　释压活门、人工充气活门

(a) 释压活门

1—橡胶凸缘;2—铜质壳体;3—橡胶挡块;4—固定螺栓;5—计量弹簧;6—O 形圈;7—活门;8—活门挡板

(b) 人工充气活门

1—保护盖;2—自锁弹簧;3—密封胶;4—卡环;5—密封胶;6—O 形圈;7—活塞;8—壳体;9—安装座;10—保护盖密封

在对浮筒设备进行日常检查或修理后，要进行必要的充气、渗漏检查，由于充压气体价格昂贵，为避免浪费，每个气囊装备了一个充气活门，可以通过外部气源对气囊进行充气检查，同时还可以通过充气活门快速排空气囊内部的气体。

2. 充气组件

充气组件包括高压气瓶、充气接头组件(安装在气瓶上)、充气管路，如图 9-27 所示。

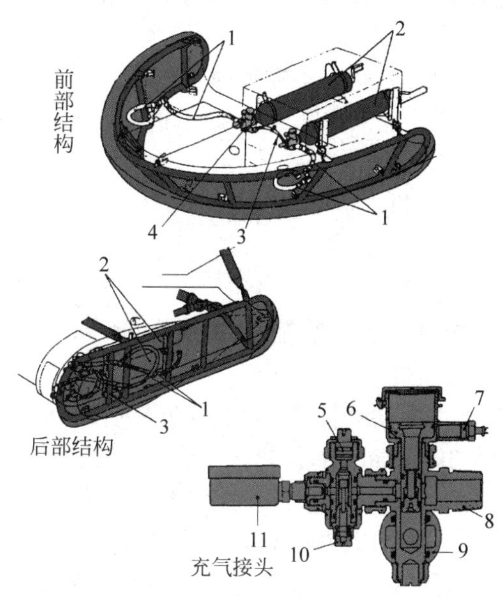

图 9-27　充气组件

1—充气管路；2—氮气瓶；3—气瓶内部连通管路；4—充气接头；5—充气活门；6—活塞；7—爆炸帽；8—气瓶安装接头；9—输出端；10—安全阀门；11—压力表

充气过程如下：正常情况下高压气瓶出口被封严。充气过程由开关控制进行，开关启动后，固定活塞的保险熔断，活塞弹开，释放出气瓶内的高压气体，通过充气管路给气囊充气，同时由内联管路通向另一个气瓶的充气接头组件。当一个气瓶的保险熔断电路失效时，通过相连气瓶的高压气体拉断保险顶开活塞，释放出高压气体。充气开始后，气囊迅速膨胀，拉断了固定保护盖的尼龙线或简易卡带，到完全展开用时约为 2.5s(氮气为 5s)。

高压气瓶一般使用氦气或氮气。氦气的优点是重量轻、充气速度快，缺点是价格昂贵；氮气的优点是价格便宜，缺点是重量大、充气速度慢。

3. 控制与指示线路

根据平衡的需要，应急漂浮设备一般包括几组相互独立的部分，每组分别有自己独立的控制线路，汇合在一起后统一控制。供电线路为包括主要汇流条在内的双线路，两者互为备份。

9.4.3　设备维护

为保证应急漂浮设备的正确工作，日常的维护、检查及发现问题后及时修理是很重要的，具体维护、检查、排故的程序要参考相应机型的维护手册，下面以某型号浮筒的检查为例进行说明。

1. 所需工具和设备

所需工具和设备有压力计(要求精度 0.1lbf/in²)、气压表(要求精度 0.10inHg)、温度表(要求精度 0.55℃)、软鬃毛刷子、真空泵(吸尘器)等。

2. 测试过程

由于设备由多个相互独立的单元构成,测试要分单元逐一进行。

(1) 工作前准备

① 选择清洁、光线充足的场地,最好是在室内,要求能够与工作人员、设备、直升机及其他建筑物保持 12ft 的缓冲距离。在工作区域的地面铺上地毯或毡布之类的柔软垫子,以防止硬物损伤气囊。

② 按维护手册所述,从直升机上拆下组件。

(2) 测试步骤

① 连接好需测试单元的管路。

② 先测试一个单元,调定压力后开始充气,每次充压 1.0lbf/in²,间隔最少 1min,直至 3.5lbf/in²。(注意:压力不要超过 3.5lbf/in²)

③ 为了防止单元体之间内漏,使用吸气泵将其他单元内的气体彻底吸光。

④ 检测单元在压力达到 3.5lbf/in² 后,保持 30min,然后测量气压,如压力小于 3.0lbf/in²,返回工厂修理。如测量压力大于 3.0lbf/in²,重新充气至 3.5lbf/in²,保持 1h,并记录开始和结束时的压力、温度、气压计的读数。压力随温度变化的修正方法是温度每升高 1.66℃,压力降低 0.1lbf/in²。压力随气压计变化的修正方法是每升高 0.2inHg,压力升高 0.1lbf/in²。

⑤ 根据以上的修正方法,修正最后的压力值,如小于 3.0lbf/in²,重新充气到 3.5lbf/in² 并进行渗漏检查。用软毛的刷子,蘸小浓度肥皂水,涂抹气囊的表面,检查渗漏点。修理方法参照设备的维护手册。如大于 3.0lbf/in² 正常,重复上述方法检查剩余的单元。

(3) 检查结束后,断开所有的连接管路,参照维护手册将气囊重新叠好,将设备装回飞机。

注意事项:工作人员必须戴护目镜和耳罩,在充气时保持周围没有干扰物。

第10章

防火

10.1 火警和烟雾探测及警告系统

无论直升机是在飞行中还是在地面上，火灾都是最危险的威胁之一。在早期的直升机上，由于驾驶员可以从驾驶舱观察到大部分区域，因此火警和烟雾的探测比较容易。但在现代大型直升机上，驾驶员不可能从驾驶舱直接观察到直升机的大部分区域，因此需要火警和烟雾探测系统，以帮助驾驶员在出现火灾危险的早期采取正确处理措施。

10.1.1 防火系统的功能和组成

防火系统分为火警探测系统和灭火系统两部分。

火警探测系统对发动机和直升机机体潜在的着火区域的火警温度、过热温度、烟雾浓度和高压热空气泄漏等状况进行监控，一旦监控数据达到警告值，立即发出灯光目视警告和声响警告，并且显示需要采取措施的具体部位。

灭火系统根据火警警告部位，由驾驶员(或自动)控制启动灭火系统，迅速有效地实施灭火。

直升机火区部位的确定是由制造厂根据适航相关规定设置的，不同类型的直升机，火区划分也有差异。即使相同的火区划分，其具体的防火系统配置也各有不同。就大多数直升机而言，防火区域如图 10-1 所示，主要防火区域有驾驶舱和客舱、发动机舱及货舱(行李舱)。

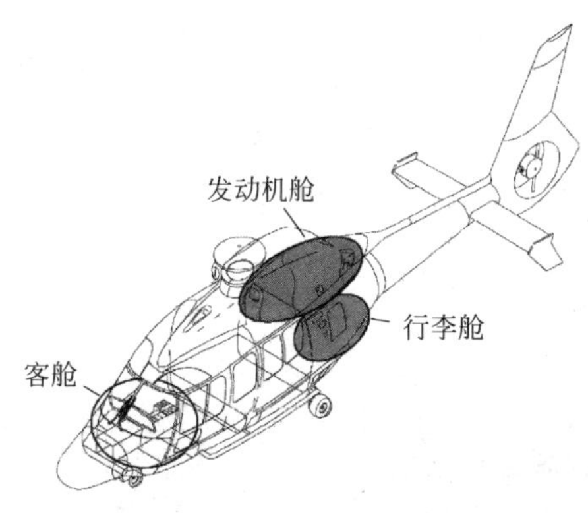

图 10-1　直升机的防火区域

10.1.2 警告信息描述

火警警告包括中央警告和局部警告,中央警告为红色的主警告灯和连续强烈的警铃,局部警告包括防火控制板上的红色警告灯以及 ECAM 或 EICAS 上的信息。

一旦火情发生,火警探测系统立即向驾驶员发出警告:处于明显位置的两个红色主警告灯亮,并伴有连续强烈的火警警铃,以催促驾驶员立即查看处置。红色的主警告灯和连续强烈的警铃警告称为主警告。主警告只告诉驾驶员有火警(或重要警告)出现,但不能指出具体的火警(或故障)部位。

获知主警告后,驾驶员需要通过查看 ECAM 或 EICAS 上的文字警告信息(如 L ENG FIRE(左发火警)等),或通过查看防火控制板上的火警指示以确定具体火警部位,还可以通过查看警告灯牌及其他相关指示,进一步复核这些信息的一致性。具体火警部位判明后,为避免主警告火警灯和连续强烈的火警警铃干扰驾驶员的工作,且确保若再有火警出现时,主警告能够再次警示驾驶员,因此可将主警告取消,可通过按压主火警灯或按压火警警铃切断按钮等方法取消主警告。取消主警告后,按照 ECAM 或 EICAS 上的文字信息或飞行操作手册或维护手册规定的灭火程序,实施灭火。

图 10-2 所示为某类型火警探测警告系统示意图。

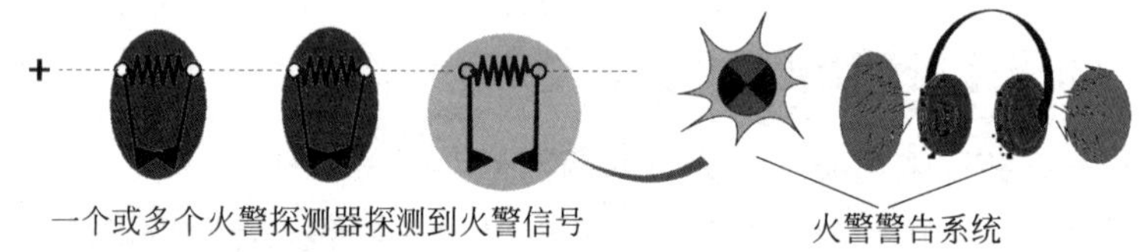

图 10-2 火警探测警告系统示意图

10.2 火警探测系统

10.2.1 火警探测系统的组成

火警探测系统由火警探测器、火警监控组件和火警信号装置 3 个部分组成。

1. 火警探测器

直升机上的火警探测器是将表征火警条件的物理量转换为另一种物理量(探测到火警后产生的电压、电流等信号)的器件。火警探测器主要通过温度和烟雾来探测火警,用温度敏感探测器监测发动机的过热,用烟雾探测器(和温度敏感器件)监测货舱的火警。直升机上常用的火警探测器类型主要有:

(1) 热敏电门式火警探测器;

(2) 热电偶式火警探测器;

(3) 火焰式火警探测器;

(4) 电阻型火警探测器(感温环线);

(5) 电容型火警探测器(感温环线);

（6）气体型火警探测器(感温环线)；

（7）一氧化碳探测器；

（8）光电式烟雾探测器；

（9）离子型烟雾探测器。

火警探测器通常在元器件外壳体上标注有表示报警温度的数值，安装时注意确认该数值，以防止人为差错。

通常将火警探测器按其探测范围分为单元型和连续型两大类，单元型火警探测器安装在最有可能发生火警的部位，而连续型火警探测器的分布尽可能覆盖整个防火区域。这两种类型的火警探测器通常是单独使用的，也可相互配合用于某些发动机的过热探测。

大多数火警探测系统都是双系统，即在某个位置的火警探测系统中有两个完全独立的探测器和控制电路，只有在两个探测器同时探测到火警时，才触发火警警告，从而防止由于各种原因导致的虚假火警警告。不过当测试到一个探测器出现故障时，允许另一个探测器直接触发火警警告。

2. 火警监控组件

火警监控组件用于监控火警探测器的参数变化，并输出一个表示火警存在的信号。早期航空器的监控组件是简单的继电器装置，而后监控组件采用晶体管式或插件板式装置，现代航空器越来越多地采用微处理器监控，以鉴别和判断存在火警或探测系统故障的情况，进一步提高探测系统的准确性和可靠性。一般情况下，火警监控组件位于电子设备舱。

3. 火警信号装置

火警信号装置是将监控组件的输出信号转换为目视和声响警告信息的器件，它包括主警告(红色主警告灯和火警铃)和火警控制板上或ECAM或EICAS上的文字警告信息，这些警告信息指明具体的火警部位，以便飞行人员采取有效的灭火程序。

10.2.2　火警探测原理

1. 单元型火警探测器

直升机上采用较多的单元型火警探测器包括热敏电门式火警探测器、热电偶式火警探测器和火焰式火警探测器。

（1）热敏电门式火警探测器

热敏电门是一个双金属热敏开关，当温度达到某一值时，靠双金属片变形使触点闭合。早期直升机采用裸露的双金属片，由于易受尘土污染，其可靠性较低。现在多采用用壳体封装的、反应快速的热敏电门，如图10-3所示。

热敏电门式火警探测系统由直升机电源系统供电的警告灯和控制这些警告灯工作的一个或多个热敏电门组成。多个热敏电门并联，再与警告灯串联。当过热使某一段电路上的温度升高超过规定的数值时，该段的热敏电门闭合，接通警告灯电路，警告灯亮，对应的警铃响，指示出现火警或过热的状态。

图10-4所示为热敏电门火警探测系统原理图。该探测系统的优点是结构简单，工作可靠。当接通测试电门时，警告灯亮，警铃响，表明火警探测系统工作正常。

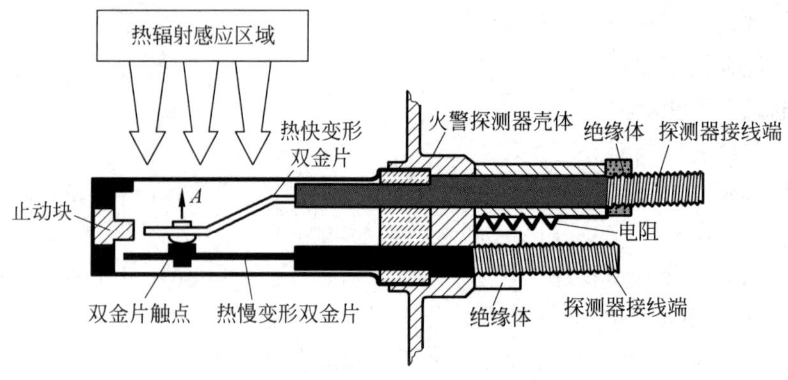

图 10-3 热敏电门示意图

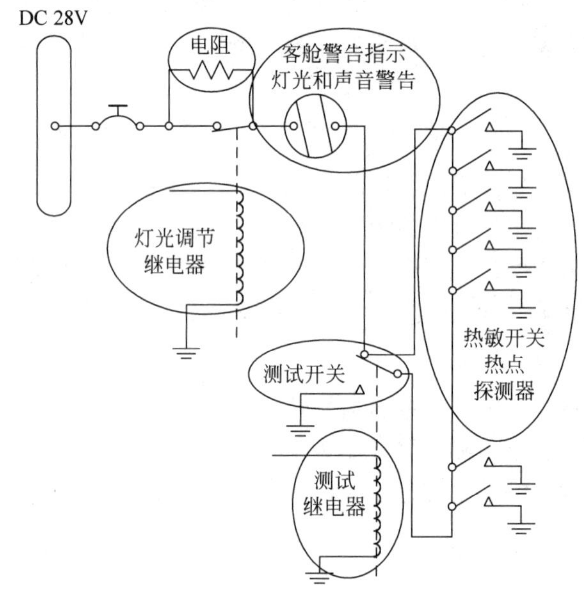

图 10-4 热敏电门火警探测系统原理图

(2) 热电偶式火警探测器

热电偶元件是由两种不同的金属如铬镍合金和康铜接合(不能焊接)而成。其中一个接合端点置于可能着火的部位,感受高的温度,称为热端;另一接合端点置于仅感受周围环境温度的地方,称为冷端。着火时热端温度上升很快,而冷端温度基本不变,则在热端与冷端之间产生温差电势,检测这个电势的大小即可用于火警报警。

图 10-5 所示为热电偶式火警探测系统电路。将 5 个热电偶串联起来安装在着火区域(根据着火区域大小不同而数量不等)作为热电偶的热端,而另一个热电偶(参考热电偶)安装在温度相对稳定的非着火区域,作为热电偶冷端。当着火时,热端温度急剧上升(即温升速率大),热端与冷端存在温度差,热电偶就产生一个温差电势,当若干个热端元件串联起来,则其合成电势产生的电流就可以使热敏继电器触点闭合,从而接通警告电路而报警。

为了测试热电偶火警探测电路的完好性,可以接通测试电门加热器给热电偶冷端加热,这时热电偶原来的冷端变成了实际的热端,而原来的热端作为冷端。如果警告灯亮,则表明探测系统工作正常。热电偶式火警探测系统通常用于活塞式发动机的火警探测。

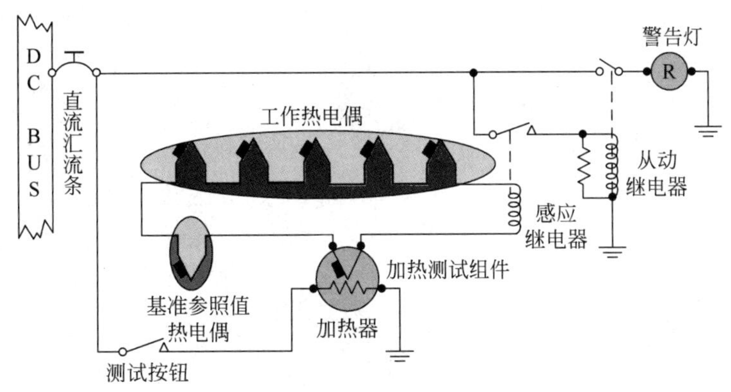

图 10-5　热电偶火警探测系统电路

(3) 火焰式火警探测器

火焰式火警探测器是利用光敏元件(电阻)感受火焰产生的红外线的原理来探测火警的。当探测器内的光敏元件感受到红外线时,电阻下降,该信号放大后驱动火警警告和音响警告电路。火焰式火警探测器原理框图如图 10-6 所示。

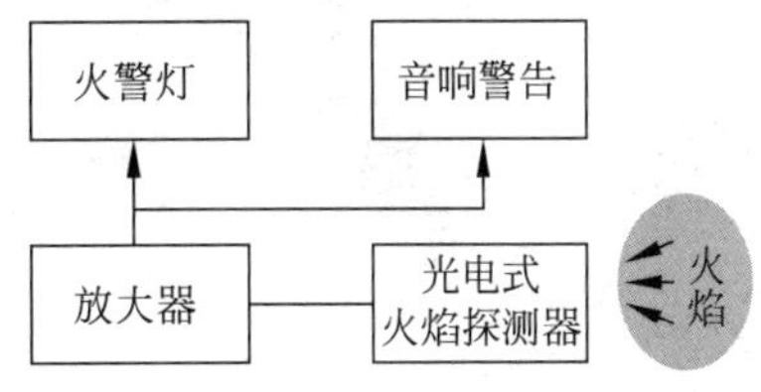

图 10-6　火焰式火警探测器原理框图

2. 连续型火警探测器

为了在较大的防火区有效地探测火警,避免使用大量的单元型探测器,现代航空器通常使用连续型火警探测器。连续型火警探测器比单元型更能对防火区形成完整的覆盖,通常也称为感温环线。

按感温环线的构成和工作原理,可以分为电阻型感温环线、电容型感温环线和气体型感温环线 3 种。

(1) 电阻型感温环线

图 10-7(a)所示为电阻型感温环线元件。敏感元件的构造是在铬镍铁耐热腐蚀的合金管内装有在共晶盐中浸过的或特殊的陶瓷电阻芯子,在芯子中嵌有一根导线(称为芬沃尔环线)或两根导线(称为基德环线),如图 10-7(b)所示。在基德环线内两根导线中的一根的两端与管壁相接并通过固定卡环接地。

共晶盐陶瓷是具有随温度升高其电阻值降低特性的半导体材料。

由电阻型感温环线组成的探测系统如图 10-8 所示。在正常温度时,芯内导线对地具有高电阻,因此没有电流流动。在过热或着火情况下,芯体电阻值显著下降,有电流流动,火警控制组件感应这个电流信号,其内部继电器工作,使火警信号装置报警。

电阻型感温环线探测系统结构简单,探测范围大,但这种探测元件结构受损时容易产生虚假信号。

(2) 电容型感温环线

电容型感温环线是由若干段感温元件连接而成的,每个感温元件的外管为不锈钢,内装一根中心电极(导线),外管与中心电极间的电介质为温度敏感的填充材料,构成圆筒形电容。

电容型感温环线通以半波交流电,感温环线可充电和存储电能,其存储的电荷随温度升

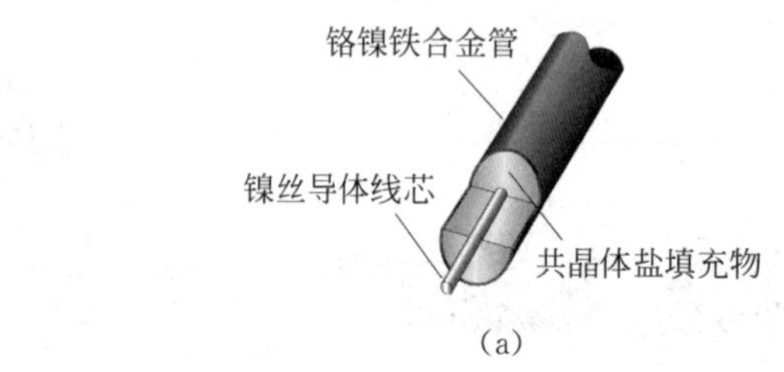

(a)

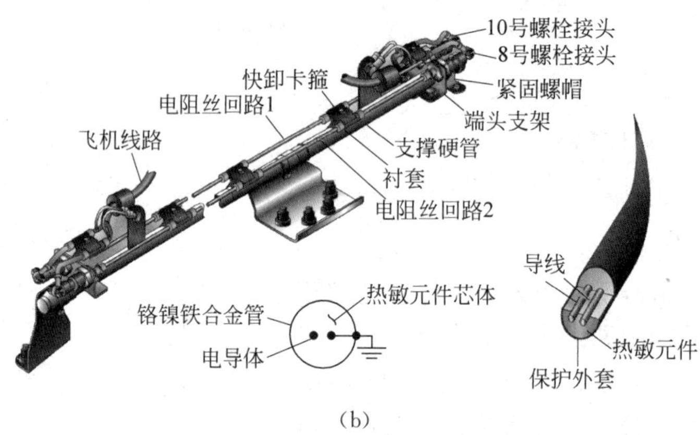

(b)

图 10-7 电阻型感温环线元件

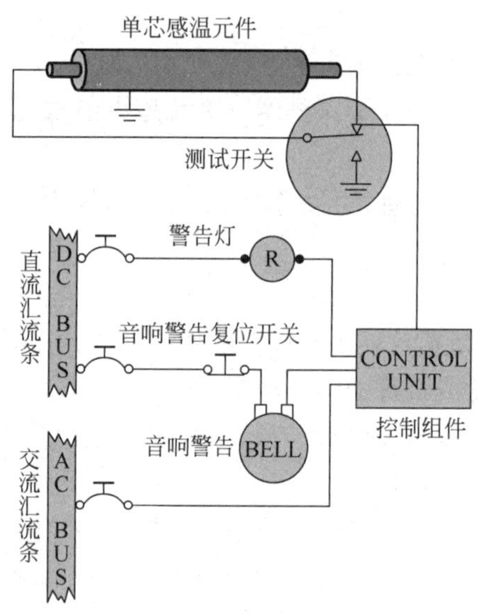

图 10-8 电阻型感温环线探测系统

高而增加，即电容值随周围温度升高而增大。当达到警告温度时，电容值增大到某一数值，其充电或放电电流即可驱动警告信号装置报警。其工作原理与电阻型相似，在这里不再赘述。

电容感温环线的优点是当筒形电容的某处出现短路时，不会产生虚假信号。电容型感温环线的缺点是必须用变压器提供交流电流。

(3) 气体型感温环线

气体型感温环线有多种结构，图 10-9 所示为现在常用的一种气体型火警探测器，它主要由感温管和压力膜片电门组成。感温管的壳体是不锈钢细管，管内充满了氦气，在管子中心有一根钛金属线(具有在低温吸入而在高温放出氢气的特点)。感温管的一端封闭，另一端连在膜盒上，膜盒带动两个微动电门：一个是监控电门，用于感应感温管是否漏气；另一个微动电门在火警或过热时，接通火警铃和火警灯。

气体型感温环线探测系统的工作原理分析如下。

① 正常情况。当没有火警或过热时，充满氦气的感温管内存在一定的压力，这个压力使监控电门闭合，这时按下测试电门时，警铃响，警告灯亮，表示火警探测器正常。如感温管泄漏，管内压力降低，监控电门打开，这时按下测试电门时，警铃不响，警告灯也不亮，说明系统有故障。

② 平均过热。气体型温度传感器用于发动机过热和火警探测。当发动机出现过热时，往往范围较大，由于温度上升使管内的氦气压力增大，膜盒膨胀，微动电门接通后报警。

③ 局部过热。当发动机着火时，往往在局部小范围内温度急剧上升，钛金属受热释放出大量氢气，使管内压力上升，达到警告值时报警。

④ 复位。当过热和火警消失后，感温管温度降低，氢气被钛金属线吸收，感温管内部压力降低，微动电门复位。

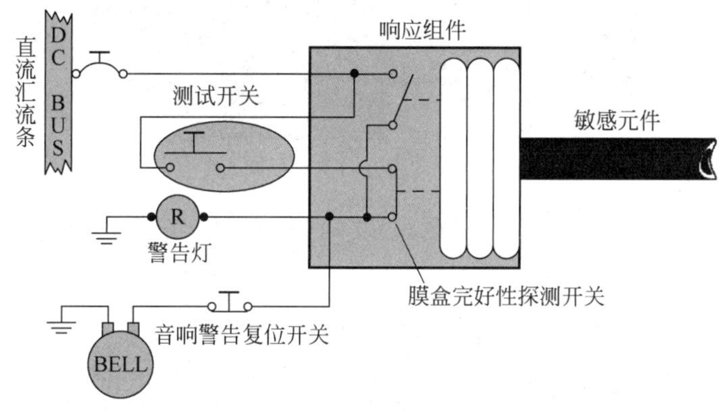

图 10-9 气体型感温环线火警探测器原理图

3. 烟雾探测器原理

某些直升机的货舱、电子设备舱等处装有烟雾探测系统。烟雾探测系统用来监测货舱等处是否存在有着火征兆的烟雾，不同的部位所配备的烟雾探测器也不同。根据不同的探测原理，常见的烟雾探测器类型有一氧化碳探测器、光电式烟雾探测器、离子型烟雾探测器和目测烟雾探测器等。

(1) 一氧化碳探测器

一氧化碳探测器用来探测空气中一氧化碳气体的浓度，常用于驾驶舱和客舱的火警探测。在正常时，空气中不含一氧化碳，只有在着火或有烟雾时才会出现一氧化碳。一氧化碳的测试主要有两种方法：①黄色硅胶指示管。它是一种可更换的指示管，管内装有黄色硅胶(复合钼硅酸盐化合物，并有硫酸钯作催化剂)。当空气中含有一氧化碳时，管内黄色硅胶变为绿色，绿色的深浅与一氧化碳浓度成正比。②棕黄色纽扣状指示盘。指示盘正常时为棕黄色，遇到一氧化碳后变为深灰色再变为黑色，其颜色变化的时间与一氧化碳浓度有关。

(2) 光电式烟雾探测器

光电式烟雾探测器广泛用于货舱和电子设备舱,它是利用烟雾对光的折射(及吸收)原理制成的。光电式烟雾探测器主要有两种形式:一种是折射式,如图 10-10 所示;一种是比较式,如图 10-11 所示。

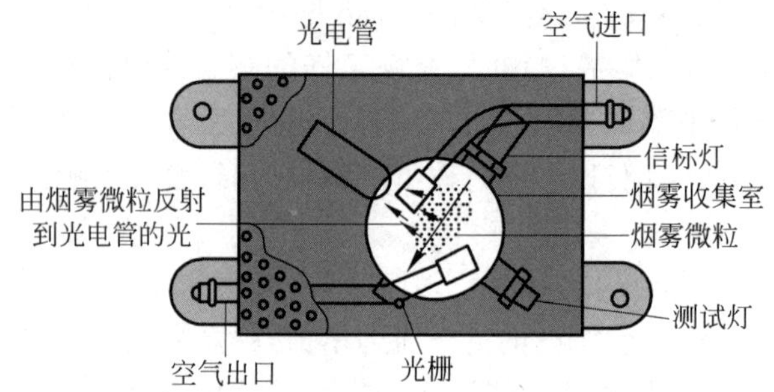

图 10-10 折射式光电烟雾探测器原理图

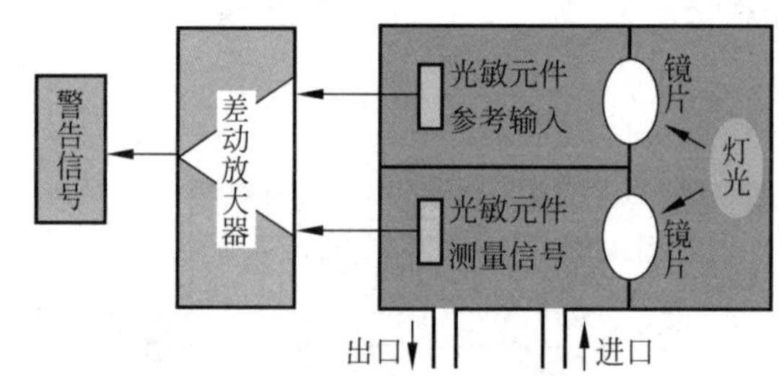

图 10-11 比较式光电烟雾探测器原理图

① 折射式光电烟雾探测器

折射式光电烟雾探测器装在一个密封容器中。密封容器内有一个烟雾集散室,集散室由空气进口管采集舱内空气,再通过一个空气出口管排到机外。在烟雾集散室装有一个光敏电阻(或称光电管),与光敏电阻的正交方位(或 90°)装有一个信标投射灯,在光敏电阻相对位置装有一个测试灯,用来进行烟雾探测器的测试。

在系统通电后,烟雾探测器自动工作,由风扇将采样空气通过空气进口管不断吸入烟雾集散室,探测器的信标灯由于系统接通电源而点亮。正常时,信标灯的光束按光的直线传播原理经过采样空气照射到对面,而照射不到光敏电阻,这时电阻值大;当有烟雾微粒存在时,由于微粒的折射作用使光线照射到光敏电阻上,光敏电阻的阻值减小,当达到预定警告值时,监控组件输出信号报警。

测试时,只要接通测试电门,测试灯亮,光束直接照射到对面的光敏电阻上,使光敏电阻值减小,发出火警信号报警。

② 比较式光电烟雾探测器

比较式光电烟雾探测器有两个光敏元件,分别安装在两个集气室内。一个集气室不与着火区相通,是封闭的,里面没有烟雾,作为参考光敏元件。另一个集气室与着火区相通,并由风扇将着火区空气引入该集气室。当没有烟雾时,两个光敏元件电阻值相同,没有警告信号输出。当有烟雾存在时,测量集气室的光敏元件被烟雾遮住了光线,使电阻升高,当达到预定警告值时,差动放大器输出信号报警。

（3）离子型烟雾探测器

离子型烟雾探测器采用少量的放射性材料，当两极加上电压后使探测器室内的空气电离，这样就会有一定的电流流过探测器。当有烟雾的空气通过探测器时，烟雾的微小粒子附着在离子上，使离子浓度降低，通过探测器的电流下降，当电流下降到预定警告值时，发出声光报警。图 10-12 所示为离子型烟雾探测器原理图。

放射性物质
空气进口
空气出口
放射性射线

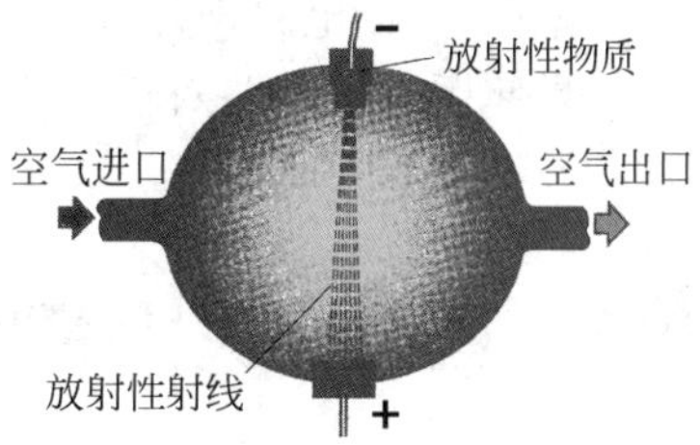

图 10-12　离子型烟雾探测器原理图

（4）目测烟雾探测器

早期直升机的驾驶舱内装有一个烟雾观察筒，观察货舱是否有烟雾存在。利用文氏管将货舱空气通过观察筒，在飞行中，需要时打开指示灯，如果有烟雾存在，光线的散射会使灯亮，否则观察筒看不到光亮。即通过灯的亮暗判断烟雾是否存在。

10.2.3　典型发动机火警探测系统的工作和说明

典型的发动机火警探测系统如图 10-13 所示，它包括以下部分：

（1）每台发动机的前/后各有一个火警探测器；

（2）控制放大器和测试开关；

（3）警告灯和语音警告系统。

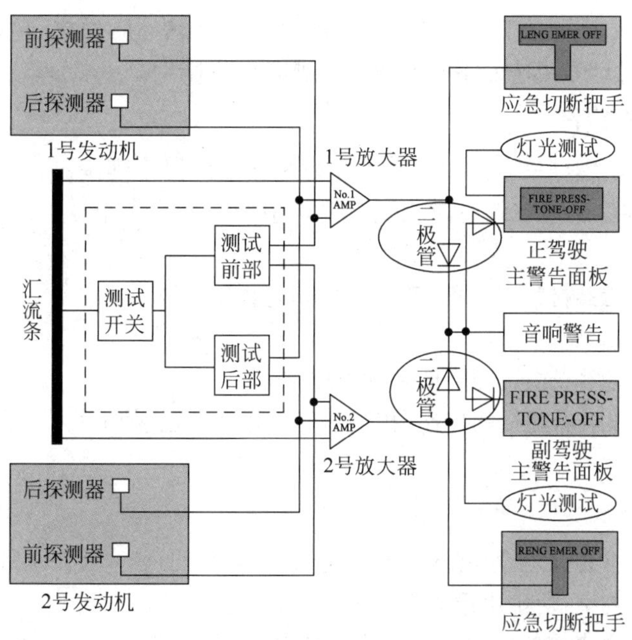

图 10-13　典型发动机火警探测系统图

火警探测系统的电源来自直流主汇流条的 28V 直流电，每个火警探测器的探头（火焰型探测器）在火区，电气连接部分在防火墙后面。

火警发生时，前或后火警探测器发出火警信号到控制放大器，经放大器放大后，使正、副驾驶的火警 T 形把手的＃1ENG EMER OFF 或＃2 ENG EMER OFF 的警告灯点亮，同时警告铃响。按压正、副驾驶任何一个 FIRE PRESS-TONE-OFF 警告灯可以关闭语音警告。如果火熄灭了,则电路恢复到正常工作状态,警告指示灯熄灭,系统仍然具有探测火警的能力。如果使用测试电路对前或后火警探测器进行功能测试,会在驾驶舱给出同样的火警信息。

10.3 直升机灭火系统

10.3.1 火的种类和灭火方法

1. 燃烧三要素

任何物质当发生剧烈氧化反应同时发光、发热,则称为燃烧。燃烧的三个要素是燃料、氧气和热源,如图 10-14 所示。

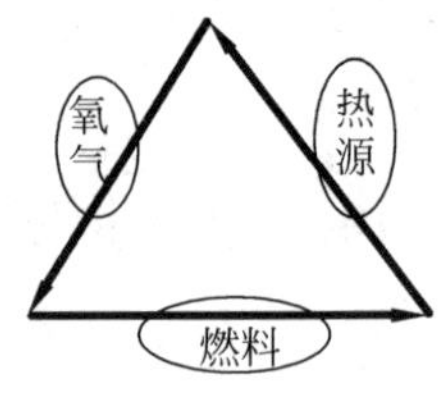

图 10-14 燃烧三要素

燃烧的必要条件是燃料和氧气。

燃料:在常温或某一高温下,任何物质只要能与氧化合,产生大量的热,那么这种被消耗掉的物质称为燃料,例如木材、燃油和铝合金等。

氧气:氧气在燃烧过程中是不可缺少的物质,氧气通过氧化过程与其他可燃物质进行化合。

燃烧的充分条件是热源。

热源:起始引火。热源能产生足够的热能将相关可燃物质加热到燃点温度,在此温度下,燃烧可以进行得足够快速而不需要再从外界获得热量。

2. 灭火的基本途径

防火的手段是使燃烧三要素的必要条件和充分条件得不到满足,以避免火灾。灭火的方法是:一旦着火时,迅速有效地使燃烧三要素中的一个或多个缺失或除去,使燃烧停止,将损坏最小化。

灭火通常使用的器材为灭火剂,其灭火机理是:

① 隔离氧气;

② 物理冷却,使燃烧物温度降低到燃点以下;

③ 化学冷却,即阻隔热量的传递,相当于使未燃物与已燃物隔开,使未燃物部分不满足燃烧的充分条件。

3. 火的种类

根据国际防火协会规定,可将火分成 3 个基本类型,即 A 类火、B 类火和 C 类火,另外根据 3 类火的基本类型,衍生出第 4 类——D 类火。

A 类火由一般燃烧物如木材、布、纸、装饰物等燃烧引起。

B 类火由易燃石油产品或其他易燃液体、滑油、溶剂、油漆等燃烧引起。

C 类火是由通电电器的短路引起的燃烧。发现电器短路着火,应立即设法切断电源。

D 类火是由易燃金属燃烧引起的。不把 D 类火看作基本类型火,因为它通常是由 A、B 或 C 类火引燃的。

4. 灭火剂

根据不同的火源特性，常用的灭火剂主要有卤代烃、干粉、惰性冷却气体和水。

(1) 卤代烃(氟利昂)灭火剂

这是航空器和地面上广泛使用的灭火剂，其优点是：它适用于灭 A、B 和 C 类火，低毒，灭火后无残留物。但氟利昂破坏地球的臭氧层，从 1994 年开始地面上已不允许使用，但在航空器的灭火系统中可以使用直到有替代物为止。

卤代烃的灭火机理是：卤代烃本身、卤代烃与比如燃油燃烧生成的物质进行化学反应所生成的新物质，都具有阻止热量传递的作用，这称为化学冷却或能量传递中断。这种阻隔相当于将未燃烧部分燃料与燃烧处隔离，使灭火更为有效。

在飞机上主要使用两种类型的卤代烃灭火剂：Halon1301 和 Halon1211。Halon1301 的化学名称是溴氟甲烷($CBrF_3$)，简称 BTM。BTM 灭火效果极好，在常温下无毒，无腐蚀作用，但成本较高，沸点大约是−60℃，以加压液态形式储存在强度较大的灭火瓶内，多用于固定式灭火瓶中。Halon1211 的化学名称是溴氟二氯甲烷($CBrClF_2$)，简称 BCF。BCF 灭火效果很好，在常温下有轻微毒性，灭火后无残留物，沸点大约是−4℃，以加压液态形式储存在灭火瓶内，用于手提式灭火瓶。

(2) 干粉灭火剂

干粉灭火采用干燥的化学粉末(如碳酸氢钠等)灭火剂进行灭火。从理论上讲，它适用于灭 A、B、C、D 各类火，特别适用于轮舱刹车片起火。干粉灭 D 类火后，有的干粉残留对铝等有腐蚀作用，应注意清除。

在实际使用中，干粉灭火剂主要用于机库和工厂中，在航空器上只限于货舱使用，不能用于驾驶舱和客舱灭火，否则清除残留物的难度很大。残留物会沉积在透明体和仪表表面，严重影响能见度。干粉灭火剂是非导电体，但残留物会使触点和开关工作不正常，因此也不用于电器设备的灭火。

干粉灭火的机理是粉末受热后释放 CO_2 气体，从而隔离氧气灭火，也具有分解吸热冷却作用。

(3) 惰性冷却气体灭火剂

二氧化碳(CO_2)和氮气(N_2)是两种很有效的惰性冷却气体灭火剂。

常温下 CO_2 为气态，经加压(700～1000lbf/in^2)以液态形式储存在灭火瓶内。喷射时 CO_2 液化气吸热变为气态，具有降低燃烧物表面温度的冷却作用。释放出的 CO_2 在转化为气态时体积膨胀约 500 倍，可冲淡燃烧物表面的氧气。CO_2 的密度约为空气的 1.5 倍，可在燃烧物表面形成覆盖，以隔离氧气。CO_2 无毒性、不导电，也不污染灭火区，主要用于电气设备的灭火。

当使用 CO_2 灭火剂灭火时，必须注意以下几点：在封闭的房间中，过多吸入 CO_2 可能引起窒息和死亡；因为 CO_2 灭火剂的释放温度大约为−70℃，因此不能把灭火器对准人以防伤害；使用 CO_2 灭火器必须配有一个非金属的喷管，因为灭火瓶内释放出的 CO_2 在通过金属管时会产生静电，会重新点燃起火，同时如与带电体接触，金属导电会危及使用人员的安全。

氮气通过冲淡氧气和隔离氧气的方法灭火。由于 N_2 提供的温度更低，并且 N_2 提供的冲淡氧气的容积几乎等于 CO_2 的两倍，因此 N_2 作为灭火剂更有效。N_2 的缺点是必须以液态储存,需要特殊的储存和管路设备,设备的特殊性和重量使得大型飞机才有可能使用 N_2 灭火。

(4) 水或泡沫水类灭火剂

水或泡沫水类灭火剂只适用于灭 A 类火,水的主要缺点是具有导电性,现代航空器上很少采用。

水灭火的机理是水具有湿润和冷却作用。

5. 火的种类与相应的灭火剂

火的种类不同,所采用的灭火剂也有所不同,如表 10-1 所示。

表 10-1　火的种类和灭火剂

火的种类	可采用的灭火剂	禁止使用的灭火剂
A类	卤代烃、干粉、惰性冷却气体、水	
B类	卤代烃、干粉、惰性冷却气体	水
C类	卤代烃、惰性冷却气体	水
D类	干粉	水、CO_2

10.3.2　直升机灭火系统的类型

直升机灭火系统分为手提式灭火器和固定灭火系统。

固定灭火系统指固定安装的专用灭火系统,它包括灭火瓶、喷射导管和灭火控制组件,主要用于发动机灭火。某些直升机货舱也采用固定灭火系统灭火。直升机上也装有若干个手提灭火瓶,主要用于客舱或驾驶舱灭火。

直升机部位的不同,需要采用不同的灭火方式,通常采用以下几种灭火方法:

(1) 自动报警自动灭火;

(2) 自动报警人工灭火;

(3) 手提灭火瓶灭火。

1. 手提式灭火器

(1) 手提式灭火器的使用

手提式灭火器用于直升机舱内灭火。按照直升机的承载能力,通常在直升机的客舱(驾驶舱、货舱)配备一定数量的手提式灭火器。手提式灭火器内的卤代烃灭火剂是 Halon1211 (BCF),气体压力大约为 100PSI,通过灭火器上的压力表可以检查正确的压力(应位于深色范围内),如图 10-15 所示。平时手提式灭火器安装在托架上,使用时必须按压手柄释放灭火剂,灭火范围可达到 4m,大约 6s 后灭火瓶释放排空。

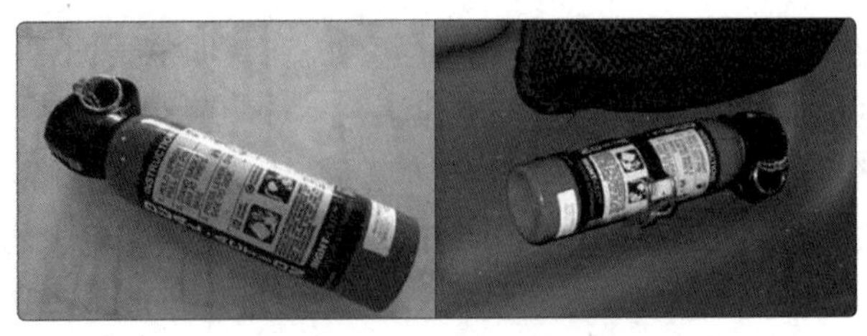

图 10-15　手提式 Halon1211 灭火器

（2）手提式灭火器的检查

必须定期检查手提式灭火器，该检查主要包括3个部分：首先，目视检查灭火器和支撑架有无损坏；其次，检查应全面检修的日期；最后，检查灭火器是否释放过。

在灭火瓶标签上标有有效期和其他附加信息，包括灭火剂类型、使用方法和瓶的重量。灭火瓶到期必须更换，如果压力指示不正确或安全销安装不正确，必须把灭火器更换并对灭火瓶进行维护。

2. 固定灭火系统

在发动机、货舱安装有固定灭火系统，所有灭火系统有相同的操作方法和主要部件。固定灭火系统的主要部件有灭火瓶、带爆炸帽的释放活门、带喷嘴的管子、灭火系统控制和监测电路。

（1）固定式灭火瓶

典型的固定式灭火瓶由瓶体、压力表、易熔安全塞（释压活门）、易碎片、释放爆管（爆炸帽）、滤网、电插头和排放活门等组成，如图10-16所示。

① 灭火瓶体

灭火瓶是球形不锈钢容器，瓶内装有用 N_2 加压的液态灭火剂 Halon1301（BTM），在20℃时压力大约是600lbf/in^2，用于保证提供足够的压力以完全释放灭火剂。灭火瓶的大小和重量由使用区域的空间来决定。

当灭火瓶附近有破裂的引气管道或高温时，灭火瓶内的压力会随温度的升高而增加，为了防止灭火瓶超压而爆炸，所有灭火瓶都有超压释放功能。当灭火瓶内压力达到大约1700lbf/in^2（大约是正常压力的3倍）时，超压释放膜片破裂（或超压释放活门打开），通过管路将灭火剂排出机外，保证直升机的安全。该管路的末端有一个红色的膜片（很薄的塑料片），当超压释放时，红色膜片被吹掉，表示灭火瓶已超压释放。超压释放指示如图10-17所示。

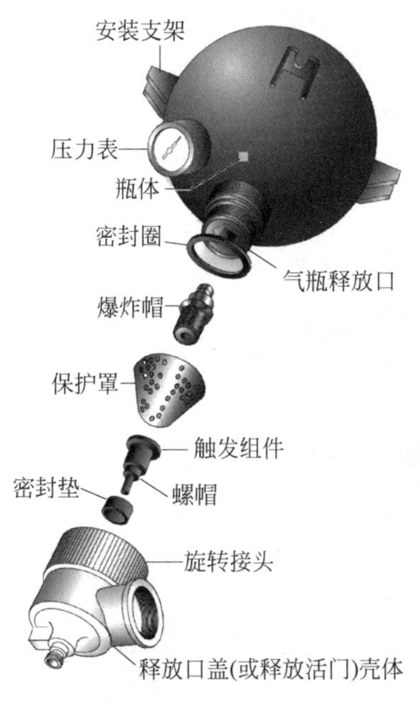

图10-16　固定式灭火瓶

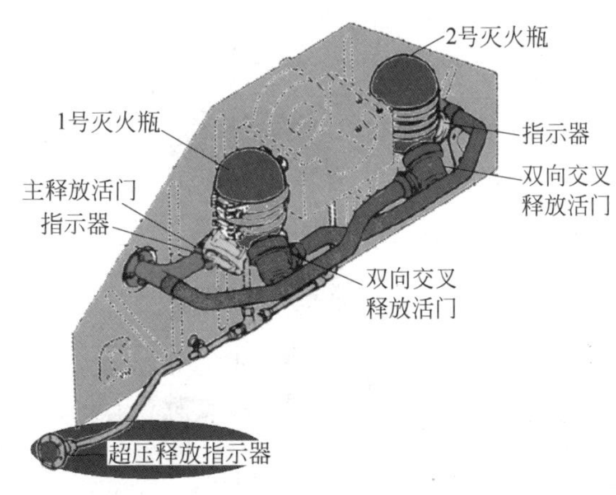

图10-17　超压释放指示

② 释放活门

为了使用储存在灭火瓶内的灭火剂，灭火瓶上安装有释放活门及安装在释放活门内的一个爆炸帽。通常一个灭火瓶上安装一个释放活门，但为了满足一个灭火瓶可以给不同的区域实施灭火的要求，一个灭火瓶上也可能有 2 个或 3 个释放活门，如图 10-18 所示。所有释放活门都有同样的功能和组件，在释放活门中心有一个装有爆炸帽（内有约 400mg 炸药，属于 C 类爆炸物）的释放爆管。当释放爆管通电爆炸时，释放活门内的易碎片破裂，灭火剂通过破裂的易碎片离开灭火瓶释放。在释放活门内有一个滤网挡住破裂的易碎片，以防灭火剂被堵住。

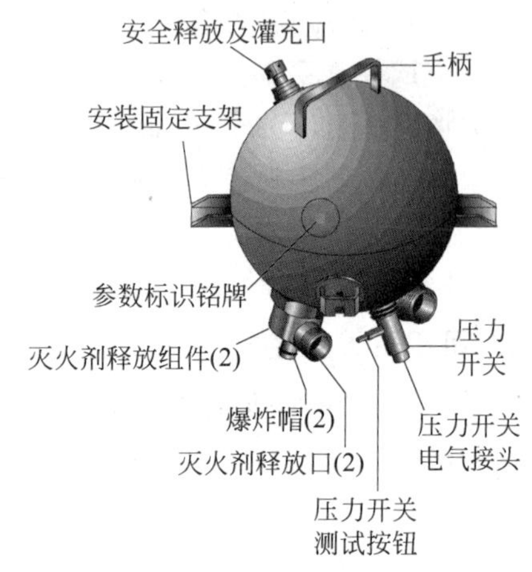

图 10-18　有 2 个释放活门的固定式灭火瓶

为使爆炸帽电路安全可靠，使用由电瓶供电的热电瓶汇流条供电。这意味着当按下灭火按钮或拉起灭火手柄后，再按下灭火瓶释放按钮并旋转灭火手柄，灭火瓶将释放。只有断开爆炸帽线路跳开关，才能防止这种情况的发生。许多灭火瓶释放爆管有两个爆炸帽，且每个爆炸帽有独立的点火电路和跳开关，防止由于爆炸帽的电路断路而导致灭火瓶不能正常工作。维护时必须断开两个可能安装在不同配电板上的跳开关。但两个点火电路都有可能出故障，所以所有的灭火系统都有爆炸帽测试电路，可以及早发现爆炸帽或点火电路是否失效。

(2) 发动机灭火系统

发动机采用固定灭火系统，多数发动机采用自动报警人工灭火方式，也有的发动机采用自动报警自动灭火和人工灭火两组装置。发动机灭火系统包括灭火瓶、喷射导管和灭火控制组件。

发动机灭火系统典型的配置为双喷射交叉灭火方案，也称为二次作动系统，即可以将两个灭火瓶内的灭火剂释放到一台发动机上，如图 10-19 所示。

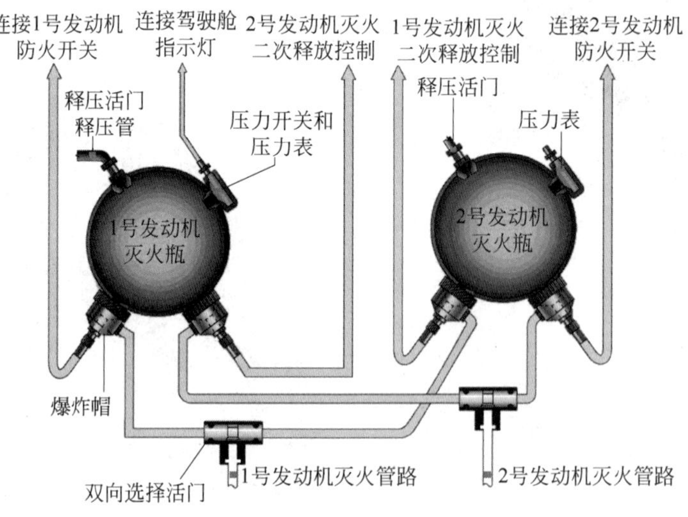

图 10-19　双发直升机的发动机灭火系统

通常在发动机平台(舱)上有两个并排放置的发动机灭火瓶。这种灭火瓶有两个释放活门,用释放爆管控制其喷射。例如1发着火,先用1号灭火瓶灭火,如火没有熄灭,再用2号灭火瓶灭火,这样不需要为每一台发动机配置两个灭火瓶。

灭火一般都分两步实施。

第一步,灭火准备。

打开安全防护盖,灭火手柄提起(或按压灭火按钮)后,将完成下列灭火准备工作:

① 关闭燃油关断活门,停止向发动机供油;

② 关闭发动机引气活门;

③ 关闭液压油关断活门;

④ 断开发电机向外供电(GCR、GB均跳开);

⑤ 灭火电路准备好(由两个爆炸帽的灯亮表示);

⑥ 中央警告系统得到一个信号并修改在火警面板或ECAM/EICAS上的显示。

第二步,实施灭火。当向左(或向右)转动灭火手柄,或者按压灭火瓶释放按钮后,热电瓶汇流条上的DC 28V经手柄电门(或按钮)的触点引爆爆炸帽,爆炸帽炸开易碎片,使灭火剂喷射灭火,灭火控制板上的琥珀色灭火瓶释放灯亮。通常一个灭火瓶的释放可以熄灭一台发动机的火警,如果30～60s后火警灯仍未熄灭,必须引爆另一个灭火瓶爆炸帽,再次进行灭火,完成交叉灭火的全部过程。

(3) 行李舱灭火系统

当直升机上的烟雾探测系统探测到行李舱火警时,行李舱灭火瓶的灭火剂通过行李舱顶的喷嘴释放。

10.3.3 灭火系统的维护

灭火系统的维护工作,主要包括如下项目:①灭火瓶的检查和灌充;②爆炸帽和排放活门的拆卸与安装;③喷射管路渗漏和电气导线连续性测试。

详细具体的检查要求和方法,要按照维护手册或制造厂家的说明书进行。

1. 灭火瓶的维护

定期检查灭火瓶的压力,以确定灭火瓶的压力是否在制造厂所规定的最小极限压力和最大极限压力之间。有些灭火瓶上有压力计,在检查灭火瓶内压力时必须考虑到灭火瓶内的压力是随温度变化的,根据图10-20所示的温度压力图来确定灭火瓶内的压力是否正常。通过按压灭火瓶上的压力电门或使用一个六角扳手旋转灭火瓶上的压力电门,使驾驶舱火警控制面板的灭火瓶释放灯亮,可以检查灭火瓶压力检测指示电路。

需要定期检查灭火瓶的重量,称重时应拆下灭火瓶上的释放活门,如称得的灭火瓶重量与标签上相同,则说明灭火瓶没有泄漏,如不同则说明灭火瓶已经释放(热释放或灭火释放)或泄漏,需要填充灭火剂。周围环境温度变化时,灭火瓶的压力也会变化,但要符合图10-21所示的压力-温度曲线图。如果压力不在曲线极限值内,这个灭火瓶就要更换。

灭火瓶内的易碎片非常薄,大的振动和撞击都有可能使其破裂,导致灭火剂的不正常释放,因此在拆卸释放活门和搬动灭火瓶时必须非常小心。灭火瓶释放爆管内的爆炸帽都有使用寿命,应当严格按照使用寿命时限要求及时更换到期的爆炸帽。

爆炸帽由于静电产生的火花可能产生意外爆炸,会使维护人员受到伤害,当把释放活门

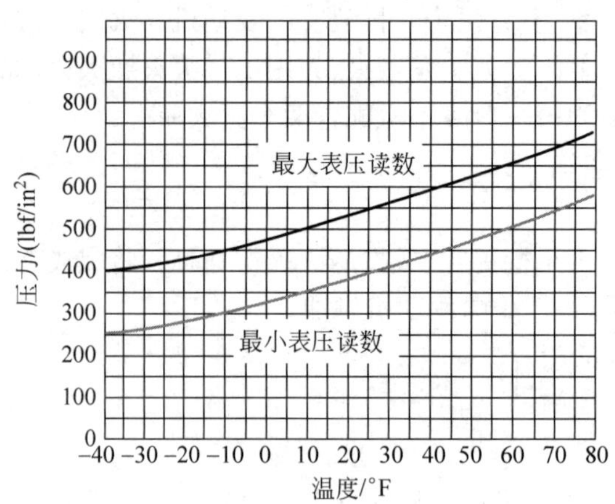

图 10-20 灭火瓶温度压力关系曲线

从瓶上拆下或把灭火瓶从飞机上移开之前必须拆除爆炸帽。拆除爆炸帽的正确方法是：在驾驶舱断开爆炸帽的跳开关，拧下电源插头，戴上合适的静电防护帽或将爆炸帽的电极用金属丝短接，小心拆下，最后要使用合格的容器储存和运输释放爆管。更换爆炸帽和释放活门必须小心，要严格按维护手册程序进行；不论何种原因拆下爆炸帽后，不能错装，否则可能会造成触点接触不良。

2. 灭火瓶爆炸帽导线连续性检查

爆炸帽电路连续性检查在防火控制板上进行，这也是直升机定检规定的必检项目。爆炸帽测试可以与火警测试使用同一个测试按钮，也可以使用一个独立的爆炸帽测试板。在这两种情况下，按住测试按钮，若测试灯亮说明测试合格，测试灯不亮说明爆炸帽线路断路。为防止爆炸帽被误引爆，测试电流是非常弱的，爆炸帽测试灯也是由测试电流点亮的，因此在更换测试灯灯泡时必须非常小心，一定要采用同型号灯泡，不同的灯泡有可能导致引爆爆炸帽。

有些直升机的灭火瓶爆炸帽测试电路中，串接一个测试继电器线圈，其触点用来接通测试灯。当按下测试按钮时，测试电流使继电器吸合，灯亮说明工作正常。在更换继电器时必须采用同型号的继电器，否则也容易引爆爆炸帽。

3. 灭火后的清洗

灭火后，必须按手册要求尽快清洗灭火系统，以防止腐蚀。

第11章

直升机燃油系统

11.1 燃油系统概述

11.1.1 燃油系统的主要功能及特点

1. 燃油系统的主要功能

(1) 存储燃油。油箱中存储着完成飞行任务所需的全部燃油,包括紧急复飞和着陆后的备用燃油。

(2) 可靠供油。燃油系统能在各种规定的飞行状态和工作条件下保证安全可靠地将燃油供向发动机。

(3) 调节重心。通过燃油系统,可调整直升机横向和纵向位置重心。

(4) 冷却介质。燃油可作为冷却介质,冷却滑油、液压油和其他附件。

2. 燃油系统的特点

(1) 重心影响小。采用涡轴发动机作为动力装置的现代直升机燃油消耗率不大,整个航程中消耗的燃油油量与大型运输机相比要小很多,为解决载油和空间的矛盾,直升机多采用软油箱。油箱一般安装在客舱地板下部,紧靠直升机重心,飞行中燃油的消耗对直升机重心和平衡产生的影响较小。

(2) 供油安全。现代直升机多采用交输供油系统,可以实现任何一个油箱向任何一台发动机供油,以保证供油安全。当油泵都失效时,依靠发动机燃油泵的抽吸仍可保证燃油供给。确保供油安全还要考虑防火问题。

(3) 维护方便。有的直升机燃油泵设有快卸机构,维护人员不用放油,也不用进入油箱即可拆装油泵,提高了燃油系统的维护性能。

(4) 避免死油。在燃油箱内采用了引射泵,它借助于燃油增压泵提供的引射流,可将死区(一般位于油箱较低处)的含水油液引射到增压泵的进口,减少水在油箱底部的沉积,尽可能减少油箱的微生物腐蚀。

11.1.2 燃油系统基本构成及供油方式

1. 直升机燃油系统的基本构成

直升机燃油系统一般包括油箱、泵、油滤、阀门、燃油管路、计量设备、监测设备等部件,这些设备在设计上严格遵守相应民航法规的要求。

2. 供油方式

根据直升机燃油系统的供应方式不同，现代直升机燃油系统可以分为两种：重力式和压力式。

(1) 重力式

一些直升机的燃油箱位置高于发动机，以重力方式对发动机进行燃油供给，称为重力式。对于重力式燃油系统，燃油从通气的燃油箱开始，依次通过出口油滤、开-关阀、主油滤、汽化器，最后进入发动机，如图 11-1 所示。这种类型常见于活塞式发动机供给。

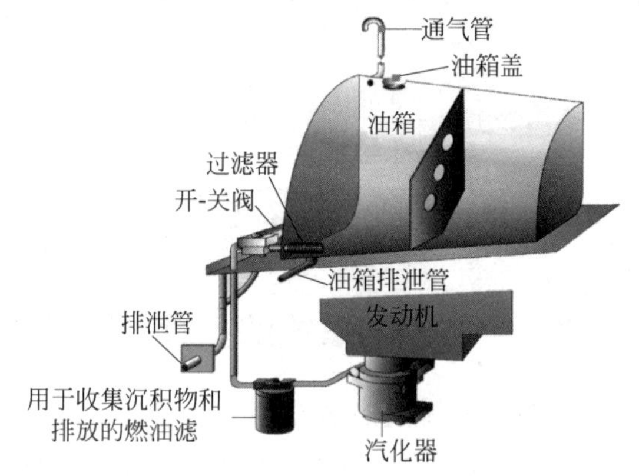

图 11-1 某型直升机上的重力式燃油系统简图

(2) 压力式

绝大部分直升机燃油箱位于机身下部及两侧，通过燃油增压泵对燃油增压使其上行对发动机进行燃油供给，称为压力式。涡轮发动机的燃油系统一般采用压力式燃油系统，燃油箱内有两个电动燃油增压泵，燃油被增压后依次经过单向活门、切断阀、机身油滤、发动机油滤、发动机驱动的燃油泵，最后到达发动机燃油控制系统，如图 11-2 所示。

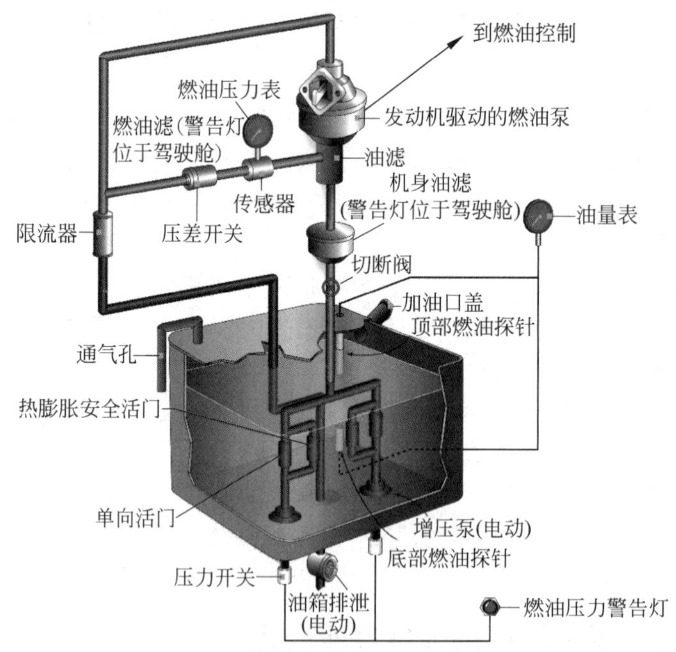

图 11-2 一种轻型直升机上的压力式燃油系统简图

11.2　航空燃油

11.2.1　航空燃油的种类及要求

1. 航空燃油的种类

不同直升机应使用生产厂家维护手册中指出的正确类型和等级的燃油。混合燃油是不允许用在飞机上的，直升机上主要使用以下两种类型的燃油。

(1) 航空汽油：用于活塞式发动机；

(2) 航空煤油：用于涡轮式发动机。

2. 航空燃油的要求

航空燃油应该有以下性能：

(1) 在所有工作条件下能够用泵传送和易于流动；

(2) 允许发动机在所有地面条件下启动和提供可靠的再次点火的性能；

(3) 在任何条件下提供有效的燃烧；

(4) 提供尽可能高的热值；

(5) 对燃烧室和涡轮叶片造成最小的腐蚀；

(6) 对燃油系统部件造成最小的腐蚀；

(7) 对燃油系统的运动部分提供足够的润滑；

(8) 着火的危险程度低。

11.2.2　航空汽油

任何类型的航空汽油都是由原油经过分馏后得到的碳氢化合物。航空汽油挥发性高，闪点低且非常易燃。

1. 航空汽油的主要性能指标

航空汽油是石油的直馏产品和二次加工产品与各种添加剂混合而成的，其主要性能指标是辛烷值和品度值。

(1) 辛烷值

辛烷值是指与这种汽油的抗爆性相当的标准燃料中所含异辛烷的百分数。这种标准燃料由异辛烷和正庚烷混合液组成，它表示航空汽油的抗爆性能，即在发动机中正常燃烧(无爆震)的能力。对辛烷值的要求依发动机的特点而异，主要取决于压缩比，压缩比越大，辛烷值应当越高。为提高辛烷值，可往汽油中加入含有抗爆剂(如四乙基铅)的乙基液。

(2) 品度值

品度值是指以富油混合气工作时输出的最大功率(超过这一功率便出现爆震)与工业异辛烷所输出的最大功率之比，用百分数表示。

2. 航空汽油的等级

航空汽油的不同等级是通过马达法辛烷值(MON)取得的两个数字确定的。第一个(数值低的数字)是贫气混合气辛烷值，第二个(数值高的数字)是富气混合气辛烷值。例如，

Avgas 100/130,其中100代表巡航状态下油气混合气的辛烷值为100,130代表起飞和大功率状态下油气混合气的辛烷值为130。航空汽油里的添加剂如四乙基铅(TEL)能够帮助抑制爆震和提供润滑,1gTEL包含600mg的铅。

下面介绍几种常用的航空汽油。

(1) Avgas 80/87:每升最大含铅量为0.14g,只用于压缩比非常低的引擎,在20世纪末逐渐被淘汰。

(2) Avgas 91/96:含铅量很小,可忽略不计,国内很少使用。

(3) Avgas 91/96UL:含铅量为零。2010年11月,欧洲航空安全局(EASA)基于其20年来的无故障使用经验,批准了各航空发动机厂家使用这种无铅航空汽油。

(4) Avgas 100/130:一种高辛烷值的航空汽油,每升最大含铅量为1.12g,现已被Avgas 100LL取代。

(5) Avgas 115/145:第二次世界大战时飞机广泛使用的汽油。现在则专为特殊活动而生产有限批次,如unlimited air races。

(6) Avgas 100LL:每升最大含铅量为0.3～0.56g,是现今全球最常用的航空汽油。

由于在全球范围内,航空汽油所占市场份额很小,所以Avgas 100LL(low-lead)低铅汽油就成了唯一一种能满足所有安装活塞式发动机的飞机的理想汽油。相应带来的问题是,对于那些本应使用Avgas 80/87汽油的发动机,因为使用了含铅量大的Avgas 100LL汽油而导致火花塞很容易变脏,缩短了发动机大修的间隔时间。而对于使用Avgas 91/96汽油和Avgas 100/130汽油的发动机,则没有任何影响。从环境保护的角度考虑,航空界一直在寻求不含TEL的航空汽油。

11.2.3 航空煤油

1. 航空煤油的特性

在民用航空涡轴发动机和涡扇发动机上通常使用的燃油是JET A1。航空煤油与航空汽油的特性显著不同,它的密度大约为0.8kg/L,粘度高、燃点高,在正常地面温度下不易挥发成可燃气体,是一种窄馏分煤油。在一些情况下民航飞机允许使用AVTAG,这是一种密度较低、燃点低,包含有汽油的宽馏分、极其易燃的燃油。

航空煤油会在发动机内维持持续燃烧,它比汽油含有更多的硫,和各种抑制剂来控制腐蚀、氧化、结冰以及微生物和细菌的生长。

2. 典型的航空煤油

典型的航空煤油主要有如下几种。

(1) JET A:一种航空煤油,冰点−40℃,仅适用于美国。比重为0.775～0.83。

(2) JET A1:同上。普遍使用。

(3) JET B:一种宽馏分汽油,使用不普遍。比重约为0.76。

(4) JP 4:一种宽馏分汽油,当加入一些添加剂后就叫做AVTAG。用于军用。比重约为0.76。

(5) JP 5:高燃点煤油,主要用于运输飞机,被称为AVCAT。比重为0.83。

3. JET A1的特性

JET A1的特性主要包括以下几点。

(1) 燃点：最低 38℃。

(2) 比重：15℃时 0.81。

(3) 热值：18560Btu/lb 或 150400 Btu/gal。

(4) 粘性：从－60℃时的 22CST 到＋43℃时的 1.2CST。

(5) 冰点：－47℃。

(6) 挥发性：是指液体转化为气体的难易程度。挥发性越高，转化为气态所需的大气温度就越低。而且，液体在大气压力越低时，它蒸发(转化为气体)所需温度越低。这种特性给飞机燃油系统带来了一些难题，因为燃油系统需要很高的挥发性，这同时也带来了油箱和管路中的气塞问题。

(7) Raid 蒸气压力(RVP)：15℃时 2～3 PSI 大气压。

11.2.4　航空燃油的质量要求

1. 添加剂

为了克服各种难题，燃油系统中的添加物需要非常严格的管理。一种方法就是在燃油中添加一些混合物，来改变燃油的特性。下面介绍几种常见添加剂。

(1) 静电抑制剂。因为在油箱中燃油振荡(形成紊流)并且摩擦自身和油箱表面，会在燃油中形成静电。一旦在燃油中形成大的电位差，就会在燃油内部产生电弧——同大气中闪电一样。为了防止发生这样的情况，燃油中添加了静电抑制剂，使燃油导电性更强，这样能够消除可能在燃油内部形成的电位差。

(2) 腐蚀抑制剂。它是用来防止燃油系统中管路和燃油储油箱中的铁质金属生锈。有时它以药片(例如锶、硌酸盐)的形式放置于油箱中。燃油中总是有这种添加剂，因此该药片是必备的物品。

(3) 燃油系统防冰剂(FSii)。这种添加剂与燃油不发生反应，只是降低燃油中水的结冰点，水由于飞行高度增加温度降低而从燃油中析出。它可以帮助防止水形成冰块堵塞油滤导致减少到发动机的燃油量。这种添加剂也能阻止一些真菌的生长。使用 FSii 添加剂能够使燃油中水分的结冰点减小到－47～－50℃。

(4) 生物杀虫剂。这种添加剂大多用来防止燃油中微生物的生长，往往直接添加到燃油中。

2. 清洁

为确保直升机和发动机燃油系统正常和安全的工作，严格清洁十分重要。清洁不仅仅用于已安装的系统，同时适用于一些地面设备，例如，同燃油系统相关联使用的测试装备、容器、加油车和储油箱，要定期进行污染物的检查。燃油系统外来污染物能引起油箱和相关部件的腐蚀和损伤，从而导致发动机严重故障。

当燃油系统要打开通风口或断开某些连接部分时，必须使用堵盖或专门设计的口盖，以免外来物进入。堵盖可以是由橡胶、塑料或可以用于燃油系统的金属制成。

当在燃油系统中使用密封胶时，注意不要使用过量，因为它可能进入系统从而阻碍、损伤部件，例如活门、泵和油滤等。

警告：皮肤接触煤油和其他航空燃油能引起皮肤反应或皮炎，因此，应尽快使用大量的冷水冲洗皮肤。

3. 微生物污染

航空煤油中含有微生物类的真菌，它可以在水中繁殖。如果燃油系统或油箱中含有水分，将导致菌类繁殖和进一步腐蚀油箱。

真菌本身非常纤细并且可以带有很多颜色，从白色到褐色到接近黑色都有。大量的真菌会带有难闻的气味。

除了腐蚀和堵塞油管和油滤，真菌污染也可能导致燃油量指示不稳或错误。

常用的预防燃油微生物的方法，是向油箱内添加微生物抑制剂，如图 11-3 所示。微生物抑制剂在添加时需严格按照手册中的要求，因为过度添加会在油箱内产生结晶从而堵塞油路。

4. 燃油质量控制

加入直升机的燃油质量必须小心控制，必须严格限制燃油中含有的水分和杂质。散装储存油箱应该经常检查污染情况，定期从这些油箱的放油口放沉淀检查。

经常给直升机加油的油车一般装有浮子式放油口和水分离器，应每天检查油箱排水口以及管路有无水分、沉淀和其他污染。如果油样中发现微生物污染，应检查储油罐中的污染情况。

通常使用水分检验剂来检验燃油中的水分，通过浸入燃油后的水分检验剂的颜色可以判断燃油中是否有水存在，如图 11-4 所示。

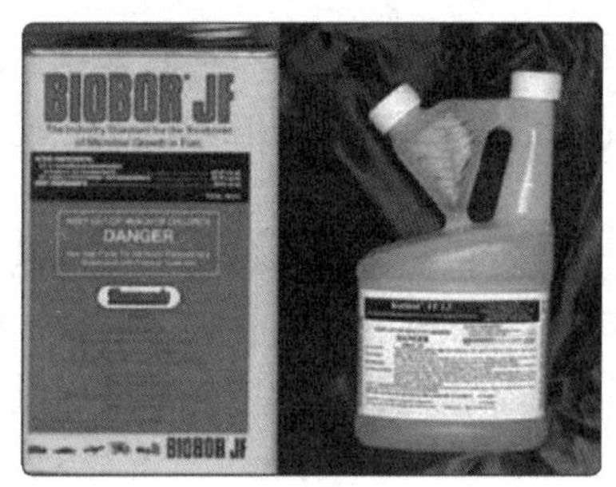

图 11-3 微生物抑制剂

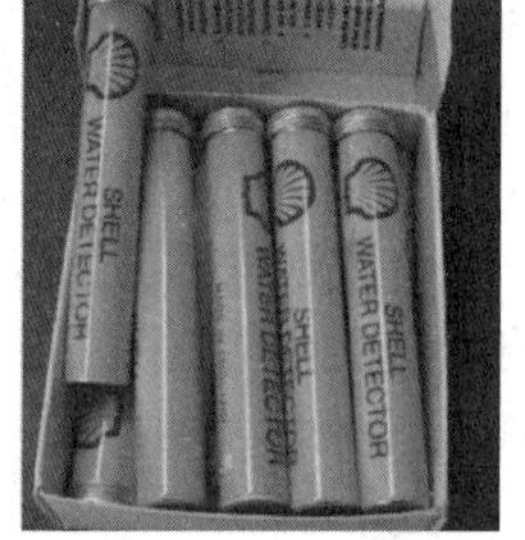

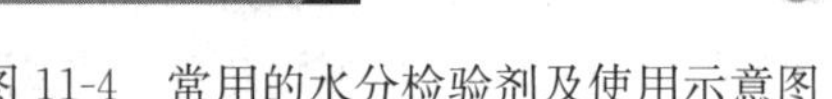

图 11-4 常用的水分检验剂及使用示意图

11.3 燃油系统各部件

11.3.1 燃油箱

1. 油箱类型

油箱的作用是存储飞行所需的燃油，有 3 种基本类型的燃油箱：软油箱、快卸式油箱和整体油箱，它们通常包含通气管或通气孔来与外界连通。燃油箱有一个位置较低的集油槽，用来排放污染物和水。集油槽上安装有放沉淀活门，用于航前检查时排放污染物和水。

（1）软油箱

软式油囊或油箱实质上是一个加强的橡胶袋，袋子放置在不密封的隔舱内，隔舱依照结构来设计，承载燃油的重量。软式油箱和快卸式油箱都包括下列部件：通气口、放油口、油量指示器等。

油箱的机体隔舱是独立的，它有一个相对较小的开口，用来放入油箱。油箱要卷起，放入隔舱，然后展开，使用锁扣或挂钩固定在隔舱的顶部、底部和侧面。软油箱是直升机上最常使用的燃油箱类型，如图 11-5 所示。

（2）快卸式油箱

快卸式油箱也叫转场油箱，用于直升机的远程飞行，某些机型该类油箱（见图 11-6）有专门的安装隔舱，有的则装在客舱、短翼或货舱内。油箱是密封的，而隔舱不是。油箱通常是由铝合金材料焊接而成的，油箱内装有隔板，隔板连在油箱的结构上，它的中间有一些小孔允许燃油流动，主要作用是防止快速动作时导致的燃油飞溅。因为油箱要比安装隔舱小，它不能充分利用有效的空间。安装油箱的隔舱结构上是独立的。油箱和隔舱内的底部装有供油管路，燃油放油口位于油箱的较低点，燃油通气口位于油箱顶部附近。

图 11-5　软油箱

图 11-6　某型直升机上的快卸式油箱

（3）结构油箱

固定翼飞机的油箱大多采用结构油箱，即油箱本身是飞机结构的一部分，利用机身、机翼或尾翼的结构元件直接构成油箱。结构油箱又被称为整体油箱。整体油箱是飞机结构的一部分，因此在接缝、结构紧固件和接近口盖等处已妥善密封。结构油箱的特点是可充分利用机体内的容积，增大储油量，并减小飞机的重量。S76 直升机的油箱属于此类型油箱。

2. 油箱布局

一般直升机上会布置多个油箱，这些油箱一般分为两组，每组油箱分别向一侧发动机供油。每组油箱中一般以纵油箱为主供油箱，每组油箱均有 1～2 个增压泵。有的系统在纵油箱中另装有一供油油箱（也叫小油箱），将增压泵装入小油箱中。每组油箱的单个油箱间依靠管路和引射泵相连，增压泵出口通过管路与发动机燃油系统连接，加油口一般都与每侧的主油箱相连接。油箱布局示意图如图 11-7 所示。

3. 油箱通气系统

当油箱内的供油泵向发动机供油时，油箱油面会随之下降，若油箱密闭，油箱内就会形成负压，这种负压不仅会导致供油泵吸油困难，造成供油中断，还会造成油箱因外部气压大

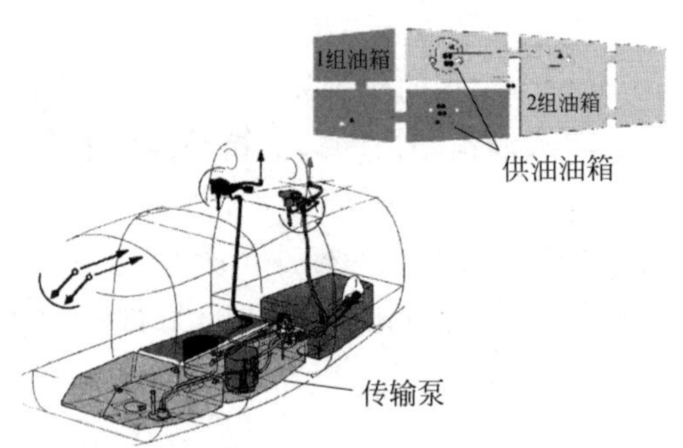

图 11-7　油箱布局示意图

于油箱内气压而受到挤压，最终导致结构损坏。通过油箱通气系统为油箱内通气可以防止以上故障的发生。简单来说，油箱通气系统具有以下 3 个方面的作用：

(1) 平衡油箱内外气体压力，确保加油、抽油和供油的正常进行；

(2) 避免油箱内外产生过大的压差造成油箱结构损坏；

(3) 通过增压作用确保供油泵在高空的吸油能力，提高供油可靠性。

燃油通气系统不仅能将油箱简单地与外界大气相通，还必须防止因直升机姿态改变时燃油从通气口溢出而引起火灾。油箱通气系统如图 11-8 所示。

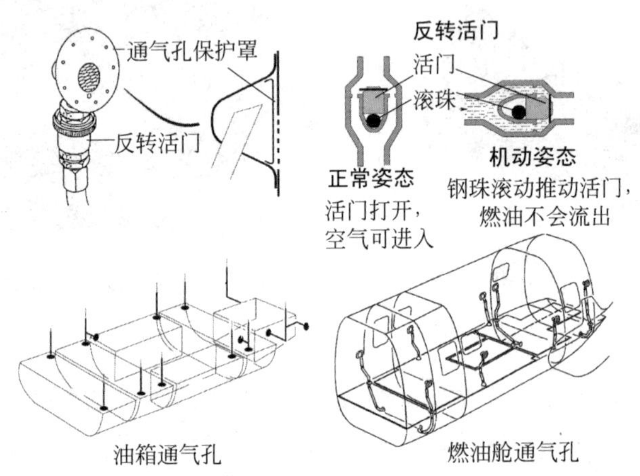

图 11-8　油箱通气系统

11.3.2　燃油管路及固定

飞机燃油管路有两种：刚性管和柔性管。

军用飞机一般都使用刚性燃油管，刚性管一般由铝合金制成；在发动机这些高温、高振动的部位则使用不锈钢材料。刚性管在民用飞机上也有使用，如一些燃油系统部件的连接。刚性管路间的连接，通常使用喇叭口跟直口接头连接的形式。它们在连接时，应严格按照操作手册中制定的力矩值拧紧，否则很容易造成燃油渗漏或接头损坏。

柔性燃油管的内芯为合成橡胶，在它外层包裹着一层加强的纤维编织物，最外层为合成覆盖物，如图 11-9 所示。还有些柔性管外层则是不锈钢编织层，如图 11-10 所示。一些特殊位置的燃油管还会被设计成可以防磨防火，如图 11-11 所示。管路的直径和线路是根据

燃油系统流量需求决定的。柔性燃油管在直升机上最为常见。

图 11-9　典型柔性飞机燃油管

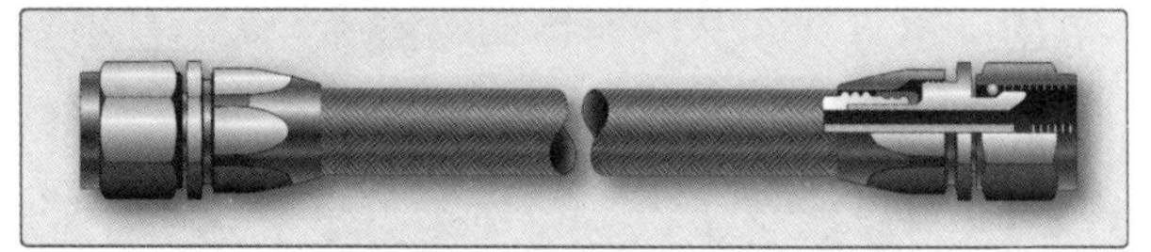

图 11-10　典型不锈钢编织层柔性飞机燃油管

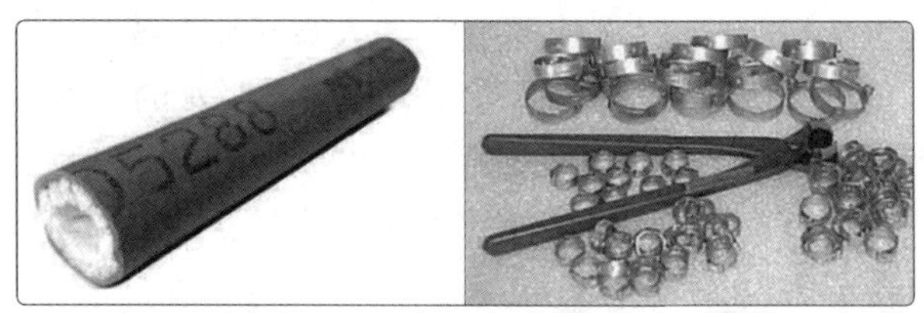

图 11-11　典型外层可防磨防火的柔性飞机燃油管及安装工具和卡箍

燃油管路在安装过程中，禁止扭转。燃油管路表面的印刷字迹可以作为是否扭转的参考。燃油管路与电缆间应保持分开，不要将电缆固定在燃油管路上。如果不可避免，应将燃油管置于电路下部，防止燃油泄漏时滴落在电缆上。

金属燃油管路与飞机机身结构间应安装搭铁线，这是非常重要的，因为燃油流动时会产生静电。对于那些穿过机身结构的燃油管，应该在机身结构口周围安装保护橡胶，如图 11-12 所示。

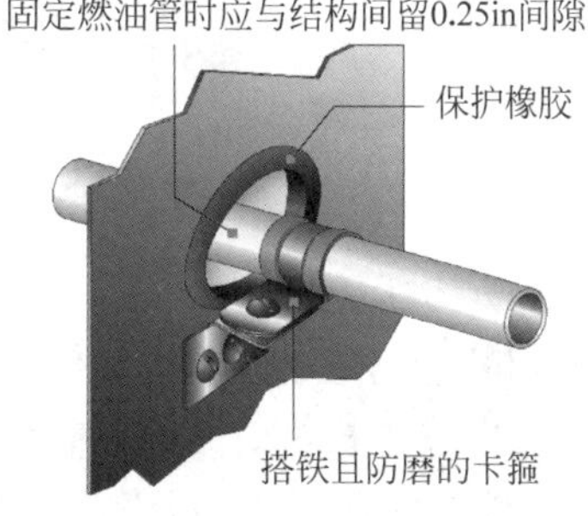

图 11-12　金属燃油管的固定

11.3.3　燃油活门

直升机燃油系统上安装有很多种活门，用来切断燃油流动，使燃油停在指定位置。根据活门的位置和功能，它们有不同的名字，如排泄活门、关断活门、转输活门、交输活门等。燃油活门可以手动操作、马达操作和电磁线圈操作。

1. 手动操作活门

直升机上有多种排泄活门，比较典型的有放油活门、放沉淀活门和燃油切断活门等，它们一般都是人工手动操作的。

(1) 放油活门

直升机由于载重量的要求或者需要对油箱及燃油系统部件进行维护工作时，需要在地面将油箱中的燃油部分或全部放掉，通常可以通过油箱底部的放油活门实现放油，如图 11-13 所示。

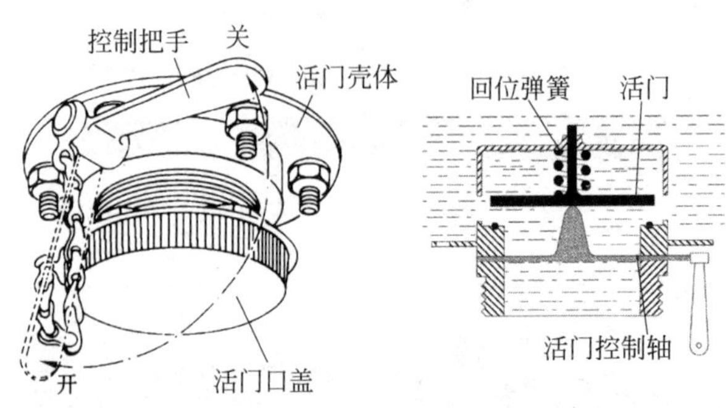

图 11-13 一种典型的油箱底部放油活门示意图

(2) 放沉淀活门

油箱内的水分会滋生微生物,过多的微生物会堵塞燃油系统的一些部件。过量的水分和杂质还会增加燃油的静电起电量。然而,航空燃油具有吸水的特性,因此按照维修工作的有关规定,应定期清洗直升机油箱,尤其是航前要把油箱中的水分和沉淀物放掉。

放沉淀是通过油箱底部的放沉淀活门实现的,如图 11-14 所示。

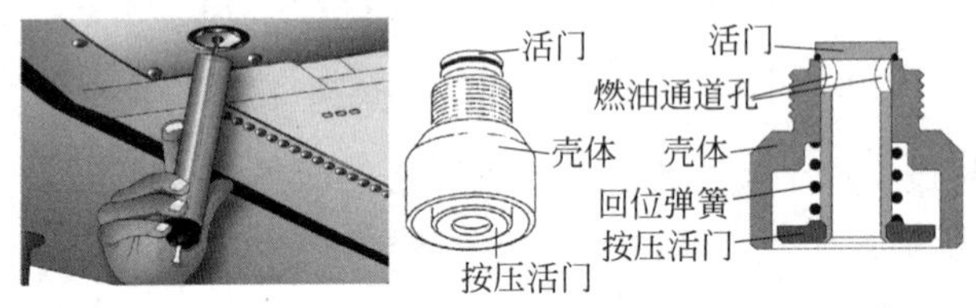

图 11-14 放沉淀示意图及油箱底部放沉淀活门示意图

(3) 切断活门

切断活门属于闸门式活门,通过手动控制活门把手使活门内部闸门关闭,从而切断燃油从油箱向发动机供应的通路。切断活门只有两个位置:开和关。切断活门一般用于应急情况下,例如发动机起火或者当直升机迫降之前,切断所有发动机的燃油供应。某型直升机上燃油切断活门控制盒及其工作原理如图 11-15 所示。

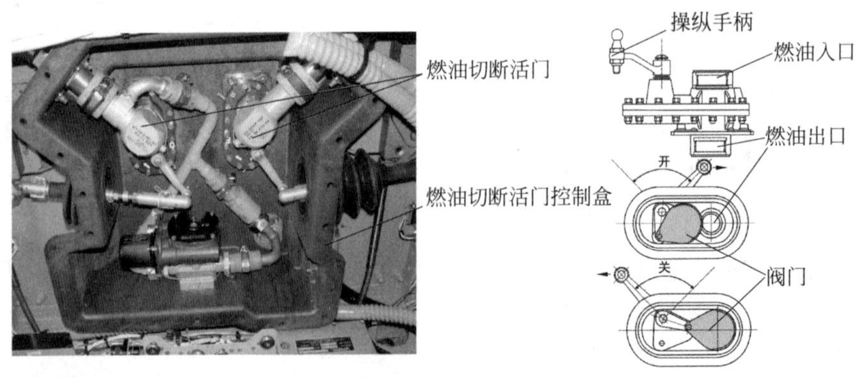

图 11-15 某型直升机上燃油切断活门控制盒及其工作原理

2. 马达操作活门

对于大型直升机,由于一些燃油系统操作活门远离驾驶舱,因此必须通过电动马达来操作这些活门。这种活门与人工操作活门属于同类型,只不过用电动马达操作代替了人工操作。马达操作活门主要有两种:门式活门和阻塞式活门。电动马达操作活门是通过可逆电动马达驱动齿轮,转动摇臂带动阀门移动,从而达到燃油通道开关的。燃油切断活门与马达操作活门的阀门上都安装有封严,一个人工越权操作手柄用于维修人员维修时检查活门。某型直升机上的电动马达驱动门式活门如图 11-16 所示。

3. 电磁线圈活门

另外一种远距离操作活门是通过电磁线圈实现的。当打开电磁线圈通电后,通过电磁线圈的吸引力使提升式活门打开。这时一个锁销在弹簧力的作用下插入提升阀上的锁槽,使活门保持在开位,这时燃油通过升起来的活门。关闭时,关闭电磁线圈会通电,电磁线圈的吸引力会克服锁销的弹簧力,使锁销退出提升阀。在提升阀上弹簧力的作用下,活门被关闭。这种电磁线圈式活门的特点是开关速度快。电磁线圈活门如图 11-17 所示。

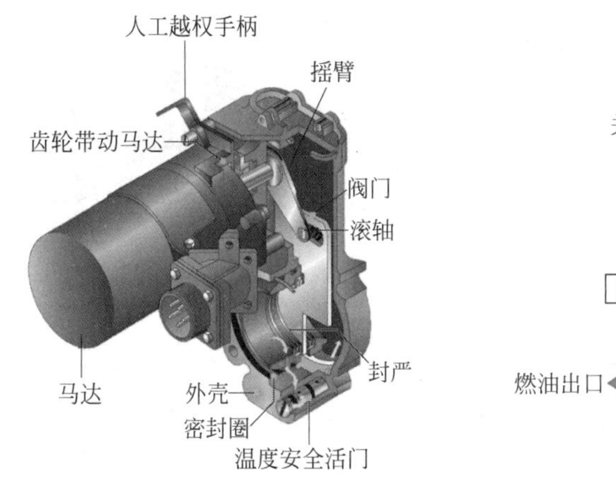

图 11-16　某型直升机上的电动马达驱动门式活门

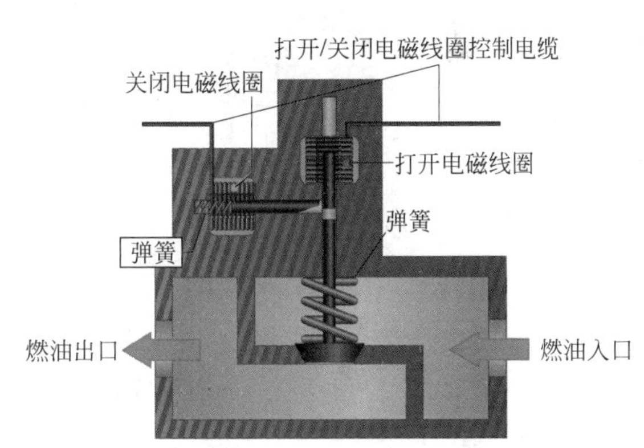

图 11-17　电磁线圈活门

11.3.4　燃油泵

除了采用重力式燃油系统的直升机外,其他种类的直升机至少会拥有一个燃油泵,将燃油增压输送到发动机的燃油计量装置,因此又叫做增压泵,直升机燃油系统常采用离心式增压泵。直升机上常见的燃油泵有离心式增压泵、叶轮式燃油泵和引射泵等。

1. 离心式增压泵

离心式增压泵可以安装在发动机和油箱之间的管路上,然而它更多的是直接安装到油箱上。油泵安装时可以将电动马达安装在油箱的外面,采用风冷;或者整个油泵和电动马达安装在油箱内,采用油冷。后一种类型称为浸入式泵或浸没式泵。如果油泵安装在油箱外壁上,拆卸时不需要从油箱放油。全浸入式泵拆卸时通常需要将整个油箱的油放出。为了避免燃油浪费及减少维修时的额外工作量,有些也能在拆卸时不需要油箱放油,因为这种增压泵由泵芯和自封泵体组成,维修时只需更换泵芯,而燃油不会流出。

工作时,燃油通过一个滤网进入油泵内,高速叶轮驱动燃油以较高的速度向各个方向流动。这种离心作用在叶轮外缘形成涡流,它能够分离燃油中的空气和水蒸气,使不含气泡的燃油传输到发动机。气泡从油泵中分离出来,通过燃油箱的通气系统排到外界大气中。离心式燃油泵内部原理图如图 11-18 所示。

2. 叶轮式燃油泵

直升机上另外一种常用的燃油泵是叶轮式燃油泵。

和所有的叶轮泵一样,泵体内有一个偏心转子,叶片可以在转子槽内滑动,叶片一端顶在中心浮动销上,另一端顶在套管上。随着偏心转子的转动,叶片与套管间的体积发生着变化。入口处的体积变大,燃油被吸入;出口处的体积变小,燃油被排出。叶轮式燃油泵内部原理图如图 11-19 所示。

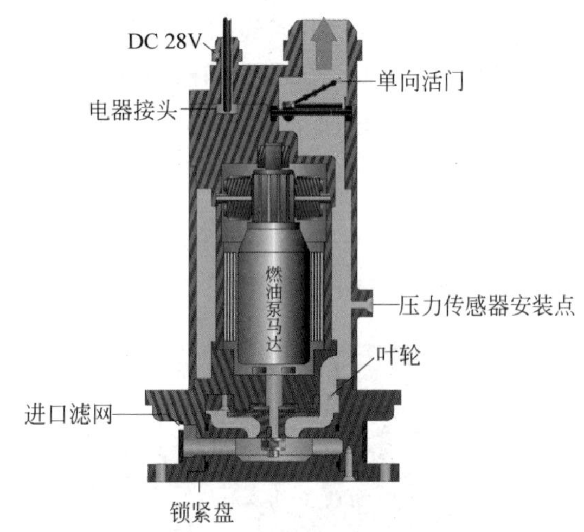

图 11-18 离心式燃油泵内部原理图

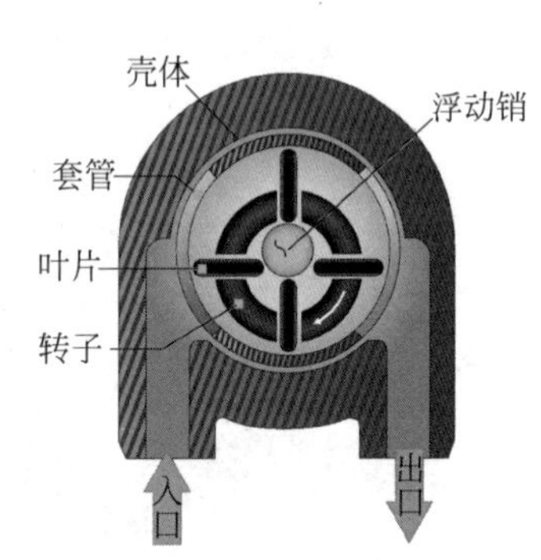

图 11-19 叶轮式燃油泵内部原理图

3. 引射泵

为了保证燃油能实时供应到油箱内的增压泵,如离心式增压泵,需专门设计一个油箱或在油箱内设计一个空间,用以安装增压泵。这个油箱或空间与其他油箱间由隔板隔开,也就是瓣状活门。引射泵利用增压泵供应的燃油作为动力,利用文氏管效应,传输燃油到管路,将其他油箱的燃油传输到增压泵所在的油箱或空间,这样就可以保证燃油在机动飞行时的不间断供应。某型油箱引射泵分布图及引射泵工作原理如图 11-20 所示。

11.3.5 燃油滤

飞机上有两种类型的燃油滤:粗油滤与细油滤。粗油滤(strainer)仅能防止那些较大的颗粒进入燃油系统;在燃油进入喷嘴之前多用细油滤,细油滤(filter)可以过滤直径为千分之几英寸的灰尘,而且可以过滤水。涡轮式直升机上常使用微尘式油滤,这类油滤可以过滤 10～25μm 的微粒。

在直升机的油箱加油口和油箱出口处一般安装粗油滤。在燃油增压泵的燃油入口处也安装有粗油滤。这些部位的燃油滤的设计要求能够过滤大体积的杂质,同时不影响燃油供应流量。

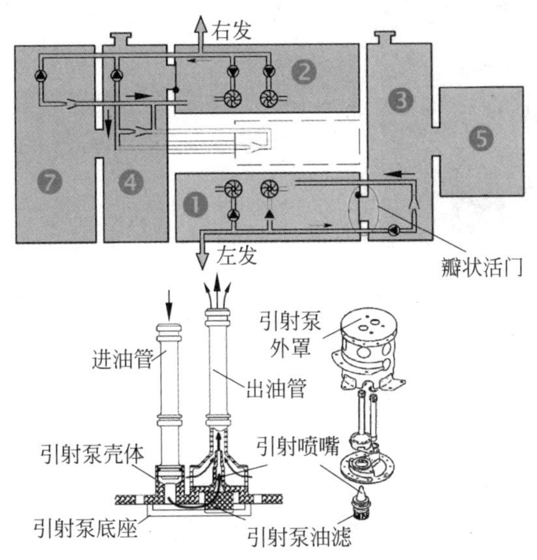

图 11-20　某型油箱引射泵分布图及引射泵工作原理

在油箱和发动机之间有一个附加的主燃油滤，主燃油滤内部滤芯由金属骨架支撑的滤网构成。滤网由金属滤网与纸质滤网构成，外部为杂质收集罩。燃油进入主油滤后，经过滤芯的过滤后才能流出，其中杂质被过滤掉，水分由于比燃油重，也被过滤掉，而落到收集罩中。收集罩被设计成要么是透明的，要么包含一个放沉淀活门，用于检查是否有杂质和水分。这个收集罩可以方便地取下来，用于检查并去除杂质和水分。

燃油滤堵塞会导致发动机供油量下降，严重时会导致发动机空中停车。为了提高供油可靠度，燃油滤设置了旁通活门，当油滤进口、出口压差达到旁通活门开启压力时，旁通活门打开，油液绕过滤芯，直接供向发动机。同时，驾驶舱燃油控制面板上的油滤旁通警告灯会亮。主燃油滤内部结构示意图如图 11-21 所示。

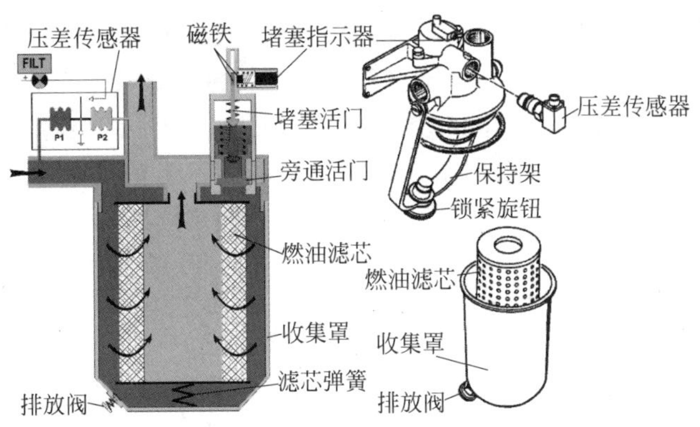

图 11-21　主燃油滤内部结构示意图

11.3.6　燃油加热及防冰保护

直升机冬天飞行或在高海拔地区飞行时，由于周围环境温度较低，燃油中的水分会被吸出结冰。这可能发生在油箱，也可能发生在主燃油滤里。如果发生在主燃油滤里，就会减

图 11-22 位于发动机上的滑油/燃油热交换器

缓燃油供应量,导致发动机停车危险。因此,会在有需要的飞机上安装燃油加热装置,或者安装防冰油滤。发动机上的滑油/燃油热交换器就是一种比较成熟的加热装置,如图 11-22 所示。

燃油加热装置是一种根据需要选装的设备。在驾驶舱里控制开关可以使热空气或热油通过加热装置为燃油加热。

11.3.7 燃油指示

直升机燃油系统的指示相对于大型运输机要简单许多,一般包括燃油油量、燃油压力,有的直升机选装了燃油流量表、活门位置指示和各种警告灯。燃油系统的所有指示和控制一般位于驾驶舱燃油管理面板上。为了便于控制和管理,各种部件以模型图的形式安排。

1. 燃油油量指示

直升机的燃油油量传感器通常为电容式,电容式油量传感器贯穿油箱顶部到底部,随着燃油液面的改变传感器的电容值发生改变。油箱里的传感器的电容值被一个微型计算机收集并在桥接电路里比较,最后在驾驶舱里显示。一个调整器可以匹配电容输出用来校准燃油指示。典型的电容式油量传感器如图 11-23 所示。

图 11-23 典型的电容式油量传感器

我们知道电容可以储存电能,它的存储能力取决于 3 个因素:

(1) 两平行金属板的正对面积;

(2) 两平行金属板的距离;

(3) 电介质的介电常数。

油量传感器是由两个保持一定距离的同轴金属板组成的(见图 11-24),油量传感器的上端和下端是开口的,所以传感器内液面与油箱内燃油液面高度相同。当传感器内液面高度不同时,两金属板间电介质的介电常数发生改变,使得传感器的电容值发生改变。

桥接电路通过与参考电容比较计算出油箱的电容值。当桥接电路被施加电压时,传感器电容的容抗与参考电容比较时,可能相等或不同,它们之间的差别可转化为油箱油量值,如图 11-25 所示。

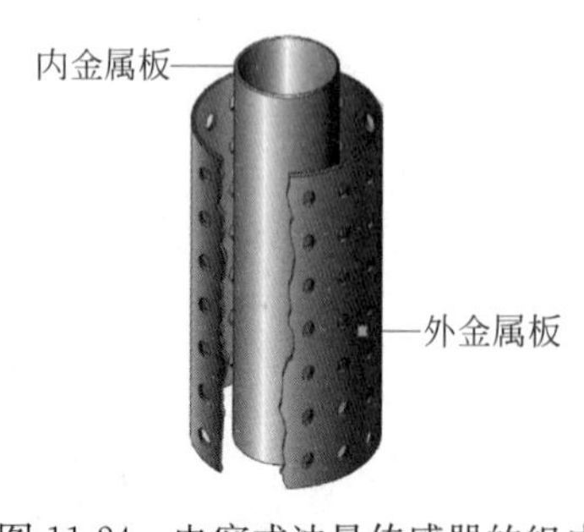

图 11-24 电容式油量传感器的组成

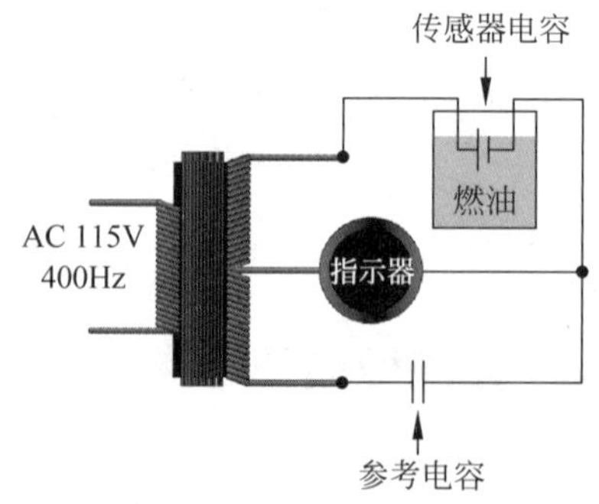

图 11-25 简易的油量传感器桥接示意图

对于有多个燃油箱的直升机，燃油指示系统会收集所有油箱的传感器电容值，累加得出总量，总量在驾驶舱燃油管理面板显示，或是提供给飞行管理系统，用来计算直升机飞达目的地的最佳速度，预计燃油剩余量等信息。某型直升机上燃油管理面板及飞行管理系统如图 11-26 所示。

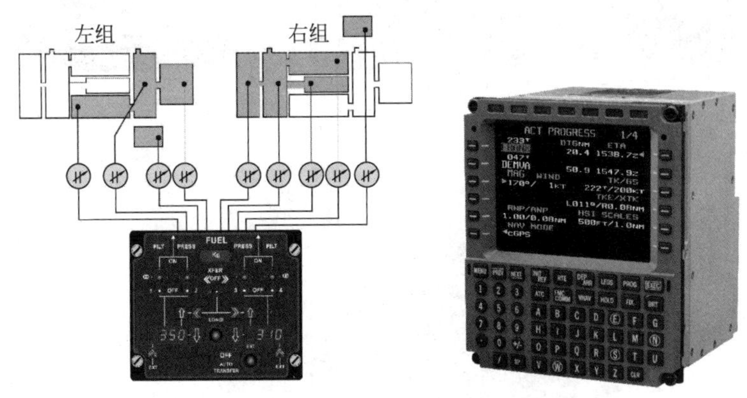

图 11-26　某型直升机上燃油管理面板及飞行管理系统

在飞机运行过程中，当某个主供油箱内的燃油油面低于一定值时，燃油管理面板上的低油面警告灯会被点亮，如图 11-30 所示，提醒飞行员供油油箱内燃油不足，飞行员应将其他油箱的燃油转输过来或尽快着陆。相应的也有高油面警告灯，用于加油时提醒飞行员，油箱要加满了。高油面/低油面传感器通常安装在油量传感器的上端和下端，它们一般采用热敏电阻式。

低油面传感器的工作原理是，热敏电阻器是一种电阻值随温度变化而显著变化的半导体电阻器。低油面警告一般使用负温度系数的热敏电阻，当热敏电阻浸入在燃油中时，热敏电阻通过燃油散热而温度较低，其电阻值大，所以电路中电流小，警告灯不亮。当液面下降低于热敏电阻下端时，热敏电阻露出油面，空气散热慢而温度升高，电阻值减小，电路中电流增大，警告灯点亮。高油面传感器同理。

2. 燃油压力指示

燃油压力指示可以给飞行员提供燃油系统早期故障警告。一些小型活塞式直升机直接采用布顿管式压力表显示，该表通过管路直接连接到燃油系统上。稍微复杂的飞机使用安装在燃油管路上的压力传感器采集压力信号，传递到驾驶舱压力表上，如图 11-27 所示。现代飞机通常将传感器采集到的压力信号转化成数字信号，再显示在驾驶舱的多功能显示屏上，如图 11-28 所示。

图 11-27　传统燃油压力表

3. 压力警告指示

燃油压力警告是一个很重要的警告信号，当燃油系统的压力超出正常范围时，该信号就被激活。

直升机上常用的压力警告有两种：低压警告和压差警告(油滤堵塞警告)。

(1) 低压警告

直升机上常使用压力开关来感受低压警告。当燃油管路上的压力低于某设定值时，开关内部耦合，驾驶舱内的低压警告灯被点亮。低压警告压力开关工作原理如图 11-29 所示。

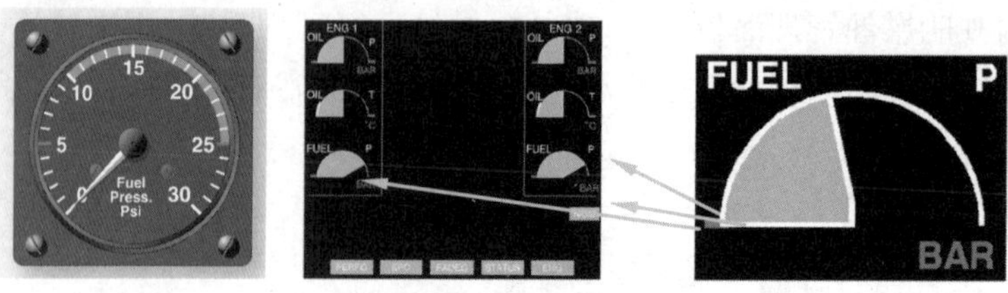

图 11-28　现代飞机多功能显示屏上的燃油压力指示

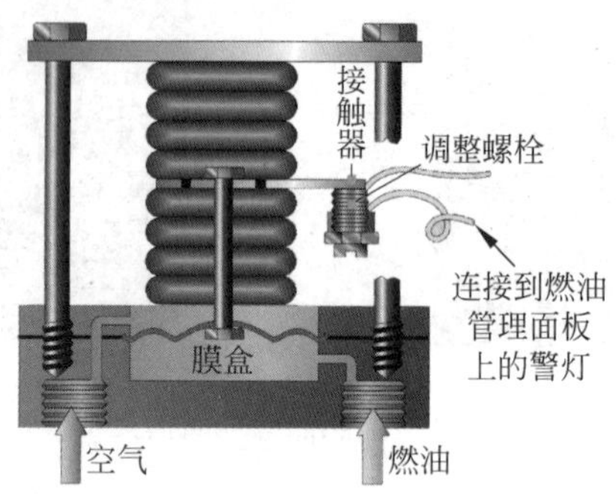

图 11-29　低压警告压力开关工作原理

(2) 压差警告

压差警告一般用于油滤堵塞指示。当主燃油滤内外压差超过设定值时，驾驶舱内的油滤堵塞警告灯被点亮，原理图见图 11-21，指示灯见图 11-30。

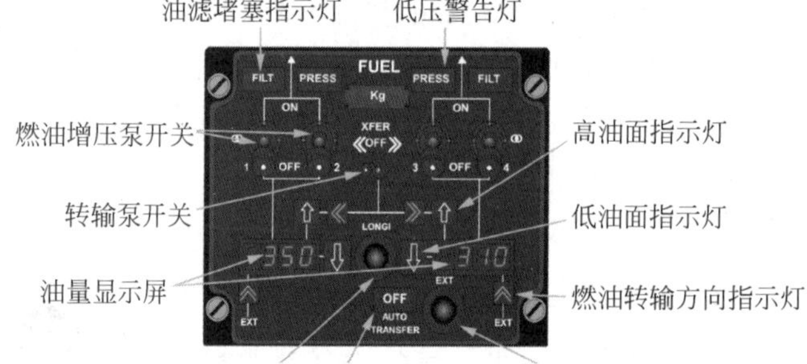

图 11-30　某型直升机上的燃油管理面板

4. 燃油管理指示灯

在驾驶舱燃油控制面板上有一些带箭头的绿色指示灯，它们指示了燃油传输方向。当油箱间的转输燃油开关被打开时，灯通常会亮，但这并不表明转输泵是否正常工作，只是指示了燃油的传输方向，如图 11-30 所示。

11.4　燃油系统排故及维护

要想顺利地对燃油系统进行排故，首先要熟悉燃油系统的构造及如何运行。直升机生产厂家编写的维修手册和图表也会帮助维修人员排故，有的厂家还专门编写了排故手册。

11.4.1　燃油系统的渗漏

燃油系统的渗漏常发生在部件与部件、管路与部件间的连接处，偶尔也有部件或管路本身渗漏的情况。系统渗漏时一般会留下痕迹或燃油气味。航空汽油中添加了染料，所以它的渗漏更容易被发现，而航空煤油则稍微困难。

1. 渗漏等级

依据30min渗漏燃油沾湿表面区域的大小，燃油渗漏可以分为4个等级，即微渗、渗漏、严重渗漏和流淌渗漏，如图11-31所示。

- 微渗：面积少于3/4in^2（1in^2＝645.16mm^2），等同于油污；
- 渗漏：面积多于3/4in^2，少于3/2in^2；
- 严重渗漏：面积多于3/2in^2，少于4in^2；
- 流淌渗漏：连续地渗漏或一滴滴地渗漏。

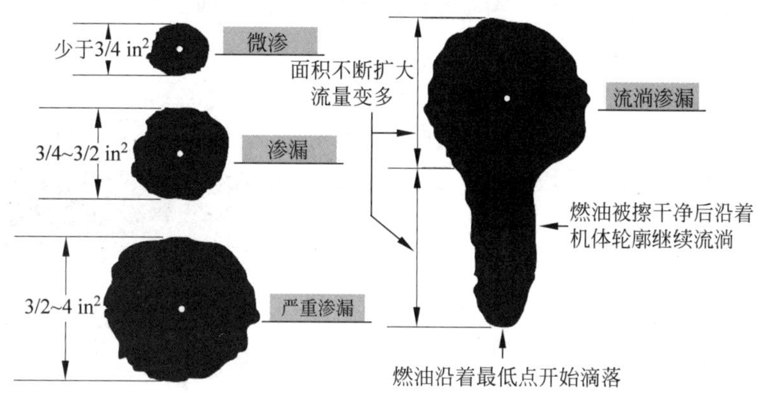

图11-31　燃油渗漏的四个等级及标准

2. 维修方法

对于结合处渗漏的情况，我们常采用更换密封圈、密封垫片的方法。对于部件本身渗漏的情况，则是直接更换部件。此外，我们在拆装或更换燃油系统上的部件时，必须更换新密封圈和新密封垫片，不要使用旧的。安装密封圈和密封垫片前，要保证其件号正确且未过保质期。

11.4.2　油箱修理

直升机上通常使用的油箱是软油箱，软油箱如果发生渗漏是可以修理的。可以使用油箱外部涂肥皂液、内部充气的方法来查找渗漏点，找到渗漏点后，采用打补丁的方法修补，具体方法参考厂家维修手册。燃油箱储存时为了防止因为干燥发生裂纹，要在油箱内部涂抹燃油或厂家允许的防干燥物质。

11.4.3　维修时注意事项

对燃油系统进行维修时，维修人员必须高度警惕，防火防爆。燃油火灾发生有3个条件：燃油蒸气、空气和火源，因此要严禁这3个条件的发生。

(1) 火源是最容易控制的因素,所以工作区域必须禁止任何火源,维修人员必须穿着防静电服,不能穿底部带金属的硬底鞋,不允许带手机,使用安全手电,工具也应防静电。

(2) 对燃油系统进行维修时,飞机必须拖到通风的场地。因为油箱内充满了燃油蒸气,所以进入油箱前必须通风一段时间,进入人员要穿戴带防毒面具的衣服。

(3) 在维修点附近,须有维修人员手持二氧化碳灭火器警戒。化学干粉灭火器也可以用于燃油起火,但灭火结束后需要清理干粉残渣。

11.5 加油和放油

11.5.1 概述

飞机加油时,一定要在机库外进行。飞机加油有两种方式:重力加油和压力加油。直升机一般都采用重力加油方式,有些直升机上选装了压力加油系统。

1. 加油

重力加油操作简单,一般被直升机采用。大型飞机一般采用压力加油系统,重力加油仅在机场没有专用加油车时,作为辅助加油手段采用。直升机的重力加油口一般位于机身两侧,如图11-32所示。

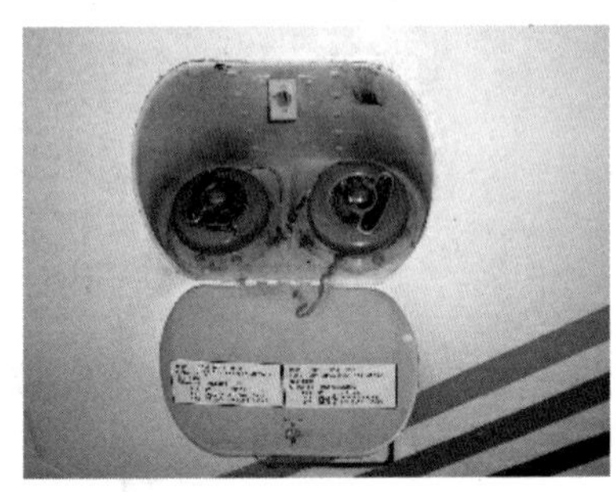

图11-32 典型直升机加油口盖

重力加油时,加油人员打开重力加油口盖板。不同机型的加油口结构都不相同,一般为可收集和放出溢出燃油的漏斗形,周围设有密封腔。为了防止异物掉进油箱,加油口要有滤网保护。口盖盖好后因有密封,阻止了燃油从加油口外溢。加油时,应将加油枪与加油车和机身的放静电搭铁线搭接。加油完成后,应将加油口盖密封、盖好。

2. 放油

直升机由于载重量的要求或者需要对油箱及燃油系统部件进行维护工作时,需要在地面将油箱中的燃油部分或全部放掉,通常可以通过油箱底部的放油活门放油。

11.5.2 飞机加油防静电

1. 静电产生原因

航空燃油主要是由碳、氢两种元素构成的,碳和氢两种元素约占航空燃油总重量的87%以上。此外,还有少量的硫、氧、氮以及微量的磷、钒、钾、硅、铁、镁、钠等元素。在静止状态,燃油本体中正离子携带的电荷等于负离子携带的电荷,因此,在燃油中没有过剩的电荷存在,故不显电性。

燃油在物体表面运动时产生静电,由于吸附电解等原因,在喷雾、冲刷等过程中也产生静电。摩擦产生的静电达到一定的数量,才可能造成静电事故。燃油是介电系数较大的物质,它既能通过摩擦产生静电,又能蓄电。当带有电荷的燃油进入油箱后,如果电位差达到20kV时就会发生放电现象,并产生火花。当火花能量达到或大于周围油料最小点火能量

(0.2mJ)，而且燃油蒸气在空气中的浓度或含量在爆炸极限范围内(航空汽油蒸气体积浓度占空气1%～6%，航空煤油蒸气体积浓度占空气1.4%～7.5%)就会立刻发生爆炸。这种现象多发生在加油开始的1～2min内。在大多数油箱内，电容式油量表的探头、增压泵等突出部件诱发了加油初始阶段的放电火花。

2. 影响静电产生的因素

(1) 燃油中含有过量的杂质与水分

燃油中带有杂质是自然存在的，不可避免的，但国际标准(AP1—1581标准)规定燃油中所含杂质每升不得超过1mg，杂质的大小不超过5μm。燃油中所含杂质主要是一些氧化物、沥青质、环氧酸及磺酸等金属盐类。燃油中的杂质过量会导致油滤和油路精密机件被堵塞，严重时可造成空中停车；另外杂质直接离解正、负离子(或吸附自由离子形成带电质点)，会加重飞机带电情况。

燃油中所含水分有3种形式，即游离状态、乳化状态和溶解状态。水对燃油静电的影响是通过燃油内所含杂质的作用而影响的：水与杂质混合后将正、负离子包围、分割，使正、负离子不易重合。实验证明，当燃油中含有1%～5%水分时，极易产生静电事故。

(2) 加油流速和加油管径

燃油在管道中流动，流速和管径对燃油静电影响很大，燃油在管道中所产生的流动电流或电荷密度的饱和值与燃油流速的1.75～2次方成正比。

(3) 过滤器对静电的影响

发动机燃油系统对航空燃油质量的要求很高。加油时，燃油通常经过多道过滤以便除掉水分杂质及其他物质。过滤器导致燃油流动阻力增大，摩擦加剧，更重要的是过滤导致燃油中的抗静电添加剂减少，加剧了静电的产生。

3. 飞机加油静电的抑制与消除

(1) 提高航空燃油的导电率

提高燃油导电率可使静电电荷被迅速传导，防止局部静电电位上升过快和过高。提高导电率的方法是在燃油中添加抗静电添加剂。炼油厂在燃油出厂时会在油液中统一添加抗静电剂，减少燃油在运输环节的危险性。经过运输和过滤，燃油中的抗静电剂会减少，油料公司应在加油前重新加入抗静电剂。

(2) 严格控制燃油中的水分和杂质

过量的水分和杂质会增加燃油的静电起电量，然而，航空燃油具有吸水的特性，因此应在以下两个环节控制燃油中的水分和杂质。

首先，油料供应保障部门必须按规定定期清洗油罐、加油车，定期清洗或更换过滤介质，定期从油罐和加油车沉淀槽、过滤器排除水分杂质。

其次，应按维修工作有关规定，定期清洗直升机油箱。在航前、加油前与加油后，都要把油箱中的水分和沉淀物放掉。

(3) 接地与跨接

在消除静电的方法中，最有效的方法是接地法。静电接地是指在加油时，将加油车通过金属导线分别与直升机静电接地桩和地面接地跨接起来，使加油车与直升机和大地形成等电位体，加快燃油中静电电荷的传递。接地可以使直升机和加油车电位相等，避免因静电电位差造成外部放电而引起灾害。

(4) 控制加油流速

使用较低的加油初始压力,减小流速,可以防止燃油摩擦生电过多,然后逐渐加大压力至正常加油压力。另外,还应注意避免加油时出现湍流和溅射。

(5) 及时处理溢出燃油

在加油和抽油过程中,对溢出的燃油要及时处理,以防止发生火灾。一般少量溢出时,可撒上细砂,然后仔细清扫。如燃油大量溢出应及时通知消防部门,喷洒泡沫灭火剂,然后用水冲洗场地。

11.5.3 注意事项

无论哪种加油方式,加油时都必须严格遵守民航当局和公司制定的相关程序和规定,同时注意以下几个方面:

(1) 加油/放油时的场地应通风;

(2) 加油前要确保油车装载正确等级的燃油,应与直升机加油点标记的等级一样;

(3) 加油前,油车与地面、油车与飞机、加油枪与飞机间连接上搭铁线;

(4) 加油/放油地点附近,应有人员手持合适的灭火器警戒;

(5) 加油/放油口附近 15m 范围内,禁止烟火,且不允许操作无线电或雷达设备;

(6) 做好处理燃油溢出的准备。

第12章

直升机液压系统

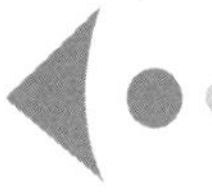

12.1 液压原理

12.1.1 液压传动原理

液压传动是一种以液体为工作介质，利用液体静压能来完成传动功能的一种传动方式，也称容积式传动。液压传动建立在帕斯卡原理基础之上，帕斯卡原理指出，在装满液体的密闭容器内，对液体的任一部分施加压力时，液体能把这一压力大小不变地向四面八方传递。

图 12-1 所示为液压系统的传动原理。它由两个液压缸(又称做动筒)1 和 2 组成，中间由管道相连，内部充满了液体。当液压缸 1 的活塞向下移动时，液压缸 1 下腔的液体被挤入液压缸 2 的下腔，这两个腔内的压力升高，液压缸 2 活塞被迫向上移动。若连续推动活塞 1 则液体连续地流经管道并推动活塞 2 连续运动，液压缸 1 推动液体流动并使液体具有压力，它就是一个手动液压泵；液压缸 2 用来推动负载，它就是一个液压执行元件。这就是一个最简单的液压传动系统。

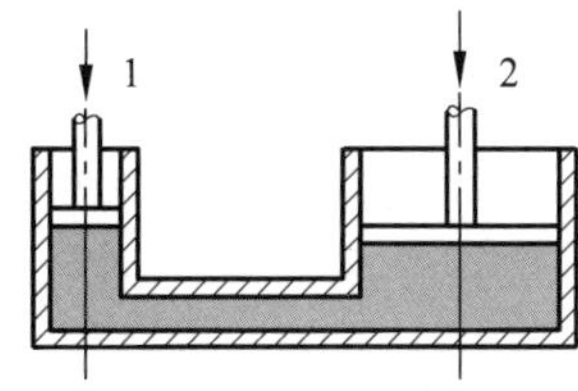

图 12-1　液压传动原理图

从上述模型可得出以下结论。

(1) 液压传动以液体作为传递能量的介质，而且必须在封闭的容器内进行。

(2) 为克服负载必须给油液施加足够大的压力，负载越大所需压力也越大。这是液压传动中的一个基本原理——压力取决于负载(包括外负载和油液的流动压力损失)。

(3) 要完成一定的传动动作，仅利用油液传力是不够的，还必须使油液不断地向执行机构运动方向流动。单位时间内流入作动筒的油液体积称为流量，流量越大活塞的运动速度越快。这又是液压传动中的一个重要规律——输出速度取决于流量。

(4) 液压传动的主要参数是压力 P 和流量 Q。

(5) 液压传动中的液压功率等于压力与流量的乘积。

12.1.2 液压系统的组成

实际使用的液压系统要比图 12-2 中传动原理模型复杂得多。目前对液压系统的组成基本上有两种阐述方法，一种是按组成系统的液压元件的功能类型划分，另一种是按组成整个系统的分系统功能划分。

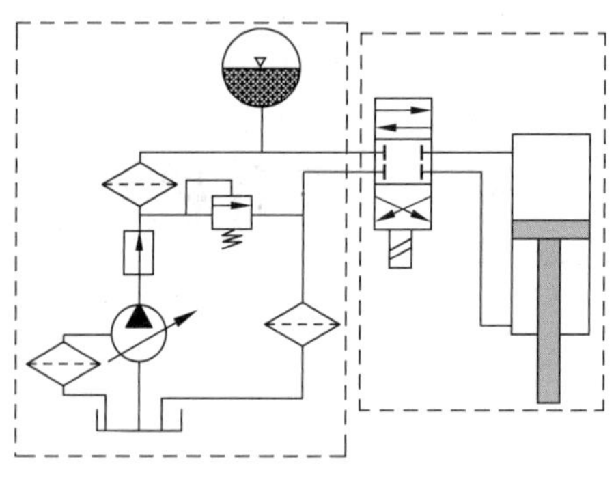

图 12-2 液压系统基本组成图

1. 按液压元件的功能划分

液压系统必须要由一些主要液压元件组成，一般都包括以下 4 种元件。

(1) 动力元件。动力元件是液压泵，其作用是将电动机或发动机产生的机械能转换成液体的压力能。

(2) 执行元件。执行元件的职能是将液体的压力能转换为机械能，执行元件包括液压作动筒和液压马达。

(3) 控制调节元件。控制调节元件即各种阀，用以调节各部分液体的压力、流量和方向，满足工作要求。

(4) 辅助元件。除上述三项组成元件之外的其他元件都称为辅助元件，包括油箱、油滤、散热器、蓄压器、导管、接头和密封件等。

2. 按组成系统的分系统功能划分

从系统的功能观点来看，液压系统应分为液压源系统和工作系统两大部分。

(1) 液压源系统。液压源包括泵、油箱、油滤系统、冷却系统、压力调节系统及蓄能器等，在结构上有分离式与柜式两种，直升机液压源系统多为分离式，而柜式液压源系统多用于地面设备，且已形成系列化产品，在标准机械设计中可对液压源系统进行整体选用。

(2) 工作系统(或液压操作系统、用压系统)。它是用液压源系统提供的液压能实现工作任务的系统。利用执行元件和控制调节元件进行适当的组合，即可产生各种形式的运动或不同顺序的运动，例如起落架收放系统、液压刹车系统等。

3. 基本液压系统

一个基本的液压系统只需要包括一个液压油箱、手摇泵、选择活门、作动筒、油滤和必要的管路。

图 12-3 显示了一个基本的液压系统，作为一个讨论的起点，研讨其可能用于直升机的目的和各种现象，本章后面会有典型的液压系统。之所以称为基本液压系统，是因为图 12-3 中显示了所有液压系统必须具备的基本元件。

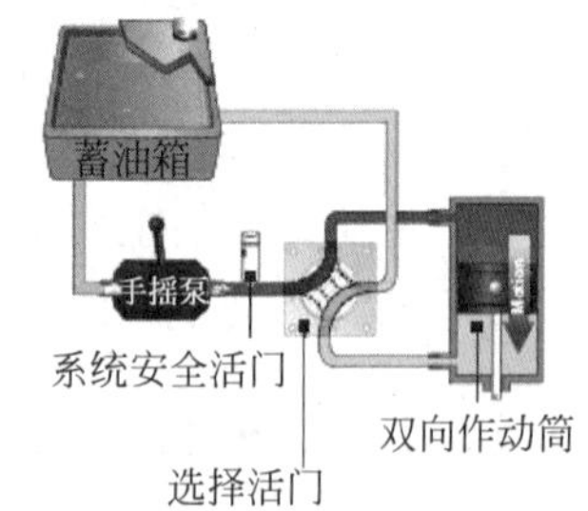

图 12-3 基本液压系统

12.1.3 液压传动的特点

1. 液压传动的优点

(1) 单位功率的重量轻,结构尺寸小。据统计,轴向柱塞泵在同等功率下的重量只有直流电机的10%～20%;至于尺寸,相差就更大,前者约为后者的12%～13%。

(2) 反应速度快。在加速中,同等功率的电动机需一秒到几秒的时间,而液压马达只需0.1s。液压传动可在高速状态下启动、制动和换向。

(3) 大范围内实现无级调速,而且调速性能好。调速范围可达200～250r/min,而电动机通常只能达到20r/min,且调速范围小,转速过低则不稳定,而液压传动执行机构,特别是液压马达可在极低的转速下(转速可低到1r/min)输出很大的转矩。

(4) 能传递较大的力和转矩。

(5) 易实现功率放大。这在控制系统中是一个非常重要的特点,这样可以减少执行部件所需的操纵力,以微小的信号输入而得到较大的功率输出。电液伺服控制系统其放大倍数可达30万倍。

(6) 操纵、控制、调节比较方便、省力,易实现自动化。尤其和电气控制结合起来,能实现复杂的顺序动作和远程控制。

(7) 易于实现过载保护和自动润滑,元件使用寿命较长。

2. 液压传动的缺点

(1) 液压元件结构复杂,制造精度要求高,成本高,维修技术要求高;

(2) 液压信号传递速度慢;

(3) 能量的传递很不方便,管路连接麻烦。

12.2 液压油及油箱

12.2.1 液压油

液压油主要的特性是润滑性、粘性、压缩性、防火特性、机械稳定性和化学安定性。

1. 润滑性

油液的润滑性是指液体能够在两个附件的摩擦面之间形成一层油膜的特性。这层油膜遮盖着附件的表面,使它们的摩擦面不直接接触,因而可减小附件之间的摩擦力,并减小附件表面的磨损。飞机的液压系统是利用液压油来润滑的,所以液压油必须有良好的润滑性。

2. 粘性

当流体在外力作用下流动时,由于分子间内聚力的作用而产生阻碍其分子相对运动的内摩擦力,这种现象称为流体的粘性。粘性只有流体在运动时才会显示出来,静止的流体不显示粘性。

粘性只能阻碍、延缓流体内部的相对运动,但不能消除这种运动。

流体的粘性通常有3种表示方法:动力粘度、运动粘度和相对粘度。

(1) 相对粘度的测量

由于动力粘度和运动粘度的测定相对困难,所以工程上常采用测定较容易的相对粘度来表示流体的粘度,相对粘度又称条件粘度。各国采用的相对粘度测定方法和单位有所不同,我国采用恩氏粘度,美国用国际赛氏秒,英国采用商用雷氏秒,而法国采用巴氏度。

恩氏粘度及赛氏粘度的测试方法如下:在温度为20℃条件下,测定200mL液体在自重作用下流过专用恩氏粘度计中直径为$\phi=2.8$mm小孔所需的时间t_1,然后测出同体积的蒸馏水在20℃时流过同一小孔所需时间t_2,t_1与t_2的比值即为被测液体在20℃的恩氏粘度值,用公式表示为

$$E=\frac{t_1}{t_2}$$

恩氏粘度计只能用来测定比水粘度大的液体。在温度为100°F下,测定60mL的油液在自重作用下流过赛波尔特粘度计中一个标准节流孔(孔径为1.76mm)所需的时间,这个时间称为该温度下油液的赛氏粘度,单位为赛氏通用秒(SSU)。

(2) 粘度对液压系统的影响

根据润滑性要求,液压系统所用油液的粘度必须在合适的范围内,粘度过高或过低都会影响油液的润滑性。另外,粘度的高低对系统的功率损失也有重大影响:粘度过低,系统泄漏损失将增大,容积效率下降;而粘度太高,会造成较大的流动阻力和摩擦,即机械损失增大,机械效率下降。油液粘度与系统功率损失的对应关系如图12-4所示。

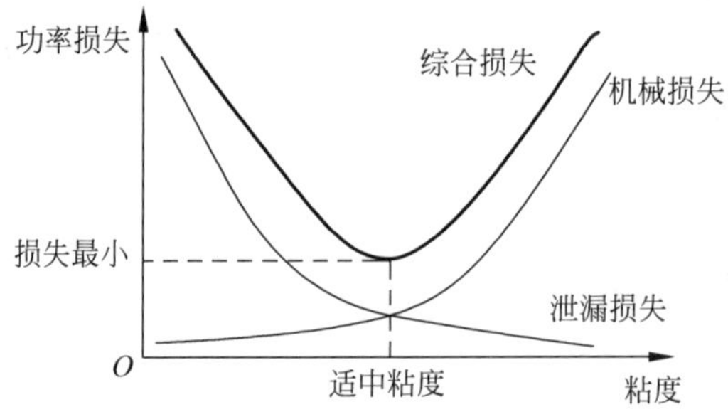

图12-4 油液粘度与系统功率损失的对应关系

3. 油液的压缩性

油液的压缩性是指液体所受的压力增大时其体积缩小的一种性质。一定体积的液体,在压力增量相同的情况下,体积的缩小量越小,说明其压缩性越小。一般认为液体是不可压缩的。为了迅速传递压力,液压油的压缩性应尽可能小一些。液压油本身的压缩性是可以满足这一要求的。但是,如果液压油中含有气泡,其压缩性将显著增大,这样就会引起传压迟缓,甚至使液压系统的工作受到破坏。因此,要求液压油中不含有气泡。

4. 抗燃性

衡量抗燃性的一般指标为闪点、燃点和自燃着火温度。

油液的闪点是指在此温度下,液体能产生足够的蒸气,在特定条件下以一个微小的火焰接近它们时,在油液表面上的任何一点都会出现火焰闪光的现象。燃点就是油液所达到的某一温度,在该温度下油液能连续燃烧5s(在有火焰点燃的情况下)。自燃着火就是指油液

在该温度下会自动着火。

航空液压油必须有良好的防火性能，主要是有高的闪点。

5. 油液的机械稳定性

油液的机械稳定性是指液体在长时间的高压作用（主要是挤压作用）下，保持其原有的物理性质（如粘性、润滑性等）的能力。油液的机械稳定性越好，在受到长时间的高压作用后，其物理性质的变化就越小。液压油应具有良好的机械稳定性。因为液压油经常要在高压作用下通过一些附件的小孔和缝隙，如果它的机械稳定性不好，在使用过程中粘度会很快减小，以致影响系统的工作。

6. 油液的化学安定性

油液的化学安定性主要是指液体抗氧化的能力。液压油内或多或少地含有一些空气，在使用过程中必然会逐渐氧化。油液的温度越高，它的氧化就越剧烈。油液受到扰动时，它与空气的接触面积增大，氧化也会加剧。油液氧化后，会产生一些粘稠的沉淀物，使油液的流动阻力增大，并使附件内的活动零件粘滞或堵塞油孔。油液氧化后，还产生一些酸性物质，使金属导管和附件受到腐蚀，而腐蚀物又会使油液更快地变质。因此，液压油应具有良好的化学安定性，并且不含杂质。

7. 常见液压油

（1）植物基液压油

植物基液压油（MIL-H-7644）主要由蓖麻油和酒精组成，它有刺鼻的酒精味并通常染成蓝色。这种油液用在最初较老式的飞机上。植物基液压油适用于天然橡胶密封件，这种类型的油液是易燃的。

（2）矿物基液压油

矿物基液压油（MIL-H-5056）是从石油中提炼出来的，它具有刺激性的气味，呈红色。矿物基液压油适用于合成耐油橡胶密封件，这种类型的油液也是可燃的。

（3）磷酸酯基液压油

磷酸酯基液压油（MIL-H-8446）是由多种磷酸酯和添加剂用化学方法合成的，其润滑性较好、凝固点低、防火性能好，广泛用于民航机上。现在应用较多的牌号为 Skydrol®-500A 的液压油为透明紫色，其他牌号的液压油为绿色或琥珀色。磷酸酯基液压油比水稍重，具有较宽的使用温度范围（−65～225°F）。磷酸酯基液压油非常易于从大气中吸收水分而被污染，因此必须有很好的密封。另外它对聚氯乙烯、普通合成橡胶、油漆等非金属材料有很强的腐蚀性，液压系统中必须采用异丁橡胶或乙烯-丙烯合成橡胶作密封件。

常用液压油的种类和特性见表 12-1。

表 12-1 常用液压油的种类和特性

液压油 \ 特性	颜色	耐燃性	粘度	稳定性	毒性	吸水性	适用的密封材料	应用
植物基	蓝色	易燃	大	低	无毒	小	天然橡胶	老式飞机
矿物基	红色	可燃	适中	较高	无毒	小	合成耐油橡胶	减振支柱
磷酸酯基	紫色	耐燃	较小	高	低毒	大	异丁烯橡胶、聚四氟乙烯	大型客机

12.2.2 液压油箱

液压油箱提供了一种保存剩余液压油的方式,可以从系统接收、储存并给系统提供液压油。保存剩余液压油的目的是可以在系统发生渗漏的情况下仍然有足够的液压油供给以维持系统正确的操作。

图 12-5 典型直升机液压油箱

液压油箱同时也提供液压油给油泵以维持系统内的流量,并接收系统的回油。

油箱的主要作用是存储液压油,并有足够的气体空间保证油液有足够的膨胀空间。油液的体积变化是由热膨胀和执行元件工作引起的。除此之外,液压油箱还具有散热、分离油液中的空气和沉淀油液中杂质等作用。

由于直升机飞行高度低,大多数采用非增压油箱(油箱与大气相通),如图 12-5 所示。而现代民航运输机大多数油箱是增压密封的。

12.2.3 蓄(储)压器

蓄压器实质上是一种储存能量的附件。大多数直升机的供压部分中都设置了蓄压器。蓄压器在一定压力范围内的储油量对液压泵卸荷的稳定性、部件的传动速度等都有很大影响。

1. 蓄压器的功能

在不同类型的供压部分中,蓄压器的作用不尽相同,但归纳起来主要有以下几点。

(1) 补充系统泄漏,维持系统压力。在装有卸荷装置的供压部分中,在油泵卸荷后,蓄压器可向系统补充油液的泄漏,以延长油泵的卸荷时间,保证油泵卸荷的稳定性。

(2) 减缓系统压力脉动。液压泵流量脉动和部件动作会引起压力脉动。当液压泵流量瞬时增加时,一部分油液充入蓄压器。由于蓄压器内气体容易压缩,而且体积较大,相对压缩量较小,所以这部分油液进入蓄压器所引起的压力变化很小;当液压泵流量瞬时变小时,蓄压器可输出一部分油液,同理,这时压力变化也很小。

(3) 协助泵共同供油,增大供压部分的输出功率。传动部分工作时,蓄压器可在短时间内和液压泵一起向传动部分输送高压油,因而加快了部件的传动速度。

(4) 作为系统的辅助能源。在液压泵不工作时,蓄压器可作为辅助压力源,驱动某些部件动作(如刹车蓄压器可为停留刹车提供压力)。

2. 蓄压器的构造

液压系统采用的蓄压器的构造分为三类:活塞式、薄膜式和胶囊式,如图 12-6 所示。

(1) 活塞式蓄压器

活塞式蓄压器构造如图 12-6(a)所示。活塞将蓄压器分为两个腔室:其中一个腔室为油液室,它与液压泵的供压管路相连;另一个腔室为气室,其内部充有氮气。液压泵向蓄压器供油时,油液挤入油液室,推动活塞,压缩氮气。随着氮气压力的升高,油液压力也相应升高,将液压泵提供的液压能储存在蓄压器内。当传动部分工作时,氮气膨胀,将油液压力送

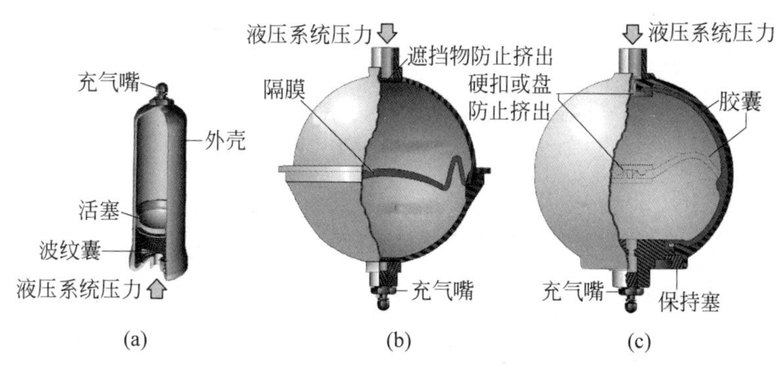

图 12-6　蓄压器的构造

(a) 活塞式蓄压器；(b) 薄膜式蓄压器；(c) 胶囊式蓄压器

至传动部分，推动部件做功。

活塞式蓄压器结构简单，但活塞惯性大，且存在一定的摩擦，动态反应不灵敏。因此，活塞式蓄压器不适合吸收系统的压力脉动。

(2) 薄膜式蓄压器

薄膜式蓄压器构造如图 12-6(b)所示。蓄压器由两个空心的半金属球体组成，在一个半球上有一个接头与液压系统连接，在另一个半球上安装有充气活门，两个半球之间安装一个合成橡胶薄膜。在蓄压器的油液出口处盖有一个网屏，用以防止薄膜在气压力作用下进入系统充油口而损坏薄膜，而某些蓄压器在薄膜中间装有一个金属圆盘以代替系统油口的网屏。

薄膜式蓄压器重量轻，惯性小，动态反应灵敏，适用于吸收系统的压力脉动。薄膜式蓄压器还具有安装维护方便等优点。

(3) 胶囊式蓄压器

胶囊式蓄压器构造如图 12-6(c)所示。蓄压器由一个整体的空心球体构成，球体顶部有压力油口与液压系统相连，在球体底部有一个较大的开口用以装入胶囊。胶囊用一个大螺塞固定，同时起密封作用。在螺塞上装有一个充气活门，在气囊顶部的两面装有金属圆盘，用以防止气囊在压力作用下被挤出压力口。

胶囊式蓄压器的特点与薄膜式蓄压器相似。

3. 蓄压器的维护

初始充气压力是蓄压器的重要参数，在系统工作压力及蓄压器容积都相等的情况下，初始充气压力的大小对蓄压器可用油液量有决定性作用。

为了保证蓄压器的正常工作，其初始充气压力大于其下游任何工作元件所需压力，否则将导致有部分油液因无法排出而不能参与工作，蓄压器可用油液量将变小。初始充气压力也不能过高，过高会导致蓄压器内存储的油液量变小，导致可用油液量随之下降。因此，液压系统蓄压器设计初始充气压力一般在系统工作压力的一半左右(假定工作过程中气体的温度不变，即等温过程，气体压力与其体积成反比)。蓄压器初始充气压力与蓄压器可用油液量关系如图 12-7 所示。

根据读数时所用压力表不同，蓄压器初始充气压力的检查方法有两种。

(1) 压力表装在主供压管道上

在液压泵不工作(发动机停车)时，缓慢操作用压系统，将蓄压器内的油液逐渐放出，这

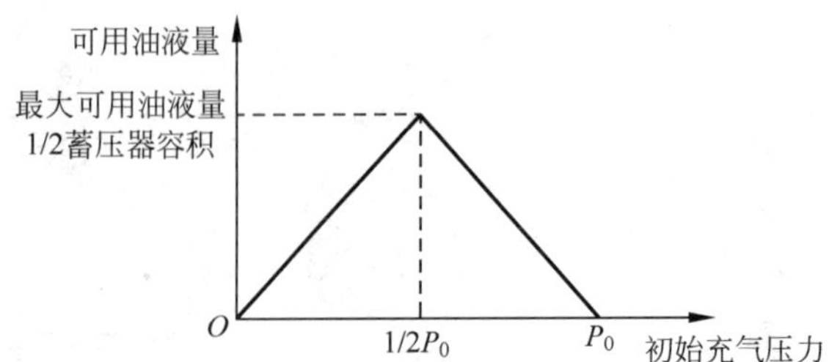

图 12-7 蓄压器初始充气压力与蓄压器可用油液量关系

时，系统压力表所指示的压力逐渐下降，如果压力降低到某个数值 P_0 后，压力表指针突然掉到零，则这个压力值(P_0)就是蓄压器的初始充气压力。

(2) 压力表装在蓄压器充气端

通过蓄压器充气端的压力表检查其初始充气压力的方法是：缓慢操作用压系统，当系统压力表指示不再下降时的压力即为蓄压器初始充气压力。

12.3 液压泵

12.3.1 液压泵的基本工作原理

液压系统使用的动力源为液压泵。液压泵都是容积式泵，其工作原理是利用容积变化来进行吸油、压油的。图 12-8 所示为容积式泵的工作原理。图中，柱塞 5 依靠弹簧 3 紧压在偏心轮 6 上。偏心轮 6 由发动机或电动机带动旋转，柱塞 5 便作往复运动，使密封工作腔 4 的容积发生变化。当工作腔容积变大时产生部分真空度，大气压力迫使油箱中的油液经吸油管顶开单向阀 2，进入工作腔，这就是吸油过程；当工作腔的容积变小时，吸入的油液受到挤压，产生压力，顶开单向阀 1 流到系统中去，这就是压油过程。偏心轮不断旋转，泵就不停地吸油和压油。这样，泵就把发动机输入的机械能转换为液压能。

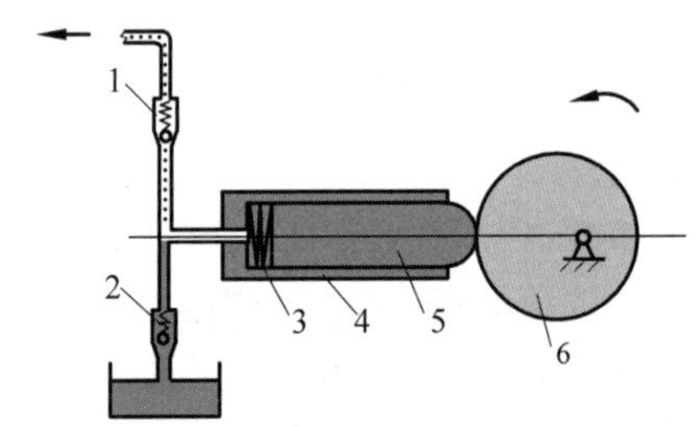

图 12-8 容积式液压泵的工作原理
1,2—单向阀；3—弹簧；4—工作腔；5—柱塞；6—偏心轮

由上述工作原理可知以下几点。

(1) 液压泵是靠密封工作腔的容积变化来吸油和压油的，其输出的油量是由这个密封腔的容积变化量来决定的。

(2) 吸油过程，油液在液面压力与泵工作腔内的压力差作用下供向液压泵；压油过程，输出压力的大小取决于油液从单向阀 1 排出时所遇到的阻力，即泵的输出压力取决于负载。

(3) 泵在吸油和压油时，必须使密封腔的油液通路进行转换，图 12-8 中是由单向阀 1 和 2 来实现的。使泵油路进行转换的装置叫做配流装置，不同结构类型的泵具有不同形式的配流装置。

从工作原理上来说，大部分液压泵都是可逆的，即输入压力油，便可输出转速和扭矩，把液压能转换为机械能，这便成为执行元件——液压马达。

12.3.2　液压泵性能参数

1. 排量和流量

(1) 排量

液压泵的排量是指在没有泄漏的情况下，泵每转一周所排出的液体体积。排量是由泵的密封工作腔的大小来决定的，一般用 q 表示。

(2) 理论流量

理论流量是指泵在不考虑泄漏的情况下单位时间内输出的液体体积。

液压泵的理论流量 Q_t 等于泵的排量 q 与泵的转数 n 的乘积，即

$$Q_t = qn$$

(3) 额定流量

液压泵的额定流量是指在额定转速下，处于额定压力状态时泵的流量。由于泵总存在着内漏，所以额定流量总是小于理论流量的。

2. 额定压力

液压泵的额定工作压力是指在额定转速下，在规定的容积效率下，泵能连续工作的最高压力。额定工作压力可根据图 12-9 中的压力-流量特性曲线确定，其大小取决于泵的密封件和制造材料的性质和寿命。若其工作中压力超过额定值就称为过载。

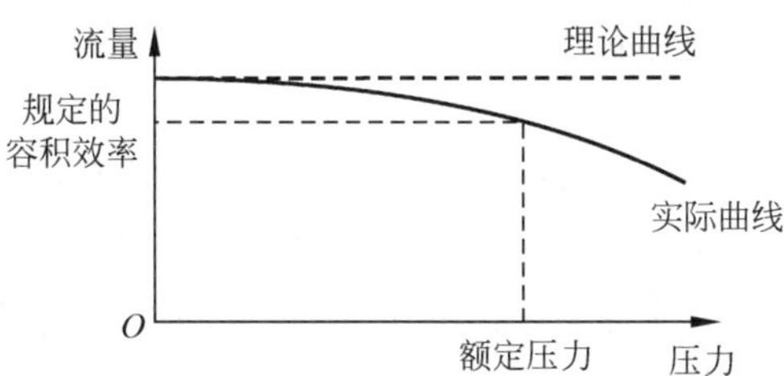

图 12-9　液压泵压力-流量特性曲线

3. 功率和效率

(1) 功率

液压泵的输入功率是电动机或发动机传动齿轮箱的机械功率，是转矩和角速度的乘积，即 $N_i = T\omega$，其中，T 为泵的实际输入转矩(即驱发动机的输出转矩)，ω 为泵的转动角速度。泵的输出功率是实际流量 Q 和工作压力 P 的乘积，即 $N_o = PQ$。

(2) 效率

液压泵的效率是输出液压功率与输入机械功率的比值，即

$$\eta = \frac{N_o}{N_i} = \frac{PQ}{T\omega}$$

液压泵的效率表示泵的功率损失的程度。理论和实验证明,液压泵的功率损失主要是由两种损失造成的,一为容积损失,二为机械损失,与其对应的是容积效率和机械效率。

① 容积效率

容积效率是指泵的流量损失的程度,用泵的实际输出流量 Q 与泵的理论流量 Q_t 的比值来表示。造成泵的流量损失的主要原因是泵的内漏和在吸油行程中油液不能全部充满油腔引起的,即称为泄流损失和填充损失。

② 机械效率

机械效率是指输入泵的转矩损失程度。由于泵在工作时存在相对运动部件之间的机械摩擦和油液在泵内的流动表现出来的粘性作用都会引起转矩损失,即泵的实际输入转矩总大于泵的理论转矩。

不考虑容积损失情况,泵的总效率等于泵的容积效率与机械效率之积。一般齿轮泵的总效率为 0.6～0.65,柱塞泵约为 0.8。

(3) 影响液压泵效率的主要因素

① 油温过高或过低。温度过高,会导致油液粘度下降。油液粘度过低时,会增加泵的内漏并降低油液的润滑性,进而导致容积效率和机械效率下降。温度过低,会导致油液粘度上升。油液粘度过高时,油泵吸油阻力增大,油泵吸油困难,不能完全充满油腔,降低填充效率。粘度过高同样会造成油泵转动阻力增大,并增加流体的流动阻力,降低机械效率。

② 油箱维护不正常。油箱增压压力不足、油箱油量太少、油泵吸油管路漏气及吸油管阻力过大致使空气进入油泵腔内,都会造成容积效率降低。当空气大量进入油泵时,可导致油泵产生气塞现象。此时泵将完全不能吸油和供油,并伴有严重的噪声和振动,油泵迅速升温。气塞机理为:由于气体的可压缩性,油泵吸油时,气体膨胀,油腔内不能形成所需的真空度从而不能把油吸入。在压油过程中,气体又被压缩,不能达到克服负载的压力,油液不能进入工作系统。另外,在油液压缩时,部分空气溶入油液,气泡的突然破裂会形成对油泵壁的液压撞击和气蚀。当发生气塞时,应立即将油泵停转,查找气塞产生的具体原因,并在排故后给油泵灌油、排气。

③ 油泵装配异常或磨损严重。油泵装配过松会导致油泵内漏增加,造成容积效率降低。而油泵装配过紧引起的后果较为复杂:装配导致摩擦增大,机械效率降低;摩擦增大会造成过度磨损、封严损坏,会使油泵内污物增加,导致润滑恶化,油泵内油路堵塞,机械效率进一步降低;过度磨损也会导致间隙增大,容积效率随之下降。

12.3.3 液压泵的类型

工程上常用的液压泵种类较多,按其结构形式可分为齿轮式、叶片式和柱塞式三大类,按其输出排量能否调节可分为定量泵和变量泵两类。

在现代直升机液压源系统中,中低压系统多采用齿轮泵,高压系统(170～300kgf/cm^2)一般都采用柱塞泵。

1. 齿轮泵

图 12-10 齿轮泵工作原理

齿轮泵(见图 12-10)由两个啮合的齿轮组成,它们在一个油室内转动。主动齿轮由飞机的发动机或其他一些动力装置来驱动，从动齿轮与主动齿轮啮合并由其带动，两个齿轮与壳体之间的间隙非常小。油泵的进口与油箱连接，油泵的出口与压力管路连接。当主动齿轮转动时，带动从动齿轮转动。在吸油腔中的啮合齿逐渐退出啮合，吸油腔容积增大，形成部分真空，油箱中的油液在油箱内压力作用下，克服吸油管阻力被吸进来，并随轮齿转动。当油进入排油腔时，由于轮齿逐渐进入啮合，排油腔容积逐渐减小，将油从排油口挤压出去。齿轮不断旋转，油液便不断地吸入和排出。

两个齿轮相互啮合的部分把吸油腔和排油腔分开，它们即起到配流的作用。因为啮合点位置随齿轮旋转而改变，因此齿轮泵对油液污染不敏感。齿轮泵属于定量泵。

2. 柱塞泵

柱塞泵按柱塞排列的方式不同，分为轴向式和径向式。由于目前飞机上常用的是轴向柱塞泵，所以本节只对轴向柱塞泵加以分析。轴向式柱塞泵按其结构特征可分为斜盘式(直轴式)和摆缸式(斜轴式)两大类。

(1) 斜盘式柱塞泵的工作原理

斜盘式轴向柱塞泵在液压系统中应用极为普遍，其工作原理如图12-11所示。

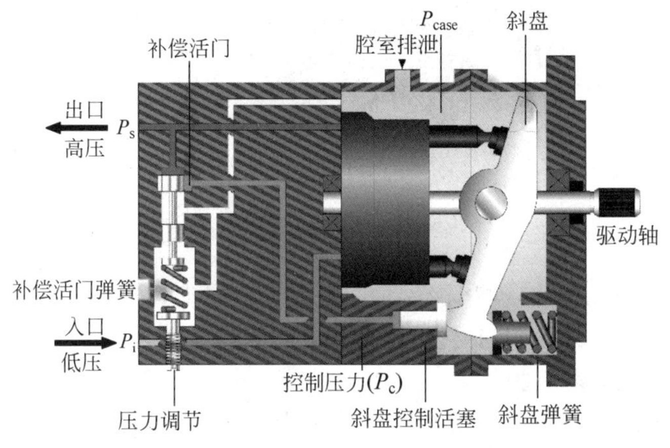

图12-11　斜盘式轴向柱塞泵的工作原理

柱塞轴向沿圆周均布在缸体内，一般有5～9个柱塞，并能在其中自由滑动，斜盘和缸体轴线成一定夹角θ，配流盘紧靠在缸体上但不随缸体旋转。传动轴带动缸体旋转时，柱塞亦随之旋转，但柱塞顶部靠机械装置(滑靴或弹簧)作用始终紧靠在斜盘上。因此，在柱塞随缸体在自下向上回转的半周内，逐渐向外伸出，使柱塞孔容积扩大而形成一定真空度，油液便从配流盘的配流口a吸入；在自上向下回转的半周内，柱塞孔容积缩小，将油液经配流盘的配流口b压出。缸体每转一周，每个柱塞就作一次往复运动，完成一次吸油和压油。

泵内设有补偿活门，用于感受泵的输出压力。当输出压力达到预定值(由弹簧预紧力确定)时，补偿活门将泵出口压力油供向斜盘作动筒，使斜盘倾角减小，从而使泵排量减小，起到变量调节的作用。当斜盘角度调为零时，输出流量亦为零，油泵处于消耗功率最小的卸荷状态。因此，柱塞泵具有自动卸荷功能。

泵内还有一个人工释压活门，用于油泵的人工关断。在地面试车时，为减小油泵的损耗,可通过人工控制打开人工释压活门,压力油接通补偿活门左侧大活塞面,可以用较小的压力克服补偿活门的弹簧力,将压力油引到斜盘作动筒,推动斜盘组件,直至倾角接近零。泵出口处隔离活门在弹簧作用下使泵口隔断,停止向系统供油。

(2) 摆缸式柱塞泵的工作原理

摆缸式轴向柱塞泵结构较斜盘式柱塞泵复杂,但因其能达到的输出压力更高,且具有更高的容积效率,在军用飞机及某些民用飞机的液压系统中也得到了广泛应用,其工作原理如图 12-12 所示。摆缸式柱塞泵把柱塞(活塞)及轴用球形铰接接头连接在一起,缸体与轴的轴线成一定的倾角。当轴旋转时,同样使缸体和活塞一起旋转并作相对伸缩运动起到吸油和压油作用。改变缸体与轴之间的倾角就可起到变量作用。

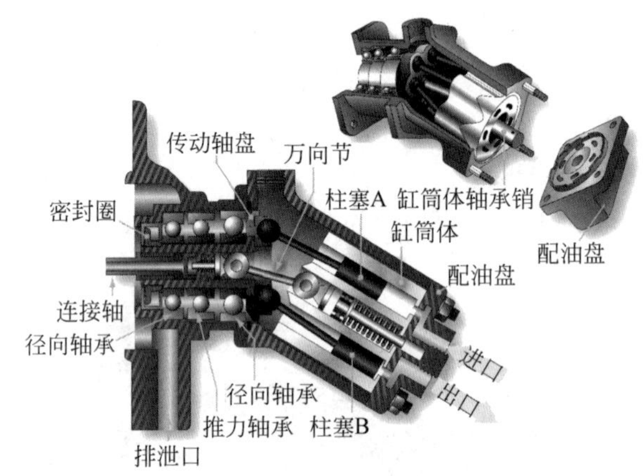

图 12-12 摆缸式轴向柱塞泵的工作原理

这种泵与斜盘式相比结构较为复杂,变量控制惯性较大,但由于柱塞与缸体之间没有侧向压力,从而避免了柱塞的不均匀磨损,可达到更高的输出压力和容积效率。

(3) 柱塞泵压力-流量特性曲线

柱塞泵的压力-流量特性如图 12-13 所示。当系统压力尚未超过规定值 P_1 时,液压泵始终处于最大供油状态(斜盘角度不变段),但由于它的泄流损失和填充损失是随着出口液压增大而增大的,所以系统压力增大时,泵的流量仍稍有降低。系统压力大于 P_1(额定压力,即泵内压力补偿活门调定压力)时,流量开始显著降低(斜盘角度变化段),直到压力增大到 P_2,流量即下降到零,油泵处于功率消耗最小的卸荷状态。

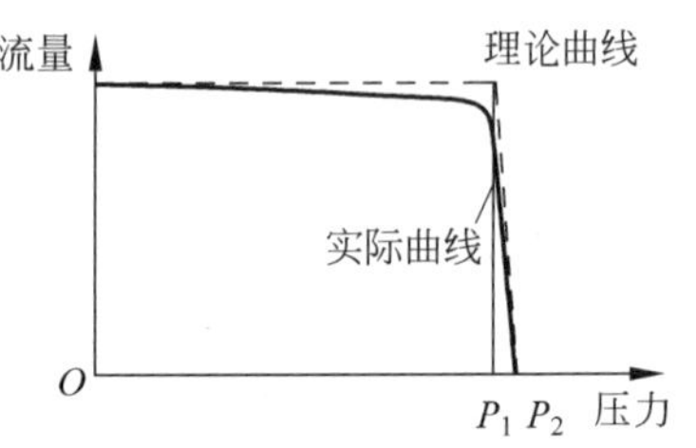

图 12-13 柱塞泵压力-流量特性曲线

在液压系统工作时,柱塞泵的工作压力在 P_1~P_2 间变化。由于 P_1 与 P_2 非常接近,即柱塞泵工作时压力近似恒定,其流量则随着工作系统工作状态的变化而改变,这种变量控制方式被称为恒压变量控制。

12.3.4 液压泵的压力控制

液压泵通常由直升机的主减速器来驱动,因此只要主减速器工作,液压泵便不停地运转,然而系统各工作部分(如起落架收放系统等)是间歇工作的,所以必须对泵的输出最高压力加以限制并希望液压泵在工作系统不工作时消耗的功率尽量少，这就是泵的限压和卸荷问题。

1. 定量泵限压

定量泵一般都采用安全阀(溢流阀)来限制系统的压力(见图12-14)。当系统的压力升到高于某个调定压力值时，安全阀打开，将多余的液流排回油箱，限制系统压力继续上升。安全阀的调定压力通常高于正常系统压力的10%～20%。

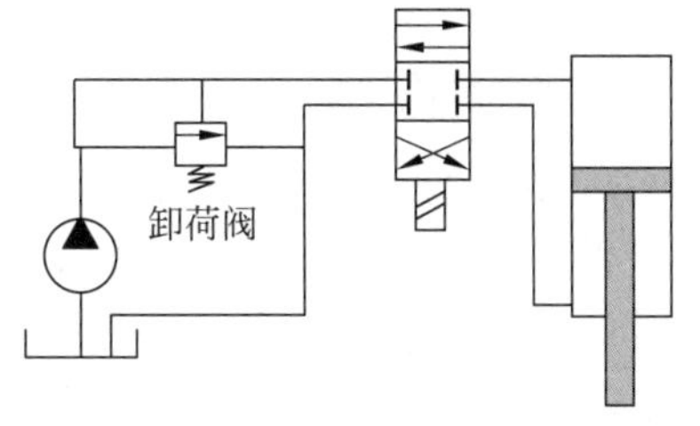

图12-14　定量泵限压回路

可见，当安全阀打开时，即工作部分不工作时，系统压力最高，液压泵输出的功率最大。油液流经安全阀，将液压功率转换成热量，导致油温升高，系统性能下降，并严重影响油泵的使用寿命。

2. 定量泵的卸荷

为克服定量泵限压的缺点，可考虑在工作系统不工作时为液压泵卸荷。所谓卸荷，就是在工作系统不需要液压功率(工作系统不工作)时，使液压泵的输出功率处于最小状态的控制方式。现代飞机液压系统通常采用自动卸荷阀给液压泵卸荷。

定量泵卸荷回路如图12-15所示。自动卸荷回路的原理是利用卸荷阀感受工作系统压力，当工作系统不工作时，系统压力上升，当达到卸荷阀开启压力时，卸荷阀打开，卸掉泵出口压力，此时单向活门将工作系统与油泵隔离开，油泵压力下降到近似为零，油泵处于输出功率最小的卸荷状态(系统压力和油泵输出压力变化规律如图12-16所示)。为保证卸荷阀失效时系统的安全性，定量泵卸荷回路中必须设置安全阀。

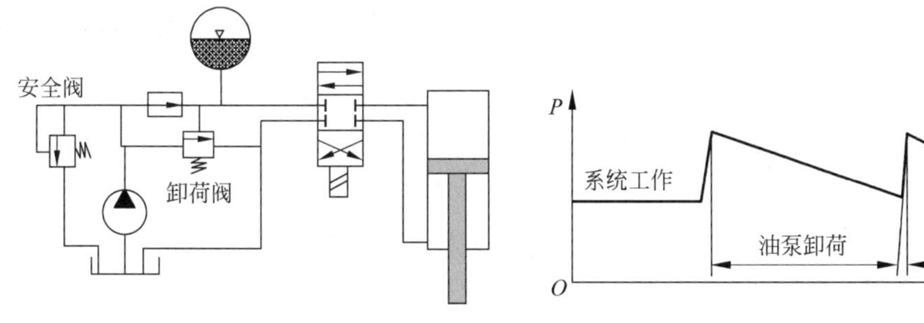

图12-15　定量泵卸荷回路

图12-16　定量泵卸荷压力曲线

在油泵卸荷期间，系统压力由蓄压器维持。当系统压力降低到卸荷阀切换压力时，油泵重新向系统供油。在下游系统不工作状态下，油泵两次启动的间隔称为系统卸荷保持时间，简称卸荷时间。卸荷时间的长短取决于蓄压器可补充油量的多少和卸荷期间系统单位时间泄漏量的大小。

当系统发生频繁卸荷(即卸荷时间变短)时，要对液压系统的有关部分进行检查。一般检查的顺序是：

(1) 检查系统的外漏，外漏最容易检查，可观察液压管路及接头部件有无泄漏的痕迹；

(2) 检查蓄压器预充气压力；

(3) 检查系统的内漏。

3. 变量泵的限压和卸荷

变量泵具有自动卸荷功能,因此设计系统时不用再考虑其卸荷问题。但为了系统的安全,回路上同样需加装安全阀,以防泵内压力补偿活门损坏或斜盘作动筒卡滞时造成系统压力过高。

12.3.5 辅助液压泵

1. 电动液压泵

在有些直升机上,为保证安全,通常还有一个电动液压泵,它一般与其中的一个主液压系统相连,有一个单独的小油箱,如果该主系统出现漏油时能保证有足够的液压油量将起落架应急放下。电动泵的出口压力一般比主泵(机械泵)略低,另外由一个温度开关控制,当泵的工作温度超过一定值时会自动切断泵的控制电路,停止电动泵的工作。

电动泵的主要作用如下。

(1) 应急释放起落架。在主系统出现故障时电动泵可以应急将起落架放下,保证直升机的正常降落。

(2) 地面提供液压源。地面发动机未启动时,如果工作需要使用液压源,除了使用地面液压车外,还可以接通电动液压泵,此时液压系统可以提供一个比正常工作压力略低的压力以供使用。但泵的工作时间受限制,以防止超温而损坏泵。

(3) 地面向刹车蓄压器充压。电动泵在地面接通后,可以向刹车系统的蓄压器充压,以保证地面刹车系统压力足够。

2. 手摇机械泵

在部分直升机上还装备了机械式的手摇泵,当所有机械和电动液压泵都失效后,驾驶员可以使用手摇泵应急将起落架放下,以保证直升机的安全降落。手摇泵一般的位置在驾驶舱两个机组成员之间的地板上。

12.4 液压控制元件

液压系统中液体流动的方向、压力和流量是需要控制和调节的,完成这些控制和调节作用的是液压控制元件,通常称为液压控制阀。根据被控量不同,液压控制阀分为方向控制阀、压力控制阀和流量控制阀三大类。

方向控制阀简称方向阀,其功能是控制液流的通、断和改变液流的方向或通路。方向控制阀按其用途可分为单向阀和换向阀两类,单向阀可分为普通单向阀、机控单向阀和液控单向阀三大类。

压力控制阀是利用阀芯上的液压作用力和弹簧力保持平衡来进行工作的,一旦此平衡被破坏,阀口的开度或通断就要改变。常见的压力控制阀有溢流阀、减压阀、顺序阀和压力继电器等。

流量阀通过改变节流口的开口面积来控制流量,以控制或协调执行机构的运动速度。流量阀有节流阀、单向节流阀、液压流量保险器等多种。

尽管液压阀有各种类型,但它们之间亦有一些基本共同之处:

(1) 所有阀都由阀体、阀芯和操纵机构(手动、机控、电磁控制或液动)组成;

(2) 所有阀都是通过改变通道面积或改变通道阻力实现控制和调节作用的。

12.4.1　方向控制阀

1. 单向阀

单向阀的功能是要使油液只能沿一个方向流通而且不得反流。因而要求它在流通方向上阻力很小,而在反方向上将油液阻断得很彻底(即密封性要好)。典型的单向阀由弹簧、钢珠和壳体内部的阀口三部分组成,如图 12-17(a)所示。在单向活门的外表面一般标有箭头,显示允许液体流动的方向,如图 12-17(c)所示。根据需要,在单向阀内部可使用片状或锥形的活塞代替钢珠。

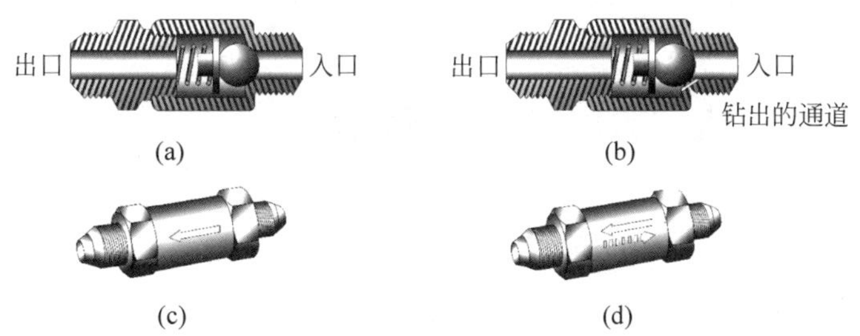

图 12-17　直列式单向阀结构原理图

(a) 直列式单向阀(钢珠式); (b) 小孔直列式单向阀(钢珠式); (c) 直列式单向阀上的指示箭头标记; (d) 小孔直列式单向阀上的指示箭头标记

在液压系统中,单向阀常用于:

(1) 泵的出口处,防止系统反向压力突然增高,使泵损坏,起止回作用;

(2) 定量泵卸荷活门的下游,在泵卸荷时保持系统的压力;

(3) 在系统的回油管路中,保持一定的回油压力,增加执行机构运动的平稳性。

2. 小孔单向阀

一些单向阀允许油液沿一个方向流通,反方向上少量油液受限制地流通,这就是小孔单向阀或阻尼阀。这种阀是在单向阀的基础上,在阀口处加工了一个校准过的小孔,如图 12-17(b)、(d)所示。小孔单向阀常用于飞机上的起落架收放系统,当起落架收起时,单向阀允许所有的液压油流过,使重型起落架迅速抬升收起;当起落架放下时,单向阀内的小孔限制液压油快速流过,防止起落架放下过于猛烈。

3. 机械控制单向阀

机控单向阀是带有机械触发顶杆的单向阀(见图 12-18),顶杆没有将阀芯顶开之前,它仅允许油液单向流动,当顶杆克服弹簧预紧力将阀顶开以后,将允许油液双向流动。

机控单向阀可作为系统的协调动作控制元件,因此又被称为机械触发顺序阀,简称机控顺序阀,可用在起落架收放顺序控制回路中。

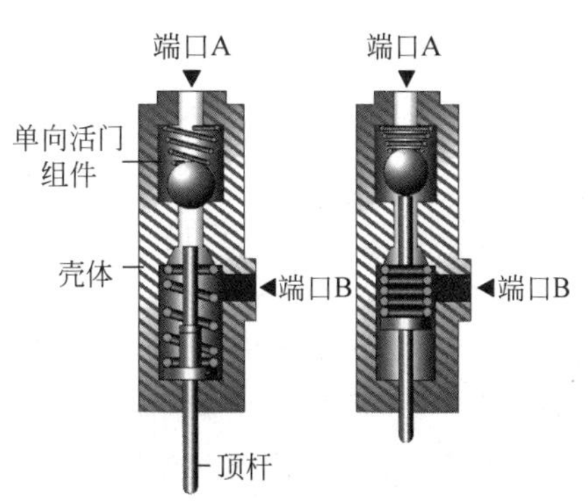

图 12-18　机控单向阀原理图

4. 液压控制顺序阀

液压控制顺序阀的操作压力是通过调整弹簧

力实现的,正常情况下活塞在关闭位,如图 12-19 所示。液压油从入口进入活门后,流到活塞下部周围和出口,这时位于出口下游的主要设备运行,但主要设备运行完成后,活门内压力持续上升,当达到克服弹簧力的压力时,活塞上升活门打开,液压油通过下部阻力小的口流向次要设备。活门顶部的排泄通道允许通过活塞的液压渗漏,在液压系统中排泄通道一般与主回油通道相连。

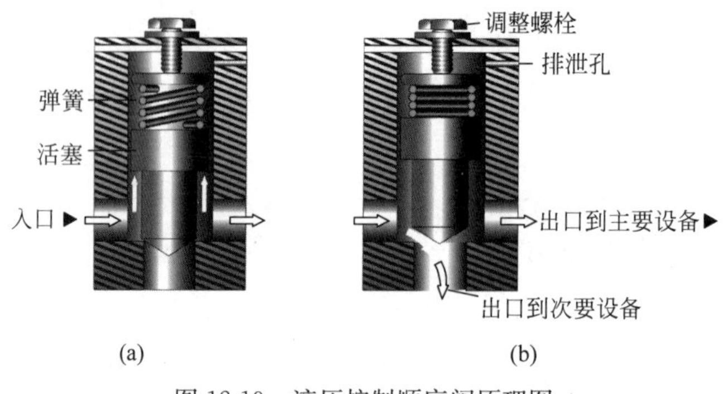

图 12-19 液压控制顺序阀原理图

5. 换向阀

换向阀用于控制液压作动筒或类似装置的运动方向。通过对换向阀的操作,可以控制系统中油液流动的方向,如图 12-20 所示。按需要可使执行机构的油路关断、接通和换向。换向阀按其运动形式分为提升式、滑动式、活塞式、旋转式和梭式等。

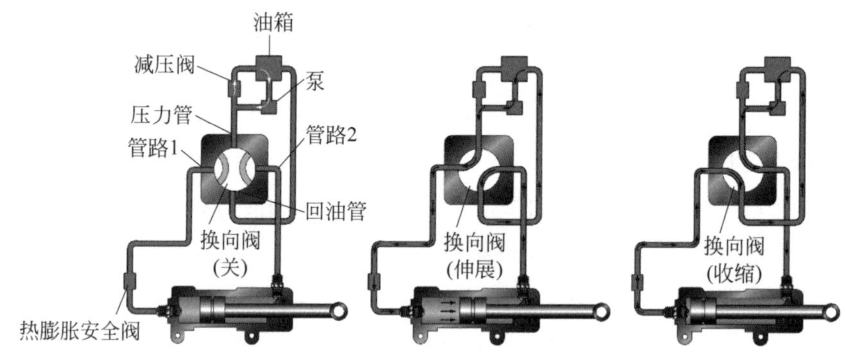

图 12-20 典型的旋转式换向阀控制作动筒

6. 优先阀

当系统压力降低时,优先阀给主液压系统比辅助液压系统更高的优先权,如图 12-21 所示。假如,优先阀压力设定为 2000lbf/in^2,当系统压力达到 2000lbf/in^2 以上时,系统中主系统和辅助系统都能接收到系统压力;当系统压力降到 2000lbf/in^2 以下时,优先阀关闭,辅助系统不能接收到系统压力。在一些直升机上,采用压力开关的方法来实现当系统压力降低时,主系统优先权比辅助系统更高。

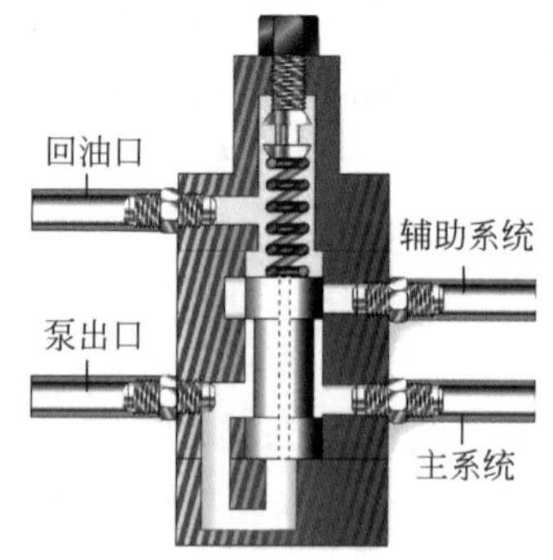

图 12-21 优先阀原理图

7. 快卸活门

液压管路上的快卸活门常用于液压系统维修或维护，当拆下某液压部件时，液压系统内的液压油不会流失。在直升机上，常用于地面液压源接头。某型直升机机身上的液压源接头及其工作原理如图 12-22 所示。

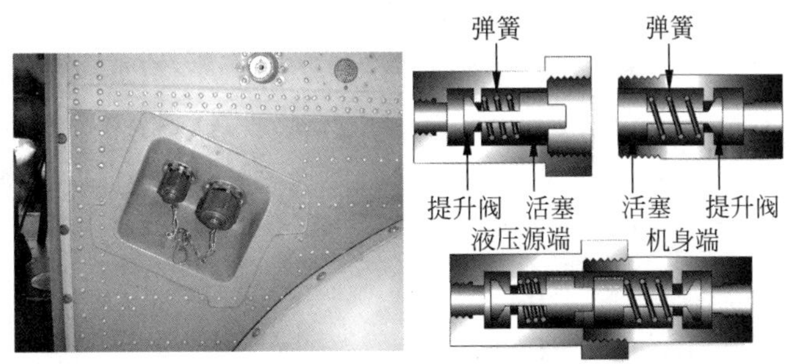

图 12-22 某型直升机机身上的液压源接头及其工作原理

快卸活门由两部分组成，一端固定在机身上，另一端位于地面液压源连接管上。当两端连接时，两端通过螺纹可以耦合在一起，这时两端的活塞接触在一起，提升阀克服弹簧力向两端打开。断开时，在弹簧力的作用下，提升阀再次关闭。

12.4.2 压力控制阀

压力控制阀是用来调节或限制液压系统的压力的，直升机液压系统中常用的压力控制装置有溢流阀、压力调节器和压力继电器等。

1. 溢流阀

溢流阀通过阀口的溢流作用使被控制系统或回路的压力维持恒定，从而实现稳压、调压或限压作用。溢流阀是利用液流压力和预定弹簧压力相平衡的原理来工作的。按其结构形式溢流阀分为直动式溢流阀（见图 12-23）和先导式溢流阀。

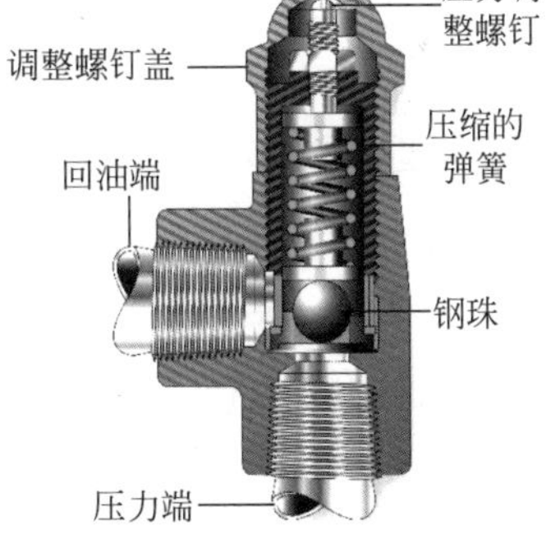

图 12-23 直动式溢流阀

溢流阀的作用如下。

(1) 作为安全阀，防止系统超压。当系统压力超过正常最大压力时，安全阀打开，溢流多余流量，防止过载。安全阀在正常工作时处于常闭状态。

(2) 作为定压阀，保持系统压力恒定。常用在定量泵液压系统中，保持供压系统的压力基本稳定，并调节进入液压系统的流量。定压阀在正常工作时处于常开状态。

注意：当作为定压阀时，不能用在发动机驱动的大型液压系统，因为液压泵持续的运作，液压克服定压阀弹簧力会产生大量热，热量会传递到液压油中，再传递到密封圈、密封垫这些部位，导致密封迅速恶化而失效。然而，定压阀可以用于小型低压的液压系统或者电动间歇式液压泵驱动的液压系统。

2. 压力调节器

压力调节器用于采用定量液压泵的液压系统。这里有两个目的：①控制泵出口输出压力，维持系统运行压力在一定的范围内；②当系统压力在正常范围内时，液压泵没有任何阻力地运转(使泵卸荷)。定量液压泵与压力调节器的组合实际上等同于自动补偿控制的变量液压泵。压力调节器在基本液压系统中的位置如图 12-24 所示。

减压阀是液压系统常用的压力调节器。当液压系统中某部件需要的工作压力比系统提供的压力低时，就需要采用减压阀。减压阀的工作原理是利用阀口节流降压，如图 12-25 所示。

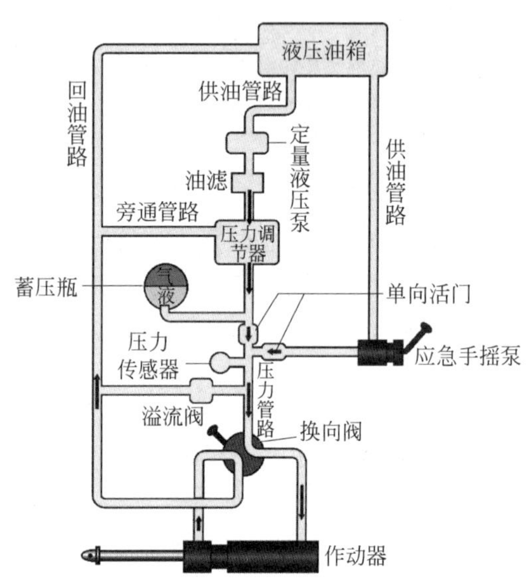

图 12-24　压力调节器在基本液压系统中的位置

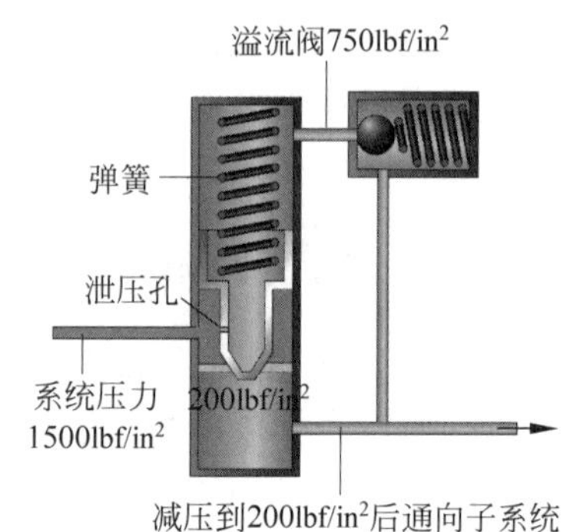

图 12-25　减压阀工作原理

3. 延时器

液压延时器(简称延时阀)用于控制采用同一液压源供压，具有并联多个执行元件的动作顺序。例如在起落架收放系统中，用于控制先打开起落架舱门后收放起落架的动作顺序。

4. 压力继电器

压力继电器是一种将油液的压力信号转换成电信号的电液控制元件。当油液压力达到压力继电器的调定压力时，作用于柱塞上的液压力克服弹簧力，顶杆上推，使微动开关的触点闭合，发出电信号。压力继电器可以控制电磁铁、电磁离合器、继电器等电气元件动作，使油路卸压、换向，执行机构实现顺序动作，或关闭电动机，使系统停止工作，从而起到安全保护作用等。

12.4.3 流量控制元件

流量控制元件简称流量阀，其功能是调节和控制液压系统管路中的液体流量，以调节和控制执行机构的运动速度。任何流量阀的基本组成部分都是能起节流作用的节流元件，当液体流经节流元件时会引起显著的压力损失。

1. 小孔节流原理

如图 12-26 所示的短节流孔，节流孔的流通面积为 A，流量系数为 C_A。当油液流过该节流孔时，在收缩和扩张过程中引起的能量损失导致节流孔前后产生压差，即进口压力为 P_1，出口压力降为 P_2。流经节流孔的流量越大，压差越大。

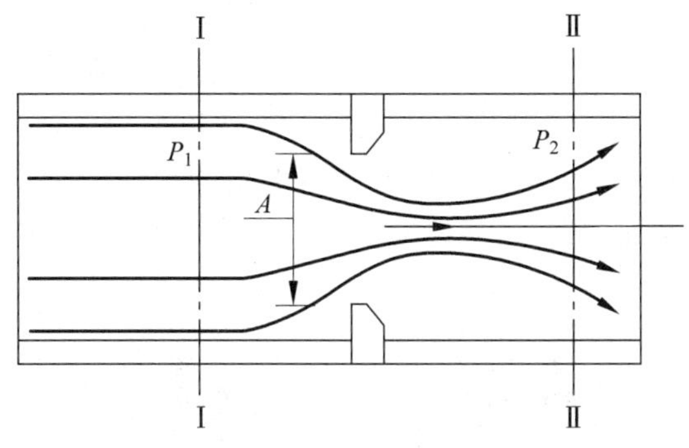

图 12-26 小孔节流原理

节流孔的流量公式为

$$Q = C_A A \sqrt{\frac{2(P_1 - P_2)}{\rho}}$$

式中，C_A 为节流孔的流量系数；A 为节流孔面积；P_1、P_2 分别为节流孔前后压力；ρ 为液体密度。

根据流量公式，可以总结出小孔节流具有以下特点：

(1) 流量与节流面积成正比，即节流孔面积变小，节流作用会增大；

(2) 流量与两端压差平方根成正比；

(3) 只要有油液通过小孔，小孔两端必产生压差。

2. 节流阀和单向节流阀

普通节流阀的工作原理与小孔节流一样，当油液从两个方向流经该阀时，均受到节流作用。直升机液压系统中常用到单向节流阀及小孔单向阀。

3. 液压保险

液压系统中的某些传动部分的导管或附件损坏时，系统的油液可能全部漏光，使整个系统不能工作。为防止发生这种现象，可在供油管路上设置安全装置，这种装置称为液压保险。液压保险在系统管路漏油时，当油液流量或消耗量超过规定值时，自动堵死管路，防止系统内油液大量流失。液压保险可分为两类：定流量保险和定量保险。

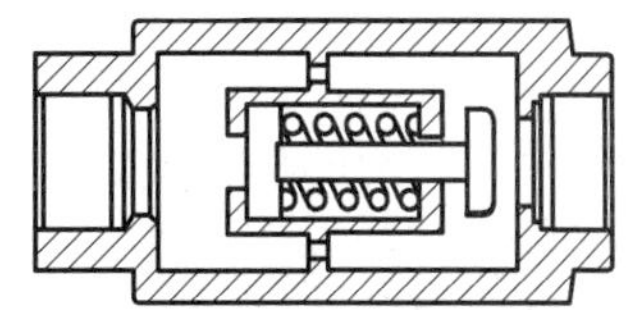

图 12-27 液压流量保险

液压流量保险是一种流量控制元件。当管路中的油液在允许的正常流量下，阀保持打开位置；如果流量过大(如管道破裂)，超过规定值时，它就自动关闭，以保证不影响其他的并联工作系统工作。它的工作情况与电路中的保险丝很相似，所以也称它为液压保险丝，其结构如图 12-27 所示。

油液经进口流入液压保险，经过内部节流孔流向下游。传动活塞靠弹簧保持在开位，当流经节流孔的流量增加时，节流孔前后压差增大。当流量增加到某一临界流量时，节流孔前后压差可克服传动活塞弹簧预紧力，推动活塞向前，关闭油液出口，油液不再流动。

液压定量保险也是一种流量控制元件，其功能是当通过液压保险的容积量达到某一临界体积时将油路自动关断，防止系统液压油继续损失。

4. 流量放大器

流量放大器用于工作系统要求的流量比供压系统输出流量大的情况，如刹车系统。图 12-28 所示为流量放大器结构原理图。流量放大器是装在壳体内的一个阶梯活塞。当实施刹车时，刹车油液经小端活塞接头进入上腔，推动活塞运动，大端活塞将下腔中油液供向刹车系统。由于大活塞面积较大，所以输出流量大于输入流量，放大倍数为大活塞面积与小活塞面积的比值。

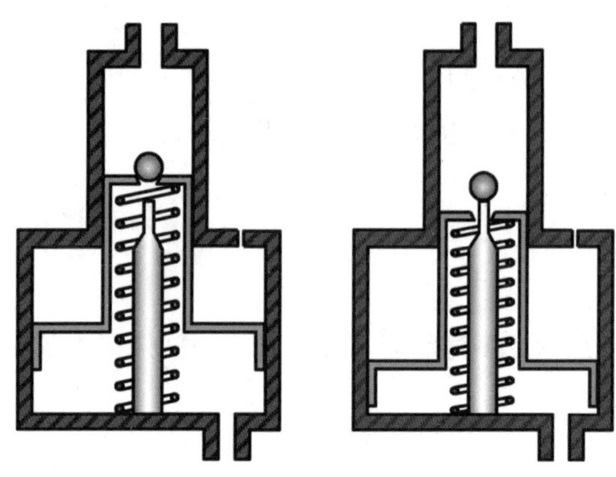

图 12-28 流量放大器

当解除刹车时，上室压力消失，活塞在自身弹簧和刹车作动筒恢复弹簧的作用下，迅速向上移动，上室内的油液经刹车控制活门流回油箱，在刹车作动筒内的油液则流回流量放大器的下室。活塞快速向上移动，在通向刹车装置的管路中产生一个吸力，使油液快速流回，起到迅速解除刹车的目的。根据流量放大器的工作特点，在流量放大的同时，刹车压力相应减小了，这可使刹车操纵更加平顺。

12.5 液压执行元件

液压执行元件在液压系统中是对外界做功的一种液压元件，它直接将液压能转换为机械能。液压执行元件分成两大类：一类为旋转运动型(如液压马达)，它是将液压能转换成旋转机械能的液压元件；另一类为往复运动型。往复运动型中又分为往复直线运动型(如作动筒)以及往复摇摆运动型(摆动缸)两类，其中往复直线运动型是将液压能转换成直线往复运动动能的液压元件。

液压马达与液压泵结构相同，可看作液压泵反接，即输入压力油，而输出转速和扭矩，把液压能转换为机械能，本节不再研究。而摆动缸在现代民航飞机上应用也越来越少，因此本节主要研究液压作动筒。

12.5.1　作动筒的工作原理

作动筒的工作原理如图 12-29 所示。当筒体固定时,若筒左腔输入工作液体,液体压力升高到足以克服外界负载时,活塞就开始向右运动。若连续不断地供给液体,则活塞以一定的速度连续运动。由此可知,作动筒工作的物理本质在于:利用液体压力来克服负载(包括摩擦力),利用液体流量维持运动速度。若将活塞杆用铰链固定,按图示箭头方向供油和回油(反向供油和回油也可),则筒体亦可运动,其工作原理与上述筒体固定时相同。

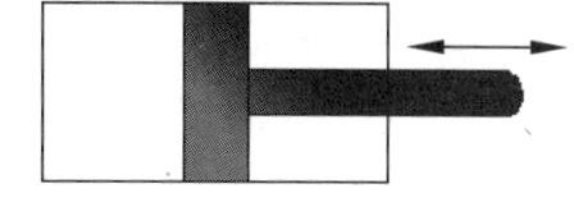

图 12-29　作动筒的工作原理

输入作动筒的液体压力和流量,是作动筒的输入参数,为液压功率。作动筒的输出力和输出速度是其输出参数,为机械功率。以上所述压力、流量、输出力、输出速度便是作动筒的主要性能参数。

12.5.2　作动筒的类型

作动筒有两种基本形式:单作用式和双作用式。

1. 单作用式

单作用式作动筒的活塞在液压作用下只能向一个方向运动,然后由弹簧作用返回:压力油从左边通油口进入,油压作用在活塞端面上,迫使活塞向右运动;当活塞移动时,右边弹簧腔室的空气通过通气小孔排出,并压缩弹簧;当作用在活塞上的油液压力释压并小于压缩弹簧张力时,弹簧伸张并推动活塞向左移动;因为活塞的左移,左边腔室油液被挤出通油口,同时,空气通过通气孔进入弹簧腔室,如图 12-30 所示。

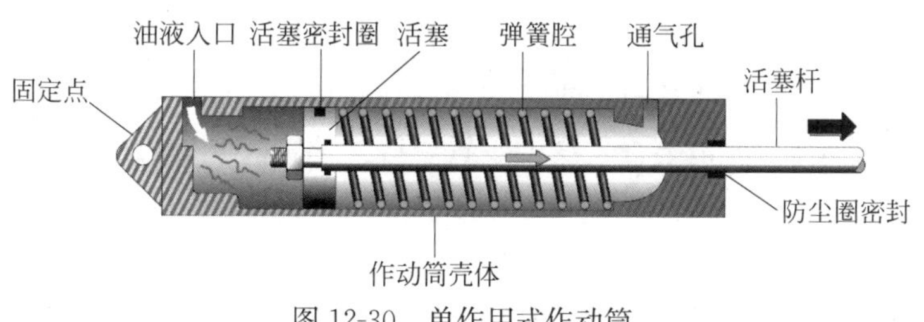

图 12-30　单作用式作动筒

单作用式作动筒常用作刹车作动筒,并由一个三通活门控制。当刹车时,液压油迫使活塞伸出将刹车盘紧压在一起实施刹车。脚踏板松开时,弹簧将活塞返回解除刹车。

2. 双作用式

双作用式作动筒,能利用油液推动部件作往复运动。当高压油液从左边接头进入作动筒时,带杆的活塞在液压作用下向右移动,作动筒右腔内的油液则从右边接头流回油箱;若高压油液从右边接头进入作动筒,则带杆活塞的运动方向与上述相反。双作用式作动筒主要有两种形式:双向单杆式和双向双杆式。

双向单杆式作动筒(见图 12-31)也称为双向非平衡式作动筒,活塞左右两边受液压作用的有效面积(即有效工作面积)是不相等的,当油液压力相等时,作动筒沿两个方向所产生的传动力并不相等。同样由于该作动筒活塞两端的有效面积不同,当作动筒两端输入流量相同时,活塞往返运动速度不同,活塞伸出速度小于其缩入速度。

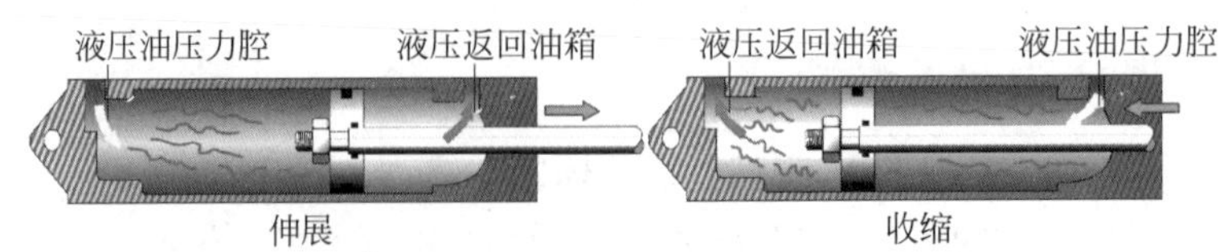

图 12-31 双向单杆式作动筒

双向单杆式作动筒常用于在两个方向上需要不同传动力的地方。如在起落架收放系统，常采用此种形式的作动筒。起落架在收上过程中，由于重力和空气动力的作用，使收上时需要较大的传动力；而在起落架放下过程中，重力是帮助起落架放下的，因此不需要很大的传动力，所以起落架收放作动筒常采用双向单杆式作动筒。在起落架收上时，让压力油通到作动筒活塞大面积一边，以获得较大的传动力保证迅速收上起落架。在起落架放下时，让压力油通到作动筒活塞小面积一边，而且有限流单向活门限制压力油流入小活塞面积腔，以防止起落架放下速度过猛和速度过大而产生撞击。

双向双杆式作动筒(见图 12-32)在活塞两边装有同样粗细的活塞杆，使两腔油液的有效工作面积相同。

图 12-32 双向双杆式作动筒

当作动筒两端的输入压力相同时，其双向克服负载的能力相同。当活塞两端输入流量相同时，其活塞往返运动速度相同。所以，在操纵系统和前轮转弯操纵中的液压作动筒常采用双向双杆式作动筒，以保证作动筒活塞往返速度相同。

12.5.3 作动筒辅助元件

1. 缓冲装置

一般的液压作动筒可不考虑缓冲装置，但当活塞运动速度很高和运动部件质量很大时，为防止活塞在行程终点处发生机械撞击，引起噪声、振动和损坏设备，则必须设置缓冲装置。比如，起落架收放作动筒，就需要设置缓冲装置。缓冲装置按原理可分为缝隙节流缓冲和节流阀缓冲两类。

(1) 缝隙节流缓冲

如图 12-33 所示，在作动筒主活塞前后各有一个直径比主活塞小的缓冲凸台，当作动筒到达行程末端时，凸台将一部分油液封死，被封闭的油液通过凸台与缸壁间的环形间隙流出，产生液压阻力，减缓作动筒的速度，起到缓冲的作用。

(2) 节流阀缓冲

节流阀缓冲装置的基本工作原理是：在作动筒行程末端，限制回油流量，使之产生反压力，从而减缓部件的运动速度。图 12-34 为带终点缓冲装置的起落架收放作动筒原理图，外筒一端的内壁上有 4 个小孔与接头相通，接头内有单向节流活门。

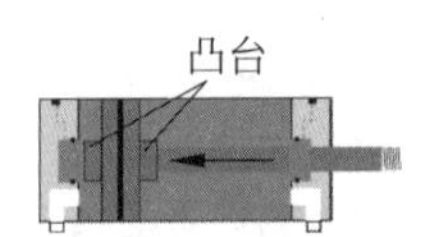

图 12-33 缝隙节流缓冲

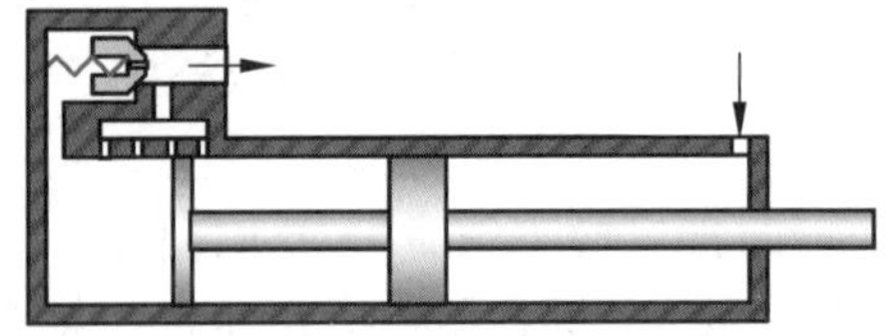
图 12-34 带终点缓冲装置的作动筒

当放下起落架时，活塞杆向内缩入。当活塞边缘还没有盖住外筒上的小孔时，回油通道较大，阻力较小，起落架的放下速度较快；当活塞向左移至开始盖住第一个小孔时，回油阻力开始增大，起落架放下速度开始减小。随着活塞继续向左移动，其余各小孔相继被盖住，起落架的放下速度便越来越慢；4 个小孔全被盖住后，活塞左边的油液只能通过单向节流活门中间的小孔流出，起落架的放下速度大大减慢。因此，活塞到达终点时，不会与外筒产生较严重的撞击。

收起起落架时，空气动力和起落架本身的重量都是阻碍起落架向前收上的，带杆活塞的运动速度较慢，不需要缓冲。这时，高压油液从左边的接头进入，顶开单向节流活门，油液流动阻力较小，因此，无论小孔是否被活塞盖住，缓冲装置都不起缓冲作用。

2. 排气装置

液压系统在安装过程或长时间停放之后会有空气渗入，由于气体存在使得执行元件产生爬行、噪声和发热等一系列不正常现象。所谓作动筒的爬行现象，是供油压力、空气弹性力、作动筒动摩擦和静摩擦力以及传动部件的惯性力相互作用的结果。实践证明，在飞机刹车系统中，产生刹车松软现象的主要原因是系统中混入了空气。

为消除空气对系统的影响，必须排出积留在作动筒内的空气。对于单向式作动筒应装放气活门，维修后进行排气(如刹车作动筒)；对于双向式作动筒，一般不设放气嘴，在维修后进行若干次往复行程操作就可将气体排到油箱中。

12.6 液压辅助元件

12.6.1 液压油滤

油液污染是造成液压系统故障的重要原因之一，利用油滤可使液压油保持必要的清洁度：油滤的作用是过滤油液中的金属微粒和其他杂质。

1. 滤芯的类型

油滤中起过滤作用的元件称为滤芯，是液流中污染颗粒的机械屏蔽层，这种机械屏蔽层由重叠的小孔或通路组成。当油液流过它时，把通不过去的颗粒污染物阻留在屏蔽层(过滤介质)内，从而保持油液在规定的清洁度标准以内。

常见的滤芯有 3 种类型：表面型滤芯、深度型滤芯和磁性滤芯。表面型滤芯的典型构造是金属丝编织的滤网，过滤能力较低，一般作为粗滤安装在油箱加油管路上。磁性滤芯依靠自身的磁性吸附油液中的铁磁性杂质颗粒，一般安装在发动机滑油系统管路中。在液压系统中，广泛采用的油滤滤芯是深度型滤芯。

深度型油滤的特点是液流通过的过滤介质有相当的厚度，在整个厚度内到处都能吸收污物。其过滤介质有缠绕的金属丝网、烧结金属、纤维纺织物、压制纸等，但用得最广泛的是压制纸制造的纸质滤芯。

2. 油滤的构造

液压系统油滤内部往往设有旁通活门、堵塞指示器和自封活门等特殊功能部件，以增强油滤工作的可靠度并改善油滤的维护便利性。当油滤随着使用时间增长而逐渐被堵塞时，滤芯进口和出口压差增大，旁通活门在此压差作用下打开，确保下游油路的油液供应。堵塞指示器可指示油滤的堵塞情况，提醒维护人员及时更换滤芯。在维护实施后，应将此指示销按压复位。飞机上的堵塞指示器带有温度锁定设计，温度锁自身对热胀冷缩这一性质反应敏感。当液压系统在低温条件下工作时，防止由于油液粘度变大而误触发堵塞指示器。液压油滤的基本构造如图12-35所示。

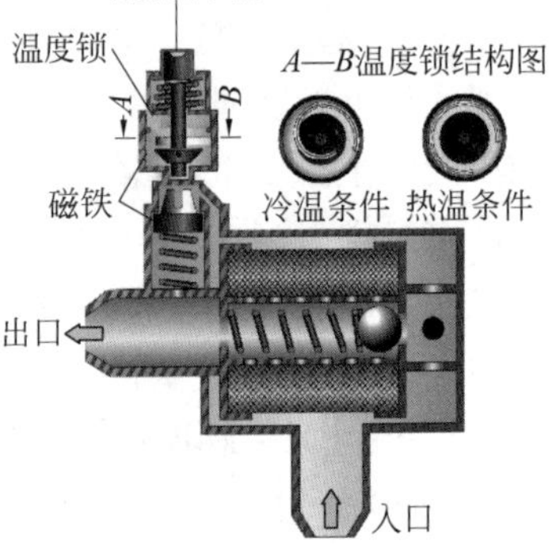

图12-35 液压油滤的基本构造

3. 油滤的安装位置

在液压系统中，油滤通常安装在以下3个主要部位(见图12-36)。

(1) 油泵出口，即压力油滤，用于保护工作系统，滤掉油泵工作时产生的金属屑，保护工作系统组件。

(2) 系统回油管路，即回油滤，安装在进入油箱前的管路上，用于过滤掉工作中产生的杂质，防止油箱中油液受污染，保护油泵。回油滤可使系统回油路产生一定的背压，从而增强传动系统运动的平顺性。

(3) 油泵壳体回油管路，即油泵壳体回油滤，其作用是滤除泵磨损产生的金属屑。如该油滤堵塞，油泵润滑冷却油液不足，油泵的滑靴和斜盘间的摩擦会增大，使油温升高。因此，从此处提取油样进行分析，可判断油泵的早期故障。

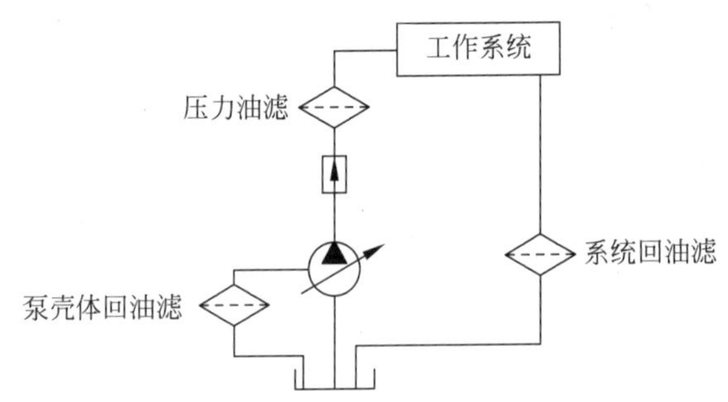

图12-36 油滤安装位置示意图

另外，在液压系统某些精密元件(如液压伺服阀)的进口油路上也装有精滤，用于确保进入该元件油液的清洁度，提高元件工作可靠性。

12.6.2 密封

在液压系统的使用和维护中，最难解决的、也是遇到最多的问题就是漏油。漏油不但影响系统的工作效率，严重时可能危及飞机的安全。

所谓密封，就是阻挡油液从两个配合零件表面的间隙中流出。密封装置就是利用密封材料制成的密封件，如常用的橡胶圈等。

1. 密封材料

密封材料分为弹性的和塑性的。弹性材料一般是合成橡胶，塑性材料一般为皮革，另外还有一些软金属材料也可作为密封材料，而转动部件的端面(如轴向式柱塞泵)则常用碳作为表面材料。

目前液压系统向高温、高压方向发展，对密封提出了更高的要求，并且一般液压附件的寿命也往往取决于密封装置的寿命。

合成橡胶是一种聚合材料，这种材料在室温下至少能伸长到原来的 2 倍，而当它一旦解除受力，便会基本上恢复到原来的长度。表 12-2 所示为某些合成橡胶的特性。

表 12-2　某些合成橡胶的特性

材料名称	可用温度范围/°F	适用的油液
丁腈橡胶	−65～275	油、冷却剂
聚丙烯酸酯橡胶	0～350	油、冷却剂
氟丁橡胶	−40～220	油、水、冷却剂
海帕伦	−40～250	油、水、酸类
氟塑料	−40～450	油、燃料
富丙烷异丁橡胶	−65～300	空气、磷酸盐酯
乙丙橡胶	−65～300	空气、磷酸盐酯
尿胱橡胶	−40～212	油
硅氧橡胶	−150～500	油、磷酸盐酯

2. 密封装置

密封装置的种类很多，按被密封部分的运动情况可分为固定密封装置(静密封)和运动密封装置(动密封)。静密封、密封圈和密封垫在许多场合使用，通过两个表面之间的挤压达到密封效果。装在两滑动表面之间的动密封，有许多不同种类的密封形式，这取决于密封的用途和液体的压力。按照密封压力的方向，密封装置可分为单向式密封装置和双向式密封装置两大类。

(1) 单向式密封装置

U 形环和 V 形环密封仅仅对一个方向的密封有效，因此被称为单向式密封装置，如图 12-37 所示。要实现双向密封，必须背向安装两个密封圈。

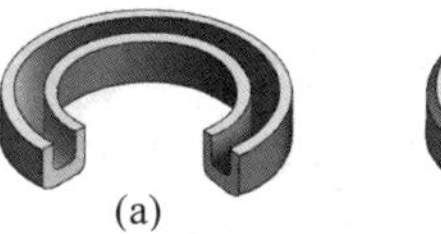
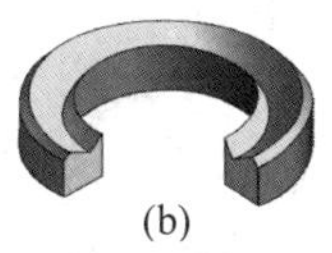

(a)　　(b)

图 12-37　单向式密封装置

(a) U 形环；(b) V 形环

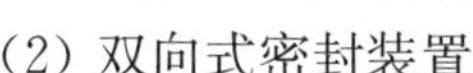

(2) 双向式密封装置

O 形密封圈和方形断面密封可在两个方向都有压力的场合应用，因此又被称为双向密封装置。O 形密封圈安装时，应有合适的预压缩量。预压缩量过小，则起不到密封作用；过大则加大摩擦力，降低寿命。为保持密封件的形状和防止密封件在两个运动表面之间被挤压，O 形密封圈的低压端应加装挡圈，如图 12-38 所示。对于双向承受压力的密封圈，应在两侧均加装挡圈。

密封件是容易被固体颗粒损坏的，刮环常常安装在作动筒上，以防止附在活塞杆上的固体颗粒损伤密封件。

(3) 密封件的标识

为了防止在使用时用错密封圈，所有的 O 形密封圈都有一个带颜色的点或圈，来指明所适用的液体或气体的类型。

① 蓝点或圈：空气或 MIL-H-5606 液压油；

② 红点或圈：燃油；

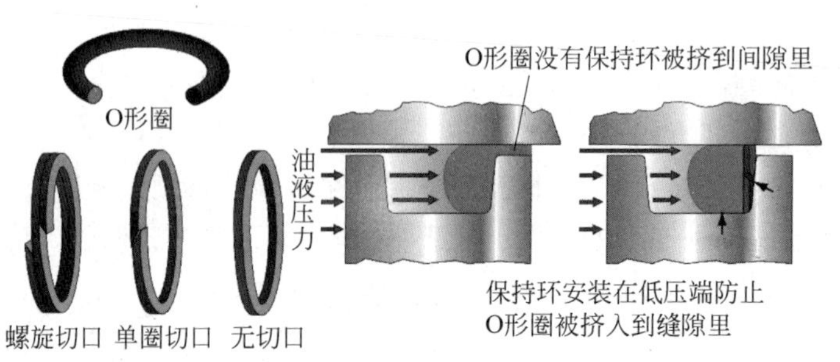

图 12-38 O 形圈、保持环及其安装

③ 黄点：合成发动机滑油；

④ 白圈：石油基发动机滑油或润滑剂；

⑤ 绿点画线：磷酸酯基液压油。

3. 密封件的使用

在使用密封件时，应该仔细检查，以确保它的尺寸合适，并与系统中液体的类型与材料相容。同时，保证密封件没有超过适用期。

当用手工装配密封件时要特别注意，必要时应使用合适的装配工具或导向装置。当在细杆上装配密封件时，应该使用空心导向装置。密封件一定不能过度擦伤，必须避免刮伤和刻痕。尤其重要的是，在装配完之后，检查 O 形密封圈要确保它们没有扭曲。在装配之前，密封圈应该用系统油润滑，有时甚至要求密封圈应该在液压油中浸泡一段时间。某些时候许多种密封件联合使用，装配有支承环或刮油环，必须保证这些元件装配方向正确、装配顺序正确，否则，将可能导致元件的泄漏和失效。

12.7 直升机液压系统

简单介绍一下典型的大中型直升机的液压系统。这类系统有两个目的：首先论证基本的系统部件功能和系统规划在该系统中是成立的；其次图示典型的系统设备和液压泵开关逻辑回路，可以与任何大型飞机的液压系统联系起来。

例如后面的图 12-40 所示的是某型直升机液压系统的方块图，该液压系统包括 3 个独立的液压系统，被命名为左液压系统、右液压系统和应急液压系统。

这些系统的主要功能是为主旋翼和尾桨伺服作动筒提供液压动力，次要功能包括维持其他设备系统的工作，例如起落架的收上和放下、机轮和旋翼刹车的工作。在有些情况下，用于海岸巡逻和救护服务的直升机装备了救护绞车，有些绞车需要使用液压动力，而另一些也可以是电动绞车。

1. 右液压系统

右液压系统被用于单独地向伺服作动筒提供液压压力，伺服作动筒采用串联的形式。串联式作动筒包括两个独立的腔室，每个腔室都有一个与普通活塞杆相连接的活塞，由来自于相互独立的不同系统的液压油作动，而液压油不会相互混合。

典型直升机液压系统示意图如图 12-39 所示。图中，右液压系统油箱 1 给液压泵 2 提供液压油，液压泵由主减速器的附件驱动齿轮箱带动。电磁活门 3 用于在液压油箱油量低于预设的数值后，关断尾桨作动筒的液压供油管路。

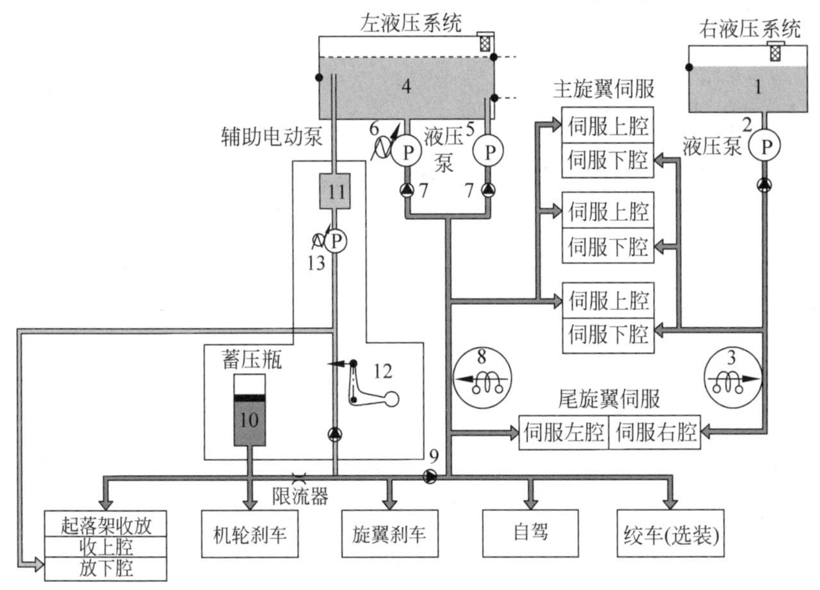

图 12-39　典型直升机液压系统示意图

1—右液压系统油箱；2—液压泵；3，8—电磁活门；4—左液压系统油箱；5—液压泵；6—辅助电动泵；7，9—单向活门；10—蓄压瓶；11—应急液压油箱；12，13—应急液压系统电动泵

2. 左液压系统

左液压系统油箱 4 提供液压油给两个液压泵，一个是机械式驱动的液压泵 5，而另一个是由电动马达驱动的辅助电动泵 6。液压泵相互之间被单向活门 7 隔离。来自于左液压系统的液压油直接提供给飞行控制作动筒，然后再供给多用途设备系统。而飞行控制作动筒与多用途设备之间被一个电磁活门 8 隔开，其作用与右液压系统的电磁活门的作用相同。

蓄压瓶 10 用在机轮刹车和旋翼刹车的回路中，当直升机在地面停放不运转时，向该回路提供持续的液压压力；也可以在选择了伸出和收缩功能后，给起落架的伸出和收缩系统提供一个内部液压冲击压力。

3. 应急液压系统

应急液压系统包括电动泵 13，其控制开关位置是在飞行过程中机组人员容易操作的地方。应急液压系统电动泵的液压油来自于应急液压油箱 11，应急液压油箱的液压油是由左液压系统油箱提供，并维持应急油箱被充满。当其他液压供给失效时，应急液压系统电动泵 13 基本上用于给起落架应急伸出回路提供液压动力。通过一个人工选择活门，可以实现应急液压系统电动泵 13 向应急系统的供压，也可以向蓄压瓶提供液压压力以维持机轮刹车或在地面维护期间保证其他多用途设备系统正常工作。附加的单向活门 9 用于在人工选择活门打开时，防止液压油从左液压系统进入应急液压系统。

以上 3 个系统的回油都通过回油管路和安装在回油管路上的油滤引导回液压油箱 1、4。回油管路上的油滤的作用是在液压油回到液压油箱 1、4 以前将液压油过滤。

12.8 直升机液压系统指示和警告

12.8.1 机载设备和指示装置

对于大型直升机来说，液压系统对于安全操作是非常重要的，因此必须给飞行机组提供液压系统的状态参数指示，而且机务人员也可以通过这些参数信息对系统故障进行分析。系统与系统之间被监控的参数可以是变化的，不过通常提供液压油的油量、压力和温度的监控和指示。一些参数可以被用于不止一个指示设备，例如在具有多个泵的系统中，对压力的读数可以用于指示两个系统压力值和实际正在工作的液压泵的工作情况。液压指示器和控制会集中设计在飞行面板的一个功能面板上，应急或紧急状态的警告会同时在主警告板上显示。

(1) 油量指示

老式的飞机通常是采用一个透明的观察窗或油量观察管安装在油箱上给维护人员使用。更多的现代液压系统，特别是采用加压油箱的系统具有浮子开关或可变电阻装置，可以给油量表提供油量或油面的指示信号。可以使用两个指示表，一个在飞行面板上，另一个在油箱或地面液压装置面板上。一个低油量警告会在飞行液压面板(见图 12-40)和主警告板上以警告灯的形式存在。

(2) 温度指示

温度传感器通常安装在油箱里，超温信号通常会使飞行液压面板上的警告灯亮，有些机型同时也提供信号给温度表。温度传感器可以是双金属片式的，也可以是热敏电阻式的。相似的传感装置可以安装在驱动液压泵的电动马达的壳体上用于指示马达的超温。

(3) 压力指示

所有系统的压力读数都会显示在飞行液压面板的指示表上，可以是直读式的也可以是电信号形式的。直接读数的压力表通常是弹性金属管式的，要采用一个中继活门以防止管路渗漏时系统液压油的损失。电信号指示系统使用一个由弹性金属管连接到可变电阻形式的压力信号传感器，传感器将相对于压力的电压信号传给动圈式压力表。

(4) 压力开关

压力开关被用于连通警告灯的电信号回路，指示系统压力过低的情况。在一些情况下，也被用于指示某种特殊的泵供油压力超过预先设定的数值。

(5) 模拟仪表指示

飞行控制液压面板如图 12-40 所示，使用一组连续的模拟显示表、警告灯和控制电门。通过该面板，正、副驾驶都可以操纵和监控液压系统的工作。因为飞行员不可能连续地监控该面板，所以采用一个辅助警告灯安装在主飞控面板上来警示飞行机组系统发生故障，主飞控面板通常是中央警告板的形式。

12.8.2 屏幕座舱式显示

屏幕座舱式显示形式的显示设备其基本的监控方式和显示系统通常是相似的，不同的制造厂家会有所不同，这里用欧洲直升机公司的机载监控系统(vehicle monitoring system,

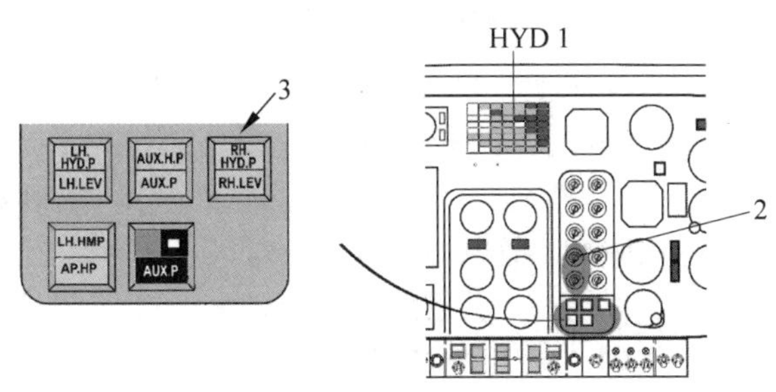

图 12-40　典型的液压控制面板及指示

1—中央警告板液压系统警告灯；2—液压系统压力指示；3—液压系统警告灯及辅助电动泵开关

VMS)作为例子。该系统通过液晶显示屏(electronic instrument display，EID)向飞行员提供系统信息，所有的显示都是彩色的。使用彩色的显示是为了区别不同级别的警告，即警告(warning)、告诫(caution)和建议性警告信息(advisory alert messages)，同时也显示系统性能的信息。该系统也提供维护方式的信息，工程维护人员可以通过其给出的诊断建议进行故障分析。某型直升机 EID 显示器和中央警告板上的警告信息如图 12-41 所示。

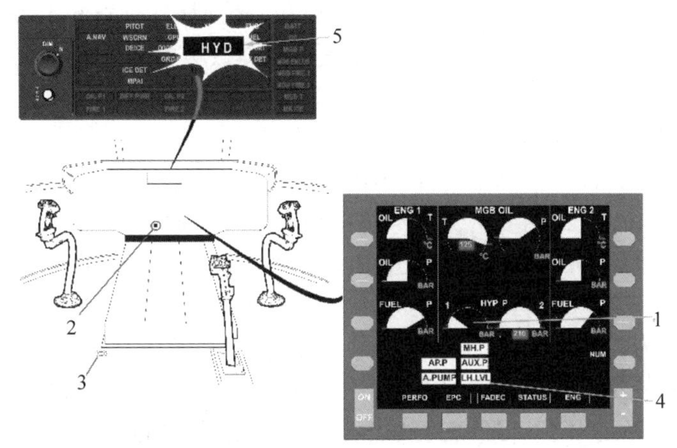

图 12-41　某型直升机 EID 显示器和中央警告板上的警告信息

1—液压系统压力指示；2—辅助电动泵开关；3—蓄压瓶压力指示表；4—液压系统警告灯；5—中央警告板液压系统

12.9　液压系统的维护

12.9.1　污染

液压系统的维护要求现场非常清洁，因为任何的污染都可能会导致系统部件的故障，特别是部件磨损或系统效率的降低。有两种常见形式的污染：颗粒和液体或可溶解形式的污染。

使用错误的液压油将会导致密封性能的变坏，任何不正确的液压油的使用将会导致密封件的性能降低致使渗漏发生。

很多的液压部件会使用一些溶剂进行清洁，如果不能有效地去除溶剂的所有残留物，将会引起系统部件受损。例如，氯化物的溶剂像三氯乙烯、氯仿、氟利昂和甲基氯，与水混合以后会形成盐酸,使金属受到严重的腐蚀,特别是轻合金。

人工合成脂类的液压油(如 Skydrol)可能会产生一种溶剂,这种溶剂会加速腐蚀的速率,并且在该液压油超温时有某种形式的酸产生,将造成对系统内部金属材料的腐蚀。

液压油取样检测可以用来检测颗粒性污染物、酸碱性、密度、粘度和水分含量。飞机生产厂家将会制定取样检测的期限和操作程序。

12.9.2 液压油的灌充和系统排气

1. 液压油的灌充

对液压系统进行油液灌充时必须要小心,确保使用的是正确的设备和液压油。所有的地面服务和测试设备必须依照和系统的维护程序一致的方式进行维护,并且使用正确的液压油型号。

2. 系统排气

液压系统进行灌充后,将会有大量的气体残留在活门和管道内部,因此有必要将系统内部所有的残留气体除去以确保系统的工作效率,这项维护工作就是系统的排气。通常的方法是使用一个地面测试液压车给系统提供液压油在系统回路内循环,迫使液压油在系统内流动将气体从管路中带入液压油箱,在油箱里这些气体会被释放进入大气。

12.9.3 密封件的更换

无论什么时候从部件上拆卸密封件,拆卸下来的密封件必须报废,重新安装一个新的可用密封件。对新的可用密封圈或密封垫等的正确使用只能通过部件的件号来确定,而禁止通过部件间的比较来使用部件,并且需要检查部件的可用性和规定的储存寿命是否被超过。处理密封件时需要非常小心,特别是安装过程中不能有损伤和污染密封件的情况发生。安装时通常有必要首先将O形或方形的密封件扩张,再安装到规定的部位,该操作必须要非常小心。使用一些特殊的密封件安装工具可以比较容易地安装密封件并能避免密封件受到损伤,图 12-42 所示就是用于O形密封圈安装的专用工具。特氟隆(PTFE)的密封件的垫衬圈特别容易被损坏,如果被扭曲,则可能产生永久变形,所以在安装这类密封件时要极其小心。在使用V形或U形密封件时,非常重要的是确保密封件的安装方向正确,因为这类部件只能在一个方向上具有密封功能。通常将即将安装的密封件在系统的液压油里浸泡一下,用以润滑而有助于安装。另外,密封件和液压油的兼容性也必须进行检查。

12.9.4 部件的库存

液压部件通常包装在密封的容器或塑料袋里,非常常用的是使用一小袋干燥剂(硅胶)保持气体的干燥,防止部件被腐蚀。液压系统的部件在库存时,通常内部保存有液压油用以维持密封件的湿润,防止密封性能下降,而且所有的接头都必须使用堵盖进行密封。

部件和组件的库存寿命是由非金属部分的寿命决定的,而这些非金属部分的材料也决定了这类部件的使用寿命。通常库存的部件都有包装日期和库存寿命标注其上,这样可以在决定使用以前,检查部件的库存时间是否超过库存寿命。同时也必须检查是否有部件性能降低的迹象,而部件内部保存的液压油应该被释放,并使用清洁的系统液压油清洗部件。

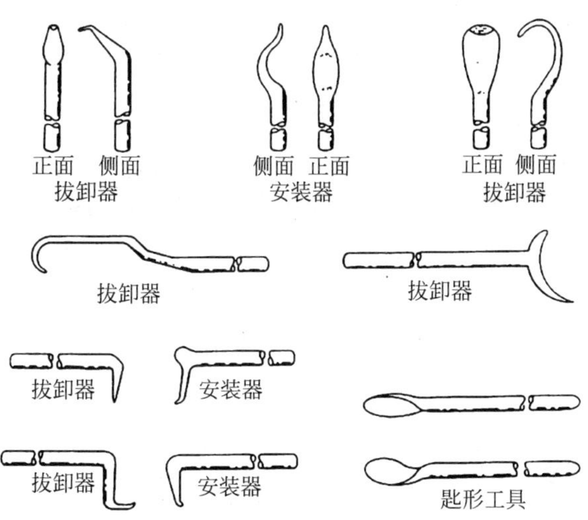

图 12-42　密封圈安装工具

第13章

防冰排雨

13.1 防冰系统

13.1.1 防冰系统概述

1. 结冰对直升机的影响

直升机在大气中飞行时，只要遇到高湿度和低温两个条件，就可能结冰、结霜、起雾等。结冰对直升机性能及效率会产生很大的不良影响，因此航空规章要求从事运输类的直升机在可能结冰的气象条件下飞行须有防冰设备。结冰会对直升机产生如下影响。

（1）由于冰层改变了旋翼的形状并且破坏了气流流过旋翼前缘的流线，导致升力下降，降低了旋翼的功效。从旋翼上脱落的冰对机身的安全也造成潜在的威胁。

（2）粗糙的冰层表面增加了摩擦力，使阻力增加。

（3）由于冰限制或阻碍操纵系统的移动，可能使操作失灵。

（4）直升机重量增加，使直升机无法保持高度。重量分配的改变会改变直升机的平衡状态，可能使飞机失去稳定性。

（5）堵塞空速管，使有关仪表不能正常工作。

（6）遮挡前舱窗户或风挡，使视线受阻。

（7）发动机进气道结冰，导致发动机停车或打坏发动机叶片。

2. 冰的形成

大气的主要成分是氮气和氧气，除此以外，大气中还包含有一些水汽和固体、液体的微粒杂质。大气中的水汽所占比例相对较少，最多时也只占大气总量的4%。

当大气降低到一定温度时，大气中的水汽开始凝结为液态水，从空气中析出，析出后飘浮在空中的微小水滴形成云/雾，而附着在固体表面上的则形成露。水汽开始凝结为水的温度称为露点温度。空气中析出的水滴数量主要取决于水汽的饱和度，也和气压的高低有关。

当空气中无数微小的水滴凝聚在一起，或遇到了微粒杂质并附着在其上时，它们便形成了体积更大的水滴。当水滴进一步降温至冰点并遇到了凝结核时，就可以进一步冻结为冰。而有的水滴虽然温度降至低于冰点，但仍然以液体的形式存在，称为过冷却水或过冷水。在负温的云层或冰雹云中，含有大量的过冷水滴。过冷水滴一旦遇到凝结核，便立即凝结为冰。水汽在碰到足够冷的凝结核时，也可以直接凝华为冰晶，此时可称为霜或雪。

当冰、雪和霜加热至溶点时，便融化为水，或者当热源能够提供足够的热量时，它们也可以直接升华为水汽。水的三种状态转化示意图如图 13-1 所示。

3. 冰的分类

当直升机在一定高度内飞行时，直升机部件的边缘和外露部位在足够冷的情况下，即成为水汽的凝结核。如果此时空气中有过冷水、水或水汽存在，当它们触碰到飞机部件时，就可能立即冻结或凝华为冰晶。通过冻结，由过冷水或水触碰在直升机表面形成滴状结冰；通过凝华，由水汽直接附着在飞机表面形成凝华结冰。此外，还有第三种结冰形式——干结冰，它由冰晶体沉积到直升机表面上而使直升机结冰。直升机上常见的结冰形式是滴状结冰。

按照冰层表面的外形，飞机结冰可以分为毛冰、明冰和角状冰 3 种，如图 13-2 所示。3 种结冰形式中，角状冰危害最大，因为它不但严重破坏了直升机的气动外形，而且与旋翼翼型表面结合牢固，难以脱落。

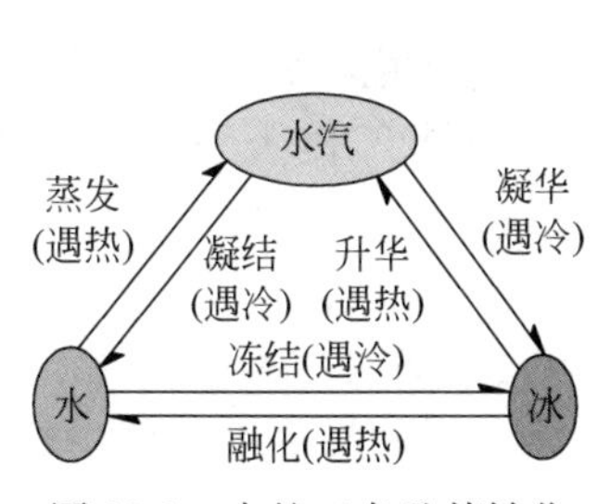

图 13-1　水的三态及其转化

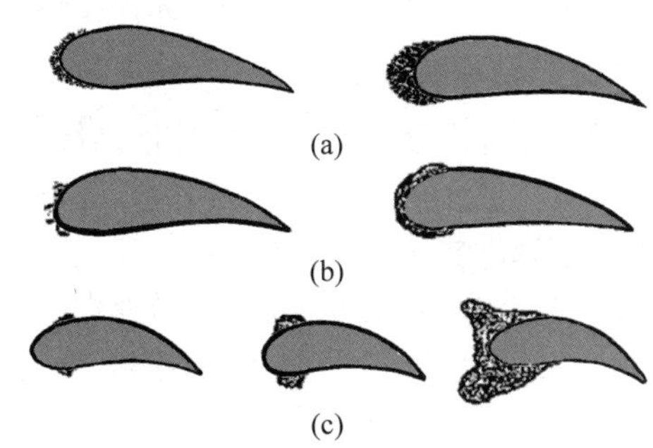

图 13-2　典型的结冰形态

(a) 毛冰；(b) 明冰；(c) 角状冰

4. 直升机防冰系统的基本组成

直升机选装防冰系统可以提升其在寒冷气候条件下的飞行作业能力，改善飞行安全品质。典型的直升机防/除冰系统主要由空速管加温、发动机进气道加温、风挡加温、水平安定面除冰、旋翼电加温除冰等分系统组成。

直升机防冰系统工作原理一般是：在结冰探测器探测到直升机的结冰状况，或根据机型飞行手册的要求在气象条件低于相关标准的情况下，接通直升机防冰除冰系统，以防止冰在机体和部件上形成或除去已形成的冰，大多数直升机采用的方法是使用发动机引气加温或电阻丝加温。

防冰除冰系统根据直升机的需求属于可以选装的设备，用户可根据不同型号的直升机以及飞行作业的环境和条件选择一个或多个防冰除冰分系统，本章将重点介绍几种常用的系统。

13.1.2　结冰探测器

结冰探测器有多种形式，一般可分为直观式结冰探测器和自动式结冰探测器两大类。

直观式结冰探测器如探冰棒，它一般安装在机头前方、风挡玻璃框架附近容易观察到的地方。当目视发现结冰后，飞行人员人工接通除冰系统进行除冰。典型的直观式结冰探测器如图 13-3 所示。这种形式的探测器因其结构简单、安装和使用直观方便、成本较低，同时直升机飞行高度比较低，因此被广泛地使用在许多早期直升机和在一般作业环境下飞行的直升机上。

自动结冰探测器如振荡式、压差式结冰探测器、放射性同位素结冰探测器等，当达到结

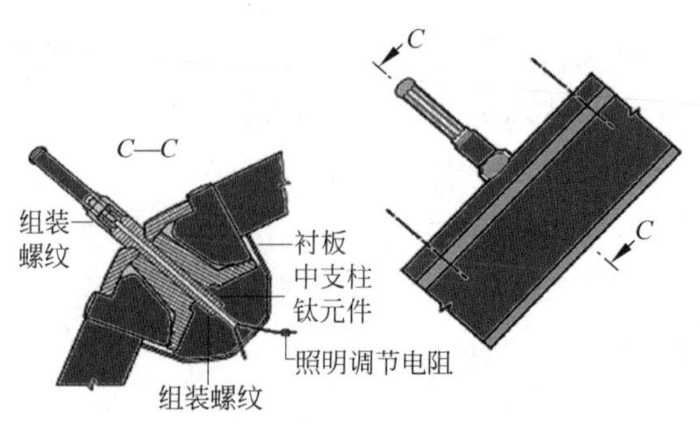

图 13-3 典型的直观式结冰探测器

冰灵敏度时,既可向飞行人员发出结冰信号,又能自动接通防冰系统进行除冰。结冰灵敏度指的是当结冰探测器发出结冰信号时所需的最小冰层厚度。在相对恶劣的飞行气候条件下,直升机通常会采用一种以上形式的结冰探测器作为防冰系统探测器,以下对它们作简单介绍。

1. 振荡式结冰探测器

振荡式结冰探测器是利用传感元件结冰之后振荡频率发生变化的原理工作的。振荡式结冰探测器由传感元件、支撑座、安装盘、壳体、电子控制电路和电气接头等组成,其中传感元件和支撑座暴露在机外气流中,安装盘上有螺孔,支撑座里有驱动线圈、反馈线圈和加热器,电子控制电路包括集成电路板和微处理器等。

振荡式结冰探测器的探头是一个镍合金管,一半安装在支撑座里,另一半(25.4mm)和支撑座一起暴露在机外气流中,如图 13-4 所示。振荡式结冰探测器的中心部件是超声波轴向振荡探头,当外界出现结冰条件时,传感元件开始结冰,该探头在结冰之后,其振荡频率将发生变化,利用这一原理就可以探测到结冰状态的存在。

2. 压差式结冰探测器

压差式结冰探测器又称为冲压空气式结冰探测器,它利用测量迎面气流的动压(全压)与静压的差值的原理制成。压差式结冰探测器的核心元件是膜片和电接触点,如图 13-5 所示。膜片将静压室与全压室隔离,膜片上装有活动触点,两室之间由泄压孔相通。全压室通过进气孔端面上的小孔接收进气道气流的冲压,而静压室通过探测器侧面的小孔感受空气的静压。该结冰探测器的空气进口和探头根部还有两组加温电阻,用于探测器本身除冰加温,探测器通过电接头与外电路连接。

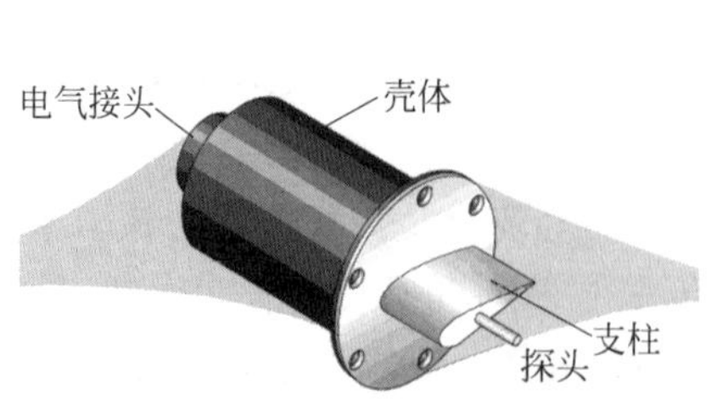

图 13-4 振荡式结冰探测器

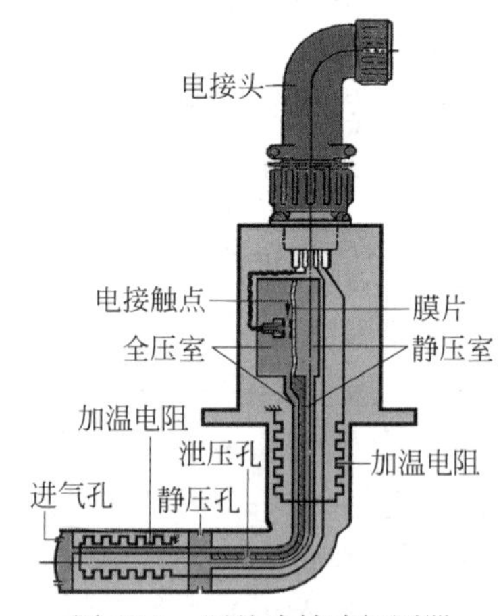

图 13-5 压差式结冰探测器

压差式结冰探测器一般应用在发动机进气道内，其头部一端伸向进气道内，进气口对准气流的方向。在发动机不工作，没有冲压气流时，接触点处于闭合状态；当发动机工作时，冲压气流进入全压室，由于全压、静压之差使膜片弯曲，触点断开。在飞行中，当发动机进气道出现结冰情况时，结冰探测器端头进气口上的小孔被冰层部分或全部堵塞，这时全压室部分或完全失去冲压气流。同时膜片两边的全压室和静压室的压力通过泄压孔达到一致时，膜片受力平衡，恢复初始状态，膜片上的活动接触点与固定接触点触合，接通驾驶舱内的结冰信号灯，发出结冰信号，与此同时自动接通探测器自备的加温电路。经加温后，除去结冰探测器头部进气孔的冰层，足够的冲压空气又进入全压室，膜片两边腔室压力平衡被打破，膜片弯曲再次断开触点，信号灯熄灭，同时探测器自备的加温电路自动断开，停止加温。这时如果直升机仍处于结冰区，将再次重复上述过程。因此直升机在较大范围的结冰区域内飞行时，结冰信号灯将周期性闪亮，提醒飞行人员对发动机进气道除冰。

3. 放射性同位素结冰探测器

放射性同位素结冰探测器是利用放射源发射的β粒子(电子)穿越冰层后数量会减少的原理，采取使用计数器探测β粒子数量的方式来实现探冰功能。

放射性同位素结冰探测器使用的放射源为放射性材料钇($_{39}Y^{90}$)或锶($_{38}Sr^{90}$)，它们都放射出β粒子。当具备放射源的圆柱体探头探入气流中结冰后，冰层吸收部分β粒子，使β粒子计数器接收到的β粒子数量减少。若冰层厚度达到结冰灵敏度时，经放大器变换后发出结冰信号，并推动执行元件接通本身的加温电路。与压差式结冰探测器一样，直升机飞过较长结冰区域时，结冰信号灯会周期性闪亮。放射性同位素结冰探测器如图 13-6 所示。

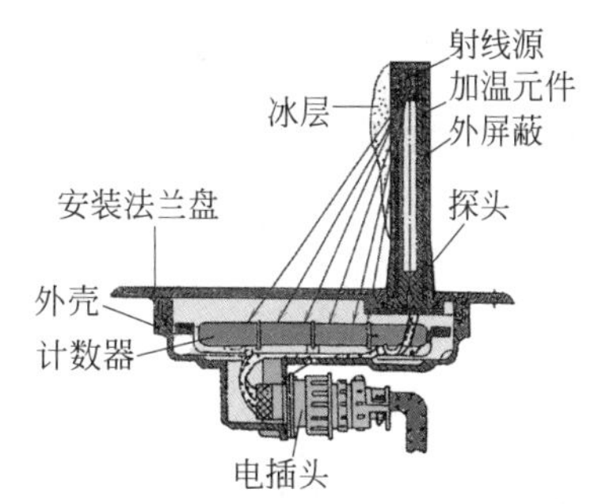

图 13-6　放射性同位素结冰探测器

13.1.3　空速管加温防冰系统

一般直升机上在机头前部都装有空速管用于空速的测量和指示，为保证测量的准确性和飞行安全，空速管配备了加温防冰系统。在寒冷气候条件下当外界气温低于规定值(通常在飞行手册中会给出具体的标准数据)时，要求机组接通加温电路，使空速管加温防止冰在其上形成。

空速管加温一般采用电加温的形式，利用直升机本身的直流电源给安装在空速管中的加温电阻通电起到防冰的作用。驾驶舱有控制面板和控制开关，线路中有控制元件和继电器等实现对系统的控制。

图 13-7 所示是某型直升机的空速管加温控制电路，两个空速管加温电阻均由直流汇流条供电。当驾驶舱控制面板上的加温控制开关扳至接通位时，电流经断电保护开关至加温控制继电器再到加温电阻进行加温。如果线路有故障或控制开关在断开位，驾驶舱警告板上相应的空速管加温警告灯则亮。

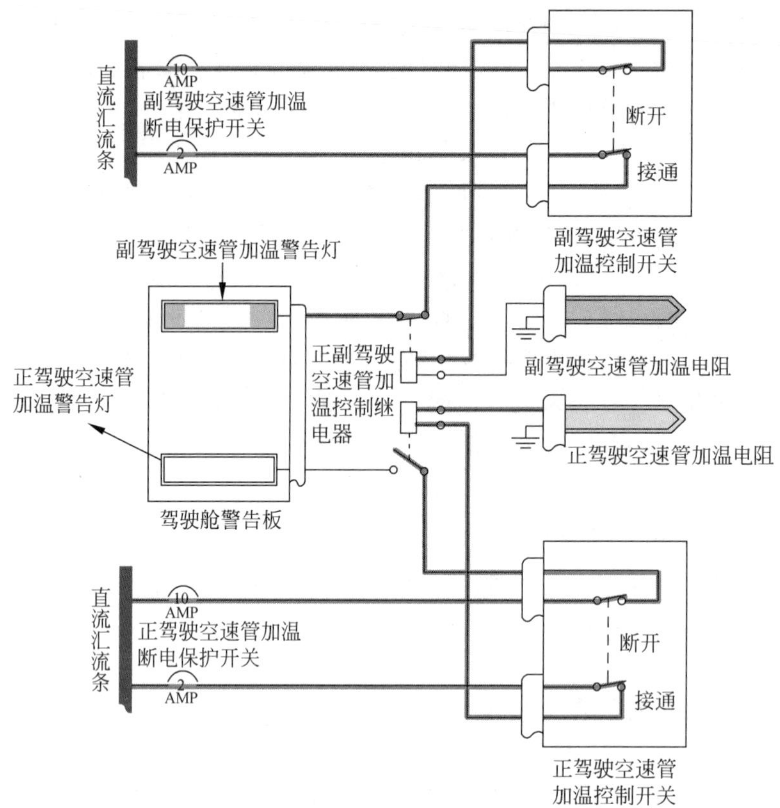

图 13-7　某型直升机空速管加温控制电路

13.1.4　风挡加温防冰系统

直升机为满足驾驶员在飞行和作业中的视野要求，方便机组成员飞行中观察周边环境，一般都采用较大的风挡窗户；在寒冷气候条件下，为使驾驶员飞行中不受影响，直升机风挡玻璃使用了加温防冰系统以防止霜雾和结冰的形成。

风挡加温系统常见的方法为电加温法，系统使用交流电源，加温元件采用透明薄导电膜，风挡玻璃是多层结构。最简单的结构为：将加温导电膜安装在两层玻璃之间以提供快速的热传递和防止受损，加热可以使窗户更富有弹性，有更好的抗撞击能力；同时，两层玻璃之间一般还安装一个温度传感电阻和一个超温传感电阻。温度传感电阻保持风挡玻璃的温度在规定的范围之内，如果该电阻失效，当风挡玻璃的温度达到一定值时，超温电阻将工作使风挡玻璃的温度不会超过预定的最大值。温度传感电阻用某种方法植入玻璃内，与主加温薄导电膜绝缘，但能够对温度的变化及时作出响应。有些窗户的温度传感电阻不是被植入玻璃内，而是通过一个鼠夹式的压力弹簧被紧贴在窗户上，开关的位置标记在窗框内侧，开关处有传导涂层以改善热传导性能。风挡加温位置和典型的风挡玻璃如图 13-8 所示。

图 13-9 所示为典型的风挡加温电路图，由加温控制开关、温度传感电阻、控制组件和控制线路组成。控制组件主要是一个电桥、一个放大器和一个继电器。当控制开关扳至接通位，线路接通电源供到风挡窗户，当玻璃温度开始增加时，传感电阻的阻值也随之增加，在温度达到一个预先设定的温度(例如 40℃)时，电流流过平衡电桥，控制组件的继电器切断加

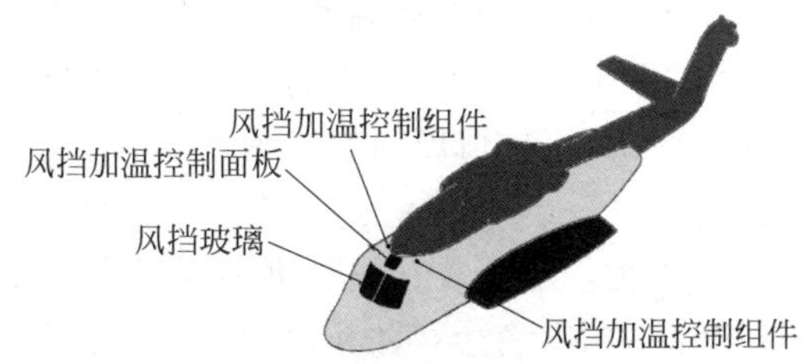

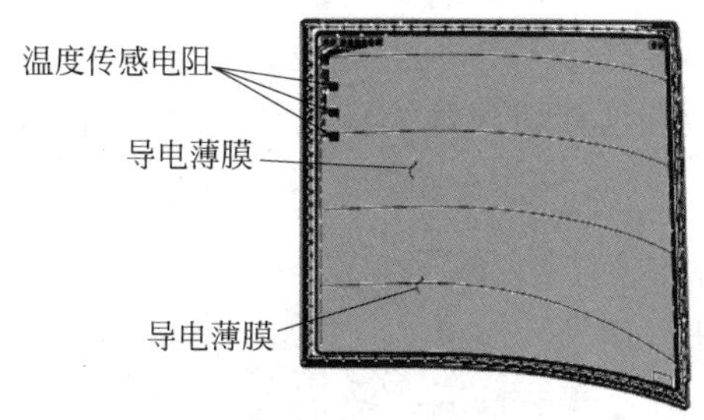

图 13-8 风挡加温位置和典型的风挡玻璃

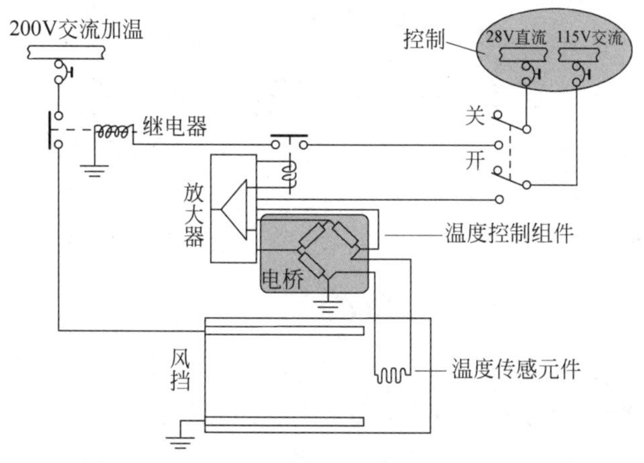

图 13-9 某型直升机风挡加温控制线路图

温电流。当温度下降后，传感电阻阻值下降，造成电桥不平衡，恢复加温。

风挡加温系统在维护和定期检查时必须注意玻璃的分层、碎裂、擦伤、电弧等现象，这些现象的产生通常说明加温系统有可能有故障使得玻璃受到损伤或外界损伤影响了加温系统的正常工作及玻璃的光学质量。其他的检查要求和注意事项在维修手册中会详细给出，例如，许多风挡加温系统在风挡玻璃上刻有可识别阻值的代码，更换电加温风挡以前，应该测量导电膜和传感电阻阻值并与维护手册的规定值进行比较。

13.1.5 发动机进气道防冰系统

虽然直升机的发动机进气道比涡轮喷气和涡轮风扇发动机的进气道要短，但是结冰同样会影响发动机的空气流量，冰破裂还可能导致压气机损伤，因此防冰系统用于防止在进气道内冰的形成。

直升机的发动机进气道防冰通常采用电加温和热空气两种防冰方式,电加温方式通常使用交流电,热空气方式使用发动机的引气。另外有的型号的发动机将其润滑系统的滑油箱设计安装在发动机进气道的下部,这样可以通过发动机本身热滑油循环流过进气道、整流锥和进气道支柱来防止冰的形成。

电加温防冰系统通常是将电加温层安装在发动机进口整流罩表面,用环氧树脂灌充,玻璃纤维作保护,使用特殊的聚亚安酯底漆涂层防止雨水的侵蚀。当系统工作时,115V 交流电给发动机进气道电加温带加温,上下加温带使用单独的汇流条供电连续加温,一个汇流条故障时另一个仍能保证所需的加温要求。有的系统在加温带附近设有一温度传感器(温度设定在一规定值,如 5℃)以保证在低于该温度值时系统开始工作,高于该温度值则将电加温断开。典型的发动机进气道电加温区域如图 13-10 所示。

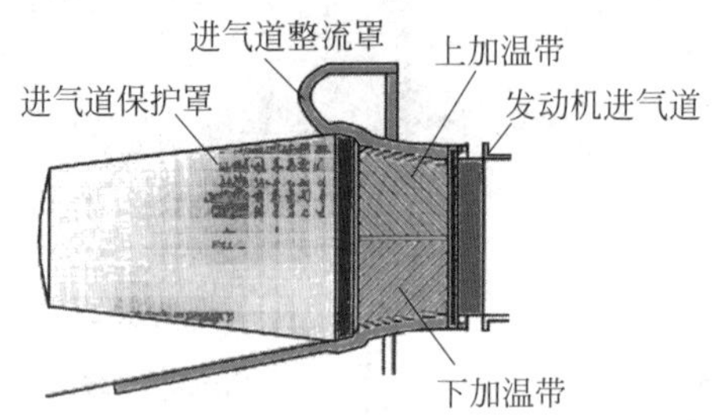

图 13-10 典型的发动机进气道电加温区域

热空气防冰系统使用的热空气来自发动机引气,经压力调节关断活门,一定流量的热空气被传送到发动机进口需要防冰的地方,然后排入压气机进口。通常需要防冰的地方有发动机进气道和前整流锥,有的型号的发动机第一级静子叶片也有热空气流过。

13.1.6 水平安定面气动除冰系统

为了防止直升机水平安定面前缘结冰而降低它的气动性能,在有些直升机上采用气动除冰系统。系统工作时循环进行(如某机型是 5min 一个循环),将发动机 P2 引气至水平安定面前缘除冰带充气一段很短的时间(如某机型是 6s),使前缘翼型改变,将上面的结冰破碎并吹除。在其余时间内(4′54″),P2 引气用来使除冰带真空,保证了前缘翼型的流线。图 13-11 所示为典型的水平安定面气动除冰示意图。

气动除冰带使用柔软而有韧性的橡胶织物和氯丁(二烯)橡胶制造,外层使用聚氨基甲酸乙酯弹性纤维防止老化和磨损。除冰罩的维护和修理应按照机型维护手册的要求进行,定期对系统进行压力测试和渗漏检查。正确的保养和维护可以延长除冰带的寿命,否则容易使除冰罩刮伤而损坏,滑油和燃油侵蚀橡胶也会导致其老化,应该定期使用中性肥皂液清除除冰罩上的污染物。

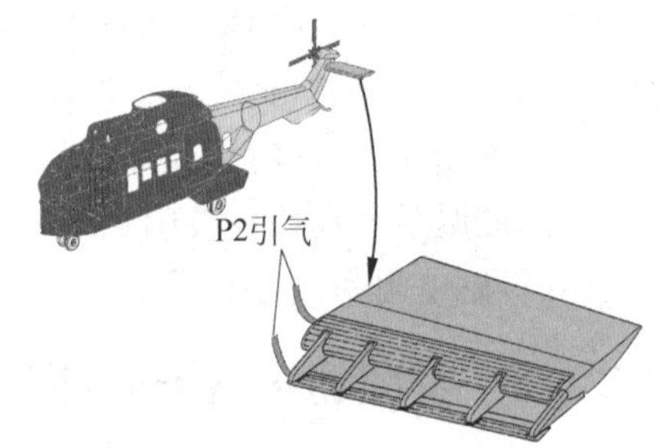

图 13-11 典型的水平安定面气动除冰示意图

13.1.7 桨叶电加温防/除冰系统

直升机的主旋翼桨叶采取的是除冰系统，即在叶片前缘安装加温垫，允许叶片表面结冰，然后通过短时间通电加温，使冰松动并被桨叶旋转离心力甩出。尾桨则采用防冰系统，即在叶片前缘安装电阻丝加温垫，持续加温，防止冰的形成，避免冰层的脱落损伤甚至危害主旋翼和尾桨。由于这种防/除冰系统对电能的需求较大，因此直升机上必须安装大功率发电机。电流通过电刷连接到转动的旋翼加温电阻上。图 13-12 所示为 AS332 直升机上的桨叶加温带示意图。

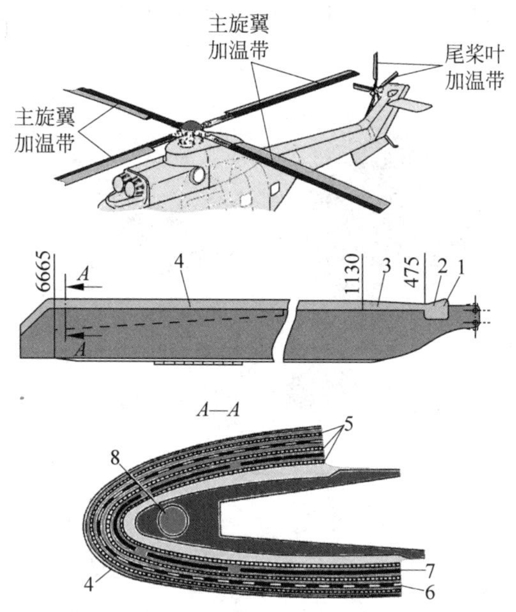

图 13-12 典型机型桨叶加温带示意图

1—接线座；2—除冰电路盒；3—氯丁橡胶保护段(站位 475～1130)；4—钛合金防磨层(站位 1130～6665)；5—氯丁橡胶层；6—玻璃纤维层；7—电阻丝；8—桨叶大梁

该机型主桨叶叶片的加温垫制造成特定的形状并通过热焊接安装在桨叶前缘。它由若干个加温带构成，加温带装在橡胶层内，外面由玻璃纤维布加强，整个部件的外面再由钛合金层保护，加温电源使用三相交流电，如图 13-13 所示。尾桨桨叶加温垫的结构和工作情况与主桨桨叶相似，区别只是加温时间，主桨采用的是在出现结冰后系统工作开始加温除冰，而尾桨则根据天气状况采用连续加温防冰。

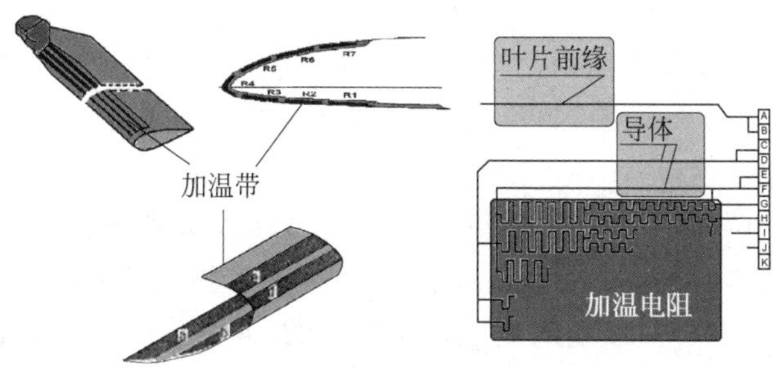

图 13-13 桨叶电加温示意图

13.2 排雨系统

飞行期间雨水落在风挡上会降低飞行员的视野,甚至直接影响飞行安全,因此必须清除雨水,直升机上最常用的风挡排雨系统是电动风挡雨刮系统。

电动风挡雨刮系统主要由驾驶舱的雨刮控制开关、电动马达、雨刮组件、运动转换齿轮箱、控制组件等组成,如图 13-14 所示。风挡雨刷使用橡胶刮条紧贴风挡来擦除雨水和半融冰,电动马达由直升机电源系统操纵,通过柔性钢索传递运动至转换齿轮箱,从而实现往复运动来操作雨刮,通过控制开关可以获得不同的雨刮速度。工作时,雨刮停在能让飞行员保持清晰视野的位置。

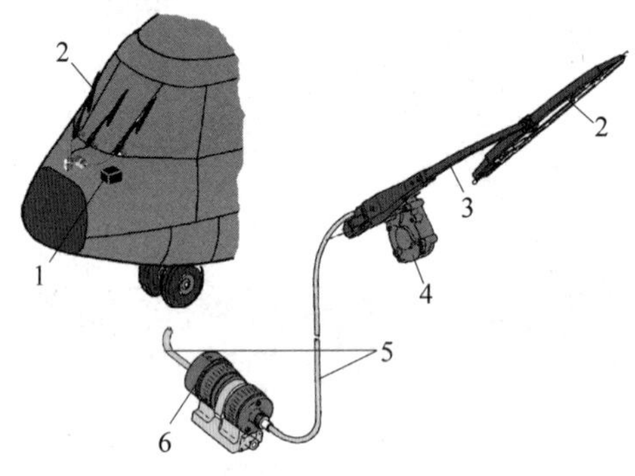

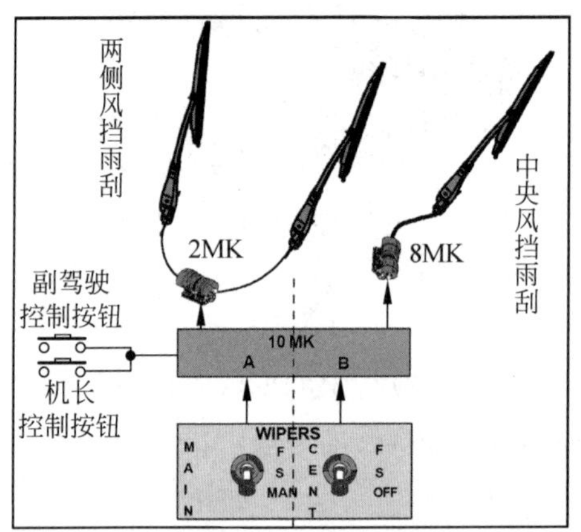

图 13-14 风挡雨刮系统部件位置示意图

1—控制组件；2—雨刮组件；3—雨刮驱动摇臂；4—运动转换齿轮箱；5—柔性钢索；6—电动马达

图 13-15 所示为某机型风挡雨刮系统的控制电路,系统目前处在关断位,如开关置于“慢”位,开关处于 4、5 和 2、3 位；如开关置于“快”位,开关处于 5、6 和 2、1 位。速度控制器控制电动马达的转动速度。

许多直升机的风挡雨刮系统还配备有风挡清洗系统,由清洗液储存箱、马达、管路和控制开关控制电路组成,如图 13-16 所示。风挡清洗液通常为酒精和水的混合液,通过电动泵和管路输送到风挡前的喷嘴,喷射时间通常是固定的,大约为 10s。清洗由风挡控制面板上的按钮电门控制。

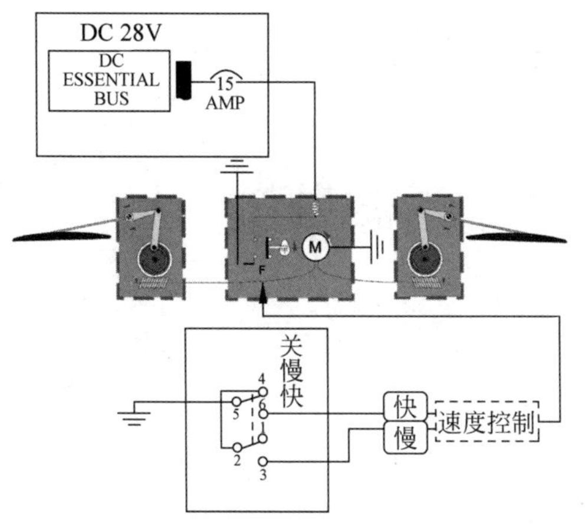

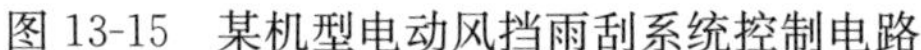
图 13-15　某机型电动风挡雨刮系统控制电路

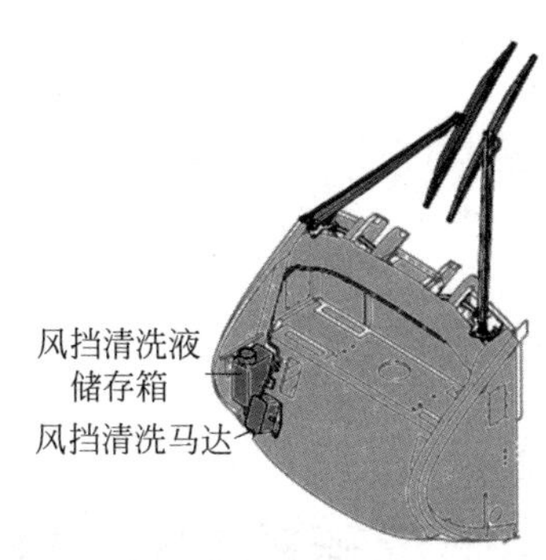

图 13-16　典型的风挡清洗系统部件位置示意图

第14章

起落架

14.1 起落架的功能、分类与结构

14.1.1 概述

直升机起落架由承力机构、减振装置、机轮、收放和转向机构组成,起落架可使直升机从地面/水面起飞、着陆、滑行、停放并吸收着陆撞击能量。

起落架系统是直升机的主要系统之一,其工作性能的好坏直接影响直升机的起飞、着陆性能和航空器的安全。起落架也是直升机上受力较大的部件,在每次起落中都承担着直升机的全部重量及冲击载荷,并且经常要接触液体、冰雪、油污及沙砾等,因此为防止起落架腐蚀、损伤、机械部件卡滞及电子部件的失效,需要经常对起落架进行清洗、保养和润滑。

14.1.2 起落架的功能

起落架的功能有:

(1) 支撑飞机于稳定的姿态;

(2) 在飞机做地面机动动作时对飞机进行支撑;

(3) 吸收着陆时的冲击;

(4) 降低飞机地面振动;

(5) 轮式起落架为飞机提供转弯和刹车功能。

14.1.3 起落架的分类

要实现起落架的上述功能可以通过多种不同的设计,这取决于直升机的型号及其安装的起落架。有的飞机使用一种简单的滑橇类型的起落架,有的起落架采取两个连接于机身的主起落架以及一个安装于机头或机尾的起落架。机头或机尾的起落架只承担很少一部分的飞机重量,其主要用于实现飞机的转向功能。

有些较大型直升机往往安装的是一些简单可靠的固定式起落架。固定式起落架简单可靠、维护量小并且成本较低,但也会因为无法收起而影响一些飞行性能。

对于更快速的直升机,起落架对飞机性能的影响变得更加明显,因此采用可收于机身的可收起式起落架。可收起式起落架减少了起落架的阻力,降低了燃油消耗率,大大提高了飞机性能;其缺点就是重量较重,结构复杂,并且维护量大。

起落架系统大致可分为 4 类：滑橇式起落架(见图 14-1)、浮筒式起落架(见图 14-2)、固定式起落架(见图 14-3)、可收起式起落架(见图 14-4)。

图 14-1　滑橇式起落架

图 14-2　浮筒式起落架

图 14-3　固定式起落架

图 14-4　可收起式起落架

滑橇式起落架与浮筒式起落架的具体结构形式会在 14.6 节中详细描述。这里所讲的固定式和可收起式起落架均为轮式起落架。

14.1.4　固定式和可收起式起落架的结构形式

固定式和可收起式起落架的结构形式可分为构架式、支柱套筒式和摇臂式三类。起落架的结构形式取决于直升机的型号、尺寸等因素，起落架的结构形式主要影响直升机的结构受力和起落架的收放。

1. 构架式起落架

构架式起落架如图 14-5 所示，这种结构形式的起落架应用在某些直升机的主起落架上。

构架式起落架主要由减振器、撑杆(一根或两根)以及轮轴和机轮等组成。减振器和撑杆分别与机身铰接，减振器与撑杆之间也采用铰接。机轮通过轮轴固定在撑杆的外端。当起落架受到地面的反作用力时，减振器和撑杆主要承受拉伸和压缩的轴向力，撑杆承受的弯矩较小，因此构造简单。但是，这种起落架一般较长，其原因是减振器必须具有一定尺寸的行程，并且当气体和油液压缩到行程的终止位置时，还应具有一定的余量，这就使减振器的尺寸增大，起落架的尺寸也随之增大。

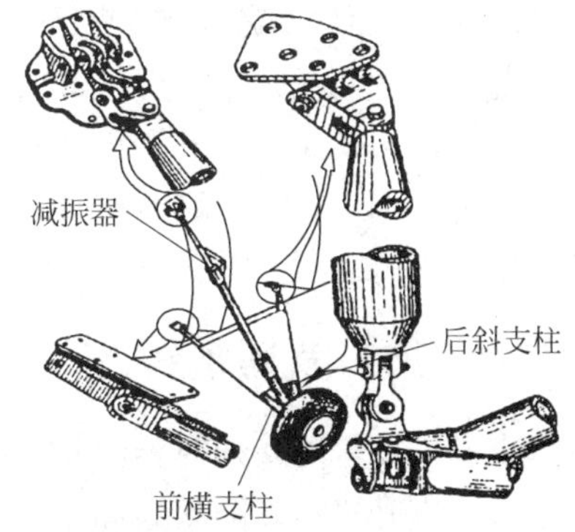

图 14-5　构架式起落架

2. 支柱套筒式起落架

支柱套筒式起落架(见图14-6)主要由减振器、撑杆(或收放作动筒)、防扭臂、轮轴和机轮组成。减振器通过撑杆以及自身的接头固定在机身下部结构上,机轮通过轮轴直接固定在减振器的下端。这种结构形式的起落架结构简单、紧凑,减振器的外筒具有较强的抗扭能力。但这种起落架承受水平撞击时,减振支柱不能很好地起到减振作用。因为在没有倾斜角的支柱套筒式起落架上,水平撞击力不能使减振支柱受到压缩。此外,在着陆和滑行过程中,起落架上的载荷通常是不通过支柱轴线的,而支柱套筒式起落架的减振支柱在这种载荷作用下要承受较大弯矩,使活塞杆和外筒接触的地方(支点)产生较大的摩擦力。这样,不仅减振支柱的密封装置容易磨损,而且它的工作性能也要受到很大影响。在减振支柱的维护、修理工作中,要注意活塞杆上下轴承的磨损情况和密封装置的状态。

3. 摇臂式起落架

如图14-7所示,摇臂式起落架主要由减振器、撑杆(或收放作动筒)、摇臂、轮轴和机轮组成,机轮通过摇臂连接在减振器的下端。

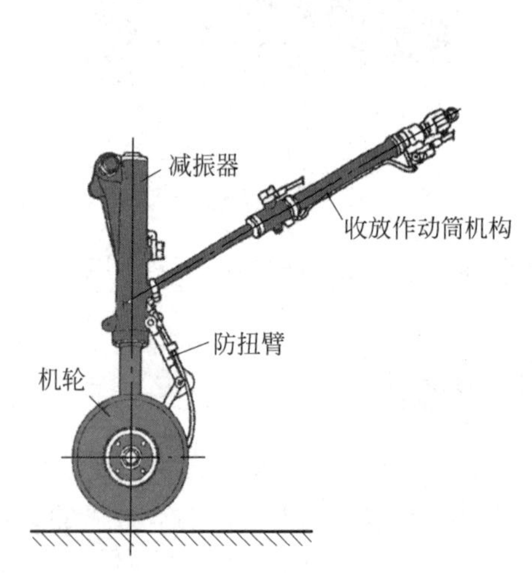

图14-6 支柱套筒式起落架

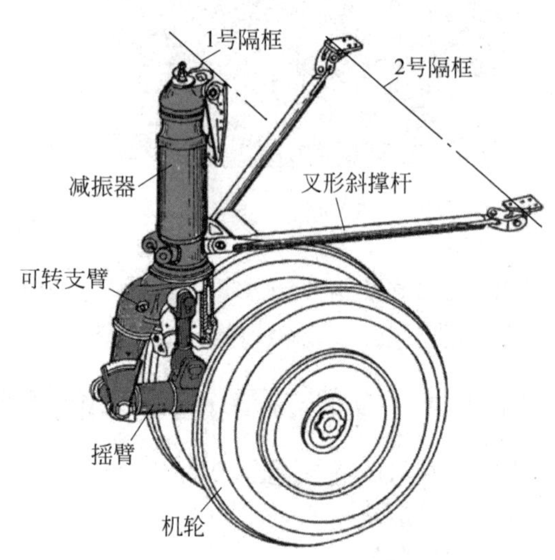

图14-7 摇臂式起落架

摇臂式起落架不管是承受垂直方向和水平方向的撞击,都可以使摇臂围绕支臂上的铰接点转动,从而压缩减振器,使起落架起到减振作用。摇臂式起落架解决了起落架的水平撞击载荷的减振问题。

摇臂式起落架与支柱套筒式起落架相比,具有以下优点:承受水平撞击时,减振器能较好地发挥作用;摇臂式起落架的减振器一般只承受轴向力,不受弯矩,因此密封装置的工作条件要好得多。

14.1.5 减振系统

直升机在着陆接地时,要与地面剧烈碰撞;在滑行中,由于地面不平,也会与地面相撞。为了减小直升机在着陆接地和地面运动时所受的撞击力,并减弱直升机因撞击而引起的颠簸跳动,直升机必须设置减振装置。直升机减振装置由轮胎和减振器两部分组成,其中轮胎

(尤其是低压轮胎)大约可吸收着陆撞击动能的30%,而其余的能量必须由减振器吸收。随着直升机的不断发展,减振器也有了很大的发展,减振性能不断提高,现代直升机普遍采用油气式减振器。

如果起落架减振器工作不好,直升机就要受到很大的撞击力,并产生强烈的颠簸跳动,对直升机结构和飞行安全都极为不利。因此,研究减振原理及油气式减振器的工作特性,对直升机维护和机务人员都具有十分重要的意义。

1. 减振原理

直升机和固定翼飞机一样,起落架减振装置种类很多,构造上有很大差别,但减小着陆撞击力和减弱飞机颠簸跳动的基本原理是一样的。

根据动量定理,物体撞击时的冲击力大小与撞击的时间成反比,与动量变化量成正比。当动量变化量一定时,撞击时间越长,由撞击产生的冲击力越小。

起落架减振装置减小撞击力的道理也是这样：直升机着陆接地时,轮胎和减振器像弹簧那样产生压缩变形,延长撞击时间,从而减小撞击力。然而,减振装置不但要减小着陆时的撞击力,还要将撞击动能耗散掉,减小撞击之后的颠簸跳动。如果起落架减振装置的热耗作用很差,直升机着陆接地后将产生比较强烈的颠簸跳动,因此起落架减振装置都有专门的装置来增大消耗能量的能力。

减振原理的实质是：通过产生尽可能大的弹性变形来吸收撞击动能,以减小直升机所受撞击力；利用摩擦热耗作用尽快地消散能量,使机体接地后的颠簸跳动迅速停止。

2. 减振器的发展

减振器随着航空器的发展而不断发展,减振器的性能不断提高。根据吸能缓冲原理和耗能原理的不同,直升机所用的减振器有橡胶减振器、弹簧减振器、油液橡胶减振器、油液弹簧减振器、油气减振器和油液减振器等类型。

随着直升机重量的增大和飞行速度的不断增快,着陆时撞击动能也相应增大,要求减振器吸收的能量就越来越多,同时要求减振器的尺寸较小,油气式减振器便应运而生。油气式减振器的主要特点是利用气体的压缩变形来吸收能量,气体能被压缩在一个较小的容积内,而且重量很小,因而在吸收能量相等的情况下,这类减振器的体积和重量比较小。油气式减振器在减振性能方面具有许多优点,而且在长期使用过程中又有了许多改进,所以直到现在仍然是起落架减振器的主要形式。

3. 油气式减振器

油气式减振器主要利用气体的压缩变形吸收撞击动能,利用油液高速流过小孔的摩擦消耗能量。

油气式减振器采用的油液是粘度相对较高、高温下化学稳定性较好的石油基液压油；采用的气体是干燥的氮气,可以避免液压油在高温、高压下氧化,甚至燃烧。

油气式减振器可分为单腔式和双腔式两种。一种典型的单腔式减振器为带有计量油针的单腔式减振支柱。

(1) 单腔式减振器的构造及工作原理

图14-8所示为带有计量油针的单腔式减振支柱,它一般应用于直升机的前起落架。减振器主要由外筒、内筒、计量油针、缓冲环、液压油和氮气等组成。支撑管固定在外筒上,且

在其下端有一个计量孔,减振支柱压缩时,计量油针可伸入此计量孔中,从而改变计量孔的流通面积。支撑管侧面还有一些小孔,可使支撑管内的腔室与上部的支撑管与外筒之间的环形通道相通。

油气式减振器的工作过程由两部分组成,即压缩行程和伸张行程。

① 压缩行程

如图 14-9 所示,直升机着陆时,具有一定的垂直速度,即具有一定的撞击动能。接地后,机轮和内筒不再向下运动,但外筒可以继续下移,因此直升机将继续下沉。当外筒带动支撑管向下运动时,压力油顶开缓冲环,并经活门座上的油孔以及支撑管下端的计量孔向上流动,使气体压力增大。随着外筒的不断下移,气体压力不断增大,使直升机下沉的速度逐渐减小。当直升机下沉的速度为零时,减振器停止压缩。由于减振器可以压缩,直升机的下沉速度是在减振器的压缩过程中逐渐减小到零的,故速度变化较慢,即负加速度较小,所以撞击力小。

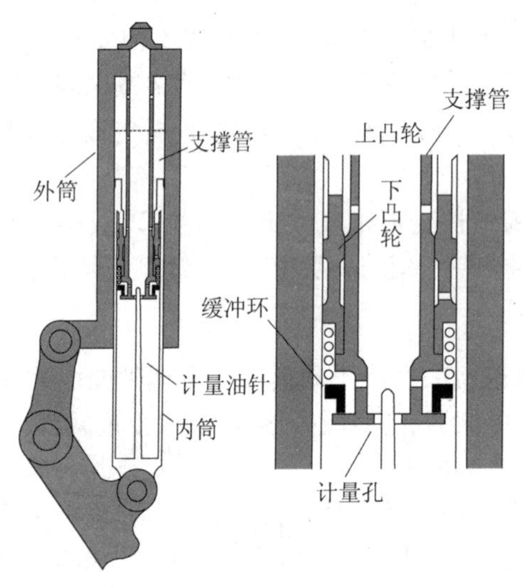

图 14-8 直升机前起落架单腔式减振器(带计量油针)

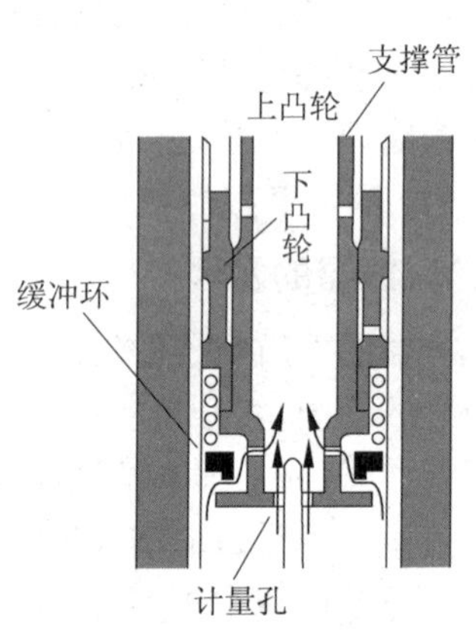

图 14-9 压缩行程

直升机停止下沉时,它的撞击动能以及直升机重心降低的势能,一部分转变成气体的压力能;另一部分由于油液高速流过计量孔时产生剧烈摩擦,以及内筒和外筒相对运动时产生的机械摩擦转变成热能。压缩行程终止时,减振器的压缩量要比停机时的压缩量大,即气体的作用力大于直升机的重力,因此气体还要膨胀,使减振器伸张。

② 伸张行程

如图 14-10 所示,气体作用力推动外筒将直升机向上顶起。由于气体膨胀,推动油液向下流动,缓冲环在油压力和弹簧力的作用下,紧贴在下面的活门座上。液压油只能通过计量孔流动,减小了通过面积。油液流过计量孔时产生剧烈摩擦,流动阻力很大,热耗作用较大。

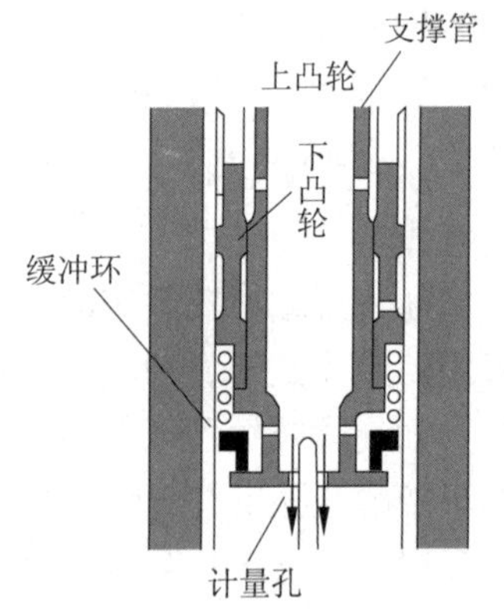

图 14-10 伸张行程

在伸张行程中气体释放的能量，一部分用来将直升机顶起，转化为直升机的势能；另一部分能量由油液高速流过小孔以及零件之间的机械摩擦转化为热能消散掉。

当直升机停止向上运动时，减振器内气体的作用力已小于其停机载荷，直升机便开始第二次下沉。经过若干次压缩伸张，减振器能将全部撞击动能转化为热能消散掉，使直升机很快平稳下来。

当直升机重着陆时，具有调节油针的减振器可在压缩行程中消除载荷高峰现象。但在伸张行程中，随着调节油针的伸出，通油孔面积逐渐变大，直升机上升速度较大，会出现在伸张行程结束时，虽然减振器支柱已经完全伸张，此时直升机仍具有上升速度，直升机将从跑道上跳起，重新离地，接下来会发生再次撞击，此现象即为反跳现象。

(2) 双腔式减振器

图 14-11 所示为双腔式减振器，通常应用于直升机的主起落架。减振器主要由外筒、支柱管、内筒、缓冲环、液压油和氮气等组成。在支撑管的下端有节流孔。a 腔为低压氮气腔，b 腔为高压氮气腔。在缓冲支柱完全伸出状态下，高压腔的压力可以是低压腔压力的 10 倍以上。a 腔和 b 腔里氮气和液压油是互相接触的。

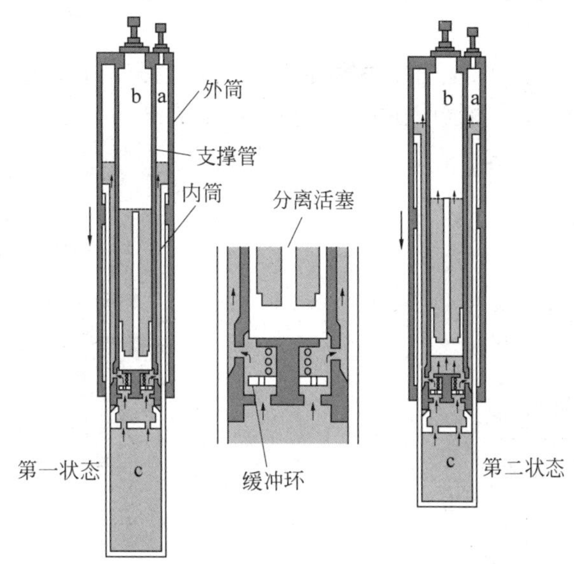

图 14-11　双腔式减振器(不带计量油针)

下面简单介绍双腔式减振器的工作过程。

① 第一状态

机轮触地，直升机下沉，向下压外筒，内筒相对于外筒向上移动，这时 c 腔容积减小，c 腔液体经缓冲环上的孔及与基座之间的环形通道流入低压腔 a，a 腔内氮气压力增加。离开基座的缓冲环没起到限流作用。

② 第二状态

随着压缩量的增大，内筒相对外筒继续向上运动，当 a 腔压力等于 b 腔(高压腔)压力时，分离活塞被液压油推动，压缩 b 腔内的氮气。被压缩的氮气量增加，因此缓冲支柱压缩率降低。b 腔改善了缓冲支柱在极限压力下的压缩性能。

当氮气压力与作用在机轮上的动载荷平衡时压缩停止。因此如果垂直加速度小，只有低压腔起作用(第一状态)。

随后,缓冲支柱在压缩时储存的氮气压力能的作用下伸出,氮气将液压油推进体积逐渐增大的 c 腔里。缓冲环落在其基座上,由于液体流动受到阻尼,从而减缓了活塞杆的伸出。当作用在机轮上的动载荷与逐步降低的氮气压力平衡时,缓冲支柱停止伸出。

4. 地面勤务

(1) 一般性检查

油气式起落架需要经常检查,包括安装连接处的裂纹、损伤和腐蚀,以及转动点的磨损,除此之外下列检查是必要的:

① 使用专用清洗液擦洗内筒外表面,避免灰尘和沙砾对内筒下端封严件的损伤;

② 检查内筒的伸出部分,比如每日按维护手册的重心/载荷图来检查内筒可视部分的长度;

③ 应经常察看支柱是否漏油,如果是由于密封件失效引起的漏油,则更换密封件。如果是因为内筒划痕引起的漏油,则更换支柱;

④ 为安全起见,应对防扭臂、转弯臂、减摆器连接处的裂纹、磨损及其他损伤进行检查;

⑤ 根据维修方案,定期对起落架所有运动部分进行润滑。

(2) 油气减振支柱的充填

应该按照维修手册说明的正确程序执行,减振支柱的充填必须依照制造厂给出的勤务曲线图(见图 14-12)进行,该曲线图在机型维护手册中给出。

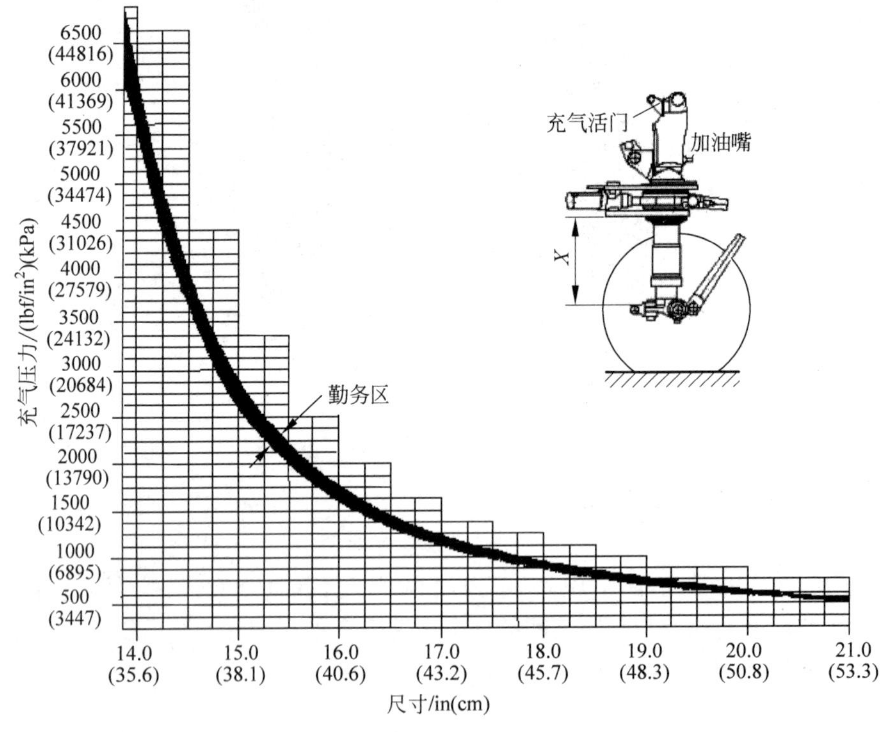

图 14-12 某型直升机主减振支柱充气曲线图

主要工作程序如下:

① 顶起直升机脱离地面使减振支柱可以完全伸出;

② 缓慢释放气压并拆下充气阀门；

③ 拆下两个油滤堵塞，将一个接口连接放气接头和管路，将液压油充填装置连接到另一个接口上；

④ 将放气管路放入一个容器中，操作液压泵将液压油加入到支柱中，直到放气管中没有气体流出，拆下放气接头重新装回堵塞；

⑤ 继续向支柱中泵油使支柱内增压到指定值，确保分隔盘最低，释放气压；

⑥ 断开充填装置那一端的管线，并放入接油容器中；

⑦ 顶起下支柱至完全压缩支柱，将多余的液压油排掉；

⑧ 将支柱上的充填管线拆下，装回充填堵塞，放下支撑下支柱的千斤顶并移开；

⑨ 装回充气阀门，并参照直升机维修手册中的压力伸展曲线图使用充气接头将支柱充气到正确的气压，断开充气装置；

⑩ 将液压油充填堵塞打上保险丝；

⑪ 检查支柱的渗漏迹象；

⑫ 当直升机放到地面时检查气压和伸出长度，并与曲线图进行比较。

14.2　收放系统

为了减小飞行阻力，以提高直升机飞行速度、增大航程和改善飞行性能，现代直升机的起落架大多是可以收放的。现代直升机起落架收放系统一般以液压为正常收放动力源，以液压、电力或高压气体作为备用动力源。起落架收放系统能否正常工作直接影响到直升机和旅客的安全。

14.2.1　概述

可收放式起落架在飞行时收到直升机的结构内部，有的还安装有舱门，起落架收起时保证了机身的流线型。与固定式起落架相比可收放式起落架有以下缺点：

(1) 增加了额外运动部件如作动筒等液压部件的重量；

(2) 结构更复杂；

(3) 需要额外的维护。

可收放式起落架由以下部件构成：

(1) 保证每个起落架装置和舱门稳固锁定在收上或放下位的机械锁；

(2) 为机组指示每个起落架位置的装置；

(3) 一旦动力源失效能将起落架放下的机构；

(4) 防止直升机在地面时，起落架误收起的机构；

(5) 防止起落架在收起位时着陆的系统。

设置起落架收放形式时，不但要考虑直升机内部空间(设置起落架舱)的限制，更要考虑应急放下起落架时的操作问题。

和固定式起落架一样，可收放式起落架通常安装有油气减振支柱，它通过钢或铝制配件连接到机体结构上。起落架舱门通常由连接在起落架装置上的联动装置关闭和打开。在一些直升机上起落架只是部分收起，并不需要舱门。

前起落架装置有定中凸轮和摆振阻尼器，一个人工操纵机构允许飞行员将前轮锁定在中立位置。

14.2.2 起落架正常收放系统

收上和放下起落架的液压系统通常由传动装置驱动的液压泵供压，辅助电动泵也经常被使用。收放系统还包括作动筒、选择活门、收上锁定、放下锁定、顺序活门、优先活门、套管和其他常见的液压部件，这些部件紧密关联从而实现收上、放下和起落架舱门正常开关。如果主液压系统失效，可以通过一个应急放下系统来实现。

1. 起落架锁定

起落架的收放系统有以下 3 种位置。

(1) 放下位。在这个位置径向拉杆完全伸直，起落架作动筒伸出，放下锁与放下锁销相咬合。

(2) 中间位。放下或收起的过程，起落架收放作动筒打开放下或收上锁，使锁定解开并向下推动活塞杆或向上拉动活塞杆。

(3) 收上位。当起落架完全收起时，作动筒收缩到其行程的上限点，收上锁和结构上的锁销相咬合。

起落架收放作动筒有以下 3 种锁定方式。

(1) 液锁。作动筒有时被液压压力保持在被选定的位置，管路中的液压油被封闭起来形成液锁。液锁对起落架的作动筒来说是不可靠的，如果液压消失，起落架可能会在地面收起或者在飞行时伸出来。

(2) 机械锁。机械锁是一种实用的锁定机构。机械锁采用机械锁销或螺杆的形式，当锁咬合时防止部件之间相对运动。它们可以在起落架收上或放下结束和开始的时候自动地咬合或分离。

(3) 几何锁。起落架结构的几何形状设计也可以使直升机在地面将机身重量作用在起落架上时，机身重量可以避免系统中的一个或多个连杆向它们收起起落架的方向移动，这被称做几何锁。

2. 起落架锁定装置

图 14-13 所示为一种典型的锁定装置，这是一个机械锁但是它由液压释放，包括一个连接在飞机结构上的弹簧加载锁，这个锁与起落架上的一个锁销咬合。

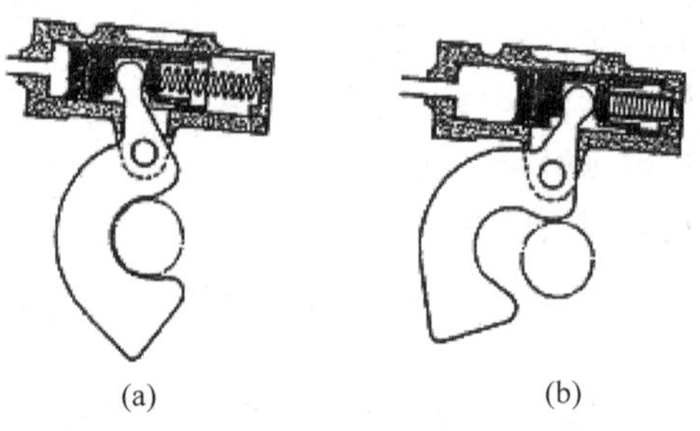

图 14-13 起落架收上和放下位置锁

(a) 锁定；(b) 开锁

这个锁的一侧由弹簧加载，另一侧有一个活塞对它起作用。液压同时供应到作动筒和锁的活塞上，使活塞移动将销子上的锁释放，允许作动筒活塞杆伸出。

3. 收放作动筒

起落架的放下和收上作动筒通常是双向起作用的，可以含有锁定作动筒的内部锁。作动筒的外筒连接在直升机的结构上，作动筒连接在减振支柱或者收起机构上。

液压供应到作动筒往复活门的一个接口，用于缩回作动筒；液压供应到另一个接口时，用于伸出作动筒。在作动筒活塞杆内的两个由弹簧固定的锁块来操纵两套锁键，保证起落架锁定在收上位和放下位。锁键会交替锁定作动筒活塞的两端直到有液压供给作动筒解锁。

下面以某种机型的收放作动筒为例介绍作动筒的工作原理（见图 14-14），其机械锁定装置为柔性锁扣加锁套的方式。

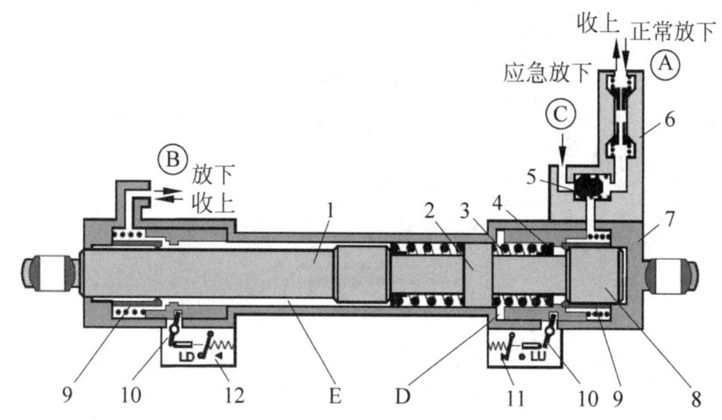

图 14-14　收放作动筒

1—作动杆；2—活塞；3—锁定弹簧；4—锁套；5—滑动阀（正常放下—应急放下）；6—双向限流孔；7—壳体；8—锁定凸台；9—柔性锁扣；10—触动开关；11—收上锁定微动开关；12—放下锁定微动开关

（1）作动筒收起

图 14-14 所示为作动筒处于收起锁定状态。油液从 B 流入，从 A 流出，作动筒收缩腔 E 被压缩，伸展腔 D 通向回路，作动杆 1 收起。

（2）作动筒放下

油液从 A（正常放下）或 C（应急放下）流入，从 B 流出，伸展腔 D 压力大于收缩腔 E 压力，收缩腔 E 通向回路，作动杆 1 放下。

（3）锁定

在收起行程结束时，活塞杆顶端的锁定凸台 8 顶开柔性锁扣 9，当锁定凸台 8 到位后，柔性锁扣扣住凸台，锁定弹簧 3 推动锁套 4 将柔性锁扣 9 套住，将其固定在锁定状态。当作动筒处于锁定位时，相应的微动电门闭合，给予系统信号。

放下锁定的柔性锁扣与收起锁定的柔性锁扣 9 是相对的，锁定的过程与收起一致。

（4）解锁

当油液进入作动筒后，锁套 4 进油一侧截面大于另外一侧截面，当压力大于锁定弹簧 3 的弹力时，锁套 4 被推开，从而柔性锁扣 9 松开，作动杆 1 从柔性锁扣 9 中脱开，解锁完成。

4. 收放系统的工作原理

下面以某机型为例,介绍起落架收放系统的工作原理。

(1) 起落架收起(见图 14-15)

应急分配活门 5 放在“正常”位。当飞行员实施收起起落架的操作后,电磁活门 3.1 受到激励后打开。

① 收起管路 B 增压;

② 放下管路 A 通向回路,起落架收起。

在收起行程结束后,位置传感器切断供给电磁活门 3.1 的供电,电磁活门 3.1 切断通向收起管路的液压。

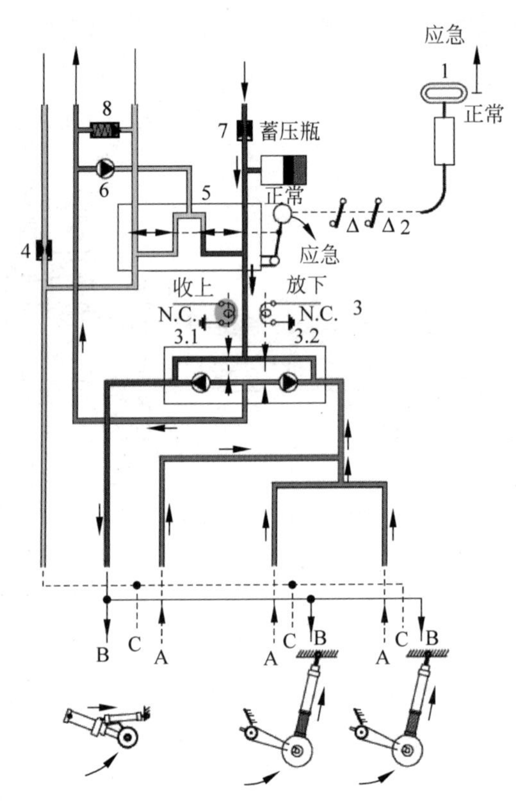

图 14-15 起落架收起工作原理

1—应急放下控制拉杆;2—应急泵控制开关;3—选择电磁活门:3.1—起落架收起,3.2—起落架放下;4—限流孔;5—应急分配活门;6—单向活门;7—限流孔;8—压力释放活门;A—放下系统;B—收起系统;C—应急放下系统

(2) 起落架放下(见图 14-16)

应急分配活门 5 放在“正常”位。当飞行员实施放下起落架的操作后,电磁活门 3.2 受到激励后打开。

① 放下管路 A 增压;

② 收起管路 B 通向回路,起落架放下。

在放下行程结束后,起落架放下,微动电门切断供给电磁活门 3.2 的供电,电磁活门 3.2 切断通向放下管路的液压。

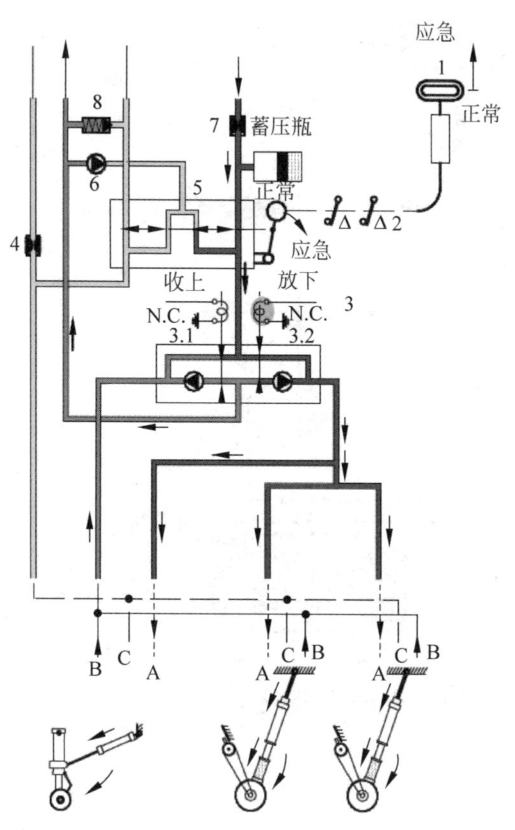

图 14-16 起落架放下工作原理

1—应急放下控制拉杆；2—应急泵控制开关；3—选择电磁活门：3.1—起落架收起，3.2—起落架放下；
4—限流孔；5—应急分配活门；6—单向活门；7—限流孔；8—压力释放活门
A—放下系统；B—收起系统；C—应急放下系统

14.2.3 起落架应急放下系统

当起落架正常放下系统失效时，应急放下系统保证放下起落架并使它锁定在放下位。直升机起落架的应急放下是由应急压力系统通过起落架作动筒的备用管路实现的。应急系统的压力可以由手摇液压泵、应急电动液压泵或储气瓶来提供。

1. 使用储气瓶的应急放下系统

一个典型的起落架应急放下系统(见图 14-17)包括：一个 3000lbf/in^2 的氮气瓶、一个起落架应急放下手柄或者一个在起落架控制板上的开关以及操纵作动筒的往复活门。

应急放下系统通过操纵控制和指示面板上的选择开关来控制。应急系统的压力作用到起落架往复活门，往复活门内的滑动阀在压力作用下移动，将正常供油管路堵死并打开应急出口允许应急压力流向起落架作动筒的下部，使起落架放下。与此同时，应急系统压力操纵起落架控制活门使作动筒的上部和液压系统回油路连接，防止作动筒内产生液锁。

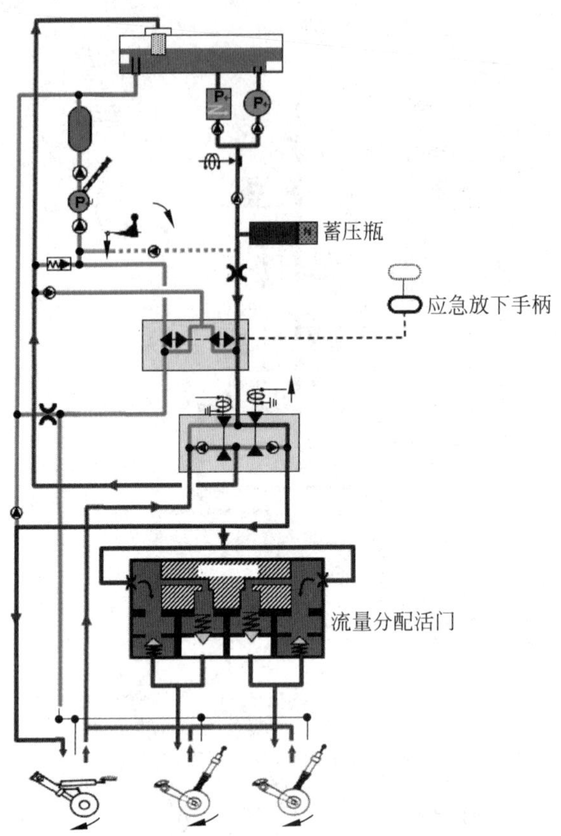

图 14-17　某机型起落架应急放下系统

2. 使用手摇液压泵、应急电动液压泵的应急放下系统

使用手摇液压泵(见图 14-18)或应急电动液压泵(见图 14-19)的应急放下系统有独立的液压油箱,当主液压系统失效时,通过操纵手摇液压泵或应急液压泵从液压油箱吸油,为应急放下起落架提供压力。当直升机在地面未运转时,通过选择活门的调整,应急系统还可以为旋翼刹车和地面刹车提供压力。该系统通常还安装一个压力表,为系统压力提供直接读数。

14.2.4　起落架收放系统的维护

收放系统是起落架的一个重要系统,它能否正常工作关系到飞机的飞行安全。因此,起落架收放系统要定期进行维护检查,并在需要的时候进行起落架收放试验。

1. 收放系统检查

对收放系统的检查主要包括运动部件磨损检查、管路和部件的渗漏检查、管路和电缆的擦伤检查等。还应对舱门和轮胎进行相应检查,因为舱门的擦伤痕迹或损伤意味着舱门存在不正确安装,需进行详细检查,并根据需要对系统进行相应校装。

2. 收放系统校准

当收放系统出现运动干扰或在收放系统中安装新的部件后,应对整个系统进行仔细的调整和校准,调整和校准的具体内容和程序应参考机型维护手册。

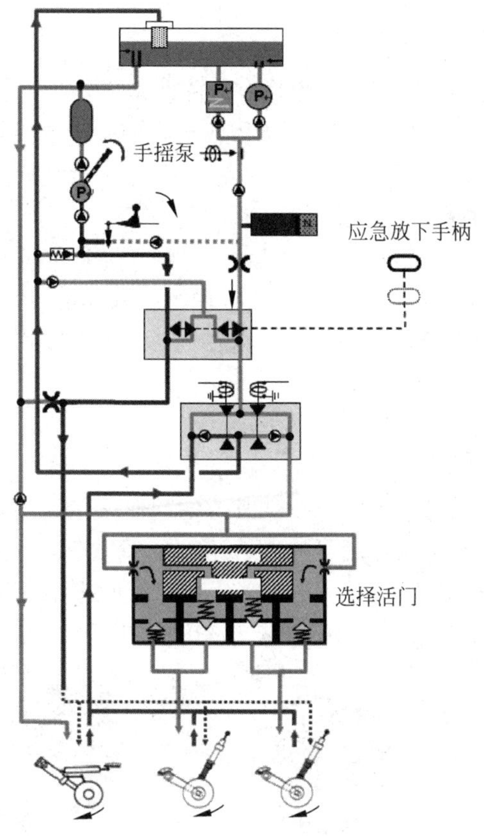

图 14-18　某机型起落架应急放下系统使用的手摇液压泵

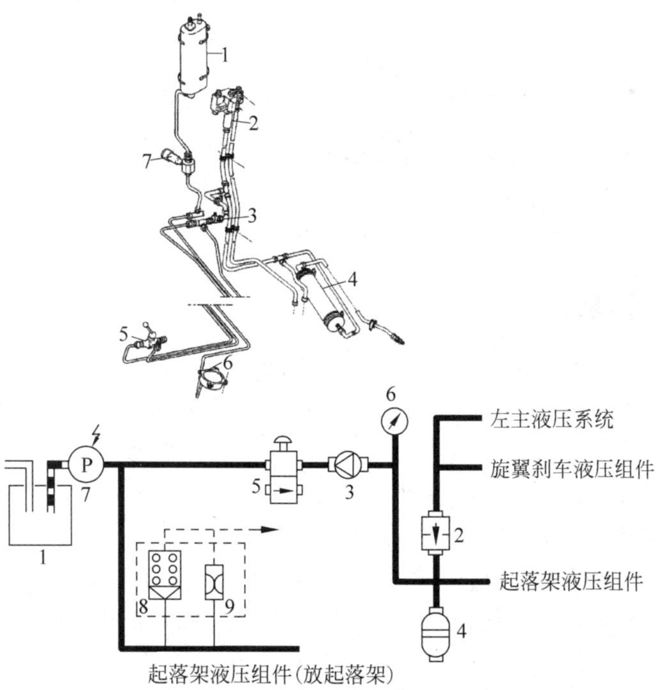

图 14-19　某机型起落架应急放下系统使用的应急电动液压泵

1—储油箱；2—限流器；3—单向活门；4—储压瓶；5—人工选择活门；6—压力表；7—应急电动液压泵

3. 收放试验

发生下列情况时要进行收放试验：更换有故障的部件，发生或怀疑有不正确的工作，及发生硬着陆和重着陆。具体操作程序可以从相应机型的维护手册中获得。

14.3 指示和警告

中国民用航空规章 CCAR-25 规定：如果采用可收放起落架，必须要有起落架位置指示器或其他手段来告知驾驶员起落架是否已锁定在放下(或收上)位置，系统必须防止产生误指示。

14.3.1 灯光指示

正常指示系统利用信号灯(见图 14-20)来指示起落架的位置，这些灯的工作由安装在起落架上的磁传感器和空地开关的信号控制。不同的机型其灯光指示信号也有所不同，但一般情况是：绿灯亮时表示起落架放下并锁定；黄灯亮时表示起落架收放手柄的位置与起落架位置不一致，即起落架正在运动中；当起落架收上锁定时，黄、绿信号灯均熄灭。

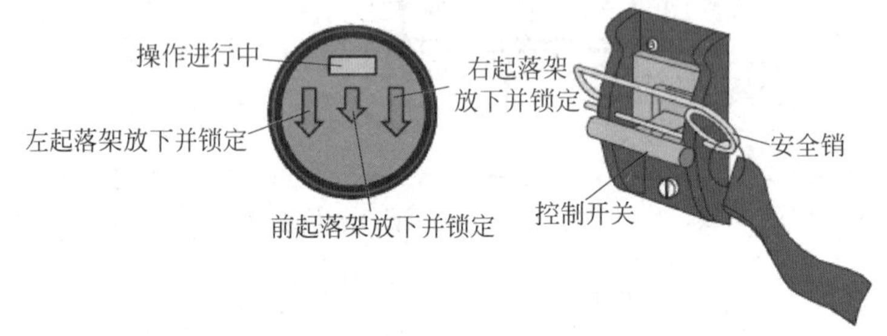

图 14-20 起落架控制和指示面板

起落架收放选择开关上装有一个保险销用于防止当直升机在地面时收放开关被意外扳起。

起落架的选择开关通常安装在驾驶舱内的起落架控制和指示面板上，是一个标记有“收上”、“放下”的控制杆。

14.3.2 警告系统

许多机型选用的警告系统都可以在直升机着陆时为飞行员提供起落架未放下的警告。如果当直升机的空速低于特定的数值而起落架仍然在收上位，那么这时警告系统将通过在仪表板上的闪烁的警告灯和飞行员耳机发出的高频警告音来警告飞行员。警告音可以被取消，但是警告灯将一直亮着，直到起落架放下或者直升机的空速增加到大于预定值。

警告系统的电源由直流主要汇流条供给。

当一些直升机在特殊的环境下飞行时，例如在海面上飞行，都装有加强的起落架未放下警告系统。这种情况下如果在着陆以前起落架没有完全放下并锁定在放下位，将对安全产生致命的影响。

如图 14-21 所示，当下面 3 个条件满足时，两个飞行员在中央控制台上都可见闪烁警告灯，并伴有声音警告。

(1) 至少一个起落架装置(前、左或右)没有完全放下并锁定;
(2) 直升机飞行高度在初次达到某个高度以后,又返回到某个高度以下;
(3) 空速低于某个预先设定的值。

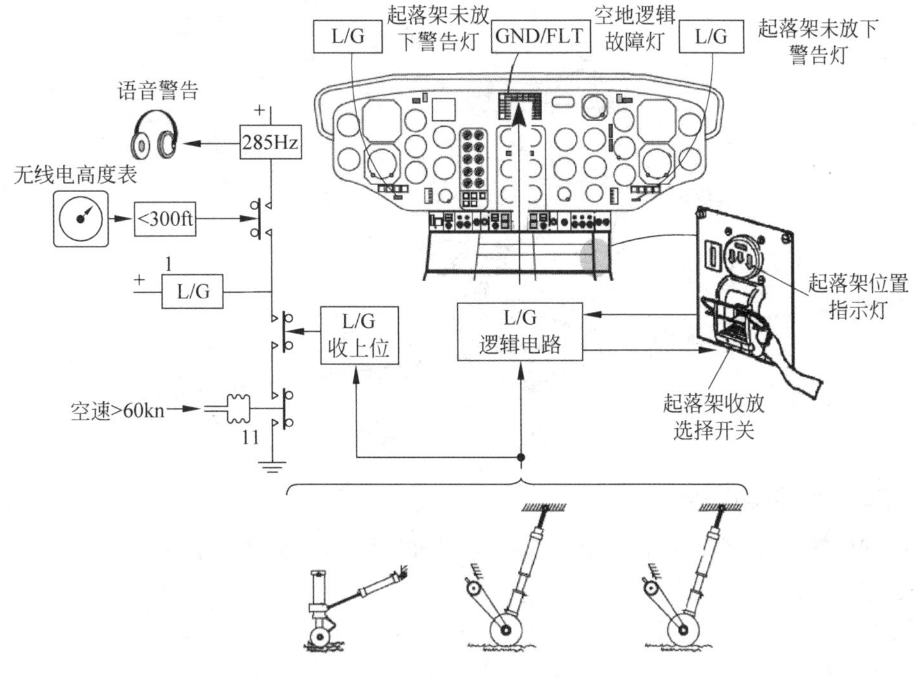

图 14-21　起落架警告线路

14.4　机轮组件

14.4.1　机轮

直升机机轮刹车和机轮组件经常承受冲击载荷,同时也会在高温、沙砾等恶劣环境中工作。由于在着陆和滑行过程中由刹车组件产生的热量有引起爆炸的危险,所以在操作刹车和机轮组件时需要采取特别的安全预防措施,在安装和维修过程中也需要特别注意。为了使机体的重量分散到更大的面积上,大型直升机的起落架通常安装多个机轮。

1. 轮毂

轮毂主要有 3 种类型:固定轮缘式轮毂、可卸轮缘式轮毂和分离式轮毂。

直升机轮毂通常由铝合金铸造或锻造而成,通过阳极防腐处理及保护漆来防止腐蚀。如果防腐层损坏,必须重新进行防腐处理。

直升机主要采用分离式轮毂,其前轮一般不含刹车组件,所以通常前轮的构造比主轮简单些。

分离式轮毂(见图 14-22)由相匹配的两个部分构成,由连接螺栓轴向穿过这两部分将它们联结在一起。在试图分解这种轮毂以前,必须首先将它完全放气。对于使用无内胎轮胎的轮毂,在两个半轮毂之间要安装密封圈。由刹车产生的热量通过机轮和轮胎向外传导和辐射消散掉。机轮安装在滚珠或滚棒轴承上,轴承直接安装在轮轴上或者安装在与轮轴有键连接的轴承衬套上。为了减小直升机在着陆时的冲击载荷对机轮轴承的影响,可以允许轴承的内环绕轮轴慢慢地滑动,这也使得机轮的拆装变得容易。

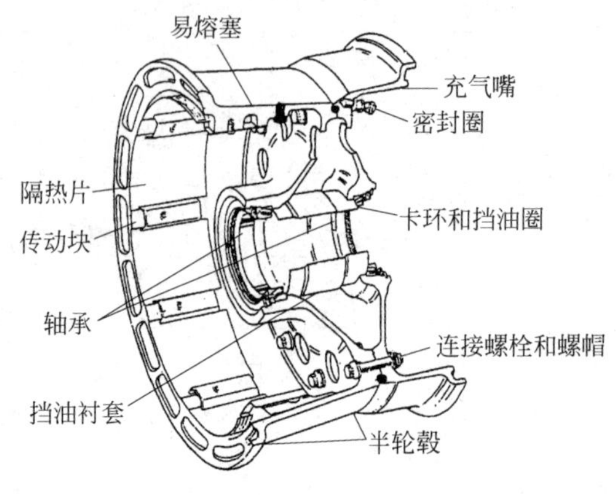

图 14-22 分离式轮毂

2. 机轮的拆卸和安装

在拆卸机轮以前,必须将直升机顶起并按照机型维修手册规定的步骤和程序进行。在拆卸时必须注意以下几点:

(1) 将轮胎放气或使其压力减小到规定值;

(2) 防止损伤轮轴的机械表面,不要顺着轮轴拖动机轮轴承;

(3) 如需要应装上轮轴保护装置;

(4) 根据需要在刹车组件上安装保护盖。

在安装机轮组件时必须首先检查轮轴的腐蚀、划痕和其他的损坏情况,特别要注意支撑轴承的区域。

(1) 使用专用的润滑脂润滑轴承和油封;

(2) 防止损坏轮轴的表面;

(3) 确定好安装螺栓的力矩值。

3. 维护

机轮安装在直升机上时可实施目视检查,主要检查:是否有裂纹、腐蚀、变形、压痕和划伤等情况,特别要注意轮缘部分;轮毂联结螺栓和螺帽、充气嘴、平衡配重的可见部分,以及轮轴保险装置;机轮、刹车组件和轮胎有无过热迹象,例如,油漆起皮或褪色、变形以及机轮轴承有无泄漏油脂。如有疑问需将机轮拆卸后详细检查,具体检查内容和方法必须参照机型维护手册。

14.4.2 直升机机轮刹车系统

直升机如选用滑跑着陆或在着陆后滑行时,需要刹车装置提供减速的作用并将直升机的动能转换成热能。由于直升机刹车装置的主要作用是提供机动动作和停留刹车,并不需要消散大量的动能,所以直升机通常采用单片钢刹车盘和小型的环形刹车摩擦盘。

机轮刹车系统通常是由正、副驾驶控制液压作动的,系统中每个主轮的刹车由安装在相对应的正驾驶和副驾驶的脚蹬来控制。系统包括刹车主作动筒和每个机轮一个刹车组件，此外还有一个防止压力从一个刹车主作动筒进入另一个的混合活门组件。停留刹车活门通常由安装在驾驶舱中央控制台上的停留刹车手柄控制。机轮刹车系统是一个闭合的液压系统。

1. 刹车组件

图 14-23 所示为直升机使用的一种简单的单盘式刹车装置。图中只显示一个单独的作动筒,但是为增强刹车性能通常使用两个或三个作动筒。

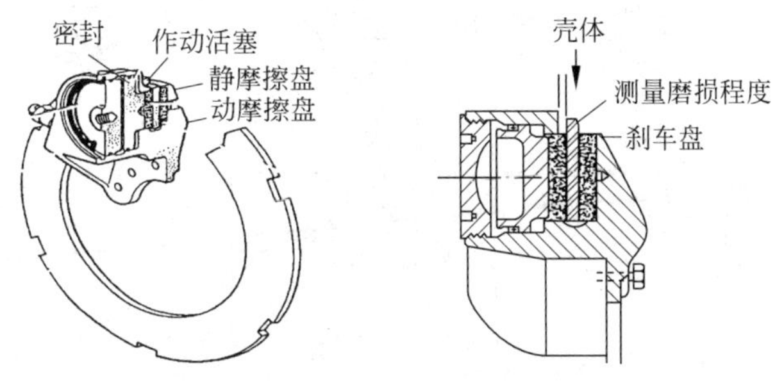

图 14-23　单盘式刹车装置

刹车盘与机轮利用键槽形式配合在一起并在摩擦盘之间转动。当操作刹车时,液压被供应到作动筒并且使作动活塞推动动摩擦盘向刹车盘施加压力,刹车盘被挤压在动作的和静止的摩擦盘之间阻止机轮转动。当刹车操作结束时,作动活塞收回,刹车盘又可以在摩擦盘之间自由转动了。

一些现代的单盘刹车装置可以自动调节使摩擦盘和刹车盘之间在未刹车时的间隙保持恒定。

摩擦盘的磨损程度可以由销子伸出套管的长度来指示,因为摩擦盘衬片的磨损增加,销子的伸出长度会减短。如果刹车组件没有自动调节器,摩擦盘衬片的磨损可以通过在刹车时测量刹车盘和活塞壳体之间的间隙来获得。如测量值大于允许磨损值,摩擦盘衬片必须被更换。

2. 机轮刹车系统

直升机的机轮刹车系统通过使用正、副驾驶的脚蹬进行机轮刹车,脚蹬下一般有 4 个刹车压力作动筒。对于中小型直升机,当驾驶员踩下刹车脚蹬后,刹车压力作动筒内的液压油经系统控制活门直接到达刹车组件进行机轮刹车；而对于大型直升机,刹车压力作动筒内的液压油只是用于控制主液压系统中的刹车控制活门,以便主液压系统的液压压力通往机轮刹车组件进行机轮刹车。

停留刹车由驾驶舱中央操纵台上的停留刹车手柄操纵,由停留刹车控制活门控制,许多机型的直升机在使用停留刹车时必须将手柄提起并转动 90°。

某些机轮刹车系统中还装有刹车蓄压瓶,如果正常的液压系统失效时,刹车蓄压瓶可以提供有限的几次刹车,同时蓄压瓶在地面直升机没有运转时可提供停留刹车压力。

不同机型直升机的刹车系统其组成和工作情况也不同,图 14-24 所示为一种典型的直升机机轮刹车系统,图 14-25 所示为一种典型的刹车压力作动筒。

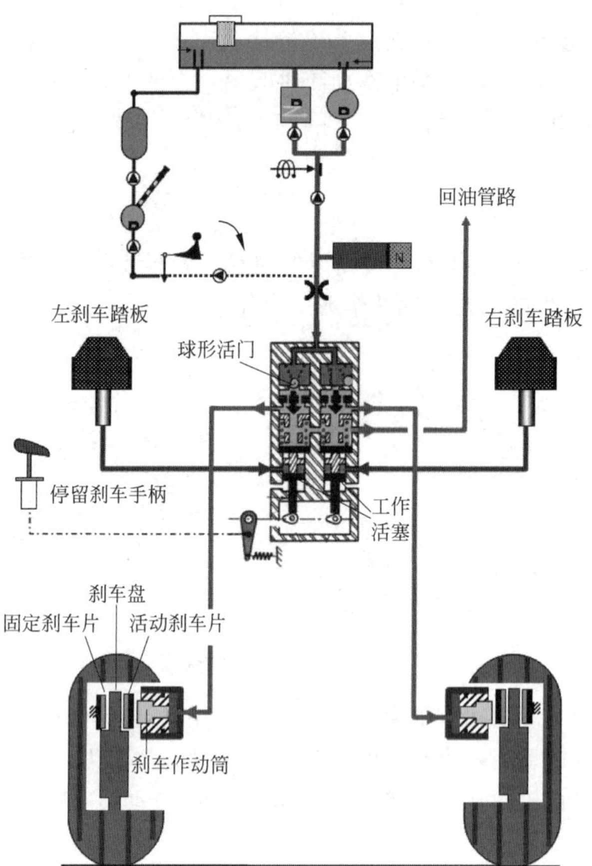

图 14-24 典型的机轮刹车系统

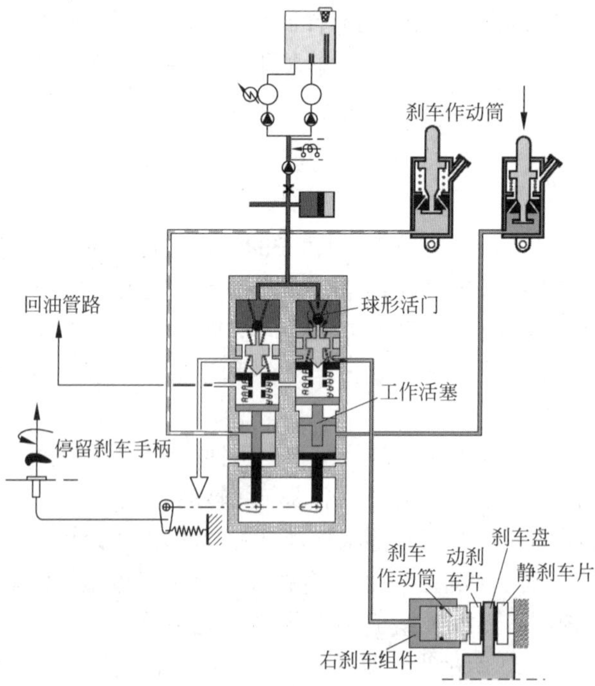

图 14-25 典型的刹车压力作动筒

3. 刹车系统的维护

刹车系统需要定期检查是否有液压油渗漏、部件腐蚀和损坏、摩擦片磨损、刹车盘刻痕以及表面镀层剥离等。直升机使用的单片刹车盘在不使用期间容易发生腐蚀、锈斑，这会加快刹车片的磨损。状况差的刹车盘需要更换或用机械加工出一个合适的光滑表面。

有些直升机的刹车摩擦衬片的磨损程度可以通过观察磨损指示销的伸出长度来判定，当磨损指示销达到了最小允许伸出长度时，摩擦片必须更换。

操作刹车的液压系统需要检查的缺陷和其他液压系统中的一样，需要检查管路固定是否可靠以及管路装配处的渗漏情况。

刹车系统中如果有气体会引起刹车疲软甚至导致刹车失效，因此当刹车液压管路断开或修理之后或者刹车液压系统中任何部件更换后，必须将刹车系统放气，以便使管路、活门、作动筒中的气体排出。刹车系统中通常有放气点用于连接放气管。刹车系统放气通常将透明管接在放气点上，使用手摇泵或直接踩脚蹬将液压油打入系统，直到从透明管中流出来的液压油没有气泡时为止，然后将刹车装置上的放气口关闭即可。

14.4.3　直升机机轮轮胎

为了保证轮胎的持续适航性，必须对它进行高标准的维修和检查。如果存在任何疑问，应将轮胎更换并向轮胎生产厂家咨询。

1. 概述

轮胎构成了一个空气垫层，有以下作用：支持直升机重量，吸收直升机滑行中的颠簸跳动，缓冲直升机着陆过程中的冲击并帮助吸收撞击能量。轮胎必须能承受巨大的静载荷、动载荷以及热载荷。

2. 轮胎的类型

轮胎分为有内胎和无内胎两种类型。有内胎轮胎的气密性由内胎保证，无内胎轮胎的气密性由轮胎内层气密橡胶层和轮毂及轮胎与轮毂接合面的压紧保证。目前直升机普遍采用性能更好的无内胎轮胎配合分离式轮毂使用。相对于有内胎轮胎，无内胎轮胎重量更轻，轮胎刺穿后渗漏损失小，机轮滑跑时轮胎温度可下降约 10℃，这使无内胎轮胎具有更长的使用寿命。

3. 轮胎的构造

图 14-26 所示为两种常见的无内胎轮胎的结构图。

由图 14-26 可见，轮胎主要由胎面、帘线、胎体侧壁、胎缘和轮胎内层构成。

胎面由耐磨的合成橡胶制成，可保护胎体的帘线层。帘线层是轮胎受力的主要部分，由多层涂胶的尼龙帘线构成。根据帘线缠绕形式，轮胎可分为斜交线轮胎和子午线轮胎。轮胎侧壁是胎体侧壁帘线的主要保护层，它能防止帘线损坏和暴露，胎侧壁还可提高胎体的强度。对于某些安装在前轮上的轮胎，其侧壁上会有导流器，它能使跑道上的水折向侧边。胎圈包括钢丝圈和胎缘涂胶包边布。钢丝圈是轮胎的骨架，有高的抗拉强度和刚度，通过它把载荷传递给轮毂。胎缘涂胶包边布形成胎口断面形状，防磨并与轮毂的轮缘紧密贴合，防止无内胎轮胎漏气。

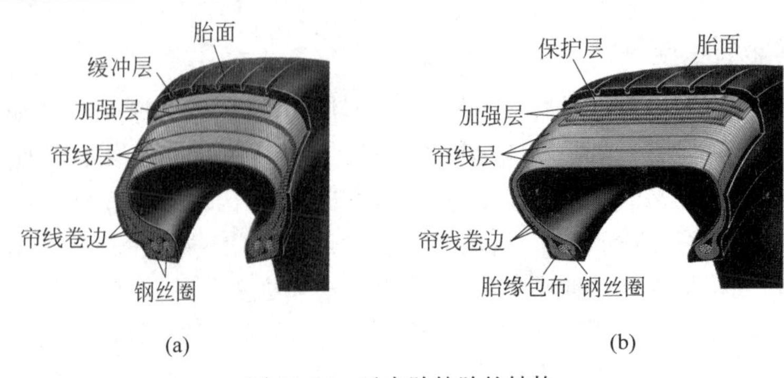

图 14-26 无内胎轮胎的结构

(a) 斜交线轮胎；(b) 子午线轮胎

4. 轮胎标识

一般轮胎在其侧壁有用于识别目的的标记，如图 14-27 所示，这些标记随着制造厂家的不同而不同，但通常包括零件号、尺寸标识、平衡标记、磨损标记、序号、生产日期、有内胎/无内胎标识等。对于翻新的轮胎，还会存在轮胎翻新形式和次数标识。

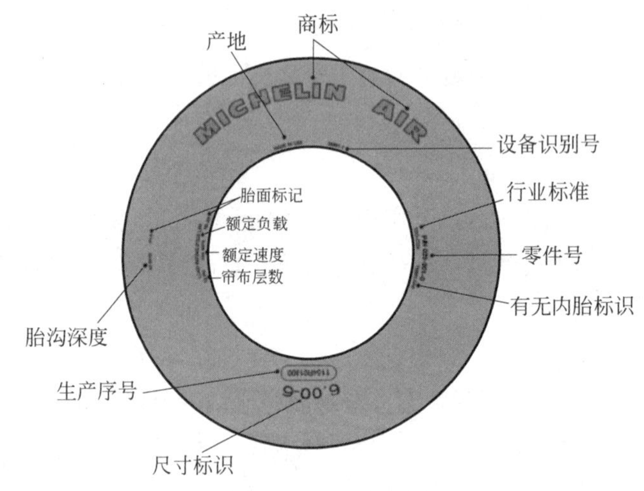

图 14-27 轮胎标识

(1) 零件号和尺寸标识

零件号是识别轮胎的唯一正确的标准(如 4210N00034)。尺寸标识标记轮胎的尺寸规格，一般标识法为：外径×宽度-内径(如 19.5×6.75-8，标识轮胎外径为 19.5in，宽度为 6.75in，内径为 8in)。

(2) 平衡标记

外胎上用红色点表明轮胎重量较轻的一边，安装时要对准气门嘴(内胎上或无内胎的轮毂上)，或对准内胎有重点(黄色)标记处。

(3) 磨损标记

用以观察胎面在使用中的磨损程度及更换轮胎的磨损标准，它是位于胎面纵向花纹底部的横隔橡胶条，一般外胎使用到表面与标记齐平时应更换(维护手册另有规定除外)。

(4) 其他标记

其他标记包括生产序号、生产日期、翻修标记、生产厂家、允许最大压力和最高使用速度等。

5. 轮胎的储存

强烈的光线和热量将导致橡胶出现裂纹和整体性能退化，必须保护轮胎免受过热、潮湿和强光：在存放时应将轮胎和内胎存放在阴凉、干燥的暗室，并使它们远离散热器、蒸汽管线、电动机及其他热源。

应避免滑油、燃油、乙二醇或液压油对轮胎的侵蚀，因为所有这些对橡胶都是有害的。在使用中应该立即擦掉无意中溅到或滴到轮胎上的任何液体。

轮胎存放时，尽可能使用轮胎架，避免过多堆放，防止引起钢丝圈扭曲变形。另外，内胎应保持原包装储存。

6. 轮胎的维护

(1) 轮胎压力

轮胎制造厂为每种轮胎都规定了额定充气压力，可在相关维护手册中查到许可的轮胎承载充气压力的最大值和最小值。

(2) 充气程序

应该使用干燥空气或氮气给轮胎充气，为安装在 MTWA(最大起飞全重)超过 5700kg 的直升机的轮胎充气则必须使用氮气。

(3) 已安装好轮胎的检查

每次飞行前都应该对直升机轮胎进行仔细的目视检查，制造厂规定了损伤限度，在该限度内的轮胎可以继续使用，轮胎损伤超过了该限度，应该从直升机上拆下来进行修理，或根据相应情况予以报废。

必须保护轮胎免受过热、潮湿和强光的损害，以及避免受到如滑油、燃油、乙二醇或液压油的侵蚀，因为所有这些对橡胶都有有害的影响。如果要长时间停放，则应该在轮胎上装上防水布罩。应该立即擦掉无意中溅到或滴到轮胎上的任何液体。

(4) 安装有内胎的轮胎

必须注意确保外胎和内胎的正确型号和尺寸，确保安装了正确型号的气门芯，具体装配方法和程序必须参考机型维护手册。

在胎根上方用一个或两个圆形或三角形点标记外胎较轻的一侧，用约 10mm(0.375in)宽的红色或黄色条标记内胎较重的一侧，装配时应沿着这些标记将内胎和外胎装在一起以获得最佳平衡状态。安装轮胎后应将螺帽正确打上保险，然后为轮胎充气并测试。

(5) 安装无内胎的轮胎

在安装轮胎前，应该检查机轮安装盘、胎缘和轮缘区域有无划伤或其他损伤，是否在相关维护或翻新手册允许的限制范围内，并对任何损伤进行修补。应该检查机轮封严圈有无缺陷，如变形、老化等现象。

对分离式轮毂的密封圈凸座连接面和密封圈定位区域进行清洁并轻微润滑，同时完成制造厂建议的准备工作。然后应该均匀地拉伸密封圈并将其安装在机轮上，确保其正确定位于定位凹槽内。

正常情况下，应该使轮胎胎缘和机轮轮缘区保持干燥，但是一些制造厂允许或推荐使用一种胎缘润滑剂，以便安装。将轮胎上的平衡标记与机轮上的平衡标记(如果有的话)对准，将轮胎在机轮上定位。如果机轮没有平衡标记，则应该将机轮平衡标记与气门位置对准。

注意：胎缘不能受到机轮油脂的污染。

14.5 转弯系统

起落架的转弯系统为直升机在地面机动滑行时提供方向控制。多数直升机采用可以自由转动的前轮来实现转向，通过脚蹬操作或者应用差动刹车来使前轮转动，从而控制飞机在地面滑行的方向。如果飞机使用了尾轮，则通过尾轮来转向并包含中立锁。

有些重型直升机因转弯困难，所以装有前轮转弯机构。通过驾驶舱的前轮转弯机构，可以直接操纵前轮偏转使直升机转弯。

14.5.1 前轮自动定中

装有可以自由转动前轮的直升机需要配备前轮自动定中系统，这些直升机在起飞和着陆时要将前起落架定中。对于可收放起落架的直升机来说，为了避免损伤机身机构，在收起起落架之前要将前轮保持在中立位置。许多方法可以保证前轮实现自动中立。一种方法是利用在减振支柱的内筒和外筒上的凸轮来实现。如图 14-28 所示，上凸轮固定在减振支柱的内筒上，而下凸轮固定在减振支柱的外筒上。直升机离地后，减振支柱伸出，上下凸轮型面贴合在一起，使前轮定中；前轮接地后，支柱被压缩，上下凸轮脱离，前轮可以自由偏转。

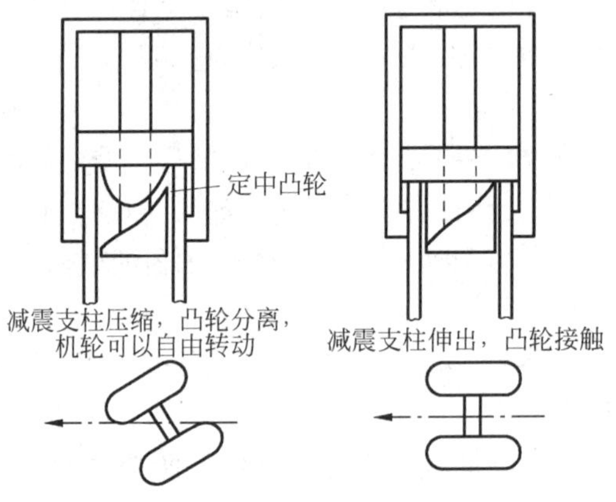

图 14-28 凸轮式定中机构原理图

下凸轮固定在减振支柱外筒内部，它不能左右转动，也不能上下移动。上凸轮与减振支柱内筒顶部贴合，下端用连杆与轮叉相连，它可以与减振支柱内筒一起上下运动，前轮偏转时，又可以与轮叉和前轮一起绕支柱轴线转动。

在飞机起飞离地后或着陆接地前，由于前轮没有受到垂直载荷的作用，减振支柱内的气体压力使上下凸轮啮合，将前轮保持在中立位置。如果有侧风，或在飞机转弯时前轮上有侧向惯性力，则只有当它们大到足以克服减振支柱内的高压气体压力和上下凸轮之间的摩擦力等的作用时，前轮才会偏转，而且，外力消失后，在高压气体压力作用下，前轮又能恢复至中立位置。飞机在地面滑行时，减振支柱在垂直载荷作用下受到压缩，上下凸轮脱开，便于前轮左右偏转。

根据凸轮机构的工作特点可知，如果减振支柱内气体压力过小、支柱内部过脏或锈蚀、旋转臂的活动部位脏污，都会使凸轮机构的效能降低，甚至失去作用。

14.5.2　前轮中立锁

前轮中立锁(见图 14-29)是一个在驾驶室控制的装置，用于将前轮锁定在中立位。当前轮被锁定在中立位时，从直升机外面可以看见一个警告旗。

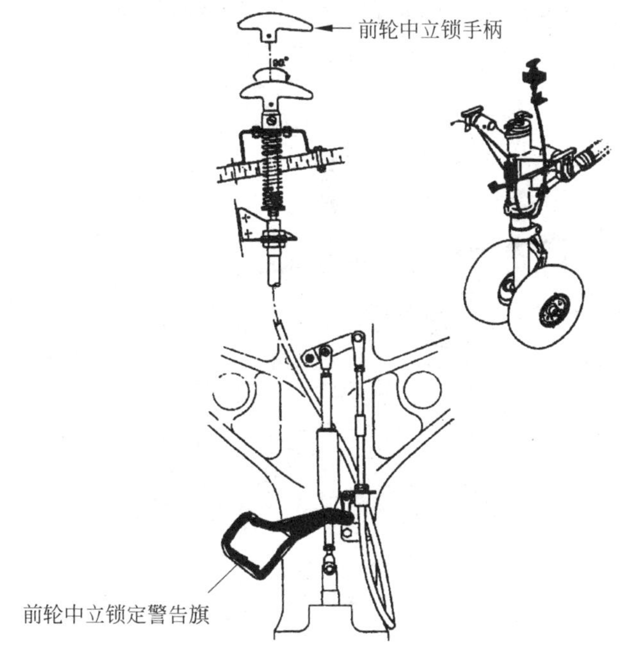

图 14-29　前轮中立锁操作机构

14.5.3　动力转向系统

1. 概述

动力转向系统主要采用液压作为动力，主操纵压力由起落架下游管路提供，应急供压由一个液压作动筒提供。液压通过一个转换活门来保证只有当起落架在放下状态时才能被操作。

压力直接从控制活门通向转向器，转向器通过伸缩来转动前起落架减振支柱。转向轮的动作通过机械连接传递给控制活门，使前轮转动的角度与需要的角度一致。从前起落架延续的随动连接不断地对比控制活门与前轮转向角度，当达到选定的角度后，控制活门与作动筒之间形成液压锁防止进一步的动作。当转向轮被释放，控制活门由中立弹簧回到中立位，前轮又恢复自由转动。

转向器的内作动筒连着起落架上游，当起落架收上时内作动筒被供压。在前起落架收上作动筒被供压之前，两个转向器伸长同样的距离使前轮中立，旁通活门允许多余的液压油通过转向器流向回路。

如果起落架可以收起，那么前轮在收起之前必须要中立。在收起之前必须要满足：

(1) 转弯系统中立并锁定；

(2) 减振作动筒必须完全伸开,这样地面/空中微动开关才会作动;

(3) 直升机必须超过最低高度。

如果任何一个或全部条件都没满足,起落架控制按钮、电门或手柄将不能被操作。如果飞机在空中,地面/空中微动开关接通并且飞机达到最低高度,起落架收起控制可以被操作。电源供给主液压系统转向选择开关,使转向系统中立并锁定。当转向系统中立后,有微动开关或类似的传感器被打开,允许电源供给起落架收起系统,从而执行收起动作。

图 14-30 所示为动力转向系统液压系统的总布局图。

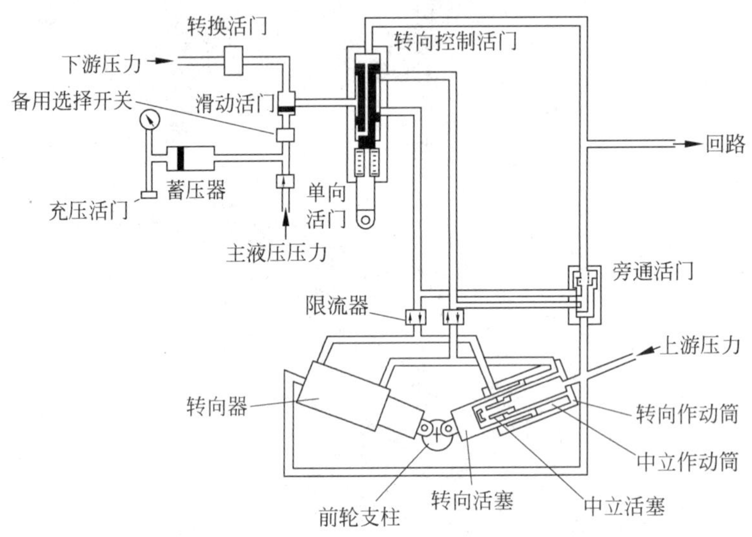

图 14-30 动力转向系统

在牵引飞机时,只要控制活门在中立位,液压油就可以在转向器中自由流动,前轮就可以自由转动,飞机可以被牵引,前轮在转弯之后也可以回到中立位。在牵引过程中,前轮的转弯角度通过转向轮的随动连接传递。在地面维护时,有些形式的快速释放销用来断开转向器,使前轮可以转动较大角度。

限流器位于控制活门和转向器之间的管路中,用来减缓前轮的转向速度。

2. 动力转向系统的分类

直升机的动力转向系统主要有两种:齿条与齿轮系统和单作动筒转向系统。

(1) 齿条与齿轮系统(见图 14-31)

齿条与齿轮系统通常由飞行员通过按压操作来接入转向系统,按压操作打开通向主液压系统的选择活门,推动一侧的脚蹬来控制直升机的方向。从方向脚蹬上连接一个机械机构操控转向控制活门,脚蹬运动的幅度决定转向控制活门的开度,从而控制进入转向齿条的压力。齿条的另一端则打开并通过转向控制活门进入回路,齿条的线性运动转换为齿轮的周向运动。当转向控制开关释放后,主液压系统压力被切断,转向控制活门处于开位,液压油流回油箱,前轮处于自由转动状态。

当直升机起飞后,转向系统必须自动回中并锁定,这可以通过地面/空中微动开关实现。当直升机离地后,起落架减振作动筒伸开并作动地面/空中微动开关。微动开关接通转向系统的主液压选择活门的电路，使齿条两端压力相等，因为齿条两端面积相等，故齿条受到相同的压力，被保持在中间位，转向系统被中立并锁定。

（2）单作动筒转向系统（见图 14-32）

单作动筒转向系统通常是纵向（从前到后）或横向（从左到右）安装在起落架上。作动筒通过机械机构驱动连接花键轴上的曲柄，将线性运动转化为周向运动。花键轴一直通到起落架的支点，与装有机轮的减振支柱的旋转部分啮合，从而控制轮子的方向。

单作动筒转向系统的操作原理与齿条与齿轮系统实际上是一致的，它们都既可以装在固定式起落架上，也可以装在可收起式起落架上。

注意：装有齿条与齿轮系统或单作动筒转向系统的起落架，在起落架上支点和减振支柱部分没有扭力连接部件。

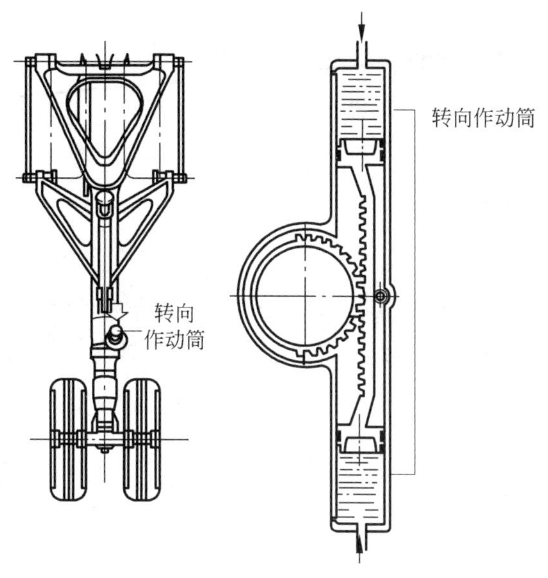

图 14-31　齿条与齿轮系统

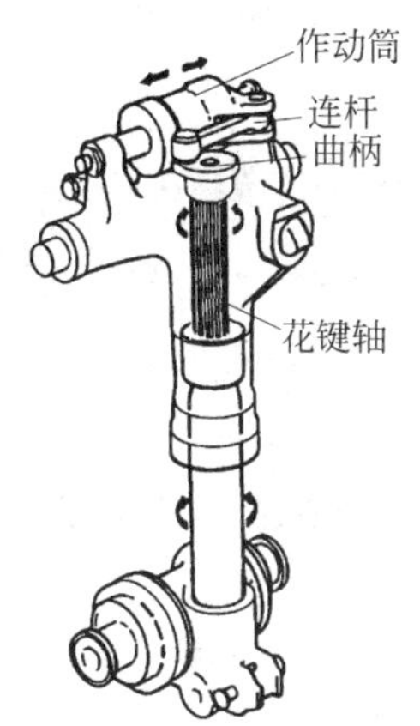

图 14-32　单作动筒转向系统

3. 动力转向系统的维护

正确安装机械机构非常重要，安装不紧或错误安装都会导致转向系统的失效。为方便安装部件，通常要将校装销插进转向轮、曲柄及相关连接的校装孔以确定其位置，并将前轮中立，进而安装钢索和连杆。钢索可以用张力计来调整张力，连杆要调节到可以将连接销和螺栓轻松插入的位置。当安装新的滚轮或钢索时，建议全行程操作转向轮几次，确定钢索和滚轮固定到位，之后还要再重新调整钢索的张力。

安装转向系统的工作完成之后对其进行功能测试也是必要的，下述测试只是一些转向系统的最基本的内容，详细内容请参见相应的维护手册。

（1）确保减振支柱被正确保养。

（2）顶升飞机至离开地面，确保起落架周围没有地面设备和人员。

（3）将主液压系统泄压并确保前轮可以全行程自由转动。

（4）连接液压测试设备和地面电源，设置到正常液压操作程序。

（5）全行程操作前轮转弯系统，确认前轮可以平滑转动并可以停在选定的位置。

(6) 移除起落架地面锁定装置,将前轮向一边偏转一定度数,选择收上起落架。确认前轮在解除放下锁定之前已经回到中立位。

(7) 放下起落架,将前轮转向另一边后重复步骤(6)。

(8) 进行进一步的收上测试,确保前轮转向系统只在起落架放下时才能被操纵。

注意:如果功能出现故障,步骤(6)、步骤(7)、步骤(8)可能会给起落架造成额外的损伤,因此在收起起落架时,要将测试设备的速率调至很小。

(9) 确保备用蓄压瓶压力正常,并通过操作测试设备来对蓄压瓶进行充压。

(10) 选择备用转向系统并确保前轮可以正常转向。在蓄压瓶压力泄完或备用系统低压警告灯亮之前,前轮应该可以转动数圈。

(11) 将备用选择开关放至关位,断开测试设备和地面电源。

(12) 重新装上起落架地面锁定装置。

(13) 放下飞机,并最终检查扰动过的各个部件。

14.6 滑橇和浮筒

14.6.1 滑橇式起落架

由于大多数直升机对外形的流线程度要求不是很高,所以滑橇式起落架是用于中小型直升机上的最常见的起落架形式,多用于在粗糙地面上工作的直升机,它具有结构简单、造价低的特点。

1. 滑橇式起落架的结构

滑橇式起落架的基本结构如图 14-33 所示。

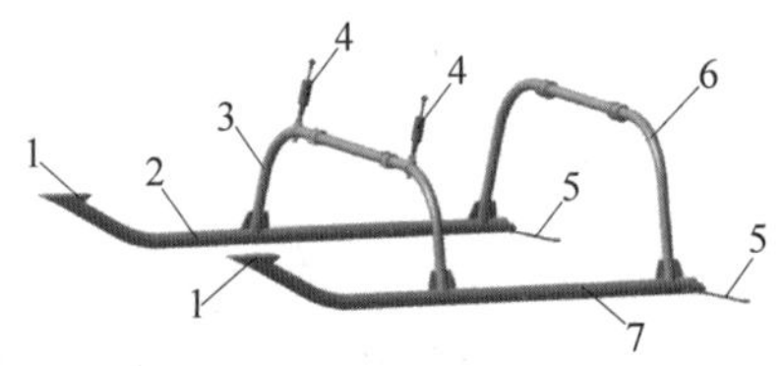

图 14-33 滑橇式起落架

1—前踏板;2—右滑管组件;3—前横管组件;4—阻尼器;5—弹簧板;6—后横管组件;7—左滑管组件

虽然滑橇式起落架的结构比较简单,但面临一个特有的适航问题——滑橇式起落架有可能会向机身传导低频振动,这将导致乘客有难以忍受的不舒适感,以及使机体部件处于有害的环境中。

滑橇式起落架通常由弯曲的钢管构成的支架和连接在它上面的两根铝合金滑橇管子组成,这些支架是由接耳组件连接到滑橇管上的,而它们之间是由横管或连接杆相互连接在一起的,横管和这些支架也可能是整体的。滑橇组件是由 4 个夹子或带子连接到机身结构上的,这种连接方式便于拆装,如图 14-34 所示。橡胶衬套可装在夹子内用于降低振幅。一些直升机的前支架和前连接杆用万向接头连接(见图 14-35),允许轻微活动。还有的直升机滑橇上使用油气减振器(见图 14-36)连接支架和机身结构。

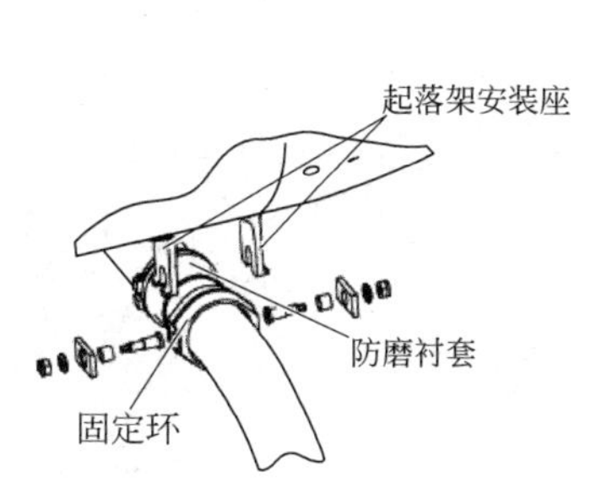

图 14-34　滑橇式起落架的连接部件

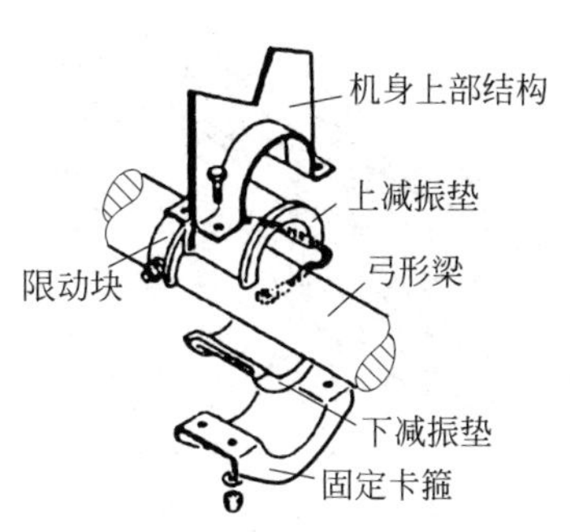

图 14-35　滑橇连接部件

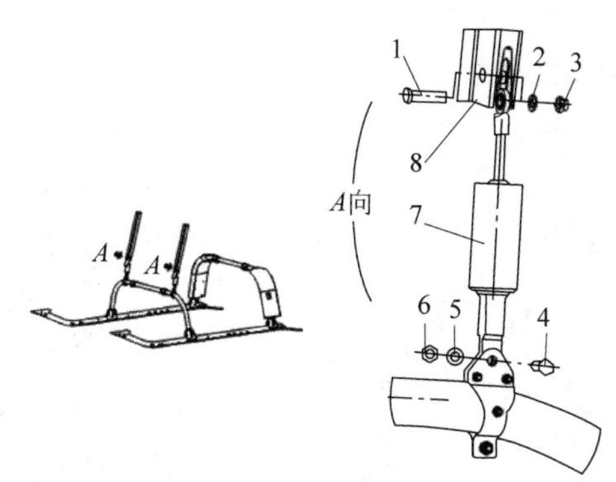

图 14-36　带有油气减振支柱的滑橇起落架

1,4—螺栓；2,5—垫圈；3,6—螺母；7—减振支持柱；8—支柱接头

滑橇管可以安装一个可更换的不锈钢滑橇靴，承担直升机正常地面接触时引起的磨损。除滑橇靴之外长柔性钢条也可以被连接在滑橇管后部，在飞行时这些钢条向下弯曲，在着陆过程中这些钢条先接触地面，可以把振动传导到地面。这些部件可以被安装上流线型整流罩。滑橇式起落架通过搭铁线与直升机的下部结构接地。

2. 高滑橇起落架

高滑橇式起落架(见图 14-37)通常用于在没有坚实路基的区域起降的直升机的选装设备，它的优点是：

(1) 保持机身较高的高度，降低尾桨打地的危险；

(2) 在高橇起落架底部的附加板可以防止滑橇陷入松软的地面。

3. 辅助起落架(尾橇)

尾橇(见图 14-38)安装在尾梁组件的后部，可以为尾桨组件提供防撞地保护。

4. 地面移动轮

地面移动轮用于因维修、停放等原因在地面移动滑橇式直升机。地面移动轮安装在水平橇管上，如图 14-39 所示，大型直升机可以使用两套轮子，两套轮子分别装在滑橇的前后部。通常采用手摇液压泵来升起和放下地面移动轮。直升机可以带着这些安装在装载位置上的轮子飞行，也可以拆下轮子以便节省重量。地面移动滑橇式直升机时必须注意，这些轮子通常安装在重心附近，为避免滑橇在地面移动中受损，移动时有时需要施加向上或向下的

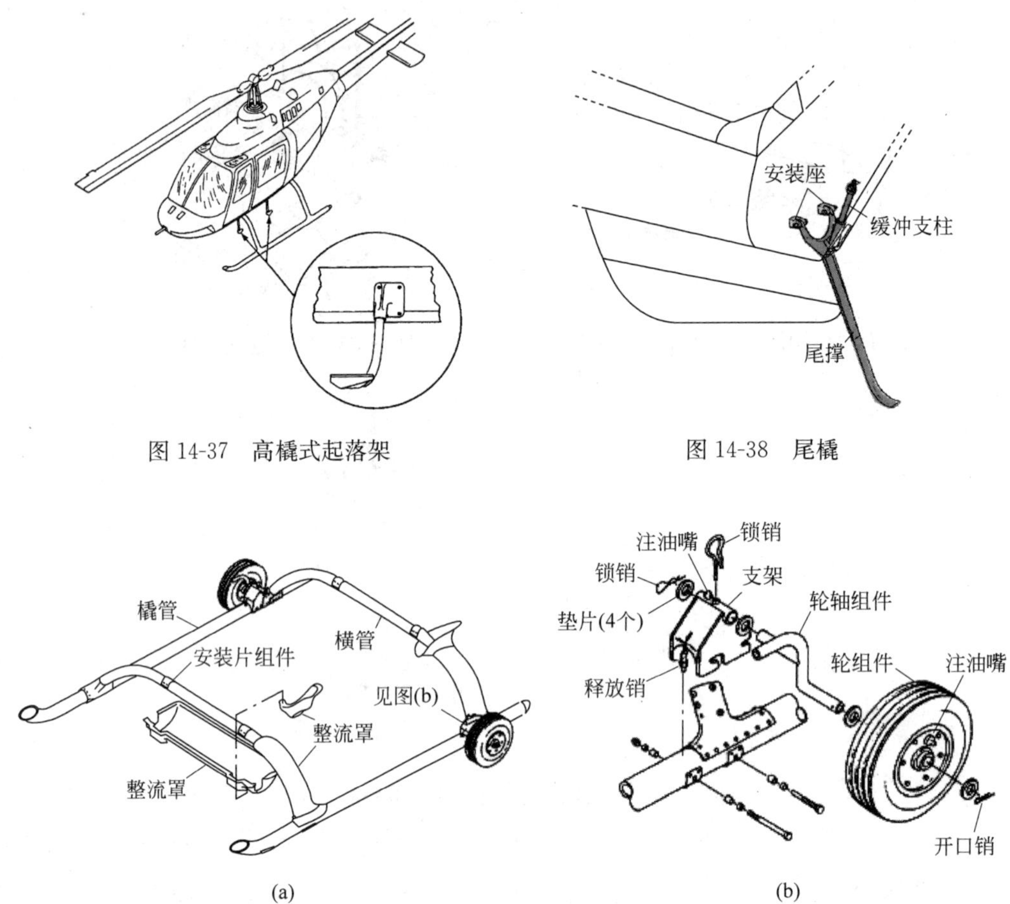

图 14-37 高橇式起落架

图 14-38 尾橇

图 14-39 地面移动轮

力来保持平衡。大多数较小的直升机装上地面移动轮后可以用人力移动，但为避免损坏尾桨、天线等部件，只能在规定的位置推拉，正常的推拉点通常在维修手册上有标明。一些比较大型的滑橇式直升机可以使用牵引车牵引。

5. 安全措施

无论是用人工升起还是液压顶起地面移动轮，都必须注意下列安全措施：

(1) 升起和放下地面移动轮时都必须使用操纵杆，操纵杆必须与地面移动轮可靠地固定；

(2) 当升起和放下时必须注意防止操纵杆滑移；

(3) 在升起和放下的过程中手和脚不能放置在滑橇下方；

(4) 在释放压力之前锁定装置和销子必须置于安全的位置；

(5) 当直升机被地面移动轮升起时严禁起动直升机。

6. 维护

由于直升机垂直降落的特性，滑橇式起落架需要特别的检查，需要定期检查滑橇靴。正常着陆磨损的是滑橇靴，如果磨损扩展到滑橇管，则滑橇管不再适航而需要更换。详细的维护和检查内容及程序在相应机型的维护手册中有规定。

14.6.2 浮筒

1. 概述

多数直升机在其服役过程中有大部分时间要进行水上飞行，有些轻型直升机采用浮筒式起落架，可以在水上起降，但大多数直升机安装浮筒只是在紧急时刻用于水上迫降。本节着重讲述用于紧急时刻水上迫降的浮筒。

浮筒的主要目的是使直升机浮在水面足够长的时间，使乘客可以逃进救生艇。如果直升机在下沉过程中仍有乘客在内，浮筒将减缓下沉的速度，增大乘客逃生的可能性。

为使直升机能浮在水面上，浮筒结构必须是密封的并且排水量不小于飞机的重量。

为了能承受浮筒产生的额外负载，浮筒安装部位的结构要做加强处理。这些额外的负载包括安装浮筒产生的空气阻力和飞机在水面上时浮筒对机身产生的作用力，特别是浮筒展开后完全进入水中时，浮筒安装部位的机身结构承受的额外载荷最明显。

2. 浮筒设备的类型

浮筒设备有 3 种类型：密封机身壳体、密封的浮力舱、可充气的气囊。

(1) 密封机身壳体

机体由数个密封舱组成，如果其中一个舱损坏，其他舱仍能支撑起飞机，防止其完全沉没。密封机身壳体设计得像水上飞机或小船，整个壳体的接缝、舱门、把手等全部密封。这种设计会使飞机重量大大增加，并且使日常维护的便利性受到影响。最主要的缺点是此类飞机的设计重心会高于水面，如果飞机无动力降落水面，很有可能会造成侧翻。

(2) 密封的浮力舱(见图 14-40)

基本结构由密封舱组成，在机身外侧加装有密封的箱子——浮筒，这些浮筒(如装有轮胎，和主轮胎一起)帮助稳定直升机以防侧翻。

这种结构的缺点也是增加了重量，并且加装的浮筒增加了阻力，增大了燃油的消耗。

(3) 可充气的气囊(见图 14-41)

浮筒气囊可以与其独立的供气系统一起安装在起落架结构部分。这种结构的优点是浮筒安装在有利于平衡和重心的位置，并且可以打包好装于易打开的容器中，这样就保证了飞机的流线型，降低了阻力和燃油消耗。主要的缺点就是需要一个独立的供气系统。

这种机身结构的设计使得直升机可以仅使用浮筒就可以在水面上进行较快的着陆。但由于较高的重心，飞机还是比较容易侧翻。如果机身不是密封机构，水将很快进入机身内部，因此浮筒设备必须满足以下总体原则：

① 提供必要的稳定性；

② 提供在淡水和盐水中足够的浮力；

③ 每个主浮筒必须有足够的密封性，如果单个腔泄漏，浮筒仍应提供足够的余量来满足机身的稳定，减小飞机侧翻的可能性。

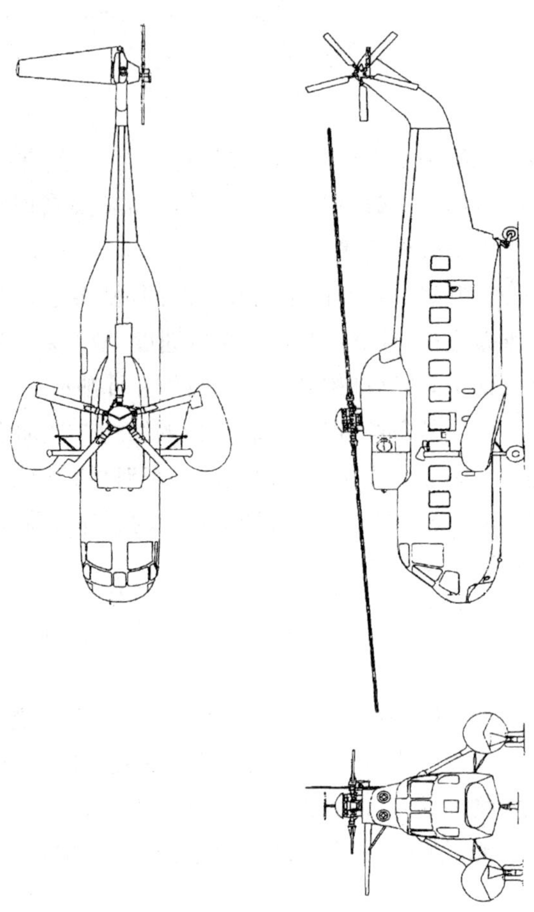

图 14-40　密封的浮力舱

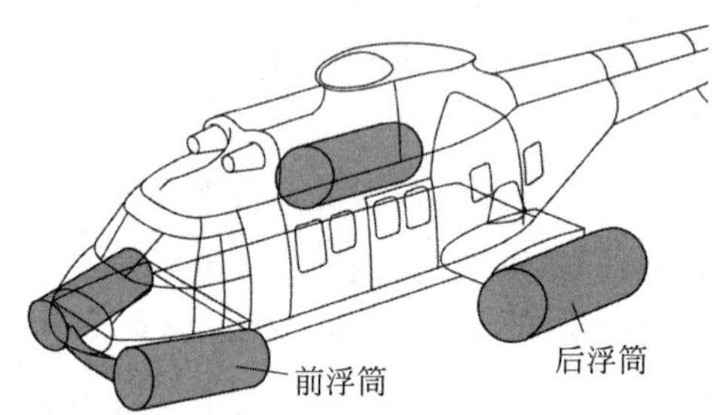

图 14-41　可充气的气囊

3. 充气操作

(1) 触发方法

对于可充气的气囊的浮筒设备，通常折叠后装在刚性或柔性的外壳中，外壳由易断线或其他类似的保持装置包装。

浮筒充气由下列装置触发：

① 用于触发充气装置(如爆炸帽)的电门；

② 用于作动继电器或电阻器从而融化易熔片的电门；

③ 如果飞机浸入盐水中，能快速提供闭路的水敏开关。

这些系统使所有浮筒同时充气，浮筒容积瞬间增大使得外包装上的易断线或其他保持装置断开，从而允许浮筒被完全充气。浮筒有独立的供气气瓶，充气过程通常在 5s 内完成。

注意：尽管通常使用氮气给浮筒充气，但仍然将氦气作为充气首选，氮气仅作为备选。以欧洲直升机公司的超美洲豹飞机为例，使用氮气将比使用氦气重大约 10kg。

(2) 典型的充气操作系统(见图 14-42)

一个完整的充气系统包括至少 3 个独立浮筒，它们由一个单回路电路操作，由包括主汇流条在内的两套电源供电，防止在水上迫降时一条电路失效。一个单独的电门将系统置于预备位，在预备位时相应的指示灯会亮，此时系统电路准备完毕，随时可以进行浮筒充气。浮筒充气电门位于总距杆上，电门被触发后，浮筒气囊由独立的气瓶充气展开，整个充气过程在 2.5s 内完成。

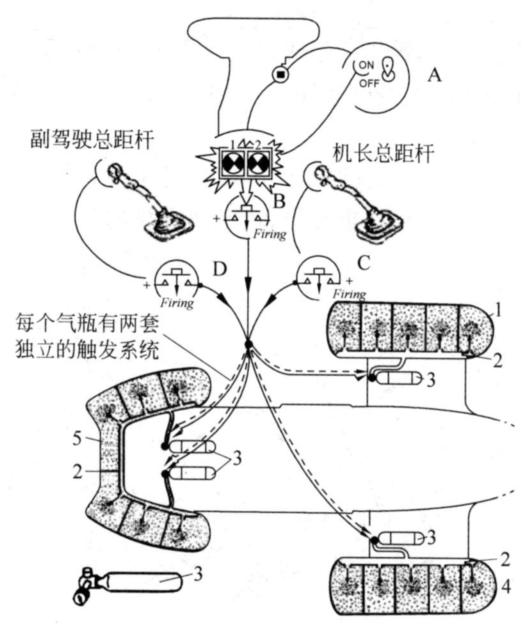

图 14-42　典型的充气操作系统

1—右浮筒；2—分配管路；3—浮筒气瓶；4—左浮筒；5—前浮筒

A—系统预位开关；B—内置指示灯的触发开关；C、D—触发开关

(3) 过压保护

为防止浮筒气囊压力过大，一般每个气囊装有两个(至少一个)压力释放活门(见图 14-43)。压力过大时，压力释放活门的活塞被推开，将多余的气体放出，直至达到正常压力为止。

(4) 最大充气高度

随着直升机高度的增加，外界气压随之降低，由于浮筒气瓶压力不变，那么浮筒相对外界的压力也会逐渐增大。因此浮筒都装有释压活门并有一个限制高度，在此高度之上浮筒不能被充气。此高度限制(参考相应直升机的飞行手册)由释压活门的设置决定，要保证浮筒充气后不会过压被释放，导致损失一部分气体。

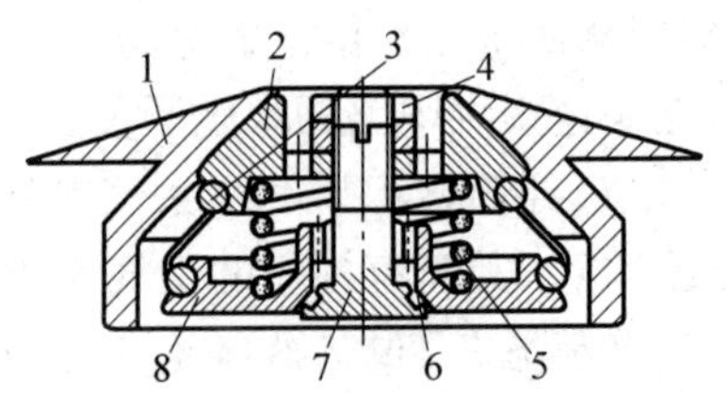

图 14-43 压力释放活门

1—壳体；2,8—活门底座；3—橡胶垫；4—螺帽；5—计量弹簧；6—O 形圈；7—活门

在日常维护或修理之后要进行浮筒充气检查，确保浮筒不会有泄漏。气源通过充气阀进入浮筒，测试完成后亦可从充气阀进行快速放气，然后进行浮筒折叠包装。

4. 维护

当需要使用浮筒设备时，一定要保证浮筒设备是可用的，这就需要对浮筒进行常规的检查来发现任何问题并改正。

常规维护、检查、修理要根据维护手册来进行。下面的程序是一种浮筒修理后的测试程序，不能用来代替任何其他浮筒的测试程序，仅用来给大家一个大致的概念。

(1) 工具和设备(见图 14-44)

工具和设备包括压力计(最小刻度 0. 1lbf/in)、气压计(最小刻度 0. 10inHg)、温度计(最小刻度 0. 10inHg)、软刷、真空泵、折叠设备、干净干燥的气源。

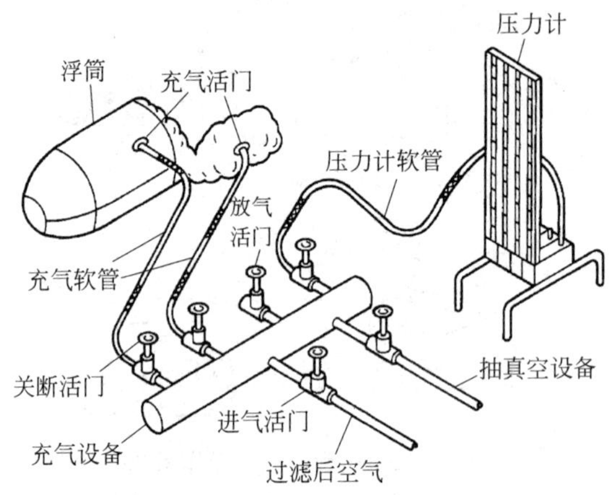

图 14-44 浮筒充气检查设备

(2) 测试

① 准备干净、明亮的场地，最好是室内。离设备、飞机、工具等至少 12ft。用地毯或防油布等将工作场地覆盖，防止外来物伤到气囊。

② 将测试设备接到浮筒。

警告：工作人员必须佩带护目镜和耳罩，当浮筒充气时适当远离测试区域。

注意：气源使用 20μm 滤芯过滤后的无水无油的干净空气。

③ 先将气囊充气至 1lbf/in，至少 1min 后再充至 3. 5lbf/in。

注意：压力不能超过 3. 5lbf/in。

④ 保持 3. 5lbf/in 压力 30min。

⑤ 撤下气源,保持 2h。

⑥ 进行温度气压修正后测量浮筒气压。若大于 3.0lbf/in,满意;若小于 3.0lbf/in,使用肥皂水检查渗漏,如需要,按照维修手册进行修理。

⑦ 测试结束后,拆下测试设备。

⑧ 重新包装浮筒后装回。

第15章

照明

15.1 外部照明

15.1.1 概述

直升机的外部灯光都有着不同的作用和特殊含义，在使用中也有一定的程序和要求。由于飞机机型、厂商的不同，飞机的灯光系统也不尽相同，但是基本上大致规则是一致的。直升机照明分外部照明、内部照明和应急照明。

所有获得夜间飞行许可的航空器都要装备各种各样的外部照明装置，包括航行灯、防撞灯、着陆灯、滑行灯，另外某些直升机因飞行任务的需要还装备有搜索灯等其他外部照明设备。

15.1.2 航行灯

航行灯又叫导航灯或位置灯，它不仅表示航空器的位置，而且还可以表示航空器在做什么样的机动动作。它的要求和特性是国际统一的，在航空法规里也有具体的规定。直升机上航行灯的颜色与固定翼飞机一样，同样必须是左侧红色、右侧绿色和尾部白色，但每个灯在机身上的具体安装位置根据不同机型会有所不同。尾部航行灯一般都安装在直升机垂尾顶部后侧，而左右两侧的航行灯有的装在机身两边的短翼头部，有的装在水平安定面两侧，还有的装在侧垂尾等。

图 15-1 所示为典型直升机航行灯位置示意图。直升机红、绿、白 3 种航行灯的可视范围为：左侧红色的航行灯在机身纵轴线左侧的可视范围大于 110°，右侧绿色的航行灯在机身纵轴线右侧的可视范围大于 110°，尾部白色的航行灯在机身纵轴线后面的可视范围大于 70°。

直升机航行灯的结构根据机型的不同而不同，但是主要由灯丝、带有颜色的透明罩和安装机构组成。航行灯的灯罩或滤光片必须耐高温且不会褪色。通过特定的灯罩外形和灯丝的安装位置可以获得特定的照明角度。灯光一般需要 28V 直流电，但是有些直升机需要 115V 交流电。航行灯控制线路如图 15-2 所示。

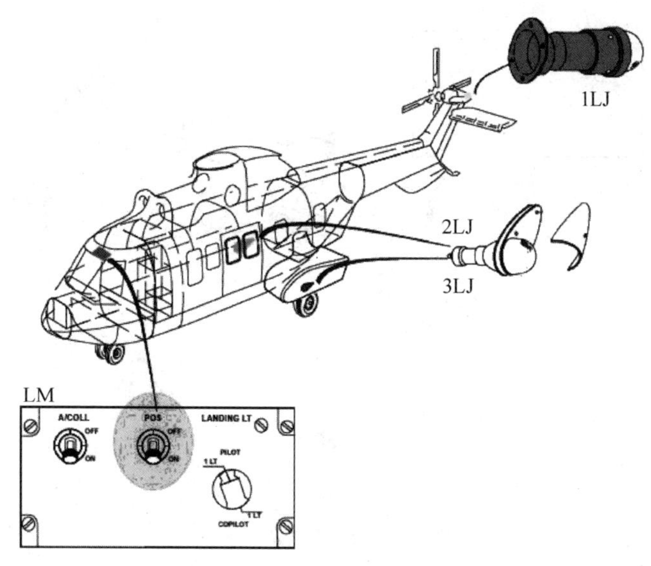

图 15-1　航行灯示意图

1LJ—尾部白色航行灯；2LJ—右侧绿色航行灯；3LJ—左侧红色航行灯；LM—航行灯开关

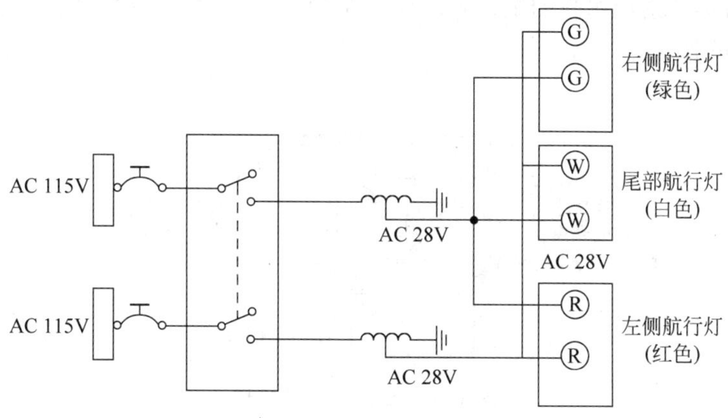

图 15-2　航行灯控制线路

15.1.3　防撞灯

防撞灯和航行灯一样，也是用于标识航空器位置的设备。它有两种类型：旋转型和闪烁型，一般直升机使用其中的一种，有些现代直升机上两种都会安装。防撞灯如图 15-3 所示。

1. 旋转型

旋转型防撞灯由灯光组件和马达组成，马达驱动反光器或者灯光组件旋转，驱动机构一般由有一定减速比的齿轮组件组成。所有的部件都装在一个红色透明罩子组件里。马达电源一般是 28V 直流电，但有些采用 115V 交流电。旋转装置使灯柱以固定的频率旋转，典型的旋转速度是 40～45r/min，这样就产生 80～90r/min 的灯光频率(规章规定灯光频率不小于 40r/min 不大于 100r/min)。有很多种这种类型的灯，这里介绍两种。

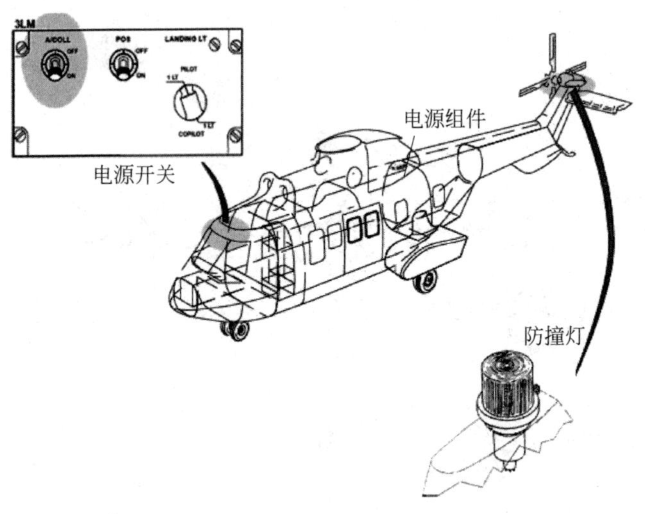

图 15-3　防撞灯示意图

(1) 旋转 V 形防撞灯

图 15-4 所示为旋转 V 形防撞灯。V 形反光器由交流马达驱动,速度是 45r/min。反光器的一面是平的,反射出水平的细强光;另一面是曲面,扩大了照射范围(水平面上下 30°),因此减弱了光的强度。

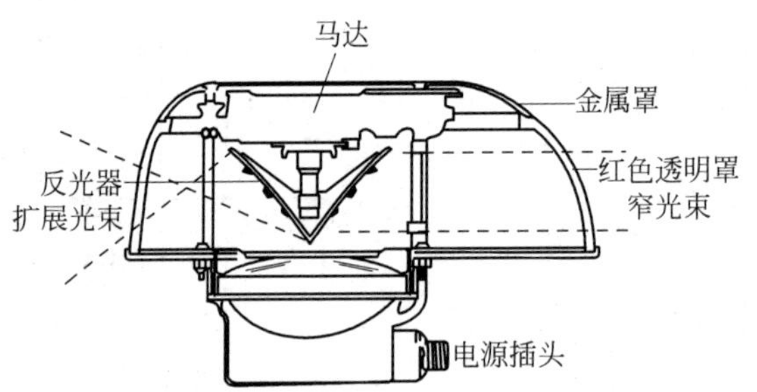

图 15-4　旋转 V 形防撞灯

(2) 旋转双灯防撞灯

旋转双灯防撞灯如图 15-5 所示,两个灯装在各自的旋转轴上,每个灯有一面是反光器,它的电源是交流电。

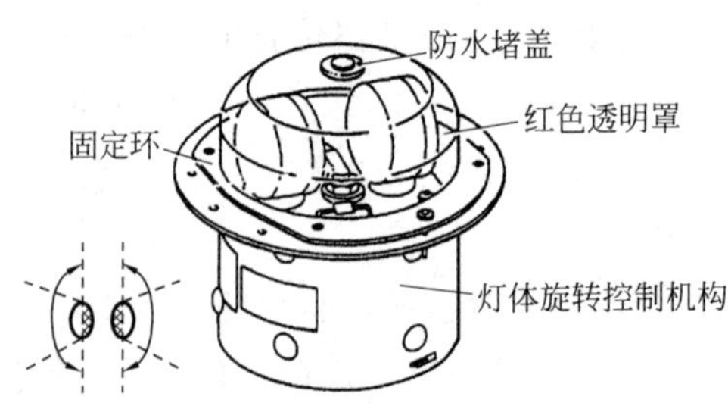

图 15-5　旋转双灯防撞灯

2. 闪烁型

闪烁型防撞灯是利用电容放电原理来实现闪烁的。在灯光组件里装有一个充满氙气的玻璃管，它连接到电源组件，电源组件将输入的28V直流或115V交流变为高压的直流输出，通常是450V直流，这个电压对电容充电，然后周期性地通过氙气管的两极放电，这样能量就转化成高强度闪烁的蓝白光，频率一般为70次/min。除上述这种高压放电外，闪烁型防撞灯还可以使用高亮度发光二极管(LED)来实现，这种防撞灯的特点是结构简单、安全、省电、使用寿命长。

由于使用了高强度的光和高电压，使用和维护时应注意安全，主要包括以下几点。

(1) 保护眼睛，防止电击和烧伤。避免近距离和眼睛的直接接触(少于2m)，因为在近距离范围里，灯发出的紫外线会造成眼睛的损伤。

(2) 在拆卸闪烁灯前要确保电源断开，在拆卸灯泡、电源组件和电缆前，要断电5min以上，这是为了让电容能有足够的时间放光电。另外因为闪烁灯会产生高温，因此至少需要5min的时间进行冷却。

(3) 在夜间或是光线不好的情况下，因闪光灯效应，要特别注意直升机的旋转部件如旋翼和尾桨等，防止因视线受影响发生碰撞等危险。

15.1.4 着陆灯和滑行灯

着陆灯和滑行灯是在夜间和能见度条件差的情况下，为直升机着陆和滑行阶段提供必要照明的设备。着陆灯可以照亮直升机的正前方，它们通常安装于机翼前缘、机身正面部分、前起落架或三者的结合。在某些直升机上，着陆灯可以收放，这些灯装有位置限制器来限定灯的位置，以防止移动过量。图15-6所示为某机型直升机着陆灯示意图。

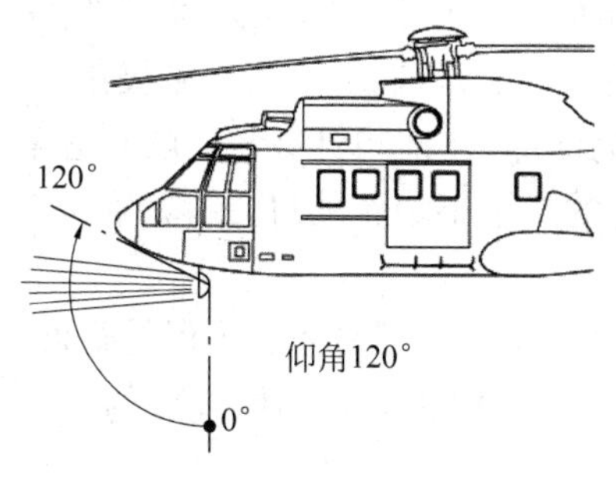

图15-6　着陆灯示意图

这些灯的功率通常是400W，电源可以是28V直流电或交流电，通过驾驶舱里的开关来控制灯的照明和收放。可收放着陆灯一般安装在机头，在进近时，着陆灯的灯光必须是向前和向下的；在滑行时，只需向前的灯光。这可以通过两个方式来实现：一是在每个组件里装两组灯丝；二是改变灯的位置。

图15-7所示是某机型着陆灯位置控制电路的示意图，注意图示的位置为着陆灯在收上位时的情况，此时作动筒是伸出的，收放电动机为串励式直流电动机。

当开关选择至“着陆”位时，电源通过选择开关“着陆”触点，经开关组件的♯1开关至作动机构B接点，再经“收上”线圈到E点接地，作动筒开始作动，直到灯放出45°时♯1开关断开，灯亮。

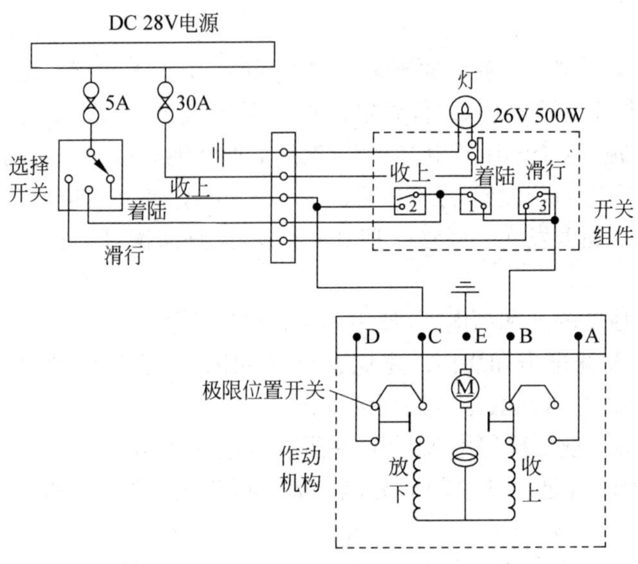

图 15-7 着陆灯控制电路图

当开关选择至"滑行"位时,电源通过选择开关"滑行"触点,经开关组件的 3 号开关至作动机构 B 接点,再经"收上"线圈到 E 点接地,作动筒开始作动,灯进一步伸出到滑行角度,3 号开关断开,2 号开关闭合。

当开关从"滑行"位选择至"着陆"位时,电源通过选择开关"着陆"触点,经开关组件的 2 号开关和作动机构的 C 接点,通过"放下"线圈至 E 点接地,作动筒作动,灯从完全放下位收起到 45°位,2 号开关断开,3 号开关再次闭合。

当开关选择至"收上" 位时,电源通过选择开关"收上"触点直接经作动机构的 C 接点和"收上"线圈至 E 点接地,作动筒收上,灯向上收起直到极限位置开关断开线路。

滑行灯一般位于直升机的前部,在某些机型装在前起落架附近或前起落架上,一般可以在垂直面上作 20°的调节。它的功率小于着陆灯,一般为 250W,也可以是 28V 交流电或者直流电。

着陆灯和滑行灯在维护时要注意以下几点:①保持灯和反光器的清洁,清洁时使用无线头的洁净抹布;②不要用手直接触摸灯;③检查灯的安装和固定及电缆的固定是否完好;④检查灯组件有无裂纹。

15.1.5 搜索灯

搜索灯可以在不改变直升机姿态的情况下搜索、跟踪目标,它是一个全方位的照明组件。搜索灯放出、收回、左右运动搜索目标,四方位运动由一个四方向电门控制,该电门一般装在总距杆上,可使飞行员方便操作。灯光启闭由一个三位开关控制,三个位置分别为"开"、"关"和"收回"位。当开关置于"开"位时搜索灯亮;置于"关"位时搜索灯熄灭;开关置于"收回"位时无论此时搜索灯在什么位置,它都能自动回到完全收上位置。图 15-8 所示为 S-76 直升机搜索灯示意图。

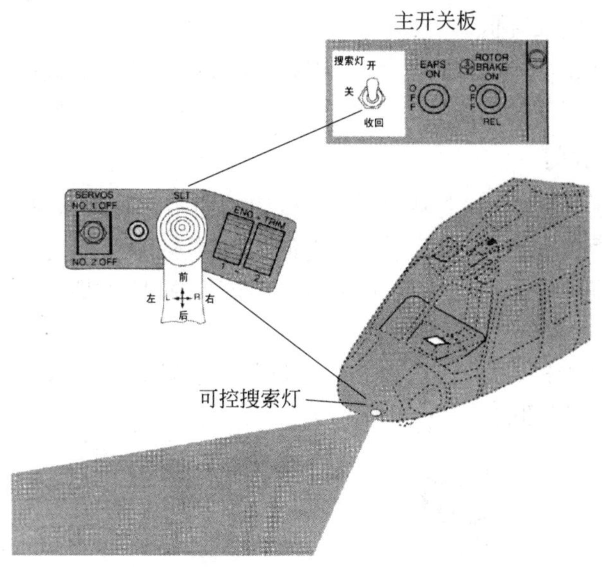

图 15-8　S-76 直升机搜索灯示意图

15.2　内部照明

直升机的内部照明可以分为 3 个部分：

(1) 驾驶舱照明或操作照明；

(2) 客舱照明；

(3) 货舱、设备舱照明。

15.2.1　驾驶舱照明

驾驶舱照明是为了对所有的仪表、开关等部件进行照明，为此采取了以下措施。

(1) 集成式照明：光源在仪表内。

(2) 泛光照明：灯装在驾驶舱，对特定或整个区域进行照明。

(3) 透光照明板：使蚀刻的各种开关、提示牌能在夜间或是光线不好的情况下可见。

1. 集成式照明

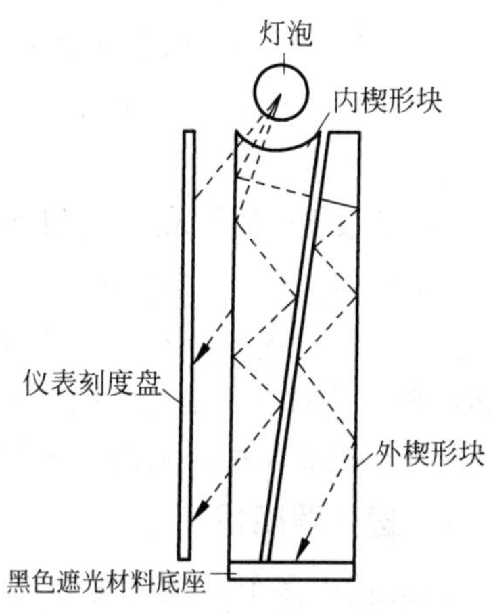

图 15-9　集成式照明

如图 15-9 所示，集成式照明又叫楔形照明或前照明，它的原理是光线的反射角等于入射角。具体结构为两个楔形块反向安装在一起，中间有一条窄缝。从两个灯泡发出的光线先进入内楔形块，一部分光通过这个楔形块到达仪表盘，剩余的被抛光的表面反射至外楔形块，光线的入射角决定了反射光的量，角度越低反射光越多。黑色遮光材料底座的作用是将两个楔形块上那部分不能反射回仪表盘的光线挡住，避免光线泄漏出仪表外造成仪表内光线强度降低。

双重楔形块改变了部分光线的入射角和反射角,因此可以使光线在仪表盘里均匀分布,并且限制了仪表盘发出的光的强度。

2. 柱型灯和桥式灯

图 15-10(a)所示为柱型灯,主要用于单个仪表的照明。它灯座里推进一个小型的灯泡,灯座用螺纹固定到面板上,有一个孔可以使电源正线进入,地线通过灯座接地。光线通过滤光片和小孔达到均匀分布,光线角度是向下 90°范围内,照射距离大约为从安装位置起 2in 内。

图 15-10(b)所示为桥式灯,它是多个柱型灯的整合体,有 2～4 个灯泡,一般是两路供电,一路故障时仍然可以照明。

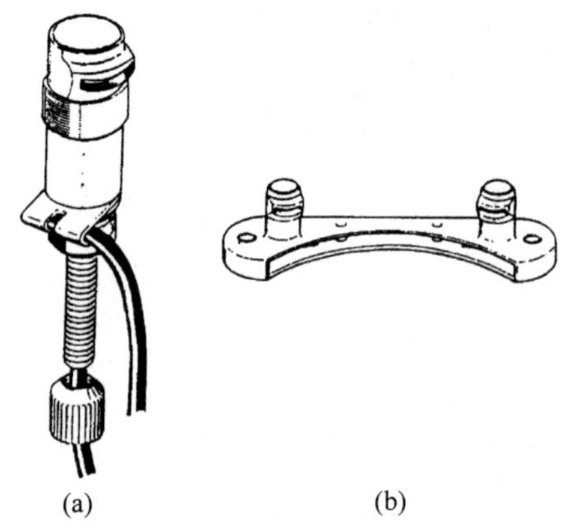

图 15-10　柱型灯和桥式灯

3. 泛光照明

泛光照明可对仪表、控制板、操纵台和驾驶舱进行广泛的照明,一般采用白炽灯或日光灯。遮光板提供背景照明,仪表板采用集成照明。信号灯可以通过测试开关测试,通过亮暗开关调节灯光亮度。

4. 电子发光灯

电子发光灯主要用于乘客信息牌、仪表刻度和一些活门开关的位置照明。它是将荧光层置于两个电极板之间,其中一个电极板是透明的。这种灯需有交流供电,通电后荧光层发光。

5. 自发光照明(应急出口标记照明)

因为灯座的塑料壳体里充满了具有放射性的氚,使标记牌一直发着光,而氚对人体是非常有害的,因此这种灯有一定的危险性。一般情况下标记牌是很安全的,但如果标记牌出现破损,必须采取以下措施:撤离所有的人员,确保足够的通风,拆下标记牌后要将它放入金属容器里,按放射性材料的管理规定进行处理。

6. 透光照明板

灯光从很多小灯泡里发出,穿过涂漆的塑料面板实现照明。灯泡是焊接到安装座上的,一般外场不能更换灯泡。一个区域有多个灯泡,因此一个灯泡的故障不会影响照明。

7. 背景照明

背景照明通常使用日光灯组件，安装在操纵台的下面和遮光板上。顺时针旋转控制旋钮使电供到泛光照明亮度控制组件，电位计控制着电压，这样根据电位计的位置触发电路和电源开关就可以很快地使灯开或关。背景照明灯控制电路如图 15-11 所示。

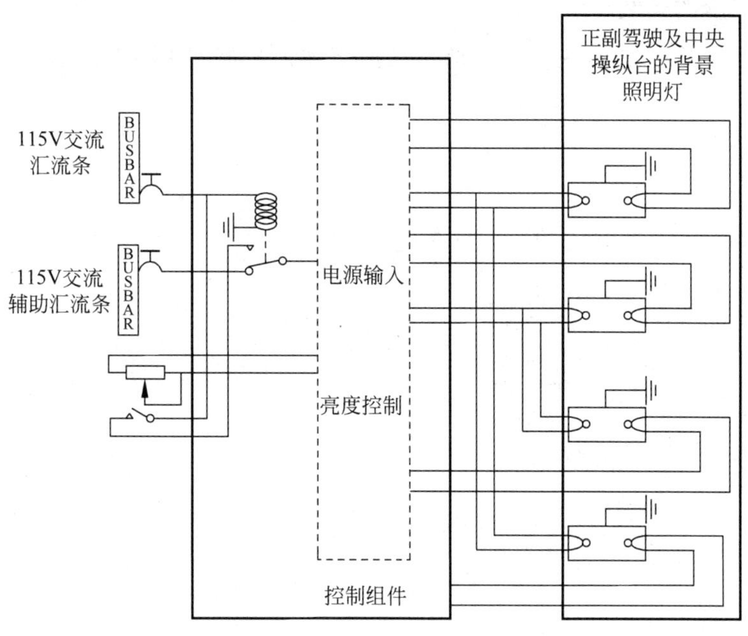

图 15-11 背景照明

8. 备用电源仪表照明

当发电机正常工作时，继电器吸合工作，仪表照明灯由 5V 汇流条供电；当发电机故障时，继电器不工作，静止变流机输出的 28V 交流电经变压器降压至 5V 后，向仪表照明供电。备用电源仪表照明如图 15-12 所示。

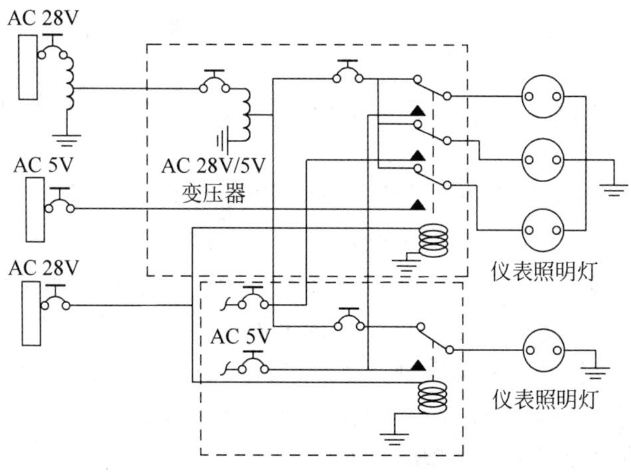

图 15-12 备用电源仪表照明

15.2.2 客舱照明和货舱照明

客舱照明的类型取决于客舱的大小和布局、电源是直流电或是交流电,另外还有一些提示照明如“系好安全带”、“禁止吸烟”等,这些照明由驾驶员在驾驶舱控制。

1. 灯光强度的控制

灯光强度的控制方式取决于对灯光的需求,基本原理如图 15-13 所示。

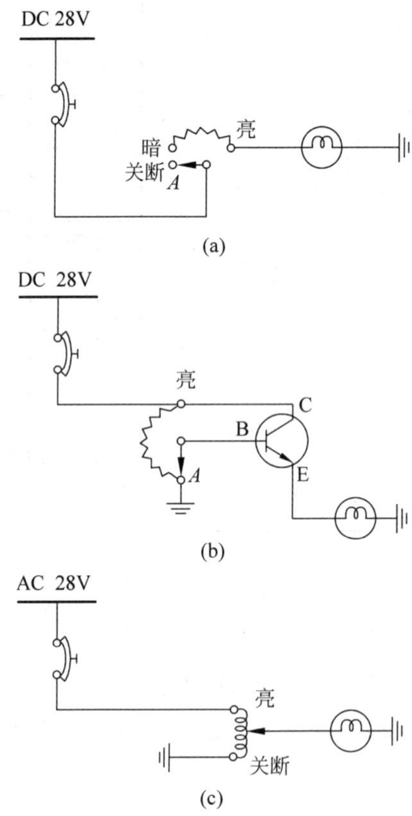

图 15-13 灯光强度的控制回路

如图 15-13(a)所示,串联一个可变电阻来调节灯光的亮度,其缺点是在电阻上会消耗功率而发热。

如图 15-13(b)所示,NPN 三极管的输出取决于可变电位计,由于三极管的导通电压很低,因此电位计可以很小,并且产生很少的热。直流电供给电位计和三极管的集电极 C,当电位计的电刷处在 *A* 点时,三极管的基极电压是零,没有电流从集电极流向发射极,灯不亮。从 *A* 点移动电刷,电位计的电阻变化,基极上加上了正电压,就有小电流从集电极流过发射极到灯,灯会有一定亮度,移动电刷会改变电流大小从而改变灯的亮度。

如图 15-13(c)所示,灯光亮度控制由变压器来实现,由于效率高而且产生的热量少,这种方法主要用在电源是交流电的大型航空器上。

2. 客舱照明

客舱从天花板和窗户照明,有的直升机在舱门处也有照明。

3. 提示灯

乘客信息提示灯包括“禁止吸烟”、“系好安全带”等，由飞行员直接控制。

4. 阅读灯

有些直升机在客舱天花板上安装有阅读灯，每个灯都有按钮，这些灯的亮度是不可调的，只能更换和清洁灯泡。

5. 货舱照明

有的直升机货舱也装有照明装置，货舱照明利用微动开关控制，微动开关一般位于货舱门附近，正常情况下，当舱门打开时，微动开关接通，电源通过货舱灯光继电器的闭合触点供电。

当舱门关闭并锁好后，继电器通过舱门控制线路而脱开，灯光熄灭。

15.3　应急照明

15.3.1　应急照明简介

在应急情况下，对照明的基本要求是要保证驾驶舱、客舱的各出口和应急出口有足够的照明。应急照明的强度一般比正常照明略低。

应急照明是在直升机处于应急状态主电源断电时，为机组人员完成迫降以及直升机迫降后机上人员进行紧急撤离时提供的内部和外部照明。因此，应急照明电源应独立于机上正常的照明系统，由独立于主电源的应急电源供电。在应急情况下，该电源是否正常工作，直接影响到机上人员的安全。应急照明电源通常使用自备小型电池。

驾驶舱里的应急灯控制电门一般是三位置电门，包括“接通”位(ON)、“预位”位(ARM)和“关断”位(OFF)。当电门在“接通”位时，不管汇流条有无电压，应急灯会亮；在“关断”位时，应急灯灭，防止系统自动工作；在“预位”位时，系统设定为自动工作，只有当汇流条没有电流时，应急灯才亮。应急照明灯一旦点亮，无论控制电门处在什么位置都无法熄灭，直到应急电池完全耗尽。在正常飞行时控制电门应放在“预位”位，此时直流汇流条给应急照明电池充电。

15.3.2　外部应急和撤离灯

根据规章要求，直升机上同样必须装有应急出口，同时，直升机的驾驶舱门和客舱门同样可以作为应急出口。应急出口有一定的尺寸要求，必须易于识别，有足够的照明标示，容易打开，以确保直升机在应急情况下人员可以快速地撤离。应急出口灯要有清楚的标示，可以人工或是自动打开，也可以在应急通道上安装自发光的装置。这些灯由独立的碱性电瓶供电，电瓶在正常飞行时保持被充电状态。在紧急情况下这些灯应能至少供电 10min。

参 考 文 献

1. Theory of Flight, Bristow Helicopters.
2. EC-225 Training Manual, Airbus Helicopters.
3. EC-155 Training Manual, Airbus Helicopters.
4. S-92 Training Manual, Sikorsky Helicopters.